看图是个技术活——工程施工图识读系列

如何识读暖通空调施工图

主　编　李兴刚

副主编　马鹏宇　李伟才

参　编　张计锋　杨晓方　刘彦林　孙兴雷
　　　　徐树峰　邓　海　孙　丹　刘利丹

机械工业出版社

本书主要内容包括暖通空调系统图识读基本知识、暖通空调系统施工图设计规定及要点、暖通空调系统施工图识图常识、采暖系统施工图、通风空调系统施工图、燃气系统施工图、暖通空调系统标准部件安装图及暖通空调系统施工图实例等。

本书的编写原则是力求将知识点讲细、讲透，在此基础上尽可能体现全书的系统性、全面性、实用性。同时，本书采用通俗易懂的语言，图文并茂的形式，针对实际识图的重点和难点加以分析讲解，可读性强。

本书可供暖通空调设计、施工、预算及相关管理人员阅读使用，也可供建筑环境与设备工程专业、给水排水专业、建筑造价专业的师生参考学习之用。

图书在版编目（CIP）数据

如何识读暖通空调施工图/李兴刚主编．—北京：机械工业出版社，2019.10
（看图是个技术活．工程施工图识读系列）
ISBN 978-7-111-63452-2

Ⅰ.①如…　Ⅱ.①李…　Ⅲ.①采暖设备-建筑制图-识图②通风设备-建筑制图-识图③空气调节设备-建筑制图-识图　Ⅳ.①TU83

中国版本图书馆CIP数据核字（2019）第171374号

机械工业出版社（北京市百万庄大街22号　邮政编码100037）
策划编辑：薛俊高　责任编辑：薛俊高
责任校对：刘时光　责任印制：张　博
三河市宏达印刷有限公司印刷
2019年9月第1版第1次印刷
184mm×260mm·22印张·540千字
标准书号：ISBN 978-7-111-63452-2
定价：59.00元

电话服务　　　　　　　　　网络服务
客服电话：010-88361066　机　工　官　网：www.cmpbook.com
　　　　　010-88379833　机　工　官　博：weibo.com/cmp1952
　　　　　010-68326294　金　　书　　网：www.golden-book.com
封底无防伪标均为盗版　机工教育服务网：www.cmpedu.com

前言 FOREWORD

建筑行业在我国国民经济的发展中一直占据着十分重要的地位，而国民经济的发展又必然带动建筑规模的扩大和技术水平的提高。近年来，建筑设备、施工技术的更新发展十分迅速。新材料、新工艺、新设备不断推出和使用，施工规范及施工技术也不断更新，建筑设备在整个建筑经济中所占的份额也在逐渐上升。

随着我国经济建设的高速发展和人民生活水平的不断提高，采暖、通风和空调技术得到了快速发展和广泛应用，国内的设计、制造、安装和管理水平已经达到甚至超过发达国家或地区的水平。新型的技术和产品不断出现，并不断向着绿色、节能、环保及智能化的目标迈进。这一切都对专业人才的培养提出了更高的要求。

目前，我国已把建筑节能和绿色建筑作为战略性新兴产业，作为城镇化与城市发展领域的优先主题和发展重点。在建筑使用中，暖通空调能耗约占建筑总能耗的50%以上。建筑室内环境的质量，大多依靠供暖、通风、空调的技术及设备的使用来维持宜居和舒适的工作环境。没有暖通空调技术的应用，就谈不上绿色建筑的室内环境质量。因此，暖通空调技术在建筑节能和绿色建筑发展方面起着重要和不可替代的作用。

暖通空调工程中，设计要先行，施工需要对照设计图进行安装。为进一步提高暖通空调施工人员的素质和设计水平，使其适应我国建筑业的发展，我们编写了本书。

本书内容上根据建筑工程中暖通以及燃气系统的特点，结合工程施工的需要，以常见的安装、布线工程实例介绍识图的基本要领。相关工作人员学习并掌握国家制图标准、暖通以及燃气工程施工规范等方面的知识，是暖通以及燃气工程质量的根本保证，也是提高暖通以及燃气工程施工和管理人员技术水平的关键。书中列举的图样取自中等难度的工程图实例。其目的是使读者能更好地将理论知识与工程实际相结合。

本书资料翔实，内容丰富，识图方法具体，突出了简明实用及紧密结合工程实际的特点。相信本书能为广大从事暖通空调设计及暖通安装工程工作的人员提供帮助和指导。

本书在编写过程中参考了诸多行业规范及相关专家的资料和案例，也得到了许多暖通系统专业技术人员的大力支持，在此一并表示感谢！

由于时间及水平所限，书中不妥和疏漏之处敬请广大读者及同行专家批评指正，以便修订时更改，谢谢！

编　者

目录
CONTENTS

第一章　暖通空调系统图识读的基本知识

第一节　暖通空调系统的组成简介

一、采暖系统简介

采暖系统由热源或供热装置、散热设备和管道组成，可以使室内获得热量并保持一定温度，以达到适宜的生活条件或工作条件。采暖系统的划分一般按热媒类型分为低温热水采暖系统、高温热水采暖系统、低压蒸汽采暖系统和高压蒸汽采暖系统，也可按散热设备形式分为散热器采暖系统、辐射采暖系统和热风机采暖系统。

在民用建筑中，采暖系统以低温热水采暖系统最为常见，散热设备形式以各种对流式散热器和辐射采暖设备为主。热源方面，在北方严寒和寒冷地区由城市集中供热热网提供热源，在没有集中供热热网时则设置独立的锅炉房为系统提供热源。

在长江中下游地区，单独设置采暖系统的建筑并不多见，大部分建筑利用空调系统向建筑提供热量，保证室内的舒适性。随着人民生活水平的提高，部分高档次住宅设置了分户的采暖系统，热源采用燃气壁挂炉，散热设备采用散热器或地板辐射采暖。

二、通风系统简介

广义的通风包括机械通风和自然通风。自然通风利用空气的温度差通过建筑的门、窗、洞口使空气进行流动，达到通风换气的目的；机械通风则以风机为动力，通过管道实现空气的定向流动。机械通风系统的识图与安装是本书介绍的重点。

在民用建筑中，通风系统根据使用功能不同主要有排风系统、送风系统、防排烟通风系统，也有在燃气锅炉房等使用易燃易爆物质或其他有毒有害物质的设备的房间设置的事故通风系统、在厨房等含油烟气的房间设置的通风净化处理系统等。通风系统的设置需要了解建筑功能的需求，通风过程不仅有空气的流动，往往还伴随着热和湿的变化。

知识延伸：风量平衡、热平衡与湿平衡

根据能量守恒与质量守恒的原理，通风系统具有风量平衡、热平衡和湿平衡的特点。风量平衡即针对某一建筑房间，进入房间的空气质量与排出房间的空气质量相等；热平衡即房间进风与排风的热量差值应等于房间内部热源产热与房间散热之间的差值；而湿平衡则是房间进风与排风的湿量差值应等于房间内部散湿量。这几个平衡是我们理解通风系统的基础。

三、空调系统简介

空调系统是以空气调节为目的而对空气进行处理、输送、分配，并控制其参数的所有设备、管道及附件、仪器仪表的总合。

空调系统的分类有许多方法，运用较多的是以负担室内热湿负荷所用的介质的方法进行分类，可将空调系统分为全空气系统、全水系统、空气-水系统和冷剂系统。

（一）全空气系统

全空气系统的特征是室内负荷全部由处理过的空气负担，由于空气的比热、密度比较小，所以此系统需要的空气流量大，风管断面大，输送能耗高。这种系统在实现空调目的的同时也可以实现可控制的室内换气，保证良好的室内空气品质。目前此系统在体育馆、影剧院、商业建筑等大空间建筑中应用广泛。

（二）全水系统

全水系统的特征是室内负荷由一定的水负担，水管的输送断面小，输送能耗相对较低。典型的全水系统如风机盘管系统、辐射板供冷供热系统。因为其没有通风换气作用，所以单独使用全水系统在实际工程中很少见，一般这种系统都需要配合通风系统一同使用。

（三）空气-水系统

空气-水系统的特征介于全空气系统和全水系统之间，由处理过的空气和水共同负担室内负荷，典型的空气-水系统是风机盘管 + 新风系统。这种系统由于比较适应大多数建筑的情形，因此在实际工程中也应用最多，酒店客房、办公建筑、居住建筑等大多采用风机盘管 + 新风系统。

（四）冷剂系统

冷剂系统顾名思义就是由制冷系统的蒸发器或冷凝器直接向房间吸收或放出热量。在吸热或放热过程中，负担室内热湿负荷的介质是制冷系统的制冷剂，而制冷剂的输送能量损失是最小的。最常见的冷剂系统是分体式空调、闭式水环热泵机组系统。近年来，随着技术的进步，变制冷剂流量多联分体式空调系统（也就是我们俗称的 VRV、MRV、HRV 等）在实际工程中得到了普遍的应用，这也是一种典型的冷剂系统。

知识延伸：变制冷剂流量多联分体式空调系统

变制冷剂流量多联分体式空调系统即控制冷媒流通量并且通过冷媒的直接蒸发或冷凝来实现制冷或制热目的的空调系统。其特点是一台室外机可连接多达 40 台的室内机，室内机和室外机的配管长度可达 150m（各厂商不同），可以灵活运用在各种规模、各种用途的建筑物中。

在一般情况下，空调系统的分类还可按室内温湿度控制要求分为舒适性空调系统和工艺性空调系统，按提供冷热源设备的集中或分散分为中央空调系统或分体空调系统。舒适性空调系统以人体舒适为目的，适用于对室内温湿度没有精度要求的场所，如我们常见的商场、酒店、办公楼等民用建筑；工艺性空调系统则是以满足工艺生产要求或室内设备要求而设置的空调系统，一般适用于对温湿度等参数有精度要求的场所，如设置于医院手术室的净化空调系统、设置于电子厂房的恒温恒湿空调系统、设置于印刷车间的恒温恒湿空调系统等。

在实际工程中，中央空调的称谓可能更加广泛。由空调主机提供冷热源，通过管道、末端设备将冷、热量提供给有需要的房间，上述的全空气系统、全水系统、空气-水系统和冷剂系统中的变制冷剂流量多联分体式空调系统常被称为中央空调系统。

提示：

暖通空调专业中常用的空调系统，一般都包含冷冻水、冷却水系统和风路系统等，其中风路系统为空调系统独有，冷冻水、冷却水系统的识图方面的内容，基本等同于给水排水工程的内容，故本书对于冷冻水、冷却水系统的内容不再赘述，着重介绍风路系统和暖通空调设备、部件识图方面的内容。

第二节　暖通空调系统的材料及设备简介

一、无缝钢管的常用规格

无缝钢管的常用规格见表 1-1。

表 1-1　无缝钢管的常用规格（部分）

外径/mm			壁厚/mm															
系列 1	系列 2	系列 3	0. 25	0. 30	0. 40	0. 50	0. 60	0. 80	1. 0	1. 2	1. 4	1. 5	1. 6	1. 8	2. 0	2. 2 (2. 3)	2. 5 (2. 6)	2. 8
			单位长度理论重量/(kg/m)															
		30			0. 292	0. 364	0. 435	0. 576	0. 715	0. 852	0. 987	1. 05	1. 12	1. 25	1. 38	1. 51	1. 70	1. 88
	32(31. 8)				0. 312	0. 388	0. 465	0. 616	0. 765	0. 911	1. 06	1. 13	1. 20	1. 34	1. 48	1. 62	1. 82	2. 02
34(33. 7)					0. 331	0. 413	0. 494	0. 655	0. 814	0. 971	1. 13	1. 20	1. 28	1. 43	1. 58	1. 73	1. 94	2. 15
		35			0. 341	0. 425	0. 509	0. 675	0. 838	1. 00	1. 16	1. 24	1. 32	1. 47	1. 63	1. 78	2. 00	2. 22
	38				0. 371	0. 462	0. 553	0. 734	0. 912	1. 09	1. 26	1. 35	1. 44	1. 61	1. 78	1. 94	2. 19	2. 43
	40				0. 391	0. 487	0. 583	0. 773	0. 962	1. 15	1. 33	1. 42	1. 52	1. 70	1. 87	2. 05	2. 31	2. 57
42(42. 4)									1. 01	1. 21	1. 40	1. 50	1. 59	1. 78	1. 97	2. 16	2. 44	2. 71
		45(44. 5)							1. 09	1. 30	1. 51	1. 61	1. 71	1. 92	2. 12	2. 32	2. 62	2. 91
48(48. 3)									1. 16	1. 38	1. 61	1. 72	1. 83	2. 05	2. 27	2. 48	2. 81	3. 12
	51								1. 23	1. 47	1. 71	1. 83	1. 95	2. 18	2. 42	2. 65	2. 99	3. 33
		54							1. 31	1. 56	1. 82	1. 94	2. 07	2. 32	2. 56	2. 81	3. 18	3. 54
	57								1. 38	1. 65	1. 92	2. 05	2. 19	2. 45	2. 71	2. 97	3. 36	3. 74
60(60. 3)									1. 46	1. 74	2. 02	2. 16	2. 30	2. 58	2. 86	3. 14	3. 55	3. 95
	63(63. 5)								1. 53	1. 83	2. 13	2. 28	2. 42	2. 72	3. 01	3. 30	3. 73	4. 16
	65								1. 58	1. 89	2. 20	2. 35	2. 50	2. 81	3. 11	3. 41	3. 85	4. 30
	68								1. 65	1. 98	2. 30	2. 46	2. 62	2. 94	3. 26	3. 57	4. 04	4. 50
	70								1. 70	2. 04	2. 37	2. 53	2. 70	3. 03	3. 35	3. 68	4. 16	4. 64
		73							1. 78	2. 12	2. 47	2. 64	2. 82	3. 16	3. 50	3. 84	4. 35	4. 85
76(76. 1)									1. 85	2. 21	2. 58	2. 76	2. 94	3. 29	3. 65	4. 00	4. 53	5. 05
	77										2. 61	2. 79	2. 98	3. 34	3. 70	4. 06	4. 59	5. 12
	80										2. 71	2. 90	3. 09	3. 47	3. 85	4. 22	4. 78	5. 33

注：1. “系列 1”为标准化钢管，“系列 2”为非标准化的钢管，“系列 3”为特殊用途钢管。

2. 括号内尺寸表示英制规格，且不推荐使用。钢管长度通常为 3 ~ 12m。

二、普通钢管规格

低压流体输送焊接钢管常用规格见表 1-2，其中普通钢管可承受 1. 96MPa 的水压试验，加厚钢管能承受2.94MPa的水压试验。焊接钢管有两端带螺纹和不带螺纹两种。两端带螺纹的管长6～9m，供货时带一个管接头；不带螺纹的管长4～12m。焊接钢管以公称直径标称。

表1-2　低压流体输送焊接钢管常用规格

公称直径/mm	公称外径/mm	普通钢管		加厚钢管	
		公称壁厚/mm	理论重量/(kg/m)	公称壁厚/mm	理论重量/(kg/m)
6	10.2	2.0	0.40	2.5	0.47
8	13.5	2.5	0.68	2.8	0.74
10	17.2	2.5	0.91	2.8	0.99
15	21.3	2.8	1.28	3.5	1.54
20	26.9	2.8	1.66	3.5	2.02
25	33.7	3.2	2.41	4.0	2.93
32	42.4	3.5	3.36	4.0	3.79
40	48.3	3.5	3.87	4.5	4.86
50	60.3	3.8	5.29	4.5	6.19
65	76.1	4.0	7.11	4.5	7.95
80	88.9	4.0	8.38	5.0	13.48
100	114.3	4.0	10.88	5.0	13.48
125	139.7	4.0	13.39	5.5	18.20
150	168.3	4.5	18.18	6.0	24.02

注：表中的公称直径系近似内径的名义尺寸，不表示公称外径减去两个公称壁厚所得的内径。

三、给水铸铁管

给水铸铁管的管长有4m、5m和6m几种。给水铸铁管能承受一定的压力，按工作压力分为低压管、普压管和高压管。给水铸铁管的工作压力和试验压力见表1-3。给水铸铁管按制造工艺分为砂型离心铸铁管和连续铸铁管。连续铸铁管规格（部分）见表1-4。

表1-3　给水铸铁管的工作压力和试验压力

管　型	工作压力/MPa	试验压力/MPa	
		≥DN500	≤DN450
低压直管	0.49	1.0	1.5
普压直管及管件	0.75	1.5	2.0
高压直管	1.0	2.0	2.5
高压管件	1.0	2.1	2.3

表1-4　连续铸铁管规格（部分）（GB/T 3422—2008）

公称直径DN/mm	外径D_2/mm	壁厚T/mm			承口凸部质量/kg	直部1m重量/kg			有效长度L/mm								
									4000			5000			6000		
		LA级	A级	B级		LA级	A级	B级	LA级	A级	B级	LA级	A级	B级	LA级	A级	B级
75	93.0	9.0	9.0	9.0	4.8	17.1	17.0	17.1	73.2	73.2	73.2	90.3	90.3	90.3			

（续）

公称直径 DN /mm	外径 D_2 /mm	壁厚 T/mm			承口凸部质量 /kg	直部 1m 重量 /kg			有效长度 L/mm								
									4000			5000			6000		
		LA 级	A 级	B 级		LA 级	A 级	B 级	LA 级	A 级	B 级	LA 级	A 级	B 级	LA 级	A 级	B 级
100	118.0	9.0	9.0	9.0	6.23	22.2	22.2	22.2	95.1	95.1	95.1	117	117	117			
150	169.0	9.0	9.2	10.0	9.09	32.6	33.3	36.0	139.5	142.3	153.1	172.1	175.6	189	205	209	225

四、铝塑复合管

铝塑复合管（PAP）是指采用中、高密度聚乙烯塑料的铝塑复合管。交联铝塑复合管（XPAP）是指采用交联中、高密度聚乙烯塑料的铝塑复合管。铝塑复合管的分类见表 1-5。铝塑复合管基本结构尺寸见表 1-6。

表 1-5　铝塑复合管的分类

流体类别		用途代号	铝塑管代号	长期工作温度 T_0 /℃	允许工作压力 p_0 /MPa
水	冷水	L	PAP	40	1.25
	冷热水	R	PAP	60	1.00
				75	0.82
				82	0.69
			XPAP	75	1.00
				82	0.86
燃气	天然气	Q	PAP	35	0.40
	液化石油气				0.40
	人工煤气				0.20
特种流体		T		40	0.50

注：在输送易在管内产生相变的流体时，在管道系统中因相变产生的膨胀力不应超过最大允许工作压力或者在管道系统中采取防止相变的措施。

表 1-6　铝塑复合管基本结构尺寸　　（单位：mm）

公称外径	公称外径公差	参考内径	圆度		管壁厚		内层塑料最小壁厚	外层塑料最小壁厚	塑管层最小壁厚
			盘管	直管	最小值	公差			
12	+0.30	8.3	≤0.8	≤0.4	1.6	+0.50	0.7	0.4	0.18
16		12.1	≤1.0	≤0.5	1.7		0.9		
20		15.7	≤1.2	≤0.6	1.9		1.0		0.23
25		19.9	≤1.5	≤0.8	2.3		1.1		
32		25.7	≤2.0	≤1.0	2.9		1.2		0.28
40		31.6	≤2.4	≤1.2	3.9	+0.60	1.7		0.33
50		40.5	≤3.0	≤1.5	4.4	+0.70	1.7		0.47
63	+0.40	50.5	≤3.8	≤1.9	5.8	+0.90	2.1		0.57
70	+0.60	59.3	≤4.5	≤2.3	7.3	+1.10	2.8		0.67

五、铜管

常用铜管有紫铜管（纯铜管）和黄铜管（铜合金等等），紫铜管主要由 T2、T3、T4、TUP（脱氧铜）制造而成，黄铜管主要由 H62、H68、HPb59-1 等牌号的黄铜制造。常用铜管的规格（部分）见表 1-7。

表 1-7　常用铜管的规格（部分）

牌号	代号	状态	种类	规格/mm		
				外径	壁厚	长度
TU0 TU1 TU2 TP1 TP2 T2 QSn0. 5-0. 025	T10130 T10150 T10180 C12000 C12200 T11050 T50300	拉拔硬（H80） 轻拉（H55） 表面硬化（O60-H） 轻退火（O50） 软化退火（O60）	直管	3. 0 ~ 54	0. 25 ~ 2. 5	400 ~ 10000
			盘管	3. 0 ~ 32	0. 25 ~ 2. 0	—

注：表面硬化（O60-H）是指软化退火状态（O60）经过加工率为 1% ~5% 的冷加工使其表面硬化的状态。

六、冷热水用耐热聚乙烯（PE-RT）管

冷热水用耐热聚乙烯管重量轻，柔韧性好，管材长，管道接口少，系统完整性好；材质无毒，无结垢层、不滋生细菌；耐腐蚀，使用寿命长。工程常用的冷热水用耐热聚乙烯管有中密度和高密度两种。燃气输送管道多采用中密度管，中密度管（MDPE）有 SDR11 和 SDR17. 6 系列。SDR11 系列管壁较厚，工作压力小于 0. 4MPa；SDR17. 6 系列管壁较薄，工作压力小于 0. 2MPa。两个系列都有 16 个规格，公称外径为 20 ~ 25mm。高密度管（HDPE）可用于输送水或无害、无腐蚀的介质，国产高密度聚乙烯管包括 25 个规格，公称外径为 16 ~ 630mm，有 PE63、PE80、PE100 三个级别，每个级别有 5 个系列，分别适用于不同的公称压力。冷热水用耐热聚乙烯管规格见表 1-8。

表 1-8　冷热水用耐热聚乙烯管规格（部分）　　（单位：mm）

公称外径 d_n	允许偏差	管系列					
		S5		S4		S3. 2	
		公称壁厚					
		基本尺寸	允许偏差	基本尺寸	允许偏差	基本尺寸	允许偏差
12	+0. 3	—	—	—	—	—	—
16	+0. 3	—	—	2. 0	+0. 4	2. 2	+0. 4
20	+0. 3	1. 9	+0. 3	2. 3	+0. 4	2. 8	+0. 4
25	+0. 3	2. 3	+0. 4	2. 8	+0. 4	3. 5	+0. 5
32	+0. 3	2. 9	+0. 4	3. 6	+0. 5	4. 4	+0. 6

七、交联聚乙烯（PE-X）管

交联聚乙烯管是以高密度聚乙烯为主要原料，通过高能射线或化学引发剂将大分子结构

转变为空间网状结构材料制成的管材。

交联聚乙烯管在建筑冷热水供应、饮用水、空调冷热水、采暖管道和地板采暖盘管等场合都可应用。交联聚乙烯管规格（部分）见表1-9。

表1-9 交联聚乙烯管规格（部分） （单位：mm）

公称外径 d_n	平均外径		最小壁厚 e_{min}（数值等于 e_n）			
			管系列			
	$d_{em,min}$	$d_{em,max}$	S6.3	S5	S4	S3.2
16	16.0	16.3	1.8	1.8	1.8	2.2
20	20.0	20.3	1.9	1.9	2.3	2.8
25	25.0	25.3	1.9	2.3	2.8	3.5
32	32.0	32.3	2.4	2.9	3.6	4.4
40	40.0	40.4	3.0	3.7	4.5	5.5
50	50.0	50.5	3.7	4.6	5.6	6.9
63	63.0	63.6	4.7	5.8	7.1	8.6

八、无规共聚聚丙烯（PP-R）管和聚丁烯（PB）管

无规共聚聚丙烯管公称外径为20～63mm，壁厚12.3～12.7mm，公称压力1.0～3.2MPa，可用于建筑冷热水供应、空调系统、低温采暖系统等场合。无规共聚聚丙烯管规格见表1-10。聚丁烯管是用聚丁烯合成的高分子聚合物制成的管材，主要应用于各种热水管道。聚丁烯管规格（部分）见表1-11。

表1-10 无规共聚聚丙烯管规格 （单位：mm）

公称外径 d_n	平均外径		管系列				
			S5	S4	S3.2	S2.5	S2
	$d_{em,min}$	$d_{em,max}$	公称壁厚 e_n				
12	12.0	12.3	—	—	—	2.0	2.4
16	16.0	16.3	—	2.0	2.2	2.7	3.3
20	20.0	20.3	2.0	2.3	2.8	3.4	4.1
25	25.0	25.3	2.3	2.8	3.5	4.2	5.1
32	32.0	23.3	2.9	3.6	4.4	5.4	6.5
40	40.0	40.4	3.7	4.5	5.5	6.7	8.1
50	50.0	50.5	4.6	5.6	6.9	8.3	10.1
63	63.0	63.6	5.8	7.1	8.6	10.5	12.7
75	75.0	75.7	6.8	8.4	10.3	12.5	15.1
90	90.0	90.9	8.2	10.1	12.3	15.0	18.1
110	110.0	111.0	10.0	12.3	15.1	18.3	22.1
125	125.0	126.2	11.4	14.0	17.1	20.8	25.1
140	140.0	141.3	12.7	15.7	19.2	23.3	28.1
160	160.0	161.5	14.6	17.9	21.9	26.6	32.1

表 1-11　聚丁烯管规格（部分）　　（单位：mm）

公称外径	平均外径		公称壁厚 e_n					
d_n	$d_{em,min}$	$d_{em,max}$	S10	S8	S6. 3	S5	S4	S3. 2
12	12. 0	12. 3	1. 3	1. 3	1. 3	1. 3	1. 4	1. 7
16	16. 0	16. 3	1. 3	1. 3	1. 3	1. 5	1. 8	2. 2
20	20. 0	20. 3	1. 3	1. 3	1. 5	1. 9	2. 3	2. 8
25	25. 0	25. 3	1. 3	1. 5	1. 9	2. 3	2. 8	3. 5
32	32. 0	32. 3	1. 6	1. 9	2. 4	2. 9	3. 6	4. 4
40	40. 0	40. 4	2. 0	2. 4	3. 0	3. 7	4. 5	5. 5
50	50. 0	50. 5	2. 4	3. 0	3. 7	4. 6	5. 6	6. 9
63	63. 0	63. 6	3. 0	3. 8	4. 7	5. 8	7. 1	8. 6
75	75. 0	75. 7	3. 6	4. 5	5. 6	6. 8	8. 4	10. 3
90	90. 0	90. 9	4. 3	S. 4	6. 7	8. 2	10. 1	12. 3
110	110. 0	111. 0	5. 3	6. 6	8. 1	10. 0	12. 3	15. 1
125	125. 0	126. 2	6. 0	7. 4	9. 2	114	14. 0	17. 1
140	140. 0	141. 3	6. 7	8. 3	10. 3	12. 7	15. 7	19. 2
160	160. 0	161. 5	7. 7	9. 5	11. 8	14. 6	17. 9	21. 9

九、硬聚氯乙烯（PVC-U）管

硬聚氯乙烯管是以高分子合成树脂为主要成分的有机材料，按照用途分为给水管和排水管两种。

（一）给水用硬聚氯乙烯塑料管材

给水用硬聚氯乙烯管材是以聚氯乙烯树脂为主要原料，经挤压成形的，用于输送水温不超过45℃的一般用途和生活饮用水管材。给水用硬聚氯乙烯塑料管的连接形式分为弹性密封圈连接和溶剂粘接，给水用硬聚氯乙烯塑料管的公称压力和管材规格尺寸见表 1-12。

表 1-12　硬聚氯乙烯管公称压力等级和规格尺寸　　（单位：mm）

公称外径 d_n	管材 S 系列 SDR 系列和公称压力						
	S16 SDR33 PN0. 63	S12. 5 SDR26 PN0. 8	S10 SDR21 PN1. 0	S8 SDR17 PN1. 25	S6. 3 SDR13. 6 PN1. 6	S5 SDR11 PN2. 0	S4 SDR9 PN2. 5
	公称壁厚 e_n						
20	—	—	—	—	—	2. 0	2. 3
25	—	—	—	—	2. 0	2. 3	2. 8
32	—	—	—	2. 0	2. 4	2. 9	3. 6
10	—		2. 0	2. 4	3. 0	3. 7	4. 5
50	—	2. 0	2. 4	3. 0	3. 7	4. 6	5. 6
63	2. 0	2. 5	3. 0	3. 8	4. 7	5. 8	7. 1
75	2. 3	2. 9	3. 6	4. 5	5. 6	6. 9	8. 4
90	2. 8	3. 5	4. 3	5. 4	6. 7	8. 2	10. 1

（续）

公称外径 d_n	管材S系列SDR系列和公称压力						
	S20 SDR41 PN0.63	S16 SDR33 PN0.8	S12.5 SDR26 PN1.0	S10 SDR21 PN1.25	S8 SDR17 PN1.6	S6.3 SDR13.6 PN2.0	S5 SDR11 PN2.5
	公称壁厚 e_n						
110	2.7	3.4	4.2	5.3	6.6	8.1	10.0
125	3.1	3.9	4.8	6.0	7.4	9.2	11.4
140	3.5	4.3	5.4	6.7	8.3	10.3	12.7
160	4.0	4.9	6.2	7.7	9.5	11.8	14.6
180	4.4	5.5	6.9	8.6	10.7	13.3	16.4
200	4.9	6.2	7.7	9.6	11.9	14.7	18.2
225	5.5	6.9	8.6	10.8	13.4	16.6	—
250	6.2	7.7	9.6	11.9	14.8	18.4	—
280	6.9	8.6	10.7	13.4	16.6	20.6	—
315	7.7	9.7	12.1	15.0	18.7	23.2	—
355	8.7	10.9	13.6	16.9	21.1	26.1	—
400	9.8	12.3	15.3	19.1	23.7	29.4	—
450	11.0	13.8	17.2	21.5	26.7	33.1	—
500	12.3	15.3	19.1	23.9	29.7	36.8	—
560	13.7	17.2	21.4	26.7	—	—	—
630	15.4	19.3	24.1	30.0	—	—	—
710	17.4	21.8	27.2	—	—	—	—
800	19.6	24.5	30.6	—	—	—	—
900	22.0	27.6	—	—	—	—	—
1000	24.5	30.6	—	—	—	—	—

注：公称外径20~90mm管材，公称壁厚（e_n）根据设计应力（σ_n）10MPa确定，最小壁厚不小于2.0mm；公称外径110~1000mm管材，公称壁厚（e_n）根据设计应力（σ_n）12.5MPa确定。

表1-12的公称压力是指管材在20℃条件下输送水的工作压力。若水温在25~45℃时，应按表1-13不同温度的折减系数修正工作压力，用折减系数乘以公称压力（PN）得到最大允许工作压力。管材的长度一般为4m、6m、8m、12m，也可供需双方商定。管材长度极限偏差为长度的-0.2%~+0.4%，塑料管规格用外径乘以壁厚（$d_e \times e$）表示，如$d_e 75\times3.6$表示塑料管外径d_e为75mm，塑料管壁厚e为3.6mm。

表1-13　不同温度下的折减系数

温度/℃	折减系数
$0<t\leqslant25$	0.1
$25<t\leqslant35$	0.8
$35<t\leqslant45$	0.63

（二）建筑排水用硬聚氯乙烯管材

建筑排水用硬聚氯乙烯管材是以聚氯乙烯树脂为主要原料，加入其所需的助剂，经挤出成形的管材，适用于民用建筑物内排水，管材规格用公称外径（d_n）×公称壁厚（e）表示。建筑排水硬聚氯乙烯管材的平均外径和壁厚见表1-14。

表 1-14　建筑排水用硬聚氯乙烯管材平均外径和壁厚　（单位：mm）

公称外径 d_n	平均外径		壁　厚	
	最小平均外径 $d_{em,min}$	最大平均外径 $d_{em,max}$	最小壁厚 e_{min}	最大壁厚 e_{max}
32	32.0	32.2	2.0	2.4
40	40.0	40.2	2.0	2.4
50	50.0	50.2	2.0	2.4
75	75.0	75.3	2.3	2.7
90	90.0	90.3	3.0	3.5
110	110.0	110.3	3.2	3.8
125	125.0	125.3	3.2	3.8
160	160.0	160.4	4.0	4.6
200	200.0	200.5	4.9	5.6
250	250.0	250.5	6.2	7.0
315	315.0	315.6	7.8	8.6

十、常用管道附件

（一）金属螺纹连接管件

金属螺纹连接管件可分为六种。常用螺纹连接管件如图 1-1 所示。

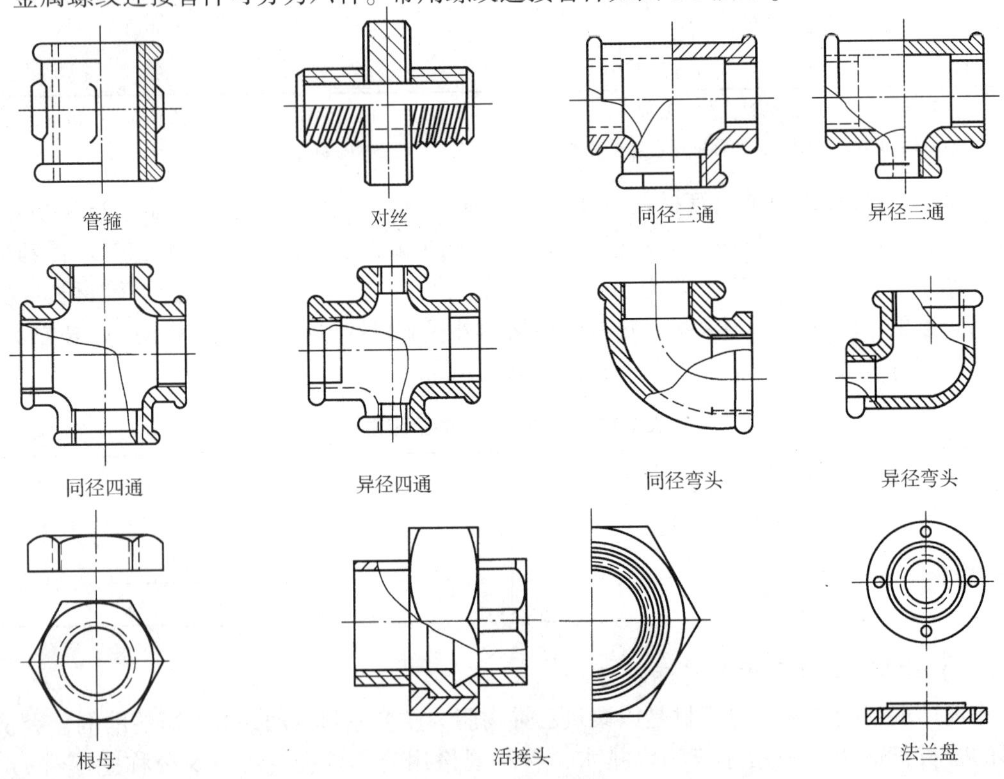

图 1-1　常用螺纹连接管件

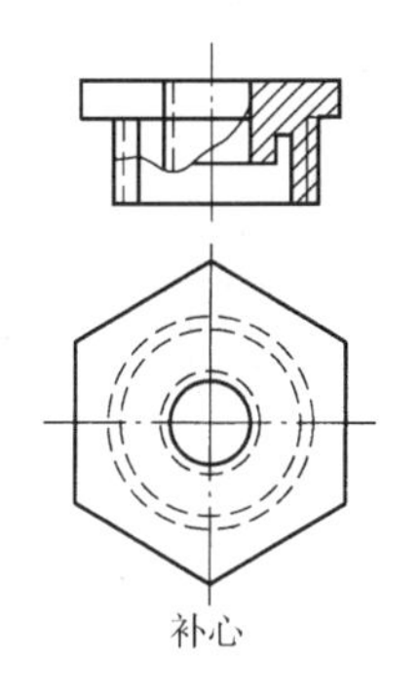

补心

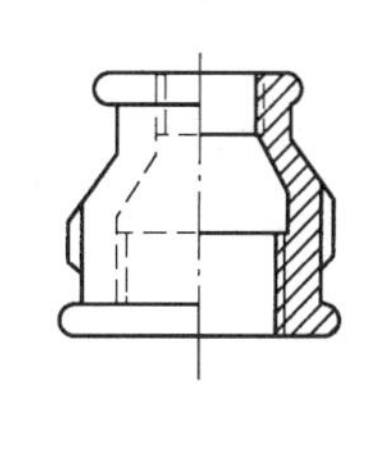

异径管箍

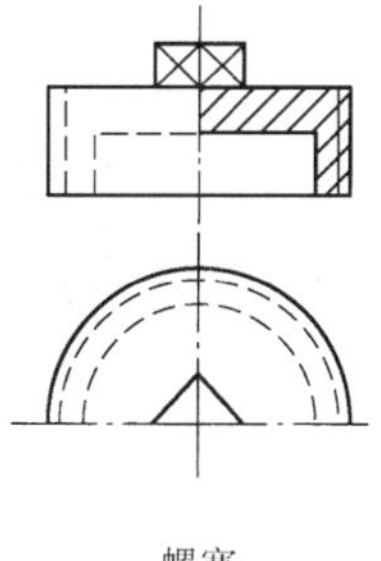

螺塞

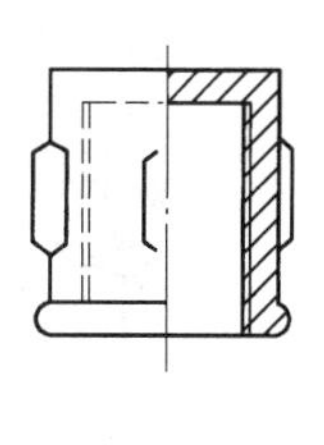

管堵头

图 1-1　常用螺纹连接管件（续）

1）管路延长连接用配件。管箍、外丝（内接头）。

2）管路分支连接用配件。三通（丁字管）、四通（十字管）。

3）管路转弯用配件。90°弯头、45°弯头。

4）节点碰头连接用配件。根母（六方内丝）、活接头（由任）、带螺纹法兰盘。

5）管子变径用配件。补心（内外丝）、异径管箍（大小头）。

6）管子堵口用配件。螺塞、管堵头。

螺纹连接管子配件的规格和所对应的管子是一致的，都以公称直径标称。同一种配件有同径和异径之分，如三通分为同径三通和异径三通。同径管件规格的标志可以用一个数值或三个数值表示，如公称直径为 25mm 的同径三通可以写为⊥25 或⊥25×25×25。异径管件的规格通常用两个管径数值表示，前一个数表示大管径，后一个数表示小管径，如异径三通⊥25×15，异径管箍 32×20。螺纹连接管子配件的规格组合见表 1-15。

表 1-15　螺纹连接管子配件的规格组合　　（单位：mm）

同径管件	异径管件							
15×15								
20×20	20×15							
25×25	25×15	25×20						
32×32	32×15	32×20	32×25					
40×40	40×15	40×20	40×25	40×32				
50×50	50×15	50×20	50×25	50×32	50×40			
65×65	65×15	65×20	65×25	65×32	65×40	65×50		
80×80	80×15	80×20	80×25	80×32	80×40	80×50	80×65	
100×100	100×15	100×20	100×25	100×32	100×40	100×50	100×65	100×80

（二）铸铁管管件

铸铁管管件由灰铸铁制成，分为给水铸铁管管件和排水铸铁管管件。给水铸铁管管件（图 1-2）壁厚较厚，能承受一定的压力，连接形式有承插和法兰连接，主要用于给水系统和供热管网中。给水铸铁管管件按照功能分为以下几类：

1）转向连接。如 90°、45°等弯头。

2）分支连接。如丁字管、十字管等。

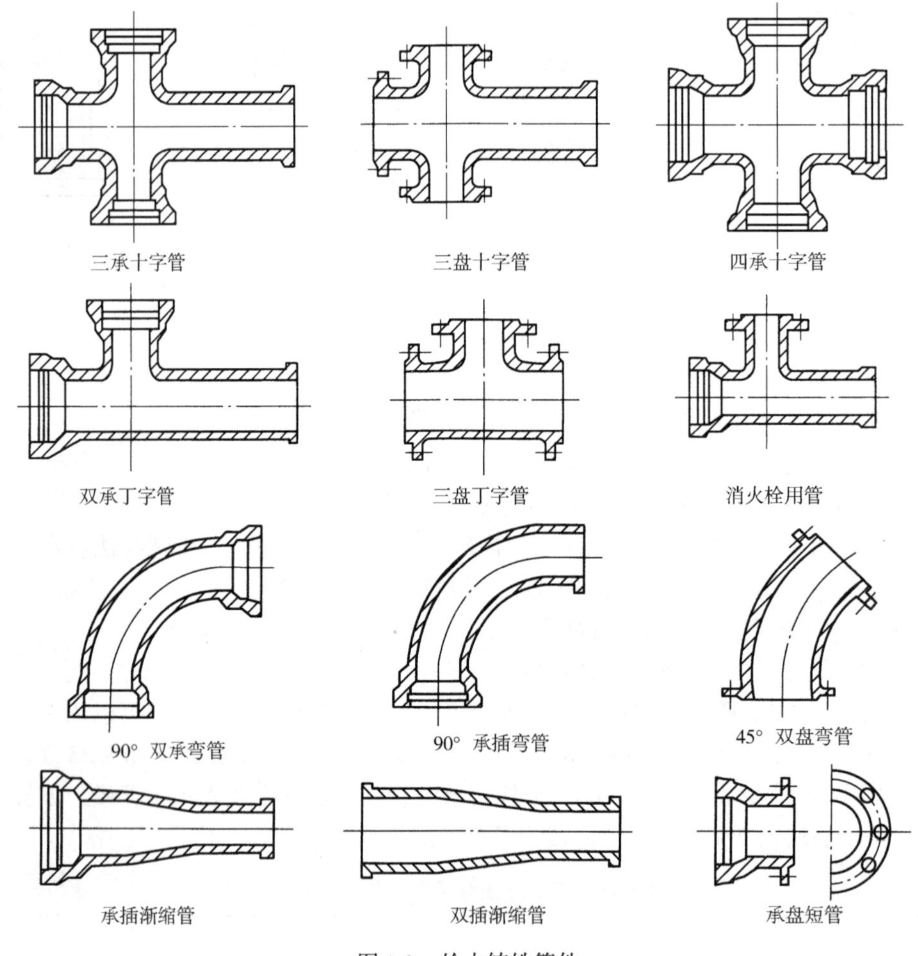

图 1-2　给水铸铁管件

3）延长连接。如管子箍（套袖）。

4）变径连接。如异径管（大小头）。

排水铸铁管管件（图 1-3）壁厚较薄，为无压自流管件，连接形式都是承插连接，主要用于排水系统。排水铸铁管管件按照功能分为以下几类：

1）转向连接。如 90°、45°弯头和乙字弯。

2）分支连接。如 T 形三通和斜三通，正四通和斜四通。

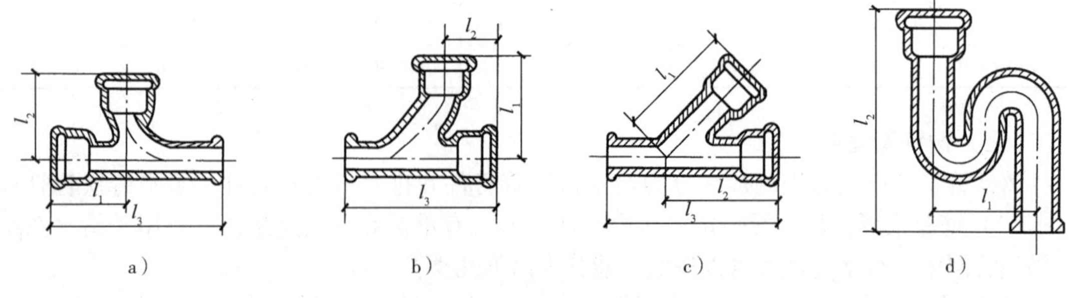

图 1-3　排水铸铁管件

a）T 形三通　b）TY 形三通　c）45°三通　d）S 形存水弯

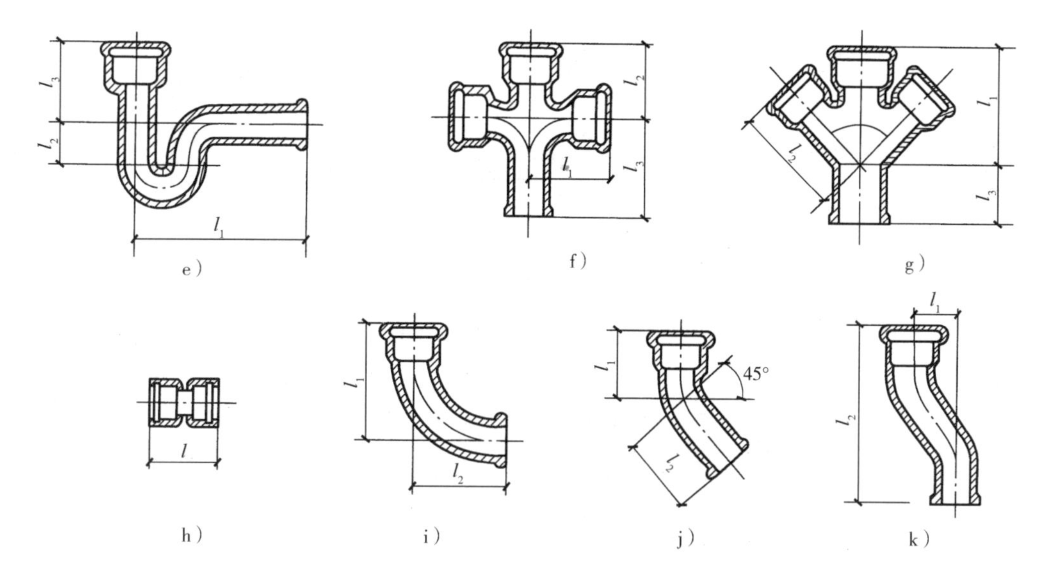

图 1-3　排水铸铁管件（续）

e）P 形存水弯　f）正四通　g）斜四通　h）管箍　i）90°弯头　j）45°弯头　k）乙字弯

十一、常用钢板（表 1-16、表 1-17）

表 1-16　一般送排风系统风管钢板最小厚度

矩形风管最长边或圆形风管直径/mm	钢板厚度/mm		
	输送空气		输送烟气
	风管无加强构件	风管有加强构件	
450 以下	0.5	0.5	1.0
450 ~ 1000	0.8	0.6	1.5
1000 ~ 1500	1.0	0.8	2.0

注：对于腐蚀性气体，风管壁厚除满足强度要求外，还应考虑腐蚀余量，风管壁厚一般不小于 2mm。

表 1-17　除尘系统风管钢板最小厚度

风管直径/mm	钢板厚度/mm					
	一般磨料		中硬度磨料		高硬度磨料	
	直管	异形管	直管	异形管	直管	异形管
200 以下	1.0	1.5	2.5	2.5	2.0	2.0
200 ~ 400	1.25	1.5	1.5	2.5	2.0	3.0
400 ~ 600	1.25	1.5	2.0	3.0	2.5	3.5
600 以上	1.5	2.0	2.0	3.0	3.0	4.0

注：1. 吸尘器及吸尘罩的钢板厚度为 2mm。
2. 一般磨料指木工锯屑、烟丝和棉麻尘等，中硬度磨料指砂轮机尘、铸造灰尘和煤渣尘等，高硬度磨料指矿石尘、石英粉尘等。

十二、常用型钢

在供热及通风工程中，型钢主要用于设备框架、风管法兰盘、加固圈及管路的支、吊、托架。常用型钢种类有圆钢、扁钢、角钢、槽钢和工字钢等，其断面如图 1-4 所示。

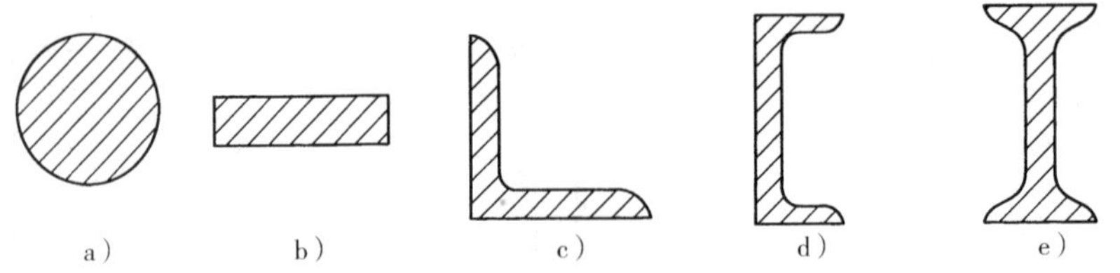

图 1-4　常用型钢断面

a）圆钢　b）扁钢　c）角钢　d）槽钢　e）工字钢

圆钢主要用于吊架拉杆、管道支架卡环及散热器托钩，圆钢规格和重量表（部分）见表 1-18。

表 1-18　圆钢规格和重量表（部分）

直径/mm	理论重量/(kg/m)	直径/mm	理论重量/(kg/m)
5.5	0.186	20	2.47
6	0.222	22	2.98
8	0.395	25	3.85
10	0.617	28	4.83
12	0.888	32	6.31
14	1.21	36	7.99
18	2.00	40	9.86

注：直径≤25mm，长 4～10m；直径 >25mm，长 3～9m。

扁钢主要用于制作风管法兰及加固圈，以宽度×厚度表示，如 20mm×4mm，扁钢规格和重量表（部分）见表 1-19。

表 1-19　扁钢规格和重量表（部分）

宽度/mm	厚度/mm																			
	3	4	5	6	7	8	9	10	11	12	14	16	18	20	22	25	28	30	32	36
	理论重量/(kg/m)																			
10	0.24	0.31	0.39	0.47	0.55	0.63	—	—	—	—	—	—	—	—	—	—	—	—	—	—
12	0.28	0.38	0.47	0.57	0.66	0.75	—	—	—	—	—	—	—	—	—	—	—	—	—	—
14	0.33	0.44	0.55	0.66	0.77	0.88	—	—	—	—	—	—	—	—	—	—	—	—	—	—
16	0.38	0.50	0.63	0.75	0.88	1.00	1.15	1.26	—	—	—	—	—	—	—	—	—	—	—	—
18	0.42	0.57	0.71	0.85	0.99	1.13	1.27	1.41	—	—	—	—	—	—	—	—	—	—	—	—
20	0.47	0.63	0.78	0.94	1.10	1.26	1.41	1.57	1.73	1.88	—	—	—	—	—	—	—	—	—	—
22	0.52	0.69	0.86	1.04	1.21	1.38	1.55	1.73	1.90	2.07	—	—	—	—	—	—	—	—	—	—
25	0.59	0.78	0.98	1.18	1.37	1.57	1.77	1.96	2.16	2.36	2.75	3.14	—	—	—	—	—	—	—	—
28	0.66	0.88	1.10	1.32	1.54	1.76	1.98	2.20	2.42	2.64	3.08	3.53	—	—	—	—	—	—	—	—
30	0.71	0.94	1.18	1.41	1.65	1.88	2.12	2.36	2.59	2.83	3.30	3.77	4.24	4.71	—	—	—	—	—	—
32	0.75	1.00	1.26	1.51	1.76	2.01	2.26	2.55	2.76	3.01	3.52	4.02	4.52	5.02	—	—	—	—	—	—
35	0.82	1.10	1.37	1.65	1.92	2.20	2.47	2.75	3.02	3.30	3.85	4.40	4.95	5.50	6.04	6.87	7.69	—	—	—
40	0.94	1.26	1.57	1.88	2.20	2.51	2.83	3.14	3.45	3.77	4.40	5.02	5.65	6.28	6.91	7.85	8.79	—	—	—
45	1.06	1.41	1.77	2.12	2.47	2.83	3.18	3.53	3.89	4.24	4.95	5.65	6.36	7.07	7.77	8.83	9.89	10.60	11.30	12.72
50	1.18	1.57	1.96	2.36	2.75	3.14	3.53	3.93	4.32	4.71	5.50	6.28	7.06	7.85	8.64	9.81	10.99	11.78	12.56	14.13
55	—	1.73	2.16	2.59	3.02	3.45	3.89	4.32	4.75	5.18	6.04	6.91	7.77	8.64	9.50	10.79	12.09	12.95	13.82	15.54

角钢多用于风管法兰及管路支架制作，分为等边角钢和不等边角钢，以边长×厚度表示，如40mm×40mm×4mm角钢，等边角钢规格和重量表（部分）见表1-20。

表1-20　等边角钢规格和重量表（部分）

尺寸/mm		理论重量/(kg/m)
宽	厚	
20	3 4	0.889 1.145
25	3 4	1.124 1.459
30	3 4	1.373 1.786
36	3 4 5	1.656 2.163 2.654
40	3 4 5	1.852 2.422 2.976
45	3 4 5 6	2.088 2.736 3.369 3.985
50	3 4 5 6	2.332 3.059 3.770 4.465
56	3 4 5 6	2.624 3.446 4.251 6.568
70	4 5 6 7 8	4.372 5.397 6.406 7.398 8.373
75	5 6 7 8 10	5.818 6.905 7.976 9.030 11.089

（续）

尺寸/mm		理论重量/(kg/m)
宽	厚	
80	5	6.211
	6	7.376
	7	8.525
	8	9.658
	10	11.874

注：通常边宽20～90mm，长4～12m。

槽钢主要用于箱体、柜体的框架结构及风机等设备的机座，槽钢规格和重量表（部分）见表1-21。

表1-21　槽钢规格和重量表（部分）

型号	尺寸/mm			理论重量/(kg/m)
	h	b	d	
5	50	37	4.5	5.44
6.3	63	40	4.8	6.63
8	80	43	5	8.04
10	100	48	5.3	10
12.6	126	53	5.5	12.37
14a	140	58	6	14.53
14b	140	63	8	16.73
16a	160	63	6.5	17.23
16b	160	65	8.5	19.74
18a	180	68	7	20.17
18b	180	70	9	22.99
20a	200	73	7	22.63
20b	200	75	9	25.77

十三、常用紧固件

常用紧固件主要指用于各种管路及设备的拉紧与固定所用的器件，如螺母、螺栓、铆钉及法兰螺钉等。

螺母与螺栓的螺纹通常分为粗牙螺纹和细牙螺纹。粗牙普通螺纹用字母“M”和公称直径表示，如M16表示公称直径为16mm的粗牙螺纹。细牙普通螺纹用字母“M”和公称直径×螺距表示，如M10×1.25表示螺距为1.25mm公称直径为10mm的细牙螺纹。安装工程中粗牙螺纹的螺母、螺栓用得较多。公制普通螺纹规格见表1-22。

表1-22　公制普通螺纹规格　　（单位：mm）

公称直径 D、d			螺距 P										
第1系列	第2系列	第3系列	粗牙	细牙									
				3	2	1.5	1.25	1	0.75	0.5	0.35	0.25	0.2
1			0.25										0.2

（续）

公称直径 D、d			螺距 P										
第1系列	第2系列	第3系列	粗牙	细牙									
				3	2	1.5	1.25	1	0.75	0.5	0.35	0.25	0.2
	1.1		0.25										0.2
1.2			0.25										0.2
	1.4		0.3										0.2
1.6			0.35										0.2
	1.8		0.35										0.2
2			0.4									0.25	
	2.2		0.45									0.25	
2.5			0.45								0.35		
3			0.5								0.35		
	3.5		0.6								0.35		
4			0.7							0.5			
	4.5		0.75							0.5			
5			0.8							0.5			
		5.5								0.5			
6			1						0.75				
	7		1						0.75				
8			1.25					1	0.75				
		9	1.25					1	0.75				
10			1.5				1.25	1	0.75				
		11	1.5			1.5		1	0.75				
12			1.75				1.25	1					
	14		2			1.5	1.25①	1					
		15				1.5		1					
16			2			1.5		1					
		17				1.5		1					
	18		2.5		2	1.5		1					
20			2.5		2	1.5		1					
	22		2.5		2	1.5		1					
24			3		2	1.5		1					
		25			2	1.5		1					
		26				1.5							
	27		3		2	1.5		1					
		28			2	1.5		1					
30			3.5	(3)	2	1.5		1					
		32			2	1.5							
	33		3.5	(3)	2	1.5							
		35②				1.5							
36			4	3	2	1.5							
		38				1.5							
	39		4	3	2	1.5							

①为仅用于发动机的火花塞。

②为仅用于轴承的锁紧螺母。

（一）螺母

螺母按形状分六角螺母和方螺母，按加工方式的不同可分为精制螺母、粗制螺母和冲压螺母。常用的公制六角螺母尺寸如图 1-5 所示，公制六角螺母规格见表 1-23。

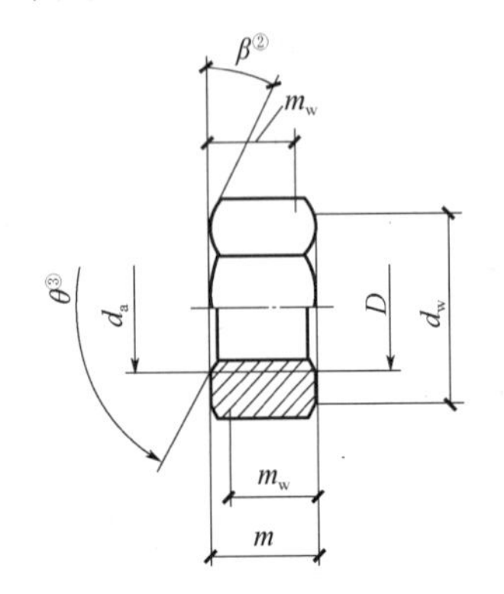

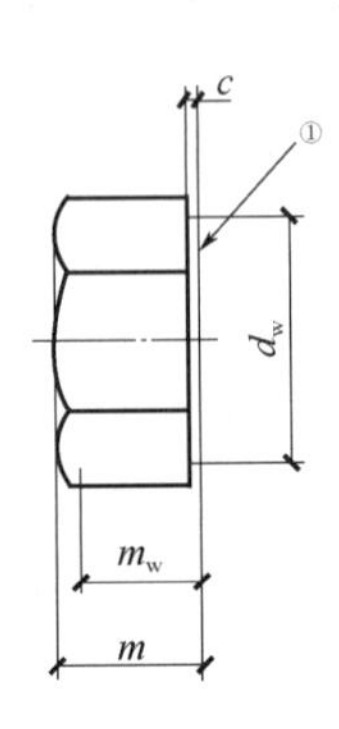

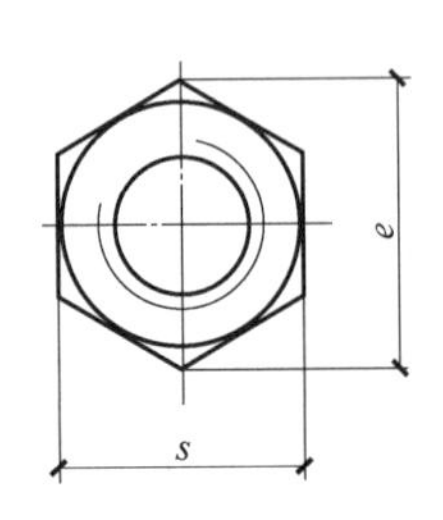

图 1-5　公制六角螺母尺寸

注：①要求垫圈面形式时，应在订单中注明。

②$\beta = 15° \sim 30°$。

③$\theta = 90° \sim 120°$。

表 1-23　公制六角螺母规格　　（单位：mm）

螺纹规格 D		M1.6	M2	M2.5	M3	M4	M5	M6	M8	M10	M12
P		0.35	0.4	0.45	0.5	0.7	0.8	1	1.25	1.5	1.75
c	max	0.20	0.20	0.30	0.40	0.40	0.50	0.50	0.60	0.60	0.60
	min	0.10	0.10	0.10	0.15	0.15	0.15	0.15	0.15	0.15	0.15
d_a	max	1.84	2.30	2.90	3.45	4.60	5.75	6.75	8.75	10.80	13.00
	min	1.60	2.00	2.50	3.00	4.00	5.00	6.00	8.00	10.00	12.00
d_w	min	2.40	3.10	4.10	4.60	5.90	6.90	8.90	11.60	14.60	16.60
e	min	3.41	4.32	5.45	6.01	7.66	8.79	11.05	14.38	17.77	20.03
m	max	1.30	1.60	2.00	2.40	3.20	4.70	5.20	6.80	8.40	10.80
	min	1.05	1.35	1.75	2.15	2.90	4.40	4.90	6.44	8.04	10.37
m_w	min	0.80	1.10	1.40	1.70	2.30	3.50	3.90	5.20	6.40	8.30
s	公称 = max	3.20	4.00	5.00	5.50	7.00	8.00	10.0	13.00	16.00	18.00
	min	3.02	3.82	4.82	5.32	6.78	7.78	9.78	12.73	15.73	17.73

螺纹规格 D		M16	M20	M24	M30	M36	M42	M48	M56	M64
P		2	2.5	3	3.5	4	4.5	5	5.5	6
c	max	0.80	0.80	0.80	0.80	0.80	1.00	1.00	1.00	1.00
	min	0.20	0.20	0.20	0.20	0.20	0.30	0.30	0.30	0.30
d_a	max	17.30	21.60	25.90	32.40	38.90	45.40	51.80	60.50	69.10
	min	16.00	20.00	24.00	30.00	36.00	42.00	48.00	56.00	64.00
d_w	min	22.50	27.70	33.30	42.80	51.10	60.00	69.50	78.70	88.20
e	min	26.75	32.95	39.55	50.85	60.79	71.30	82.60	93.56	104.86

（续）

螺纹规格 *D*		M16	M20	M24	M30	M36	M42	M48	M56	M64
m	max	14.80	18.00	21.50	25.60	31.00	34.00	38.00	45.00	51.00
	min	14.10	16.90	20.20	24.30	29.40	32.40	36.40	43.40	49.10
m_w	min	11.30	13.50	16.20	19.40	23.50	25.90	29.10	34.70	39.30
s	公称 = max	24.00	30.00	36.00	46.00	55.00	65.00	75.0	85.00	95.00
	min	33.67	29.16	35.00	45.00	53.80	63.10	73.10	82.80	92.80

（二）螺栓

螺栓又称为螺杆，它按形状分为六角头螺栓、方头螺栓和双头（无头）螺栓；按加工要求分为粗制螺栓、半精制螺栓、精制螺栓。规格表示：公称直径×长度或公称直径×长度×螺纹长度。常用的公制六角头螺栓尺寸如图 1-6 所示和公制六角头螺栓规格（部分）见表 1-24。

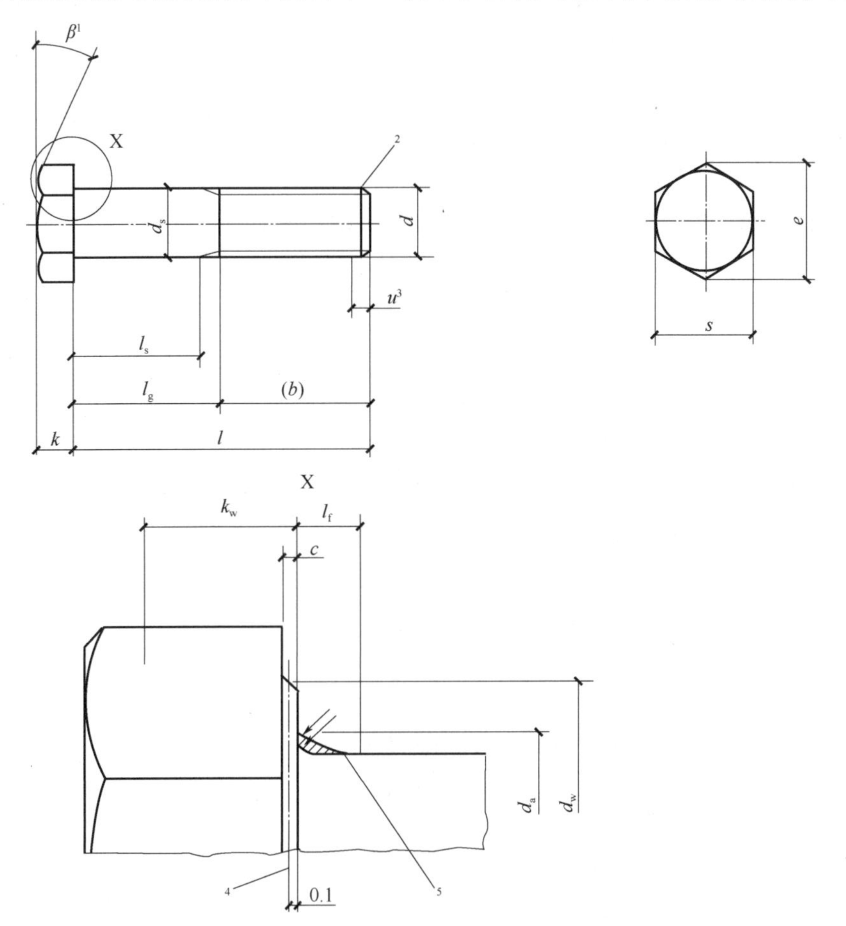

图 1-6　公制六角头螺栓尺寸

注：1. $\beta = 15° \sim 30°$。

2. 末端应倒角，对螺纹规格≤M4 可为辗制末端（GB/T 2）。

3. 不完整螺纹的长度 $u \leqslant 2P$。

4. d_w 的仲裁基准。

5. 最大圆弧过渡。

表 1-24　公制六角头螺栓规格（部分）　　（单位：mm）

螺纹规格 d				M5	M6	M8	M10	M12	M16	M20
P[1]				0.8	1	1.25	1.5	1.75	2	2.5
b 参考	2			16	18	22	26	30	38	46
	3			22	24	28	32	36	44	52
	4			35	37	41	45	49	57	65
c	max			0.50	0.50	0.60	0.60	0.60	0.80	0.80
	min			0.15	0.15	0.15	0.15	0.15	0.2	0.2
d_a	max			5.7	6.8	9.2	11.2	13.7	17.7	22.4
d_s	公称 = max			5.00	6	8	10	12	16	20
	产品等级	A	min	4.82	5.82	7.78	9.78	11.73	15.73	9.67
		B		4.70	5.70	7.64	9.64	11.57	15.57	19.48
d_w	产品等级	A	min	6.88	8.88	11.63	14.63	16.63	22.49	28.19
		B		6.74	8.74	11.47	14.47	16.47	22.00	27.70
e	产品等级	A	min	8.79	11.05	14.38	17.77	20.03	26.75	33.53
		B		8.63	10.89	14.20	17.59	19.85	26.17	32.95
l_f	max			1.2	1.4	2	2	3	3	4
k	公称			3.5	4	5.3	6.4	7.5	10	12.5
	产品等级	A	max	3.65	4.15	5.45	6.58	7.68	10.18	12.715
			min	3.35	3.85	5.15	6.22	7.32	9.82	12.285
		B	max	3.74	4.24	5.54	6.69	7.79	10.29	12.85
			min	3.26	3.76	5.06	6.11	7.21	9.71	12.15

（三）垫圈

垫圈分为平垫圈和弹簧垫圈。平垫圈垫于螺母下面，增大螺母与被紧固件间的接触面积，降低螺母作用在单位面积上的压力，并起保护被紧固件表面不受摩擦损伤的作用。平垫圈尺寸如图 1-7 所示，平垫圈规格（部分）见表 1-25。

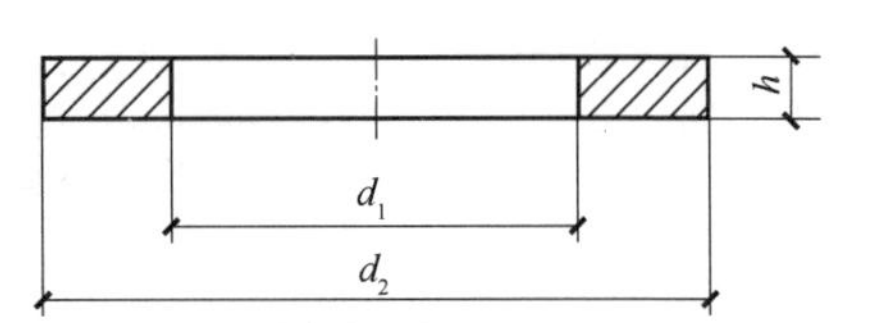

图 1-7　平垫圈尺寸

表 1-25　平垫圈规格（部分）　　（单位：mm）

公称尺寸（螺纹规格 d）	内径 d_1		外径 d_2		厚度 h		
	公称（min）	max	公称（max）	min	公称	max	min
5	5.5	5.8	18	16.9	2	2.3	1.7
6	6.5	6.96	22	20.7	2	2.3	1.7
8	9	9.36	28	26.7	3	3.6	2.4
10	11	11.43	34	32.4	3	3.6	2.4
12	13.5	13.93	44	42.4	4	4.6	3.4
14	15.5	15.93	50	48.4	4	4.6	3.4
15	17.5	18.2	56	54.1	5	6	4

（续）

公称尺寸（螺纹规格 d）	内径 d_1		外径 d_2		厚度 h		
	公称（min）	max	公称（max）	min	公称	max	min
20	22	22.84	72	70.1	6	7	5
24	26	26.84	85	82.8	6	7	5
30	33	34	105	102.8	6	7	5
35	39	40	125	122.5	8	9.2	6.8

注：公称直径指配合螺栓的规格。

（四）膨胀螺栓

膨胀螺栓又称胀锚螺栓，可用于固定管道支架及作为设备地脚专用紧固件。采用膨胀螺栓可以省去预埋件及预留孔洞，而且能提高安装速度和工程质量，节约材料，降低成本。膨胀螺栓形式繁多（图1-8），但大体上可分为两类，即锥塞型（图1-8a）和胀管型（图1-8b）。这两类螺栓中有采用钢材制造的钢制膨胀螺栓，也有采用塑料、尼龙、铜合金制造的胀管。

锥塞型膨胀螺栓适用于钢筋混凝土建筑结构。它是由锥塞（锥台）、带锥套的胀管（也有不带锥套的）、六角头螺栓（或螺杆和螺母）组成的。使用时，锥塞打入胀管，胀管径向膨胀使胀管紧塞于墙孔中。胀管前端带有公制内螺纹，可拧入螺栓或螺杆（图1-8c）。为防止螺栓受振动的影响而引起胀管松动，可采用锥塞带内螺纹的膨胀螺栓（图1-8d）。胀管型膨胀螺栓适用于砖、木及钢筋混凝土等建筑结构。它是由带锥头的螺杆、胀管（在一端开有4条槽缝的薄壁短管）及螺母组成的。使用时，随着螺母的拧紧，胀管随之膨胀紧塞于墙孔中。对于受拉或受动载荷作用的支架、设备，宜使用这种膨胀螺栓。钢制膨胀螺栓在C15混凝土中的允许承载能力见表1-26。

使用聚氯乙烯树脂作胀管的膨胀螺栓（图1-8f）时，将其打入钻好的孔中，当拧紧螺母时，胀管被压缩，并沿径向向外鼓胀，从而螺栓在孔中更加紧固。当螺母放松后，聚氯乙烯树脂胀管又恢复原状，螺栓可以取出再用。这种螺栓对钢筋混凝土、砖及轻质混凝土等低密度材质的建筑结构均适用。

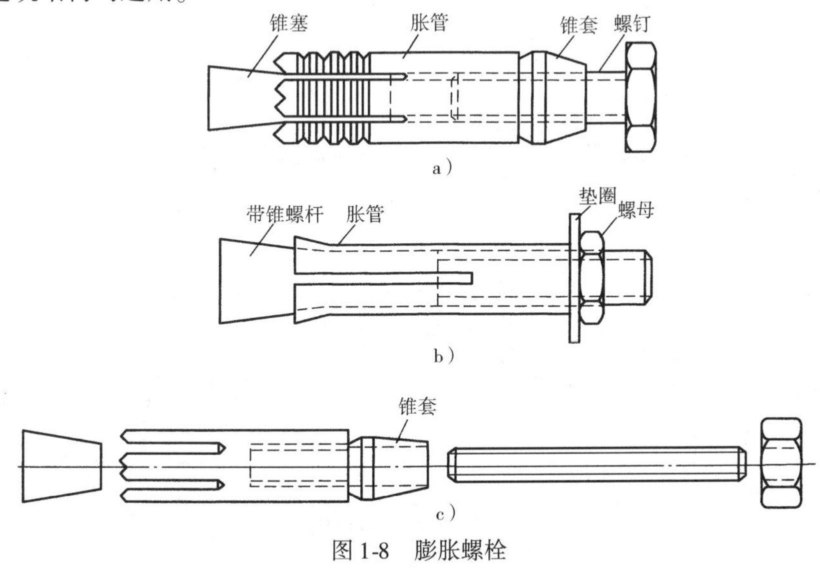

图1-8　膨胀螺栓

a）锥塞型膨胀螺栓　b）胀管型膨胀螺栓　c）带锥套的膨胀螺栓

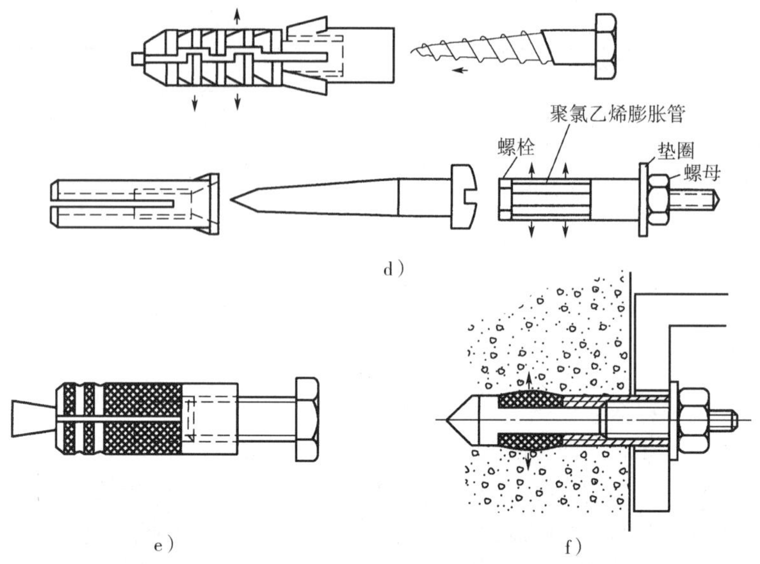

图 1-8　膨胀螺栓（续）

d）塑料胀管膨胀螺栓　e）铜合金胀管膨胀螺栓　f）聚氯乙烯胀管膨胀螺栓

表 1-26　钢制膨胀螺栓在 C15 混凝土中的允许承载力

型号		螺栓直径/mm	允许拉力/MPa	允许剪力/MPa	钻孔	
					直径/mm	深度/mm
YG1	M10	10	57	47	10.5	60
	M12	12	87	69	12.5	70
	M16	16	165	130	16.5	80
	M20	20	270	200	20.5	110
YG2	M16	16	194	180	22.5～23	120
	M20	20	304	280	28.5～30	140

（五）射钉

射钉是一种专用特制钢钉（图 1-9），它可以安全准确地射在砖墙、钢筋混凝土构件、钢质或木质构件的指定位置上。

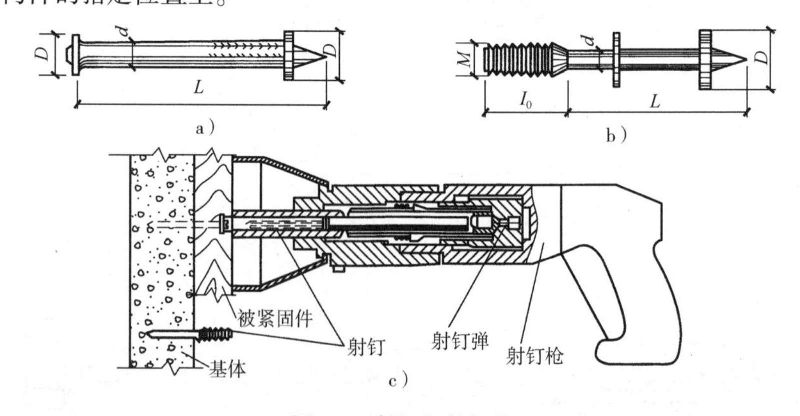

图 1-9　射钉与射钉枪

a）圆头射钉　b）螺纹射钉　c）射钉枪

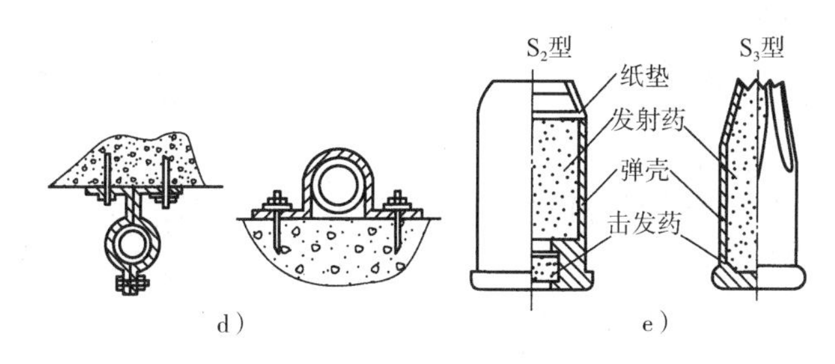

图 1-9 射钉与射钉枪（续）

d）射钉紧固支架 e）射钉弹

选用射钉时，要考虑载荷量、构件的材质和钉子埋入的深度。射钉和射钉弹选用表见表 1-27。

表 1-27 射钉和射钉弹选用表

基体材质类别	基体材料抗拉（压）强度/MPa	射钉埋置深度 L/mm	被紧固件材质和厚度 S/mm	射钉类型	射钉弹类型
混凝土	10～60	22～32	木质 25～55	YD DD	S_1 红、黄 S_3 黄、红、绿
混凝土	10～60	22～32	松软木质 25～55	YD + D_{36} DD + D_{36}	S_1 红、黄 S_3 红、黄、绿
混凝土	10～60	22～32	钢和铝板 4～8	YD DD	S_1 红、黄 S_3 红、黄
混凝土	10～60	22～32	—	M6	S_3 红、黄
混凝土	10～60	22～32	—	M8、M10	S_2 红、黄
金属体	1～7.5	8～12	木质 25～55	HYD HDD	S_1 红 S_3 红、黄
金属体	1～7.5	8～12	—	HM6 HM8 HM10	S_2 黑、红、黄

射钉产品已实现系列化，常用的有十几种，分为两类：一类是一端带有公制普通螺纹的射钉，另一类是圆头射钉，有 M6、M8、M10、HM6、HM8、HM10 六个系列。射钉的代号和标注方法如下：

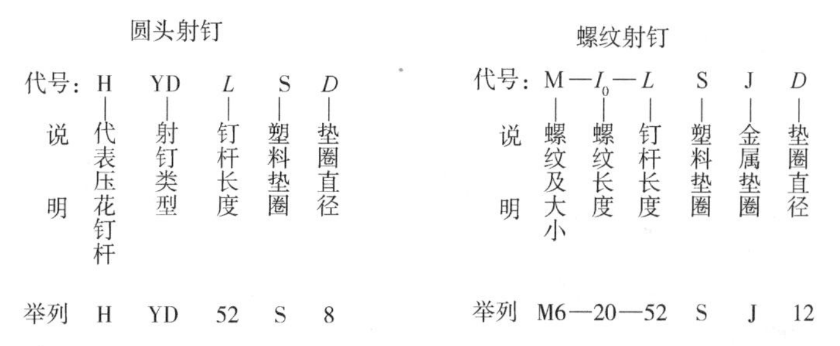

（六）铆钉

铆钉是用于板材、角钢法兰与金属风管间连接的紧固件。铆钉按其形式不同可分为半圆头（蘑菇顶）铆钉和平头铆钉；按材质不同可分为钢铆钉和铝铆钉，铝铆钉又分为实芯、抽芯、击芯等形式。抽芯铆钉尺寸如图 1-10 所示。抽芯铆钉要使用拉铆枪进行拉铆，抽芯铆钉常用规格见表 1-28。

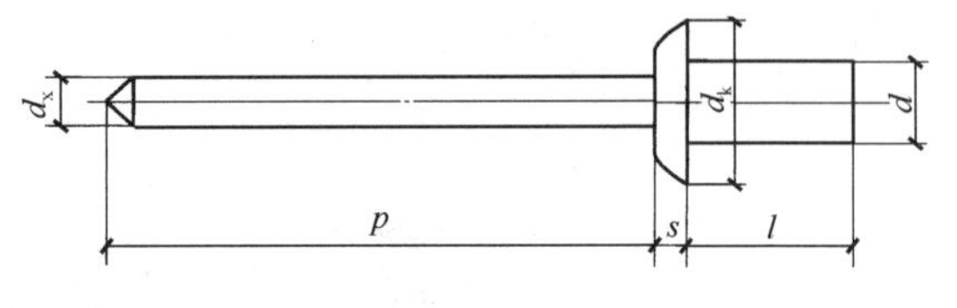

图 1-10　抽芯铆钉尺寸

表 1-28　抽芯铆钉常用规格　（单位：mm）

钉　体	d	公称	3.8	4	4.8	6.4
		max	3.28	4.08	4.88	6.48
		min	3.05	3.85	4.65	6.25
	d_k	max	6.7	8.4	10.1	13.4
		min	5.8	6.9	8.3	11.6
	k	max	1.3	1.7	2	2.7
钉芯	d_x	max	1.85	2.35	2.77	3.75
	p	min	25		27	
铆钉长度 l			推荐的铆接范围			
公称 min	max					
8.0	9.0		0.5 ~ 3.5	—	1.0 ~ 3.5	—
9.5	10.5		3.5 ~ 5.0	1.0 ~ 5.0	—	—
11.0	12.0		5.0 ~ 6.5	—	3.5 ~ 6.5	—
11.5	12.5		—	5.0 ~ 6.5	—	—
12.5	13.5		—	6.5 ~ 8.0	—	1.5 ~ 7.0
14.5	15.5		—	—	6.5 ~ 9.5	7.0 ~ 8.5
18.0	19.0		—	—	9.5 ~ 13.5	8.5 ~ 10.0

铆钉规格以铆钉直径 × 钉杆长度表示，如 5mm × 8mm，6mm × 10mm。钢铆钉在使用前要进行退火处理。通风工程中常用的铆钉直径为 3 ~ 6mm。半圆头铆钉、平头铆钉和击芯铆钉尺寸分别如图 1-11、图 1-12 和图 1-13 所示，半圆头铆钉、平头铆钉和击芯铆钉的尺寸和规格见表 1-29、表 1-30 和表 1-31。铝板风管应用铝铆钉。

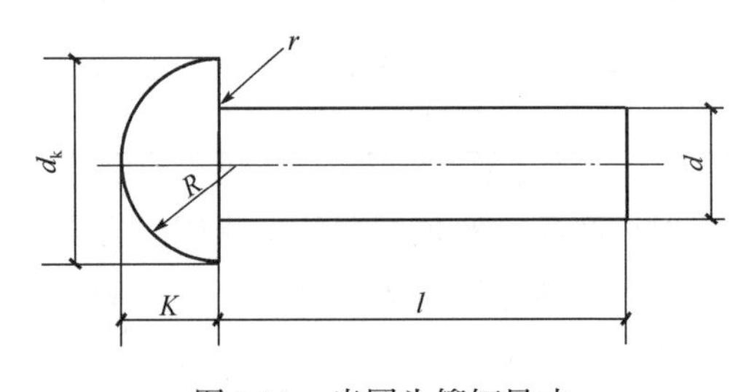

图 1-11　半圆头铆钉尺寸

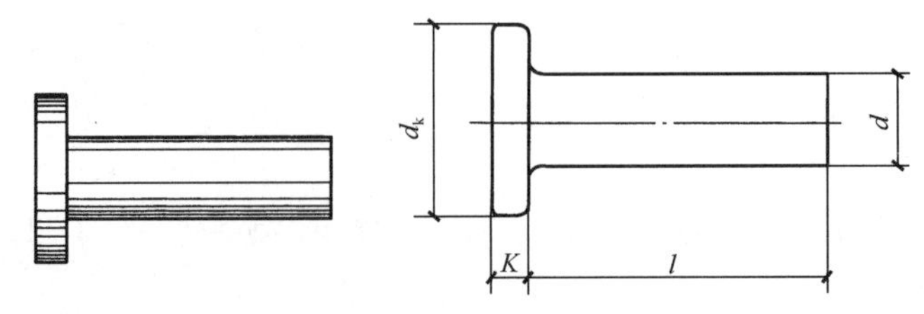

图 1-12　平头铆钉外观及尺寸

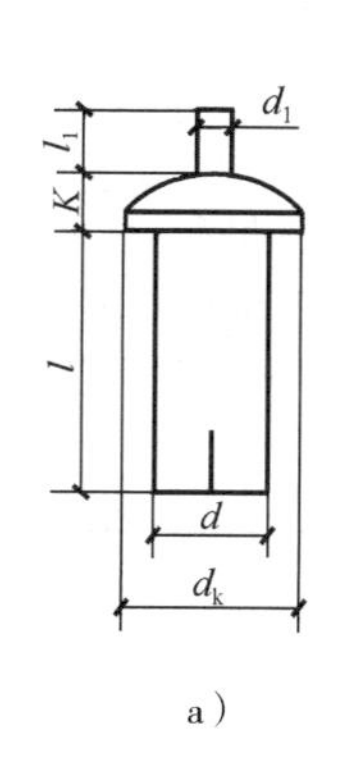

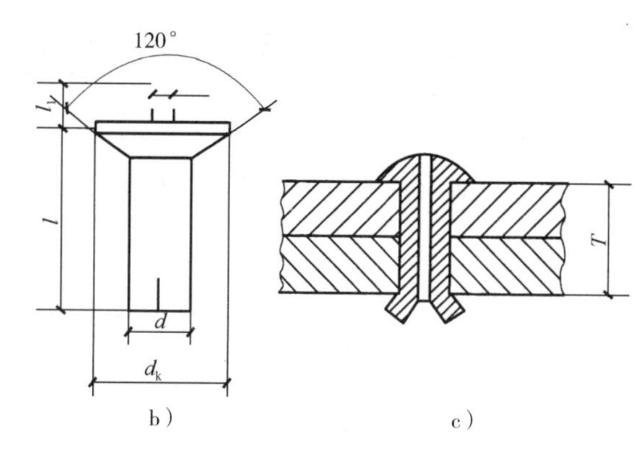

图 1-13　击芯铆钉尺寸

a）扁圆头型　b）沉头型　c）安装示意图

表 1-29　半圆头铆钉尺寸和规格　　（单位：mm）

d			d_k		K		$R\approx$	r	l
公称	max	min	max	min	max	min		max	
	MDXD		MDXDK		MDDK				MDXL
0. 6	0. 64	0. 56	1. 3	0. 9	0. 5	0. 3	0. 58	0. 05	1 ~ 6
0. 8	0. 84	0. 76	1. 6	1. 2	0. 6	0. 4	0. 74	0. 05	1. 5 ~ 8
1	1. 06	0. 94	2	1. 6	0. 7	0. 5	1	0. 1	2 ~ 8
（1. 2）	1. 26	1. 14	2. 3	1. 9	0. 8	0. 6	1. 2	0. 1	2. 5 ~ 8
1. 4	1. 46	1. 34	2. 7	2. 3	0. 9	0. 7	1. 4	0. 1	3 ~ 12
（1. 6）	1. 66	1. 54	3. 2	2. 8	1. 2	0. 8	1. 6	0. 1	3 ~ 12
2	2. 06	1. 94	3. 74	3. 26	1. 4	1	1. 9	0. 1	3 ~ 16
（2. 5）	2. 56	2. 44	4. 84	4. 36	1. 8	1. 4	2. 5	0. 1	5 ~ 20
3	3. 06	2. 94	5. 54	5. 06	2	1. 6	2. 9	0. 1	5 ~ 26
（3. 5）	3. 58	3. 42	6. 59	6. 01	2. 3	1. 9	3. 4	0. 3	7 ~ 26
4	4. 08	3. 92	7. 39	6. 81	2. 6	2. 2	3. 8	0. 3	7 ~ 50
5	5. 08	4. 92	9. 09	8. 51	3. 2	2. 8	4. 7	0. 3	7 ~ 55
6	6. 08	5. 92	11. 35	10. 65	3. 84	3. 36	6	0. 3	8 ~ 60
8	8. 1	7. 9	14. 35	13. 65	5. 04	4. 56	8	0. 3	16 ~ 65
10	10. 1	9. 9	17. 35	16. 65	6. 24	5. 76	9	0. 3	16 ~ 85
12	12. 12	11. 88	21. 42	20. 58	8. 29	7. 71	11	0. 4	20 ~ 90
（14）	14. 12	13. 88	24. 42	23. 58	9. 29	8. 71	12. 5	0. 4	22 ~ 100
16	16. 12	15. 88	29. 42	28. 58	10. 29	9. 71	15. 5	0. 4	26 ~ 110

注：尽可能不采用括号内的规格。

表 1-30　平头铆钉尺寸和规格（GB 109—1986）　　（单位：mm）

公称直径 d	2	2. 5	3	（3. 5）	4	5	6	8	10
头部直径 d_k	4	5	6	7	8	10	12	16	20
头部高度 K	1	1. 2	1. 4	1. 6	1. 8	2	2. 4	2. 8	3. 2
公称长度 l	4 ~ 8	5 ~ 10	6 ~ 14	6 ~ 18	8 ~ 22	10 ~ 26	12 ~ 30	16 ~ 30	20 ~ 30

表 1-31　击芯铆钉尺寸和规格

公称直径 d/mm	公称长度 l/mm	被铆接件厚度 T (±0.5) /mm	钉头直径 d_k/mm	钉头高度 K/mm	钉芯直径 d_1/mm	钉芯露出长度 l_1/mm	钻孔直径 /mm	LF5 防锈铝试验载荷	
								抗拉力/N	抗剪力/N
5	7～21	$l-2.5$	9.5	1.8	2.8	4～5	5.1	≥2940	≥4900
6.4	29～45	$l-2.5$	13	3	3.8	5～6	6.5	≥4760	≥7640

注：公称长度系列 l/mm：7，9，11，13，15，17，19，21，29，33，39，40，43，45。

十四、常用阀门和法兰

(一) 常用阀门

阀门按结构和用途分类见表 1-32，按压力分类见表 1-33。

表 1-32　阀门按结构和用途分类

名　称	闸　阀	截止阀	球阀	旋塞阀	节流阀
用途	接通或截断管路中的介质			接通或截断管路中的介质，调节介质流量	调节介质流量
传动方式	手动或电动，液动，直齿圆柱齿轮传动，锥齿轮传动	手动或电动	手动或电动，气动，电-液动，气-液动，蜗轮传动	手动	手动
连接形式	法兰，焊接，内螺纹	法兰，焊接，内（外）螺纹，卡套	法兰，焊接，内（外）螺纹	法兰，内螺纹	法兰，外螺纹，卡套

名称	止回阀	安全阀	减压阀	疏水阀
用途	阻止介质倒流	防止介质压力超过规定数值，以保证安全	降低介质压力	阻止蒸汽逸漏，并迅速排除管道及热设备中的凝结水
传动方式	自动	自动	自动	自动
连接形式	法兰，内（外）螺纹，焊接	法兰，螺纹	法兰	法兰，螺纹

表 1-33　阀门按压力分类

低压阀	PN≤1.6MPa
中压阀	1.6MPa＜PN≤6.4MPa
高压阀	10MPa＜PN≤100MPa
超高压阀	PN＞100MPa

1. 截止阀

安装截止阀时要注意流体“低进高出”（图 1-14）。截止阀外观如图 1-15 所示。

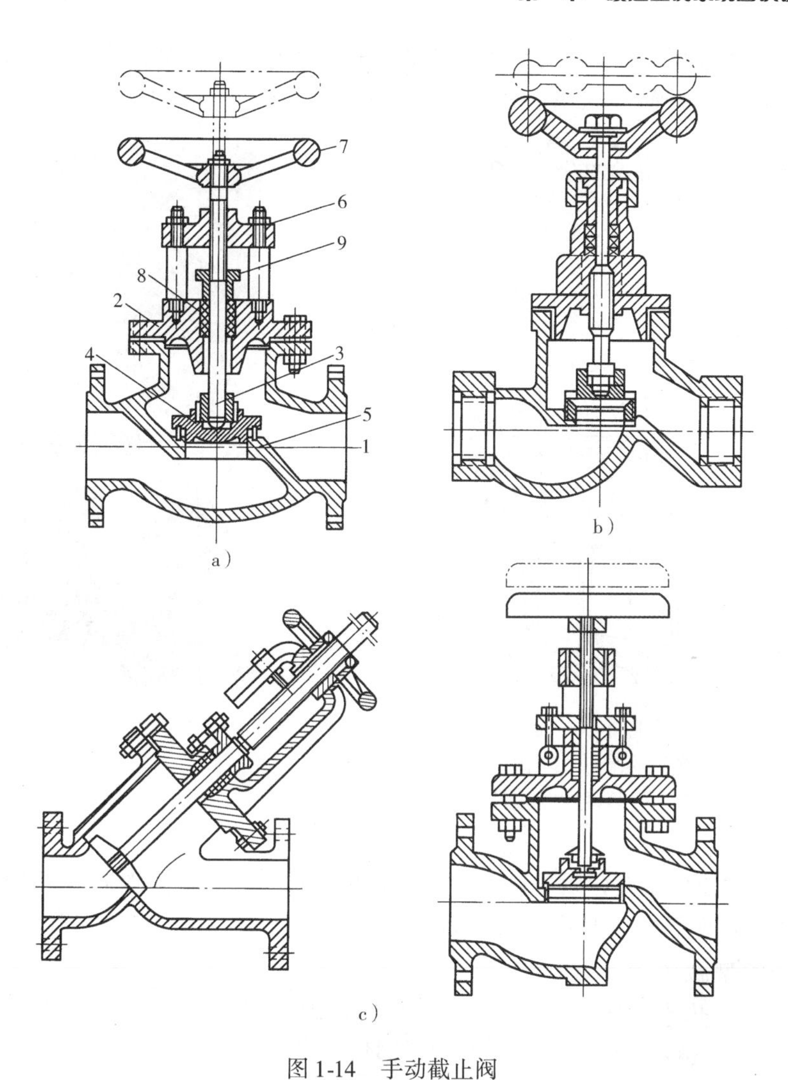

图 1-14　手动截止阀

a）筒形　b）流线形　c）直流式

1—阀体　2—阀盖　3—阀杆　4—阀瓣　5—阀座　6—阀杆螺母　7—手轮　8—填料　9—填料压盖

图 1-15　截止阀外观

2. 闸阀

闸阀又称闸板阀，是利用与流体垂直的闸板升降控制开闭的阀门，用于冷热水管道系统中全开、全关或大直径蒸汽管路不常开关的场合。流体通过闸阀时流向不变，水阻力小。闸阀无安装方向，严密性较差，不宜用于需要调节开度大小、启闭频繁或阀门两侧压力差较大的管路（图1-16）。闸阀外观如图1-17所示。

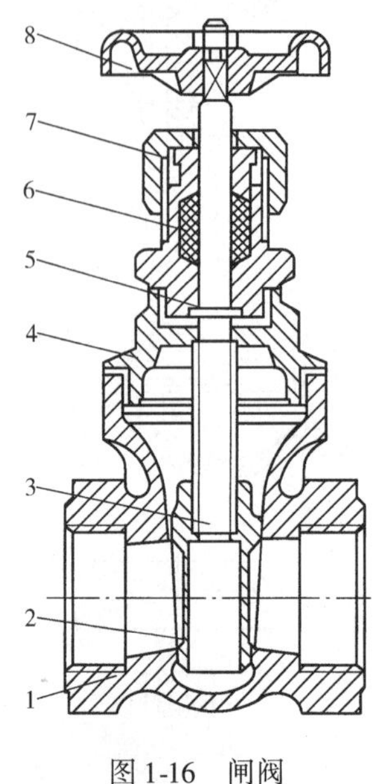

图1-16　闸阀

1—阀座　2—闸板　3—阀杆　4—阀盖

5—止推凸肩　6—填料　7—填料压盖　8—手轮

图1-17　闸阀外观

3. 减压阀

减压阀的工作原理是使介质通过收缩的过流断面而产生节流，节流损失使介质的压力减低，从而使其成为所需要的低压介质。减压阀一般有弹簧式、活塞式和波纹管式，实际应用中可根据各种类型减压阀的调压范围选择和调整。热水、蒸汽管道中常用减压阀调整介质压力，以满足用户的要求。

4. 止回阀

止回阀又称逆止阀或单向阀，是使介质只能从一个方向通过的阀门。它具有严格的方向性，主要作用是防止管道内的介质倒流，常用于给水系统中。在锅炉给水管道上、水泵出口管上均应设置止回阀，防止由于锅炉压力升高或停泵造成出口压力降低而产生的水倒流。常用的止回阀有升降式和旋启式（图1-18），升降式止回阀应安装在水平管道上；旋启式止回阀既可以安装在垂直管道

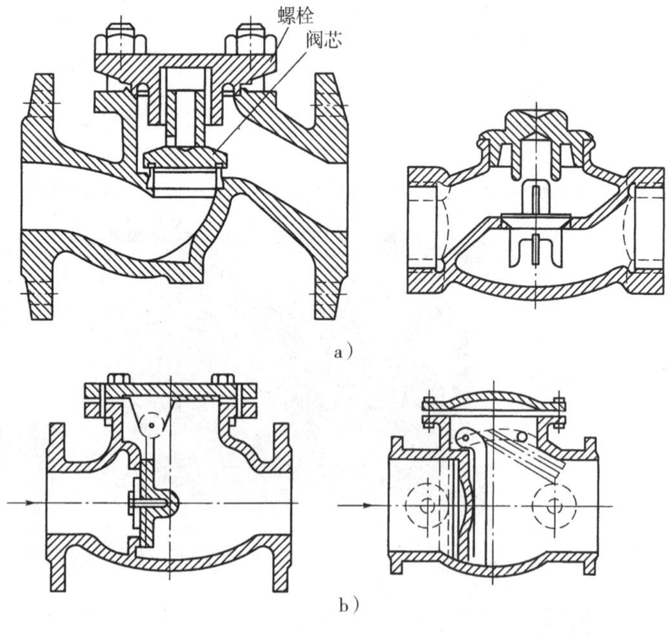

图1-18　止回阀

a）升降式止回阀　b）旋启式止回阀

上，也可以安装在水平管道上。止回阀的阀体均标有方向箭头，不允许装反。

5. 安全阀

安全阀是一种自动排泄装置。当密闭容器内的压力超过工作压力时，安全阀自动开启，排放容器内的介质（水、蒸汽、压缩空气等），降低容器或管道内的压力，起到对设备和管道的保护作用。安装安全阀前应认真调整定压，调整后应铅封且不允许随意拆封。安全阀的工作压力应与规定的工作压力范围相适应。常用的安全阀有弹簧式和杠杆式（图 1-19）。

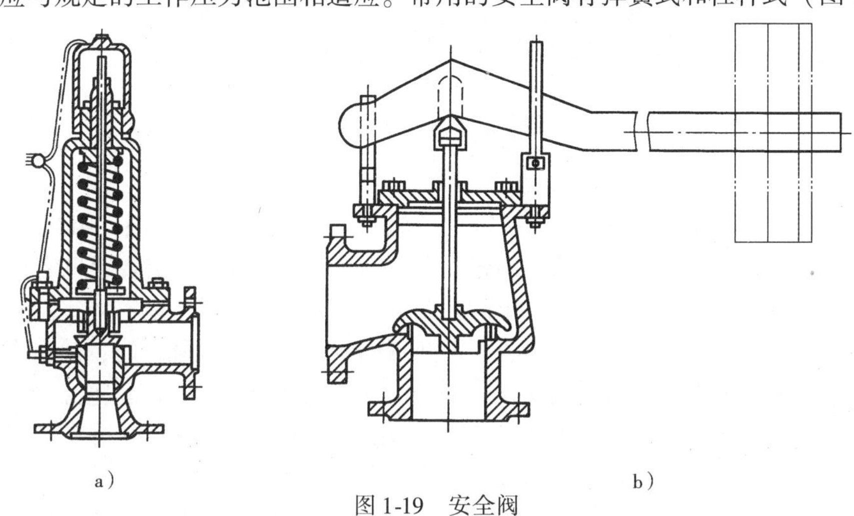

图 1-19　安全阀

a）弹簧式安全阀　b）杠杆式安全阀

6. 旋塞阀

旋塞阀是一种结构简单、开启及关闭迅速、阻力较小的用手柄操作的阀门，当手柄与阀体呈平行状态时为全启位置，当手柄与阀体垂直时为全闭位置，如图 1-20 所示。

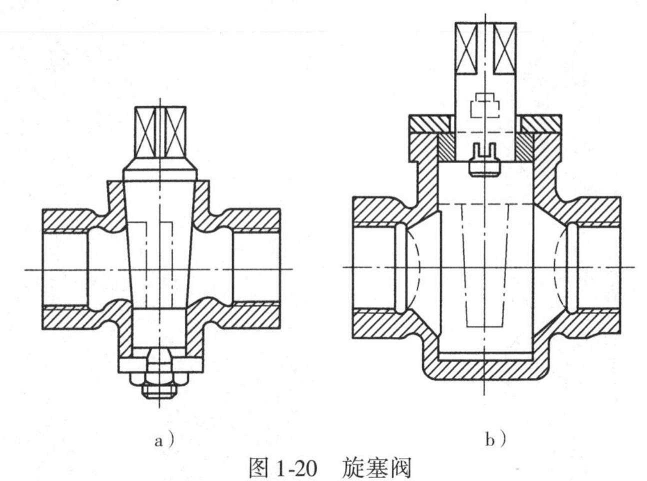

图 1-20　旋塞阀

a）紧扣式旋塞阀　b）填料式旋塞阀

7. 球阀

球阀的工作原理与旋塞阀相同，但阀芯是球体，在阀芯中间开孔，借助手柄转动阀芯达到开关目的。球阀的构造简单，体积较小，零部件少，重量较轻，开关迅速，阻力小，严密性和开关性能都比旋塞阀好。但由于密封结构和材料的限制，球阀不宜用在高温介质中。球阀外观如图 1-21 所示。

图 1-21 球阀外观图

8. 温控阀

温控阀是由恒温控制器（阀头）、流量调节阀（阀体）及一对连接件组成（图 1-22）。温控阀根据温包位置可分为温包内置和温包外置（远程式）。温度设定装置也有内置式和远程式，可以通过其显示窗口来设定所要求的控制温度，并加以自动控制。当室温升高时，感温介质吸热膨胀，阀门开度变小，减少流入散热器的水量；当室温降低时，感温介质放热收缩，阀芯被弹簧推回从而使阀门开度变大，增加流经散热器的水量，恢复室温。

散热器温控阀（图 1-23）的阀体具有较佳的流量调节性能，调节阀阀杆采用密封活塞形式。散热器温控阀适用于双管采暖系统，应安装在每组散热器的供水支管上或分户采暖系统的总入口供水管上。双管系统温控阀如图 1-24 所示。恒温控制器的温控阀分为两通阀与三通阀，其流通能力较大，主要应用于单管跨越式系统（图 1-25）。

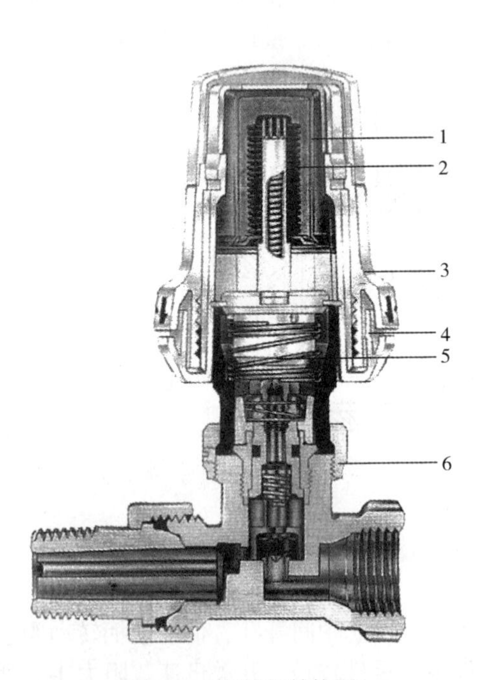

图 1-22 温控阀结构图

1—恒温传感器 2—波纹管 3—设定标尺

4—限制钮 5—连接螺帽 6—连接螺母

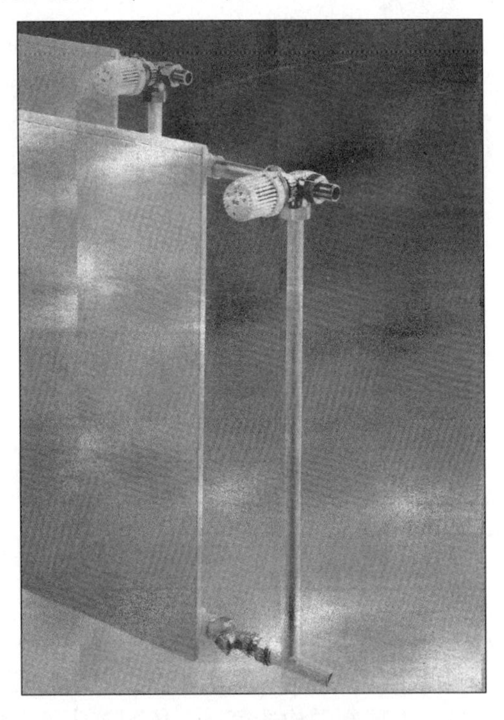

图 1-23 散热器温控阀

图 1-24　双管系统温控阀

图 1-25　单管跨越式系统温控阀

9. 平衡阀

平衡阀在一定的工作压差范围内可有效地控制通过的流量，动态调节供热管网系统，自动消除系统剩余压力，实现水力平衡。平衡阀可装在热水采暖系统的供水或回水总管上，以及室内供暖系统各个环路上。阀体上标有水的流动方向箭头，切勿装反。平衡阀结构示意图如图 1-26 所示。

10. 阀门的表示方法

为了区分各种阀门的性质、类别、驱动方式、结构形式、连接方法、密封圈或衬里材料、公称压力和阀体材料，将阀门特性按照图 1-27 顺序排列。

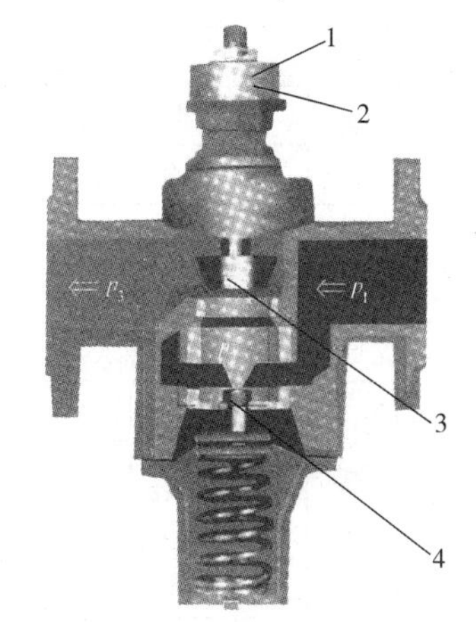

图 1-26　平衡阀结构示意图

1—整圈流量显示　2—匙孔　3—手动调节阀组

4—自动调节阀组

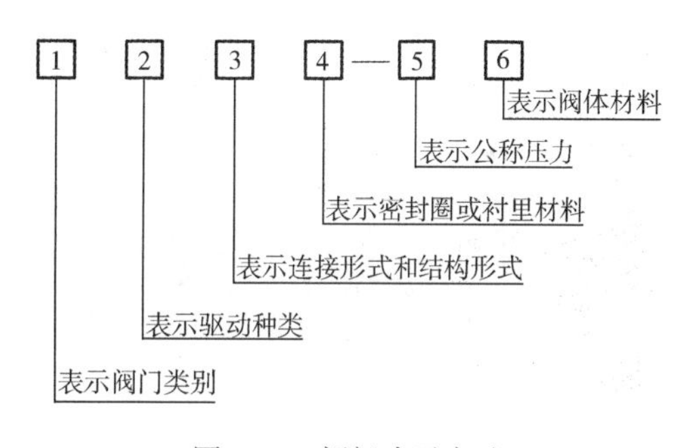

图 1-27　阀门表示方法

1）阀门类别见表 1-34。

表 1-34　阀门类别

阀门类别	代　号	阀门类别	代　号
闸阀	Z	安全阀	A
截止阀	J	减压阀	Y
节流阀	L	蝶阀	D
球阀	Q	疏水阀	S
止回阀	H	旋塞阀	X

2）驱动种类代号用一个阿拉伯数字表示。驱动种类代号见表 1-35。

表 1-35　驱动种类代号

驱动种类	代　号	驱动种类	代　号
蜗轮传动	3	液压驱动	7
正齿轮传动	4	气-液压驱动	8
伞齿轮传动	5	电动机驱动	9
气动驱动	6		

3）连接形式和结构形式代号分别用一个阿拉伯数字表示。连接形式代号见表 1-36，结构形式及代号见表 1-37。

表 1-36　连接形式代号

连接形式	代　号	连接形式	代　号
内螺纹	1	法兰	4
外螺纹	2	杠杆式安全阀法兰	5
双弹簧式安全阀法兰	3	焊接	6

表 1-37　结构形式及代号

类型	结构形式				代号
截止阀和节流阀	直通式				1
	角式				4
	直流式				5
	平衡	直通式			6
		角式			7
闸阀	明杆	楔式	弹性闸板		0
			刚性	单闸板	1
				双闸板	2
		平行		单闸板	3
				双闸板	4
	暗杆楔式			单闸板	5
				双闸板	6
旋塞阀	填料	直通式			3
		T 形三通			4
		四通式			5
	油封	直通式			7
蝶阀	杠杆式				0
	垂直板式				1
	斜板式				3

类型	结构形式				代号
球阀	浮动	直通式			1
		L 形三通式			4
		T 形三通式			5
	固定	直通式			7
安全阀	弹簧	密封	带散热片全启式		0
			微启式		1
			全启式		2
			带扳手	全启式	4
				双弹簧微启式	3
		不密封		微启式	7
				全启式	8
			带控制机械	全启式	5
				微启式	6
		脉冲式			9
止回阀底阀	升降	直通式			1
		立式			2
	旋启	单瓣式			4
		多瓣式			5
		双瓣式			

类型	结构形式	代号
蝶阀	杠杆式	0
	垂直板式	1
	斜板式	3
隔膜阀	层脊式	1
	截止式	3
	闸板式	7
减压阀	薄膜式	1
	弹簧薄膜式	2
	活塞式	3
	管波纹式	4
	杠杆式	5
疏水阀	浮球式	1
	钟形浮子式	5
	脉冲式	8
	热动力式	9

4）阀座密封圈或衬里材料代号见表 1-38。

5）阀体材料代号见表 1-39，公称压力 PN≤1.6MPa 的灰铸铁阀体和公称压力 PN≤2.5MPa 的碳素钢阀体省略本单元代号。

表 1-38 阀门密封圈或衬里材料代号

阀座密封圈或衬里材料	代号	阀座密封圈或衬里材料	代号	阀座密封圈或衬里材料	代号	阀座密封圈或衬里材料	代号
铜合金	T	氟塑料	F	渗氮钢	D	衬铅	Q
橡胶	X	锡基轴承合金（巴氏合金）	B	硬质合金	Y	搪瓷	C
尼龙塑料	N	合金钢	H	衬胶	J	渗硼钢	P

注：由阀体直接加工密封面材料用“W”表示。当阀座和阀瓣（闸板）密封面材料不同时，用低硬度材料代号（隔膜阀除外）。

表 1-39 阀体材料代号

阀体材料	代　号	阀体材料	代　号
灰铸铁	Z	1Cr5Mo、ZG1CrMo、	I
可锻铸铁	K	1Cr18Ni9Ti、ZG1Cr18Ni9Ti、	P
球墨铸铁	Q	1Cr18Ni12Mo2Ti、ZG1Cr18Ni12Mo2Ti	R
铜及铜合金	T	12CrMoV	V
碳钢	C	ZG12CrMoV	

11. 阀门的识别

阀门标志的识别见表 1-40，阀体材料涂漆识别见表 1-41，密封面材料涂漆识别见表 1-42。

表 1-40 阀门标志的识别

标志形式	阀门的规格及特性						
	阀门规格				阀门形式	介质流动方向	
	公称直径/mm	公称压力/MPa	工作压力/MPa	介质温度/℃			
$\frac{P_G 40}{50}$ →	50	4.0			直通式	介质进口与出口的流动方向在同一或相平行的中心线上	
$\frac{P_{51} 100}{100}$ →	100		10.0	510	直通式		
$\frac{P_G 40}{50}$ ↱	50	4.0			直角式	介质进口与出口的流动方向成90°角	介质作用在关闭件上
$\frac{P_{51} 100}{100}$ ↱	100		10.0	510	直角式		
$\frac{P_G 40}{50}$ ↲	50	4.0			直角式	介质进口与出口的流动方向成90°角	介质作用在关闭件上
$\frac{P_{51} 100}{100}$ ↲	100		10.0	510	直角式		
$\frac{P_G 16}{50}$ ↔	50	1.6			三角式	介质具有几个流动方向	
$\frac{P_{51} 100}{100}$ ↔	100		10.0	510	三角式		

表 1-41 阀体材料涂漆识别

阀体的材料	识别涂漆的颜色
灰铸铁、可锻铸铁	黑色
球墨铸铁	银色
碳素钢	中灰色
耐酸钢、不锈钢	天蓝色
合金钢	中蓝色

表 1-42 密封面材料涂漆识别

密封面材料	识别涂漆颜色
铜合金	大红色
锡基轴承合金（巴氏合金）	淡黄色
耐酸钢、不锈钢	天蓝色
渗氮钢、渗硼钢	天蓝色

（二）常用法兰

法兰一般由钢板加工而成，也有铸钢法兰和铸铁螺纹法兰。根据法兰与管子的连接方式不同，法兰可分为平焊法兰、对焊法兰、松套法兰和螺纹法兰等（图 1-28）。

法兰垫圈的材料选用可参考表 1-43。

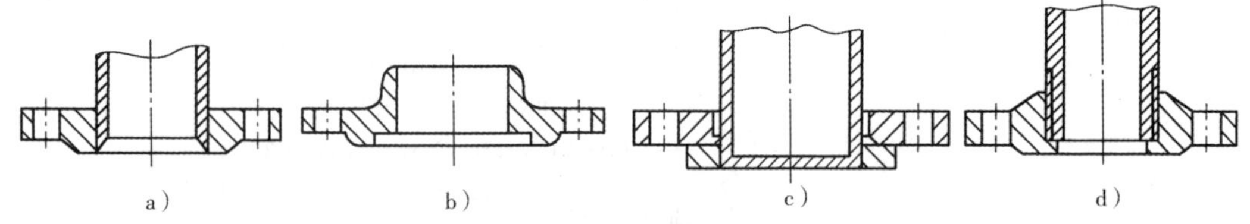

图 1-28 常用法兰

a）平焊法兰 b）对焊法兰 c）松套法兰 d）螺纹法兰

表 1-43 法兰垫圈材料选用

材料名称		适用介质	最高工作压力/MPa	最高工作温度/℃
橡胶板	普通橡胶板	水、空气、惰性气体	0.6	60
	耐油橡胶板	各种常用油料	0.6	60
	耐热橡胶板	热水、蒸汽、空气	0.6	120
	夹布橡胶板	水、空气、惰性气体	1.0	60
	耐酸碱橡胶板	能耐温度≤60℃，浓度≤20%的酸碱液体介质的浸蚀	0.6	60
石棉橡胶板	低压石棉橡胶板	水、空气、蒸汽、煤气、惰性气体	1.6	200
	中压石棉橡胶板	水、空气及其他气体、蒸汽、煤气、氨、酸及碱稀溶液	4.0	350
	高压石棉橡胶板	蒸汽、空气、煤气	10	450
	耐油石棉橡胶板	各种常用油料、溶剂	4.0	350
塑料板	软聚氯乙烯板 聚四氟乙烯板 聚乙烯板	水、空气及其他气体、酸及碱稀溶液	0.6	300
铜、铝等金属板		高温高压蒸汽	20	600

十五、常用水暖工程器具及设备处理

（一）水箱

水箱水面通向大气，且高度不超过 2.5m，箱壁承受压力不大，材料可用金属（如钢板）焊制，需要做防腐处理；有条件时可用不锈钢、铜及铝板焊制；非金属材料用塑料、玻璃钢及钢筋混凝土等，较耐腐蚀。水箱有球形、立方体和长方体，也可根据需要选用其他形状。球形水箱结构合理，造价低，但占地较大，不方便；立方体、长方体水箱占地较少，但结构复杂，耗材料多，造价较高。目前常用玻璃钢制球形水箱。水箱应装设如图 1-29 所示的管道和设备。

图 1-29　水箱的装备
1—进水管　2—出水管　3—溢流管　4—泄水管　5—通气管　6—水位计　7—通气管

（二）气压给水装置

气压给水装置的类型很多，有立式、卧式、水气接触式及隔离式；按压力是否稳定，可分为变压式和定压式，变压式是最基本形式。

1. 变压式

罐内充满压缩空气和水，水被压缩空气送往给水管中，随着不断用水，罐内水量减少，空气膨胀，压力降低，当降到最小设计压力时，压力继电器起动水泵，向给水管及水箱供水，再次压缩箱内空气，压力上升；当压力升到最大工作压力时，水泵停泵。变压式气压罐如图 1-30 所示。

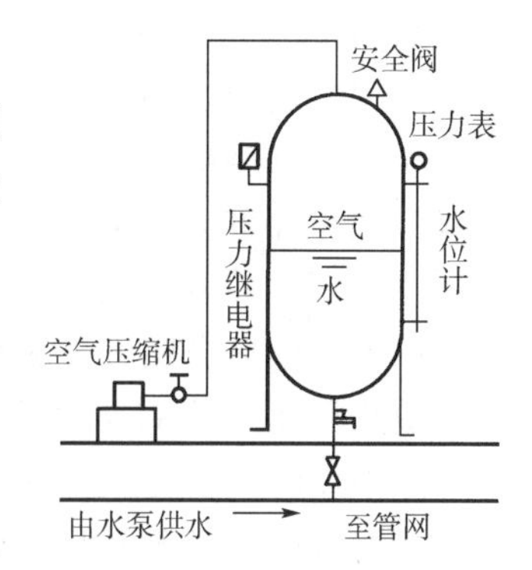

图 1-30　变压式气压罐

2. 定压式

在用水压力要求稳定的给水系统中，可采用定压的装置，可在变压式装置的供水管设置安全阀，使压力调到用水要求压力或在双罐气压装置的空气连通管上设置调压阀，保持要求的压力，使管网在定压下运行。定压式气压罐如图 1-31 所示。

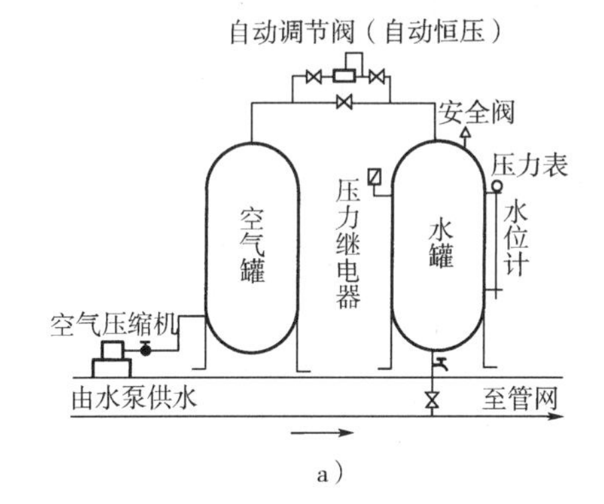

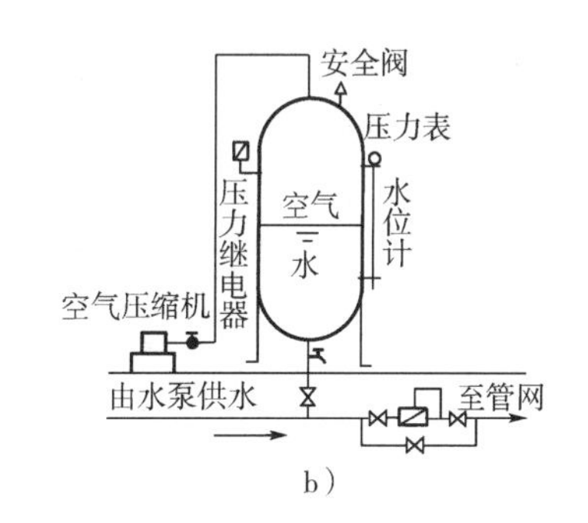

图 1-31　定压式气压罐

（三）变频调速给水系统

由水泵的性能可知，改变电机的转速可以改变水泵出水流量和压力的特性关系。电机转速的改变，通过改变电源频率较为方便，这种调节频率的设备称为变频器。利用变频器及时调整水泵运行速度来满足用水量的变化并达到节能的目的，该设备称为变频调速供水设备。变频调速供水设备的原理如图 1-32 所示。

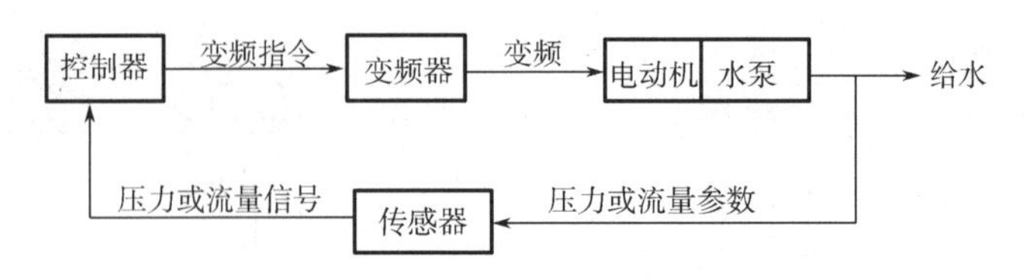

图 1-32 变频调速供水设备的原理

(四) 热水系统加热设备

1. 太阳能热水器

我国广大地区太阳能资源丰富，尤以西北部、青藏高原、华北及内蒙古地区最为丰富，可作为太阳灶、热水器、热水暖房等热能利用。真空管太阳能热水器如图 1-33 所示。

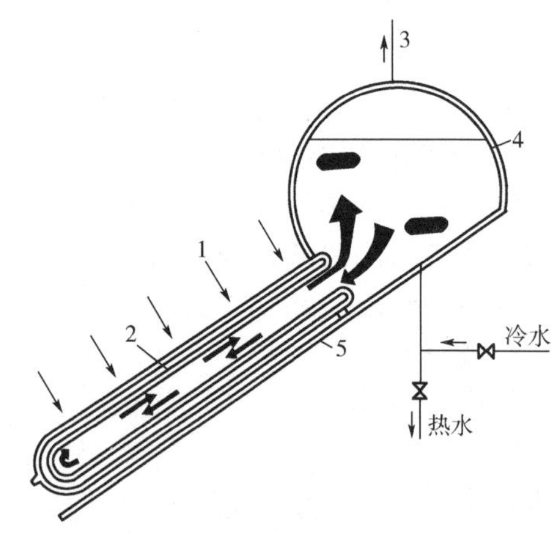

图 1-33 真空管太阳能热水器

1—太阳光 2—真空管 3—排气管 4—储水箱 5—漫反射板

2. 容积式热水加热器

容积式热水加热器内储存一定量的热水，用以供应和调节热水用量的变化，使供水均匀稳定，它具有加热器和热水箱的双重作用。器内装有一组加热盘管，热媒由封头上部通入盘管，冷水由器下进入，经热交换后，热水由加热器上部流出，热媒散热后凝水由封头下部流回。卧式容积式热水加热器如图 1-34 所示。容积式热水加热器供水安全可靠，但有热效率低、体积大、占地面积大的缺点。

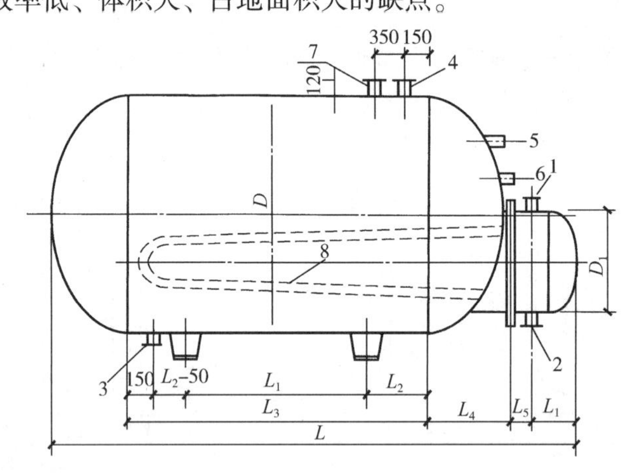

图 1-34 卧式容积式热水加热器

1—热媒入口 2—回水管 3—冷水管 4—热水管

5—接压力表 6—接温控阀温包 7—安全阀 8—盘管

3. 快速加热器

图 1-35 所示为水-水快速加热器的装置图。加热器由不同的筒壳组成，筒内装设一组加热小管，管内通入被加热水，管道间通过热媒，两种流体逆向流动，水流速度较高，提高热交换效率，加速热水。可根据热水用量及使用情况，选用不同型号及组合节筒数，满足热水用量的要求。

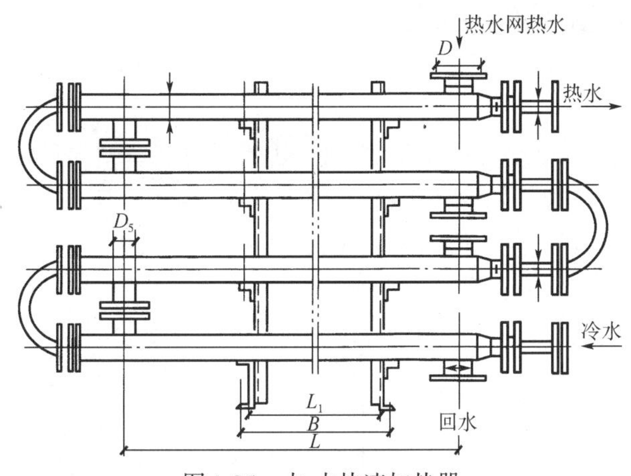

图 1-35　水-水快速加热器

还可以利用蒸汽为热媒的汽-水快速加热器，器内装设多根小径传热管，管两端镶入管板，器的始末端装有小室，起端小室分为上下部分，冷水由始端小室下部进入器内，通过小管时被加热，至末端再转入上部小管继续加热，被加热水由始端小室上部流出，供应使用。蒸汽由器上部进入，与器内小管中流行的冷水进行热交换，蒸汽散热成为凝结水，由器下部排出。汽-水快速加热器如图 1-36 所示。其作用原理与水-水快速加热器基本相同，也适用于用水较均匀且有蒸汽供应的大型用水户，如公共建筑、饭店、工业企业等。

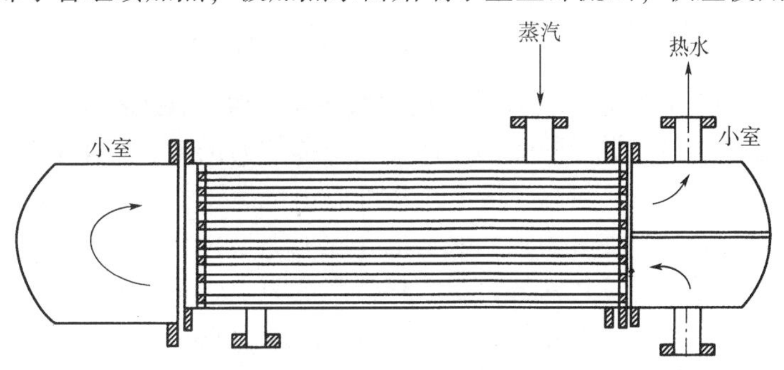

图 1-36　汽-水快速加热器

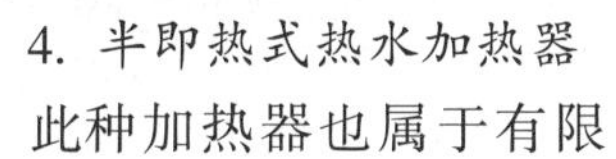

4. 半即热式热水加热器

此种加热器也属于有限量储水的加热器，其储水量很小，加热面大、热水效高、体积极小。它由有上下盖的加热水筒壳、热媒管及回水管、多组加热盘管和极精密的温度控制器等组成。冷水由筒底部进入，被盘管加热后，从筒上部流入热水管网供应热水，热媒蒸汽放热后，凝结水由回水管流回。热水温度以独特的精密温度控制器来调节，保证出水温度的要求。盘管为薄壁铜管制成，且为悬臂浮动装置。由于器内冷热水温度变化，盘管随之伸缩，扰动水流，提高换热效率，还能使管外积垢脱落，沉积于器底，可在加热器排污时除去。此种半即热式热水加热器热效率高，体形紧凑，占地面积很小，是一种较好的加热设备，如图 1-37 所示。适

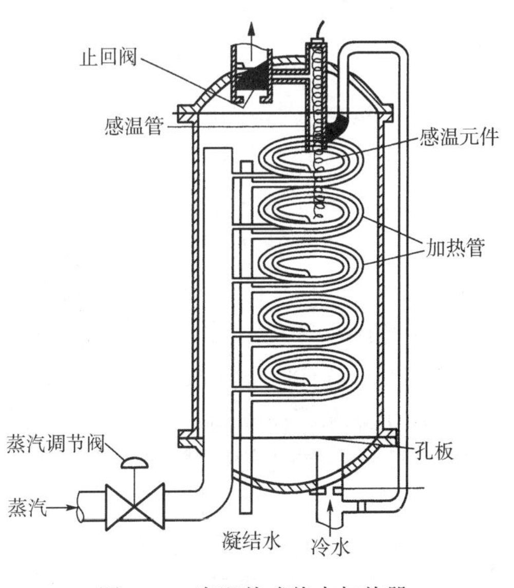

图 1-37　半即热式热水加热器

用于热水用量大且较均匀的建筑物，如宾馆、医院、饭店、工厂、船舶及大型的民用建筑等。

5. 铸铁散热器

铸铁散热器有翼型和柱型之分。铸铁翼型散热器又有圆翼型和长翼型之分。铸铁圆翼型散热器如图 1-38 所示。按管子的内径规格有 *D*50、*D*75 两种，所带肋片数目分别为 27 片和 47 片，管长为 1m，两端有法兰，可以串联相接。

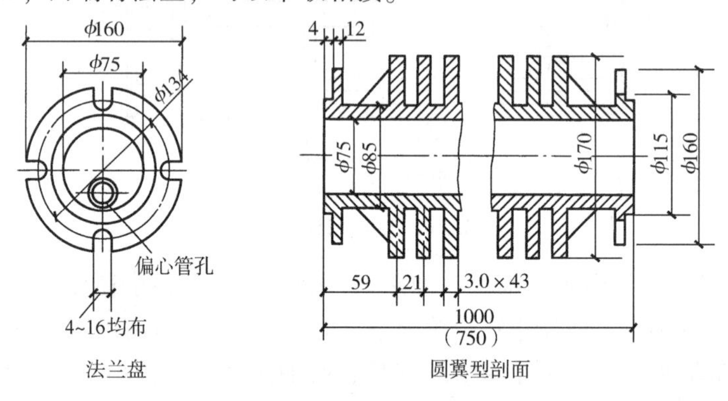

图 1-38　铸铁圆翼型散热器

如图 1-39 所示为铸铁长翼型散热器，铸铁长翼型散热器的外壳是一个带有翼片的中空壳体，在壳体侧面的上、下端各有一个带螺纹的穿孔，供热媒进出，并可借正反螺纹把单个散热器组合起来。此散热器外表面上具有若干平行、竖向肋片，外壳内部是一扁盒状空间。铸铁长翼型散热器高度为 600mm，竖向肋片的数目有 10 片、14 片两种规格，由于其高度为 600mm，习惯上称为“大 60”及“小 60”。“大 60”的长度为 280mm，带有 14 个肋片；“小 60”的长度为 200mm，带有 10 个肋片，可以按需要互相拼装组合。

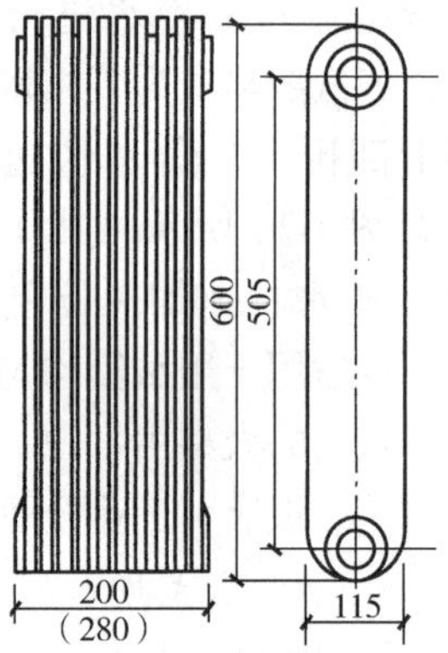

图 1-39　铸铁长翼型散热器

6. 柱型散热器

柱型散热器是呈柱状的单片散热器，外表光滑，无肋片，每片各有几个中空的立柱相互连通。在散热片顶部和底部各有一个带螺纹的穿孔供热媒进出，并可借正反螺纹把若干单片组合在一起，形成一组。

我国常用的柱型散热器的类型有四柱、五柱和二柱 M-132（图 1-40 和图 1-41）。前两种的高度有 700mm、760mm、800mm 及 813mm，有带脚与不带脚片型，用于落地或挂墙安装。二柱 M-132 型散热器的宽度为 132mm，两边为柱状、中间有波浪形的纵向肋片，是不带脚片型，用于挂墙安装。柱型散热器传热系数高，外形美观，易清扫，容易组合成需要的散热面积。主要缺点是制造工艺复杂、劳动强度大。

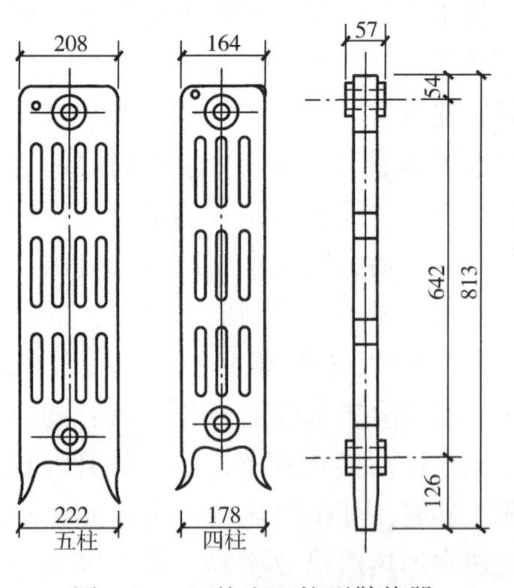

图 1-40　四柱和五柱型散热器

柱型散热器与翼型散热器相比，具有传热性能好、外形美观、表面光滑、易于清洗等优点，在居住等民用建筑和公共建筑中应用广泛。但缺点是制造工艺较为复杂，造价较高。

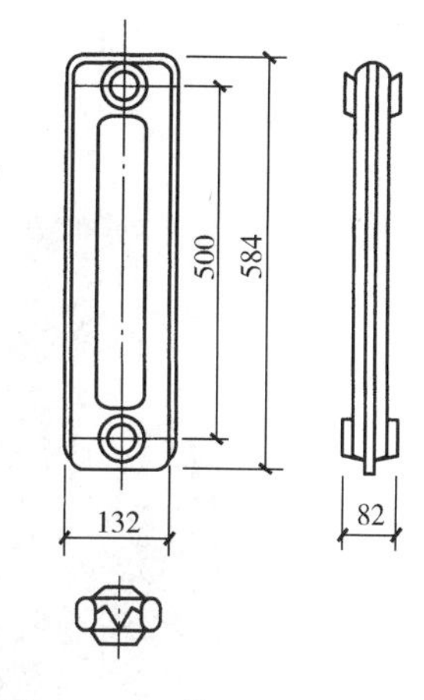

图 1-41 二柱 M-132 型散热器

7. 钢制散热器

目前我国生产的钢制散热器有闭式钢串片散热器、钢制柱式散热器、钢制板式散热器等。闭式钢串片散热器由钢管、肋片、联箱、放气阀和管接头组成，其构造如图 1-42 所示，散热器上的钢串片均为 0.5mm 厚的薄钢片。

闭式钢串片散热器的优点是体积小，重量轻，承压高，占地小；缺点是阻力大，不易清除灰尘。钢制柱式散热器是用钢板压制成单片，然后焊接而成的，如图 1-43 所示。

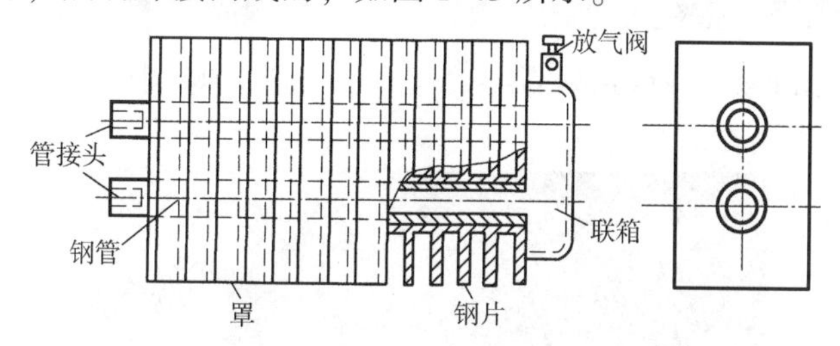

图 1-42 闭式钢串片散热器

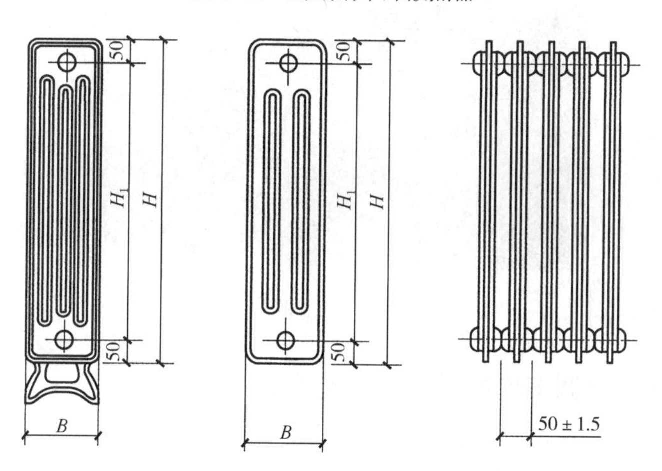

图 1-43 钢制柱式散热器

钢制板式散热器由面板、背板、对流片和水管接头及支架等部件组成，如图 1-44 所示。板式散热器外形美观，散热效果好，且节省材料，占地面积小，但是承压能力较低。

图 1-44 钢制板式散热器

除了上述钢及铸铁制散热器外，还有铜铝复合、柱翼型、钢柱等散热器（图 1-45 ~ 图 1-47）。在设计供暖系统时，应根据散热器的热工、经济和美观各方面的条件，以及供暖房间的用途、安装条件、当地产品来源等因素来选用散热器。

图 1-45　柱翼型散热器

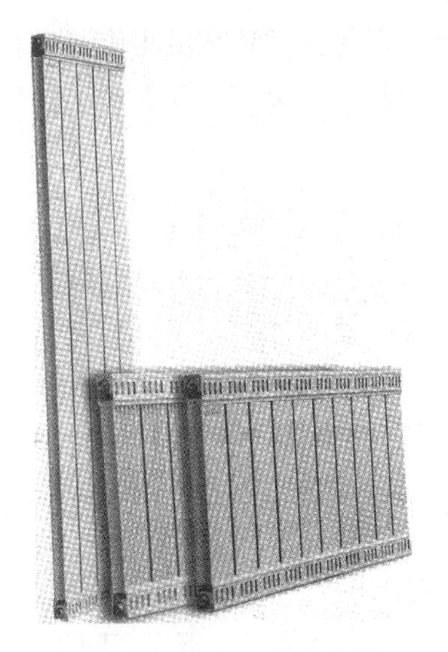
图 1-46　铜铝复合散热器

图 1-47　卫浴散热器

十六、常用通风空调工程加工机具和连接形式

（一）加工机具

1. 画线工具

按风管规格尺寸及图样要求把风管的外表面展开成平面，即在平板上依据实际尺寸画出展开图，这个过程称为展开画线，俗称放样。画线的正确性直接关系到风管尺寸大小和制作质量，所以画线时要角直、线平、等分准确；剪切线、倒角线、折方线、翻边线、留孔线、咬口线要画齐、画全；要合理安排用料，节约板材，经常校验尺寸，确保下料尺寸准确。常用划线工具如图 1-48 所示，具体包括以下几种：

1）不锈钢直尺。长度 1m，分度值 1m，用来度量直线和画线。

2）钢板直尺。长度 2m，分度值 1mm，用以画直线。

3）直角尺。用来画垂直线或平行线，并用于找正直角。

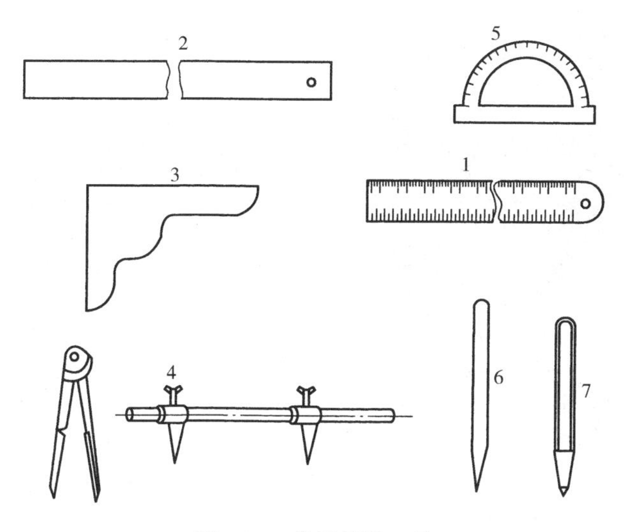

图 1-48　常用划线工具

1—不锈钢直尺　2—钢板直尺　3—直角尺　4—画规、地规　5—量角器　6—画针　7—样冲

4）画规、地规。用来画圆、画圆弧或截取线段长度。

5）量角器。用来测量和划分角度。

6）画针。用工具钢制成，端部磨尖，用以画线。

7）样冲。用以冲点做记号。

2. 剪切工具

（1）手工剪切　手工剪切最常用的工具为手剪。手剪分为直线剪（图 1-49a）和弯剪（图 1-49b）。直线剪适用于剪切直线和曲线外圆；弯剪适用于剪切曲线的内圆。手剪剪切板材的厚度一般不超过 1. 2mm。

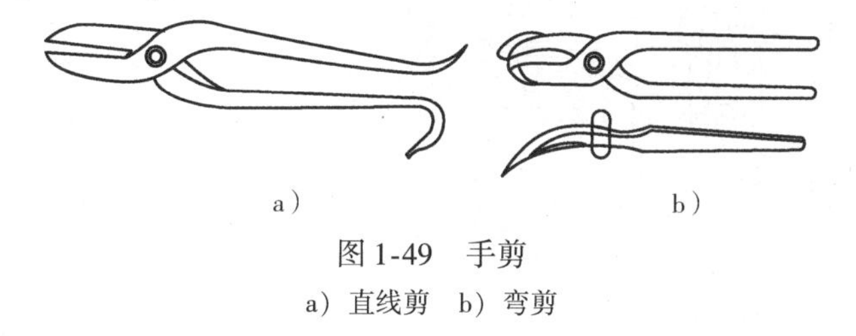

a）　　b）

图 1-49　手剪

a）直线剪　b）弯剪

（2）机械剪切　机械剪切常用的工具有龙门剪板机（图 1-50）、双轮直线剪板机（图 1-51）、振动式曲线剪板机（图 1-52）、联合冲剪机（图 1-53）等。

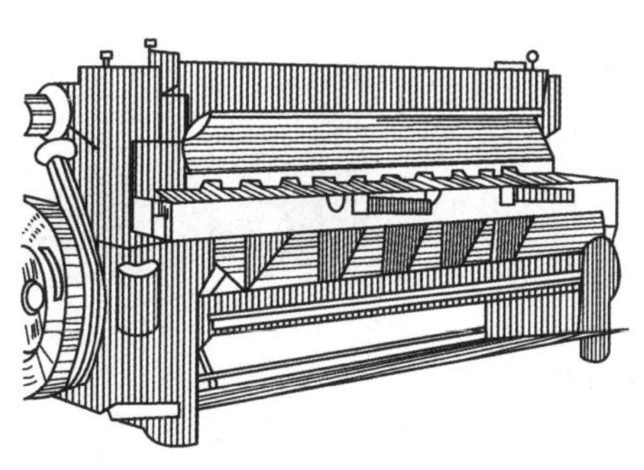

图 1-50　龙门剪板机

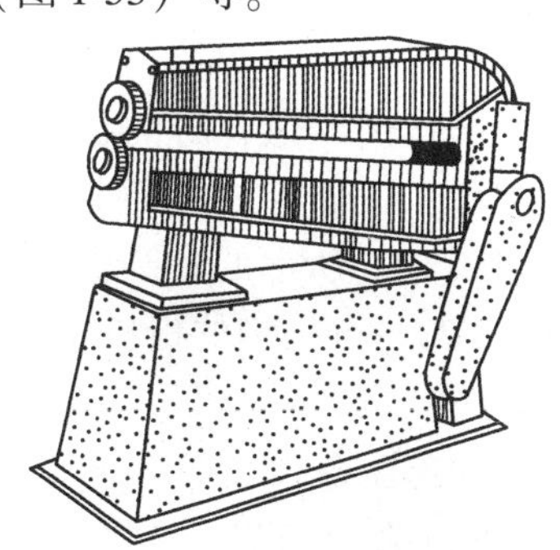

图 1-51　双轮直线剪板机

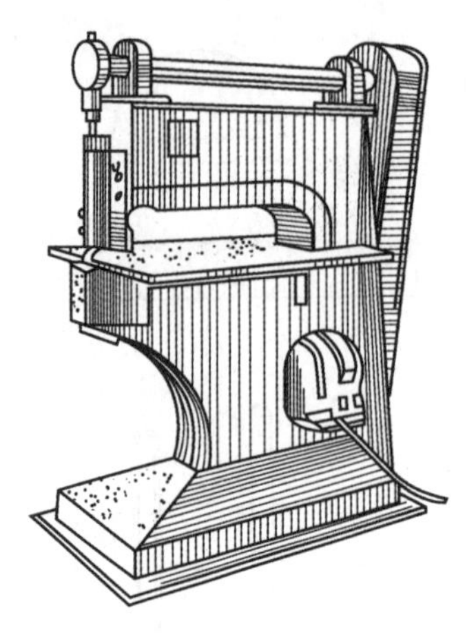

图 1-52　振动式曲线剪板机

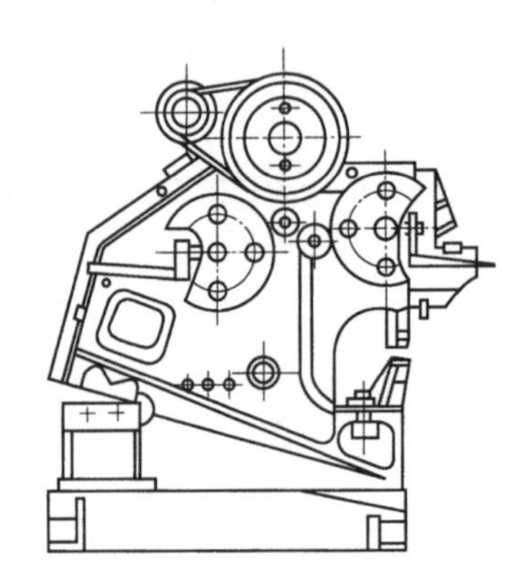

图 1-53　联合冲剪机

3. 折方机和卷圆机

折方用于矩形风管的直角成形。手工折方时，先将厚度小于 1.0mm 的钢板放在工作台上，使画好的折方线与槽钢边对齐，将板材打成直角，然后用硬木方尺进行修整，打出棱角，使表面平整。机械折方时，则可使用如图 1-54 所示的手动扳边折方机进行压制折方。

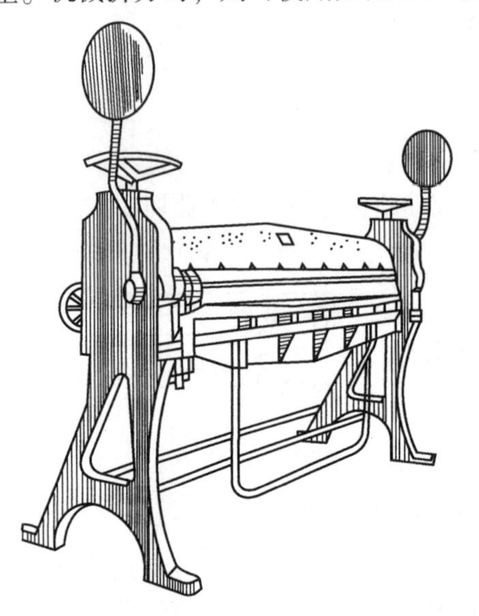

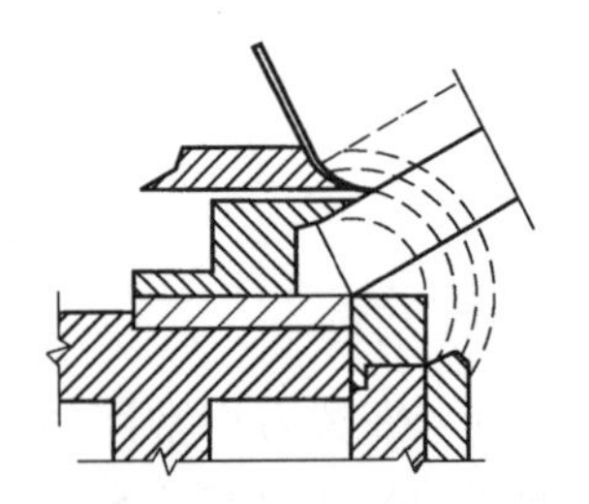

图 1-54　手动扳边折方机

卷圆用于制作圆形风管时的板材卷圆。手工卷圆一般只能卷厚度在 1.0mm 以内的钢板。机械卷圆则使用卷圆机进行。如图 1-55 所示的卷圆机适用于厚度在 2.0mm 以内、板宽在 2000mm 以内的板材卷圆。

图 1-55　卷圆机

（二）连接形式

金属板材的连接方式有咬口连接、铆钉连接和焊接。其中，金属风管的咬接或焊接选用参考见表 1-44。

表 1-44 金属风管的咬接或焊接选用参考

<table>
<tr><th rowspan="2">板厚/mm</th><th colspan="3">材 质</th></tr>
<tr><th>钢板
（不包括镀锌钢板）</th><th>不锈钢板</th><th>铝板</th></tr>
<tr><td>$\delta \leqslant 1.0$</td><td rowspan="2">咬接</td><td>咬接</td><td rowspan="3">咬接</td></tr>
<tr><td>$1.0 < \delta \leqslant 1.2$</td><td rowspan="3">焊接
（氩弧焊及电焊）</td></tr>
<tr><td>$1.2 < \delta \leqslant 1.5$</td><td rowspan="2">焊接
（电焊）</td></tr>
<tr><td>$\delta > 1.5$</td><td>焊接（气焊或氩弧焊）</td></tr>
</table>

1. 咬口连接

咬口连接是将要相互接合的两个板边折成能相互咬合的各种钩形，勾接后压紧折边。这种连接适用于厚度 $\delta \leqslant 1.2$mm 的普通薄钢板和镀锌薄钢板、厚度 $\delta \leqslant 1.0$mm 的不锈钢板及厚度≤1.5mm 的铝板。常用咬口形式及适用范围见表 1-45。

表 1-45 常用咬口形式及适用范围

咬口名称	咬口形式	适用范围
单咬口	B	用于板材的拼接缝、圆形风管或部件的纵向闭合缝
立咬口	B	用于圆形接头、来回弯和风管的横向缝
转角咬口	B	用于矩形风管或部件的纵向闭合缝与矩形弯头、三通的转角缝
联合角咬口		适用范围同转角咬口，且使用在有曲率的矩形弯管的角缝更为合适
按扣式咬口		适用范围同转角咬口

注：*B* 为咬口宽度。

咬口宽度与加工板材厚度及咬口种类有关，一般应符合表 1-46 的要求。

表 1-46 咬口宽度 （单位：mm）

钢板厚度	平咬口宽度	角咬口宽度
0.5 以下	6~8	6~7
0.5~1.0	8~10	7~8
1.0~1.2	10~12	9~10

(1) 手工咬口　手工咬口工具如图 1-56 所示。木方尺（拍板）用硬木制成，用来拍打咬口。硬质木锤用来打紧打实咬口。钢制方锤用来制作圆风管的单、立咬口和修正矩形风管的角咬口。工作台上固定有槽钢、角钢或方钢，用作拍制咬口的垫铁；做圆风管时，用固定在工作台上的钢管作垫铁。

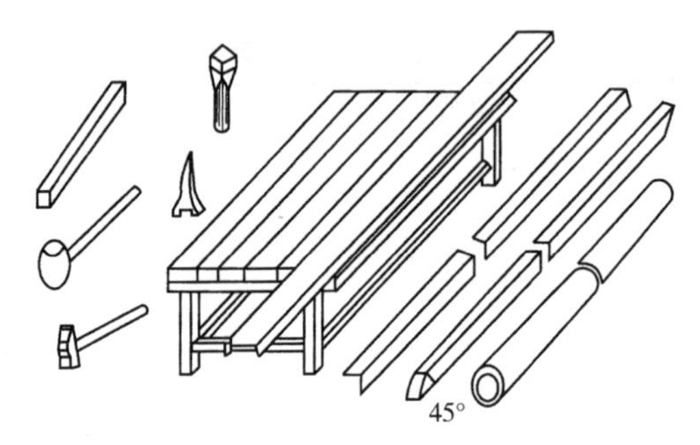

图 1-56　手工咬口工具

联合角咬口的加工步骤如图 1-57 所示。手工咬口，工具简单，但工效低、噪声大、质量也不稳定。

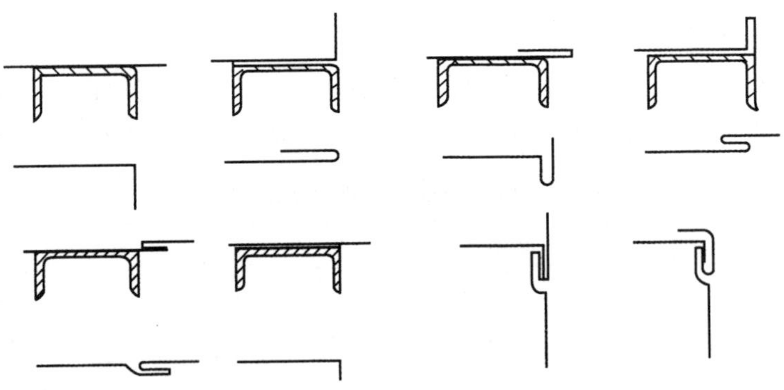

图 1-57　联合咬口的加工步骤

(2) 机械咬口　常用的咬口机械有手动或电动扳边机、矩形风管直管和弯头咬口机、圆形弯头咬口机、圆形弯头合缝机、咬口压实机等。国内生产的各种咬口机，系列比较齐全，能满足施工需要（图 1-58、图 1-59）。

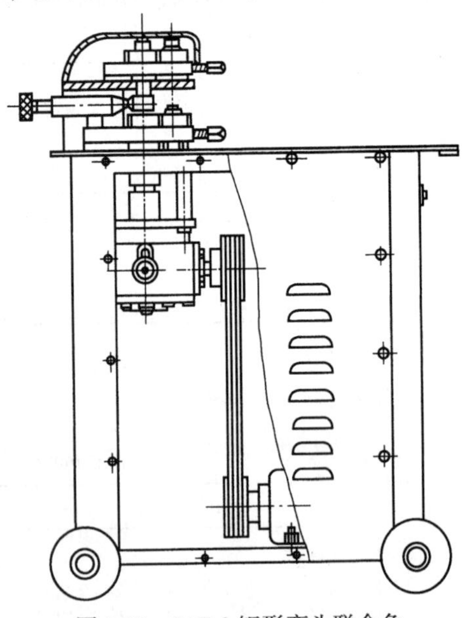

图 1-58　SAF-8 矩形弯头联合角咬口折边机的主视图

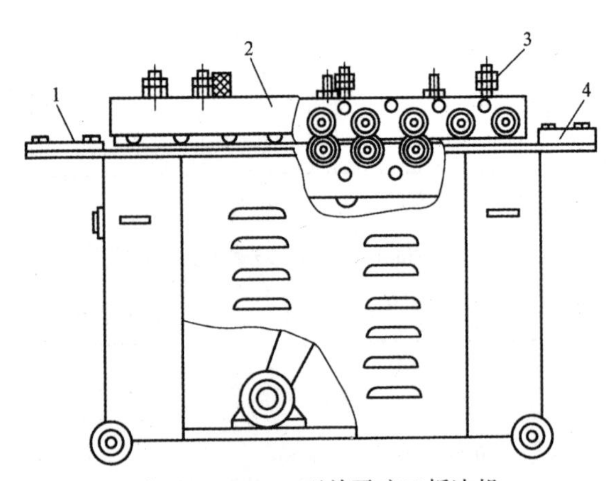

图 1-59　SAF-7 型单平咬口折边机
1—进料端靠尺　2—操作机构
3—调整螺母　4—成形端靠尺

咬口机一般适用于厚度为1.2mm以内的折边咬口。例如，直边多轮咬口机（图1-60），它是由电动机经皮带轮和齿轮减速，带动固定在机身上的槽形不同的滚轮转动，使板边的变形由浅到深，循序渐变，被加工成所需咬口形式。图1-61所示为单平咬口折压变形过程。

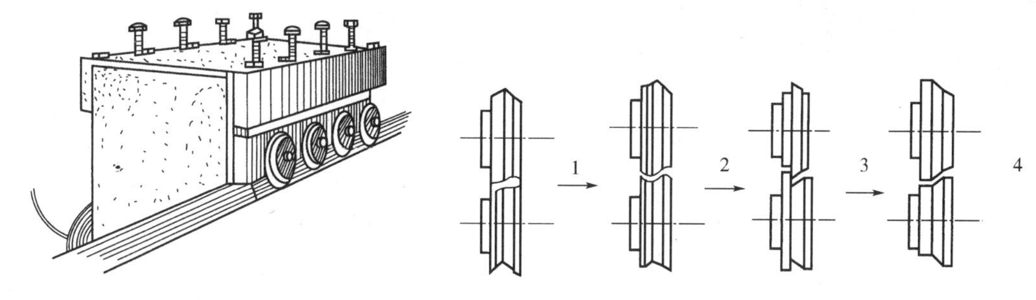

图1-60　直边多轮咬口机

图1-61　单平咬口折压变形过程

注：1、2、3、4分别表示整个折弯压实过程

机械咬口操作简便，成形平整光滑，生产效率高，无噪声，劳动强度小。

2. 铆钉连接

板材铆接时，要求铆钉直径 d 为板材厚度 δ 的两倍，但不得小于3mm，即 $d=2\delta$ 且 $d\geqslant 3$；铆钉长度 $L=2d+(1.5\sim2.0)$ mm；铆钉之间的中心距 A 一般为40～100mm；铆钉孔中心到板边的距离 B 应保证 $(3\sim4)d$，如图1-62所示。

在通风空调工程中，铆接除了个别地方用于板与板的连接外，还大量用于风管与法兰的连接，如图1-63所示。

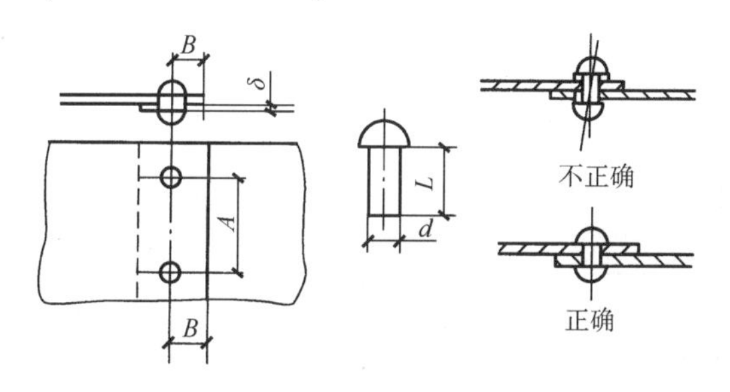

图1-62　铆钉连接

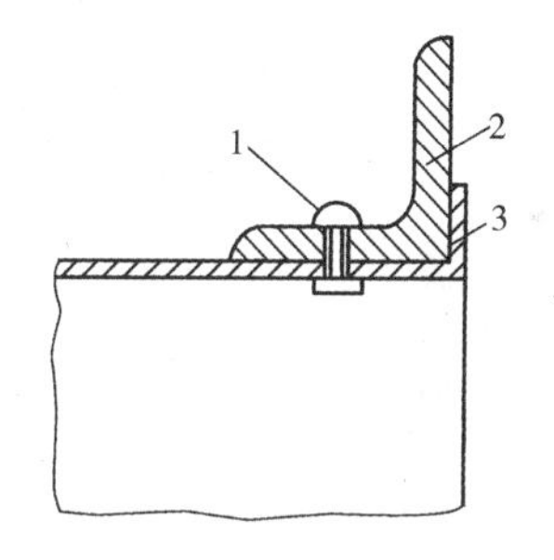

图1-63　风管与法兰铆接

1—铆钉头部　2—法兰　3—风管壁翻边

铆接可采用手工铆接和机械铆接。

（1）手工铆接　手工铆接主要工序有画线定位、钻孔穿铆钉、垫铁打尾、罩模打尾成半圆形铆钉帽。这种方法工序较多，工效低，且捶打噪声大。

（2）机械铆接　在通风空调工程中，常用的铆接机械有手提电动液压铆接机（图1-64）、电动拉铆枪（图1-65）及手动拉铆枪

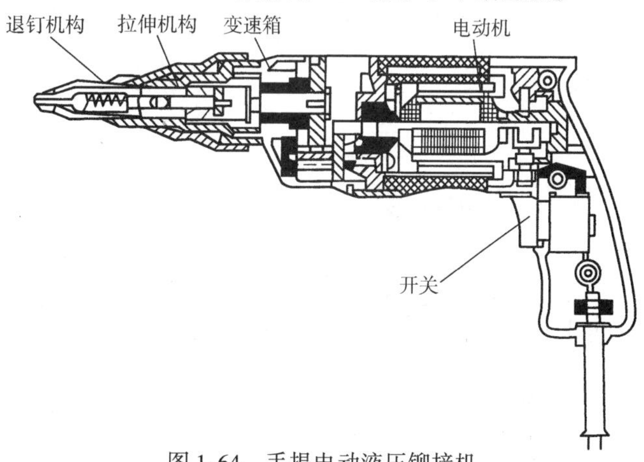

图1-64　手提电动液压铆接机

（图 1-66）等。机械铆接穿孔、铆接一次完成，工效高，省力，操作简便，噪声小。

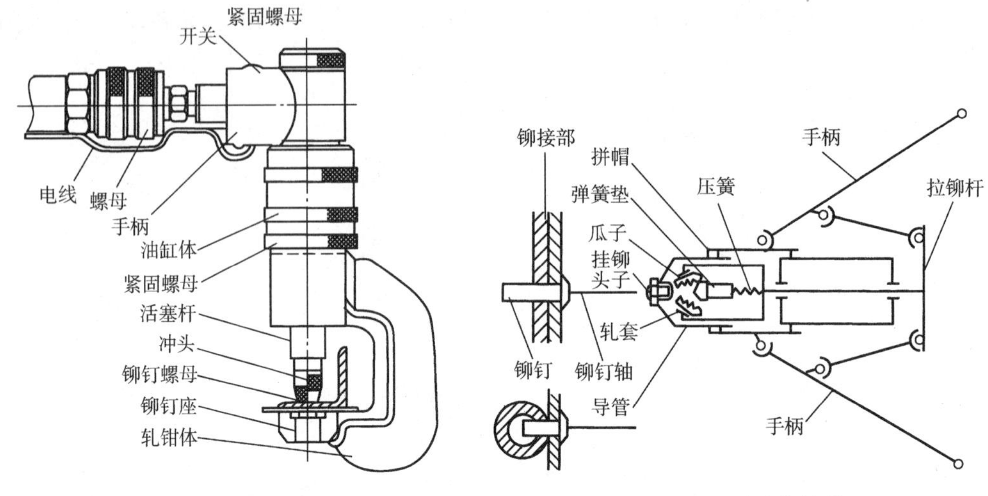

图 1-65　电动拉铆枪　　　　图 1-66　手动拉铆枪

3. 焊接

因通风空调风管密封要求较高或板材较厚不能用咬口连接时，板材的连接常采用焊接。焊缝的形式及适用范围见表 1-47。

表 1-47　焊缝的形式及适用范围

名称	形　式	适用范围
对接缝		用于钢板的拼接缝、横向缝或纵向闭合缝
角缝	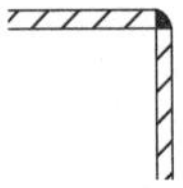	用于矩形风管或管件的纵向闭合缝或矩形弯头、三通的转角缝等
搭接缝	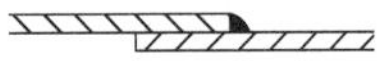	用法与对接法相同，一般在板材较薄时使用
搭接角缝	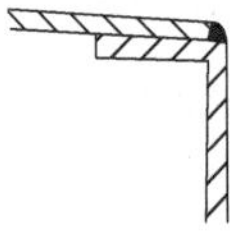	用法与角缝相同，一般在板材较薄时使用
板边缝	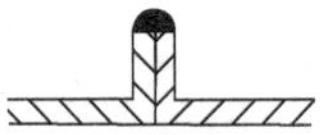	用法同搭接缝，且采用气焊
板边角缝	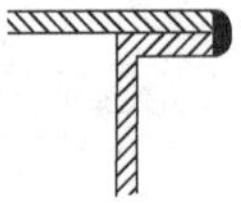	用法同搭接角缝，且采用气焊

十七、常用水暖施工安装机具

（一）管道切断机具

1. 手工钢锯

手工钢锯切割是工地上广泛应用的管子切割方法。钢锯由锯弓和锯条构成（图 1-67）。

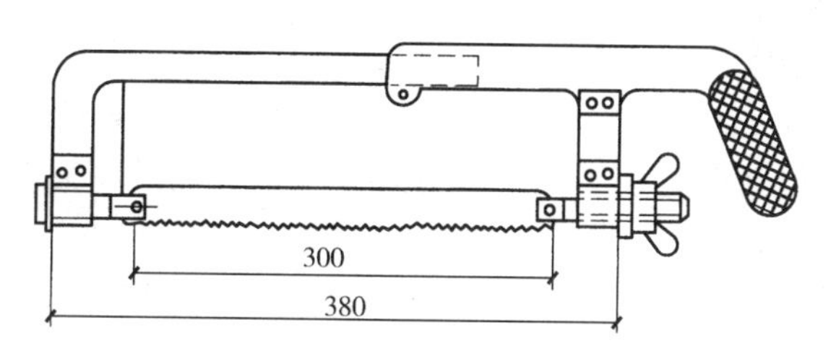

图 1-67 手工钢锯

2. 滚刀切管器

滚刀切管器（图 1-68）由滚刀、刀架和手柄组成，适用于切割管径小于 100mm 的钢管。

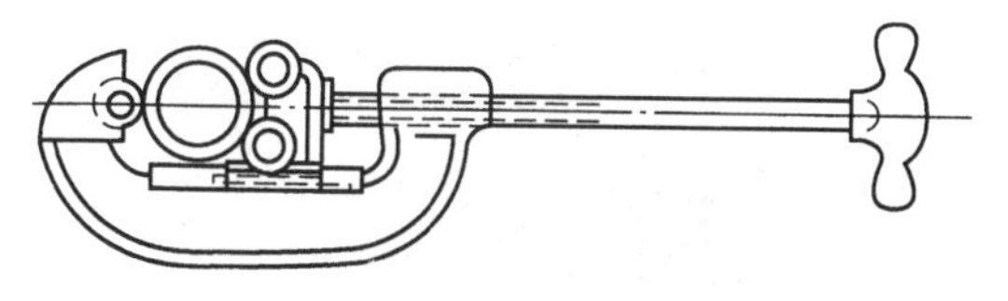

图 1-68 滚刀切管器

3. 砂轮切割机

砂轮切割机（图 1-69）切管是利用高速旋转的砂轮片与管壁接触摩擦切削，将管壁磨透切割。

由于塑料管或铝塑复合管材质较软，管径较小的管子可采用专用的切管器或如图 1-70 所示的塑料管剪管刀手工切割，管径较大的管子可采用钢锯切割或机械锯切割。

图 1-69 砂轮切割机

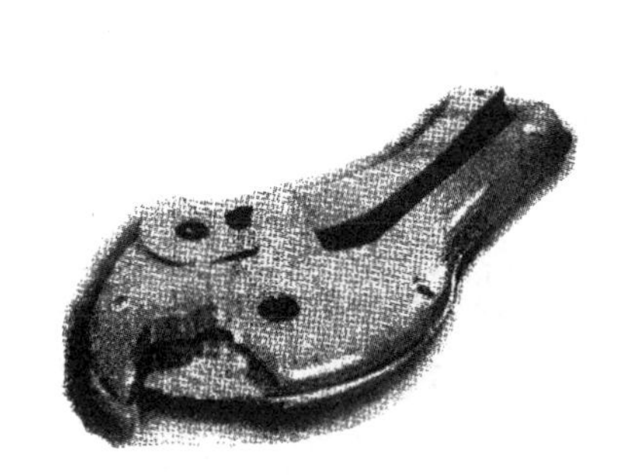

图 1-70 塑料管剪管刀

4. 氧气-乙炔焰切割

氧气-乙炔焰切割是利用氧气和乙炔气混合燃烧产生的高温火焰加热管壁，烧至钢材呈黄红色（1100 ~ 1150℃），然后喷射高压氧气，使高温的金属在纯氧中燃烧生成金属氧化物熔渣，被高压氧气吹开，从而割断管子。

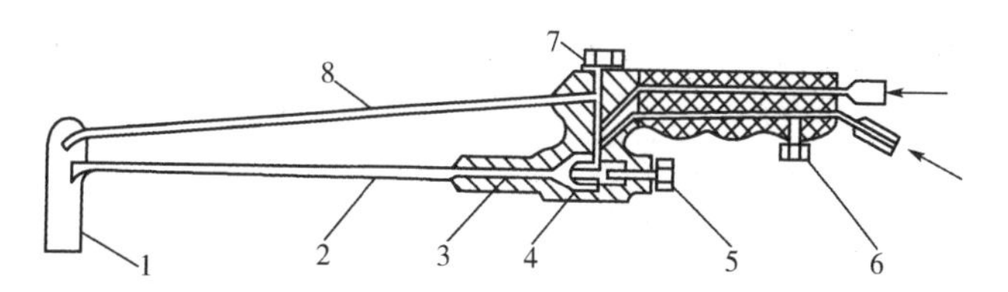

图 1-71 氧气-乙炔割炬

1—割嘴 2—混合气管 3—射吸管 4—喷嘴 5—预热氧气阀 6—乙炔阀 7—切割氧气阀 8—切割氧化管

割炬由割嘴、混合气管、射吸管、喷嘴、预热氧气阀、乙炔阀和切割氧气阀等构成，如图 1-71 所示。其作用是一方面产生高温氧气-乙炔焰，熔化金属，另一方面吹出高压氧气，吹落金属氧化物。

5. 大型机械切管机切割

大直径钢管除用氧气-乙炔切割外，还可以采用机械切割。如图 1-72 所示的切割坡口机由单相电动机、主体、传动齿轮装置、刀架等部分组成，能同时完成坡口加工和切割管径 75～600mm 的钢管。

图 1-73 所示为一种三角定位大管径切割机，这种切割机较为方便，对于地下管道或长管道的切割十分方便（管道直径在 600mm 以下，壁厚 12～20mm 以内尤为适合）。

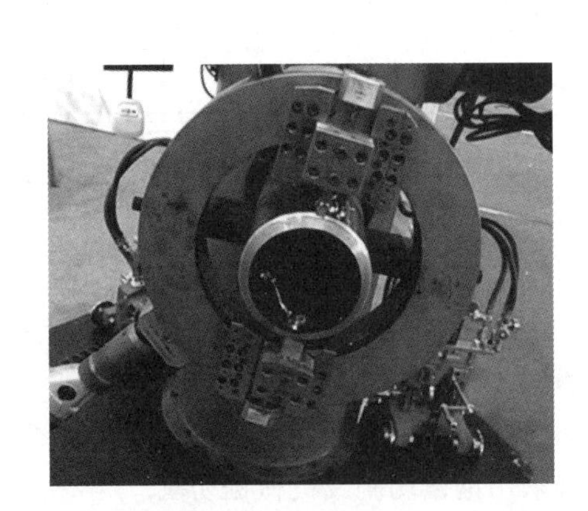

图 1-72　切割坡口机

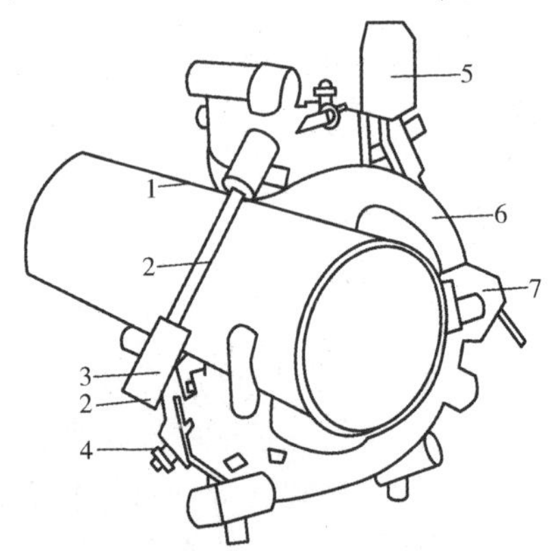

图 1-73　大管径切割机

1—主体 A　2—连接杆　3—主体 B

4—倒角刀架　5—齿轮　6—切刀

（二）管螺纹加工机具

1. 人工套螺纹绞板

人工绞板的构造如图 1-74 所示。图 1-75 所示为板牙的构造，一般在板牙尾部及板牙孔处均印有 1、2、3、4 序号字码，以便对应装入板牙，防止顺序装乱造成乱螺纹和细螺纹。板牙每组四块，能套两种管径的螺纹，使用时应按管子规格选用对应的板牙。

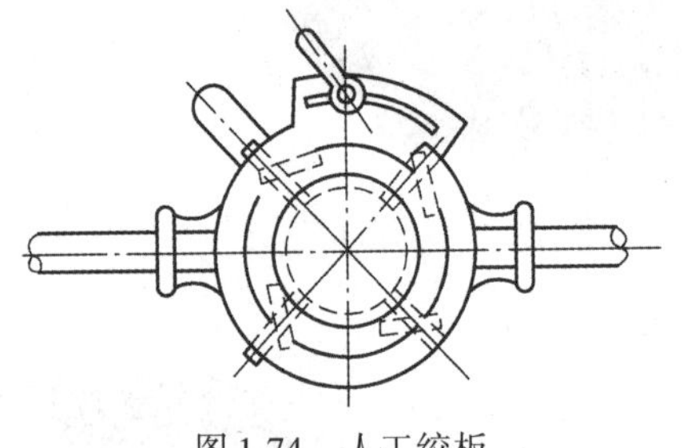

图 1-74　人工绞板

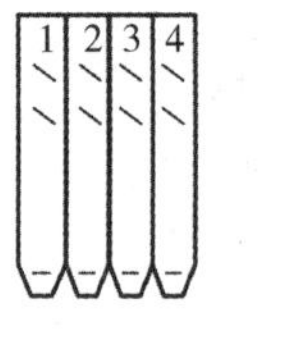

图 1-75　板牙

2. 电动机械套螺纹

电动套螺纹机（图 1-76）的主要部件包括机座、电动机、齿轮箱、切管刀具、卡具、传动机构等，有的还有油压系统、冷却系统等。

图 1-76　电动套螺纹机

（三）钢管冷弯常用机具

1. 手工冷弯

（1）弯管板冷弯　冷弯最简便的方法是弯管板手工煨弯（图 1-77）。

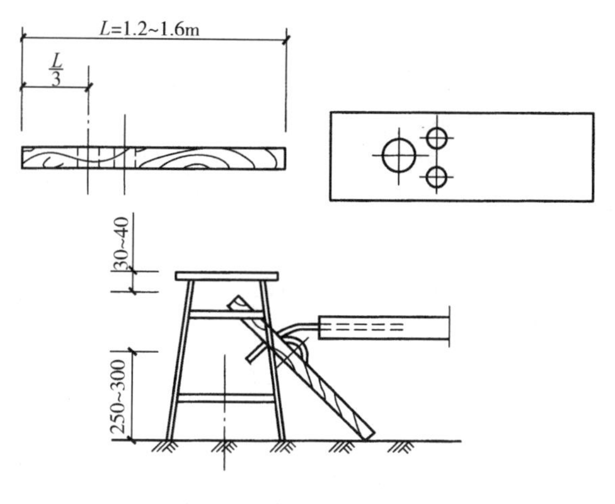

图 1-77 弯管板手工煨弯

(2) 滚轮弯管器冷弯 如图 1-78 所示是一种滚轮式弯管器，它由杠杆、固定滚轮、活动滚轮和管子夹持器组成。

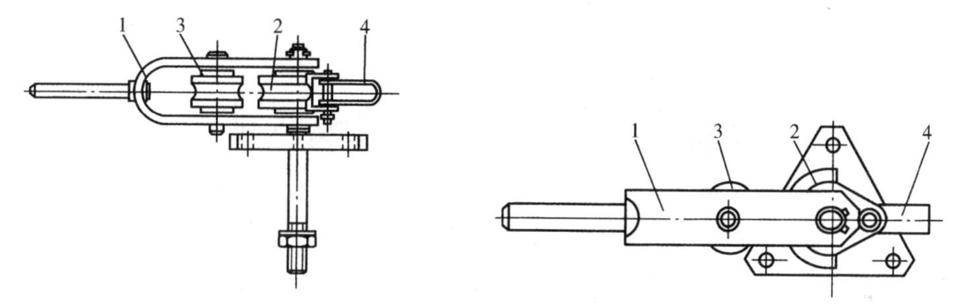

图 1-78 滚轮式弯管器

1—杠杆 2—固定滚轮 3—活动滚轮 4—管子夹持器

(3) 小型液压弯管机弯管 小型液压弯管机（图 1-79）以两个固定的导轮作为支点，两导轮中间有一个弧形顶胎，顶胎通过顶棒与液压机连接。

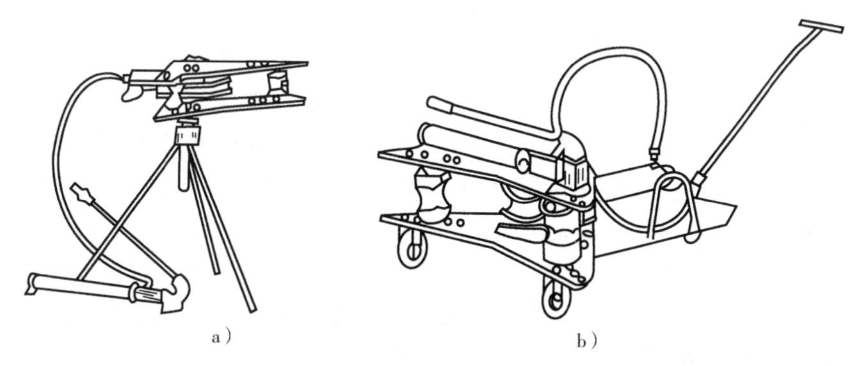

图 1-79 小型液压弯管机

a) 三脚架式 b) 小车式

2. 机械冷弯

钢管煨弯采用手工冷弯法工效较低，既费体力又难以保证质量，所以对管径大于 25mm 的钢管一般采用机械弯管机煨弯。机械弯管机的弯管原理有固定导轮弯管（图 1-80）和转动导轮弯管（图1-81）。固定导轮弯管导轮位置不变，管子套入夹圈内，由导轮和压紧导轮夹紧，随管子向前移动，导轮沿固定圆心转动，管子被弯曲。转动导轮弯管在弯曲过程中，导轮一边转动，一边向下移动。机械弯管机可分为无芯冷弯弯管机和有芯弯管机；按驱动方式分为电动机驱动的电动弯管机和液压泵驱动的液压弯管机等。

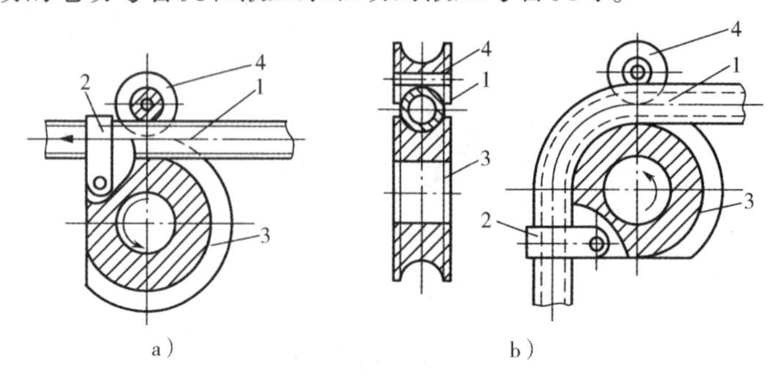

图1-80　固定导轮弯管

a）开始弯管　b）弯管结束

1—管子　2—夹圈　3—导轮　4—压紧导轮

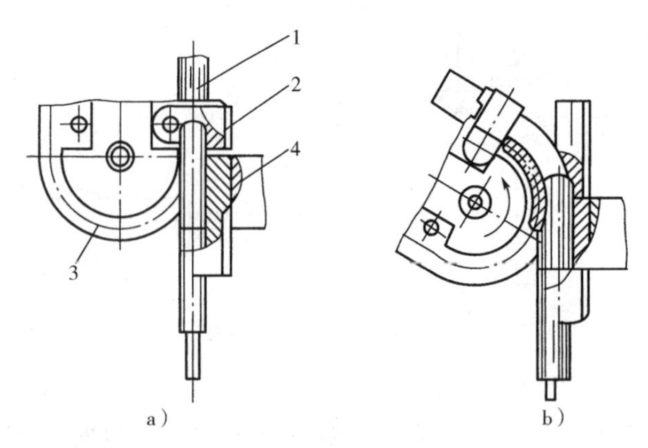

图1-81　转动导轮弯管

a）开始弯管　b）弯管结束

1—管子　2—夹圈　3—弯曲导轮　4—压紧滑块

（四）管子连接常用机具

管钳是螺纹接口拧紧常用的工具。管钳有张开式（图1-82）和链条式（图1-83）。张开式管钳应用较广泛，其规格及使用范围见表1-48。管钳的规格是以钳头张口中心到手柄尾端的长度来标称的，此长度代表转动力臂的大小。安装不同管径的管子应选用对应号数的管钳。若用大号管钳拧紧小管径的管子，虽因手柄长省力，容易拧紧，但也容易因用力过大、拧得过紧而胀破管件；大直径的管子用小号管钳，费力且不容易拧紧，而且易损坏管钳。不允许用管子套在管钳手柄上加大力臂，以免拉断钳颈或损坏钳颚。

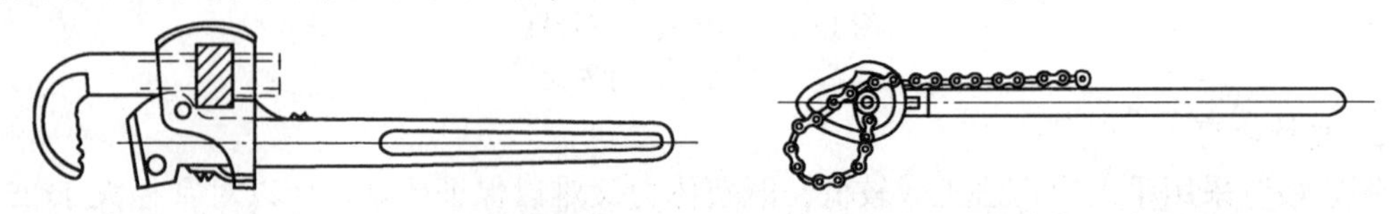

图1-82　张开式管钳　　　　图1-83　链条式管钳

表 1-48　张开式管钳的规格及使用范围

规格	mm	150	200	250	300	350	450	600	900	1200
	in	6	8	10	12	14	18	24	36	48
使用管径/mm		4 ~ 8	8 ~ 10	8 ~ 15	10 ~ 20	15 ~ 25	32 ~ 50	50 ~ 80	65 ~ 100	80 ~ 125

链条式管钳又称链钳，是借助链条把管子箍紧而回转管子。它主要应用于大管径，或因场地限制，张开式钳管手柄旋转不开的场合。例如，在地沟中操作、空中作业及管子离墙面较近的场合。链条式管钳的规格及其使用范围见表 1-49。

表 1-49　链条式管钳的规格及使用范围

规格	mm	350	450	600	900	1200
	in	14	18	24	36	48
使用管径/mm		25 ~ 40	32 ~ 50	50 ~ 80	80 ~ 125	100 ~ 200

第二章 暖通空调系统的设计规定及要点

第一节 暖通空调系统的设计原则、依据及方法

一、设计原则与设计依据

（一）设计原则

1. 遵守暖通空调系统设计标准和规范

暖通空调系统设计的标准和规范，是暖通空调系统设计人员的“宪法”和“法律”，特别是不能违反其中的强制性条款。这些规范，除了最基本的设计规范以外，还包括一些与暖通空调系统设计相关的规范，如《建筑设计防火规范》也是必须遵守的设计原则。

2. 综合利用资源，满足环保和可持续发展的要求

暖通空调系统设计中，要充分利用和考虑能源、水源等资源要求，贯彻可持续发展的理念。例如，要采取节约能源的措施，提倡区域集中供热，重视余热利用，积极开展太阳能、地热能在暖通空调系统中的应用。在暖通空调系统设计中，要采取行之有效的措施，防止粉尘、废气、余热、噪声等对环境和周围生活区、办公区的污染。

3. 积极贯彻经济和社会发展规划

经济、社会发展规划及产业政策，是国家在某一个时期的建设目标和指导方针，暖通空调系统设计必须贯彻其精神。例如，我国奥运会场馆的暖通空调系统设计就大量地实践了这个原则，在暖通空调系统设计中，利用了可再生能源，并采用了能源计量等设计方案。

4. 积极采取新技术、新工艺、新材料和新设备

在暖通空调系统设计中，应广泛吸收国内外先进的科研成果和技术经验，结合我国的国情和工程实际情况，积极采用新技术、新工艺、新材料和新设备，以保证暖通空调系统设计的先进性和可靠性。

（二）设计依据

暖通空调系统的设计依据是业主的项目建议书、国家标准和规范。如果有可能，暖通空调设计单位应积极参与项目建议书的编制，尽可能地收集齐全设计基础资料，从而为进行多种方案的技术经济比较做好准备，使暖通空调系统设计工作的质量和效率都有保证。

（三）设计准备

设计师在接受设计任务后，首先应该熟悉建筑图样与原始资料，尤其需要理解业主的需求。需要了解的工程概况和原始资料有：工程所在地的室外气象参数（位置、大气压力、室外温度、相对湿度、室外风速、主导风向），室内设计参数，土建资料，其他资料（水源情况、电源供应等）。然后需要查阅和收集相关资料，依据建筑特点、功能要求和特性，为设计对象

选择合适的暖通空调方式，经过综合比较，最后向业主推荐最科学、合理的暖通空调方案。

（四）设计方法

暖通空调系统的设计，以前主要通过人工计算。现在，无论是负荷计算还是制图都通过计算机完成。事实上，暖通空调系统设计的工作可以用三句话来概括：遵循设计规范；进行负荷计算；绘制设计图。与以前相比，现在的设计理念更加注重节能、环保、人性化。同时，设计的效率更高，设计的要求更高。

二、暖通空调系统设计的内容

暖通空调系统设计的内容见表 2-1。

表 2-1　暖通空调系统的设计内容

类　别	内　容
进行设计计算	根据冷负荷系数法或指标估算法，计算建筑各房间、各层的冷负荷和湿负荷，然后汇总出整个建筑的冷负荷和湿负荷，从而确定各空调端、空调机组和空调分区的冷负荷和湿负荷，确定整个制冷系统的冷负荷和各制冷机组的冷负荷。确定室内气流组织形式，进行气流组织计算；进行系统风道布置及管道水力计算 计算、确定各冷却水泵、冷冻水泵的功率、扬程、流量等；计算、确定各冷却水管、冷冻水管的管径、流速等；计算、确定各空调机组的冷量、风量等
进行设备选型	根据冷量和风量确定选用空气处理设备的参数、台数等，如制冷机组的台数、参数和种类，冷却塔的台数、流量和种类，冷却泵、冷冻泵的台数、种类、扬程、流量等，分水缸、集水缸的选型等
绘制设计图	暖通空调系统设计的成果之一就是设计图，设计师的设计意图都要通过图样来最终体现。设计图应包括暖通空调系统图、原理图，各层的空调风管、水管平面图、系统图，各设备的大样图，机房布置平面图、剖面图、详图，施工设计总说明和主要设备材料表，以及整个设计的图样目录等
进行其他设计	如确定暖通空调系统的消声、减振设计，确定暖通空调系统防排烟及保温设计，确定暖通空调系统的调试、自控方法和措施设计等
设计步骤	暖通空调系统设计是一个比较复杂的技术工作，理论上，只要能把设计做出来就可以了，行业内并没有一个标准的设计流程。但是，由于暖通空调工程设计关联性强，特别是有时会涉及与业主、咨询方的业务联系和设计变更，以及和建筑其他专业的配合问题，一般要把制图放在最后的步骤。暖通空调系统设计流程的科学与否，决定了设计过程能否少走弯路和少做无用功。暖通空调系统设计的一般步骤如图 2-1 所示 接受设计任务，了解业主需求 熟悉原始资料 空调分区、方案比选 房间建筑热负荷和湿负荷计算 确定空调系统形式，计算设备冷量、功率等 气流组织设计，确定送风量和回风量 风管、水管流速、管径等计算 各设备选型 施工图系列图样制图 完成设计任务 图 2-1　暖通空调系统设计的一般步骤

（续）

类别	内容
设计步骤	从效果来说，推荐按以下步骤来进行暖通空调工程设计 1. 接受设计任务，明确设计需求 设计人员在接受暖通空调系统设计任务以后，要和业主进行密切联系，要详细了解业主的需求。这是做好暖通空调系统设计的重要前提，也可防止以后反复变更设计 2. 熟悉原始资料 首先要熟悉建筑的功能和应用特征，从而确定设计对象——建筑物暖通空调系统的设计目标。要根据设计对象所处地区，确定室外空气冬、夏设计参数；确定设计对象的建筑热工参数、室内人员数量、灯光负荷、设备负荷、工作时间段等特征参数。要搜集相关资料（中文、英文）、相关规范、参考书等，形成设计思路 3. 进行空调方案比选 在了解业主需求的基础上，根据建筑特征，结合国内外相关的设计经验和暖通空调系统设计案例，向业主推荐、建议最合适、最有利的方案。最合适的方案未必是最先进的方案，也未必是最成熟的方案，而是综合考虑了方案的先进性、可靠性、经济性后，经技术经济比较后最优的方案 4. 进行设计计算 进行设计计算包括以下几个方面的内容：计算各房间、各子系统、各分区在最不利条件下的空调热负荷和湿负荷；计算各空调设备热负荷和湿负荷以及送风温差；计算确定冬、夏送风状态和送风量；根据设计对象的工作环境要求，计算确定最小新风量；确定空调系统形式；进行气流组织设计，根据送风量、回风量，确定送风口、回风口形式；布置空调风管道，进行风道系统设计计算，确定管径、阻力等；布置空调水管道，进行水管路的水力计算，确定管径、阻力等。在进行设计计算时，可以使用一些专门的负荷设计软件，也可以用制图设计软件的负荷计算功能进行计算 5. 进行设备选型 在进行负荷计算后，就可以根据计算结果进行设备选型了。主要是确定空调系统的空气处理方案以及空气处理设备的容量；确定风机和水泵的流量、风压（扬程）及型号；确定冷却塔的风量、功率、容量等；根据空气处理设备的容量确定冷源（制冷机）或热源（锅炉）的容量及水量、功率等 6. 施工图制图 施工图制图是暖通空调系统设计的最重要内容之一。设计时，最重要的是要遵守设计规范：关于施工图制图的要点和注意事项，后面的章节会进行详细的论述 做好暖通空调系统设计工作，一要熟悉规范；二要讲究制图技巧和经验；三要有全局观念，从宏观到微观，先整体后局部把握设计工作；四要注意与业主和其他专业配合，因为暖通空调系统设计的一些管井可能需要公用，线路、管线、管路可能会重叠、交叉、冲突，因此需要和其他专业进行配合和协调，另外，有时业主会进行设计变更，这是加大设计工作量的原因
设计文件	暖通空调系统的设计文件包括方案设计文件和施工图设计文件。对于方案设计文件，应满足编制初步设计文件的需要。对于施工图设计文件，应满足设备材料采购、非标准设备制作和施工的需要。对于将项目分别发包给几个设计单位或实施设计分包的情况，设计文件相互关联处的深度应满足各承包或分包单位设计的需要 1. 初步设计或方案设计阶段 设计阶段可根据建设项目的复杂程度而定。一般建设项目的工程设计可以按初步设计和施工图设计两阶段进行。而技术复杂的建设项目、要按照方案设计、初步设计和施工图设计三个阶段来进行。初步设计应包括有关文字说明和图样，如设计依据、主要设备选型、新技术应用情况等。初步设计应达到设计方案的比选和确定、主要设备材料订货、投资的控制、施工招标文件的编制等要求 2. 施工图设计阶段 本章重点论述施工图设计文件。施工图设计文件包括以下几点：

（续）

<table>
<tr><th>类　　别</th><th>内　　容</th></tr>
<tr><td>设计文件</td><td>1）合同要求的所有相关专业的设计图（含图样目录、说明和必要的设备、材料表）以及图样总封面；对于暖通空调系统设计，设计说明中还应有建筑节能设计的内容
2）合同要求的工程预算书
3）暖通空调系统设计计算书。计算书不属于必须交付的设计文件，但应按规定要求编制并归档保存
在施工图设计阶段，暖通空调工程设计文件应包括图样目录、设计说明和施工说明、设备表、设计图、计算书
图样目录应先列新绘图样，后列选用的标准图或重复利用图
设计说明应简述工程建设地点、规模、使用功能、层数、建筑高度等；列出设计依据，说明设计范围；说明空调室内外设计参数；说明冷源设置情况，冷媒及冷却水参数等；说明各空调区域的空调方式，空调风系统及必要的气流组织说明等；说明空调水系统设备配置形式和水系统制式，系统平衡、调节手段，洁净空调净化级别，监测与控制要求；有自动监控时，确定各系统自动监控原则（就地或集中监控），说明系统的使用操作要点等；说明通风系统形式，通风量或换气次数，通风系统风量平衡等；说明设置防排烟的区域及其方式，防排烟系统及其设施配置、风量确定、控制方式，暖通空调系统的防火措施；说明设备降噪、减振要求，管道和风道减振做法要求，废气排放处理等环保措施等；说明在节能设计条款中阐述设计采用的节能措施等
施工说明应包括设计中使用的管道、风道、保温等材料选型及做法；应有设备表和图例，没有列出或没有标明性能参数的仪表、管道附件等的选型等；应说明系统工作压力和试压要求；应说明图中尺寸、标高的标注方法；以及施工安装要求及注意事项，采用的标准图集、施工及验收依据等
其他关于施工图制图的要求在后面的章节专门论述
暖通空调系统设计文件还应包括总封面标识，其内容如下：
1）项目名称
2）设计单位名称
3）项目的设计编号
4）编制单位法定代表人、技术总负责人和项目总负责人的姓名及其签字或授权盖章
5）设计日期（即设计文件交付日期）</td></tr>
<tr><td>设计文件的审批与修改</td><td>1. 设计文件的审批
暖通空调系统设计文件的审批，实行分级管理、分级审批。按照我国的规定，施工图设计除主管部门规定要审批的外，一般不再审批。设计单位要对施工图的质量负责，并向生产、施工单位进行技术交底，听取意见
2. 设计文件的修改
设计文件是工程建设的主要依据，经批准后，就具有一定的严肃性，不得任意修改和变更。如果要变更和修改，则必须经有关单位批准。施工图的修改，必须经原设计单位的同意。建设单位、施工单位、监理单位都无权单方面修改设计文件。不过随着我国政府职能的转变，我国的设计文件审批和修改必将进一步改革，政府对设计文件的审批内容将侧重于宏观、规划、安全、环保和职业卫生等内容，其他内容由建设单位进行自行审查将是发展的趋势</td></tr>
</table>

第二节 暖通空调系统的设计要求及常见错误

一、暖通空调系统的设计要求

暖通空调系统的设计要求见表2-2。

表2-2 暖通空调系统的设计要求

类别	内容
暖通空调系统设计深度总体要求与原则	暖通空调系统设计要坚持质量第一的要求与原则，必须符合国家有关法律法规和现行工程建设标准规范的规定，贯彻实施《建设工程质量管理条例》（国务院第279号令）和《建设工程勘察设计管理条例》（国务院第293号令），对其中工程建设强制性标准（如关于建筑节能方面的要求）必须严格执行 在进行暖通空调系统设计时，要因地制宜正确选用国家、行业和地方标准（如有些省份有地方标准），并在设计文件的图样目录或施工图设计说明中注明所应用的图集的名称。对于重复利用其他工程的图样时，应详细了解原图利用的条件和内容，并进行必要的核算和修改，以满足新设计项目的需要。当设计合同对设计文件编制深度另有要求时，设计文件编制深度应同时满足《建设工程质量管理条例》《建设工程勘察设计管理条例》和设计合同的要求 值得注意的是，《建筑工程设计文件编制深度规定》（2016年版）中关于空调、通风设计的规定仅适用于报批方案设计文件编制深度。对于投标方案设计文件的编制深度，应执行住房和城乡建设部颁发的相关规定
暖通空调系统设计深度具体要求	民用建筑暖通空调系统设计一般应分为方案设计、初步设计和施工图设计三个阶段；对于技术要求相对简单的民用建筑工程，经有关主管部门同意，且合同中没有做初步设计的约定，可在方案设计审批后直接进入施工图设计 1. 方案设计阶段 暖通空调系统方案设计阶段的文件，应满足编制初步设计文件的需要。暖通空调系统设计说明书，应包括设计说明以及投资估算等内容。对于涉及建筑节能设计的内容，设计说明应有建筑节能设计的专门内容 在方案设计阶段，暖通空调系统设计说明应包含的内容有： 1）工程概况及采暖通风和空气调节设计范围 2）采暖、空气调节的室内设计参数及设计标准 3）冷、热负荷的估算数据 4）空气调节的冷源、热源选择及其参数 5）采暖、空气调节的系统形式，简述控制方式 6）通风系统简述 7）防排烟系统及暖通空调系统的防火措施简述 8）节能设计要点 9）废气排放处理和降噪、减振等环保措施 10）需要说明的其他问题 2. 初步设计阶段 （1）一般要求 对于初步设计阶段，总的要求是设计文件要满足编制施工图设计文件的需要。设计说明书，要包括暖通空调系统设计说明，简述空调工程的设计特点和系统组成，以及采用新技术、新材料、新设备和新结构的情况。如果有建筑节能设计的内容，则应在设计说明中写明建筑节能设计的专项内容。除小型、简单工程外，初步设计还应包括设备表、设计图及计算书

（续）

类 别	内 容
暖通空调系统设计深度具体要求	（2）设计说明书 暖通空调系统初步设计阶段对设计说明书的深度要求如下： 1）设计依据。要说明与本专业有关的批准文件和建设单位提出的符合有关法规、标准的要求；本专业设计所执行的主要法规和所采用的主要标准（包括标准的名称、编号、年号和版本号）；其他专业提供的设计资料等 2）要简述工程建设地点、规模、使用功能、层数、建筑高度等 3）设计范围。根据设计任务书和有关设计资料，说明本专业设计的内容、范围以及与有关专业的设计分工 4）设计计算参数。如室外空气计算参数、室内空气设计参数 5）空调的基本情况。如空调冷负荷和热负荷的大小；空调系统冷源及冷媒选择，冷水、冷却水参数；空调系统热源供给方式及参数；各空调区域的空调方式，空调风系统简述，必要的气流组织说明；空调水系统设备配置形式和水系统制式，系统平衡、调节手段；洁净空调注明净化级别；监测与控制简述；管道材料及保温材料的选择 6）通风。设置通风的区域及通风系统形式；通风量或换气次数；通风系统设备选择和风量平衡；防排烟及暖通空调系统的防火措施（如简述设置防排烟的区域及方式、防排烟系统风量确定、防排烟系统及设施配置、暖通空调系统的防火措施等）；暖通空调系统控制方式简述 7）节能设计。按节能设计要求采用的各项节能措施。包括计量、调节装置的配备、全空气空调系统加大新风比、热回收装置的设置、选用的制冷和供热设备的性能系数或热效率（不低于节能标准要求）、变风量或变水量设计等；节能设计除满足现行国家节能标准的要求外，还应满足工程所在省、市现行地方节能标准的要求 8）废气排放处理和降噪、减振等环保措施 9）需提请在设计审批时解决或确定的主要问题 （3）设备表 在初步设计阶段，要列出主要设备的名称、性能参数、数量等。暖通空调系统初步设计阶段的主要设备见表2-3 （4）设计图 1）采暖通风与空气调节初步设计图一般包括图例、系统流程图、主要平面图。各种管道、风道可绘单线图 2）系统流程图包括冷热源系统、采暖系统、空调水系统、通风及空调风路系统、防排烟系统等的流程。应表示系统服务区域名称、设备和主要管道、风道所在区域和楼层，标注设备编号、主要风道尺寸和水管干管管径，表示系统主要附件、建筑楼层编号及标高。不过，当通风及空调风道系统、防排烟系统等跨越楼层不多、系统简单，且在平面图中可较完整地表示系统时，可只绘制平面图，不绘制系统流程图 3）通风、空调、防排烟平面图。绘出设备位置、风道和管道走向、风口位置，大型复杂工程还应标注出主要干管控制标高和管径，管道交叉复杂处需绘制局部剖面图 4）冷热源机房平面图。绘出主要设备位置、管道走向，标注设备编号等 （5）计算书 对于采暖通风与空调工程的热负荷、冷负荷、风量、空调冷热水量、冷却水量及主要设备的选择，应做初步计算 机电设备及安装工程由建筑电气、给水排水、采暖通风与空气调节、热能动力等专业组成，因此要做暖通空调工程的设备及安装、计价概算书 3. 施工图设计阶段 （1）总的要求 暖通空调系统施工图设计阶段的文件应满足设备材料采购、非标准设备制作和施工的需要。在施工图设计阶段，采暖通风与空气调节专业设计文件应包括图样目录、设计说明和施工说明、图例、设备表、设计图、计算书。图样目录应先列新绘图样，后列选用的

（续）

类　别	内　容
暖通空调系统设计深度具体要求	标准图或重复利用图。施工图设计阶段性能参数栏应注明详细的技术数据。对于涉及建筑节能设计的地方，其设计说明应有建筑节能设计的专项内容。当暖通空调系统设计的内容分别由两个或两个以上的单位承担时，应明确交接配合的设计分工范围 （2）设计说明和施工说明 1）设计说明。设计说明应包括以下内容： ①简述工程建设地点、规模、使用功能、层数、建筑高度等 ②列出设计依据，内容与初步设计阶段一样，说明设计范围 ③暖通空调室内外设计参数 ④热源、冷源设置情况，热媒、冷媒及冷却水参数，采暖热负荷、折合耗热量指标及系统总阻力，空调冷负荷和热负荷、折合冷热量指标，系统水处理方式、补水定压方式、定比值（气压罐定压时注明工作压力值）等 ⑤设置采暖的房间的采暖系统形式，热计量及室温控制，系统平衡、调节手段等 ⑥各空调区域的空调方式，空调风系统及必要的气流组织说明，空调水系统设备配置形式和水系统制式，系统平衡、调节手段，洁净空调净化级别，监测与控制要求；有自动监控时，确定各系统自动监控原则（就地或集中监控），说明系统的使用操作要点等 ⑦通风系统形式，通风量或换气次数，通风系统风量平衡等 ⑧设置防排烟的区域及其方式，防排烟系统及其设施配置、风量确定、控制方式，暖通空调系统的防火措施 ⑨设备降噪、减振要求，管道和风道减振做法要求，废气排放处理等环保措施 ⑩在节能设计条款中阐述设计采用的节能措施，包括有关节能标准、规范中强制性条文和以“必须”“应”等规范用语规定的非强制性条文提出的要求 2）施工说明。施工说明应包括以下内容： ①设计中使用的管道、风道、保温等材料选型及做法 ②设备表和图例没有列出或没有标明性能参数的仪表、管道附件等的选型，暖通空调系统初步设计阶段的主要设备见表2-3 ③系统工作压力和试压要求 ④图中尺寸、标高的标注方法 ⑤施工安装要求及注意事项，大型设备如制冷机组、锅炉安装要求 ⑥采用的标准图集、施工及验收依据 （3）平面图　暖通空调系统设计的图样是最重要的文件之一，平面图必须绘出建筑轮廓、主要轴线号、轴线尺寸、室内外地面标高、房间名称，底层平面图上绘出指北针。通风、空调、防排烟风道平面用双线绘出风道，标注风道尺寸（圆形风道标注管径、矩形风道标注宽×高），主要风道定位尺寸、标高及风口尺寸，各种设备及风口安装的定位尺寸和编号，消声器、调节阀、防火阀等各种部件位置，标注风口设计风量（当区域内各风口设计风量相同时也可按区域标注设计风量）。风道平面应表示出防火分区，排烟风道平面还应表示出防烟分区。空调管道平面用单线绘出空调冷热水、冷媒、冷凝水等管道，绘出立管位置和编号，绘出管道的阀门、放气、泄水、固定支架、伸缩器等，注明管道管径、标高及主要定位尺寸。需要另做二次装修的房间或区域，可按常规进行设计，风道可绘制单线图，不标注详细定位尺寸，并注明按配合装修设计图施工 （4）机房平面图和剖面图　通风、空调、制冷机房图应根据需要增大比例，绘出通风、空调、制冷设备（如冷水机组、新风机组、空调器、冷热水泵、冷却水泵、通风机、消声器、水箱等）的轮廓位置及编号，注明设备外形尺寸和基础距离墙或轴线的尺寸。要绘出连接设备的

（续）

类　　别	内　　容
暖通空调系统设计深度具体要求	风道、管道及走向，注明尺寸和定位尺寸、管径、标高，并绘制管道附件（各种仪表、阀门、柔性短管、过滤器等） 当平面图不能表达复杂管道、风道相对关系及竖向位置时，应绘制剖面图。剖面图应绘出对应于机房平面图的设备、设备基础、管道和附件，注明设备和附件编号以及详图索引编号，标注竖向尺寸和标高；当平面图中设备、风道、管道等尺寸和定位尺寸标注不清时，应在剖面图中标注 （5）系统图、立管或竖风道图　冷热源系统、空调水系统及复杂的平面图不能清楚表达的风系统应绘制暖通空调系统设计的系统图、立管或竖风道图（或绘制系统流程图）。系统流程图应绘出设备、阀门、计量和现场观测仪表、配件，标注介质流向、管径及设备编号。流程图可不按比例绘制，但管路分支及与设备的连接顺序应与平面图相符 空调冷热水分支水路采用竖向输送时，应绘制立管图并编号，注明管径、标高及所接设备编号；空调冷热水立管图应标注伸缩器、固定支架的位置。空调、制冷系统有自动监控时，宜绘制控制原理图，图中以图例绘出设备、传感器及执行器位置；说明控制要求和必要的控制参数。对于层数较多、分段加压、分段排烟或中途竖井转换的防排烟系统，或平面不能清楚表达竖向关系的风系统，应绘制系统示意或竖风道图 （6）通风、空调剖面图和详图　暖通空调系统施工图设计阶段，风道或管道与设备连接交叉复杂的部位，应绘剖面图或局部剖面图。对剖面图，应绘出风道、管道、风门、设备等与建筑梁、板、柱及地面的尺寸关系，注明风道、管道、风口等的尺寸和标高，气流方向及详图索引编号 通风、空调、制冷系统的各种设备及零部件施工安装，应注明采用的标准图、通用图的图名图号。凡无现成图样可选，且需要交待设计意图的，均需绘制详图。简单的详图，可就图引出，绘制局部详图 （7）计算书　暖通空调系统施工图设计阶段的计算书深度要求是： 采用计算程序计算时，计算书应注明软件名称，打印出相应的简图、输入数据和计算结果。暖通空调系统设计计算书应包括以下内容 1）空调冷热负荷计算（冷负荷应逐项逐时计算） 2）空调系统末端设备及附件（包括空气处理机组、新风机组、风机盘管、变制冷剂流量室内机、变风量末端装置、空气热回收装置、消声器等）的选择计算 3）空调冷热水、冷却水系统的水力计算 4）风系统阻力计算 5）必要的气流组织设计与计算 6）空调系统的冷（热）水机组、冷（热）水泵、冷却水泵、定压补水设备、冷却塔、水箱、水池等设备的选择计算 7）通风、防排烟设计计算，应包括通风、防排烟风量计算；通风、防排烟系统阻力计算；通风、防排烟系统设备选型计算 8）必须有满足工程所在省、市有关部门要求的节能设计计算内容

表 2-3　暖通空调系统初步设计阶段的主要设备

设备编号	名称	性能参数	单位	数量	安装位置	服务区域	备注
1							
2							
…							

二、暖通空调系统设计的常见错误

暖通空调系统设计的常见错误见表2-4。

表2-4 暖通空调系统设计的常见错误

类　别	内　容
暖通空调系统设计失误	现在一些设计院喜欢采用多联机或VRV系统；即使是在大型的甚至超大型的公共建筑，都有使用风冷的多联机系统或VRV系统；如果是超大型的公共建筑，则使用很多套的暖通空调系统。这是典型的“小马拉大车”的系统设计失误。VRV系统或风冷系统，只适合于中小型的场所。无论是从系统效率、管路承压还是新风量的保证等方面，传统的水冷式暖通空调在大型公共建筑的暖通空调工程中有着多联机系统或VRV系统不可比拟的优势 实际上，无论是在美国还是在欧洲，大型公共建筑中的暖通空调还是以大型水冷机组居多。多联机系统或VRV系统只是在东亚才用得比较广泛，除了多联机系统或VRV系统本身具备灵活性等优势外，主要是某些厂家的公关或广告造成的
室内气流组织考虑不周	室内气流组织方式是暖通空调系统设计必须考虑的重要方面，最基本的是要考虑建筑功能和室内人员活动、设备布置的特点，使进气口和排气口的布置科学合理，以便形成合理的气流组织，从而使室内风速均匀，使用过程舒适节能。例如，各种侧送风、上送风、下送风、射流送风要结合房间大小、房间用途进行设计；气流组织要考虑污染物的扩散和排除问题，考虑系统回风效率问题等 例如，厨房与餐厅相邻，餐厅又靠近门厅，造成串味。有的宾馆一进门就闻到菜饭的气味，使人产生不舒服的感觉，使得宾馆的空气环境不够清新幽雅 原因：厨房、餐厅的气流组织不好，应当是厨房负压，餐厅正压。而有时由于厨房开了窗，造成厨房的空气流入餐厅，致使饭菜味外溢 对策：把厨房送风量的60%送到餐厅，然后再由餐厅流至厨房。但要注意气流由餐厅流入厨房时，经过配餐口时的风速不得大于1m/s 再如，某酒店大堂一、二层连在一起，二层有内走廊，与一楼相通，二楼有开放式餐厅。一楼、二楼共用一个系统，一楼较热，二楼的温度基本合适 原因：该大堂采用上送风，冷气流由顶层下来，二楼靠近出风口，而一楼属于高大空间，冷气流达到二楼后被加热，使得冷气流很难到达一楼大堂 对策：在二楼走廊处增加送风口，或沿大堂的立柱布置新风口
冷负荷计算不准确	在暖通空调系统设计中，冷负荷计算不准确的例子非常普遍，最常见的是负荷偏小而设计值偏大，其原因是很多设计人员是按面积进行负荷估算，而没有进行负荷的精确计算。另外，从建筑负荷到空调负荷，再到制冷机组负荷，层层加大安全系数，加之多数时候建筑房间不可能同时全部使用，造成机组选型偏大，造成“大马拉小车”的现象，大多数情况下冷冻水是小温差、大流量，从而造成冷冻水泵能耗增加，运行费用增加，系统不节能，而制冷主机又闲置，造成投资浪费 冷负荷计算也有偏小的情况。例如，局部房间或区域的负荷计算过小，从而造成设备选型偏小，使房间温度、相对湿度都达不到设计要求。例如，在某餐厅工程设计中，按正常条件下的参数和人流量进行负荷计算，但实际使用时人数较多，房间温度降不下来，使得就餐环境差，客人投诉严重
风量计算不正确	最常见的是风量计算偏小，没有依照规范设置新风量。例如，地下室、商场等场所的暖通空调设计中不注明空调系统最小新风量或不设新风系统，以至于无法满足室内空气卫生要求 还有一种情况是总风量计算正确，但室内空调温度、相对湿度、工作区风速等在设计说明中不列明，或虽然设计说明中列出，但在设计中不按该规定取值计算

（续）

类　别	内　容
冷却水量计算错误	溴化锂吸收式制冷系统在大型宾馆中应用比较广泛。但溴化锂吸收式制冷机的冷却水系统设计偏小。因为在产生同样单位的冷量的条件下，溴化锂制冷机要比电驱动的压缩制冷机释放出更多的热量。因此，在同样的建筑冷负荷条件下，溴化锂吸收式制冷系统需要的冷却水量更大。所以，一些暖通空调工程设计中，笼统地按电制冷机的计算方式选择溴化锂制冷机的冷却水系统是错误的
不采用国际单位制	常见的问题如制冷量采用“冷吨”，压力采用 mmH_2O，功率采用“匹”等，而不使用国际单位
管路或设备布置不当	1. 风系统 1）最常见的如风机盘管所接风管过长，或末端的出风口面积小，从而使房间达不到额定风量，影响空调使用效果 解决办法：在进行暖通空调系统设计时应进行风管阻力计算和校核，使风机盘管与系统风阻相符。实际上，风机盘管可以接风管，也可以不接风管，可以进行灵活处理 2）送风气流达不到空调区。最常见的情况是房间跨度很大（如体育馆、会议中心等），只设置单侧送风，送风口布置在一侧且距离工作区比较远，这样无法使送风气流到达较远的空调区域，从而影响空调使用效果 解决办法：可以在房间两侧设风管送风，减小送风射流距离，或采用喷射式送风，还可以沿着房间的柱子布置风管，从而使送风更容易达到工作区 3）热风送不下来。如果房间层高很高（如多层共用的中庭），而送风口在上部，则容易造成室内垂直方向的温度梯度大。而空气特性是热空气在上，冷空气在下，热风送不下来 解决办法：可以设法在房间半层高处设置风管，或增加侧风口送风。例如，一、二层高的大堂，可以在一层顶部、二层底部处设置送风口 4）缺少排风。最常见的是暖通空调系统只考虑了夏季工况，没有考虑过渡季节的工况。例如，某些无窗的建筑物在过渡季节不需要使用空调，但又需要大量新风的空调系统，空调设计时没有设计排风系统，致使室内空气非常污浊 解决办法：考虑过渡季节的情况，设置系统排风或新风系统 5）送、回风口气流短路。送、回风口气流短路也是比较常见的设计问题。例如，某大型办公楼的很多回风口甚至排风口就在送风口附近，致使大部分气流未经过空调区而直接吸入空调系统回风口，造成气流短路，从而造成空调效果不好和浪费能源 解决办法：尽量拉开送、回风口的距离，如果实在无法将二者布置得远一些，也要尽量使送、回风口不在同一高度或同一方向 6）缺少过滤器。暖通空调系统设计时，若空调系统的新风口、回风口都不设置过滤器，既满足不了室内空气卫生要求，又影响空调效果和设备使用寿命 解决办法：暖通空调的新风口、回风口都必须设置过滤器并定期清洗。如果过滤器两侧的压力过大，说明滤网已堵塞 7）送、回风管布置不合理。这也是暖通空调系统设计时比较容易忽视的问题，送、回风管太长，风口有远有近，阻力不能平衡，造成冷热不均 解决办法：①风管不要设计得过长；②各支管的长度尽量差不多或与主管对称；③如果风管与风机的布置实在有困难，可在某些风口设置百叶调节阀 8）送风口结露。这是由于设计时采用了比较低的送风温度。特别是在南方地区的梅雨季节，当空调送风干球温度低于室内空气露点温度太多时，送风口将结露、滴水，会淋湿顶棚、地毯等。事实上，漏水、长霉的风口并不少见 解决办法：①通过调节阀减少冷水流量，提高送风温度；②采用导热系数低的保温风口（比如木制风口）；③设计时提高送风温度，减少送风温差

（续）

类　别	内　容
管路或设备布置不当	9）新风分布不均匀。在暖通空调系统设计中，经常碰到新风分布不均的现象。例如，较大的空调房间布置多台风机盘管，只对一台或个别风机盘管送新风，造成很多死角。显然，这没有经过气流组织的考虑和设计 解决办法：要仔细进行气流组织计算，尽量将新风分布均匀，考虑室内空气流动的合理性 10）排风机余压不足。例如，大型建筑的排风机余压不足，或管路过长，致使末端的房间排风效果不理想 解决办法：风管不要设计得过长，风口设置百叶调节，或增设排风机 11）厕所的异味外泄。这是比较容易忽视的问题，如某建筑的厕所不设置排风或排风量不足，造成异味外泄 解决办法：增加排气设施，建筑的排气先经过厕所，从厕所再排到室外或屋顶 2. 水系统 1）膨胀水箱设置错误。膨胀水箱不是暖通空调系统设计的重点，也不需要经过专门的计算。但在设计中，膨胀水箱的错误比较多，如水箱容积过小、安装高度不够、接管错误等 解决办法：①膨胀水箱应接在水泵吸入侧，且至少要高出水管系统最高点1m，使水泵承受背压；②膨胀水箱应有泄水管、补水管、信号管等全部管路；③膨胀水箱应有保温措施 2）水系统阻力计算不准确。冷冻水系统的水力损失计算错误或不准确，造成各空调设备的冷冻水流量不在设计范围之内。同时，水管系统阻力计算不准确，致使所选水泵扬程过大或过小。不能满足空调使用要求，使水泵经常在低效率下运行，浪费能源 解决办法：对水系统进行认真的水力计算，从最不利点开始，逐段进行水力损失计算和校核 3）没有对水管进行伸缩补偿。一些暖通空调系统设计中，尤其是北方在冬季使用的空调设计中没有考虑管道的热胀冷缩现象；对于自然补偿无法满足要求的超长直管段，没有设置伸缩设施，从而损坏管道造成漏水 解决办法：对于比较长的管道以及温度变化比较大的管道，设置管道伸缩补偿器 4）多台冷却塔并联运行时不设平衡管。这也是暖通空调系统设计时最容易犯的错误之一。很多设计都没有考虑到多台冷却塔并联运行时的水量平衡问题。实际运行中，并联工作的冷却塔如果不设平衡管，会造成冷却塔水量不平衡，而设计时往往选用相同的冷却塔，造成水量不平衡，致使水泵、冷水机组等均不平衡。同时，如果不设平衡管，一旦某台冷却塔的风机损坏，则整个系统都无法运行 解决办法：一定要特别注意在冷却塔的下部设平衡管 5）冷却塔的安装位置不对。在进行暖通空调系统设计时，将冷却塔布置在建筑死角，甚至安装在室内，造成换热效果差，空调使用效果大打折扣，运行费用高 解决办法：冷却塔一般安装在室外的空地、裙楼的天面，不能与其他住户距离过近，以免飘水或产生噪声、污染等引起周围住户的不满。因此，在进行暖通空调系统设计时，一定要到现场去实地考察 6）冷却塔不设现场风机检修控制开关。冷却塔不设现场风机检修控制开关很危险。如果不提出要求，电气专业工程施工中大都只在冷冻机房设开关，这样做容易造成危险：工人在塔内检修时，若有人合上开关，则风机起动就会造成人员伤亡 解决办法：在冷却塔的施工说明中应提出要求 7）不提供水管试验压力。在进行暖通空调工程设计时，应该在设计说明中说明试验压力。如果管路的压力取得大，则对设备、管件、阀门等要求也高，投资也较大。如果试验压力取得小，则系统存在安全隐患。尤其是高层建筑，应按高低区域分别提供试验压力 解决办法：在施工、设计说明中说明试验压力 8）冷凝水管的坡度不够或没有坡度。在暖通空调系统设计中，冷凝水应该就近排放，其管径

（续）

类　别	内　容
管路或设备布置不当	相对固定。冷凝水排放坡度一般不少于5‰，支管为2%。如果支管坡度小于1%，或根本没有坡度，会造成冷凝水外溢 解决办法：在冷凝水管上每隔20m设置一个向上的通气短管，这样可减少活塞作用，使冷凝水排放更加顺畅 9）空调器积水。常见的问题为空调机组或组合式空调器有凝结水漏出，造成室内环境污染或降低室内舒适性 解决办法：空调箱凝结水排出口处不设水封或水封高度不够，致使空调器积水、外溢。另外，冷凝水管直接接入雨水管、排污管，当下大雨或管道堵塞时，污水逆流至空调机凝结水盘，造成发水事故。因此，要有良好的冷凝水排出措施 10）水管保温隔热性能不好。在工程很多暖通空调设计中，没有对水管的保温材料厚度进行计算或未按有关规定选用。水管的保温材料厚度选小了，易造成管道结露、滴水，既污染顶棚又浪费能源；选大了，造成材料浪费 解决办法：按经济厚度做保温设计，防止结露和保温过厚
冷冻站或制冷机房的问题	1）机房不设通风系统。制冷机房不设通风系统是违反规范规定的，因为制冷机房需要值班，机器也需要干燥。如果机房不设通风系统，则机房内闷热、潮湿，影响操作人员身体健康及设备使用寿命 解决办法：按照设计规范，在机房设计通风系统并保证通风量，有条件的工程，还可以设置空调 2）机房设备空间过小。如果制冷机房的各设备间距过小，会造成检修困难，但是设备间距过大，又会造成建筑面积浪费 解决办法：按规范规定，在制冷机组的水泵与墙壁之间、主机之间，以及与顶棚、横梁之间的长、宽、高保留足够的距离，为将来的维修、测试提供方便 3）水过滤器安装不正确。在暖通空调系统设计中，有些设计将水过滤器安装在冷冻水和冷却水总管上，这样清理过滤器时会影响空调系统运行 解决办法：将水过滤器安装在每台水泵或冷水机组入口处，逐个清理过滤器，不影响空调系统运行 4）空调水管布置不合理。最常见的是将空调水管设在冷水机组或电气控制柜上方，既不便于检修，又存在安全隐患 解决办法：在布置管路时尽量考虑各种管线之间的重叠问题，加强和其他专业的协调和配合，在有限的机房空间里面尽量优化管路的走向 5）制冷机房排水困难。在冷冻机房未设集水井和排污泵，造成空调系统换水困难，或者产生发水事故 解决办法：和给水排水专业配合，设置集水井和排污泵
暖通空调系统设计防火排烟系统不正确	1. 防烟防火问题 1）加压送风机房不设计进风管口。很多暖通空调系统设计中，加压送风机房不设计进风管口，当风机房的门关闭时，室外新风无法补入，严重影响防烟效果，存在安全隐患 解决办法：加压送风可以不设机房，而直接把消防的送风机设置于屋顶，或在加压送风机房中设置进风管口 2）送风口风速过大。在设计中，因为前室机械加压送风口尺寸过小，致使送风口风速过大 解决办法：精确计算风量和风速，确保送风口的风速不大于7m/s 3）加压送风竖管尺寸过小，致使风速、阻力过大。一般机械通风钢质风管的风速控制在14m/s左右；建筑风道控制在12m/s左右。因其不是常开的，噪声影响可不予考虑，故允许比一般通风的风速稍大些。规范规定，采用金属风道时，不应大于20m/s；采用内表面光滑的混

（续）

类　别	内　容
暖通空调系统设计防火排烟系统不正确	凝土等非金属材料风道时，不应大于15m/s 解决办法：精确计算风量和风速，降低风管中的空气流速，从而降低阻力 4）加压送风的风量不足。常见的问题如剪刀式楼梯间未设置独立的机械加压送风的防烟设施或加压送风量不足 解决办法：保证风量不少于规范规定的标准 5）加压送风竖井没有考虑漏风。这个问题比较严重，因为国内很多建筑的加压送风竖井是不光滑的混凝土管道，其内表面没有装修或抹平，而设计时，选择机械加压送风的风机只按理想情况下考虑，没有考虑竖井的漏风系数 解决办法：①考虑竖井的漏风系数；②施工时要使管道内表面非常密实，防止风管泄漏 2. 排烟 1）排烟管未设置止回阀。在暖通空调系统中，经常可以见到共用一个排烟竖管的排烟系统，在竖管与每层水平风管交接处的水平管段上，未设置风管止回阀，造成烟气外溢 解决办法：在干管与支管处设置止回阀即可 2）排烟管道未采用非可燃材料。这是非常致命的空调设计，一般很难通过设计审查。规范规定：管道和设备的保温材料、消声材料和粘结剂应为不燃烧材料或难燃烧材料。穿过防火墙和变形缝的风管两侧各2.00m范围内应采用不燃烧的材料及粘结剂 解决办法：通风、空气调节系统的管道等，应采用不燃烧材料制作，但接触腐蚀性介质的风管和柔性接头，可采用难燃烧材料制作。这些要在施工设计说明中详细写出来 3）机械排烟量不足。在一些设计中，有些需要设置排烟设施的部位机械排烟量不足 解决办法：设置机械排烟设施的部位，其排烟风机的风量应符合规范规定 4）排烟管道尺寸过小。在暖通空调系统设计中，如果排烟管道尺寸过小，会造成风速、阻力过大 解决办法：排烟和排风管道可分开设置，如果合用，则要按排烟量来设计管道的截面尺寸，因为排烟量一般远大于排风量 5）排烟口数量过少或尺寸过小。如果排烟口数量过少或尺寸过小，会造成排风口风速过大 解决办法：排烟口宜设置于该防烟分区的居中位置，与疏散出口的水平距离应在2m以上，排烟口的风速不宜大于10.0m/s 6）防烟分区内排烟口距离最远点的水平距离超过30m。这也是比较常见的设计错误之一，这是对规范的机械理解造成的。在浓烟中，正常人以低头、掩鼻的姿态和方法最远可通行20～30m。应该注意，规定排烟口与该排烟分区内最远点的水平距离不应大于30m，这里的“水平距离”是指烟气流动路线的水平长度 解决办法：熟悉规范的精髓，不机械理解规范 7）地下室机械排烟有问题。在一些设计中，设置机械排烟的地下室，不设送风系统或送风量小于排烟量 解决办法：设置机械排烟的地下室，应同时设置送风系统，且送风量不宜小于排烟量的50% 8）排烟口与补风口距离过近，造成气流短路。在暖通空调系统设计中，有时候排烟口与补风口距离过近，造成气流短路 解决办法：排烟口应该远离进风口，防止气流循环短路。机械加压送风防烟系统和排烟补风系统的室外进风口宜布置在室外排烟口的下方，且高差不宜小于3.0m；当水平布置时，水平距离不宜小于10.0m 9）排烟管道跨防火分区且不做任何处理。在暖通空调系统设计中，一些设计人员对跨越防火分区的排烟管道不做任何处理，存在安全隐患 解决办法：排烟管道尽量不要跨越防火分区，如果必须跨越，则应在穿越处设置280℃时自动关闭的防火阀

（续）

类　别	内　容
暖通空调系统设计防火排烟系统不正确	10）排烟管道穿越前室或楼梯间。有些设计中，对穿越前室或楼梯间的排烟管道不做任何处理，存在安全隐患 解决办法：排烟管道一般不应穿越前室或楼梯间，若确有困难必须穿越时，排烟管道必须做耐火处理，其耐火极限不应小于2h，可做成钢筋混凝土烟道
暖通空调系统设计设备选型不正确	1. 水泵选型不对 1）水泵扬程偏大。水泵扬程选择偏大已成为设计的通病，不管是冷却水泵还是冷冻水泵都有这样的问题。例如，有些仅需28～32m水柱的水泵，却选了40～50m水柱的水泵，个别工程的水泵扬程甚至偏大70%～100%。出现这样的问题，一是很多设计人员没有认真地计算扬程，二是盲目地选择安全余量，总以为扬程越大越安全 选择水泵扬程大些就安全了吗？其实不然。如果未安装限流阀、也未设计过电流保护，就有可能烧毁电机；如果设计了过电流保护，则会发生水泵电机发热、电流增大，甚至不能正常启动的情况。同时，也会在运行中增加能耗，导致运行费用增加。导致水泵扬程选得偏大的原因是显而易见的，没有进行必要的水力计算和心中无数是主要原因 2）冷、热水泵不分开设置。在暖通空调系统设计中，常见到冷、热循环水泵不分开设的情况。有的是因为机房面积偏小，有的则是考虑不周所致 众所周知，供回水温差在制冷工况时一般为5℃，制热工况时一般为10℃，而且对一般夏热冬冷地区，冬季制热负荷比夏季制冷负荷小，如一般前者为后者的60%～80%。即冬季循环水量为夏季循环水量的0.3～0.4倍，水力损失仅为供冷工况的9%～16%，输送功耗仅为供冷工况时的2.7%～6.4%。所以，若冷热循环水泵不分开设置，将导致冬季能耗浪费，形成大流量小温差的运行状态 2. 制冷机组和其他设备不匹配 1）制冷机组和空调设备不匹配。在很多暖通空调系统的设计中，制冷机组与末端空调设备不匹配，甚至有冷水机组制冷量远大于空调末端设备需冷量的情况，从而造成初投资浪费 解决办法：这种情况也是盲目追求安全余量的结果。实际上，由建筑负荷到制冷机组的负荷，不乘以安全系数已足够了。相反，由于建筑各房间往往并不同时使用，制冷机组的负荷还可以略小于建筑负荷 2）不同规格的水泵并联。在暖通空调系统设计中，冷水机组规格不同时，并联的水泵扬程相差大，造成水泵运行功耗增加 解决办法：采用等容量机组，机房布置也许会整齐划一，备品备件会少，但工程中往往有小负荷的不同使用功能的场所，若采用等容量机组，就容易造成负荷适应性差的问题。若选用不同规格的冷水机组，则应单独选用不同的水泵 3. 风机选型不对 1）风机选型偏大。风机的风压选用偏大，造成的后果除同水泵扬程选得偏大产生的后果一样外，如果风机是回风机，还会造成新回风混合箱内为正压，新风进不来，新风口成为排风口，新风量不能保证 解决办法：按正确风压选用风机 2）多台风机并联出问题。排风系统中，常常会遇到多台小排风机排入竖井，末端还有一台较大排风机接力后排出 解决办法：实际形成多台风机并联后再串联较大风机，此时应考虑小排风机的同时使用系数 3）消防风机要符合规定。在暖通空调系统设计中，消防风机要承受高温，除了满足排烟量的要求外，还需要满足承受高温的时间 解决办法：排烟风机可采用离心风机或排烟轴流风机，并应在排烟支管上设有烟气温度超过280℃时能自动关闭的排烟防火阀。排烟风机应保证280℃时能连续工作30min

（续）

类　别	内　容
暖通空调系统设计深度不符	1. 设计深度不足 设计深度不足是主要的表现。例如，一些重要参数和技术做法在图样中没有表示或确定，使施工安装无法进行，或因为未对这些重要参数进行有效控制而影响系统性能，造成返工和损失。再例如，一些工程缺乏消防设计，在该设计排烟的部位未设计排烟措施；整个建筑都不考虑防烟问题。特别是不具备自然通风条件的场所按规定需要设计机械排烟或防烟的，没有设计防排烟 2. 设计深度过于复杂 设计深度问题的另外一种情况是过于复杂，绘图过细。这不仅使设计效率下降，而且由于图样中线条和信息过多，使图样过于复杂，可读性下降，或者使图样量增加。由于工程设计图纸需要复制的份数较多，这就增加了设计成本，并造成了资源浪费，也不符合绿色环保的要求。因此在表示清楚的前提下，设计图越少越好，尽量采用标准图，但必须说明采用的标准图号。从目前国内暖通专业设计技术的发展趋势来看，设计绘图正在逐步简化，而设计计算和设计方案优化则在逐步加强 暖通空调系统设计深度应满足《建筑工程设计文件编制深度规定》，以及相关设计规范和本单位有关质量管理文件的要求。但由于暖通专业设计类型繁多、千差万别，对于一些具体情况可能没有明确规定，这时可按下列原则进行判断：影响设计性能、设备订货、施工安装和操作使用的重要参数和技术做法是否表示清楚，能否满足设计校审的要求
暖通空调系统设计图质量不佳	制图也是暖通空调系统设计的主要任务，所有的设计思想最终需要通过图样来表达。图样质量不佳，将严重影响暖通空调的施工甚至给暖通空调系统留下巨大的工程质量隐患 1. 缺、漏相关信息或元素 1）缺少标注。常见的问题是缺少文字标注、尺寸标注，如平面图、剖面图缺少定位尺寸而无法施工；各设备缺乏流量、冷量、扬程等参数的标注；图样上只有图例符号而缺少文字信息，容易引起误解等 2）缺少箭头、方向。常见的问题是冷冻水、冷凝水、冷却水等流动方向上缺少箭头、方向等指示标志；进风、排风、排烟等缺少箭头、方向等 3）缺少管线。缺少管线的错误有：膨胀水箱没有膨胀管、信号管、泄水管、补水管等；多台冷却塔并联时缺少平衡管等；冷冻水出水管、回水管之间缺旁通管等 4）缺少部件。常见的错误有：缺集水器、分水器等；在冷冻水供、回水管之间缺平衡阀等；一些空调机组忘记画静压箱、消声器等；在管路上忘记设计防火阀等 2. 画图错误 常见的问题是该画虚线的画了实线，该画实线的画了虚线。如供水、回水管路的虚线、实线画错。一些设备的中间轴线线型选择错误。一些设备的图例选择错误，如同一个设备，不分平面图和系统图选择相同的图例 3. 设计施工说明缺少说明 设计施工说明也是图样的一种，对于一些在绘图时无法说明的信息，一定要在设计施工说明中详细说明。如设计依据、设计参数、调试方法、保温方法、隔振措施、自控措施等 4. 设计图样应齐全 提交校审的设计资料应齐全，否则难以对设计进行有效的审查。提交校审的设计资料除了暖通专业的设计文件外，还应包括甲方的设计条件和要求、建筑专业的施工图中间图、围护结构的保温参数、人防区划、防火和防烟分区、选用的主要设备样本等

第三节 暖通空调系统施工图的基本要求及常见绘制错误

一、暖通空调系统设计施工图的组成

一套齐全的暖通空调系统设计施工图一般包括平面图、系统图、详图，以及设计说明和设备材料表等，必要时还需绘制剖面图。暖通空调系统设计的各工程、各阶段的设计图应满足相应的设计深度要求。在同一套工程设计图中，图样线宽组、图例、符号等应一致。

暖通空调系统程设计图的编排顺序是：图样目录、选用图集（样）目录、设计施工说明、图例、设备及主要材料表、总图、工艺图、系统图、平面图、剖面图、详图等。单独成图时，其图样编号应按所述顺序排列。如果是一张图幅内绘制平面图、剖面图等多种图样时，宜按平面图、剖面图、安装详图，从上至下、从左至右的顺序排列；当一张图幅绘有多层平面图时，宜按建筑层次由低至高、由下至上顺序排列。

图样中的设备或部件不便用文字标注时，可进行编号。图样中只注明编号，其名称宜以“注：”“附注：”或“说明：”表示。当还需表明其型号（规格）、性能等内容时，宜用“明细栏”表示。装配图的明细栏按现行国家标准《技术制图—明细栏》（GB/T 10609.2—2009）执行。

（一）图样目录

说明该套图样的数量、规格、顺序等，可以用 A4 纸打印，置于整套图样的最前面。

（二）设计总说明

用文字、表格等形式表达有关的暖通空调系统设计、施工的技术内容，是整个建筑室内暖通空调系统施工、设计的指导性文件。它说明了该工程的基本情况，如暖通空调系统的设计依据、设计规范、设计内容；暖通空调系统采用何种管材、管道连接；施工、试压的要求与注意事项；管道的防腐、防结露、保温措施等；空调、通风设备的种类、安装要求等。

（三）设备、材料表

以表格的形式列出整个暖通空调系统设计所用的主要设备、配件、附件、材料的数量、型号、规格等要求。初步设计和施工图设计的设备表至少应包括序号（或编号）、设备名称、技术要求、数量、备注栏；材料表至少应包括序号（或编号）、材料名称、规格或物理性能、数量、单位、备注栏。

（四）平面图

暖通空调系统设计平面图是在建筑平面图的基础上绘制的，包括风管平面图和水管平面图。对于规模比较小的暖通空调系统设计，也可以把风管平面图和水管平面图画在同一张图上。

暖通空调系统设计管道和设备布置平面图、剖面图应以直接正投影法绘制。用于暖通空调系统设计的建筑平面图、剖面图，应用细实线绘出建筑轮廓线和与暖通空调系统有关的门、窗、梁、柱、平台等建筑构配件，并标明相应定位轴线编号、房间名称、平面标高。

暖通空调系统设计管道和设备布置平面图应按假想除去上层楼板后俯视规则绘制，否则应在相应垂直剖面图中标注剖切符号。

建筑平面图采用分区绘制时，暖通空调专业平面图也可分区绘制，但分区部位应与建筑平面图一致，并应绘制分区组合示意图。

在平面图上应注出设备、管道定位（中心、外轮廓、地脚螺栓孔中心）线与建筑定位（墙边、柱边、柱中）线间的关系；平面图（包括剖面图）中的水、汽管道可用单线绘制，风管不宜用单线绘制（方案设计和初步设计除外）。平面图（剖面图）中的局部需另绘详图时，应在平（剖）面图上标注索引符号。索引符号的画法如图 2-2a 所示，图 2-2b 为引用标准图或通用图时的画法。

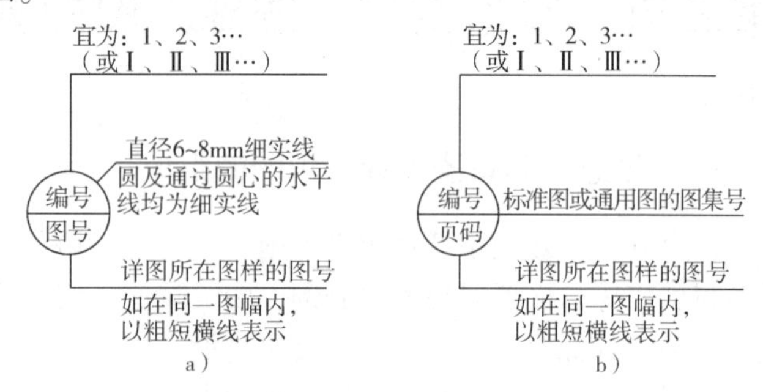

图 2-2　索引符号的画法

a）索引符号的画法　b）索引符号的画法（引用标准图或通用图）

（五）系统图、原理图

暖通空调工程系统图主要表明管道系统的立体走向，管道系统图若采用轴测投影法绘制，可采用与平面图相同的比例，按正等轴测或正面斜二轴测的投影规则绘制。前面说过，在不致引起误解时，管道系统图可不按轴测投影法绘制。管道系统图应能确认管径、标高及末端设备，可按系统编号分别绘制。管道系统图的基本要素应与平面图、剖面图相对应。水、汽管道及通风、空调管道系统图均可用单线绘制。

系统图中的管线重叠、密集处，可采用断开画法。断开处宜以相同的小写拉丁字母表示，也可用细虚线连接。

原理图不按比例和投影规则绘制，但原理图的基本要素应与平面图、剖面图及管道系统图相对应。

当一个工程设计中同时有供暖、通风、空调等两个及以上的不同系统时，应进行系统编号。暖通空调系统编号、入口编号，应由系统代号和顺序号组成。系统代号由大写拉丁字母表示（表 2-5），顺序号由阿拉伯数字表示。

表 2-5　暖通空调工程设计的系统代号

序号	字母代号	系统名称	序号	字母代号	系统名称
1	N	（室内）供暖系统	9	H	回风系统
2	L	制冷系统	10	P	排风系统
3	R	热力系统	11	XF	新风换气系统
4	K	空调系统	12	JY	加压送风系统
5	J	净化系统	13	PY	排烟系统
6	C	除尘系统	14	P（PY）	排风兼排烟系统
7	S	送风系统	15	RS	人防送风系统
8	X	新风系统	16	RP	人防排风系统

（六）剖面图、详图

详图也叫大样图。原则上，平面图不能清楚表达或需要专门表达的地方都需要画详图。

剖面图中的剖切符号应由剖切位置线、投射方向线及编号组成，剖切位置线和投射方向线均应以粗实线绘制。剖切位置线的长度宜为 6～10mm；投射方向线长度应短于剖切位置线，宜为 4～6mm；剖切位置线和投射方向线不应与其他图线相接触；编号宜用阿拉伯数字，标在投射方向线的端部；转折的剖切位置线，宜在转角的外顶角处加注相应编号。

断面的剖切符号用剖切位置线和编号表示。剖切位置线宜为长 6～10mm 的粗实线；编号可用阿拉伯数字、罗马数字或小写拉丁字母，标在剖切位置线的一侧，并表示投射方向。

剖面图，应在平面图上尽可能选择反映系统全貌的部位垂直剖切绘制。当剖切的投射方向为向下和向右，且不致引起误解时，可省略剖切方向线。

二、暖通空调系统施工图基础知识

（一）线型和线宽

暖通空调系统设计施工图图线的基本宽度 b 和线宽组，应根据图样的比例、类别及使用方式确定。一般来说，基本宽度 b 宜选用0.18、0.35、0.5、0.7、1.0mm。如果某个图样中仅使用两种线宽，线宽组宜为 b 和 0.25b；如果使用三种线宽，则线宽组宜为 b、0.5b 和 0.25b。暖通空调系统施工图线宽选择见表 2-6。

表 2-6 暖通空调系统施工图线宽选择

线宽组	线宽/mm			
b	1.0	0.7	0.5	0.35
0.5b	0.5	0.35	0.25	0.18
0.25b	0.25	0.18	(0.13)	—

在同一张图样内，各不同线宽组的细线，可统一采用最小线宽组的细线。暖通空调专业制图采用的线型及其含义，宜符合表 2-7 的规定。

表 2-7 常用的各种线型

名称		线型	线宽	一般用途
实线	粗	————	b	单线表示的供水管线
	中粗	————	0.7b	本专业设备轮廓、双线表示的管道轮廓
	中	————	0.5b	尺寸、标高、角度等标注线及引出线；建筑物轮廓
	细	————	0.25b	建筑布置的家具、绿化等；非本专业设备轮廓
虚线	粗	— — — —	b	回水管线及单根表示的管道被遮挡的部分
	中粗	— — — —	0.7b	本专业设备及双线表示的管道被遮挡的轮廓
	中	- - - - -	0.5b	地下管沟、改造前风管的轮廓线；示意性连线
	细	- - - - -	0.25b	非本专业虚线表示的设备轮廓等
波浪线	中	〰〰	0.5b	单线表示的软管
	细	〰〰	0.25b	断开界线
单点长画线		—·—·—	0.25b	轴线、中心线
双点长画线		—··—··—	0.25b	假想或工艺设备轮廓线
折断线		——\/——	0.25b	断开界线

(二) 比例

暖通空调系统设计总平面图、平面图的比例，宜与工程项目设计的主导专业一致，其余可按表2-8选用。系统图的比例一般与平面图相同，特殊情况可不按比例。管道纵断面，同一个图样，可根据需要在纵向与横向采用不同的组合比例。

表2-8 暖通空调工程设计施工图制图常用比例

图　　名	常用比例	可用比例
剖面图	1∶50、1∶100	1∶150、1∶200
局部放大图、管沟断面图	1∶20、1∶50、1∶100	1∶25、1∶30、1∶150、1∶200
索引图、详图	1∶1、1∶2、1∶5、1∶10、1∶20	1∶3、1∶4、1∶15

(三) 标高

暖通空调系统设计制图中，在不宜标注垂直尺寸的图样中，应标注标高。标高应以m为单位，一般宜注写到小数点后第3位（mm）。标高符号应以直角等腰三角形表示。当标准层较多时，可只标注与本层楼（地）板面的相对标高，平面图中管道标高标注法如图2-3所示。

水、汽管道所注标高未予说明时，表示管中心标高。水、汽管道标注管外底或顶标高时，应在数字前加“底”或“顶”字样。矩形风管所注标高应表示管底标高；圆形风管所注标高应表示管中心标高。当不采用此方法标注时，应进行说明。

剖面图中管道标高标注法如图2-4所示。

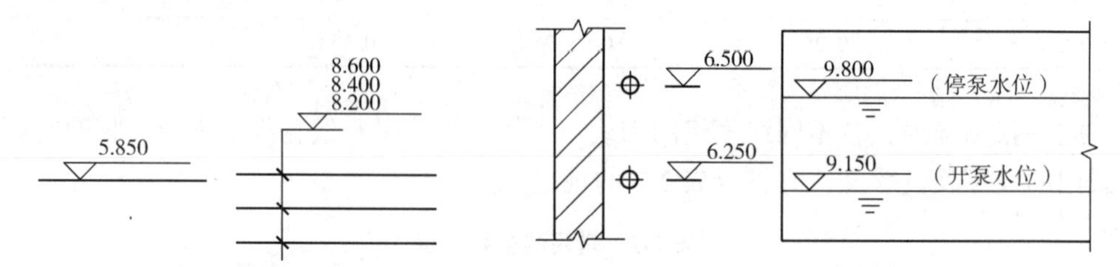

图2-3　平面图中管道标高标注法　　　图2-4　剖面图中管道标高标注法

轴测图中管道标高标注法如图2-5所示。

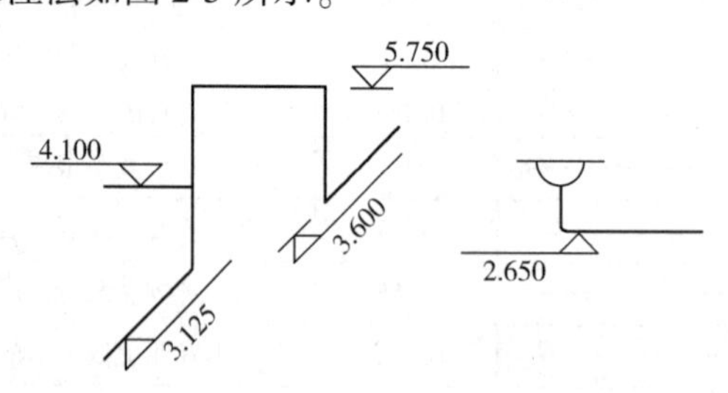

图2-5　轴测图中管道标高标注法

(四) 管径

在暖通空调系统设计中，输送流体用无缝钢管、螺旋缝或直缝焊接钢管、铜管、不锈钢管，当需要注明外径和壁厚时，用“D（或ϕ）外径×壁厚”表示，如“$D108\times4$”“$\phi108\times$

4”，在不致引起误解时，也可采用公称直径表示。

塑料管外径用“*de*”表示。圆形风管的截面定型尺寸应以直径“ϕ”表示，单位应为 mm。矩形风管（风道）的截面定型尺寸应以“$A \times B$”表示。“A”为该视图投影面的边长尺寸，“B”应为另一边尺寸。A、B 单位均为 mm。

平面图中无坡度要求的管道标高可以标注在管道截面尺寸后的括号内，如“*DN*32（2.50）”“200×200（3.10）”。必要时，应在标高数字前加“底”或“顶”的字样。

水平管道的规格宜标注在管道的上方；竖向管道的规格宜标注在管道的左侧。双线表示的管道，其规格可标注在管道轮廓线内。管径尺寸应注在变径处；水平管道的管径尺寸应注在管道的上方；斜管道的管径尺寸应注在管道的斜上方；竖直管道的管径尺寸应注在管道的左侧；当管径尺寸无法按上述位置标注时，可另找适当位置标注，但应当用引出线表示该尺寸与管段的关系，多管径的表示方法如图 2-6 所示。

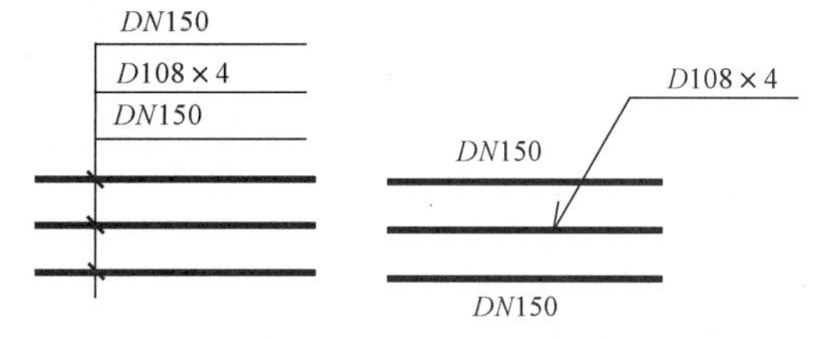

图 2-6　多管径的表示方法

同一种管径的管道较多时，可不在图上标注管径尺寸，但应在附注中说明。

(五) 管道转向、分支、重叠及密集处的画法

管道转向与分支的画法如图 2-7 所示，管道断开、在本图中中断、交叉、跨越的画法如图 2-8 所示。

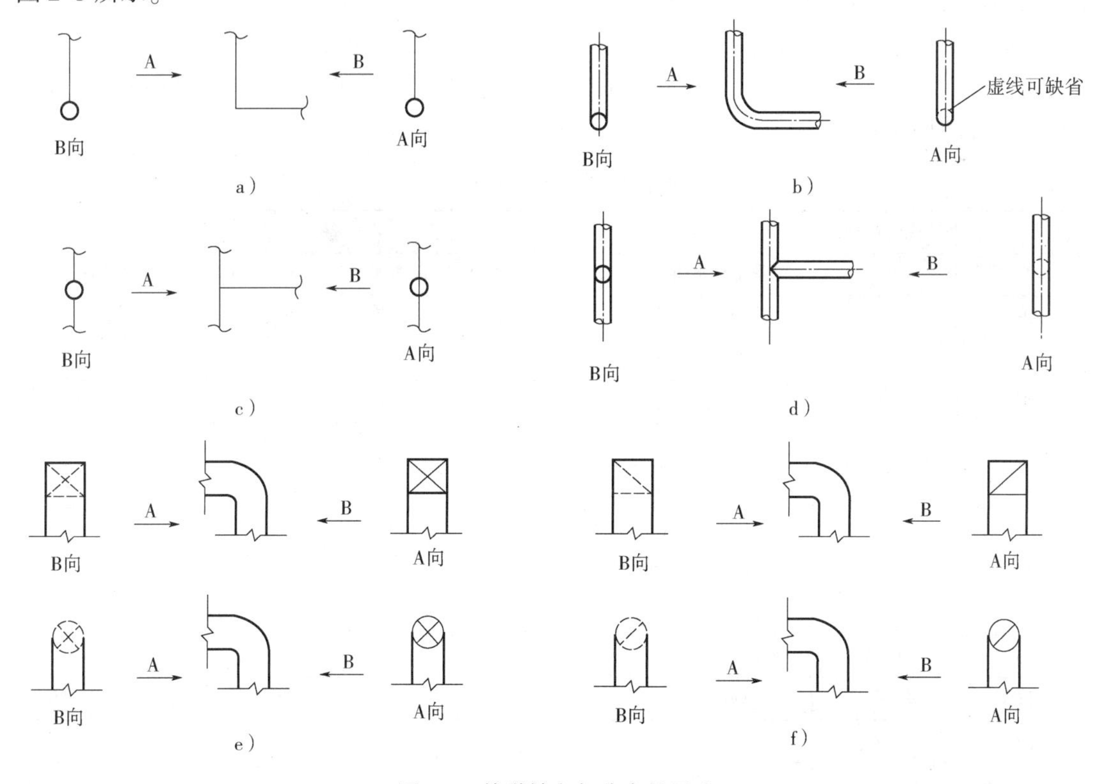

图 2-7　管道转向与分支的画法

a）单线管道转向的画法　b）双线管道转向的画法　c）单线管道分支的画法　d）双线管道分支的画法　e）送风管转向的画法　f）回风管转向的画法

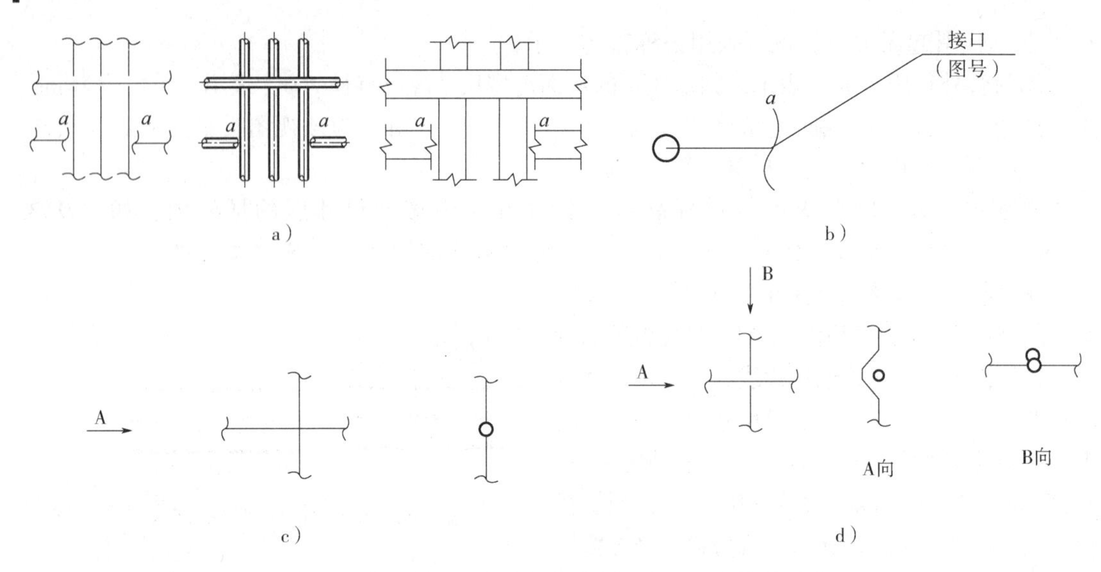

图 2-8　管道断开、在本图中中断、交叉、跨越的画法

a）管道断开的画法　b）管道在本图中断的画法　c）管道交叉的画法　d）管道跨越的画法

（六）暖通空调系统设计施工图常用图例

在暖通空调系统设计中，施工图中的器具、附件往往用图例表示，而不按比例绘制。常用的图例见表 2-9 ~ 表 2-12。

暖通空调系统设计的图例比较多，这些图例绝大部分已标准化。

水、汽管道代号见表 2-9，暖通空调系统设计常用阀门图例见表 2-10，暖通空调系统设计常用附件图例见表 2-11。

表 2-9　水、汽管道代号

序　号	代　号	管道名称	备　注
1	RG	采暖热水供水管	可附加 1、2、3 等表示一个代号，不同参数的多种管道
2	RH	采暖热水回水管	可通过实践，虚线表示供、回关系省略字母 G、H
3	LG	空调冷水供水管	—
4	LH	空调冷水回水管	—
5	KRG	空调热水供水管	—
6	KRH	空调热水回水管	—
7	LRG	空调冷、热水供水管	—
8	LRH	空调冷、热水回水管	—
9	LQG	冷却水供水管	—
10	LQH	冷却水回水管	—
11	n	空调冷凝水管	—
12	PZ	膨胀水管	—
13	BS	补水管	—
14	X	循环管	—
15	LM	冷媒管	—

（续）

序　号	代　号	管道名称	备　注
16	YG	乙二醇供水管	—
17	YH	乙二醇回水管	—
18	BG	冰水供水管	—
19	BH	冰水回水管	—
20	ZG	过热蒸汽管	—
21	ZB	饱和蒸汽管	可附加 1、2、3 等表示一个代号、不同参数的多种管道
22	Z2	二次蒸汽管	—
23	N	凝结水管	—
24	J	给水管	—
25	SR	软化水管	—
26	CY	除氧水管	—
27	GG	锅炉进水管	—
28	JY	加药管	—
29	YS	盐溶液管	—
30	XI	连续排污管	—
31	XD	定期排污管	—
32	XS	泄水管	—
33	YS	溢水（油）管	—
34	R_1G	一次热水供水管	—
35	R_1H	一次热水回水管	—
36	F	放空管	—
37	FAQ	安全阀放空管	—
38	O1	柴油供油管	—
39	O2	柴油回油管	—
40	OZ1	重油供油管	—
41	OZ2	重油回油管	—
42	OP	排油管	—

表 2-10　暖通空调系统设计常用阀门图例

序号	名称	图例	序号	名称	图例
1	截止阀		6	平衡阀	
2	闸阀		7	流量调节阀	
3	电动二通阀		8	手动蝶阀	
4	电磁阀	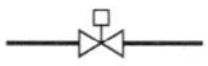	9	电动蝶阀	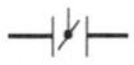
5	止回阀		10	Y 型过滤器	

表 2-11　暖通空调系统设计常用附件图例

序号	名称	图例	序号	名称	图例
1	温度传感器	T	14	弹簧执行机构	
2	湿度传感器	H	15	重力执行机构	
3	压力传感器	P	16	记录仪	
4	压差传感器	ΔP	17	电磁（双位）执行机构	
5	流量传感器	F	18	电动（双位）执行机构	
6	烟感器	S	19	电动（调节）执行机构	
7	流量开关	FS	20	气动执行机构	
8	控制器	C	21	浮力执行机构	
9	吸顶式温度感应器	T	22	数字输入量	DI
10	温度计		23	数字输出量	DO
11	压力表		24	模拟输入量	AI
12	流量计	F.M	25	模拟输出量	AO
13	能量计	E.M			

表 2-12　暖通空调系统设计常用设备图例

序号	名称	图例	序号	名称	图例
1	水泵		6	风路过滤器	
2	屋顶风机		7	天圆地方	
3	风机盘管	F.C.	8	窗式空调器	
4	方形散流器	FS(T)	9	分体空调器	室内机 室外机
5	冷热盘管		10	防火阀	

三、暖通空调系统设计图样画法的一般规定

暖通空调系统设计应以图样表示，不得以文字代替绘图。当必须对某部分进行说明时，说明文字应通俗易懂、简明清晰。有关全工程项目的问题应在首页说明，局部问题应注写在本张图样内。

暖通空调系统设计中的图样应单独绘制，不可与其他专业的图样混用。

在同一个工程项目的设计图样中，图例、术语、绘图表示方法应一致。

在同一个工程子项的设计图样中，图样规格应一致。如有困难，不宜超过两种规格。

图样编号应遵守下列规定：

1）规划设计采用空规-××。

2）初步设计采用空初-××，空扩初-××。

3）施工图采用空施-××。

图样的排列应符合下列要求：

初步设计的图样目录应以工程项目为单位进行编写；施工图的图样目录应以工程单体项目为单位进行编写。

工程项目的图样目录、使用标准图目录、图例、主要设备器材表、设计说明等，如一张图样幅面不够时，可采用两张图样编排。

图样除按前面所述的顺序编排外，还应注意以下两点：

1）系统原理图在前，平面图、剖面图、放大图、轴测图、详图依次在后。

2）平面图中地下各层在前，地上各层依次在后。

四、暖通空调系统设计施工图的绘制

（一）平面图绘制

暖通空调系统设计平面图包括空调、通风、防排烟和水管平面图。绘制平面图时，应注意以下几点：

1）建筑物轮廓线、轴线号、房间名称、绘图比例等均应与建筑专业一致，并用细实线绘制。

2）各类管道、空气处理设备、阀门、附件、立管位置等应按图例以正投影法绘制在平面图上，线型按国家标准的规定执行。

3）安装在下层空间或埋设在地面下而为本层使用的管道，可绘制于本层平面图上。

4）各类管道应标注管径。立管应按管道类别和代号自左至右分别进行编号，且各楼层应一致。

暖通空调系统设计平面图的绘制步骤如下：

1）确定暖通空调方案，确定暖通空调系统的形式。

2）画空气处理设备的平面布置。

3）画风管平面布置和走向。

4）画水管道平面布置。

5）画非标准图例。

6）最后进行图样的标注。

（二）系统图绘制

系统图绘制应注意的以下几点：

1）管道系统图的基本要素应与平面图、剖面图相对应。

2）水、汽管道及通风、空调管道系统图均可用单线绘制。

3）系统图中的管线重叠、密集处，可采用断开画法。断开处宜以相同的小写拉丁字母表示，也可用细虚线连接。

4）系统图可以采用轴测投影法绘制。如果采用轴测投影法绘制，则应采用与相应的平面图一致的比例，按正等轴测或正面斜二轴测的投影规则绘制。但是，在设计院的工程设计中，往往进行了简化，系统图并不需要采用轴测投影法绘制，此时系统图不需要按比例绘制，但管道系统图应能确认管径、标高及末端设备，也就是说，系统图上也要标明管径、标高等。

暖通空调系统设计系统图的绘制步骤如下：

1）确认多层建筑、中高层建筑和高层建筑的管道以立管为主要表示对象，按管道类别分别绘制立管系统原理图，大致安排系统中各设备的位置。

2）以平面图中冷水机组立管为起点，顺时针自左向右按冷冻水系统、冷却水系统依次顺序均匀排列，可不按比例绘制。

3）按流体流向画管路。

4）画附件、配件等。

5）最后进行图样标注。

（三）剖面图绘制

剖面图绘制应注意如下几点：

1）暖通空调系统设计中设备、构筑物布置复杂，管道交叉多，因此，原则上在平面图上不能表示清楚时，宜辅以剖面图，管道线型应符合标准规范的规定。

2）表示清楚设备、构筑物、管道、阀门及附件的位置、形式和相互关系，用于暖通空调系统设计的剖面图，应用细实线绘出建筑轮廓线和与暖通空调系统有关的门、窗、梁、柱、平台等建筑构配件，并标明相应定位轴线编号、房间名称、平面标高。

3）剖面图上应注明管径、标高、设备及构筑物有关定位尺寸。

4）建筑、结构的轮廓线应与建筑及结构专业相一致。有特殊要求时，应加注附注予以说明，线型用细实线。

暖通空调系统剖面图的绘制步骤如下：

1）确定需要绘制剖面图的部件、设备。

2）选择合适的剖切位置，所谓合适，就是应在平面图上尽可能选择反映系统全貌的部位垂直剖切后绘制。

3）按比例绘制剖面图。

4）进行尺寸标注。

（四）详图、放大图绘制

暖通空调系统设计中，详图、放大图绘制应注意的以下几点：

1）当管道类型较多，正常比例表示不清时，可绘制放大图。

2）比例大于等于1∶30时，设备和器具按原形用细实线绘制，管道用双线以中实线绘制，当比例小于1∶30时，可按图例绘制。

3）应注明管径和设备、器具附件、预留管口的定位尺寸。

4）可以选择标准图。若风机盘管的安装详图已进行了标准化处理，可以参考标准图，然后根据工程需要进行尺寸修改即可。

5）无标准设计图可供选用的设备、器具安装图及非标准设备制造图，宜绘制详图。绘制步骤略。

五、暖通空调系统施工图绘制示例

以某食堂为例，应用天正暖通软件介绍暖通空调系统施工图的绘制。从建筑平面图（图2-9）开始，对各种图样的绘制操作进行介绍。

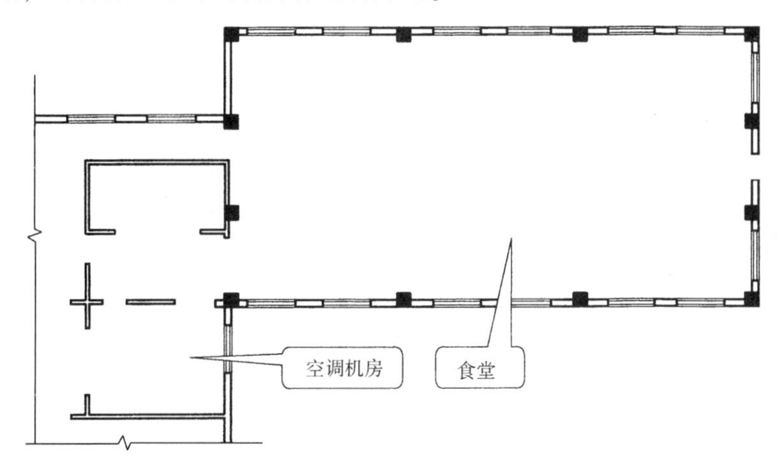

图2-9　建筑平面图

（一）空调风系统平面图绘制

1）在空调机房中绘制空调器的定位线，具体是使用“直线”命令，捕捉“*a*”点，然后使用相对坐标“@-2270，1400”得出点“*b*”，完成操作，如图2-10所示。

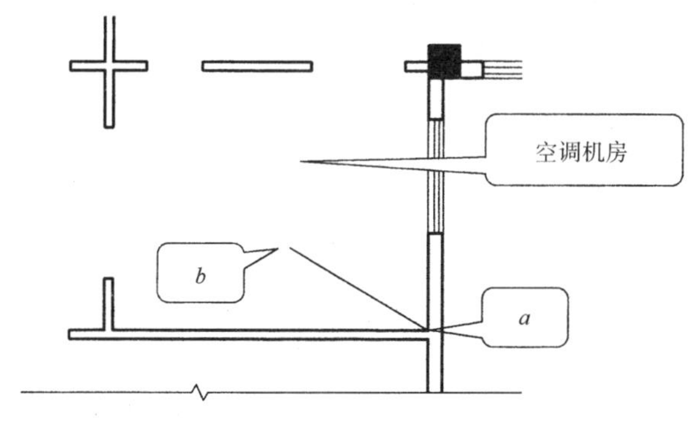

图2-10　绘制空调器的定位线

2）接下来布置空调器。在屏幕菜单上面单击“空调”→“空调器”命令，打开如图2-11所示的“布置空调器”对话框，并在设置相应的参数后捕捉空调机房内的点“*b*”，然后把定位线删除。布置空调器后的效果如图2-12所示。

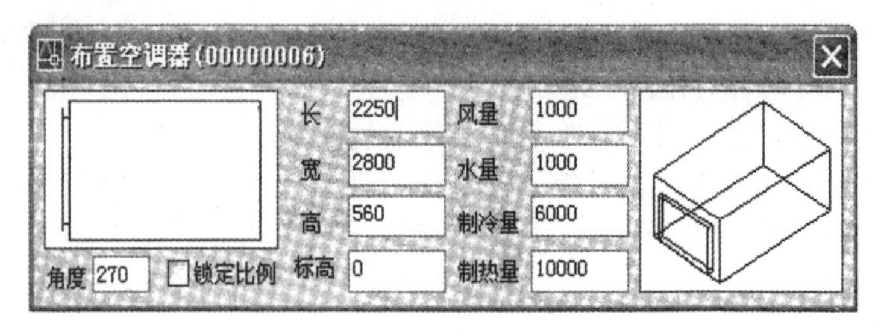

图 2-11　“布置空调器”对话框

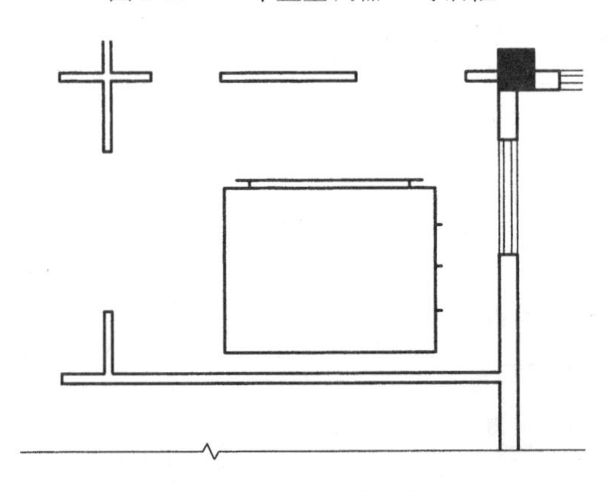

图 2-12　布置空调器后的效果

3）绘制连接空调器的风管立管。在屏幕菜单上面单击“空调”→“风管立管”命令，打开如图 2-13 所示的“风管立管”对话框，按照图设置参数，然后定位于空调器下侧线的中点上，得出布置风管立管效果，如图 2-14 所示。

图 2-13　“风管立管”对话框

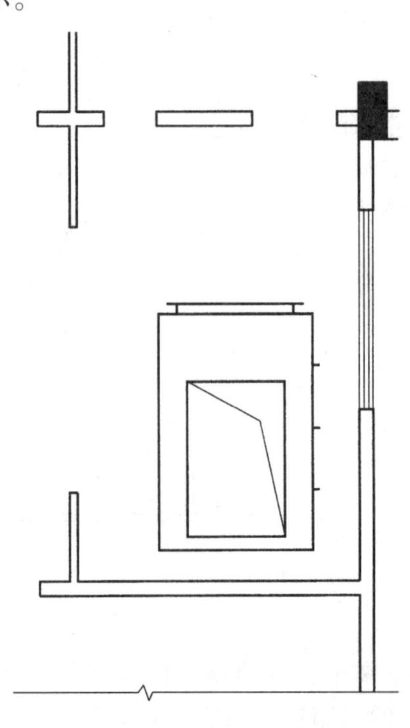

图 2-14　布置风管立管效果

4）对风管的样式进行设置，一气呵成地完成风管的绘制。单击“空调”→“风管设置”命令，打开“风管系统设置”对话框，接下来在其四个选项卡中分别对“连接件设置”“法兰设置”“计算设置”和“其他设置”进行设置，如图 2-15 ~ 图 2-18 所示。按照图示修改后，即可绘制风管。

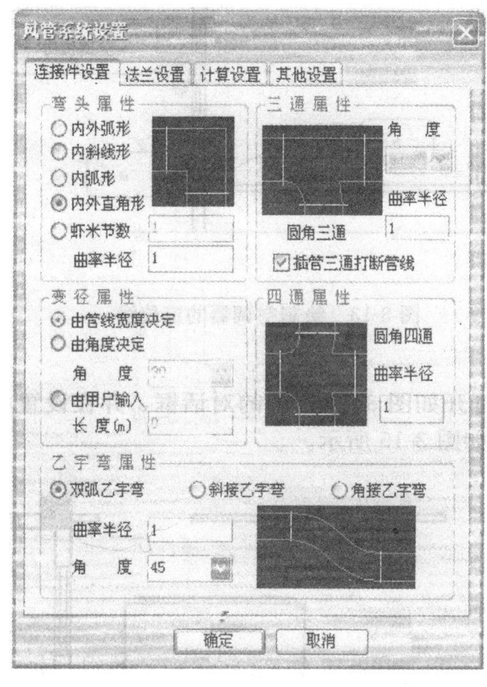

图 2-15　“连接件设置”对话框

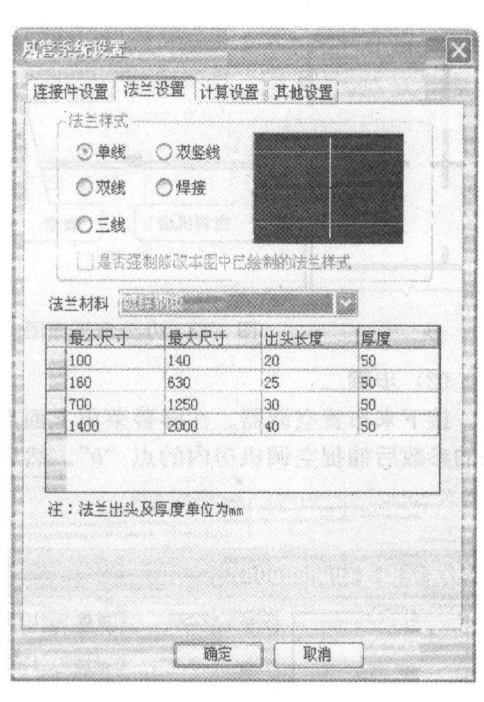

图 2-16　“法兰设置”对话框

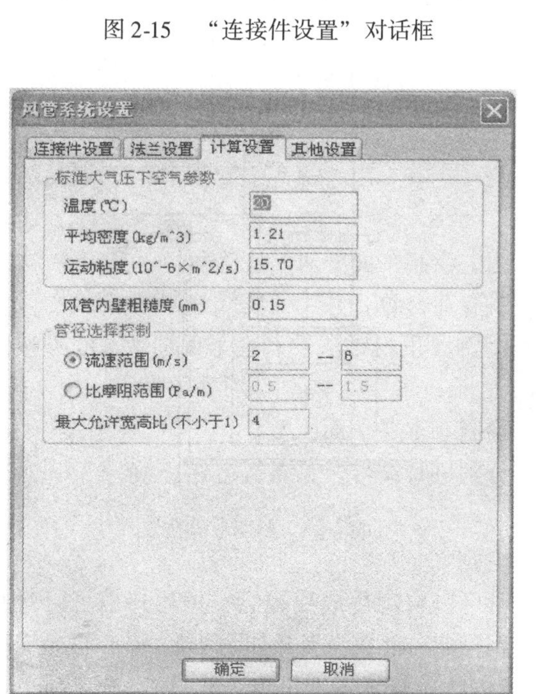

图 2-17　“计算设置”对话框

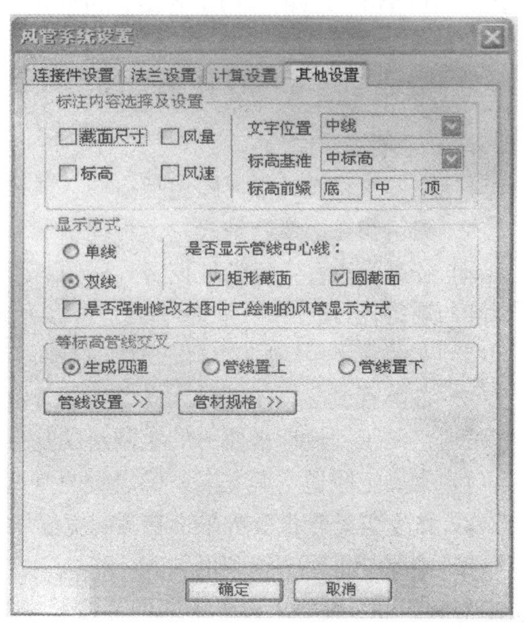

图 2-18　“其他设置”对话框

5）单击“空调”→“风管绘制”命令，先单击立管下侧线的中点，然后参考对话框的参数设置管线的类型、截面及尺寸、管底的标高、对齐方式等。

宽度设为1800，输入长度值5000，向上拉伸；再输入长度值11500，向右拉伸。

宽度设为1250，输入长度值9000，向右拉伸；再输入长度值4000，向上拉伸。

宽度设为800，输入长度值4000，向上拉伸；再输入长度值9000，向左拉伸。

宽度设为450，输入长度值8000，向左拉伸。

已绘制的风管效果如图2-19所示。

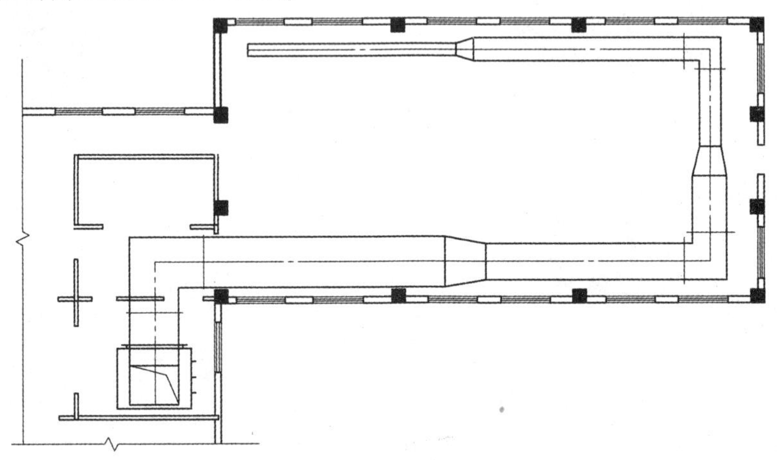

图2-19　已绘制的风管效果

6）修改弯头。单击“空调”→“弯头连接”命令，打开如图2-20所示的对话框，然后单击导流叶片数设置区域中的[...]按钮，根据管径来选择片数，然后单击要修改的弯管，确认。然后单击弯管前后两个管道，再确认。修改后的弯管如图2-21所示。

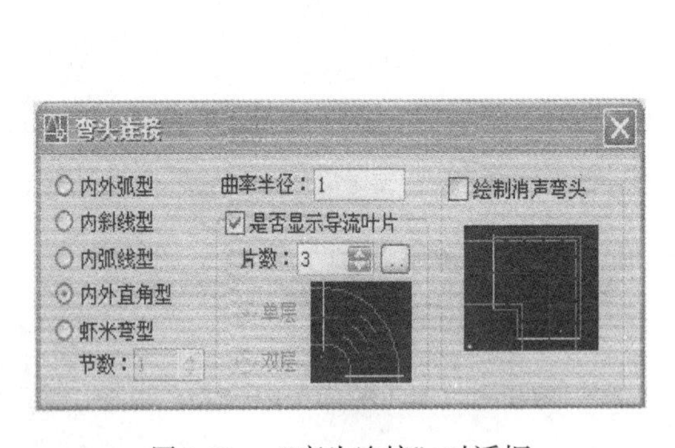

图2-20　“弯头连接”对话框

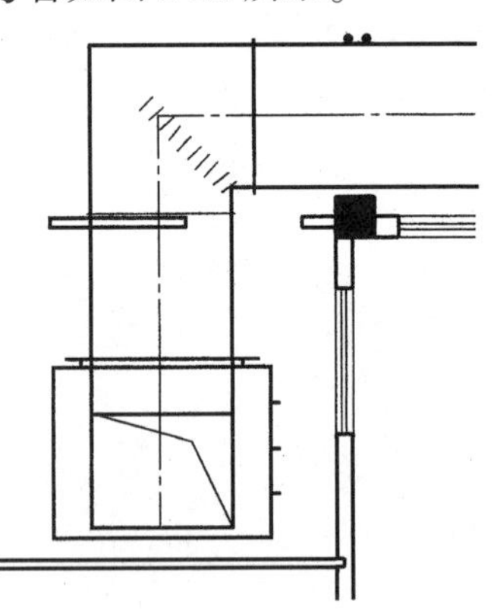

图2-21　修改后的弯管

7）修改变径管。虽然在绘制不同宽度管线时可以自动生成变径管，但用户也可以对其尺寸算法做修改。方法为单击“空调”→“变径连接”命令，打开如图2-22所示的“变径连接”对话框，按要求设置不同的算法（本例使用“由管线宽度决定”算法）。选定后单击要修改的变径管及管前后两个管道，确认即可。

8）在风管上添加消声器和防火阀。单击“空调”→“插入风管阀件”命令，打开如图

2-23 所示的“插入风管阀件”对话框，单击图样，弹出“天正图库管理系统”对话框（图 2-24），用户可对阀件进行选择和预览，选定后双击图样可返回“插入风管阀件”对话框，然后在绘图区把消声器添加到风管上。需要修改消声器尺寸时可以双击消声器，弹出如图 2-25所示的“编辑阀件”对话框进行修改。

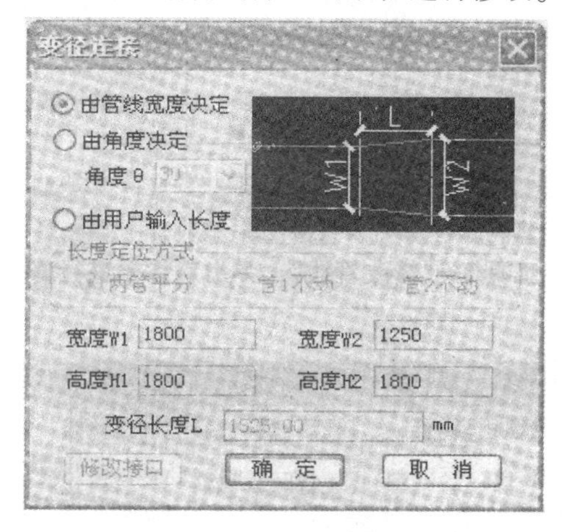

图 2-22　“变径连接”对话框

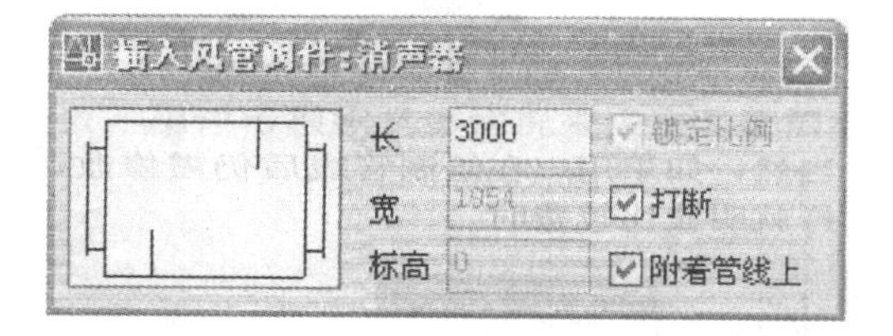

图 2-23　“插入风管阀件”对话框

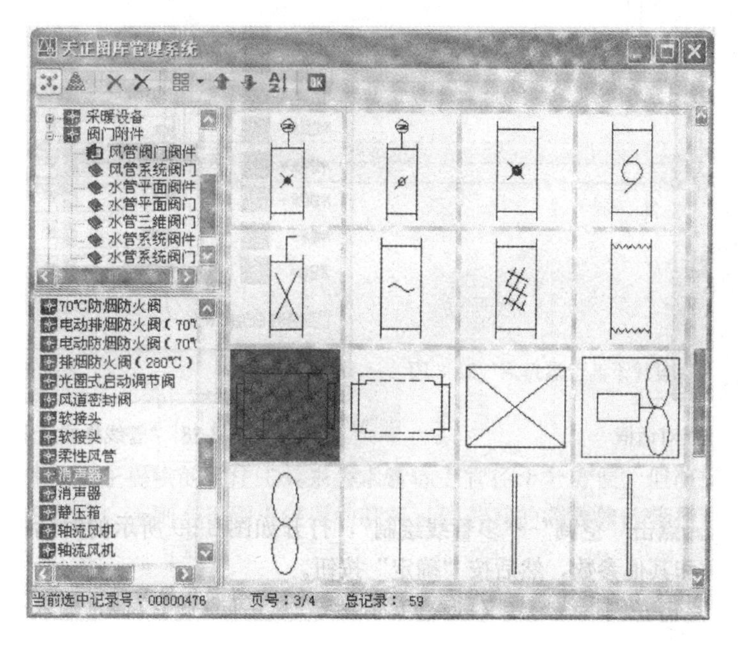

图 2-24　选择消声器

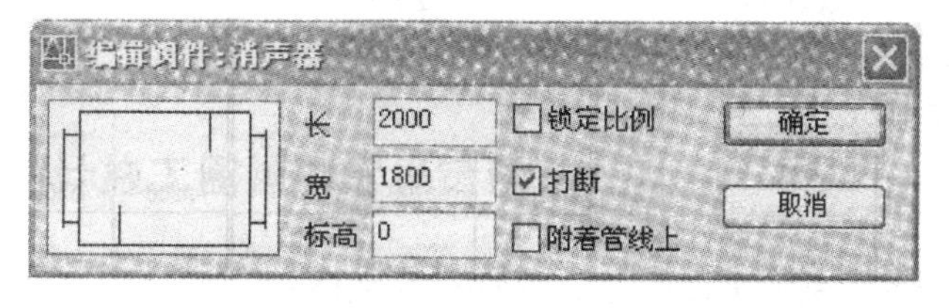

图 2-25　“编辑阀件”对话框

防火阀的添加方法可参照消声器部分。插入消声器和防火阀的效果如图 2-26 所示。

9）在风管上布置风口。单击“空调”→“新布置风口”命令，打开如图 2-27 所示的“新布置风口”对话框，单击图样可弹出“天正图库管理系统”对话框（图 2-28），选择所需图样后双击图样可返回。按图示在“基本信息”区域输入尺寸参数、调整角度和风口数量之后，单击风管的布置起始点和终点，出风口便会平均分布在起始点和终点之间的线段上（布置方式按图选择，若有其他需要可调整）。

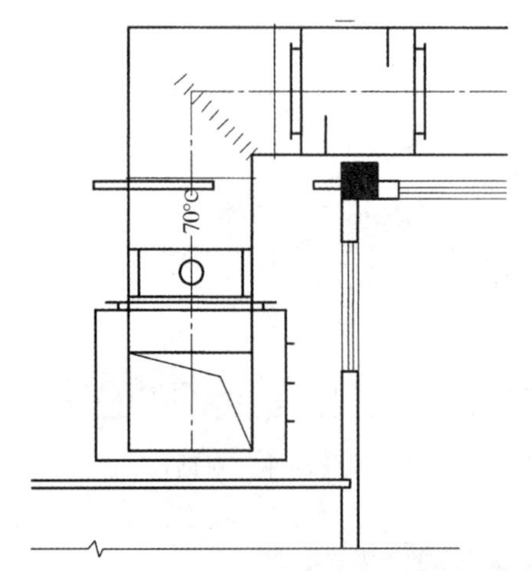

图 2-26　插入消声器和防火阀的效果

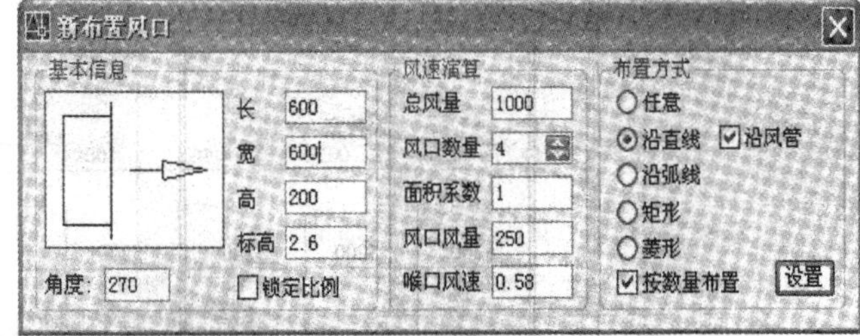

图 2-27　“新布置风口”对话框

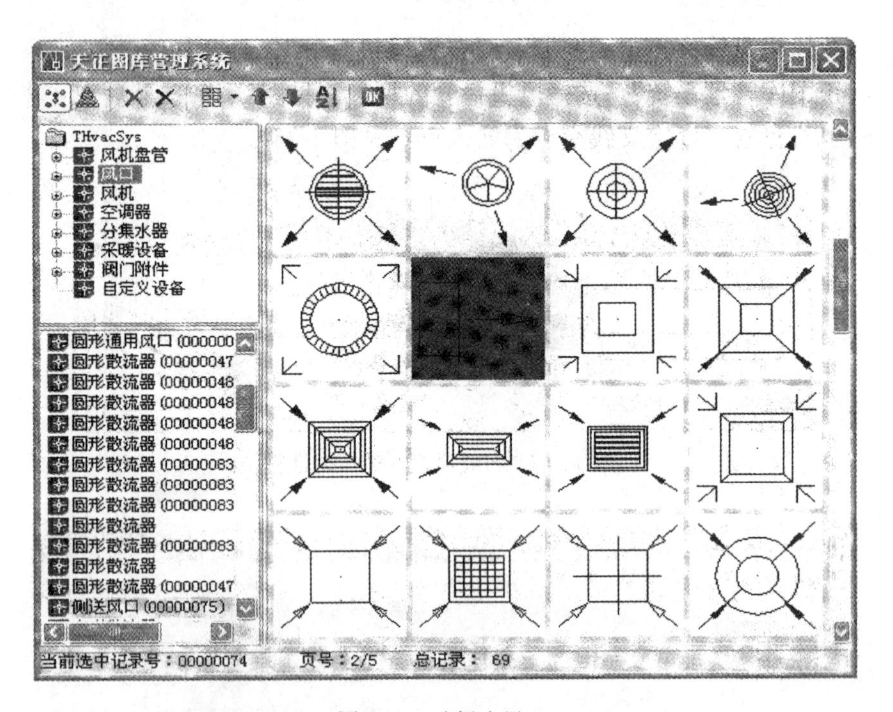

图 2-28　选择出风口

至此，暖通空调风管系统平面图完成，如图 2-29 所示。

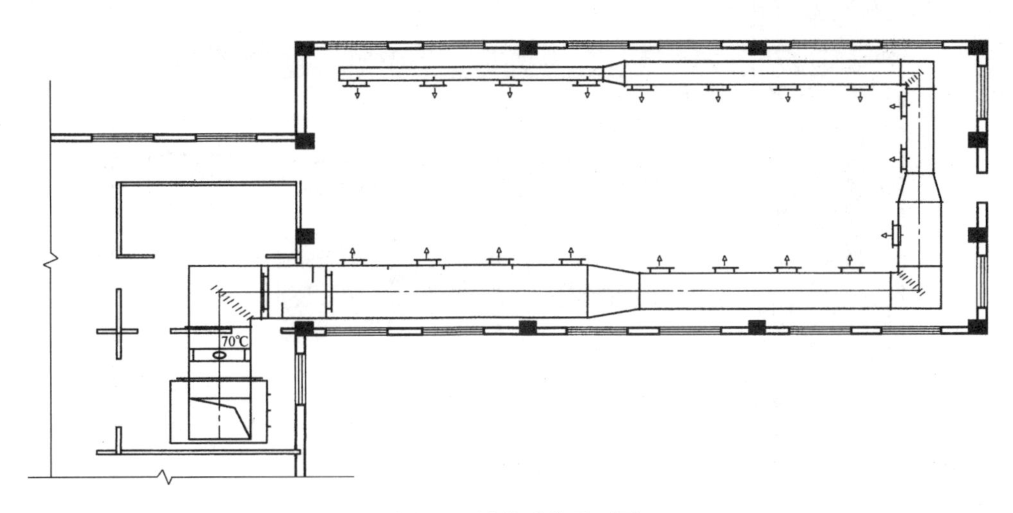

图 2-29 风管系统平面图

（二）空调水管平面图绘制程序

继续绘制空调水管平面图。某教室的建筑平面图如图 2-30 所示，在此基础上绘制水管平面图。

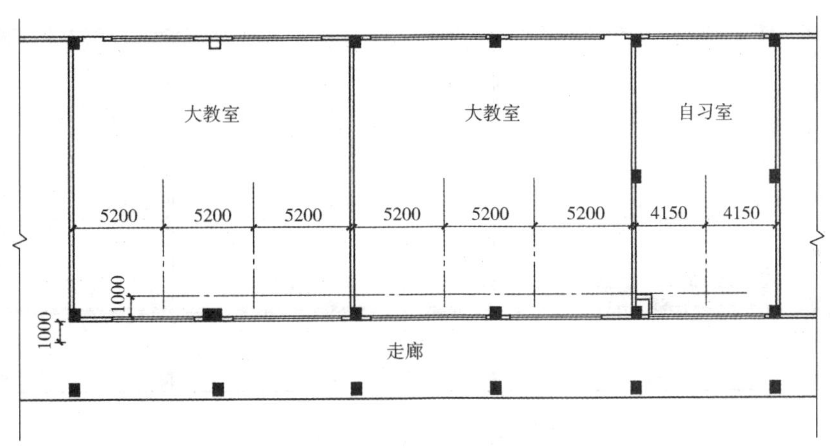

图 2-30 某教室的建筑平面图

1）在平面图中布置风机盘管。单击“空调”→“布置风机盘管”命令，打开如图 2-31 所示的“布置风机盘管”对话框。在对话框中可单击图样打开“天正图库管理系统”，选择风机盘管的型号（图 2-32）。然后双击图样返回，输入具体的参数后在平面图中插入风机盘管（以定义线交点为插入点），如图 2-33 所示。

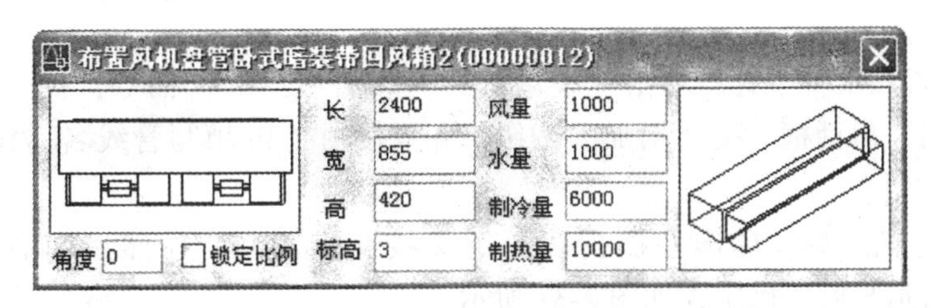

图 2-31 “布置风机盘管”对话框

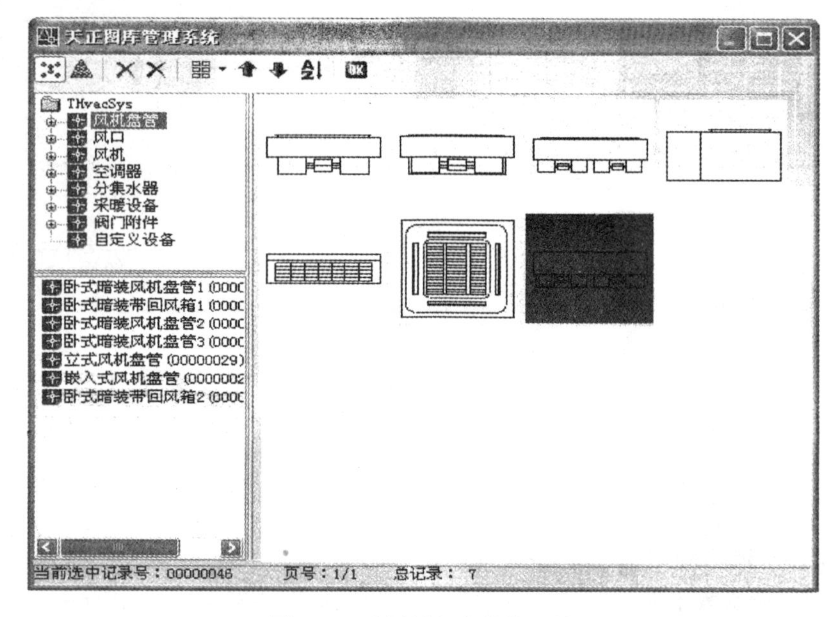

图 2-32　选择风机盘管的型号

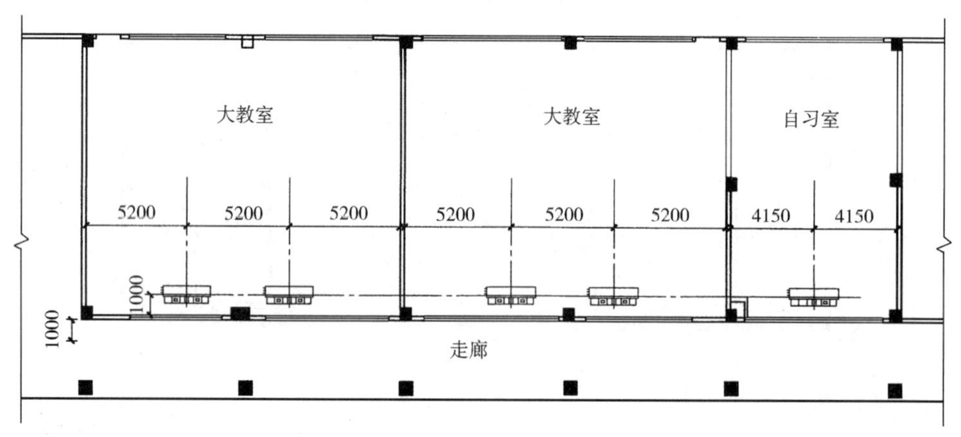

图 2-33　插入风机盘管

2）对空水管线的样式进行设置。单击“空调”→“空水管线”命令，打开如图 2-34 所示的“空水管线”对话框。单击“管线设置”按钮，弹出如图 2-35 所示的“管线样式设定”对话框。在此对话框之下的“空调水管设定”选项卡中，用户可以对各种管线系统的颜色、线宽、线型、标注、管材等方面进行设置。

建议用户在绘制水管管线前设置好，以便在接下来的管线绘制按设置进行（本例按照图中显示进行设定）。

3）然后布置各水管干管。单击“空调”→“多管线绘制”命令，打开如图 2-36 所示的“多管线绘制”对话框。按“增加”按钮，并且按图 2-36 填写管线名称和其他参数，然后按“确定”按钮。

进入管线起点选择。单击左侧折线与定义线交点为起点，然后向右侧拉伸，输入“30000”作为管道长度，确定，如图 2-37 所示。

图 2-34　“空水管线”对话框

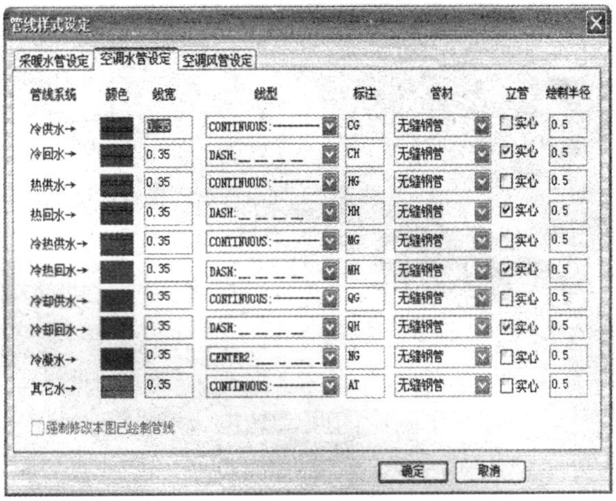

图 2-35　“管线样式设定”对话框

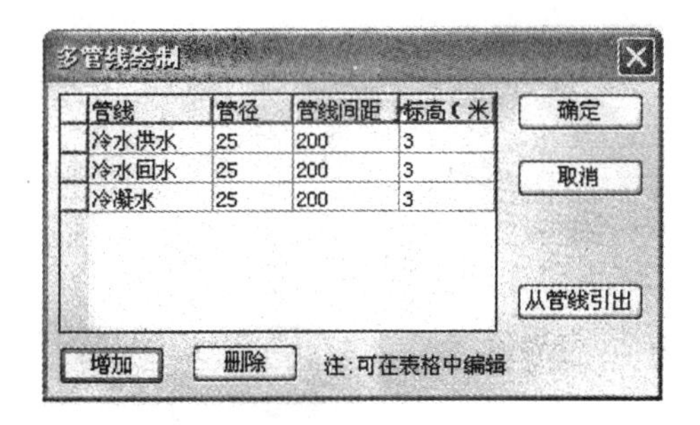

图 2-36　“多管线绘制”对话框

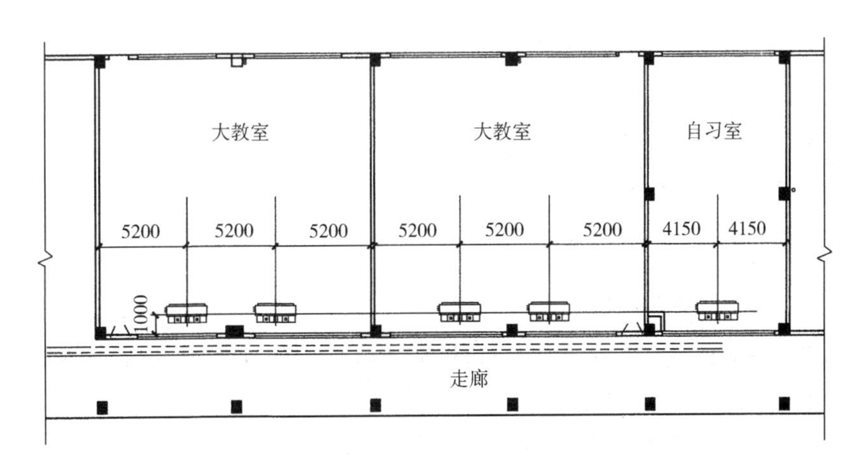

图 2-37　绘制水管干管

4）再次单击“空调”→“空水管线”命令，用户可选择不同的管线类型来对冷冻供、回水管和冷凝水管进行绘制。用户可将每段管道引入立管或排水口。

图 2-38　管线右键快捷菜单

添加断管符号：单击“管线工具”→“断管符号”命令，选择需要添加断管符号的管线即可。

修改线型比例：用户往往感到奇怪，为何已经完成了管线样式设置，但是虚线或单点长画线等线型都显示成了实线，其原因是线型比例没有设置好。其设置方法如下：单击选择所要修改线型的管线，单击右键，弹出快捷菜单（图 2-38），单击“线型比例”命令后即可输入比例。

管线的打断：当不同的管线出现交叉时，可通过使用“管线工具”子菜单中的“管线打断”“管线连接”“管线置上”及“管线置下”命令来修改交叉管线。

冷凝水立管：在图中的两个地漏左侧分别添加冷凝水立管，单击“空调”→“水管立管”命令，弹出对话框，设置后即可插入。

5）连接风机盘管与干管。单击“空调”→“设备连接”命令，然后选择所有风机盘管和主管管线，确定。

这时在主管处会出现立管，这表明风机盘管与主管的标高不一致，用户可根据具体情况决定是否需要立管，若不需要可直接手动删除。风机盘管与干管连接效果如图 2-39 所示。

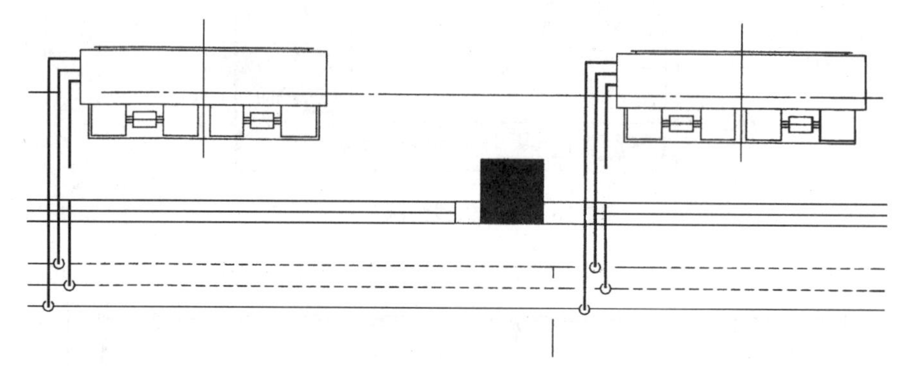

图 2-39　风机盘管与干管连接效果

6）标注空调水管管径。使用天正软件提供的标注工具标注水管管径十分方便。但前提是用户在绘制管线的时候已经把不同管段的管径设定好，否则会识别出错误的管径。倘若需要修改管径，用户可参考步骤 2）的修改方法。

待所有管段的管径设置正确后，即可使用“专业标注”下的“单管管径”“多管管径”“多管标注”等命令来标注管径。在进行标注操作时应注意，从第一次单击的管段开始的直线必须穿过要标注的所有管线，这时要注意避开虚线或点画线的断开部分。

在标注完成后，用户想要对标注进行修改，可双击标注，在弹出的对话框中修改。

完成后空调水管平面图如图 2-40 所示。

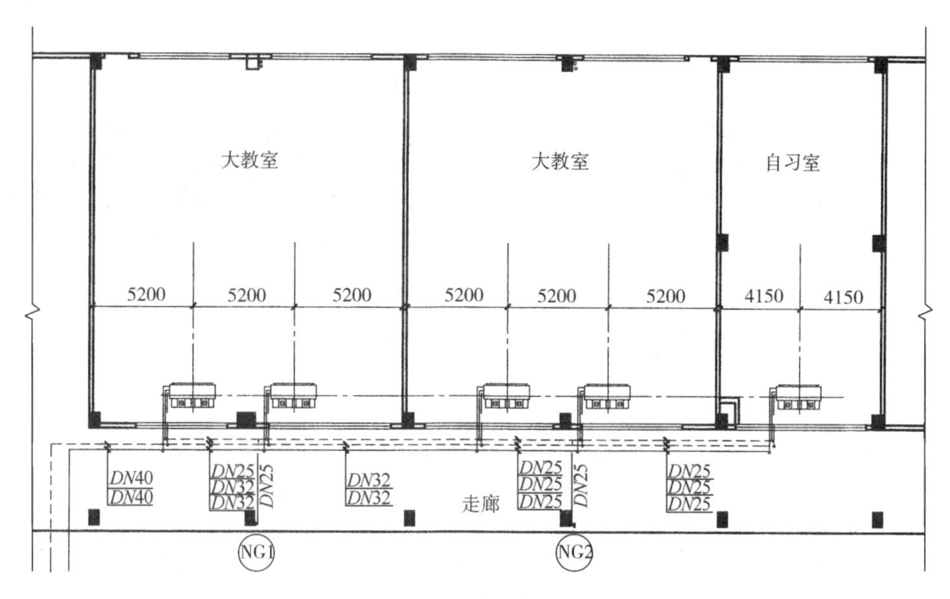

图 2-40　空调水管平面图

六、暖通空调系统施工图绘制常见错误

暖通空调系统施工图绘制常见错误见表 2-13。

表 2-13　暖通空调系统施工图绘制常见错误

类　　别	内　　容
平面图常见错误	暖通空调系统设计平面图是最主要的图样之一。平面图是反映暖通空调系统设计管道和设备布置的平面图，应以直接正投影法绘制。也就是说，平面图中应按假想除去上层楼板后按俯视规则绘制。因此，上层楼板下部（顶棚吊顶）中所安装的管路、风机盘管等设备应绘制在本层平面图中 平面图中应用细实线绘出建筑轮廓线和与暖通空调系统有关的门、窗、梁、柱、平台等建筑构配件，并标明相应的定位轴线编号、房间名称、平面标高。也就是说，平面图中应反映各设备、管线的平面关系，这是平面图的核心。因此，平面图中各设备是有尺寸的，各设备在图样中应既要反映实际大小，也要反映和建筑长、宽、高的定位尺寸，换句话说，施工人员拿着平面图就能够指导施工 在实践中，平面图中常见的错误有：不标注，少标注设备、管路的尺寸（包括定位尺寸）；不标明设备的参数（如风量、冷量、功率等）；不按照比例或实际尺寸绘制设备、管路；字体、字号过大、过小或看不清楚等；线路、管路平面重叠、交叉在一张平面图上又不分开或布局不科学等
系统图常见错误	系统图主要是反映暖通空调系统中冷却水系统、冷冻水系统工作过程的系统原理图。水、汽管道及通风、空调管道系统图均可用单线绘制。目前，一般已不采取轴测图的形式绘制。系统图绘制时，常见的错误有：系统图中没有标高，不反映各层空调末端的情况；系统图和平面图不能对应，一些最常见的空调设备、附件在系统图上没有反映出来；系统图中回水应用虚线，供水应用实线，一些系统图没有反映出来；没有标明冷却泵、冷冻泵的参数；冷却塔、膨胀水箱画错；冷冻水系统供、回水缺平衡阀或分水缸、集水缸等；冷却水泵、冷冻水泵的方向画错

（续）

类　别	内　容
剖面图常见错误	剖面图是平面图的补充，由于在平面图上看不到设备、管路中的空间关系和立体关系，此时需要通过剖面图同时结合平面图才可以反映设备、管路的空间情况。因此，在剖面图中，剖切的位置非常重要，投射方向线的位置也很重要。应在平面图上尽可能选择反映系统全貌的部位垂直剖切后绘制剖面图。当剖切的投射方向为向下和向右，且不致引起误解时，才可省略剖切方向线。 剖面图中除了剖切位置外，尺寸标注、定位尺寸、比例等也容易出错

第三章　暖通空调系统施工图识图常识

第一节　房屋建筑施工图识读简介

一、建筑施工图简介

（一）建筑总平面图

1. 图示方法及作用

在地形图上将拟建工程四周一定范围内的新建、拟建、原有和拆除的建筑物、构筑物连同其周围的地形、地物状况绘制成图样，称为建筑总平面图，如图 3-1 所示。

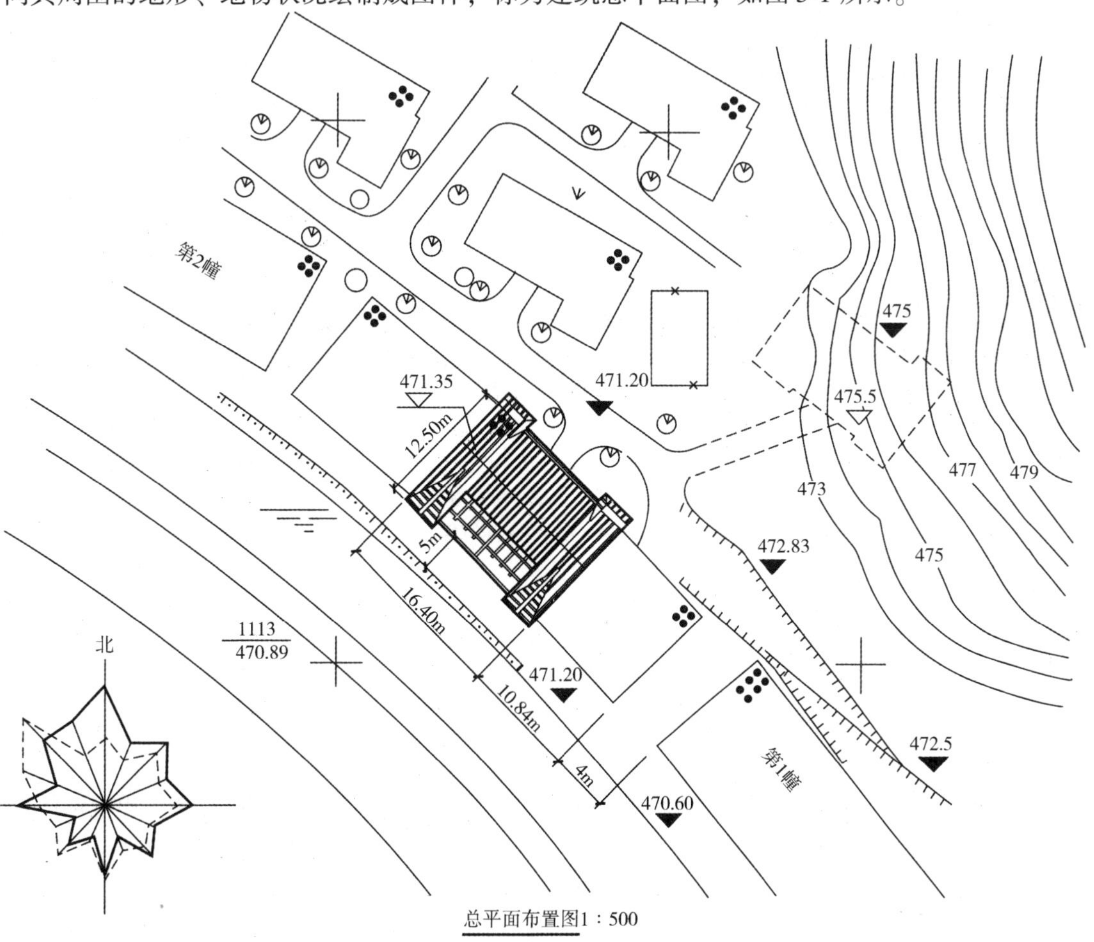

图 3-1　建筑总平面图

建筑总平面图反映建筑的平面形状、位置、朝向和与周围环境的关系，平面图是建筑物定位、施工放线、土方施工以及绘制水、暖、电等管线总平面图的依据。

2. 平面图示内容的有关规定

总平面图主要内容见表3-1。

表3-1 平面图主要内容

类　别	内　容
注明图名、比例及有关文字说明	总平面图包括的地理范围较广，所以绘制时往往采用较小比例，如1∶500、1∶1000、1∶2000，根据图中包括范围的大小、图样要求的详细程度适当选用。总平面图中所画图例必须采用国家标准规定图例。在较复杂的总平面图中，若用到国标中没有规定的图例，则必须在图中另加说明
根据尺寸了解房屋的位置	标明新建工程的性质与总体布置，建筑物或构筑物的位置、道路、场地、绿化等布置情况以及建筑物的层数等 拟建房屋需绘制平面的外轮廓尺寸。总平面图上的尺寸，以m为单位，保留两位小数，不足时以零补齐。房屋层数在房屋平面外轮廓线的右上角内用小黑点表示，对于高层建筑（超过五层）则用数字表示，单层可不注层数
明确新建工程或拟建工程的具体位置	新建或拟建建筑物的常用定位方法有两种：一是根据坐标定位；二是根据新建建筑物附近的原有建筑物或道路定位 1. 根据坐标定位 对工程项目较多，规模较大的拟建建筑物，或因地形复杂，为了保证定位放线的准确性，通常采用坐标系定位建筑物、道路和管线的位置。在总平面图上，可能遇到两种坐标系统——测量坐标系统和建筑施工坐标系统。坐标网格线采用细实线绘制 （1）测量坐标系统　测量坐标网系统的表示方法是在坐标网的十字交叉处画出短的十字细线。网线间距为100m。测量坐标系统的直角坐标轴用“*X*，*Y*”表示。*X*为南北方向轴线；*Y*为东西方向轴线。为便于坐标换算，这里设*X*轴的正向指北，负向指南；*Y*轴的正向指东，负向指西。测量坐标系统一经确定，则指定的区域中道路、铁路、桥梁、涵洞、建筑物、构筑物、空场地、绿化等地形、地物和地貌等，都可以以测量坐标系统为基准，确定它们的坐标位置。其他地物可通过相关位置尺寸进行标注，以确定其位置 （2）建筑施工坐标系统　为了便于施工，在总平面图中常设定施工坐标系统。在选取施工坐标系统的两个直角坐标轴时，应令其平行于施工平面图的矩形墙边（或至少平行于一条道路）。施工坐标系统的表示方法与测量坐标系统不同，它是在总平面图上画成直角相交的细实线坐标系统格。网格间距与测量坐标网格间距相同，以便于坐标换算。施工坐标的代号，通常用“*A*，*B*”表示 2. 根据原有建筑物或道路定位 对规模小、工程项目较小的拟建建筑物，总平面图常以公路中心线为基准来标注区内建筑物或构筑物的定位尺寸。其余的建筑物和构筑物以此为“次基准”标注相对位置尺寸，并以m为单位标注定位尺寸。所以，在设计前应向有关部门了解一定地域范围内的相关资料或图样等内容
绘制等高线	将预定高度假想的水平面与需要表示的地形面的截交线称为等高线。为了表达地面的起伏变化状态，平面图上绘有等高线，同时也注明各条等高线的高程，这类图称为地形图。 从地形图上的等高线可以分析某地形的地面状况，等高线间距较大的，说明地形面起伏变化小，即地势较平缓；等高线间距较小的，说明地形面起伏变化大，即地势较陡峭。从图中等高线标注的数值可以判断地形是山峰（数值递增），还是凹地（数值递减）

（续）

类　别	内　容
标明规划红线（又称建筑红线）	在城市规划图上划分建筑用地和道路用地的分界线一般用红色线条表示，故称规划红线。规划红线由当地规划管理部门确定，是建造沿街建筑和埋设地下管线、确定位置的标志线
注明标高	新建房屋以其底层主要房间的室内地面为设计标高的零点，这种标高称为相对标高。我国以黄海的平均海平面定为标高的零点，其余各地都以此为基准，这种标高称为绝对标高 由新建房屋底层室内地面和室外地坪的绝对标高可知室内外地面的高差及正负零与绝对标高的关系。总平面图上的标高为绝对标高，以 m 为单位，取到小数点后两位，如图 3-1 所示。标高符号和规定画法如图 3-2 所示
绘制风向频率玫瑰图（风玫瑰图）和指北针（见表 3-2）	风向，即指风从外面吹来的方向。风向频率，即指在一定时间内某一方向出现风的次数占风的总次数的百分比，如下： 风向频率 = 某地区某一方向出现风的次数/总的风向次数 ×100% 对上述内容应根据工程特点和实际情况增补或删减。对一些简单的工程可不绘制等高线、坐标网或绿化规划和管道的布置

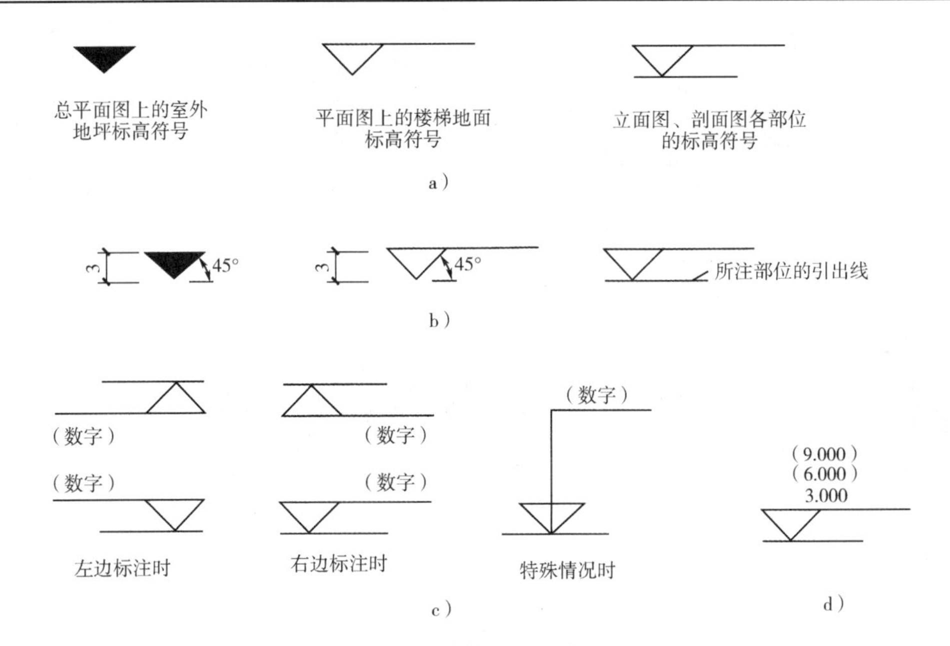

图 3-2　标高符号和规定画法

a）标高符号形式　b）具体画法　c）立面与剖面图上标高符号注法　d）多层标注时

3. 总平面图识读要点

1）先看图标、图名、图例及有关的文字说明。总平面图上标注的尺寸，一律以 m 为单位。图中使用较多的图例符号，必须熟悉它们的含义。国标中规定的几种常用图例，见表 3-2所示。

表 3-2　总平面图常用图例

名　称	图　例	说　明
新设计的建筑物		1. 右上角以点数或数值（高层建筑）表示层数 2. 用粗实线表示，小于 1:2000 时不画入口

（续）

名　　称	图　　例	说　　明
原有建筑物		用细实线表示
计划扩建的预留地或建筑物		用中粗虚线表示
拆除的建筑物		用细实线表示
围墙及大门		
填挖边坡		
挡土墙	5.00 1.50	挡土墙根据不同设计阶段需要标注 墙顶标高 墙底标高
坐标	1. X=105.00 Y=425.00 2. A=105.00 B=425.00	1. 表示地形测量坐标系 2. 表示自设坐标系 坐标数字平行于建筑标注
新建的道路		用中实线表示
原有道路		用细实线表示，其上打×表示拆除的道路
计划扩建的道路		用细虚线表示
公路桥		
铁路桥		
指北针		指北针圆圈直径一般以 24mm 为宜，指北针下端的宽度约 3mm
风向频率玫瑰图	北	1. 风向频率玫瑰图是根据当地多年平均统计的各个方向吹风次数的百分数按一定比例绘制的 2. 实线表示全年风向频率 3. 虚线表示夏季风向频率，按 6 月、7 月、8 月三个月统计

2）了解工程的性质、用地范围和地形、地物等情况。从图 3-1 可知该建筑总平面图表示某生活区范围，图中粗实线表示的拟建房屋是一幢住宅楼，住宅有一个单元。从图中可明确拟建房屋的位置：建在两栋四层楼高的房屋之间，前面是一座堰沟堤坝，坝上可供通行。

3）了解地形高低。总平面图上所注标高，标注至小数点后两位，均为绝对标高。从图中所注写的标高可知该地区的地势高低，以及雨水排除方向。

拟建房屋底层室内地面的标高为 471.35m，即室内 ±0.000 相当于绝对标高 471.35m。图中圆点数表示拟建房屋的层数（拟建房屋为四层）。注意室内外地坪标高标注符号的不同。

4）图 3-1 中该地区全年最大频率风向为北风，夏季为西北风，风玫瑰图所表示的风向，是指从外面吹向地区中心。

5）从图 3-1 中可了解到周围环境的情况，如新建建筑的东北方向有一计划建的建筑及道路，东北方向还有一待拆建筑，周围还有许多标有层数的原有建筑。

（二）建筑平面图

用一假想水平的剖切平面在房屋门、窗洞口（窗台以上）处将房屋剖切开，移去上部分房屋，从上向下做正投影所得到的投影图称为建筑平面图，简称平面图。平面图（除屋顶平面图外）实际上是一个房屋的水平全剖面图。底层平面图如图 3-3 所示。

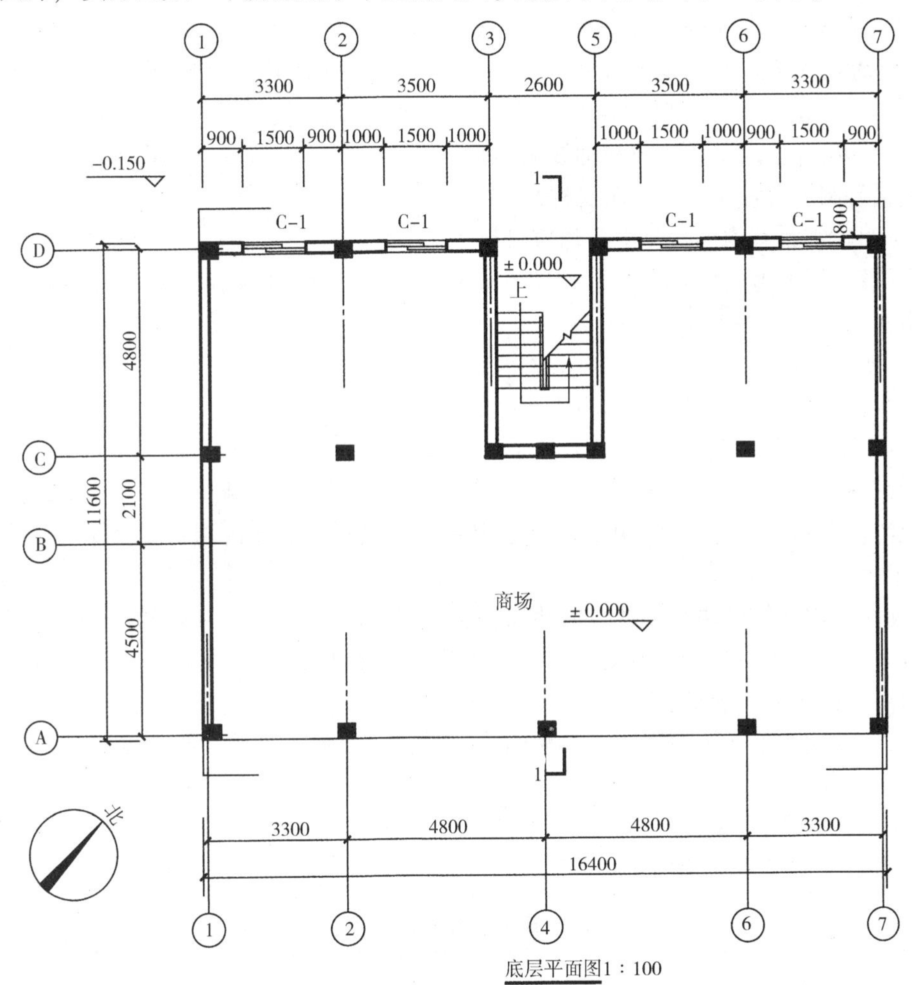

图 3-3　底层平面图

建筑平面图的作用是作为施工过程中放线、砌墙、安装门窗以及编制预算、备料等的依据。

1. 图示内容及有关规定

一般多层房屋应根据楼层数绘制每层的建筑平面图。有些房屋虽然层数很多，但二层及其以上每层中的房间位置、平面形状等部分都一样，只是房屋楼层标高不同，这样二层及其以上的平面图可以用一张建筑平面图表示，称为标准层平面图。一幢三层或者三层以上的房屋，其建筑平面图至少应有四幅，即底层平面图（也称为首层平面图或一层平面图）、标准层平面图、顶层平面图和屋面（顶）平面图。

2. 建筑平面图图示内容

1）标明建筑物的形状、内部的布置及朝向，包括建筑物的平面形状、规格类型、各房间的功能、布局及相互关系，各入口、门厅、走廊、室内楼梯的位置等；标明墙、柱的定位轴线及位置、厚度和所用材料；门窗的类型、位置及编号；室外台阶、阳台、雨篷、散水的位置；室、内外地面标高；剖面图的剖切位置（底层）等情况。

2）标明建筑物的尺寸。在建筑平面图中，用轴线和尺寸线表示各部分的长、宽尺寸和准确位置。外墙尺寸一般分三道尺寸标注：最外一道是总体尺寸，表示建筑物总长和总宽；中间一道是轴线间距尺寸，表示开间（一般为平面图中的长）和进深（一般为平面图中的宽）尺寸，为定位尺寸；最里一道是建筑细部尺寸，表示门、窗洞口、墙垛、墙厚等详细尺寸，为定形尺寸，内墙需注明与轴线的关系、墙厚、门、窗洞口尺寸等。各层平面图还应标明墙上预留洞的位置、大小、洞底标高。

3）标明建筑物结构形式及主要建筑材料。

4）注写各层的地面标高。各层均注有地面标高（为相对标高），有坡度要求的房间内还应注明地面坡度。

5）标明门、窗及过梁的编号和门的开启方向。门的代号为 M，窗的代号为 C（若有高窗则以虚线表示，并注明窗洞下端距离地面的高度）。

6）标明局部详图的编号、位置及所采用的标准构件、配件的编号。

7）综合反映其他各工种（工艺、水、暖、电）对土建的要求。各工种要求的坑、台、水池、地沟、电闸箱、消火栓、雨水管等及其在墙或楼板上的预留洞，应在图中注明其位置及尺寸。

8）注明室内装修做法，包括室内地面、墙面及顶棚等处的材料及做法均应注明。对于简单的装修，在平面图中直接用文字注明；对于较复杂的工程，则需要另外列出房间明细表和材料做法表，或另外绘制建筑装修图。

9）文字说明。平面图中用图线不易标明的内容，如施工要求、砖及砂浆的强度等级等需用文字加以说明。

3. 建筑平面图的有关规定

建筑平面图的有关规定见表 3-3。

表 3-3　建筑平面图的有关规定

类　别	内　容
底层平面图	底层平面图中需特别标明剖面图剖切符号的位置及编号，以便于和剖面图对照查阅。以指北针标明建筑物的朝向，指北针的形式见表 3-2，圆圈直径为 24mm，指北针尾部宽 3mm，线型为细实线。此外，底层平面图上还要标明室外台阶、散水等尺寸与位置，以及明沟、花坛、雨水管等构件（可以在墙角的局部分段画出散水和明沟的位置）。底层地面标高一般定为 ±0.000，并注明室内、外不同地面、地坪的标高

（续）

类　别	内　容
标准层平面图	标准层平面图遵循“隔层看不见”的原则，故不能绘制首层平面图中的散水、台阶，而应绘制雨篷、阳台等构件的投影。其他同首层平面图
顶层平面图	主要表示楼梯间的变化，在顶层平面图中可以观察到楼梯的安全栏板
屋面（顶）平面图	屋面（顶）平面图是顶层门窗洞口水平剖切面以上部分从屋顶向下的水平投影图，主要表示屋面的排水方式、屋面坡度、坡向、找坡形式、落水管位置以及排水方式等。其他还应包括围护构造措施、上下屋面的空间布置、绿化措施等，还有女儿墙、檐口（沟）、烟囱、通风道、屋面检查入口、避雷针的位置等内容 有些部位的细部构造需用详图表示，如檐口（沟）、泛水、变形缝、雨水口等
平面图的尺寸标注（屋顶平面除外）	如果房屋的前后或左右对称，则应将房屋的纵向或横向的三道尺寸线及轴线编号标注在房屋的前侧及左侧；如果房屋的前后或左右不对称，则需要在上方或右侧标注三道尺寸，相同的不必重复。另外，台阶、花坛及散水（明沟）等细部尺寸可单独标注 三道尺寸线彼此的距离为7～10mm，最内层尺寸线距建筑物外轮廓线在10～15mm。对明显可看出的一些尺寸可省略，对墙厚等尺寸，也可在说明中加以体现 对于室内地面、室外地面、室外台阶、卫生间地面、楼梯平台、阳台等部位均应注明其标高。屋顶平面图仅要求标出主要轴线及屋面结构标高
定位轴线	在施工图中房屋的基础、墙、柱、墩和屋架等承重构件的轴线必须绘制，并进行编号，以便施工时定位放线和查阅图样。这些轴线称为定位轴线 根据国标规定，定位轴线采用单点长画线表示。轴线编号的圆圈用细实线，直径为8～10mm，如图3-4所示。轴线编号写在圆圈内，在平面图上水平方向的编号采用阿拉伯数字，从左向右依次编写。垂直方向的编号，用大写拉丁字母自前而后顺次编写。拉丁字母I、O及Z三个字母不得作轴线编号，以免与阿拉伯数字1、0及2混淆 对于次要的墙或承重构件，它的轴线可采用附加轴线，用分数表示编号，这时的分母表示前一轴线的编号，分子表示附加轴线的编号，用阿拉伯数字顺序编号，如图3-4a所示。在绘制详图时，如一个详图适用于几个轴线时，应同时将各有关轴线的编号注明，如图3-4中c、d、e
标高符号	在总平面图、平面图、立面图和剖面图上，经常用标高符号表示某一部位的高度。各图上所注标高符号应按图3-2所示形式以细实线绘制。标高数值以m为单位，一般注至小数点后三位（总平面图中为小数点后两位）。例如，标高数字前有负号的，表示该处低于零点标高。数字前没有负号的，则表示高于零点标高。同一位置表示几个不同标高时，数字可按图3-2d的形式注写
对称建筑的简便画法	若建筑物平面图左、右对称时，可将两个不同层平面图画在同一平面上，中间画一对称符号作为分界线，并在图的下面分别注明图名
线型	凡是被水平剖切平面剖切到的断面轮廓均用粗实线b绘制，没有被剖切到的用中实线$0.5b$绘制（如窗台、台阶、明沟、花坛、楼梯等），粉刷线在大于1∶50的平面图中用细实线$0.25b$绘制
比例	平面图的比例一般采用1∶50、1∶100、1∶150或1∶200。尽管这些比例比总平面图大得多，但仍不足以准确详尽地表达建筑构造中的所有细节，为此可采用图例（如门窗、楼梯等）和索引详图的方法来表示某些细部构造
索引符号与详图符号	为方便施工时查阅图样，当图样中的某一局部或构件需要另见详图时，常常用索引符号注明画出详图的位置、详图的编号以及详图所在的图样编号，如图3-5所示。按国标规定，标注方法见表3-4

（续）

类　别	内　容
其他	建筑平面图中应注明各房间的名称，必要时还可注明其使用面积 同一张图上有多个平面图时，各层平面图应按层数的顺序从左至右或从上至下布置

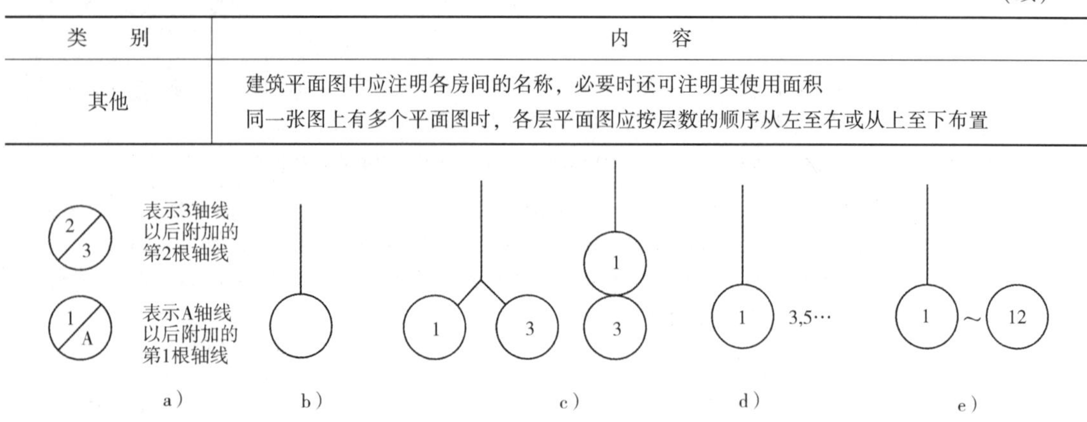

图 3-4　定位轴线的各种注法

a）附加轴线　b）通用详图的轴线号，只用圆圈，不注写编号　c）详图用于两个轴线时
d）详图用于三个或三个以上轴线时　e）详图用于三个以上连续编号的轴线时

表 3-4　索引符号和详图符号

名称	表示方法	备　注
索引符号	5/— 详图的编号 详图在本页图样内 5/4 详图的编号 详图所在的图样编号 J103 5/3 标准图集的编号 详图的编号 详图所在的图样编号	圆圈直径为 10，细实线圆
剖面索引符号	5/— 详图的编号 详图在本页图样内 5/4 详图的编号 详图所在的图样编号 J103 5/3 标准图集的编号 详图的编号 详图所在的图样编号	圆圈画法同上，粗短线代表剖切位置，引出线所在的一侧为剖视方向
详图符号	5 详图的编号 (详图在被索引的图样内) 5/4 详图的编号 (被索引的详图所在图样编号)	圆圈直径为 14，粗实线圆

4. 建筑平面图识读要点

图 3-5 为二层平面图，比例为 1:100。总体平面形状为长方形。现以此图为例说明阅读建筑平面图的方法。

平面图的读图顺序按“先底层、后上层，先外墙、后内墙”的思路进行。

(1) 先看底层平面图的外墙部分　该图绘图比例为 1:100。该建筑是以④轴为对称轴的左右对称建筑物。

最外是墙体的轴线编号。水平方向的墙自前而后编号为 A、B、C、D 共四根主轴线。

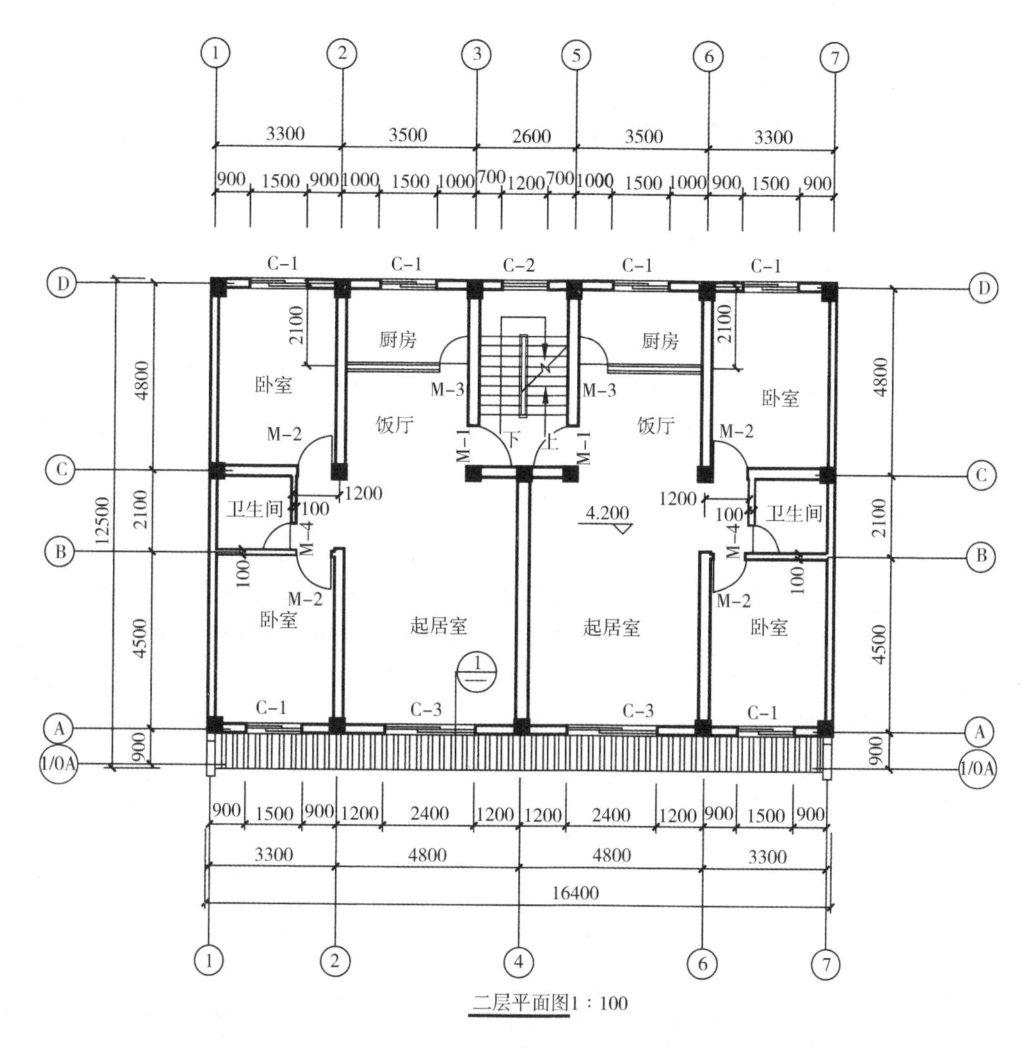

图 3-5 二层平面图

垂直方向的墙自左而右编号分别为①、②、③、…、⑦共七根轴线。其中④轴为对称轴。内外墙轴线为墙体的中心线。

平面图中的尺寸 16400mm 和 12500mm 为房屋的总尺寸——总长和总宽；从外向里数第二道尺寸为轴线间距的尺寸；第三道尺寸为门、窗洞口及其他细部尺寸。

一层的窗均为 C-1，宽度为 1500mm；门为透空式卷闸门。建筑的外墙周围设有散水，宽度为 800mm。四周外墙厚度为 100mm + 100mm = 200mm，内墙厚度为 100mm + 100mm = 200mm。

二层卧室的窗均为 C-1，宽度为 1500mm；厨房窗为 C-1，宽度为 1500mm；起居室窗为 C-3，宽度为 2400mm。

底层平面图中还画有指北针，可知该建筑的方向。另外从图中剖切符号 1—1 可知剖面图的剖切位置。该建筑室外相对标高为 -0. 150m。

（2）“进入楼内”读图　建筑剖面图如图 3-6 所示。请读者想象站在楼前自然地坪处，面对该楼的楼梯间入口，迈上一步 150mm 的台阶进入楼梯间，标高为 ±0. 000m。上八步台阶，台阶高度均为 150mm，到达楼梯中间平台，标高为 1. 200m。又上九步台阶，台阶高度均为 166. 7mm，到达另一中间平台，标高为 2. 700m。

二层平面图与一层平面图的不同之处如下。

本着隔层看不见的原则，不用画出散水与楼梯间入口台阶。不用画出指北针和剖切符号。图3-5中，D轴为楼梯间休息平台外墙轴线，墙宽度为200mm，上面开有窗C-2。室内标高与一层不同。楼梯间与一层不同。

上九步台阶，台阶高度均为166.7mm，到达楼层平台，标高为4.200m。此时见到左右各一分户门M-1，该楼左右两侧户型呈对称布置。

现向右转推门进入一户室内。可知该户型为两室两厅布置，建筑物的东南侧有一间卧室和一间起居室。卧室门均为M-2平开门。厨房在餐厅西北侧，通过中间隔墙上的M-3平开门与饭厅相通。在两间相对的卧室中间为卫生间，卫生间门下一条线表示起居室与厕所的地面标高不同，卫生间地面比室内地面低20mm，以防止卫生间的水外溢，门为M-4平开门。

需说明的是标准层的楼梯间不能代表顶层（四层）的楼梯间，因为顶层楼梯间的投影图是没有折断线的。

（三）建筑剖面图

假想用一竖直剖切平面将建筑物自屋顶到地面横向或竖向垂直切开，移去剖切面与观察者之间的部分，然后将余下的部分向与剖切面平行的投影面做正投影而获得的图形称为建筑剖面图。

建筑剖面图是在平面图已经绘制完成的基础上绘制的，它是基于平面图表达沿高度方向的形状、构造、材料、尺寸、标高和施工工艺的高度和宽度的工程施工图。

建筑剖面图是整幢建筑物的垂直剖面图，它可表现建筑空间在垂直方向（竖向）的组合及构造关系。

建筑剖面图的剖切方向有两种，横向和纵向。沿横向轴线剖切，得到的剖面图为横向剖面图，沿纵向轴线剖切，得到的剖面图为纵向剖面图。建筑剖面图一般以横向剖切居多，如图3-6所示。

建筑剖面图在施工过程中可作为房屋的竖向定位、放线、安装门窗、结构构件（过梁、圈梁）、屋面找坡等的依据。

1. 图示内容的有关规定

（1）建筑剖面图的内容

1）表示墙、柱及其定位轴线。

2）表示室内底层地面、地坑、地沟、各层楼面、顶棚、屋顶（包括檐口、女儿墙、隔热层或保温层、天窗、烟囱、水箱等）、门、窗、楼梯、阳台、雨篷、孔洞、墙裙、踢脚板、防潮层、室外地面、散水、排水沟及其他装修等剖切到或能见到的结构。

3）标出各部位完成面的标高和高度方向的尺寸，包括室内、外地面，各层楼面与楼梯平台，檐口或女儿墙顶面，高出屋面的水箱顶面，烟囱顶面，楼梯间顶面，电梯间顶面等处的标高。标高应以底层室内地面为基准点±0.000，注意与立面图和平面图一致。

①外部尺寸：门、窗洞口（包括洞口上部和窗台）高度，层间高度及总高度（室外地面至檐口或女儿墙顶）可分别用三道尺寸表示。有时后两部分尺寸可不标注。

②内部尺寸：标明地坑深度和隔断、隔板、平台、墙裙及室内门、窗等的高度。

4）表示楼、地面各层的构造。一般可用引出线说明，引出线说明的部位可按其构造的层次顺序逐层加以文字说明；也可在剖面图上引出索引符号，另画详图或加注文字说明；或

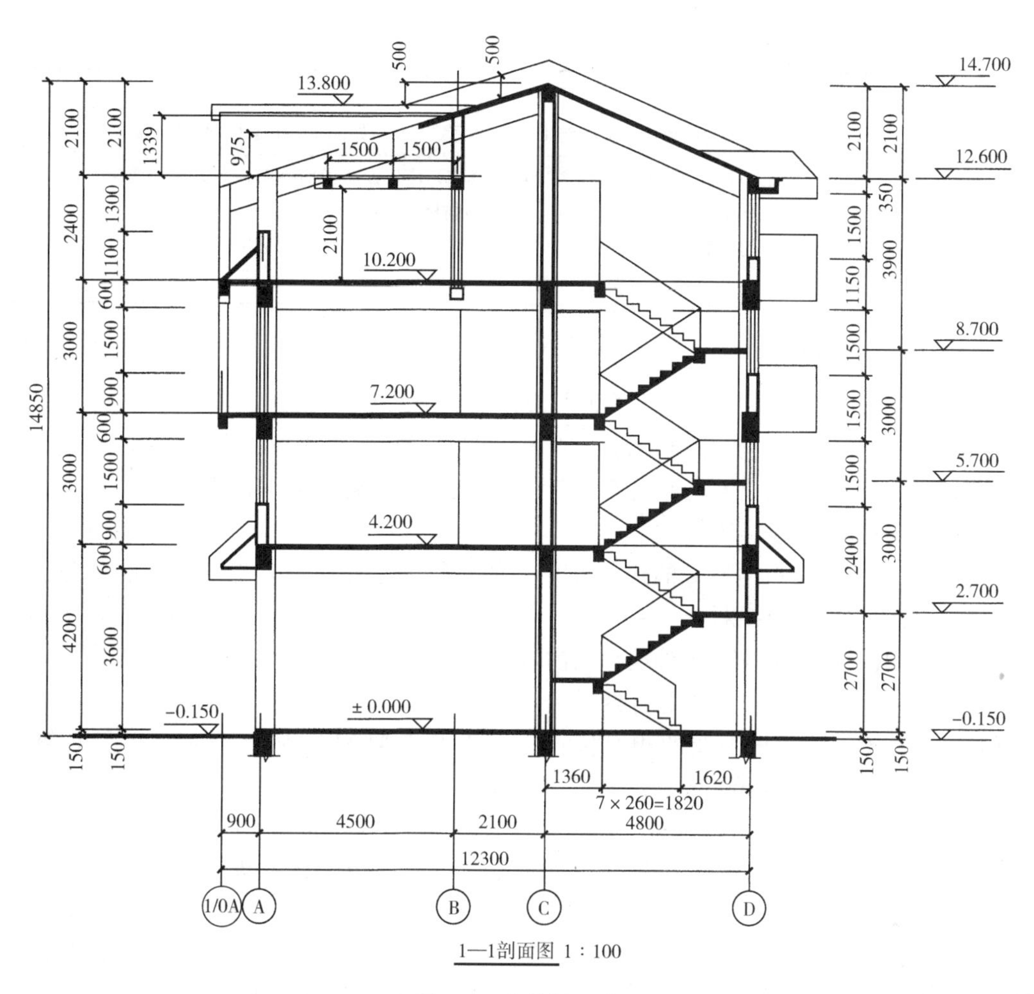

图 3-6　建筑剖面图

在“构造说明一览表”中统一说明。

5）内部装修标注。

6）表示被剖切的屋面坡度的找坡形式和屋面坡度的大小。

（2）建筑剖面图的有关规定　建筑剖面图的有关规定见表 3-5。

表 3-5　建筑剖面图的有关规定

类　　别	内　　容
剖面图的剖切位置	剖切位置应在平面图上选择能反映构造特征全貌以及有代表性的部位，或者选择在房屋内部构造较为复杂且有变化的部位进行剖切。剖面图的剖切符号应在底层平面图中标出，如图 3-3 中 1—1 剖切符号。剖切符号不应与任何图线相交 对房间剖切应通过门、窗洞口，这样可以在剖面图中表示门、窗洞口的高度，对于多层建筑，剖切应通过门厅、楼梯间等部位，以反映上、下层的联系和楼梯的形式、构造等
剖面图的图名	剖面图的图名应与平面图上所标注剖切符号的编号一致，如 1—1 剖面图、2—2 剖面图等
剖面图的数量	剖面图的数量应根据建筑的复杂程度（内部结构）和建筑施工实际需要而定，以能够指导施工、给施工带来方便为原则 剖面图中一般不绘出基础部分

（续）

类　别	内　容
比例	剖面图所采用的比例一般应与平面、立面图一致，如1∶50、1∶100、1∶200等
剖面图中的图线	1. 凡剖切到的主要构件如室外地坪、墙体、楼地面、屋面等结构部分，均用粗实线 b 绘制，当采用小于或等于1∶50的比例时，一般不画材料图例 2. 凡剖切到的次要构件或构造以及未剖切到的主要构造轮廓线用中粗线 $0.7b$ 绘制 3. 其余可见部分，一律用细实线 $0.25b$ 绘制

2. 建筑剖面图识读要点

现以图3-6所示的建筑剖面图为例说明阅读建筑剖面图的方法。

由底层平面图（图3-3）中剖切符号1—1的位置可知剖面图3-6是沿房屋的宽度方向剖切的横剖面图。它的剖切位置是通过该建筑物的楼梯间、客厅将房屋剖开，移去右侧部分，对左侧部分的房屋做正投影所得的。

建筑剖面图（除具有地下室的建筑外）一般只需表达建筑室外地坪以上的部分，以下部分省略，在图中用折断线断开。

剖面图的读图顺序是按“先外墙、后内墙，先底层、后上层”的思路进行。

由图3-6所示剖面图可知如下内容。

1）A、E、C、D四根轴线的相对位置；如A和B轴间距为4500mm，B和C轴间距2100mm，C和D轴间距4800mm。

2）室外地坪高度为－0.150m，底层室内标高为±0.000m，室内、外高差为150mm。另外，还可见各层室内地面标高分别为4.200m，7.200m，10.200m等。

3）A轴墙上一层有一卷闸门M-7（实际识图时，门窗需参阅平面图），二层有一窗C-3，三层有阳台，阳台栏杆高度为900mm，栏杆顶部距上部梁底1500mm，四层露台栏板高1100mm。D轴处墙上设有窗C-2，其高度由右侧的尺寸标注可知为1500mm。

4）由内部高度方向尺寸可知，四层推拉门高度为2100mm，门外同等高处有钢筋混凝土架。

5）楼梯的建筑形式为双跑式楼梯，结构形式为板式楼梯，装有栏杆。向右上方倾斜的梯段均用粗实线绘出，表示被剖切到；向左上方倾斜的梯段均用细实线绘出，表示未被剖切到但可见。

（四）建筑立面图

用平行于建筑物某一外墙的平面作为投影面，向其做正投影所得到的投影图称为建筑立面图。

1. 建筑立面图的命名方式

由于建筑物至少有四个方向的墙面，故建筑立面图的命名有多种方式。

（1）按朝向命名　如某一外墙面朝南，即为南立面图，依此类推，这一命名方法是立面图中常用的一种方法。

（2）按轴线命名　当建筑物的某一墙面朝向非正南或正北时，则应按立面图中的定位轴线编号命名。如图3-7命名为⑦—①轴立面图。

（3）按主次命名　一般把建筑物的主要入口和反映建筑物主要特征的外墙面称为主立

面图，其余称为次立面图，这一命名方法一般适用于临街建筑。

建筑立面图在施工中主要作为建筑物门、窗、标高、尺寸及外墙面装饰等的依据。因此，建筑立面图要详细地反映建筑物各外墙面的装饰要求和装饰做法，并以国家标准规定的材料图例或用文字加以说明，因此在阅读施工图时不但应注意图例，还要注意文字说明。

2. 建筑立面图图示内容及有关规定

建筑立面图图示内容及有关规定见表3-6。

表3-6　建筑立面图图示内容及有关规定

类　别	内　容
建筑立面图的内容	1. 标明室外地面线及房屋的勒脚、台阶、花台、门、窗、雨篷、阳台；室外楼梯、墙、柱、外墙的预留洞口、檐口、屋顶（女儿墙或隔热层）、雨水管、墙面分格线或其他装饰构件等 2. 标明外墙各主要部位的标高，如室外地面、台阶、窗台、门窗顶、阳台、雨篷、檐口、屋顶等处完成面的标高（建筑标高）。一般立面图上可不标注高度方向尺寸。但对于外墙预留孔洞，除注写标高外，还应注写其大小尺寸及定位尺寸 3. 注写建筑物两端或分段的轴线及编号 4. 标出各部分构造、装饰节点详图的索引符号 5. 用图例、文字或列表说明外墙面的装饰材料及做法
建筑立面图的有关规定	1. 立面图中所采用的比例一般应与平面图一致，如1:50、1:100或1:200等 2. 为了表现建筑立面图的整体效果，使之富于立体感，建筑立面图中的图线规定如下 1）用粗实线绘制立面的最外轮廓线（俗称天际线），宽度为b 2）用加粗线绘制地坪线，宽度为1.4b 3）用中实线绘制立面外轮廓线范围内具有明显凹凸起伏的所有形体与构造，如建筑的转折、门窗洞口轮廓、阳台、雨篷、室外台阶、花坛、窗台、凸出墙面的柱子等，宽度为0.5b 4）其余所有图线、文字说明、指引线、墙面装修分格线等，均用细实线，宽度为0.25b 3. 立面图可省略的部分如下 1）若房屋为对称建筑，可只绘出一半并绘制对称符号，在下方各写出相应图名 2）立面图上完全相同的构件和构造做法如门窗、墙面装修、阳台等，可在局部详细绘制，其余可简化为只绘制外轮廓

3. 阅读建筑立面图

现以图3-7和图3-8所示的某住宅建筑立面图为例说明阅读建筑立面图的方法。

图3-7为⑦—①轴立面图，该图绘图比例为1:100，由图可知以下内容。

1）有一个楼梯间入口，入口处有一台阶，且设有雨篷。

2）一楼有四个C-1窗，卧室有两个C-1窗，厨房有两个C-1窗，楼梯间窗C-2共有三个，均为推拉窗。卧室通向阳台的门为两个M-2，有四个阳台。要注意结合平面图观察。

3）该建筑3.600m标高处有坡檐。

4）楼顶部为坡屋顶，有檐沟、雨篷。

5）右侧标高分别为室外地坪标高、每层窗口的下沿和上沿标高及屋脊、檐口的标高。

6）各部位的装饰做法。

图3-8为①—⑦轴立面图，此图中可见到阳台、露台的形状与位置，其他内容不再赘述。

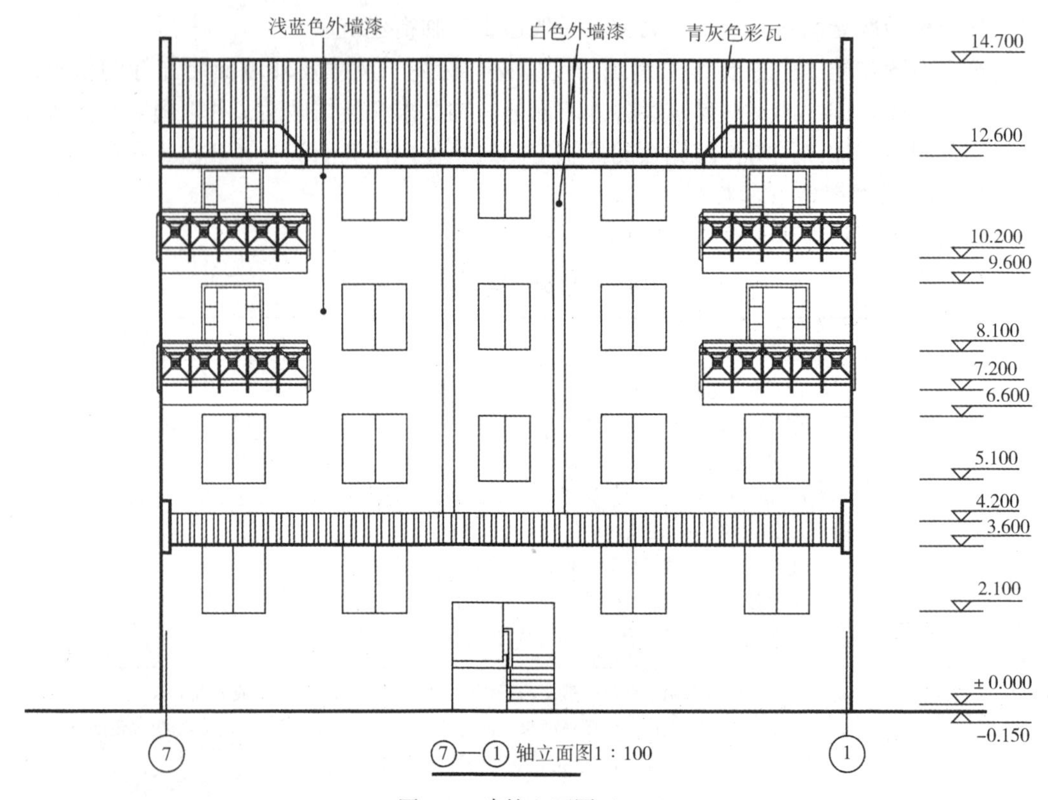

图 3-7 建筑立面图（一）

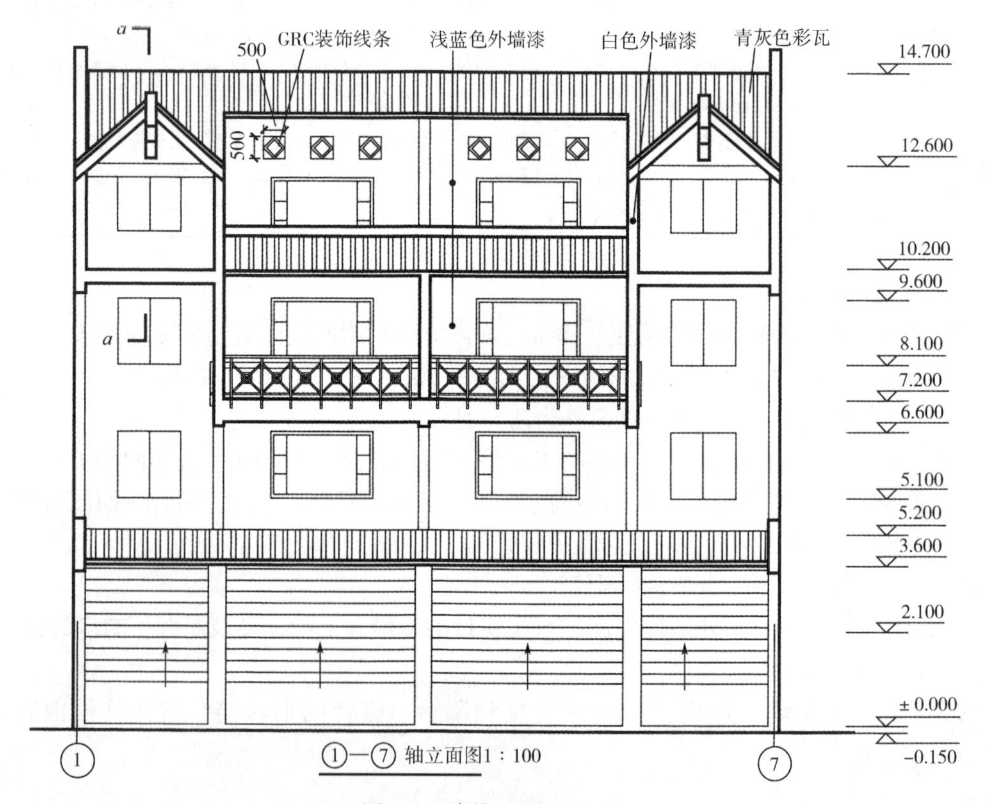

图 3-8 建筑立面图（二）

（五）建筑详图

1. 建筑详图的由来、作用与特点

建筑详图是建筑细部的施工图。因为建筑平、立、剖面图一般采用较小的比例尺绘制，因而某些建筑构件、配件（如门、窗、楼梯、阳台及各种装饰等）和某些建筑剖面节点（如檐口、窗台、散水以及楼地面层和屋顶层等）的详细构造（包括样式、层次、做法、用料、详细尺寸等）都难以表达清楚。根据施工需要，必须对房屋的细部结构、配件用较大的比例，仍然按照正投影的方法，并以文字说明等将其形状、大小、材料和做法绘制出详细图样，这种图样称为建筑详图，简称详图。因此建筑详图是建筑平、立、剖面图的补充，是建筑施工图的重要组成部分，是施工的重要依据。建筑详图包括建筑构件、配件详图和剖面节点详图。对于采用标准图集或通用图样的建筑构件、配件和剖面节点，只要注明所采用的图集名称、编号或页次，则可不必再画详图。详图应当表达整个建筑中在平、立、剖面图中所有未能表达清楚的部分。

2. 建筑详图的特点

比例较大，图示清楚，尺寸完整，说明详尽。

3. 建筑详图常采用的比例

建筑详图常采用1∶1、1∶2、1∶5、1∶10、1∶20、1∶50等比例，比例选择的原则是能够清楚表达细部构造。

4. 详图的分类

1）局部构造详图，包括墙身、门、窗、楼梯、阳台、台阶、壁橱详图等。

2）房间设备详图，包括厕所、浴室、厨房、实验室详图等。

3）内部装修详图，包括大门、顶棚、花饰详图等。

5. 部分详图可用索引符号索引标准图集

（1）外墙剖面详图　外墙剖面详图的主要内容。

1）标明砖墙的轴线编号，砖墙的厚度及其与轴线的关系。

2）标明各层梁、板等构件的位置及其与墙身的关系。

3）标明室内各层地面、吊顶、屋顶等的标高及其构造做法。

4）标明门、窗洞口的高度，上、下标高，立口的位置。

5）标明建筑对立面装修的要求，包括砖墙各部位的凹凸线脚、窗口、门、挑檐、檐口、勒脚、散水等的尺寸、材料和做法，或进一步用索引号引出做法详图。

6）标明墙身的防水、防潮做法，如檐口、墙身、勒脚、散水、地下室的防潮、防水做法。

现以如图3-9所示的某住宅建筑D轴外墙的墙身剖面详图为例说明阅读墙身详图的方法。

1）看图名：该墙身剖面图为D轴外墙的墙身剖面详图，绘图比例为1∶20。

2）看檐口剖面部分：可知该房屋檐沟、屋顶层的构造，屋面采用现浇混凝土板。

3）看窗顶剖面部分：可知窗顶钢筋混凝土过梁。图3-9中所示的各层窗顶过梁均为矩形截面。

4）看窗台剖面部分：可知窗台是不出挑窗台。

（2）楼梯间详图　楼梯间详图应能表达出该楼梯的类型、结构形式、构造连接关系、

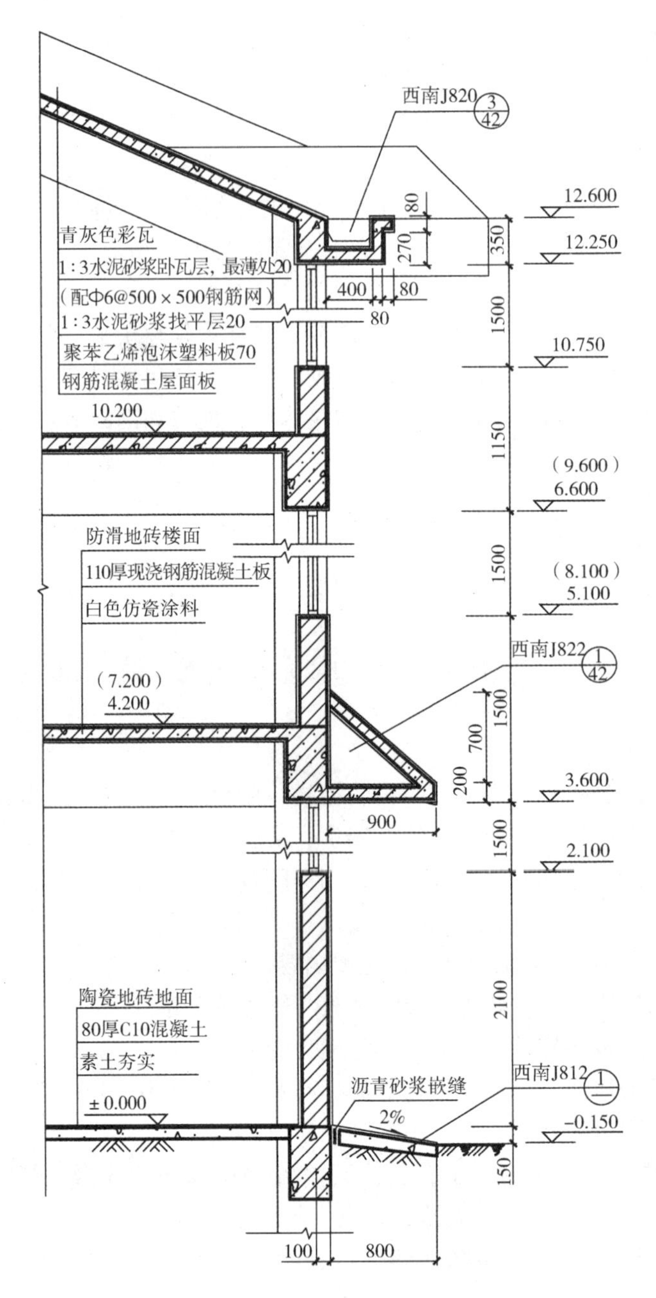

图3-9　D轴外墙的墙身剖面详图（1∶20）

具体尺寸、梯段位置、平台大小以及施工与装修要求等，以便作为楼梯间施工、放线的主要依据，故需要用“详图中的详图”来表达许多具体的内容，包括：楼梯间平面图、剖面图及踏步、栏杆、扶手等节点的大样图。

1）楼梯间平面详图及其内容。假想用一个水平剖切平面在各层楼（地）面向上第一段楼梯中间（顶层在水平栏杆之上）做水平剖切后，移去上面部分向下做出的水平投影所形成的图样称为楼梯间平面图，如图3-10所示。它包括以下内容。

① 比例。一般用大于1∶50的比例。

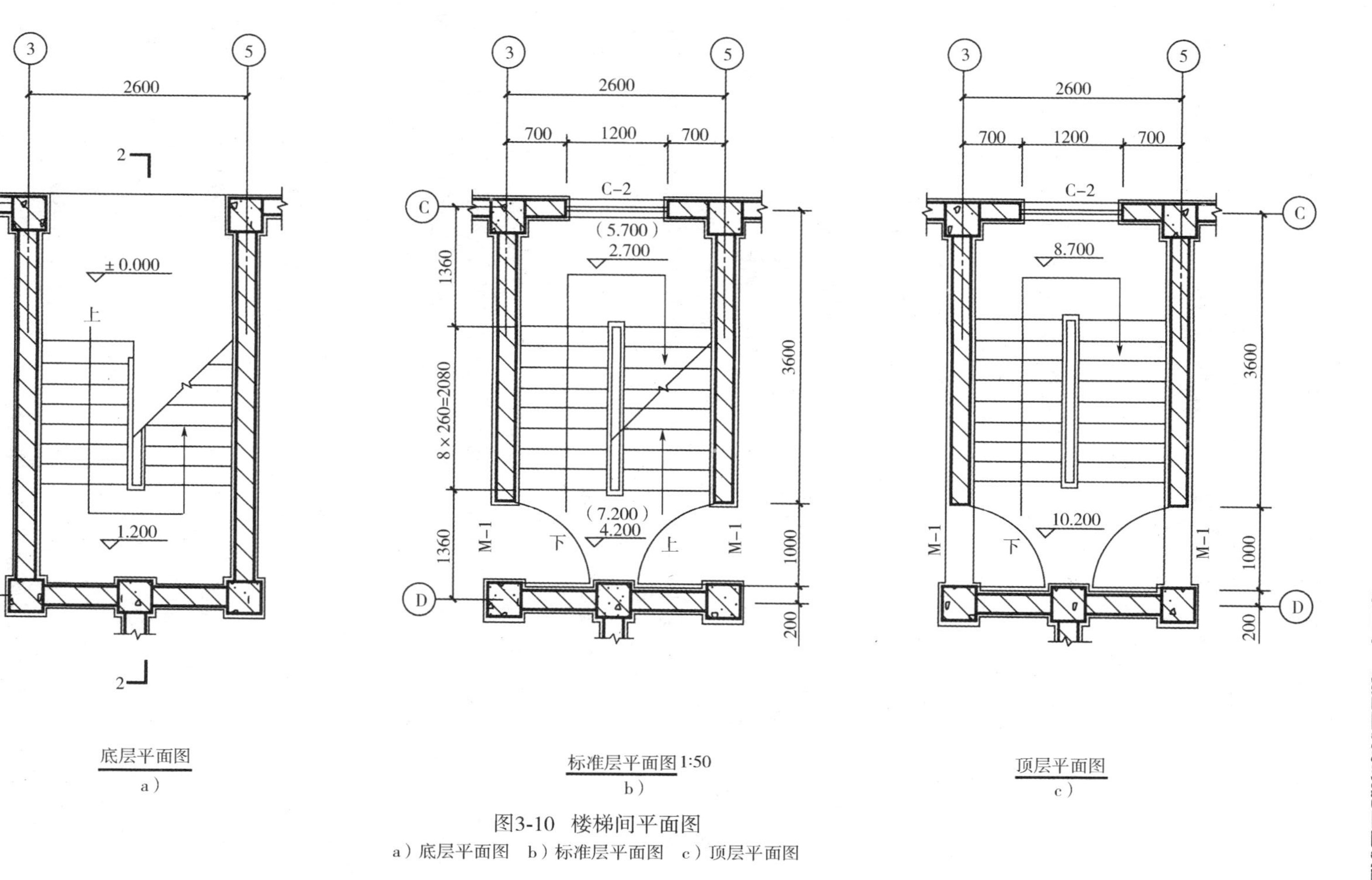

底层平面图
a）

标准层平面图1:50
b）

顶层平面图
c）

图3-10 楼梯间平面图

a）底层平面图 b）标准层平面图 c）顶层平面图

② 梯段切断线。梯段切断线本应是同踏步线平行的，但为了不至于与踏步线混淆，在底层、中间层平面图中均以45°的细斜折断线表示。

③ 标高。标出楼、地面、室外地面、地下室及休息平台标高。

④ 尺寸线。用轴线编号标明楼梯间的位置，注明楼梯间的长、宽的尺寸，楼梯跑数，每跑的宽度和踏步数，踏步的宽度，休息平台的尺寸等。

⑤ 剖切符号及编号。在底层楼梯平面图中应标出剖切符号及编号，以便和楼梯剖面图对应。

⑥ 其他标注。注明梯段上、下行方向及详图索引符号，比例大小，做法等。

2）楼梯间平面详图绘图注意事项

① 一般每层楼梯都应画出平面图，但三层以上的房屋，若中间各层的楼梯形式、构造完全相同，往往只需要画出底层、一个中间层（标准层）和顶层三个平面图即可，但应在标准层休息平台面、楼、地面的平面中以括号的形式加注中间省略的各层相应部位的标高。

② 底层平面图中，只画出上行第一梯段的投影，并在梯段上部平台处以一条与踏面线成45°的折断线折断，在梯段投影中部画一长箭头，在箭尾注写“上”。中间层平面图中，在上行第一梯段的中部画一条45°的折断线。在折断线两侧，梯段水平投影中部画两条方向相对的长箭头，在箭尾分别注写“上”“下”，表明上行或下行。顶层平面图中，由于顶层平面图剖切平面的位置在栏板以上，因此图中会出现休息平台和完整梯段的投影。在梯段投影中部画一个长箭头，在箭尾注写“下”。在楼面悬空一侧应画出水平栏板的投影。梯段的上行或下行方向，必须以各层楼地面为基准（非中间休息平台），向上者为上行，向下者为下行。

③ 由于梯段最高一级的踏面与平台面或楼地面共面，故每一梯段的踏面数总比步级数少1。

3）楼梯间剖面图及其内容。楼梯剖面图同房屋剖面图类似，为用一假想的铅垂剖切平面，沿着各层的一个梯段、平台及门、窗洞口的位置剖切，向未被剖切梯段方向所做的正投影图。剖切位置最好在上行第一梯段范围内并通过门、窗等洞口位置。剖切符号绘制在楼梯底层平面图中。

楼梯剖面详图一般用较大的比例绘制。因此，图中各构件、配件的相对位置，各部位的构造做法都绘制得较为详细和准确。尺寸、标高的标注也较完整。它是楼梯结构设计中依据的主要图样之一。

楼梯剖面图应标明各楼层及休息平台的标高、楼梯踏步数、构件的搭接形式、楼梯栏杆的形式及高度、楼梯间门、窗洞口的标高及尺寸等。

楼梯剖面图中的尺寸标注包括如下几项。

① 水平方向尺寸应为两道尺寸线：轴线进深尺寸，平台宽及踏步宽×（级数-1）。

② 竖向方向尺寸应为三道尺寸线：细部尺寸，各楼层间的踏步高×级数，层高。

③ 室内、外地面，楼地面及休息平台的标高。

4）楼梯间剖面图绘图注意事项。

① 多层建筑中，若中间层楼梯形式完全相同，楼梯剖面图可只画出底层、中间层和顶层，在中间层处用折断线分开，并在中间层的楼层地面、楼梯休息平台面上注写与其他各中间层对应的地面、楼梯休息平台面的标高。

② 倾斜栏杆的高度为从踏面的中部起至扶手顶面的距离；水平栏杆的高度为从栏杆所在的地面起至扶手顶面的距离。

③ 楼梯剖面详图中除标注各个部位的建筑标高外，一些构件如平台、梁等还应标出梁底的结构标高，为施工和结构设计提供必要的依据。

④ 各梯段的高度尺寸用“踏步高×级数-梯段高”的形式注写。

⑤ 楼梯剖面图的名称应与楼梯底层平面图中的剖切符号及编号对应。

5）楼梯栏杆及踏步大样图。标明栏杆的高度、尺寸、材料，及其与踏步、墙面的搭接方法，踏步及休息平台板的材料、做法及详细尺寸等。

6）楼梯详图读图示例。图3-10（楼梯间平面图）为楼梯间详图示例。楼梯间平面图的剖切位置为该层的第一梯段（休息平台以下）的任意位置处。由楼梯间平面图中轴线符号可知，该楼梯间位于③、⑤轴与C、D轴之间。

底层平面图中向上的梯段尺寸标注260×7＝1820，表示该梯段有七个踏面，每一踏面宽为260mm，梯段长为1820mm。三个楼梯平面图画在同一张纸上，并互相对齐。读图时应注意各层平面图的特点。底层平面图只有一个被剖切的梯段和栏板。另外，底层平面图中有一剖切符号2—2，由该符号的位置和方向可知楼梯剖面图3-10的由来。

中间层（标准层）平面图上既绘制出了被剖切的向上的梯段，还绘制出了该层向下的完整梯段、楼梯平台及平台以下的梯段。这部分梯段与被剖切的梯段投影重合，以45°折断线为分界。图中尺寸标注为260×8＝2080，表示该梯段有八个踏面，每一踏面宽为260mm，梯段长为2080mm。

对顶层平面而言，由于剖切平面在栏板之上，故在图中绘制出两段完整的梯段和休息平台，在楼梯口只有一个注有“下”字的长箭头。

由图3-11（2—2楼梯剖面图）可知，将楼梯剖面图和楼梯底层平面图的剖切符号相对应，可知剖面图的由来。在剖面图中可看出底层有三个梯段，其他各层有两个梯段。每个梯段的踏步级数可直接在图中看出。进入楼梯间后，由±0.000m处上八步高度各为150mm的踏步可至休息平台1.200m处；由此处上九步高度为166.7mm的踏步可至另一休息平台，标高为2.700m；此时，再向左经九级踏步可上至二层楼面，标高为4.200m。由二层向上的每个梯段均为九级踏步。由尺寸9×166.7＝1500看出，该梯段踏步数为九级，每级高度为166.7mm。从图中还可明确每层楼地面与休息平台的标高。

楼梯踏步、栏杆和扶手的做法见相关的详图图集。

（3）门、窗详图。门、窗作为交通联系、围护构件、隔声、采光、通风之用。按材料种类可分为木、钢、塑钢门、窗，铝合金门、窗；按开启方式分类，门可分为平开门、推拉门、弹簧门、转门等，窗可分为平开窗、推拉窗、中悬窗、立转窗、上推窗等。

1）门、窗详图。一般都有绘制好的各种不同规格的标准门、窗图集供设计者选用。因此，在施工图中，只要说明该详图所在标准图集中的编号，就可不必另画详图。如果没有标准图集时，就一定要另画详图。

门窗详图一般包括立面图、节点详图、断面图以及配件表和文字说明等。

现以铝合金窗为例介绍其图示特点，铝合金窗详图如图3-12所示。

① 立面图。立面图表示窗的外形、开启方式及方向，主要尺寸和节点的索引符号等内容。

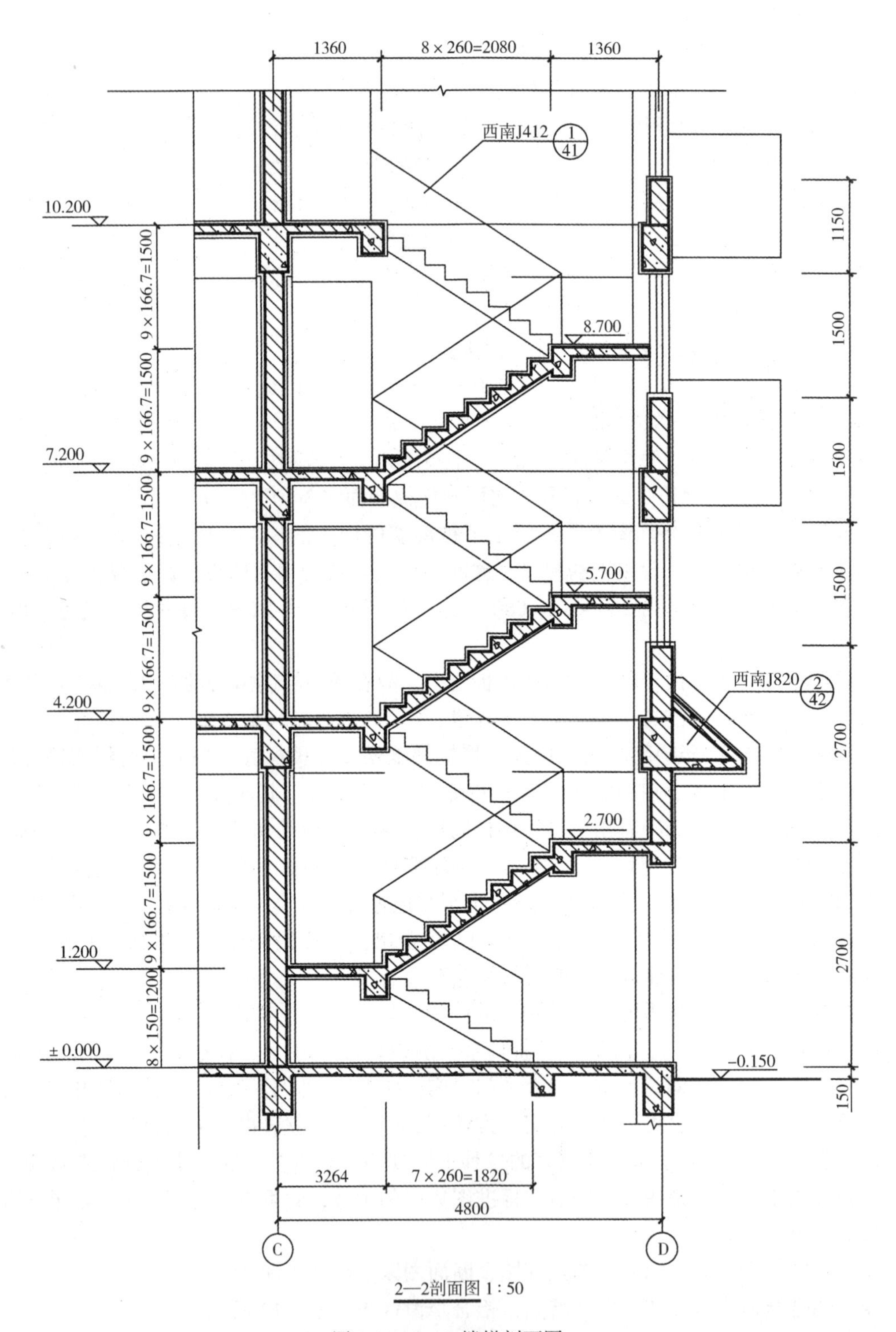

2—2剖面图 1 : 50

图 3-11　2—2 楼梯剖面图

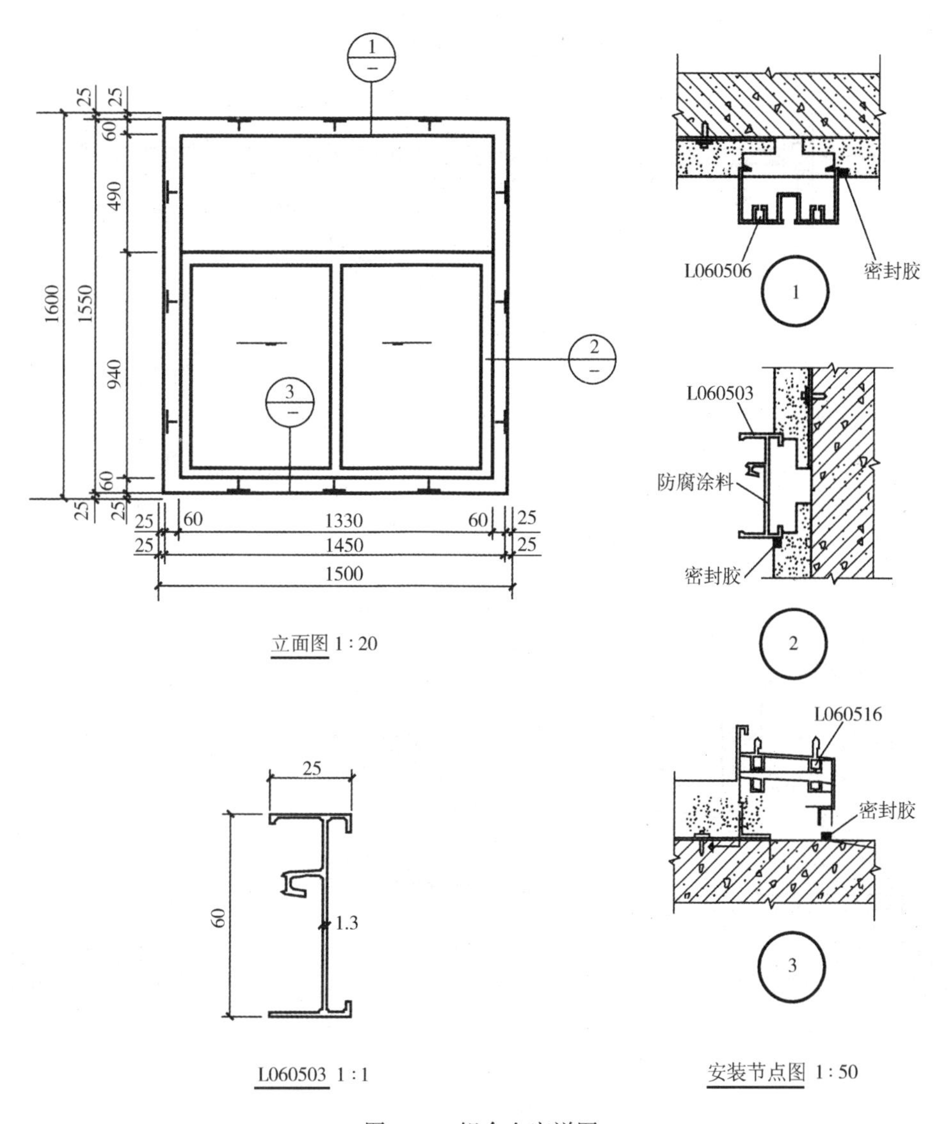

图 3-12　铝合金窗详图

尺寸：立面图尺寸一般应标注三道，第一道为窗洞口尺寸，第二道为窗框的外包尺寸，第三道为窗扇尺寸。洞口尺寸应与建筑平面图和剖面图的洞口尺寸一致，窗框和窗扇的尺寸为成品的净尺寸。

图线：除轮廓线用粗实线外，其余均用细实线。

② 节点详图。习惯将同一方向的节点详图连在一起，中间用折断线断开，并分别注明详图编号，以便与立面图相对应。节点详图的比例一般较大。

2）断面图。用大比例（1∶5 或 1∶2）将各不同材料的窗户断面形状单独绘制，注明断面上的各个截口尺寸，以便下料加工。有时为减少工作量，往往将断面图和节点详图绘制在一起。

（4）其他详图。其他节点详图的具体内容和图样要根据建筑的结构特征以及实际施工需要而定。图 3-13 为卫生间、厨房大样详图；图 3-14 为檐口、檐沟大样详图。

详图中的具体施工方法及注意事项均以文字说明。

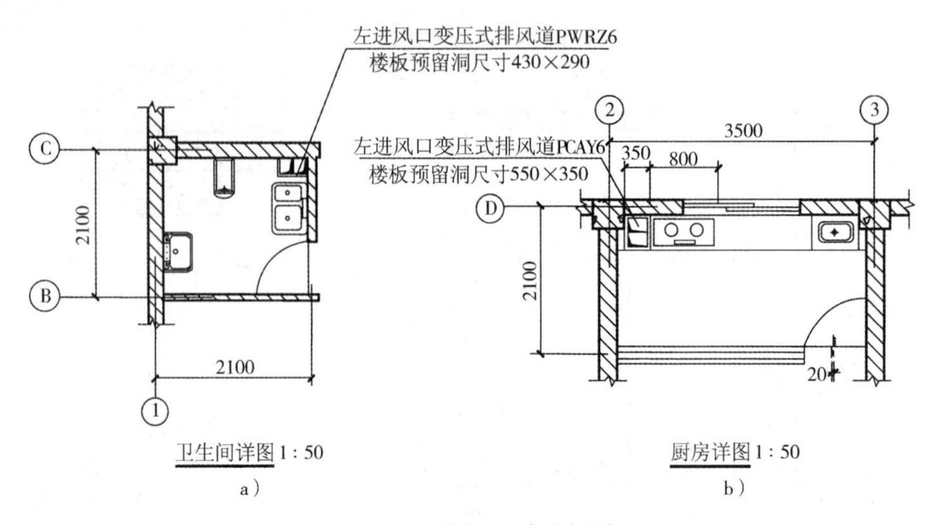

图 3-13　卫生间、厨房大样详图

a）卫生间详图　b）厨房详图

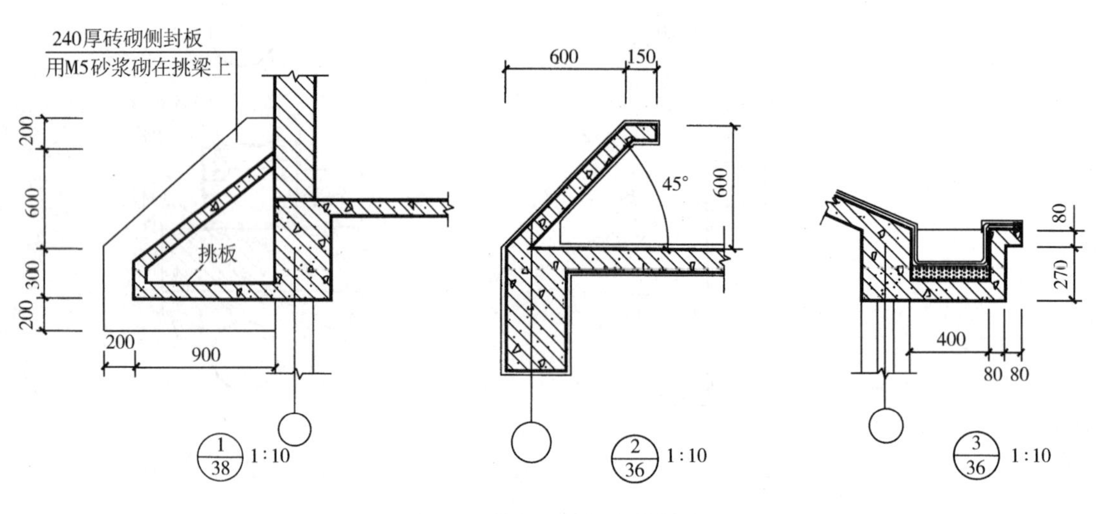

图 3-14　檐口、檐沟大样详图

二、建筑施工图绘制

建筑施工图绘制要点及步骤见表 3-7。

表 3-7　建筑施工图绘制要点及步骤

类　别	内　容
绘制要点	各种图的绘制步骤不完全一样，但也有一些共同的规律 1. 确定绘制图样的内容与数量 根据房屋的外形、层数、每层的平面布置和内部构造的复杂程度，以及施工的具体要求，来决定绘制哪些内容、哪几种图样，并对各种图样及数量作全面规划、安排。在保证施工质量的前提下，图样的数量尽量少 2. 选比例，定图幅 根据各图样的具体要求和作用，选择不同的比例

（续）

类　别	内　容
绘制要点	3. 先底稿，标尺寸 为了避免出错，对任何图样，都应该先用较硬的铅笔（如 H、2H）绘制较淡的底稿线，经过反复检查，并与有关工种综合核对，确认准确无误后，标注尺寸时先打好尺寸线，注写文字时也要先打好上下控制线，有时可打好长方格，以保证数字和文字的位置适当，大小一致。施工图上的数字是施工制作的主要依据，要特别注意写得准确、整齐、明确、清晰，以免施工时产生差错 4. 再加深，后写字 经过再次检查后，再按规定的线型和线宽加深、加粗。加深时可用针管笔或软铅笔（B、2B），并按国家规定的线型加深图线。加深顺序为：自上至下、从左向右；用丁字尺绘制水平线，再与三角板配合绘制垂直线或倾斜线；先曲后直。最后填写图名、比例和各种符号、文字说明、标题栏等 5. 常用绘图方法 1）同一方向的尺寸一次量取。如剖面图垂直方向的尺寸，从地坪、各层楼地面直到檐口等，可以一次量取，用铅笔点上位置，不要画一处量一次 2）相等的尺寸一次量取。如平面图上相同宽的窗口，可以用分规一次确定位置 3）同类的线尽可能一次绘制。例如，同一方向的线条一次绘制，以免三角板、丁字尺来回移动，保持图面整洁；又如，同一粗细的线条一次绘制，可使线条统一，并减少调换铅笔次数
绘制建筑施工图的步骤	现以某住宅楼的楼梯剖面图和外墙详图为例分别介绍绘制建筑施工图的步骤，其他图样具体步骤在此叙述，图样略去 1. 绘制建筑平面图 1）定轴线 2）绘制墙身厚度、柱子、隔断墙和定门窗洞位置 3）绘制楼梯、水池、入口台阶、散水、明沟及门口开启方向等细部 4）检查无误后，擦去多余的作图线，按施工图要求加深或加粗图线，或上墨线 5）绘制尺寸线，安排注字的位置 6）标注局部详图索引号 2. 绘制建筑立面图 1）定室外地坪线、房屋的外轮廓线和屋面檐口线 2）定门窗位置，画细部如檐口、门窗洞、窗台、雨篷、阳台、楼梯、花池等 3）绘制墙面材料和装修细部 4）经检查无误后，擦去多余的线条，按立面图的线型要求加粗、加深线型或上墨线 3. 绘制建筑剖面图 1）绘制墙身轴线和轮廓线、室内外地坪线、屋面线 2）绘制门、窗洞口和屋面板、地面等被剖切到的轮廓线 3）绘制散水、踢脚板及屋面各层做法等细部 4）绘制断面材料符号，如钢筋混凝土涂黑 5）绘制标高符号及尺寸线 4. 绘制楼梯剖面图 如图 3-15 所示，详细绘图步骤如下 1）定轴线、定楼面、定平台表面线、定梯段和平台宽 2）升高一级定楼梯坡度线、踏面宽线 3）定墙厚、楼面厚度、梯口梁高度、宽度，定墙面、踏面、梯板厚度，定门窗洞、栏杆扶手

（续）

类　　别	内　　容
绘制建筑施工图的步骤	4）加深图线，标注尺寸、标高、轴线编号、图名、比例等 5. 绘制墙身详图 如图 3-16 所示，具体绘图步骤如下 1）绘制轴线和墙身位置 2）绘制屋顶、墙身和门、窗口的外轮廓线 3）绘制屋面、散水、踢脚板、抹灰等细部和屋面、地面各层做法 4）绘制材料符号 5）绘制尺寸线

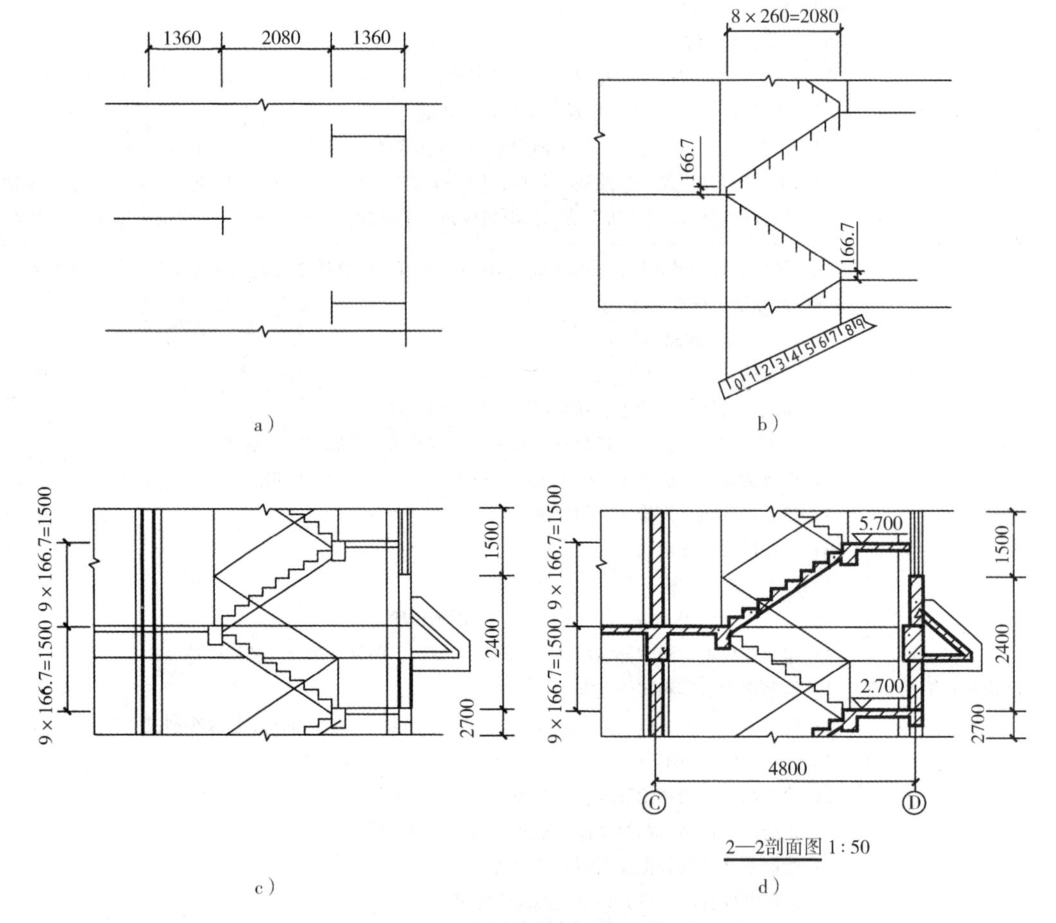

图 3-15　绘制楼梯剖面图的步骤

a）定轴线、定楼面、定平台表面线、定梯段和平台宽

b）升高一级定楼梯坡度线、踏面宽线

c）定墙厚、楼面厚度、梯段梁高度、宽度，定墙面、踏面、梯板厚度，定门窗洞、栏杆扶手

d）加深图线，标注尺寸、标高、轴线编号、图名、比例等

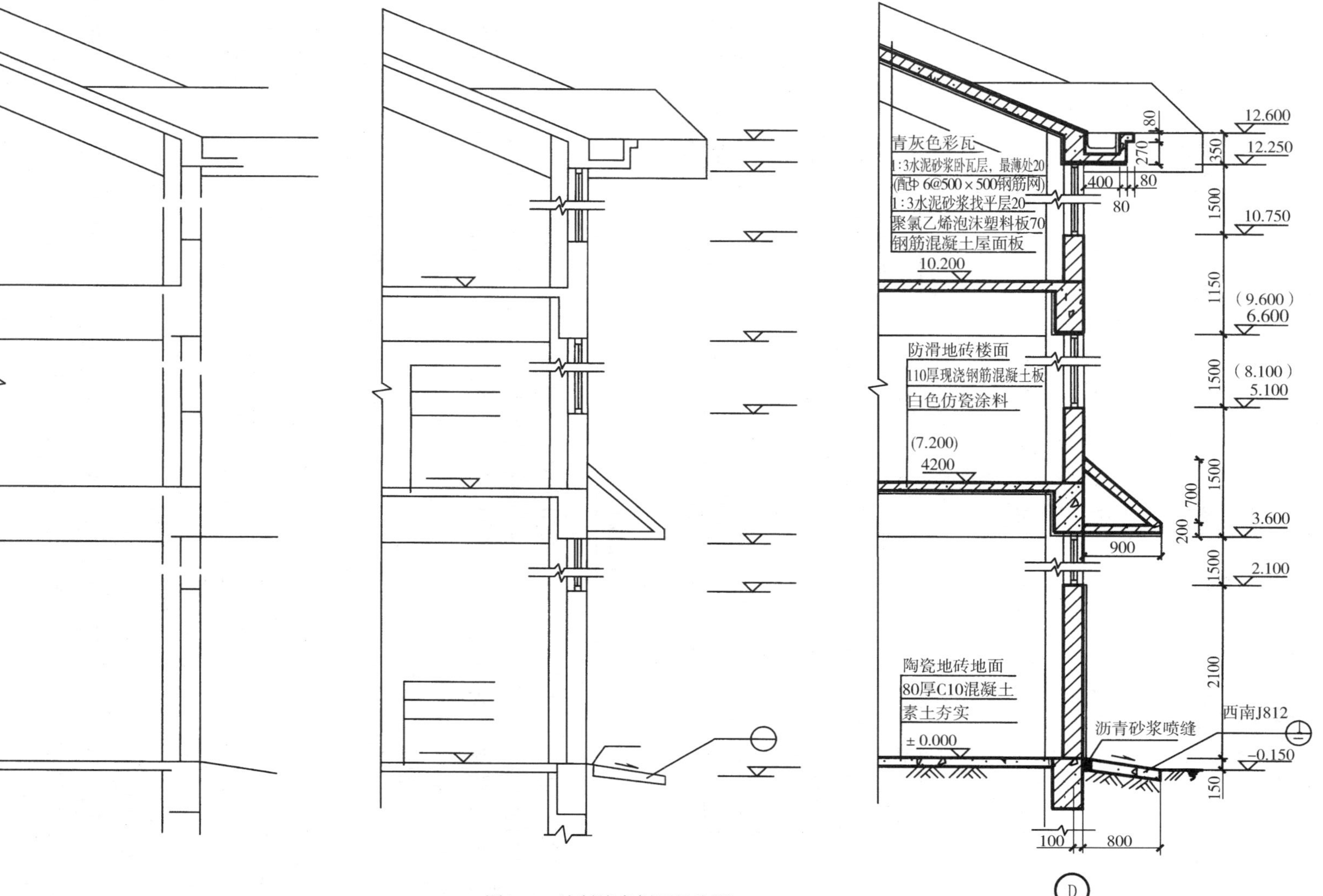

图3-16　绘制墙身剖面的步骤

三、建筑施工图表达与识图举例

（一）平面图

某公寓底层平面图如图3-17所示，根据图示内容可以看到：一层四户，各有独立的卫生间。

单元大门朝向北，室内地面标高为 -0.030；进户门向外挑出轴线间距为900。走廊的轴线宽度为1800；各户的居室开间分别为3000、3600、3900；楼梯间开间为3000；每个房间的进深均不相同。

该公寓的门有三种规格：单元大门M-1、各进户门M-2、卫生间门M-3；窗有五种规格：C-1、C-2、C-3、D-4、GC-1；其尺寸见表3-8。

表3-8　门窗表

	编号	规格（宽/mm×高/mm）	数量/个	材料
门	M-1	1500×2400	1	深蓝色防盗门
	M-2	900×2100	24	浅棕色木制门
	M-3	700×2100	13	浅黄色木制门
窗	C-1	1500×1500	21	深褐色塑钢窗
	C-2	3000×1800	6	不锈钢窗
	C-3	2700×1800	3	不锈钢窗
	C-4	900×1200	6	深褐色塑钢窗
	GC-1	900×1000	6	白色塑钢窗

根据平面图还可以了解各房间的使用功能，各房间的详细尺寸以及格局。

我们通过学习已经知道，一般建筑平面图至少需要绘制四幅，即除图3-17底层平面图外，还需绘制标准层平面图、顶层平面图、屋面（或称屋顶）平面图。请参照图3-17绘制其他的平面图。

（二）剖面图

绘制剖面图的第一步需要阅读建筑平面图，因为剖切符号按照国家标准的要求标注在底层平面图中。

如图3-17所示，剖切位置在④、⑤号轴线之间，1—1为全剖面图，从主要入口的大门至楼梯间、并沿右侧公寓的卧室窗洞剖切，所表达的内容包括：屋面、楼面、墙体、梁、门、窗等的位置及高度；同时，还表达了建筑物内部分层情况以及竖向和水平宽度方向的分隔。

另外，按照剖面图的绘图规定，即使未被剖切到，但在剖视方向可以看到的建筑形体构造及其屋顶的形式及排水坡也必须绘制。

剖面图的尺寸标注主要有两项：一是室外、室内地面以及各楼层的标高；二是建筑形体的高度和宽度方向的所有的尺寸及必须标注的局部尺寸；其次，还有必要的文字注释及所需的索引符号等。

分析该剖面图的内容，进一步掌握剖面图的识图方法。从图3-18中可以看到，1—1剖面所表达的位置显示，室外地坪标高为 -0.330，入口处大门前有两步台阶，每步高为150，

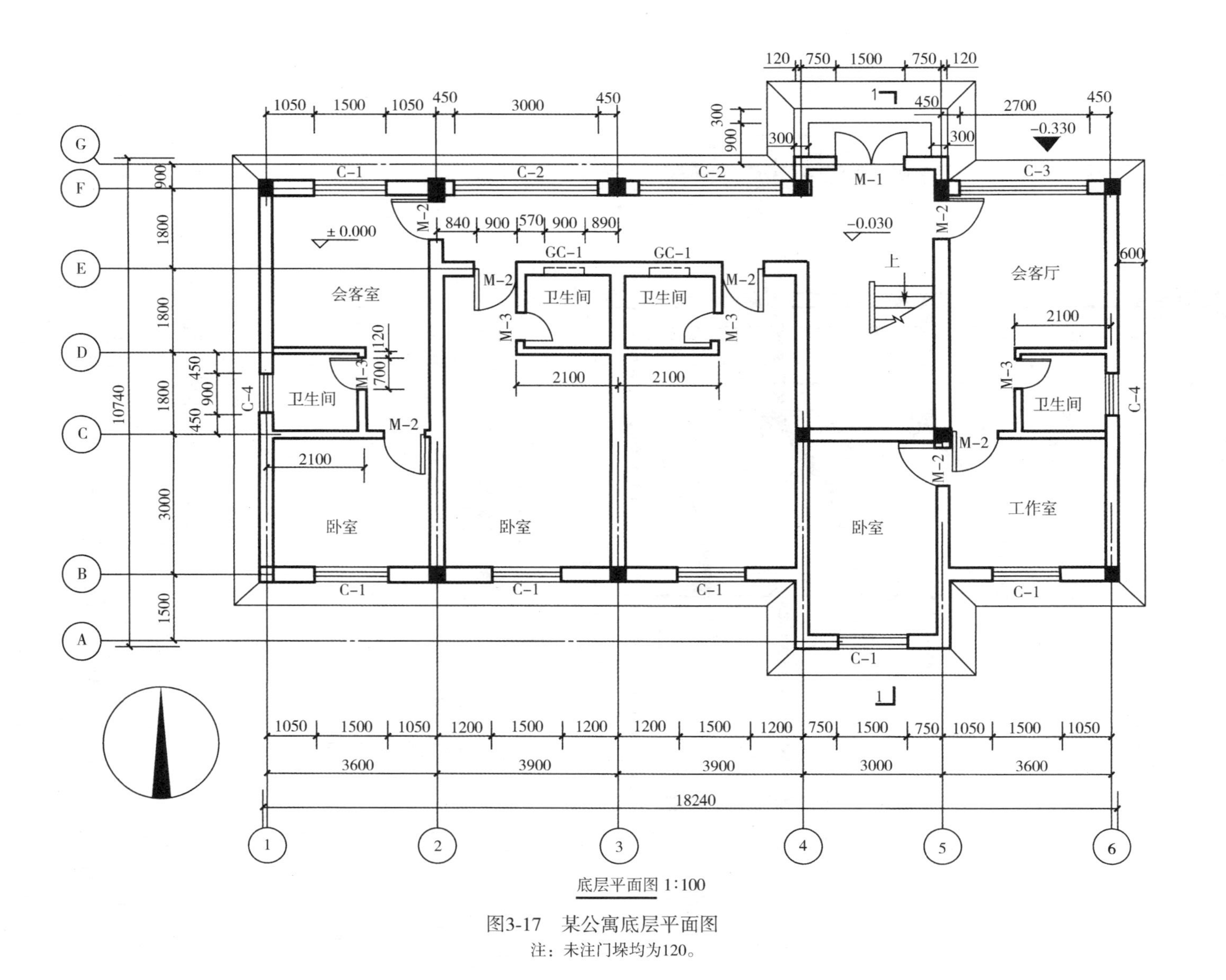

图3-17 某公寓底层平面图

注：未注门垛均为120。

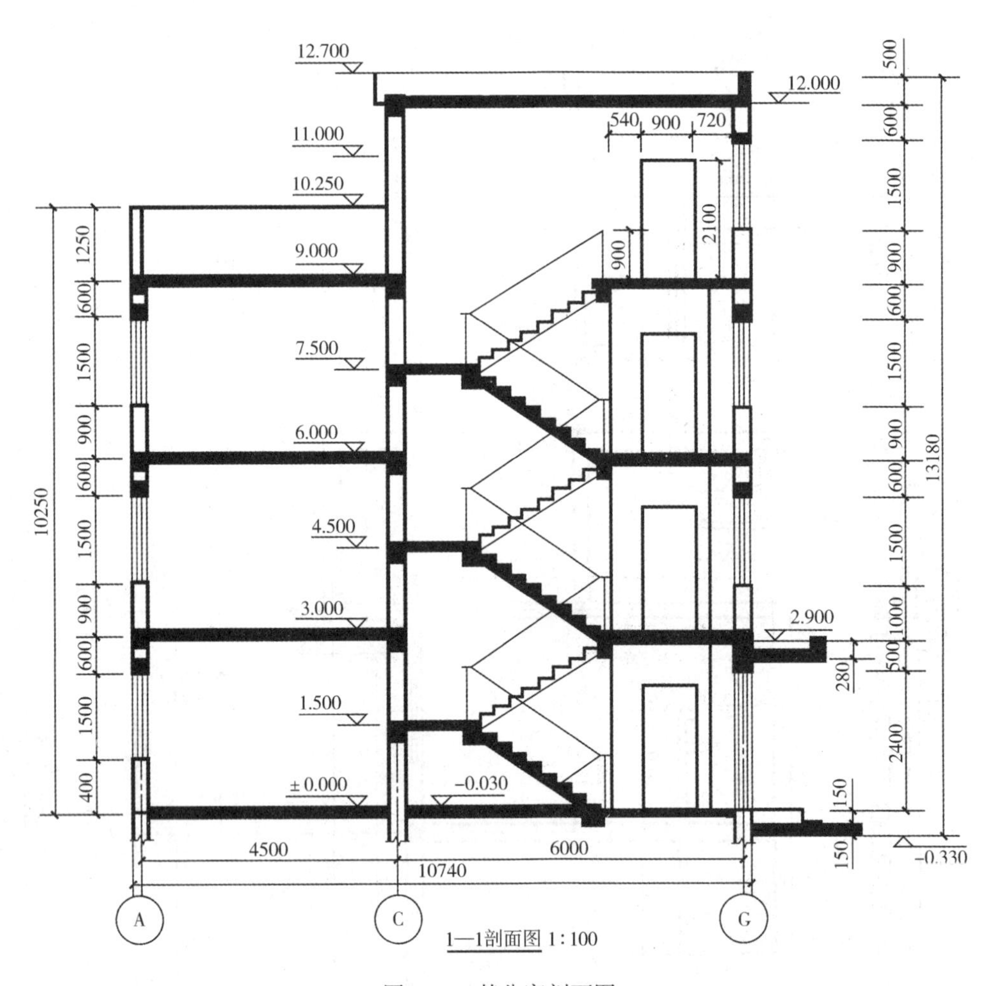

图 3-18　某公寓剖面图

入口室内地面标高 -0.030，底层室内标高 ±0.000，这是国家标准规定的相对标高的基准点。

建筑形体的 A—C 轴线间的楼层数为三层，C—G 轴线间为四层，每层层高均为 3.000。其他高度和宽度尺寸请自行阅读理解。

（三）楼梯详图

楼梯详图包括：楼梯平面图、楼梯剖面图和节点详图。

1. 楼梯平面图

如图 3-19 所示为某公寓楼梯平面图，绘制、阅读楼梯平面图时应将各层平面图对齐，根据楼梯间的开间、进深尺寸绘制墙身轴线、墙厚、门、窗洞口的位置。

确定平台宽度：图 3-19 底层平面图中距 F 轴线 1920，即为梯段的起步尺寸，中间层及顶层平面图中距 C 轴线 1420，即为梯段起步尺寸，并确定梯段的长度及栏杆的位置。

楼梯段长度的确定方法是：楼梯段长度等于踏面宽度乘以踏面数（踏步数减 1）。踏面宽为 260，绘制图样时用等分平行线间距的方法绘制楼梯踏步，即绘制踏面。同时，要在梯段适当的位置绘制箭头，标注上、下方向。

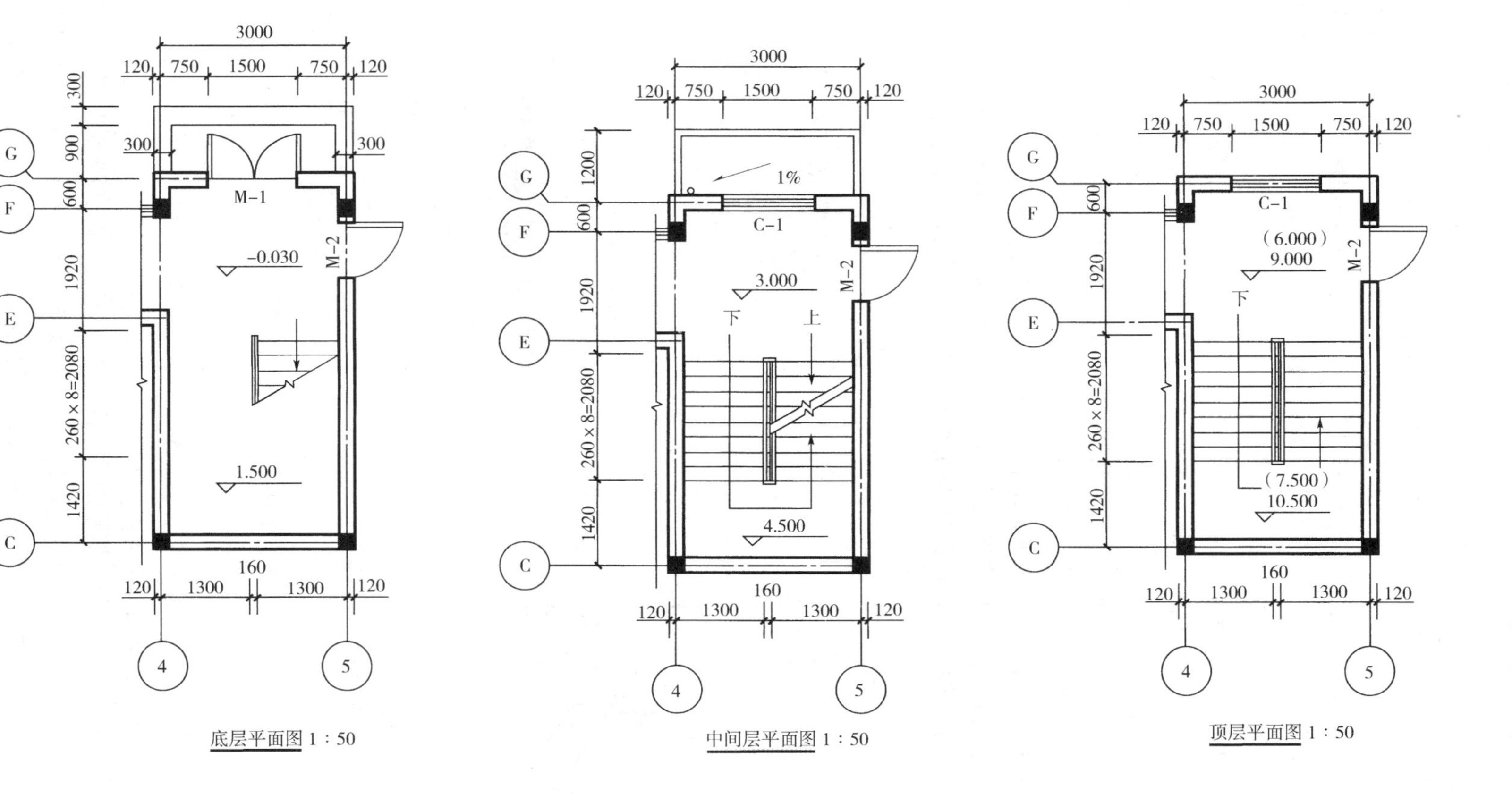

图3-19　某公寓楼梯平面图

2. 楼梯剖面图

楼梯剖面图参照图 3-18。首先，根据楼梯底层平面图中标注的剖切位置和投射方向（相当于建筑剖面图 1—1 的楼梯部分，在此未单独绘制）。绘制墙身轴线，楼地面、平台和梯段的位置，如图 3-18 所示。其次，绘制墙身厚度、平台厚度、梯横梁的位置。再绘制各梯段踏步，水平方向同平面图画法，竖直方向按实际步数绘制，即绘制各梯段的踏面和踢面轮廓线。踢面高度与平面图的踏面宽度的计算类似，以“踢面高 × 步数 = 一梯段高度”的形式标注。同时，绘制楼地面、平台地面、斜梁、栏杆、扶手等。最后，注写标高、尺寸、图名、比例及文字说明，并完整地加深图线。

3. 节点详图

楼梯节点详图较多，除踏步表面材料及做法外，主要是栏杆和扶手的施工与做法要画节点详图。图 3-20 为某公寓楼梯栏杆、扶手与踏步部分详图。

绘制详图要求图样比例较大，以能够清晰表达构造结构形状为基本要求，详细绘制所有的结构轮廓。其中较长杆件或与其他连接处不需要绘制时，可用折断线断开，或者采用断开画法。如图 3-20 所示的连接扶手的扁钢，高度方向采用的是折断线断开画法；而踏步的右侧则采用断开画法。

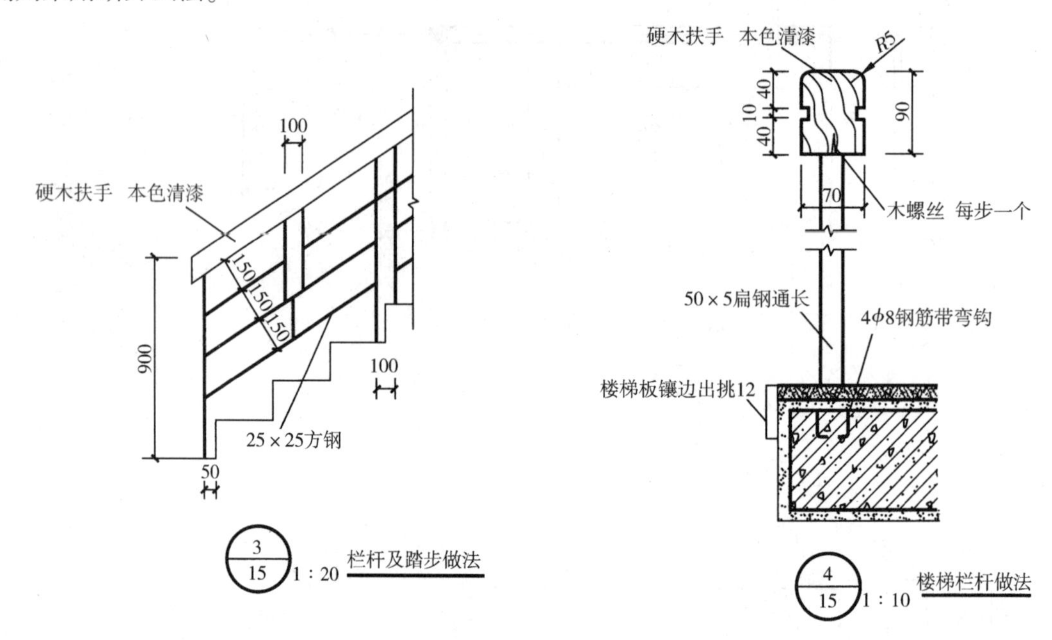

图 3-20 某公寓楼梯栏杆、扶手与踏步详图

4. 其他详图

在建筑详图中还包括其他构造的做法，如雨篷、阳台、花池、地沟、雨水口及水斗、挑檐、坡屋面、烟囱、女儿墙、屋面排水等。

绘制各种详图时，尽管构造不同，但是绘图的特点是相似的，即比例倍数相应增大，尺寸详尽，做法清晰。绘制详图的主要目的就是将某些建筑细部能够完整、详细地表达清楚。

图 3-21 为某公寓散水和室外台阶详图，图 3-22 为某公寓屋顶栏杆与正门上方雨篷详图。请读者自行分析阅读。

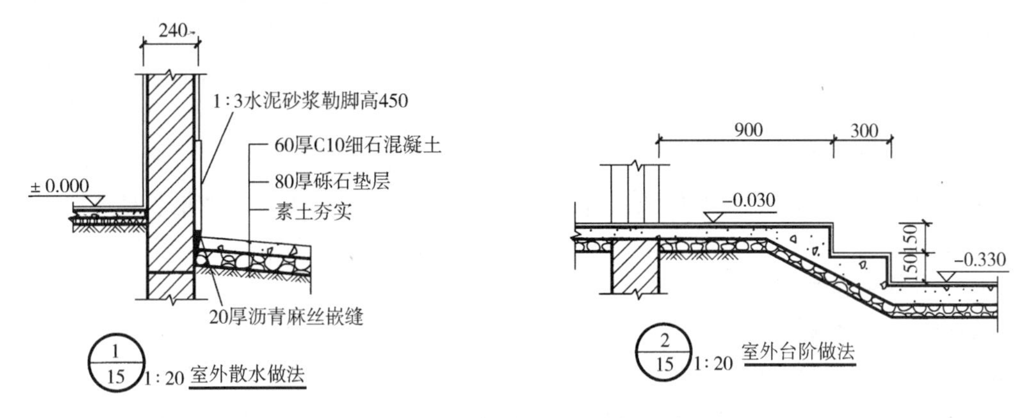

图 3-21　某公寓散水和室外台阶详图

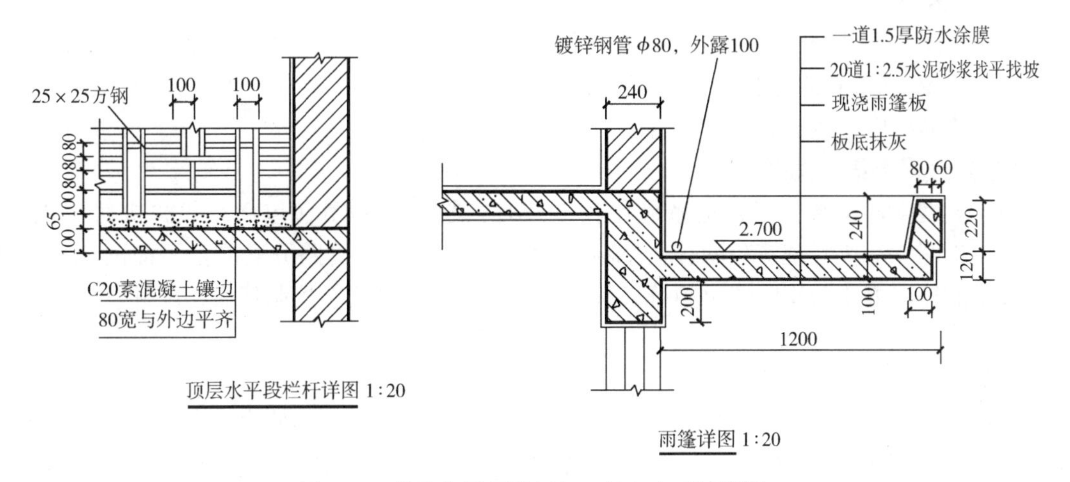

图 3-22　某公寓屋顶栏杆与正门上方雨篷详图

第二节　暖通系统施工图类别及识读要点

一、暖通施工图的图样类别

建筑暖通施工图的图样一般有：设计、施工说明；图例、设备材料表；平面图（风管、水管平面图；设备平面图）；详图（冷冻、空调机房平面图、剖面图、节点详图）；系统图（风系统图；水系统图）；流程图（热力图、制冷流程图、空调冷热水流程图）。

（一）设计施工说明

设计说明包括设计概况、设计参数、冷热源情况、冷热媒参数、空调冷热负荷及负荷指标、水系统总阻力、系统形式和控制方法。

（二）施工说明

施工说明包括使用管道、阀门附件、保温材料等，系统工作压力和试压要求，施工安装要求及注意事项，管道容器的试压和冲洗等，标准图集的采用。

（三）图例

图例是用表格的形式列出该系统中使用的图形符号或文字符号，其目的是使读图者容易读懂图样。

（四）设备材料表

设备材料表一般都要列出系统主要设备及主要材料的规格、型号、数量、具体要求。但是表中的数量一般只作为概算估计数，不作为设备和材料的供货依据。

（五）暖通平面图

暖通平面图中要标注建筑轮廓、主要轴线、轴线尺寸、室内外地面标高、房间名称。风管平面为双线风管，空调水管平面为单线水管；平面图上标注风管和水管的规格、标高及定位尺寸，各类空调、通风设备和附件的平面位置，设备、附件、立管的编号。

（六）暖通系统图

对于小型空调系统，当平面图不能表达清楚时，应绘制暖通系统图，比例宜与暖通平面图一致，按45°或30°轴测投影绘制；在暖通系统图中标注出设备、阀门、控制仪表、配件、标注介质流向、管径及设备编号、管道标高。

（七）暖通系统原理图

对于大型空调系统，当管道系统比较复杂时，绘制流程图（包括冷热源机房流程图、冷却水流程图、通风系统流程图等），流程图可不按比例，但管路分支应与平面图相符，管道与设备的接口方向与实际情况相符。系统图绘出设备、阀门、控制仪表、配件、标注介质流向、管径及立管、设备编号。

（八）大样图

通风、空调、制冷机房大样图：绘出通风、空调、制冷设备的轮廓、位置及编号，注明设备和基础距墙或轴线的尺寸，连接设备的风管、水管的位置走向，注明尺寸、标高、管径。

通风、空调剖面图：风管或管道与设备交叉复杂的部位，应绘制平面图。绘出风管、水管、设备等的尺寸、标高，气、水流方向以及与建筑梁、板柱及地面的尺寸关系。

通风、空调、制冷机房剖面图：绘出对应于机房平面图的设备、设备基础的竖向尺寸标高，标注连接设备的管道尺寸，设备编号。

零部件的制作详图，施工安装使用的标准图。

二、阅读暖通系统施工图的一般顺序

阅读暖通施工图，应了解暖通施工图的特点，按照一定的阅读程序进行，这样才能比较迅速、全面地读懂图样，以完全实现读图的目标。

一套暖通施工图包含的内容比较多，图样往往有很多张，一般应按以下顺序依次阅读，有时还要进行对照阅读。

（一）看图样目录及标题栏

了解工程名称项目内容、设计日期、工程全部图样数量、图样编号等。

（二）看总设计说明

了解工程总体概况及设计依据，了解图样中未能清楚表达的各有关事项，如冷源、冷量、系统形式、管材附件使用要求、管路敷设方式和施工要求，图例符号，施工时应注意的事项等。

（三）看暖通平面布置图

平面布置图看图顺序为：底层→楼层→屋面→地下室→大样图

要求了解各层平面图上风管、水管的平面布置，立管位置及编号，空气处理设备的编号及平面位置、尺寸，空调风口附件的位置，风管水管的规格等，了解暖通平面对土建施工、建筑装饰的要求，进行工种协调，统计平面图上的器具、设备、附件的数量、管线的长度，并将其作为暖通工程预算和材料采购的依据。

（四）看暖通系统图

系统图或流程图看图顺序为：

冷热源→供回水加压装置→供水干管→空气处理设备→回水管→水系统控制附件→仪表附件→管道标高

冷热源→冷却水加压装置→冷却水供水管→冷却塔→冷却水回水管→仪表附件→管道标高

送风系统进风口→加压风机→加压风道→送风口→风管附件

排风系统出风口→排风机→排风道→室内排风口→风管附件

系统图一般和平面图对照阅读，要求了解系统编号，管道的来源和去向，管径、管道标高、设备附件的连接情况，立管上设备附件的连接数量和种类。了解空调管道在土建工程中的空间位置，建筑装饰所需的空间。统计系统图上设备、附件的数量、管线的长度，并将其作为暖通工程预算和材料采购的依据。

（五）看安装大样图

大样图看图顺序为：

设备平面布置图→基础平面图→剖面图→流程图

了解设备用房平面布置，定位尺寸、基础要求、管道平面位置，管道、设备平面高度，管道设备的连接要求，仪表附件的设置要求等。

（六）看设备材料表

设备材料表提供了该工程所使用的主要设备、材料的型号、规格和数量，是编制工程预算，编制购置主要设备、材料计划的重要参考资料。

严格地说，阅读工程图样的顺序并没有统一的硬性规定，可以根据需要灵活掌握，并应有所侧重。有时一张图样需反复阅读多遍。为更好地利用图样指导施工，使之安装质量符合要求，阅读图样时，还应配合阅读有关施工及检验规范、质量检验评定标准以及全国通用暖通标准图集，以详细了解安装技术要求及具体安装方法。

三、暖通系统施工图识读要点

（一）识读单张图样

拿到图样后先看标题栏，再看图样上所画的图形和数据。识读标题栏可知图样的名称、工程项目、设计阶段、图号及比例等。

平面图的右上角一般画有指北针，表示管道和建筑物的朝向，施工操作时管道的走向以它来确定。对于图样上的剖切符号、节点符号和详图等，应由大到小、由粗到细认真识读。对图上的每一根管线，要弄清楚其编号、管径大小、介质流向，管道的尺寸、标高、材质，以及管线的始点和终点。对管线中的管配件，应弄清阀门、法兰、温度计的名称、种类、型号及数量等。

（二）识读整套图样

管道施工图中，一般包括图样目录、施工图说明、设备材料、流程图、平面图、立（剖）面图及轴测图等。拿到一套图样后，先要看图样目录，其次是施工图和材料设备表，再看流程图、平面图、立（剖）面图及轴测图。

1. 识读流程图应弄清楚的内容

1）设备的数量、名称和编号。

2）管子、管件、阀门的规格和编号。

3）介质的流向及工艺流程的全过程。

2. 识读平面图应弄清的内容

1）建筑物的构造、轴线分布及其尺寸。

2）各个设备的编号、名称、定位尺寸、接管方向及其标高。

3）各路管线的编号、规格、介质名称、坡度、坡向、平均定位尺寸、标高尺寸、以及阀门的位置情况。

4）各路管线的起点和终点，以及管线与管线、管线与设备或建筑物之间的位置关系。

3. 识读立（剖）面图应弄清的内容

1）建筑物的构造、层次分布及其尺寸。

2）各个设备的立面布置、编号、规格、介质流向，以及标高尺寸等。

3）各路管线的编号、规格、立面定位尺寸、标高尺寸和阀门手柄朝向及其定位尺寸。

4）各路管线立面及管线与设备、建筑物之间的位置关系。

第三节　常用暖通空调施工图图例及符号

一、常用暖通空调施工图线型及其含义

常用暖通空调施工图线型及其含义见表 3-9。

表 3-9　常用暖通空调施工图线型及其含义

名称		线型	线宽	一般用途
实线	粗	————————	b	单线表示的供水管线
	中粗	————————	$0.7b$	本专业设备轮廓、双线表示的管道轮廓
	中	————————	$0.5b$	尺寸、标高、角度等标注线及引出线；建筑物轮廓
	细	————————	$0.25b$	建筑布置的家具、绿化等；非本专业设备轮廓
虚线	粗	— — — — — —	b	回水管线及单根表示的管道被遮挡的部分
	中粗	- - - - - - - -	$0.7b$	本专业设备及双线表示的管道被遮挡的轮廓
	中	- - - - - - - -	$0.5b$	地下管沟、改造前风管的轮廓线；示意性连线
	细	- - - - - - - -	$0.25b$	非本专业虚线表示的设备轮廓等

（续）

名称		线型	线宽	一般用途
波浪线	中	〰〰〰	0.5b	单线表示的软管
	细	〰〰〰	0.25b	断开界线
单点长画线		—·—·—·—	0.25b	轴线、中心线
双点长画线		—··—··—	0.25b	假想或工艺设备轮廓线
折断线		——∧/——	0.25b	断开界线

二、暖通空调施工图比例

暖通空调施工图比例见表3-10。

表3-10　暖通空调施工图比例

图名	常用比例	可用比例
剖面图	1:50、1:100	1:150、1:200
局部放大图、管沟断面图	1:20、1:50、1:100	1:25、1:30、1:150、1:200
索引图、详图	1:1、1:2、1:5、1:10、1:20	1:3、1:4、1:15

三、暖通空调施工图水、汽管道代号

暖通空调施工图水、汽管道代号见表3-11。

表3-11　暖通空调施工图水、汽管道代号

序号	代号	管道名称	备注
1	RG	采暖热水供水管	可附加1、2、3等表示一个代号、不同参数的多种管道
2	RH	采暖热水回水管	可通过实线、虚线表示供、回关系省略字母G、H
3	LG	空调冷水供水管	—
4	LH	空调冷水回水管	—
5	KRG	空调热水供水管	—
6	KRH	空调热水回水管	—
7	LRG	空调冷、热水供水管	—
8	LRH	空调冷、热水回水管	—
9	LQG	冷却水供水管	—
10	LQH	冷却水回水管	—
11	n	空调冷凝水管	—
12	PZ	膨胀水管	—
13	BS	补水管	—

（续）

序　号	代　号	管道名称	备　注
14	X	循环管	—
15	LM	冷媒管	—
16	YG	乙二醇供水管	—
17	YH	乙二醇回水管	—
18	BG	冰水供水管	—
19	BH	冰水回水管	—
20	ZG	过热蒸汽管	—
21	ZB	饱和蒸汽管	可附加1、2、3等表示一个代号、不同参数的多种管道
22	Z2	二次蒸汽管	—
23	N	凝结水管	—
24	J	给水管	—
25	SR	软化水管	—
26	CY	除氧水管	—
27	GG	锅炉进水管	—
28	JY	加药管	—
29	YS	盐溶液管	—
30	XI	连续排污管	—
31	XD	定期排污管	—
32	XS	泄水管	—
33	YS	溢水（油）管	—
34	R_1G	一次热水供水管	—
35	R_1H	一次热水回水管	—
36	F	放空管	—
37	FAQ	安全阀放空管	—
38	O1	柴油供油管	—
39	O2	柴油回油管	—
40	OZ1	重油供油管	—
41	OZ2	重油回油管	—
42	OP	排油管	—

四、暖通空调施工图水、汽管道阀门和附件图例

暖通空调施工图水、汽管道阀门和附件图例见表3-12。

表3-12　暖通空调施工图水、汽管道阀门和附件图例

序　号	名　称	图　例	备　注
1	截止阀	—▷◁—	—

（续）

序 号	名 称	图 例	备 注
2	闸阀		—
3	球阀		—
4	柱塞阀		—
5	快开阀		—
6	蝶阀		
7	旋塞阀		—
8	止回阀		
9	浮球阀		—
10	三通阀		—
11	平衡阀		—
12	定流量阀		—
13	定压差阀		—
14	自动排气阀		—
15	集气罐、放气阀		—
16	节流阀		—
17	调节止回关断阀		水泵出口用
18	膨胀阀		—
19	排入大气或室外		—

（续）

序号	名称	图例	备注
20	安全阀		—
21	角阀		—
22	底阀		—
23	漏斗		—
24	地漏		—
25	明沟排水	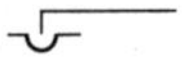	—
26	向上弯头		—
27	向下弯头		—
28	法兰封头或管封	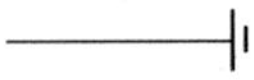	—
29	上出三通	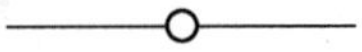	—
30	下出三通		—
31	变径管		—
32	活接头或法兰连接	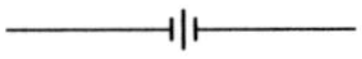	—
33	固定支架	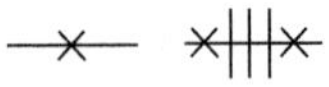	—
34	导向支架	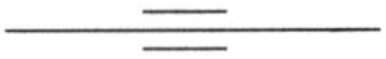	—
35	活动支架		—
36	金属软管		—
37	可屈挠橡胶软接头		—

（续）

序号	名　　称	图　　例	备　　注
38	Y形过滤器		—
39	疏水器		—
40	减压阀		左高右低
41	直通型（或反冲型）除污器		—
42	除垢仪	E	—
43	补偿器		—
44	矩形补偿器		—
45	套管补偿器		—
46	波纹管补偿器		—
47	弧形补偿器		—
48	球形补偿器		—
49	伴热管		—
50	保护套管		—
51	爆破膜		—
52	阻火器		—
53	节流孔板、减压孔板		—
54	快速接头		—
55	介质流向	或	在管道断开处时，流向符号宜标注在管道中心线上，其余可同管径标注位置

（续）

序　号	名　　称	图　　例	备　　注
56	坡度及坡向	$\xrightarrow{i=0.003}$ 或 ——→ i=0.003	坡度数值不宜与管道起、止点标高同时标注。标注位置同管径标注位置

五、暖通空调施工图风道代号

暖通空调施工图风道代号见表3-13。

表3-13　暖通空调施工图风道代号

序　　号	代　　号	管道名称	备　　注
1	SF	送风管	—
2	HF	回风管	一、二次回风可附加“1”“2”以示区别
3	PF	排风管	—
4	XF	新风管	—
5	PY	消防排烟风管	—
6	ZY	加压送风管	—
7	P（Y）	排风排烟兼用风管	—
8	XB	消防补风风管	—
9	S（B）	送风兼消防补风风管	—

六、暖通空调施工图风道、阀门及附件图例

暖通空调施工图风道、阀门及附件图例见表3-14。

表3-14　暖通空调施工图风道、阀门及附件图例

序　　号	名　　称	图　　例	备　　注
1	矩形风管	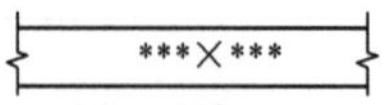 ***×***	宽×高/mm×mm
2	圆形风管	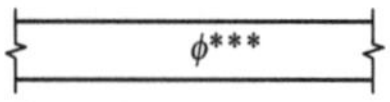 ϕ***	ϕ直径/mm
3	风管向上	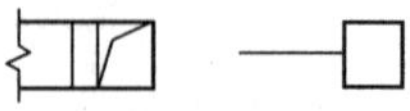	—
4	风管向下	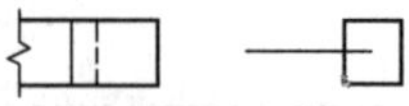	—
5	风管上升摇手弯	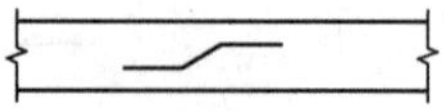	—

（续）

序　号	名　称	图　例	备　注
6	风管下降摇手弯	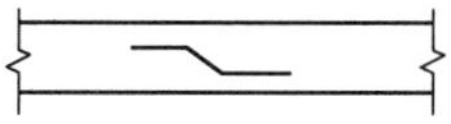	—
7	天圆地方	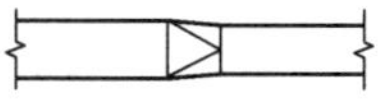	左接矩形风管，右接圆形风管
8	软风管		—
9	圆弧形弯头		—
10	带导流片的矩形弯头		—
11	消声器	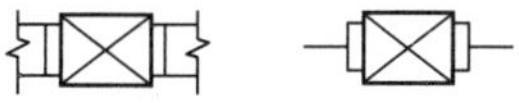	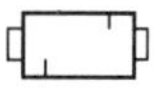
12	消声弯头		—
13	消声静压箱		—
14	风管软接头	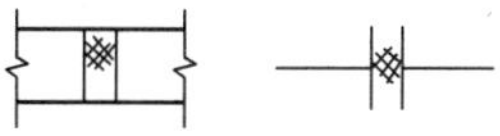	—
15	对开多叶调节风阀	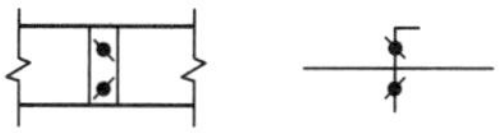	—
16	蝶阀	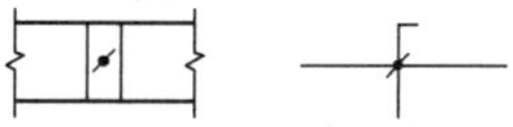	—
17	插板阀	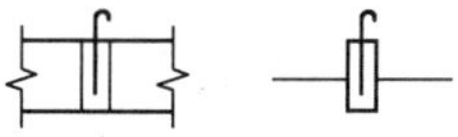	—
18	止回风阀	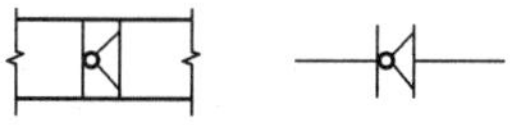	—
19	余压阀	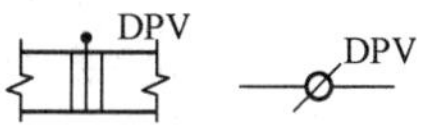 DPV　DPV	—
20	三通调节阀	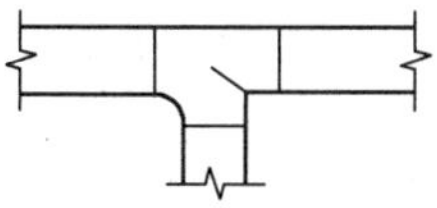	—

（续）

序　号	名　称	图　例	备　注
21	防烟、防火阀	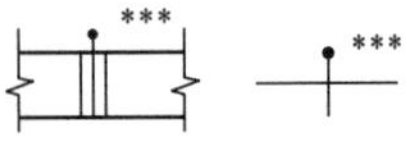 *** ***	＊＊＊表示防烟、防火阀名称代号
22	方形风口	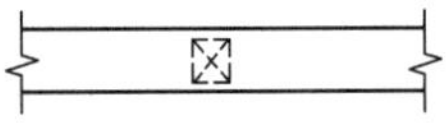	—
23	条缝形风口	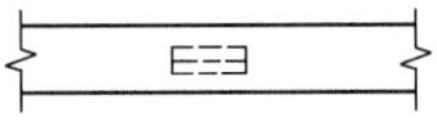	—
24	矩形风口	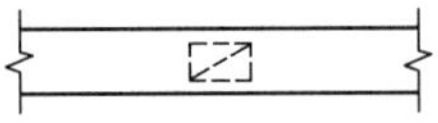	—
25	圆形风口	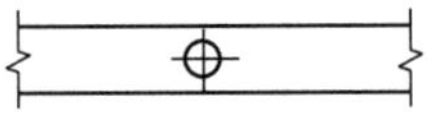	—
26	侧面风口	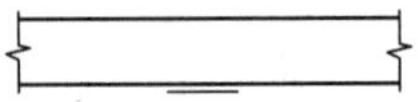	—
27	防雨百叶	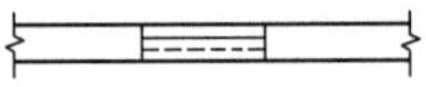	—
28	检修门	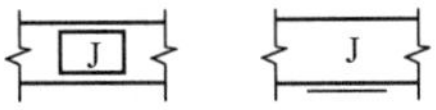 J J	—
29	气流方向		左为通用表示法，中表示送风，右表示回风
30	远程手控盒	B	防排烟用
31	防雨罩		—

七、暖通空调施工图风口和附件代号

暖通空调施工图风口和附件代号见表3-15。

表3-15　暖通空调施工图风口和附件代号

序　号	代　号	图　例	备　注
1	AV	单层格栅风口，叶片垂直	—
2	AH	单层格栅风口，叶片水平	—
3	BV	双层格栅风口，前组叶片垂直	—
4	BH	双层格栅风口，前组叶片水平	—
5	C*	矩形散流器，＊为出风面数量	—
6	DF	圆形平面散流器	—

（续）

序号	代号	图例	备注
7	DS	圆形凸面散流器	—
8	DP	圆盘形散流器	—
9	DX*	圆形斜片散流器，*为出风面数量	—
10	DH	圆环形散流器	—
11	E*	条缝形风口，*为条缝数	—
12	F*	细叶形斜出风散流器，*为出风面数量	—
13	FH	门铰形细叶回风口	—
14	G	扁叶形直出风散流器	—
15	H	百叶回风口	—
16	HH	门铰形百叶回风口	—
17	J	喷口	—
18	SD	旋流风口	—
19	K	蛋格形风口	—
20	KH	门铰形蛋格式回风口	—
21	L	花板回风口	—
22	CB	自垂百叶	—
23	N	防结露送风口	冠于所用类型风口代号前
24	T	低温送风口	冠于所用类型风口代号前
25	W	防雨百叶	—
26	B	带风口风箱	—
27	D	带风阀	—
28	F	带过滤网	—

八、暖通空调设备图例

暖通空调设备图例见表3-16。

表3-16 暖通空调设备图例

序号	名称	图例	备注
1	散热器及手动放气阀	15 15 15	左为平面图画法，中为剖面图画法，右为系统图（Y轴侧）画法
2	散热器及温控阀	15 15	—

（续）

序　号	名　称	图　例	备　注
3	轴流风机	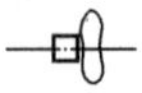	—
4	轴（混）流式管道风机	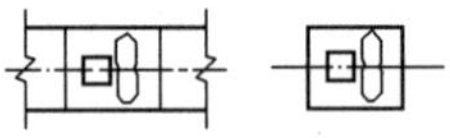	—
5	离心式管道风机	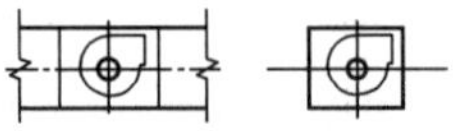	—
6	吊顶式排气扇	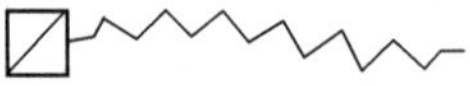	—
7	水泵	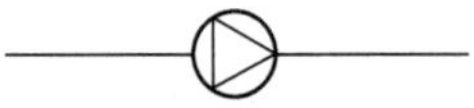	—
8	手摇泵		—
9	变风量末端	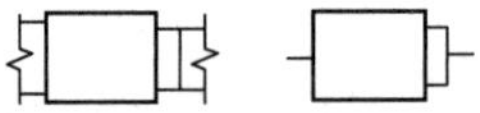	—
10	空调机组加热、冷却盘管		从左到右分别为加热、冷却及双功能盘管
11	空气过滤器		从左至右分别为粗效、中效及高效空气过滤器
12	挡水板		—
13	加湿器	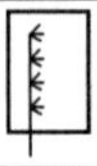	—
14	电加热器		—
15	板式换热器	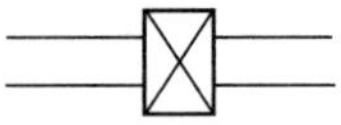	—
16	立式明装风机盘管		—
17	立式暗装风机盘管		—
18	卧式明装风机盘管	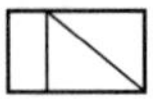	—
19	卧式暗装风机盘管	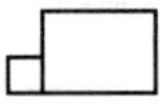	—
20	窗式空调器	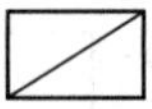	—

（续）

序　号	名　称	图　例	备　注
21	分体空调器	室内机　室外机	—
22	射流诱导风机		—
23	减振器		左为平面图画法，右为剖面图画法

九、调控装置及仪表图例

调控装置及仪表图例见表 3-17。

表 3-17　调控装置及仪表图例

序　号	名　称	图　例	序　号	名　称	图　例
1	温度传感器	T	14	弹簧执行机构	
2	湿度传感器	H	15	重力执行机构	
3	压力传感器	P	16	记录仪	
4	压差传感器	ΔP	17	电磁（双位）执行机构	
5	流量传感器	F	18	电动（双位）执行机构	
6	烟感器	S	19	电动（调节）执行机构	
7	流量开关	FS	20	气动执行机构	
8	控制器	C	21	浮力执行机构	
9	吸顶式温度感应器	T	22	数字输入量	DI
10	温度计		23	数字输出量	DO
11	压力表		24	模拟输入量	AI
12	流量计	F.M	25	模拟输出量	AO
13	能量计	E.M			

注：各种执行机构可与风阀、水阀组合表示相应功能的控制阀门。

十、管道和设备布置平面图、剖面图示例

管道和设备布置平面图应按假想除去上层楼板后俯视规则绘制，其相应的垂直剖面图应在平面图中表明剖切符号，如图 3-23 所示。

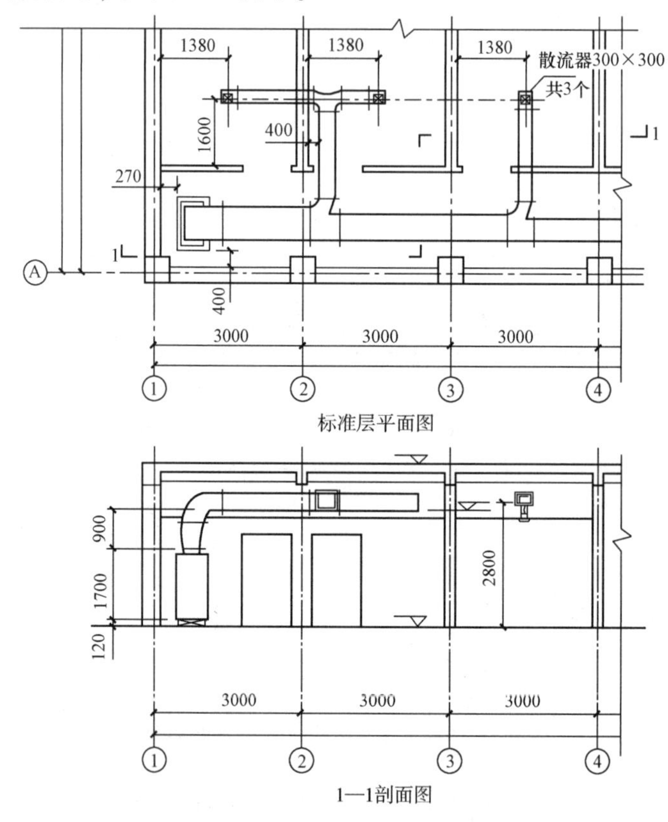

图 3-23　平面图和剖面图示例

十一、平面图、剖面图索引符号的画法

平面图、剖面图中的局部需另绘详图时，应在平面图、剖面图上标注索引符号。索引符号的画法如图 3-24 所示。

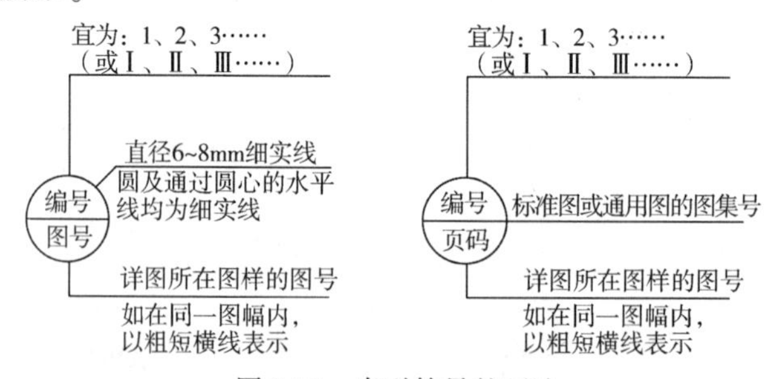

图 3-24　索引符号的画法

十二、内视符号画法

当表示局部位置的相互关系，在平面图上应标注内视符号，如图 3-25 所示。

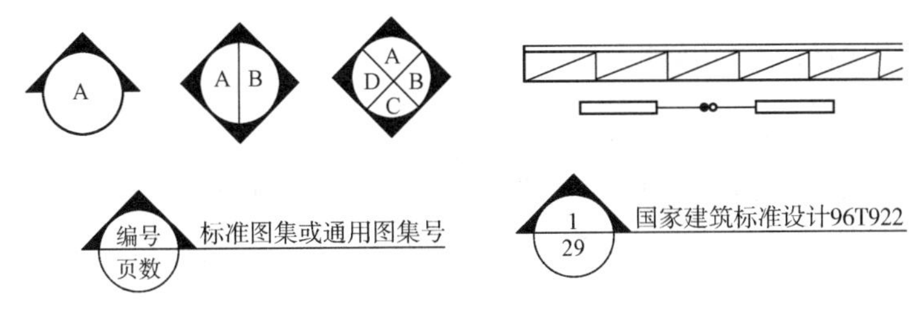

图 3-25　内视符号画法

十三、系统编号

1）一个工程设计中同时有供暖、通风、空调等两个及以上的不同系统时，应进行系统编号。

2）暖通空调系统编号、入口编号，应由系统代号（见表 3-18）和顺序号组成。

3）系统代号用大写拉丁字母表示，顺序号用阿拉伯数字表示。当一个系统出现分支时，可采用图 3-26b 的画法。

表 3-18　系统代号

序号	字母代号	系统名称	序号	字母代号	系统名称
1	N	（室内）供暖系统	9	H	回风系统
2	L	制冷系统	10	P	排风系统
3	R	热力系统	11	XP	新风换气系统
4	K	空调系统	12	JY	加压送风系统
5	J	净化系统	13	PY	排烟系统
6	C	除尘系统	14	P（PY）	排风兼排烟系统
7	S	送风系统	15	RS	人防送风系统
8	X	新风系统	16	RP	人防排风系统

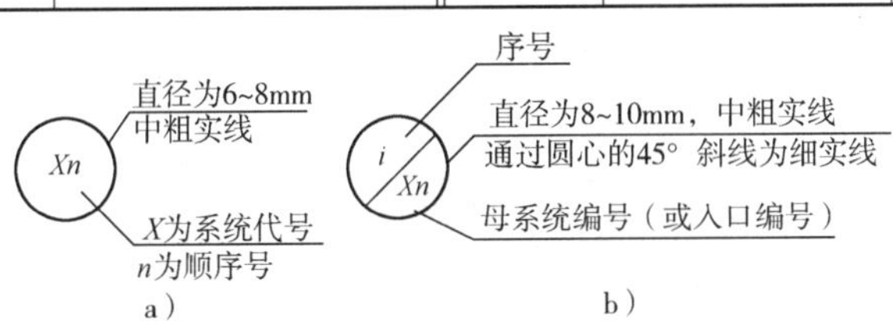

图 3-26　系统图代号、编号的画法

十四、立管号的画法

竖向布置的垂直管道系统，应标注立管号，在不一致引起误解时，可只标注序号，但应与建筑轴线编号有明显区别，如图 3-27 所示。

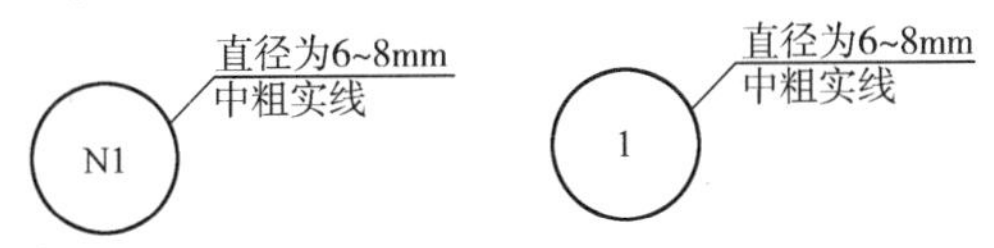

图 3-27　立管号的画法

十五、管道相对标高的画法

管道相对标高的画法如图 3-28 所示。

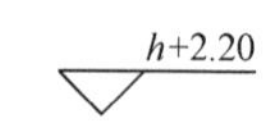

图 3-28 相对标高的画法

1）在无法标注垂直尺寸的图样中，应标注标高。标高应以 m 为单位，并应精确到 cm 或 mm。

2）标高符号应以直角等腰三角形表示。当面标准层较多时，可只标注与本层楼（地）板面的相对标高。

3）水、汽管道所注标高未予说明时，应表示为管中心标高。

4）水、汽管道标注管外底或顶标高时，应在数字前加“底”或“顶”字样。

5）矩形风管所注标高应表示管底标高；圆形风管所注标高应表示管中心标高。当不采用此方法标注时，应进行说明。

6）平面图中无坡度要求的管道标高可标注在管道截面尺寸后的括号内。必要时，应在标高数字前加“底”或“顶”的字样。

十六、管道截面尺寸的标注符号及画法

1）低压流体输送用焊接管道规格应标注公称直径或压力。公称直径的标记应由字母“*DN*”后跟一个以 mm 表示的数值组成；公称压力的代号应为“*PN*”。

2）输送流体用无缝钢管、螺旋缝或直缝焊接钢管、铜管、不锈钢管，当需要注明外径和壁厚时，应用“*D*（或 *ϕ*）外径 × 壁厚”表示。在不致引起误解时，也可采用公称直径表示。

3）塑料管外径应用“*de*”表示。

4）圆形风管的截面定型尺寸应以直径“*ϕ*”表示，单位应为 mm。

5）矩形风管（风道）的截面定型尺寸应以“*A* × *B*”表示。“*A*”应为该视图投影面的边长尺寸，“*B*”应为另一边尺寸。*A*、*B* 单位均应为 mm。

6）水平管道的规格宜标注在管道的上方；竖向管道的规格宜标注在管道的左侧。双线表示的管道，其规格可标注在管道轮廓线内（图 3-29）。

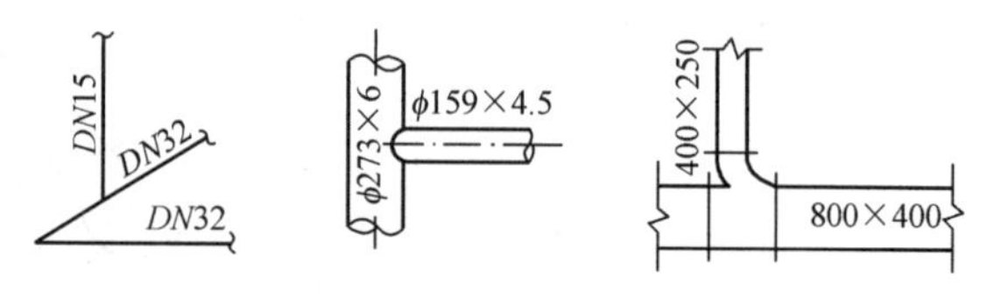

图 3-29 管道截面尺寸的画法

十七、多条管线的规格标注方法

多条管线的规格标注方法如图 3-30 所示。

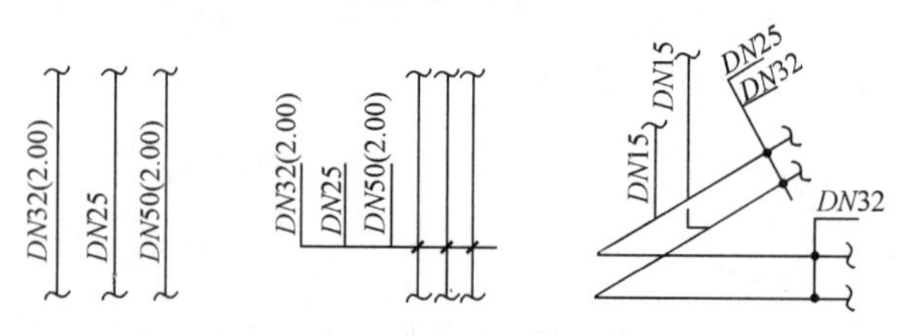

图 3-30 多条管线规格的画法

十八、风口、散流器的表示方法

风口、散流器的表示方法如图 3-31 所示。

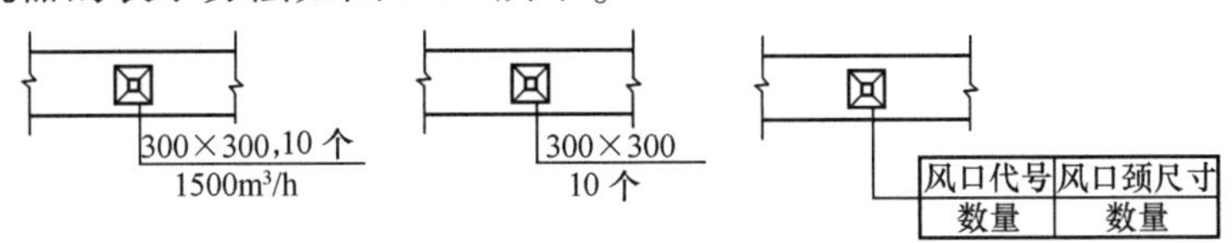

图 3-31　风口、散流器的表示方法

十九、定位尺寸的表示方法

定位尺寸的表示方法如图 3-32 所示。

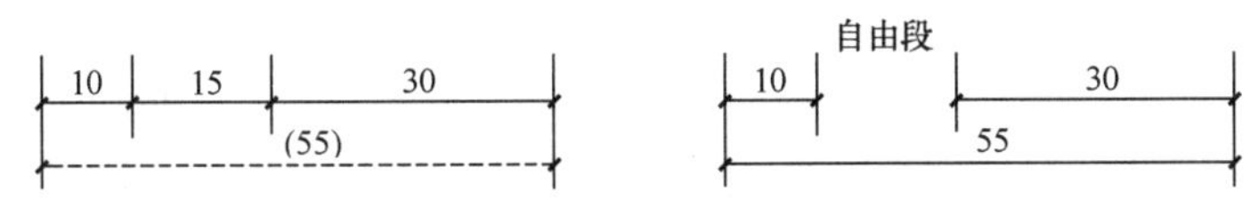

图 3-32　定位尺寸的表示方式

二十、单线管道转向的画法

单线管道转向的画法如图 3-33 所示。

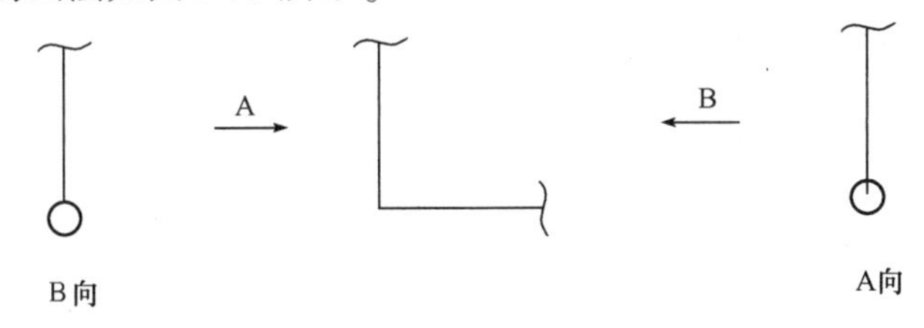

图 3-33　单线管道转向的画法

二十一、双线管道转向的画法

双线管道转向的画法如图 3-34 所示。

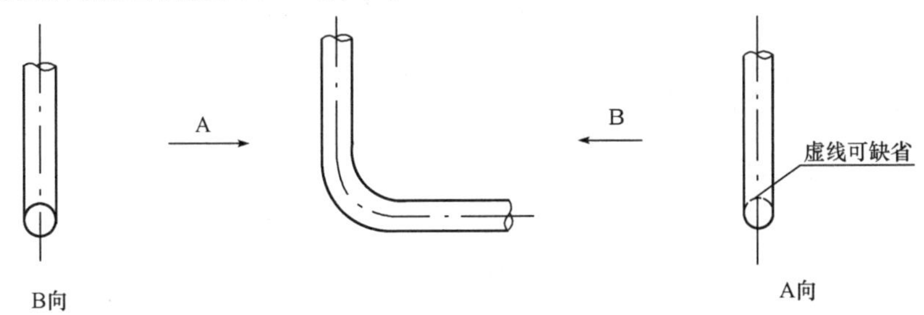

图 3-34　双线管道转向的画法

二十二、单线管道分支的画法

单线管道分支的画法如图 3-35 所示。

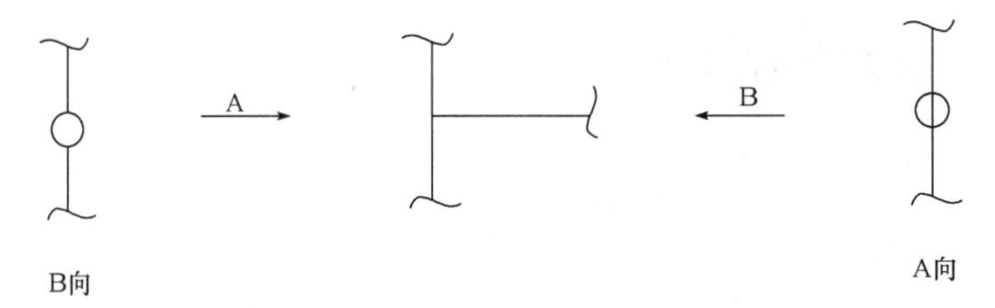

图 3-35　单线管道分支的画法

二十三、双线管道分支的画法

双线管道分支的画法如图 3-36 所示。

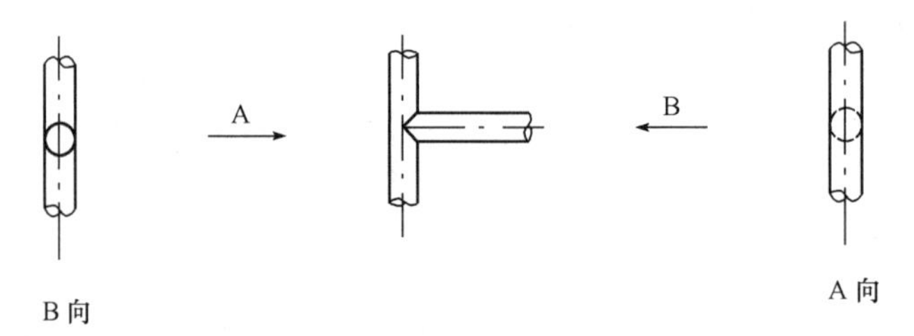

图 3-36　双线管道分支的画法

二十四、送风管转向的画法

送风管转向的画法如图 3-37 所示。

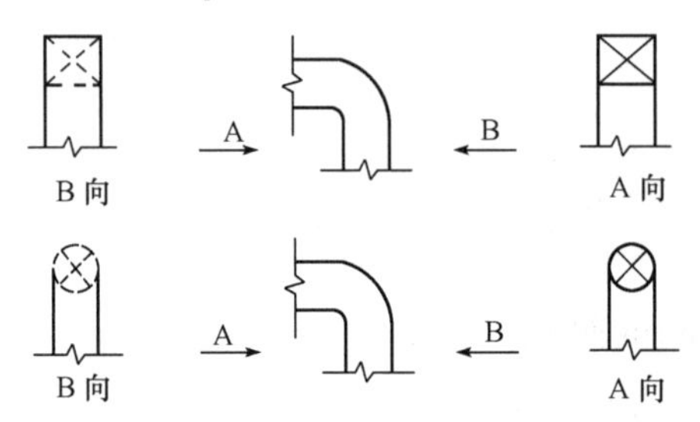

图 3-37　送风管转向的画法

二十五、回风管转向的画法

回风管转向的画法如图 3-38 所示。

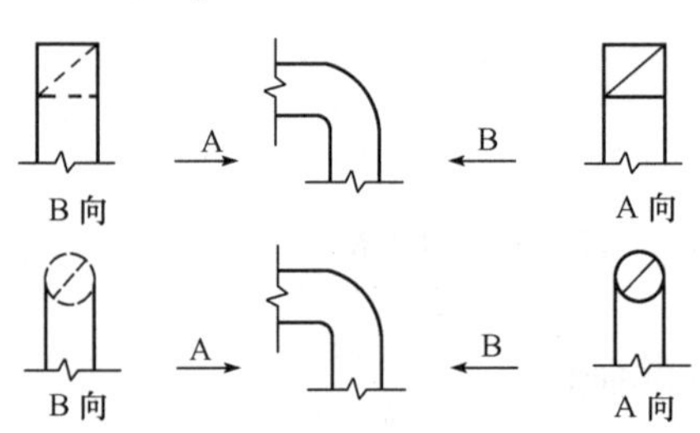

图 3-38　回风管转向的画法

二十六、管道断开的画法

平面图、剖视图中管道因重叠、密集需断开时，应采用断开画法，如图 3-39 所示。

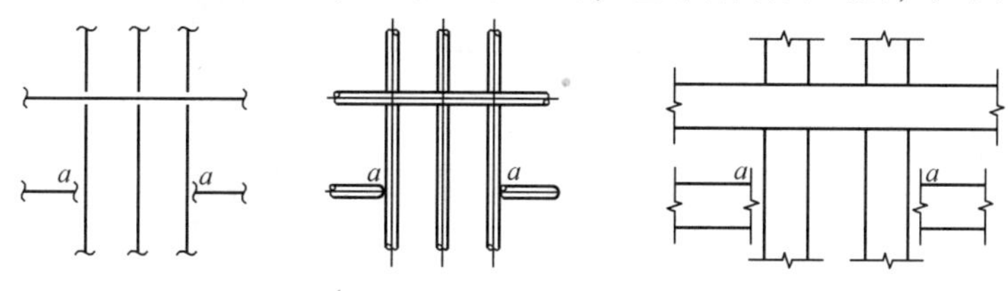

图 3-39　管道断开的画法

二十七、管道在本图中断的画法

管道在本图中断，转至其他图面表示（或由其他图面引来）时，应注明转至（或来自的）的图样编号，如图 3-40 所示。

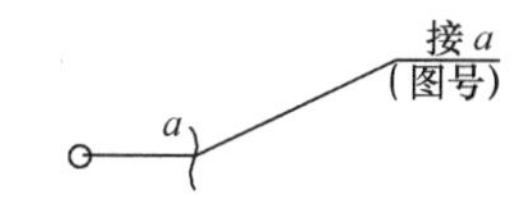

图 3-40　管道在本图中断的画法

二十八、管道交叉的画法

管道交叉的画法如图 3-41 所示。

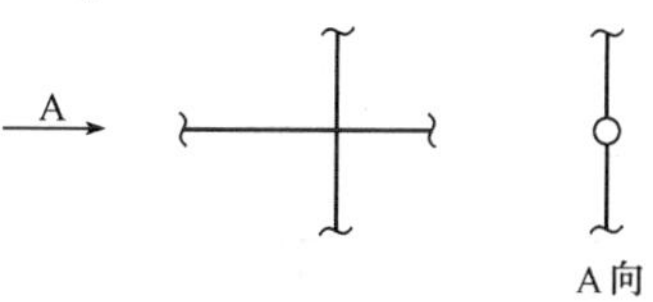

图 3-41　管道交叉的画法

二十九、管道跨越的画法

管道跨越的画法如图 3-42 所示。

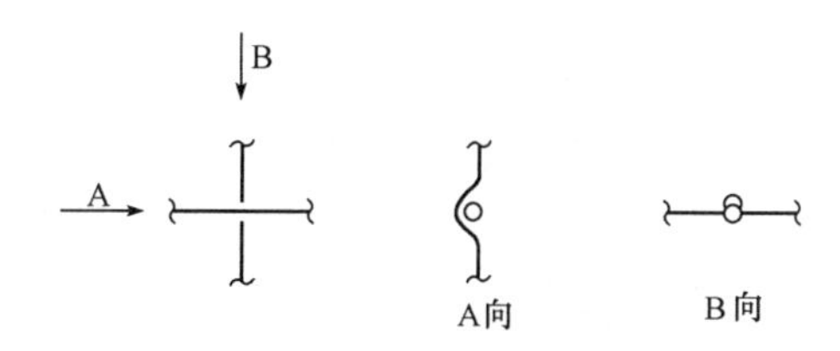

图 3-42　管道跨越的画法

三十、防烟、防火阀功能表

防烟、防火阀功能数据见表 3-19。

表 3-19　防烟、防火阀功能数据

符　号	说　明
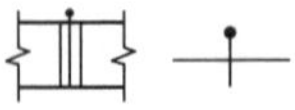	防烟、防火阀功能表

***　　***
防烟、防火阀功能代号

阀体中文名称	功能 / 阀体代号	1 防烟防火	2 风阀	3 风量调节	4 阀体手动	5 远程手动	6 *① 常闭	7 *② 电动控制一次动作	8 *② 电动控制反复动作	9 70℃自动关闭	10 280℃自动关闭	11 *③ 阀体动作反馈信号
70℃防烟防火阀	FD *④	√	√		√					√		
	FVD *④	√	√	√	√					√		
	FDS *④	√	√							√		√
	FDVS *④	√	√	√	√					√		√
	MED	√	√	√	√			√		√		√
	MEC	√	√		√		√	√		√		√
	MEE	√	√	√	√				√	√		√
	BED	√	√	√	√	√		√		√		√
	BEC	√	√		√	√	√	√		√		√
	BEE	√	√	√	√	√			√	√		√
280℃防烟防火阀	FDH	√	√		√						√	
	FVDH	√	√	√	√						√	
	FDSH	√	√		√						√	√
	FVSH	√	√	√	√						√	√
	MECH	√	√		√		√	√			√	√
	MEEH	√	√	√	√				√		√	√
	BECH	√	√		√	√	√	√			√	√
	BEEH	√	√	√	√	√			√		√	√
板式排烟口	PS	√			√	√	√	√			√	√
多叶排烟口	GS	√			√	√	√	√			√	√
多叶送风口	GP	√			√	√	√	√		√		√
防火风口	GF	√			√					√		

①除表中注明外，其余的均为常开型；且所用的阀体在动作后均可手动复位。

②消防电源（24V DC），由消防中心控制。

③阀体需要符合信号反馈要求的接点。

④若仅用于厨房烧煮区平时排风系统，其动作装置的工作温度应当由 70℃改为 150℃。

第四章　采暖系统施工图

第一节　采暖工程图的组成方式及相关要求

采暖工程图可分为室外采暖工程图和室内采暖工程图两大类。

室外采暖工程部分是表示一个区域的供热管网，其工程图包括：总平面图、管道横剖面图、管道纵剖面图和详图等。

室内采暖工程部分表示一幢建筑物内的采暖工程，其工程图包括：采暖平面图、采暖系统图和详图等。以上两部分均有设计及施工说明，其内容主要有热源、系统方案及用户要求等设计依据以及材料和施工要求等。

本书主要介绍室内采暖施工图部分。

一、室内采暖系统的组成方式

采暖系统分类方法很多，通常有下列几种。

1）按采暖的范围可分为：局部采暖系统、集中采暖系统和区域采暖系统。

2）按采暖所用的热媒不同可分为：热水采暖系统、蒸汽采暖系统、热风采暖和烟风采暖系统。

3）在热水采暖系统中，按循环动力不同可分为：自然循环系统和机械循环系统两种。

4）按供热干管敷设的位置不同可分为：上行下给系统、下行上给系统、中行上给系统、中行下给系统。

5）按立管的数量可分为：双管式系统及单管式系统。

目前应用最广的是以热水和蒸汽作为热媒的集中采暖系统。这种系统首先在锅炉房利用燃料燃烧产生的热量将热媒加热成热水或蒸汽，再通过输热管道将热媒输送至用户。

图 4-1 为机械循环上行下给双管式热水供暖系统示意图。热水供暖系统中全部充满水，依靠电动离心式循环水泵所产生的动力促使热水在管道系统内循环流动。从循环水泵出来的水被注入热水锅炉，水在锅炉中被加热（一般从锅炉出来的水温 90℃左右），经供热总立管、干管、立管、支管，输送到建筑物内各采暖房间的散热器中散热，使室温升高。热水在散热器中放热冷却（一般从散热器出来的水温为 70℃左右），又经回水支管、立管、干管，被循环水泵抽回再注入锅炉。热水在系统的循环过程中，不断地从锅炉中吸收热量，又不断地在散热器中将热量放出，以维持所要求的室内温度，达到供暖的目的。

在此采暖系统中，有两根立管（供热立管、回水立管），立管上连接的散热器均为并联，故称为双管并联系统；供热干管位于顶层采暖房间的上部，回水干管位于底层采暖房间的下部，故又称为“上供下回”。在该系统中，供热干管沿水流方向有向上的坡度，并在供

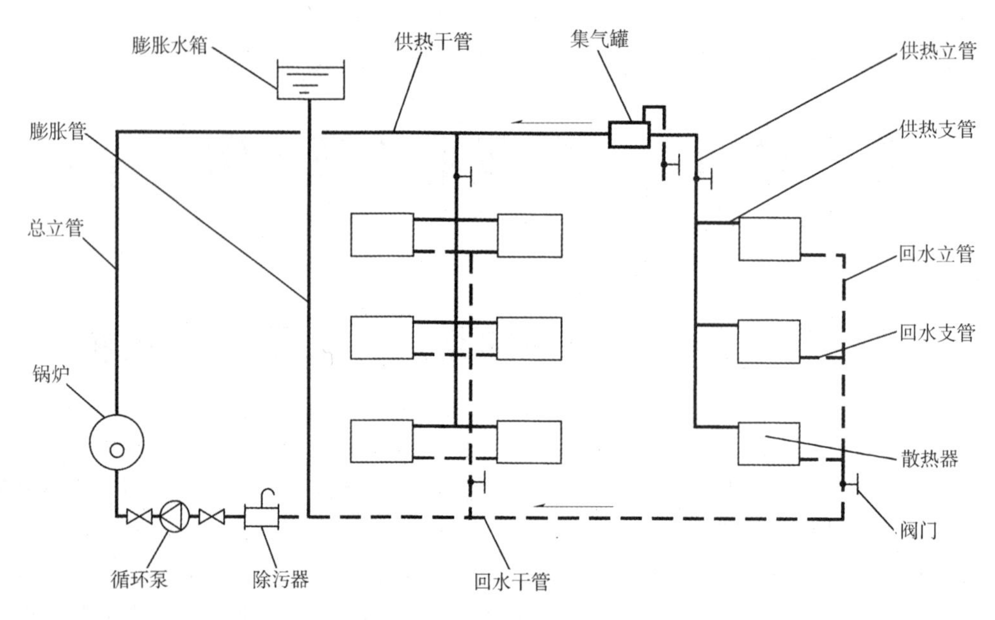

图 4-1　机械循环上行下给双管式热水供暖系统示意图

热干管的最高点设置集气罐，以便顺利排除系统中的空气；为了防止采暖系统的管道因水被加热体积膨胀而胀裂，在管道系统的最高位置，安装一个开口的膨胀水箱，水箱下面用膨胀管与靠近循环水泵吸入口的回水干管连接。在循环水泵的吸入口前，还应安装除污器，以防止积存在系统中的杂物进入水泵。

二、采暖系统图的基本要求

1）采暖工程中所表示的管道和设备，一般均采用统一的图例表示。采暖管道一般采用单线表示，根据管道的作用不同采用不同的线型，管道坡度无须按比例绘制（画成水平），管径及坡度均用数字注明。采暖设备采用《暖通空调制图标准》中规定的图例符号表示。

2）采暖工程图中的平面图、详图等图样均采用正投影法绘制。

3）采暖管道的敷设与设备安装离不开房屋建筑，画图时必须将与采暖系统有关的建筑图部分一并画出，以表明管道与设备在房屋中的位置。系统中设备的安装、管道敷设应与建筑施工图相互配合，尤其在预留孔洞、预埋件、管沟等方面对土建的要求须在图样上明确表示和注明。

4）采暖系统的管道纵横交错，在平面图上难以表明它们空间的走向。为了看清管道的空间连接情况和相互位置，通常采用斜轴测投影画出管道系统的立体图，即管道系统轴测图。采暖系统图宜按 45°正面斜轴测投影法绘制，管道布置方向应与平面图一致，并按相同比例绘制。局部管道按比例绘制不易表达清楚时，该处可不按比例绘制。

5）采暖管道中的热水或蒸汽都有一个来源，按一定的方向在管道中流动。例如，热水供暖系统将冷水在锅炉中加热，经供热总立管、供热干管将热水分配到各立管、支管，最后进入散热器。热水在散热器放热后，冷却的水经回水支管、立管、干管重新回到锅炉加热。掌握这一循环过程，在识读采暖工程图时就能很容易地读懂图样。

三、采暖系统图的一般规定

（一）绘图比例

总平面图常用的绘图比例为：1:500、1:1000、1:2000。

平面图、管道系统图常用的绘图比例为：1:50、1:100、1:150、1:200。

详图常用的绘图比例为：1:1、1:2、1:5、1:10、1:20 等。

（二）图线及其应用

采暖工程图中采用的各种线型应符合现行《暖通空调制图标准》中的规定。

（三）图例符号

图例符号应符合现行《暖通空调制图标准》中的规定。

四、供暖管道及附属器具的安装工艺及要求

供热管道及附属器具的安装，是按照施工图样、施工验收规范和质量检验评定标准的要求，将散热器安装就位与管道连接，组成满足生活和生产要求的采暖供热系统。为了使室内供暖系统运行正常，调节、管理方便，还必须设置一些附属器具，从而使供热系统运行更为可靠。

（一）供暖管道及附属器具的安装工艺流程

预制加工——→支吊架安装——→套管安装——→干管安装——→立管安装——→支管安装——→附属器具安装。

（二）供暖管道及附属器具的安装工艺

供暖管道及附属器具的安装工艺见表 4-1。

表 4-1　供暖管道及附属器具的安装工艺

类　别	内　容
预制加工	根据施工方案及施工草图将管道、管件及支吊架等进行预制加工，加工好的成品应编号分类码放，以便使用
支吊架安装	采暖管道安装应按设计或规范规定设置支吊架，特别是活动支架、固定支架。安装吊架、托架时要根据设计图样先放线，定位后再把预制的吊杆按坡向、顺序依次放在型钢上。要保证安装的支吊架准确和牢固
套管安装	1. 管道穿过墙壁和楼板时应设置套管，穿外墙时要加防水套管。套管内壁应做防腐处理，套管管径比穿管大两号。穿墙套管两端与装饰面相平。安装在楼板内的套管，其顶部应高出装饰地面 20mm，安装在卫生间、厨房间内的套管，其顶部应高出装饰面 50mm，底部应与楼板地面相平 2. 穿过楼板的套管与管道之间缝隙应用阻燃密实材料和防水油膏填实，且端面光滑。穿墙套管与管道之间应用阻燃密实材料填实 3. 套管应埋设平直，管接口不得设在套管内，出地面高度应保持一致
干管安装	1. 干管一般从进户或分路点开始安装，管径大于或等于 32mm 时采用焊接或法兰连接，小于 32mm 时采用丝接 2. 安装前应对管道进行清理、除锈；焊口、丝接头等应清理干净 3. 立于管分支宜用方形补偿器连接 4. 集气罐不得装在门厅和吊顶内。集气罐的进出水口应开在偏下约罐高的 1/3 处，进水管不能小于管径 *DN*20。集气罐排气管应固定牢固，排气管应引至附近厨房、卫生间的水池或地漏处，管口距池地面不大于 50mm；排气管上的阀门安装高度不得低于 2.2m

（续）

类　别	内　容
干管安装	5. 管道最高点应装排气装置，最低点装泄水装置；应在自动排气阀前面装手动控制阀，以便自动排气阀失灵时检修更换 6. 系统中设有伸缩器时，安装前应做预拉伸试验，并填记录表。安装型号、规格、位置应按设计要求。管道热伸量的计算式为 $\Delta L=\alpha L\ (T_2-T_1)$ 式中　ΔL——管道热伸量（mm）； α——管材的线膨胀系数［钢管为0.012mm/（m·℃）］； L——管道长度（两固定支架之间的实际长度）（m）； T_2——热媒温度（℃）； T_1——管道安装时的环境温度（℃） 7. 穿过伸缩缝、沉降缝及抗震缝应根据情况采取以下措施： 1）在墙体两侧采取柔性连接 2）在管道或保温层外皮上、下部留有不小于150mm的净空距 3）在穿墙处做成方形补偿器，水平安装 8. 热水、蒸汽系统管道的不同做法如下： 1）蒸汽系统水平安装的管道要有坡度，当坡度与蒸汽流动方向一致时，坡度为0.3%，当坡度与蒸汽流动方向相反时，坡度为0.5%～1%。干管的翻身处及末端应设置疏水器 2）蒸汽、热水干管的变径。蒸汽供汽管应为下平安装，蒸汽回水管的变径为同心安装，热水管应为上平安装 3）管径大于或等于*DN*65时，支管距变径管焊口的长度为300mm；小于*DN*65时，长度为200mm 4）变径两管径差较小时采用甩管制作，两管径差较大时，变径管长度应为（*D*—*d*）×4～（*D*—*d*）×6。变径管及支管做法见有关通用图集 9. 管道安装后，检查坐标、标高、预留口位置和管道变径是否正确，然后调直、找坡，调整合格后再固定卡架，填堵管井洞。管道预留口加临时封堵
立管安装	1. 后装套管时，应先把套管套在管上，然后把立管按顺序逐根安装，涂铅油缠麻将立管对准接口转动入口，咬住管件拧管，松紧要适度。对准预装调直时的标记，并认真检查甩口标高、方向、灯叉弯、元宝弯位置是否准确 2. 将立管卡松开，把管道放入卡内，紧固螺栓，用线坠吊直找正后把立管卡固定好，每层立管安装完后，清理干净管道和接口并及时封堵甩口
支管安装	1. 首先检查散热器安装位置，进出口与立管甩口是否一致，坡度是否正确，然后准确量出支管（含灯叉弯、元宝弯）的尺寸，进行支管加工 2. 支管安装必须满足坡度要求，支管长度超过1.5m和2个以上转弯时应加支架。立支管管径小于*DN*20时应使用煨制弯。变径应使用变径管箍或焊接大小头 3. 支管安装完毕应及时检查校对支管坡度、距墙尺寸。初装修厨、卫间立支管要留出距装饰面的余量
附属器具安装	1. 方形补偿器 1）安装前应检查补偿器是否符合设计要求，补偿器的伸缩臂是否在水平面上，安装时用水平尺检查，调整支架，保证位置正确、坡度符合规定 2）补偿器预拉可用千斤顶将补偿器的两臂撑开或用拉管器进行冷拉。预拉伸的焊口应选在距补偿器弯曲起点2～2.5m处为宜，冷拉前将固定支座固定牢固，并对好预拉焊口的间距 3）采用拉管器冷拉时，其操作方法是将拉管器的法兰管卡紧在被拉焊口的两端，一端为补偿器管段，另一端是管道端口；穿在两个法兰管卡之间的几个双头长螺栓作为调整及拉紧的器

（续）

类　别	内　容
附属器具安装	具，将预拉间隙对好，用短角钢在管口处贴焊，但只能焊在管道的一端，另一端用角钢卡住即可，然后拧紧螺栓使间隙靠拢，将焊口焊好后才可松开螺栓，再进行另一侧的拉伸，也可两侧同时进行冷拉作业 4）采用千斤顶顶撑时，将千斤顶横放在补偿器的两臂间，加好支撑及垫块，然后起动千斤顶，这时两臂即被撑开，使预拉焊口靠拢至要求的间隙，找正焊口，用电焊将平管口焊口焊好。只有当两侧预拉焊口焊完后，才能把千斤顶拆除，拉伸完成 5）补偿器宜用整根管弯制。若需要接口，其焊口位置应设在垂直臂的中间。方形补偿器预拉长度应按设计要求拉伸，无要求时为其伸长量的1/2 2. 套筒补偿器 1）安装管道时应将补偿器的位置让出，在管道两端各焊一片法兰盘，焊接时，法兰要垂直于管道中心线，法兰与补偿器表面相互平行，衬垫平整，受力均匀 2）套筒补偿器应安装在固定支架近旁，并将外套管一端朝向管道的固定支架，内套管一端与产生热膨胀的管道相连 3）套筒补偿器的填料应采用涂有石墨粉的石棉盘根或浸过机油的石棉绳，压盖的松紧程度在试运行时进行调整，以不漏水、不漏气、内套管能伸缩自如为宜 4）为保证补偿器正常工作，安装时，必须保证管道和补偿器中心线一致，并在补偿器前设置1~2个导向滑动支架 5）套筒补偿器的拉伸长度应按设计要求，预拉时，先将补偿器的填料压盖松开，将内套管拉出预拉伸长度，然后再将压盖紧住。拉伸长度设计未要求时，按表4-2选用 3. 波形补偿器 1）波形补偿器的波节数量由设计确定，一般为1~4节，每个波节的补偿能力由设计确定 2）安装前应了解出厂前是否已做预拉伸，若已做预拉伸，厂商需要提供拉伸资料及产品合格证。当未做预拉伸时应在现场补做，由技术人员根据设计要求确定，在平地上进行，作用力应分2~3次逐渐增加，尽量保证各波节圆周面受力均匀。拉伸或压缩量的偏差应小于5mm，当拉伸压缩达到要求数值时，应立即固定 3）安装前，管道两侧应先安装好固定卡架，安装管道时应将补偿器的位置让出，在管道两端各焊一法兰盘，焊接时，法兰盘应垂直于管道的中心线，法兰与补偿器表面相互平行，加垫后，衬垫受力应均匀 4）补偿器安装时，卡架不得固定在波节上，试压时不得超压，不允许径向受力，将其固定牢并与管道保持同心，不得偏斜 5）波形补偿器若需加大壁厚，内套筒的一端与波形补偿器的臂焊接。安装时，应注意使介质的流向从焊端流向自由端，并与管道的坡度方向一致 4. 减压阀 1）减压阀安装时，减压阀前的管径应与阀体的直径一致，减压阀后的管径可比阀前管径大1~2号 2）减压阀的阀体必须垂直安装在水平管路上，阀体上的箭头必须与介质流向一致。减压阀两侧应采用法兰阀门 3）减压阀前应装有过滤器，对于带有均压管的薄膜式减压阀，其均压管接到低压管道的一侧 4）为便于减压阀的调整，阀前的高压管道和阀后的低压管道上都应安装压力表。阀后低压管道上应安装安全阀，安全阀排气管应接至室外安全地点，其截面不应小于安全阀出口的截面面积。安全阀定压值按照设计要求 5. 疏水器 1）疏水器应安装在便于检修的地方，并应尽量靠近用热设备凝结水排出口下，且安装在排水管的最低点

（续）

类　别	内　容
附属器具安装	2）疏水器安装应按设计设置旁通管、冲洗管、检查管、止回阀和除污器。用汽设备应分别安装疏水器，几台设备不能合用一个疏水器 3）疏水器的进出口要保持水平，不可倾斜，阀体箭头应与排水方向一致，疏水器的排水管径不能小于进水口管径 4）疏水器旁通管做法见相关通用图集 6. 除污器。除污器一般设在用户引入口和循环泵进水口处，方向不能装反 7. 膨胀水箱 1）膨胀水箱有方形和圆形，应设在供暖系统最高点，若设在非采暖房间内，则需要进行保温 2）膨胀水箱的膨胀管和循环管一般连接在循环水泵前的回水总管上，循环管、膨胀管不得装设阀门

表 4-2　套筒补偿器预拉长度表　（单位：mm）

补偿器规格	15	20	25	32	40	50	65	75	80	100	125
拉出长度	0	20	30	30	40	40	56	56	59	59	59

第二节　室内采暖系统施工图

一、采暖系统图

采暖系统图是将采暖系统中的管道及其设备用正面斜轴测投影的方法绘制的立体图。主要表明采暖系统中管道及设备的空间布置与走向。

（一）采暖系统图的表达方法

1. 轴向选择与绘图比例

采暖系统图是依据采暖平面图绘制的，所以系统图一般采用与平面图相同的比例。采暖系统图宜采用正面斜二轴测或正等轴测投影法绘制。当采用正面斜二轴测投影时，O_1X_1 轴与房屋横向一致，处于水平方向；O_1Y_1 轴与水平线夹角为 45°，为房屋纵向；O_1Z_1 轴竖直放置，表达管道高度方向尺寸。三个轴向变形系数均为 1。

2. 管道系统

采暖系统图用单线绘制，供暖管道用粗实线，回水管道用粗虚线，采暖设备及部件以图例的形式用中粗实线绘制。绘制管道系统时，当空间交叉的管道在图中相交时，应在相交处将被遮挡的管线断开。当管道过于集中，无法清楚表示时，可将某些管段断开，引出绘制，相应断开处采用相同的小写拉丁字母注明，如图 4-2 所示。具有坡度的水平横管无需按比例绘制其坡度，而仍以水平线绘制，但应标注其坡度或另加说明。

3. 房屋构件的位置

为了反映管道和房屋的联系，系统图中还应绘制被管道穿越的墙、地面、楼面的位置，一般用细实线绘制，并加绘轴测图中的材料图例线。穿越建筑结构的表示法如图 4-3 所示。

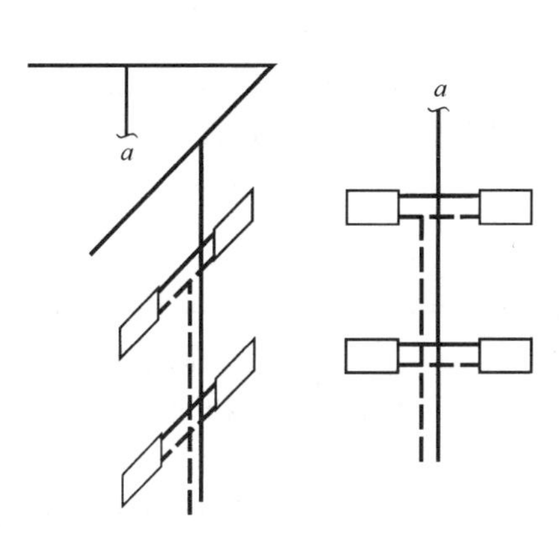

图 4-2 系统图中重叠、密集处的引出画法

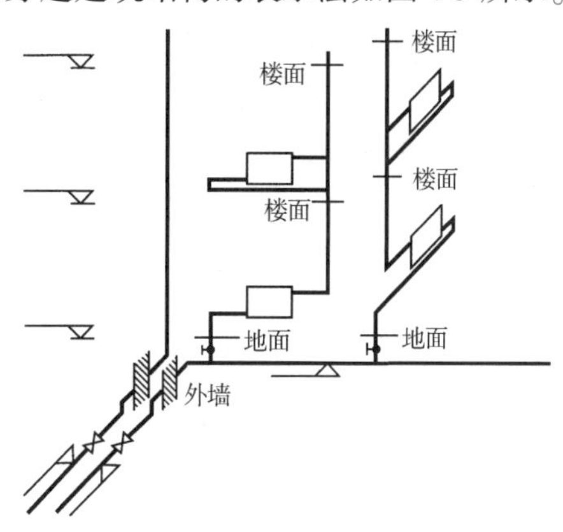

图 4-3 穿越建筑结构的表示法

4. 尺寸标注

管道系统中所有的管段均需标注管径，水平干管均需要标注其坡度，还应标注管道和设备的标高、散热器的规格和数量及注写立管编号；此外，还需要标注室外地坪的标高、室内地面标高、各层楼面的标高。

管道管径的标注方法如图 4-4 所示，水平管道的管径应注于管道的上方；倾斜管道的管径应标注管道的斜上方；竖管道的管径应注于管道的左侧；管道的变径处；当无法按上述位置标注管径时，可用引出线将管段管径引至适当位置标注；同一种管径的管道较多时，可不在图上标注，但应在附注中说明。

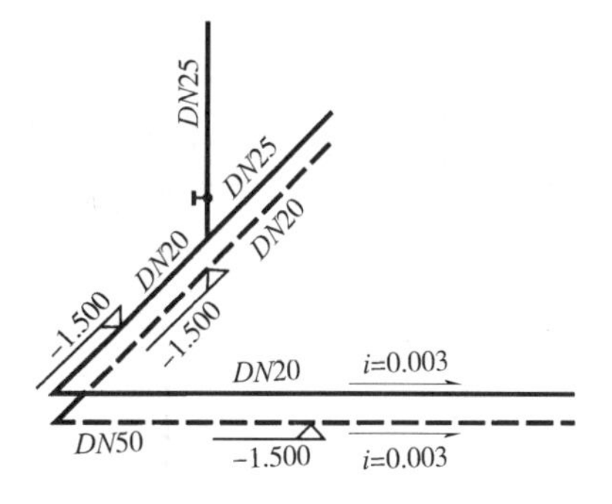

图 4-4 管道管径、标高尺寸的标注位置

（二）采暖系统图的绘图方法和步骤

1）选择轴测类型，确定轴测轴方向。

2）根据平面图上管道的位置绘制水平干管和立管。

3）根据平面图上散热器安装位置及设计高度尺寸绘制各层散热器及散热器支管。

4）按设计位置绘制管道系统中的控制阀门、集气罐、补偿器、变径接头、疏水器、固定支架等。

5）绘制管道穿越建筑物构件的位置，特别是供热干管与回水干管穿越外墙和立管穿越楼板的位置。

6）标注管径、标高、坡度、散热器的规格、数量、其他有关尺寸以及立管编号等。

二、采暖平面图

采暖平面图主要反映供热管道、散热设备及其他附件的平面布置情况以及与建筑物之间的位置关系。

（一）采暖平面图的表达方法

1. 采暖平面图

采暖平面图是指在管道系统之上，做水平剖切后的水平投影图。在采暖平面图中所绘制的建筑平面图，仅作为管道系统各组成部分的平面布置的定位基准。因此，一般只抄绘房屋的墙身、柱、门窗洞、楼梯等主要构配件，至于房屋的细部、门窗代号等均可略去。在采暖平面图中，所有的墙、柱、门窗等均用细实线表示。为使土建施工与管道设备的安装一致，在各层管道平面图上，均需标明定位轴线，并在底层平面图的定位轴线间标注尺寸；同时，还应标注出各层平面图上的有关标高。

2. 平面图的数量

在多层建筑中，若为上供下回的采暖系统，则须绘出底层采暖平面图和顶层采暖平面图；对中间楼层，当散热器和采暖管道系统的布置及相应位置、散热器的型号、规格相同时，可绘为一幅标准层采暖平面图。当各层的建筑结构和管道布置不相同时，应分层表示。

3. 采暖管道的画法

绘制采暖平面图时，各种管道无论是否可见，一律按《暖通空调制图标准》（GB/T 50114—2010）中规定的线型绘制。供热干管用粗实线绘制，供热立管、支管用中粗实线绘制，回水干管用粗虚线绘制，回水立管、支管用中粗虚线绘制。在底层平面图上应绘制供热入口、回水出口的位置，总立管、干管、立管、支管的位置及连接情况。在标准层采暖平面图中主要反映立管与支管间的连接情况。

管道转向、连接的表示法如图 4-5 所示，管道交叉的表示法如图 4-6 所示。

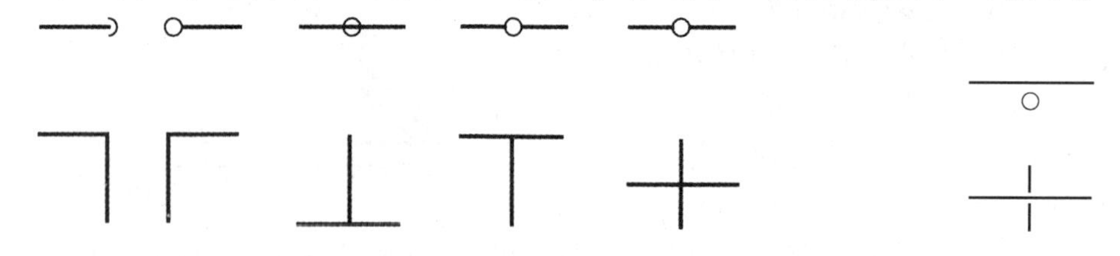

图 4-5　管道转向、连接的表示法　　　图 4-6　管道交叉的表示法

管道若在本图幅内中断，转至其他图幅时的表示法如图 4-7 所示。管道由其他图幅引来的表示法如图 4-8 所示。

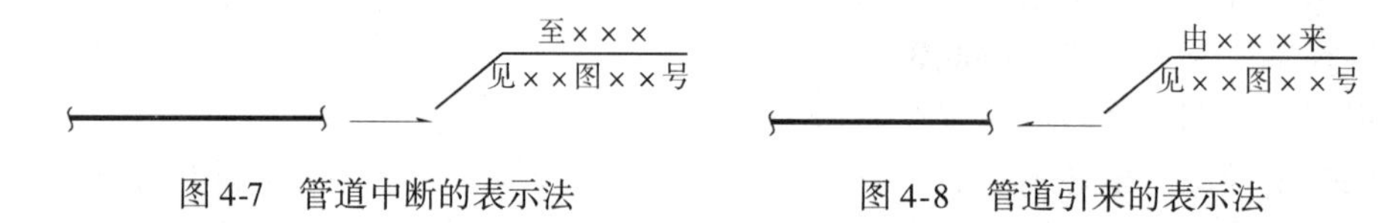

图 4-7　管道中断的表示法　　　图 4-8　管道引来的表示法

4. 主要设备

散热器、集气罐、疏水器、补偿器等主要设备均为工业产品，不必详细画出，一般用中粗实线图例表示。平面图上应绘制散热器的位置及与管道的连接情况，还应绘制管道上的阀门、集气罐、变径接头等设备的安装位置，地沟、管道支架的位置。

5. 尺寸标注

房屋的尺寸一般只需在底层平面图中标注出轴线间尺寸，另外要标注室外地坪的标高和各层地面标高。管道及设备一般均沿墙设置，不必标注定位尺寸。必要时，以墙面或柱面为基准标出。采暖入口的定位尺寸应标注管道中心至相邻墙面或轴线的距离。

平面图上应注明各管段的管径、坡度、立管编号、散热器的规格和数量，如图 4-9 所示。

管道的管径尺寸应以 mm 为单位，焊接钢管应以公称直径“*DN*”表示，如 *DN*15、*DN*50 等；无缝钢管应以外径和壁厚表示，如 *d*114 ×5。

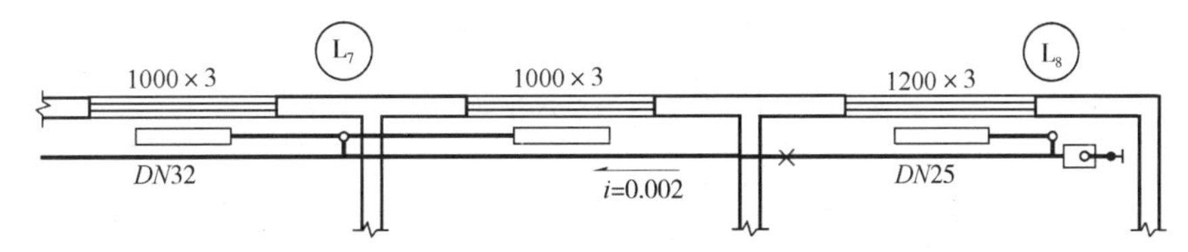

图 4-9　平面图中管径、坡度、立管编号及散热器的标注方法

坡度宜用单面箭头加数字表示，数字表示坡度的大小，箭头表示下坡的方向。

散热器的规格及数量的标注方法如下。

1）柱式散热器只标注柱片数量。

2）光管散热器应标注管径、长度、排数。如：$d108 \times 3000 \times 4$ 表示光管直径 108mm，管长 3000mm，共四排。

3）串片式散热器应标注长度、排数。如：1000 ×3 表示串片长 1m，共三排。

4）散热器的规格、数量应标注在本组散热器所靠外墙的外侧，远离外墙布置的散热器直接标注在散热器的上方（横向放置）或右侧（竖向放置）。

6. 立管编号、采暖入口编号

采暖立管和采暖入口的编号应标注在距其较近的外墙外侧。采暖立管编号的表示法如图 4-10 所示，采暖入口编号的表示法如图 4-11 所示，圆用中粗实线绘制

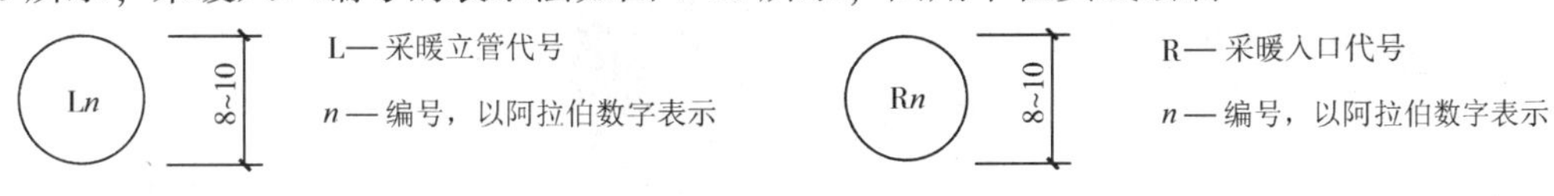

图 4-10　采暖立管编号的表示法　　　　图 4-11　采暖入口编号的表示法

（二）采暖平面图的绘图方法和步骤

1）用细实线抄绘建筑平面图。

2）用中实线画出采暖设备的平面布置。

3）绘制由于管、立管、支管组成的管道系统的平面布置。

4）标注轴线间尺寸、标高、管径、坡度、散热器的规格、数量，注写立管编号以及有关图例、文字说明等。

三、详图

由于平面图和系统图所用比例小，管道及设备等均用图例表示，它们的构造及安装情况均不能清楚表达，因此需要按较大比例画出构造安装详图。

采暖系统中的详图有标准详图和非标准详图，对于标准详图可查阅标准图集，如集气罐、支架、水箱等。平面图、系统图不能清楚表示，而又无标准详图可套用的，要根据实际工程情况另绘详图。

详图应采用详图索引符号，如图 4-12 所示。

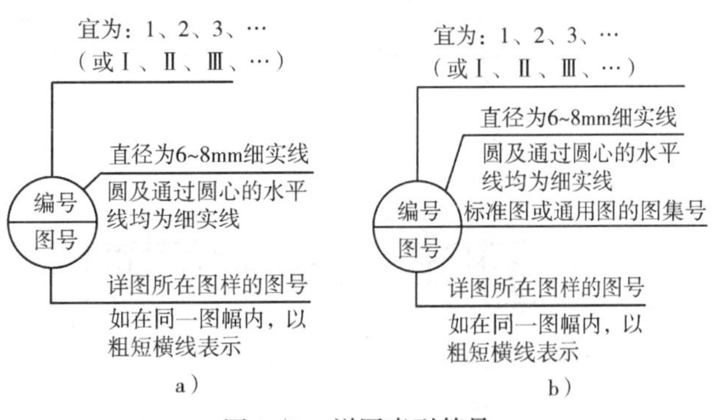

图 4-12　详图索引符号

柱形散热器如图4-13所示，单柱散热器的技术参数及常用规格见表4-3。

表4-3　单柱散热器的技术参数及常用规格

同侧进出口中心距/mm	高度/mm	单柱（长×宽）/（mm×mm）	工作压力/MPa	水容量/L	散热量/W $\Delta T=64.5℃$
400	480	60×85	10	0.91	75.6
600	680			1.29	105.4
800	800			1.61	134.9
1000	1080			1.93	162.0
1200	1280			2.26	189.9
1400	1480			2.58	222.4
1600	1680			2.90	252.7
1800	1880			3.22	258.2

图4-14为散热器壁挂安装详图，图4-15为钢制柱型散热器安装详图。目前，家居装修采用钢制柱型散热器较多。除了钢制柱型散热器，还有很多类型的散热器，如：铸铁柱型散热器、长翼型铸铁散热器、钢串片对流散热器、钢制板式散热器、扁管散热器、钢铝复合散热器、风冷散热器等。

图4-13　柱形散热器

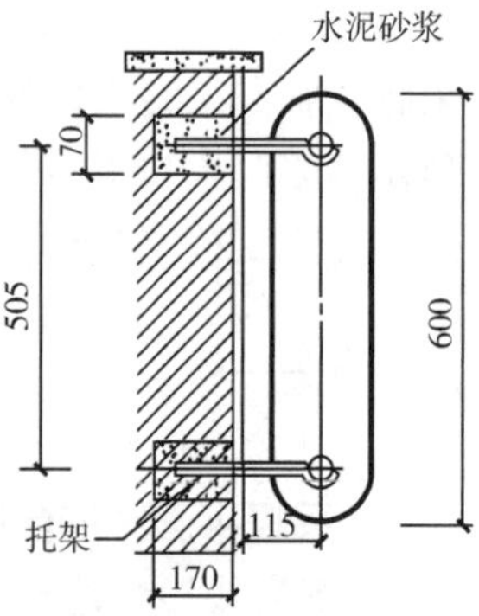

图4-14　散热壁挂安装详图

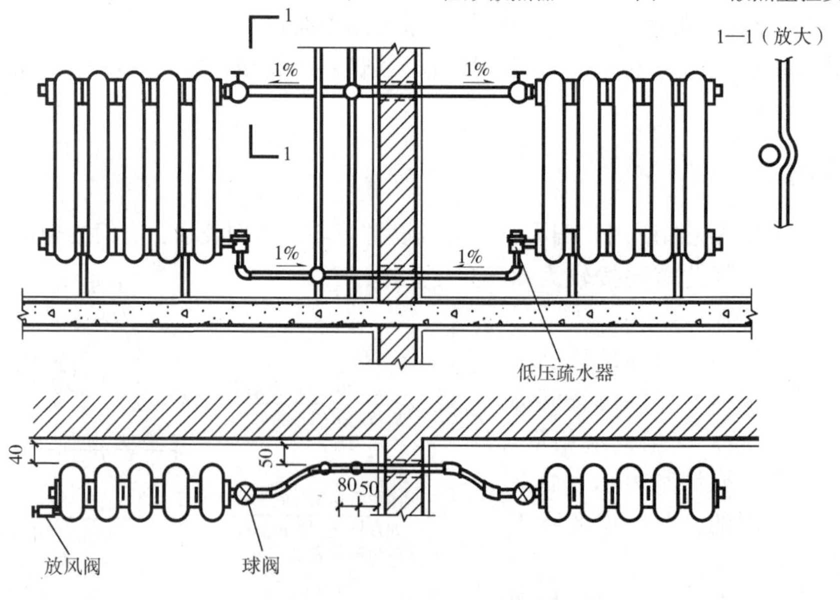

图4-15　钢制柱型散热器安装详图

四、散热器的安装工艺及要求

散热器是室内采暖系统的散热设备，热媒通过它向室内传递热量。散热器的种类很多，不同的散热器有不同的安装方法，现介绍较为常见的铸铁式散热器的安装。

（一）工艺流程

散热器组对⟶散热器单组试压⟶吊支架安装⟶散热器安装。

（二）安装工艺（表 4-4）

表 4-4 散热器安装工艺

类 别	内 容
散热器组对	用钢丝刷对散热器进行除污，刷净口表面及螺纹内外的铁锈。散热器 14 片以下用两个足片，15～24 片用三个足片，组对时摆好第一片，拧上螺纹一扣，套上耐热橡胶垫，将第二片反扣对准螺纹，找正后扶住炉片，将对丝钥匙插入螺纹内径，同时缓慢均匀拧紧 1. 根据散热器的片数和长度选择圆钢直径和加工尺寸，切断后进行调直，两端收头套好丝扣，除锈后刷好防锈漆 2. 20 片及以上的散热器需要加外拉条，从散热器上下两端外柱内穿入四根拉条，每根套上一个骑码，带上螺母，找直、找正后用扳手均匀拧紧，螺纹外露不得超过一个螺母厚度为宜
散热器单组试压	1. 将散热器抬到试压台上，用管钳上好临时炉堵和补芯及放气门，连接试压泵 2. 试压时打开进水阀门，向散热器内注水，同时打开放气门排净空气，待水满后关闭放气门 3. 当设计无要求时，试验压力应为工作压力的 1.5 倍，不小于 0.6MPa，关闭进水阀门，持续 2～3min，观察每个接口，不渗不漏为合格 4. 打开泄水阀门，拆掉临时堵头和补芯，泄净水后将散热器运到集中地点
吊支架安装	1. 柱形带腿散热器固定卡安装。15 片以下的双数片散热器的固定卡位置，是从地面到散热器总高的 3/4 处画水平线与散热器中心线交点画好印记，此后单数片向一侧错过半片厚度。16 片以上者应设两个固定卡，高度仍为 3/4 的水平线上。从散热器两端各进去 4～6 片的地方栽入 2. 挂装柱形散热器。托钩高度按设计要求并从散热器的距地高度 45mm 处画水平线。托钩水平位置采用画线尺来确定，画线尺横担上刻有散热器的刻度。画出托钩安装位置的中心线，挂装散热器的固定卡高度从托钩中心上移散热器总高的 3/4 画水平线，其位置与安装数量与带腿片相同 3. 当散热器挂在混凝土墙面上时，用錾子或冲击钻在墙上按画出的位置打孔洞。固定卡孔洞的深度不少于 80mm，托钩孔洞的深度不少于 120mm，现浇混凝土墙的深度为 100mm（如用膨胀螺栓应按胀栓的要求深度）。用水冲净洞内杂物，填入 M20 水泥砂浆到洞深的 1/2 时，将固定卡插入洞内塞紧，用画线尺放在托钩上，并用水平尺找平找正，填满砂浆并捣实抹平。当散热器挂在轻质隔板墙上时，用冲击钻穿透隔板墙，内置不小于 $\phi12$ 的圆钢，两端固定预埋铁，支托架稳固于预埋铁，固定牢固
散热器安装	1. 按照图样要求，根据散热器安装位置及高度在墙上画出安装中心线 2. 将柱形散热器（包括铸铁、钢制）和辐射对流散热器的炉堵和炉补芯抹油，加耐热橡胶垫后拧紧 3. 把散热器轻轻抬起，带腿散热器立稳，找平找正，距墙尺寸准确后，将卡夹上紧托牢 4. 散热器与支管紧密牢固 5. 放风门安装。在炉堵上钻孔攻丝，将炉堵抹好铅油，加好石棉橡胶垫，在散热器上用管钳上紧。在放风门螺纹上抹铅油、缠麻丝，拧在炉堵上，用扳手适度拧紧。放风孔应向外斜 45°，并在系统试压前安装完成

第三节　室内采暖系统施工图识读范例

室内采暖施工图的识读顺序是：首先阅读设计施工说明，然后再依次阅读室内采暖平面图、采暖系统图、详图或标准图及通用图。

图 4-16 ~ 图 4-19 为某六层住宅楼的室内采暖施工图，下面以该住宅采暖工程图为例，说明室内采暖工程图的阅读方法和步骤。

一、阅读设计施工说明

采暖工程图的设计施工说明是整个采暖工程中的指导性文件，通常阐述以下内容：采暖室内外计算温度；采暖建筑面积，采暖热负荷，建筑平面热指标；建筑物采暖入口数，各入口的热负荷，压力损失；热媒种类、来源、入口装置形式及安装方法；采用何种散热器，管道材质及连接方式；采暖系统防腐，保温作法；散热器组装后试压及系统试压的要求。其他未说明的各项施工要求应遵守什么规范及有关规定等。下面以采暖工程设计施工总说明为例进行说明。

1）采暖室外计算温度 $t_w = -23℃$；采暖室内计算温度 $t_n = 18℃$。

2）采暖建筑面积 $S = 1036.8m^2$；采暖热负荷 $Q = 67910.4W$；建筑平面热指标 $q = 65.5W/m^2$。

3）采暖热媒的供水水温为 95℃，回水水温为 70℃。散热器采用 760 型铸铁散热器，散热器底距离楼板或地面 150mm。

4）系统采用焊接钢管，公称直径≤*DN*32 管件为螺纹连接，>*DN*32 管件为焊接连接或法兰连接，除图中标注外，管道系统全部采用 Z15T-10 型螺纹闸阀。

5）管道水平安装的支架间距：固定支架按设计图样中标注的位置施工。管道滑动支架最大间距见表 4-5。

表 4-5　管道滑动支架最大间距表

管道直径		*DN*15	*DN*20	*DN*25	*DN*32	*DN*40	*DN*50	*DN*70	*DN*80	≥*DN*100
支架最大间距	保温	1.5	2.0	2.0	2.5	3.0	3.0	4.0	4.0	4.0
	不保温	2.5	3.0	3.5	4.0	4.5	5.0	5.0	6.0	6.0

6）防腐做法：管道及散热器组刷油前必须将其内外表面的铁锈、油污等杂物除净。散热器组、明设管道及支架刷红丹防锈漆两遍后，再刷银粉两遍。暗设的管道及支架刷红丹防锈漆两遍。

7）保温做法：安装在地沟内的供、回水管道，采用厚度为 50mm 的岩棉管壳保温，外缠塑料布一层、玻璃丝布两层后，再刷调和面漆两遍。

8）散热器组装完毕后，应进行单组水压试验，压力不小于 0.4MPa，以 2 ~ 3min 不渗不漏为合格。采暖系统安装完毕后，再进行 1.20 倍数系统工作压力的水压试验，且压力不小于 0.40MPa，以 10min 不渗漏、压力降不超过 10% 为合格。

9）其他未说明事项按《建筑给水排水及采暖工程施工质量验收规范》（GB 50242—2002）中有关规定执行。

二、阅读室内采暖平面图

阅读采暖平面图时，先观察热入口、供热总立管、干管、立管、回水干管、散热器的平面布置位置，再观察该采暖管道系统属何种布置形式。然后按热介质流向，以热入口→供热总立管→干管→立管→回水干管→回水出口的顺序进行阅读。阅读时，应结合采暖系统图，读懂各部分的布置尺寸、构造尺寸及其相互关系。

（一）底层采暖平面图

1）图4-16为某住宅底层采暖平面图，从图中可以看到，采暖热入口在①轴与A轴交点的右侧引入室内，然后与建筑物内供热总立管相接。图中粗虚线表示回水干管，回水干管起始端在住宅西北角的居室内，管径为*DN*25，回水干管上设有四个变径接头，其中有两个变径接头分别设置在北侧外墙②轴和⑨轴处，另一变径接头设在南侧外墙⑦轴和②轴处，回水干管的管径随着流量的变化沿程逐渐增加，在靠近出口处管径为*DN*50；根据坡度标注符号可知，回水干管均有 $i=0.003$ 的坡度且坡向回水干管出口。

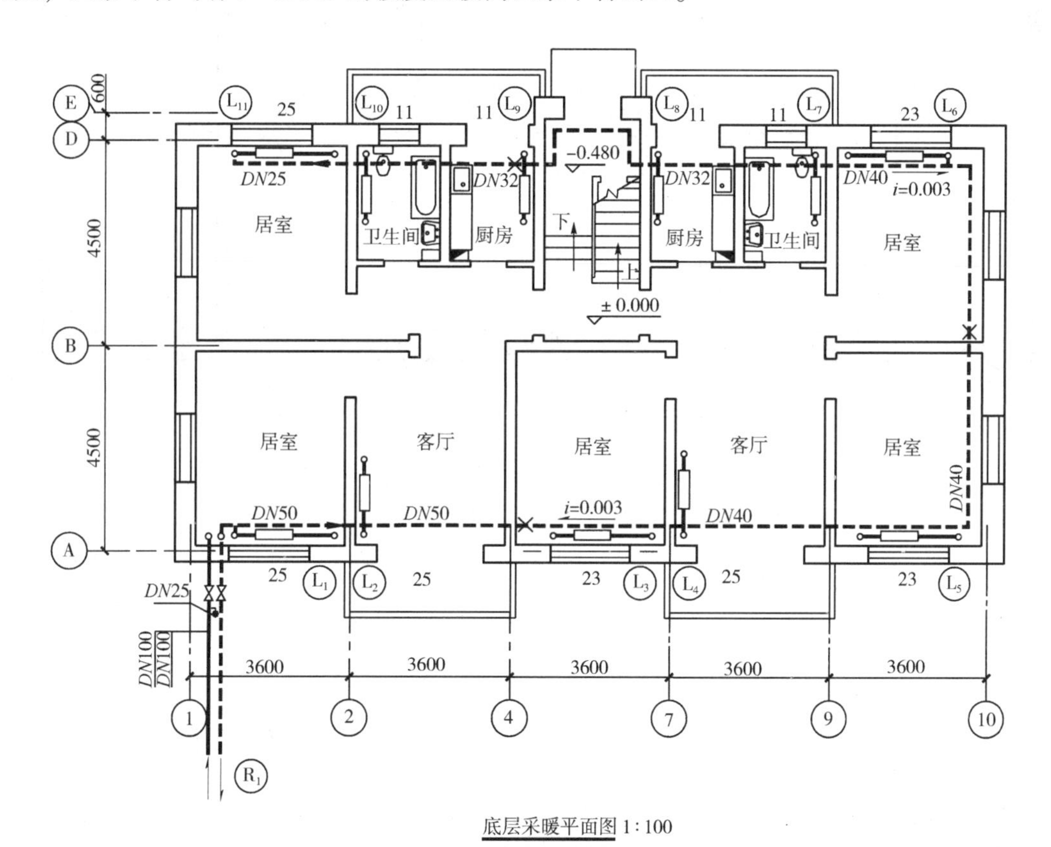

底层采暖平面图 1∶100

图4-16　底层采暖平面图

2）从图中还可以看出，回水干管上共有三个固定支架；在楼梯间内设有方形补偿器，在回水干管出口处装有闸阀。在采暖引入管与回水排出管之间设置的阀门为建筑物内采暖系统检修调试用。

3）各居室散热器组均布置在外墙内侧的窗下，厨房、卫生间和客厅内的散热器组沿内墙竖向布置。每组散热器的片数都标注在建筑物外墙外侧靠近每组散热器安装位置处，散热器与供热立管的连接均为单侧连接。每根供热立管均标有编号，共有 11 根供热立管，由于采暖供热总立管只有一根，所以没有对其进行编号。

（二）标准层采暖平面图

1）从标准层采暖平面图图 4-17 中可以看到，标准层的建筑结构与底层基本相同，散热器的布置位置、散热器与供热立管的连接方式、供热立管编号均与底层采暖平面图完全相同，二～五层各组散热器的片数均标注在建筑物外墙外侧靠近每组散热器安装位置处。

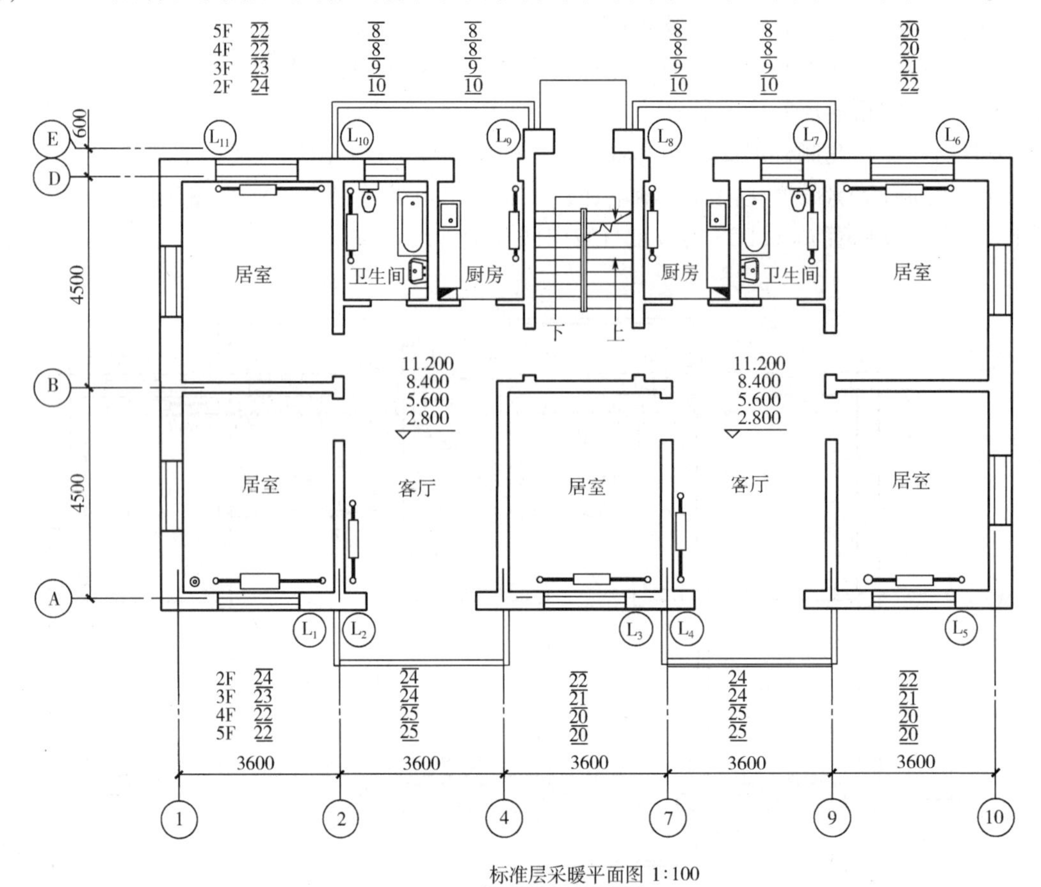

图 4-17　标准层采暖平面图

2）在标准层采暖平面图中不反映供热干管和回水干管，故在标准层采暖平面图中只画出散热器、散热器连接支管、立管等的位置。

（三）顶层采暖平面图

图 4-18 为顶层采暖平面图，从图中可以看出，采暖供热总立管从底层经二、三、四、五层引入后，在顶层屋面板下分两条支路沿外墙敷设，第一条支路从供热总立管沿南侧外墙向东敷设至东侧外墙里侧，然后折向北至北侧外墙里侧又折向西至⑨轴，呈“______]”形布置，在该供热干管的末端配有集气罐。管道具有 $i=0.003$ 的坡度，且坡度坡向供热总立

管。在该供热干管上设有两个变径接头，各管道的管径图中均已注明。此外，该供热干管上配有两个固定支架。另一条支路从供水总立管沿西侧外墙敷设至北侧外墙里侧，然后折向东敷设至⑨轴。呈“⎾　　”布置，其上配有集气罐、补偿器、变径接头、固定支架等设备，如图4-18所示。该供热干管的坡度 $i=0.003$，坡向供热总立管。

供水干管距外墙饰面之间的距离，在采暖平面图中仅为示意性绘出，其距离与楼层数、管径有关，见国家建筑标准设计图集。供热干管与立管的连接，在平面图和系统图中也为示意图，其作法见国家建筑标准设计图集。

顶层散热器的布置位置、散热器与供热立管的连接方式、供热立管编号均与底层采暖平面图相同，如图4-18所示。

通过上述读图过程可以知道，该住宅楼所采用的采暖方式为上行下给单管并联式供暖系统。

（四）阅读采暖系统图

1）通过阅读采暖平面图，我们对建筑物内供热管网的布置及走向、采暖设备的平面布置、数量等有了比较清楚的了解，但还不能形成清晰完整的空间立体概念，对于采暖管道及设备的高度情况还需配合采暖系统图来加以说明。

2）图4-19为住宅的采暖系统图，结合图4-16～图4-18采暖平面图可以看到，室外引入管（即采暖热入口）（图4-20）由本住宅①轴线右侧、标高为－1.5m处穿墙进入室内，然后竖起，穿越二～五层楼板到达六层顶棚下标高16.3m处，其管径为 $DN70$。在此处，总立管分别向东、向北各接一供热干管，管径均为 $DN50$。

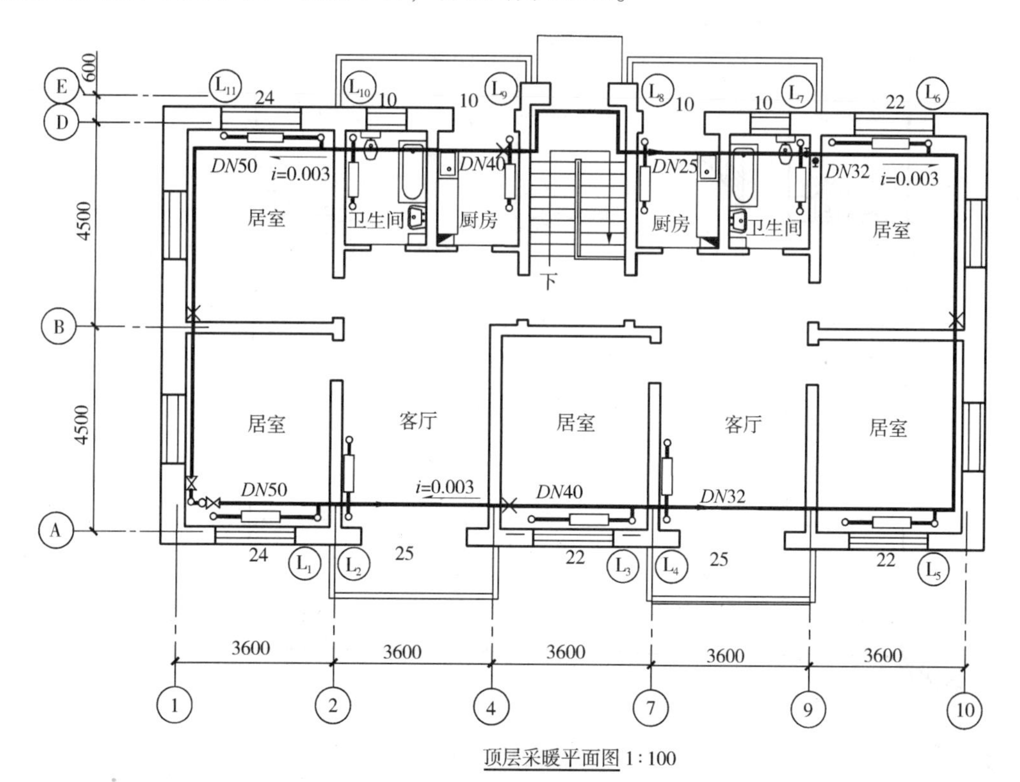

图4-18　顶层采暖平面图

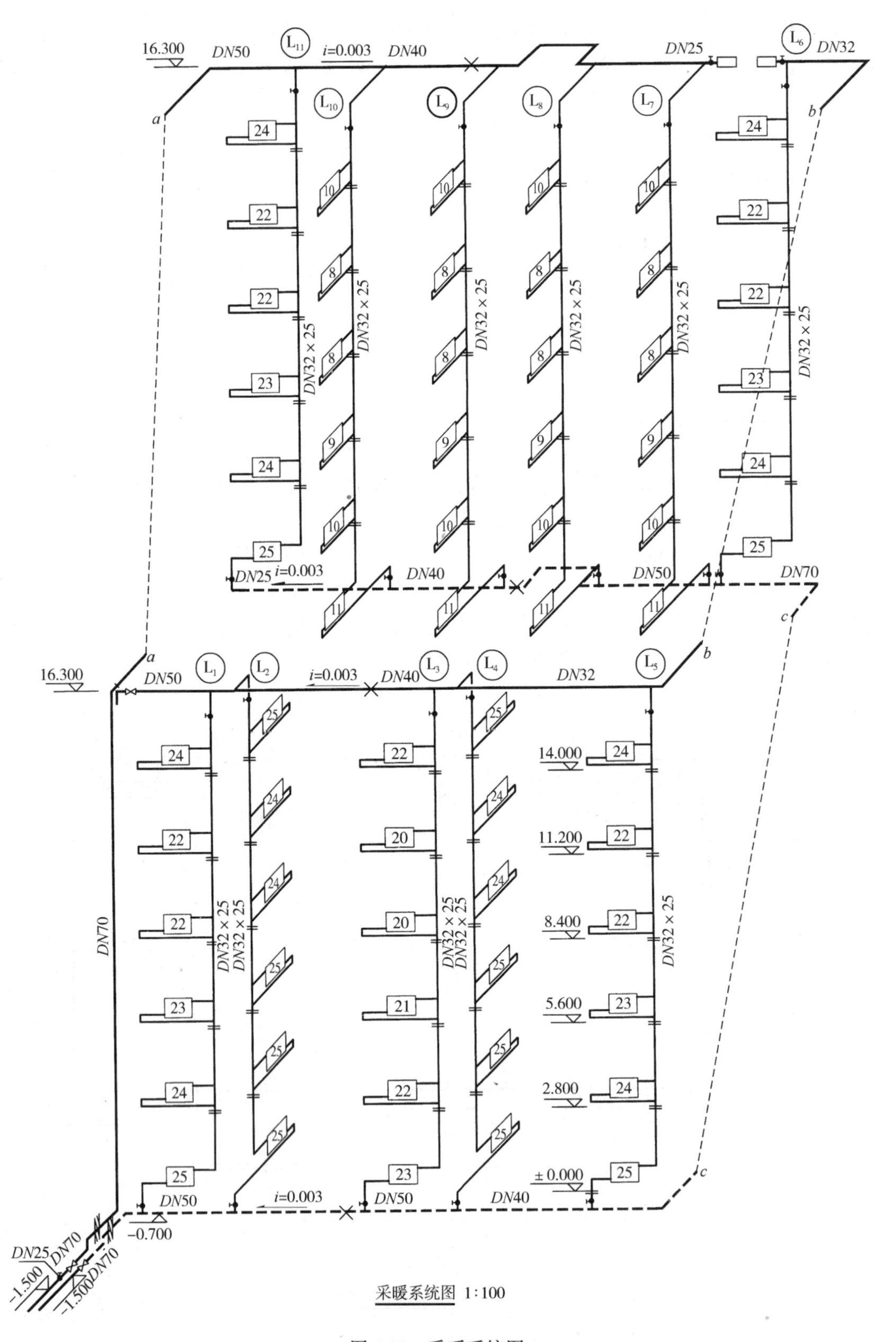
16.300
DN50
L11
i=0.003
DN40
DN25
L6
DN32
a
b
L10
L9
L8
L7
DN32×25
DN25
DN70
c
16.300
DN50
L1
L2
L3
L4
L5
DN32
DN70
14.000
11.200
8.400
5.600
2.800
±0.000
-0.700
-1.500
采暖系统图 1:100

图 4-19 采暖系统图

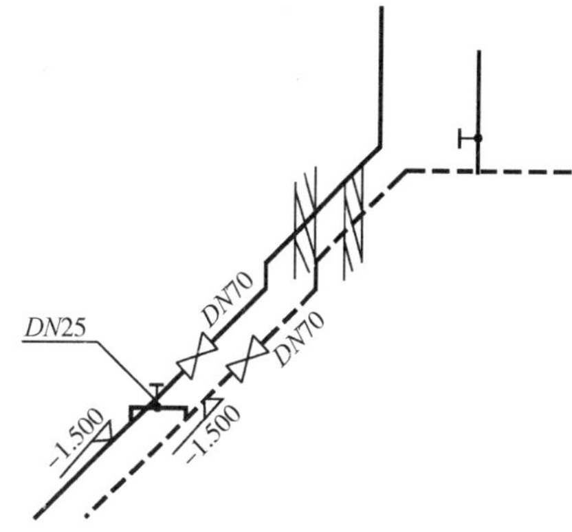

图 4-20 采暖系统图热入口

3）阅读由西向东敷设的干管，供水干管始端装有一个截止阀，以便调节流量。供热干管由西往东沿Ⓐ轴墙内侧敷设，至⑩轴墙处折向北沿⑩轴敷设，至Ⓓ轴墙又折向西沿Ⓓ轴敷设至⑨轴墙止（见顶层采暖平面图），供热干管管径依次为 *DN*50、*DN*40、*DN*32，其中 *DN*32 为供热干管末端的管径。

4）供热干管的坡度为 $i=0.003$，坡度坡向供热总立管。供热干管的末端最高位置装一自动排气罐，以排除系统中的空气。

5）供热干管从①轴到⑩轴之间的管段和从 A 轴到⑩轴之间的管段的中间部位各设一固定支架，其作用是：均匀分配补偿器间管道的热变形，保证补偿器均匀工作，防止管道因受过大的热应力而引起管道破坏与过大的变形。

6）在该供水干管上依次连接六根立管，管径均为 *DN*32，与其相接的散热器支管的管径为 *DN*25。立管上下端均设有截止阀。在立管中，热水依次流经顶层至底层散热器到回水干管。

7）与各立管连接的散热器均为单侧连接。回水干管从⑩轴与 D 轴相交的墙角处起，在散热器下面自西往东沿⑩轴墙在地沟内暗敷，至⑩轴墙处折向南沿⑩轴墙敷设，至 A 轴后又转向西沿 A 轴墙敷设，至回水排出管止。

8）在回水干管上装有方形补偿器、变径接头、固定支架等设备，在图中均用图例表明其安装位置。另外，回水干管具有 $i=0.003$ 的坡度，坡向回水排出管。

9）由南向北敷设的供热干管上各环路的识读方法与上述相同。在该干管上装有方形补偿器，其作用是解决由于管道热胀冷缩而产生变形问题，避免管道弯曲和破裂。

10）图中还注明了散热器的片数、各管段的管径和标高、楼层标高等。

11）图中建筑物南侧立管 $L_1 \sim L_5$ 与建筑物北侧立管 $L_6 \sim L_{11}$ 部分投影重叠，故采用移出画法，并用连接符号 *a*、*b* 和 *c* 示意连接关系。

第四节 地热采暖系统组成及施工图识读

地热采暖是一种舒适的家庭采暖方式。绝大多数地热采暖仍采用水暖，除此之外，还有电供热和燃气供热。地热采暖可简称为“地暖”。

地热采暖的设计原理与以水供热的设计原理相同。地热采暖在室内取消了散热器，仅在地面上敷设专用的供热管道，仍以热水为传媒介质循环加热，使整个室内地面均匀受热，并向室内均衡辐射热量。

地热采暖的优点如下。

1）热辐射面积大，热量均衡、稳定。

2）循环系统好，安装方便，安全、耐用，无人为破坏，系统可与建筑有相同的使用寿命（一般 50 年左右）。

3）舒适环保，节省空间，经济实惠。

4）体感舒适，取消了散热器，节省空间；整个房间地面均匀散热，有利于老人、儿童和体弱的人生活。

5）由于地热采暖安装时增加了保温层，因此具有较好的保温效果。

6）运行费用较低，出水温度相对较低，节省能源。

地热采暖虽然应用广泛，但存在一些缺点。

1）家居装修中，若在地热上铺装地板，必须使用耐热地板，否则易出现由于温度升高引起的开裂问题。

2）管道及附件多数均敷设在室内装修地面以下，特别是以地砖为室内装修地面的情况下，地热采暖存在着维修不便的弊端。

一、地热组成系统方式

敷设地热盘管的方式大致有三种。

（一）迂回式

水流阻力大，给水和出水两端存在一定的温差。管材转弯处为180°，弯曲应力较大，适合于面积较小的房间敷设，如图4-21a所示。

（二）螺旋式

如图4-21b所示，水流阻力小，温度均匀；弯曲应力较小，并可调整盘管间距来满足特殊位置的某些要求。

（三）混合式

如图4-21c所示，混合式为迂回式、螺旋式结合在一起的盘管方式，这样可以互补缺陷。通常用于房间结构复杂多样的情况。

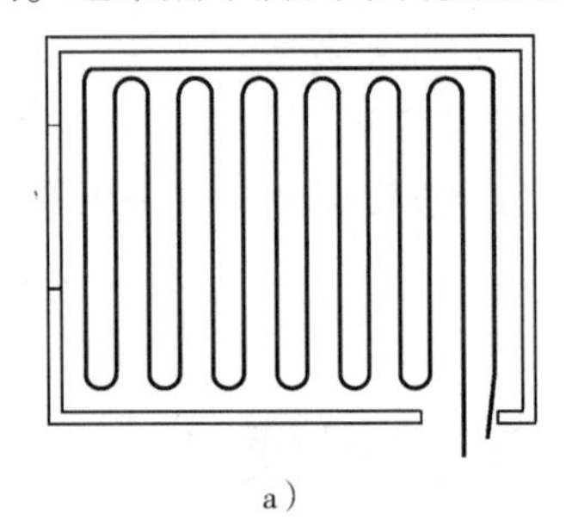
a）

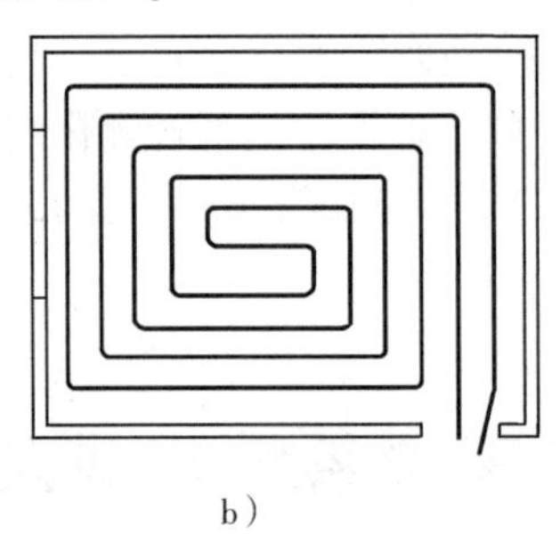
b）

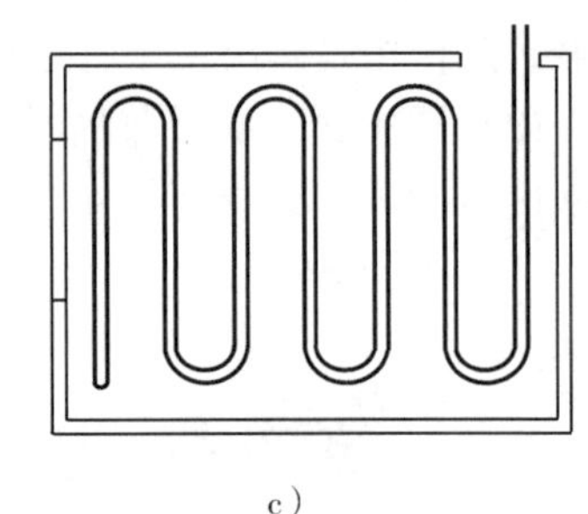
c）

图4-21　地热盘管的敷设方式

a）迂回式　b）螺旋式　c）混合式

二、地热系统组成

如图4-22所示为地热系统示意图。系统管线布置时，每一组集配装置的分支环路最多不宜超过八个；总供回水管以及供回水各分支管都应设置调节阀。集配装置的直径应大于总供回水管的直径。集配装置应高于地面加热管，并设有放风阀，系统分水器设备前必须安装过滤器。

地热系统主要参数如下。

1）供水温度：50~60℃，最高温度不应超过60℃。

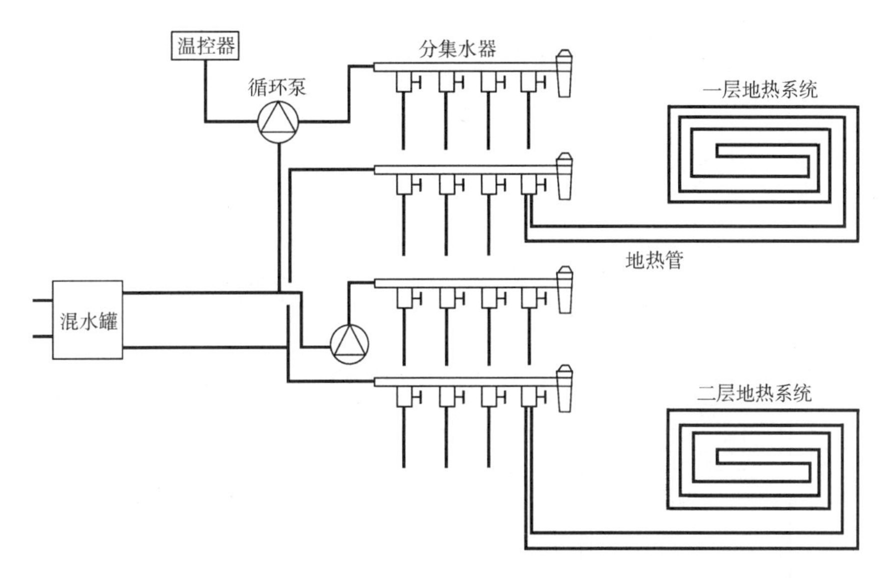

图 4-22　地热系统示意图

2）供水压力：0.3～0.5MPa，最高不应大于0.8MPa。

3）供回水温差：不宜大于10℃。

4）加热管内热水流速：宜控制在0.25～0.5m/s。

5）地热辐射采暖结构厚度：50～80mm（不包括找平层和地面装饰层厚度），其中隔热层20～30mm（常用），填充层30～50mm，一般根据设计要求确定。

6）地热辐射采暖层结构重量：70～120kg/m^2。

7）每环路加热管长度：宜控制在60～80m，最长不应超过100m，每套分集水器不宜超过六个回路。

8）地面温度控制：人员长期停留的地面温度宜控制在24～26℃，人员短期停留的地面温度宜控制在28～30℃，无人员停留的区域地面温度宜控制在35～40℃。

三、地热采暖施工图

（一）地热采暖平面图的主要内容

地热采暖平面图与其他形式采暖平面图以及建筑平面图的内容和规定画法相似，一般包括：图样目录，设计说明，首层管道出户平面图，底层采暖平面图，标准层（中间层）采暖平面图（若某一中间层的建筑结构形式或热负荷不同时需要另行绘图），顶层采暖平面图，分集水器、地面构造示意图，节点详图等。

（二）阅读地热采暖施工图的步骤

1）首先阅读图样名称及比例。如图4-23所示为某住宅底层地热采暖平面图，比例为1:50。

2）在图4-23中找出分集水器。一般分集水器安排在厨房的某一位置，由分集水器的管道引出，阅读各环路的数量、走向、敷设方式、管道间距（一般为200～300mm）、加热管直径等。

3）敷设方式和管道间距是施工的关键。一般情况下，为了保证室内受热温度均衡，通常管道间距的做法是：北侧房间较南侧房间、靠外墙较远较挨外墙房间、底层及顶层较中间层房间等管道间距均小一些（加密）。从图样上无法明显观察出管道排列的疏密，所以应仔细阅读管道间距的标注尺寸。图 4-23 中，南侧房间管道间距为 300mm，北侧房间管道间距为 200mm。

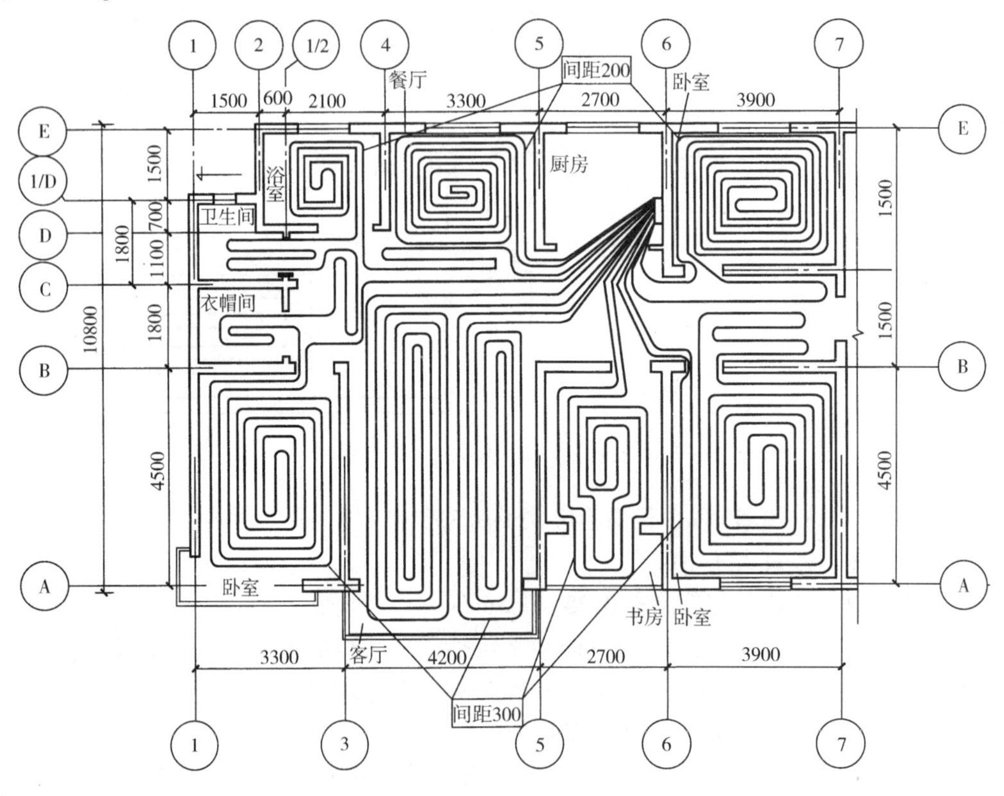

图 4-23　底层地热采暖施工图

四、地热采暖系统安装工艺及要求

低温热水辐射采暖系统，是指加热的管子埋设在建筑物构件内的热水辐射采暖系统，一般有墙壁式、天棚式和地面式。国内应用最为广泛的是低温热水地面辐射采暖系统，也称为地热供暖系统。其供水温度不超过 60℃，供、回水温差一般控制在 10℃，系统的最大压力为 0.8MPa，一般控制在 0.6MPa。低温热水地面辐射采暖系统的安装结构由基础层、保温层、细石混凝土层、砂浆找平层和地面层等组成，如图 4-24 所示。从图中可以看出，埋管均设在建筑施工的细石混凝土层中，或设在水泥

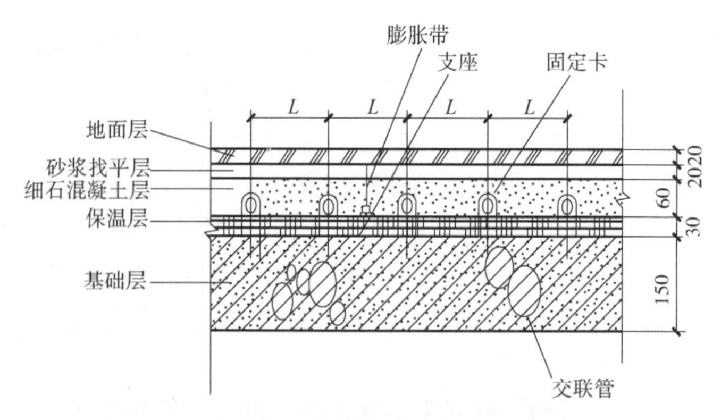

图 4-24　低温热水地面辐射采暖系统的安装结构

砂浆层中，在埋管与基础层的砂浆找平层之间设置保温层，在地面层设置伸缩缝。如图4-25所示为其安装效果。

（一）低温热水地板辐射采暖系统安装工艺流程

低温热水地板辐射采暖系统安装工艺流程如图4-26所示。

图4-25 安装效果

楼面基层清理
绝热保温板材敷设
绝热板材加固层的施工
弹线、抄平、安装管卡
分水器、集水器安装
加热管盘管敷设
下料
加热管管材验收
试压
回填细石混凝土填充层
封闭现场进行成品保护
养护
移交下一道工序施工

图4-26 低温热水地板辐射采暖系统安装工艺流程

（二）地热采暖系统安装工艺

地热采暖系统安装工艺见表4-6。

表4-6 地热采暖系统安装工艺

类 别	内 容
楼地面基层清理	凡采用地板辐射采暖的工程，在楼地面施工时，必须严格控制表面的平整度，仔细压抹，其平整度允许误差应符合混凝土或砂浆地面要求，在保温板敷设前应清除楼地面上的垃圾、浮灰、附着物，特别是油漆、涂料、油污等有机物必须清除干净
绝热板材敷设	1. 绝热板应清洁、无破损，在楼地面敷设平整、搭接严密。绝热板拼接紧凑，间隙10mm，错缝敷设，板接缝处全部用胶带黏结，胶带宽度40mm 2. 房间周围边墙、柱的交接处应设绝热板保温带，其高度要高于细石混凝土回填层 3. 房间面积过大时，以6000mm×6000mm为方格留伸缩缝，缝宽10mm。伸缩缝处用厚度10mm的绝热板立放，高度与细石混凝土层平齐
绝热板材加固层的施工（以低碳钢丝网为例）	1. 钢丝网规格为方格不大于200mm×200mm，在采暖房间满布，拼接处应绑扎连接 2. 钢丝网在伸缩缝处应不能断开，敷设应平整，无锐刺及翘起的边角
加热盘管敷设	1. 加热盘管在钢丝网上面敷设，管长应根据工程上各回路长度酌情确定，一个回路尽可能用一盘整管，应最大限度地减小材料损耗，填充层内不许有接头 2. 加热管应按照设计图样标定的管间距和走向敷设，加热管应保持平直，管间距的安装误差不应大于10mm。敷设加热管前，应对照施工图样核定加热管的选型、管径、壁厚，并应检查加热管外观质量，管内部不得有杂质。加热管安装间断或完毕时，敞口处应随时封堵 3. 安装时，将管的轴线位置用墨线弹在绝热板上，抄高程、设置管卡，按管的弯曲半径≥10*d*（*d*指管外径）计算管的下料长度，其尺寸偏差控制在±5%以内。必须用专用剪刀切割，管口应垂直于断面处的管轴线。严禁用电、气焊、手工锯等工具分割加热管

（续）

类　别	内　容
加热盘管敷设	4. 加热管应设固定装置。可采用下列方法之一固定： 1）用固定卡将加热管直接固定在绝热板或设有复合面层的绝热板上 2）用扎带将加热管固定在敷设于绝热层上的网格上 3）直接卡在敷设于绝热层表面的专用管架或管卡上 4）直接固定于绝热层表面凸起之间形成的凹槽内 加热管弯头两端宜设固定卡；加热管固定点的间距，直管段固定点间距宜为0.5～0.7m，弯曲管段固定点间距宜为0.2～0.3m。按测出的轴线及高程垫好管卡，用尼龙扎带将加热管绑扎在绝热板加强层钢丝网上，或者用固定管卡将加热管直接固定在敷有复合面层的绝热板上。同一通路的加热管应保持水平，确保管顶平整度为±5mm 5. 加热管安装时应防止管道扭曲；弯曲管道时，圆弧的顶部应加以限制，并用管卡进行固定，不得出现“死折”；塑料及铝塑复合管的弯曲半径不宜小于6倍管外径，铜管的弯曲半径不宜小于5倍管外径；加热管固定点的间距，弯头处间距不大于300mm，直线段间距不大于600mm 6. 在过门、伸缩缝与沉降缝时，应加装套管，套管长度≥150mm。套管比盘管大2号，内填保温边角余料 7. 加热管出地面至分水器、集水器连接处，弯管部分不宜露出地面装饰层。加热管出地面至分水器、集水器下部球阀接口之间的明装管段外部应加装塑料套管。套管应高出装饰面150～200mm 8. 加热管与分水器、集水器连接，应采用卡套式、卡压式挤压夹紧连接；连接件材料宜为铜质；铜质连接件与PP-R或PP-B直接接触的表面必须镀镍 9. 加热管的环路布置不宜穿越填充层内的伸缩缝。必须穿越时，伸缩缝处应设长度不小于200mm的柔性套管 10. 伸缩缝的设置应符合下列规定： 1）在与内外墙、柱等垂直构件交接处应留不间断的伸缩缝，伸缩缝填充材料应采用搭接方式连接，搭接宽度不应小于10mm；伸缩缝填充材料与墙、柱应有可固定措施，距地面绝热层连接应紧密，伸缩缝宽度不宜小于10mm。伸缩缝填充材料宜采用高发泡聚乙烯泡沫塑料 2）当地面面积超过30m^{2}或边长超过6m时，应按不大于6m间距设置伸缩缝，伸缩缝宽度不应小于8mm。伸缩缝宜采用高发泡聚乙烯泡沫塑料或内部满填弹性膨胀膏 3）伸缩缝应从绝热层的上边缘做到填充层的上边缘
分水器、集水器安装	1. 分水器、集水器安装可在加热管敷设前安装，也可在敷设管道回填细石混凝土后与阀门、水表一起安装。安装必须平直、牢固，在细石混凝土同填前安装需做水压试验 2. 当水平安装时，一般宜将分水器安装在上，集水器安装在下，中心距宜为200mm，且集水器中心距地面不小于300mm 3. 当垂直安装时，分水器、集水器下端距离地面应不小于150mm 4. 加热管始、末端出地面至连接配件的管段，应设置在硬质套管内。加热管与分水器、集水器分路阀门的连接，应采用专用卡套式连接件或插接式连接件
填充层施工	1. 在加热管系统试压合格后方能进行细石混凝土层回填施工。细石混凝土层施工应遵循土建工程施工规定，优化配合比设计，选出强度符合要求、施工性能良好、体积收缩稳定性好的配合比。建议强度等级应不小于C15，卵石粒径宜不大于12mm，并宜掺入适量防止龟裂的添加剂 2. 敷设细石混凝土前，必须将敷设完管道后工作面上的杂物、灰渣清除干净（宜用小型空压机清理）。在过门、过沉降缝处、过分格缝部位宜嵌双玻璃条分格（玻璃条用3mm玻璃裁划，比细石混凝土面低1～2mm），其安装方法同水磨石嵌条

（续）

类　　别	内　　容
填充层施工	3. 细石混凝土在盘管加压（工作压力或试验压力不小于 0.4MPa）状态下敷设，回填层凝固后方可泄压，填充时应轻轻捣固，敷设时不得在盘管上行走、踩踏，不得有尖锐物件损伤盘管和保温层，要防止盘管上浮，应小心下料、拍实、找平 4. 细石混凝土接近初凝时，应在表面进行二次拍实、压抹，以防止顺管轴线出现塑性沉缩裂缝。表面压抹后应保湿养护 14 天以上
面层施工	1. 面层施工时，不得剔、凿、割、钻和钉填充层，不得向填充层内楔入任何物件 2. 面层的施工，应在填充层达到要求强度后才能进行 3. 石材、面砖在与内外墙、柱等垂直构件交接处，应留 10mm 宽的伸缩缝；木地板敷设时，应留不小于 14mm 的伸缩缝 伸缩缝应从填充层的上边缘做到高出装饰层上表面 10 ~ 20mm，装饰层敷设完毕后，应裁去多余部分。伸缩缝填充材料宜采用高发泡聚乙烯泡沫塑料 4. 木地板作为面层时，木材应经干燥处理，且在填充层和找平层完全干燥后才能进行地板施工 5. 瓷砖、大理石、花岗岩面层施工时，在伸缩缝处宜采用干贴
检验、调试和验收	1. 检验 1）中间验收。低温热水地板辐射采暖系统，应根据工程施工特点进行中间验收。中间验收过程为从加热管道敷设和热媒分、集水器装置安装完毕进行试压起至混凝土填充层养护期满再次进行试压止，由施工单位会同监理单位进行 2）水压试验。浇捣混凝土填充层之前和混凝土填充层养护期满之后，应分别进行系统水压试验。水压试验应符合下列要求： ①水压试验之前，应对试压管道和构件采取安全有效的固定和养护措施 ②试验压力应不小于系统静压加 0.3MPa，且不得低于 0.6MPa ③冬季进行水压试验时，应采取可靠的防冻措施 3）水压试验步骤。水压试验应按下列步骤进行： ①经分水器缓慢注水，同时将管道内空气排出 ②充满水后，进行水密性检查 ③采用手动泵缓慢升压，升压时间不得少于 15min ④升压至规定试验压力后，停止加压 1h，观察有无漏水现象 ⑤稳压 1h 后，补压至规定试验压力值，以 15min 内的压力降不超过 0.05MPa，无渗漏为合格 2. 调试 1）系统调试条件。供回水管全部水压试验完毕符合标准；管道上的阀门、过滤器、水表经检查确认安装的方向和位置均正确，阀门启闭灵活；水泵进出口压力表、温度计安装完毕 2）系统调试。热源引进到机房，通过恒温罐及采暖水泵向系统管网供水。调试阶段系统供热温度起始温度为常温 25 ~ 30℃，运行 24h 后将水温逐步提升，每 24h 提升不超过 5℃，在 38℃恒定一段时间，随着室外温度不断降低再逐步升温，直至达到设计水温，并进行调节，使每一通路水温达到正常范围 3. 竣工验收。符合以下规定方可通过竣工验收： 1）竣工质量符合设计要求和施工验收规范的有关规定 2）填充层表面不应有明显裂缝 3）管道和构件无渗漏 4）阀门开启灵活、关闭严密

（三）热水管道及配件安装

热水管道布置的基本原则是在满足使用与便于维修管理的情况下使管线最短。热水干管根据所选定的方式可以敷设在室内地沟内、地下室顶部、建筑物最高层或专用设备技术层内。一般建筑物的热水管放置在预留沟槽、管道竖井内。明装管道尽可能布置在卫生间或无人居住的房间。

1. 热水管道及配件安装工艺流程

准备工作──→预制加工──→支架安装──→管道安装──→配件安装──→管道试压──→管道冲洗──→管道防腐和保温──→综合调试。

2. 热水管道及配件安装工艺

热水管道及配件安装工艺见表4-7。

表4-7 热水管道及配件安装工艺

类　别	内　容
准备工作	1. 复核预留孔洞、预埋件的尺寸、位置、标高 2. 根据设计图样画出管路分布的走向、管径、变径、甩口的坐标、高程、坡度坡向及支、吊架、卡件的位置，画出系统节点图
预制加工	1. 根据图样和现场实际测量的管段尺寸，按草图计算管道长，在管段上画出所需的分段尺寸后，将管道垂直切断，处理管口，套丝上管件，调直 2. 将预制加工好的管段编号，放到适当位置，待安装
支架安装	1. 支、吊、托架的安装应符合下列规定 1）位置正确，埋设应平整、牢固 2）固定支架与管道接触应紧密，固定应牢靠 3）滑动支架应灵活，滑托与滑槽两侧应留有3～5mm的间隙，纵向移动量应符合设计要求 4）有热伸长管道的吊架、吊杆应向热膨胀的反方向偏移 5）固定在建筑结构上的管道支、吊架不得影响结构的安全 2. 镀锌钢管水平安装的管道支架最大间距不应大于表4-8的规定 3. 铜管立管和水平安装的管道支架最大间距应符合表4-9的规定 4. 复合管立管或水平安装的管道支架最大间距应符合表4-10的规定。采用金属制作的管道支架，应在管道与支架间加衬非金属垫或套管
管道安装	按管道的材质可分为铜管安装、镀锌钢管安装和复合管安装 1. 铜管连接可采用专用接头或焊接。当管径小于22mm时，宜采用承插或套管焊接，承口应朝介质流向安装；当管径大于或等于22mm时，应采用对口焊接 1）铜管应使用专用刀具切断，要求铜管的切割面必须与铜管中心线垂直，铜管端部、外表面与铜管管件相接的一段应清洁、无油污方可焊接 2）铜管卡套连接应符合下列规定： ①管口断面应垂直平整，且应使用专用工具将其整圆或扩口 ②应使用活扳手或专用扳手，严禁使用管子钳旋紧螺母 ③连接部位宜采用二次装配，当一次装配完成时，应从力矩激增点后再将螺母拧紧1～1.5圈，使卡套刃口切入管子，但不可旋得过紧 3）铜管冷压连接应符合下列规定： ①应采用专用压接工具 ②管口断面应垂直、平整，且管口无毛刺 ③管材插入管件的过程中，密封圈不得扭曲变形 ④压接时，卡钳端面应与管件轴线垂直，达到规定卡压力后再延时1～2s

（续）

类　别	内　容
管道安装	4）铜管法兰式连接的垫片可采用耐温夹布橡胶板或铜垫片等；法兰连接应采用镀锌螺栓，对称旋紧 5）铜管钎焊连接应符合下列规定： ①钎焊强度小，一般焊口采用搭接形式。搭接长度为管壁厚度的6~8倍，当管道的外径≤25mm时，搭接长度为管道外径的1.2~1.5倍 ②焊接前应对焊接处铜管外壁和管件内壁用细砂纸、钢毛刷或含其他磨料的布砂纸擦磨，去除表面氧化物 ③外径不大于55mm的铜管钎焊时，选用氧-丙烷火焰焊接操作，大于55mm的铜管允许用氧-乙炔火焰，焊接过程中，焊枪应根据管径大小酌情选用，钎焊火焰应用中性火焰 ④均匀加热被焊管件，尽可能快速将母材加热，焊接时，不得出现过热现象，切勿将火焰直接加热钎料，尽可能不要加热焊环（一般加热钎料下部，毛细管作用产生的吸引力使熔化后的钎料往里渗透） ⑤当钎料全部熔化即停止加热，焊料渗满焊缝后保持静止，自然冷却。由于钎料流动性好，若继续加热钎料会不断往里渗透，不容易形成饱满的焊角。必须特别注意，应避免超过必要的温度，且加热时间不宜过长，以免使管件的强度降低 ⑥铜管与铜管件装配间隙的大小直接影响钎焊质量和钎料的质量，为了保证通过毛细管作用使钎料得以散布，在套接时，应调整铜管自由端和管件承口或插口处，使其装配间隙符合表4-11的要求。当铜管件或铜管局部变形时，应进行必要的修正后再使用 ⑦铜管装配钎料的选用应根据不同的使用情况，铜管件与铜管可选择QWY-10、QJY-2B铜磷（银）钎料，其主要特点见表4-12。钎料应根据不同规格的管件选择使用钎焊条或钎焊环的形式。钎焊料形式见表4-13 ⑧铜管与铜合金管件或铜合金管件与铜合金管件焊接时，应在铜合金管件焊接处使用助焊剂，并在焊接完成后清除管道外壁的残余熔剂 ⑨管道安装时尽量避免倒立焊 ⑩钎焊结束后，用湿布擦拭连接部分。钎焊后的管件，必须在8h内进行清洗，除去残留的熔剂和熔渣。常用煮沸的10%~15%明矾水溶液或10%柠檬酸水溶液涂刷接头处，然后再用毛巾擦净。最后用流水冲洗管道，以免残余熔渣滴在管路内引起事故 2. 镀锌钢管安装要求参见室内金属给水管道及配件安装 3. 复合管安装要求参见低温热水地板辐射采暖系统安装 4. 热水管道安装注意事项如下： 1）管道的穿墙及楼板处均按要求加套管及固定支架。安装伸缩器前按规定做好预拉伸，待管道固定卡件安装完毕后，除去预拉伸的支撑物，调整好坡度，翻身处高点要有排气阀，低点有泄水装置 2）热水立管和装有三个或三个以上配水点的支管始端，以及阀门后面按水流方向均应设置可装拆的连接件。热水立管每层设管卡，距地面1.5~1.8m 3）热水支管安装前核定各用水器具热水预留口高度、位置。当冷、热水管或冷、热水龙头并行安装时，应符合下列规定： ①上下平行安装，热水管在冷水管上方安装 ②左右平行安装时，热水管在冷水管的左侧安装 ③在卫生器具上安装冷、热水龙头，热水龙头安装在左侧 ④未要求冷、热水管上下、左右间距设计时，宜为100~120mm 4）热水横管坡度应大于0.3%，坡向与水流方向相反，以便于排气和泄水。在上分式系统配水干管的最高点应设排气装置（自动排气阀或集气罐、膨胀水箱），最低点应设泄水装置（泄水阀或螺塞）或利用最低处水龙头泄水。下分式系统回水立管应在最高配水点以下0.5m处与配

（续）

类　别	内　容
管道安装	水立管连接，以防热气被循环水带走。为避免干管伸缩时对立管的影响，立管与水平干管连接时，立管应加弯管，如图 4-27 所示 5）热水管道应设固定支架或活动导向支架，固定支架间距应满足管段的热伸长量不大于伸缩器允许的补偿量 6）容积式热水加热器或贮水器上接出的热水供水管应从设备顶部接出。当热水供给系统为自然循环时，回水管一般在设备顶部以下 1/4 高度接入；机械循环时，回水管则从设备底部接入；热媒为热水时，进水管应在设备顶部以下 1/4 处接入，回水管应从设备底部接入 7）热水配水管、回水管、加热器、贮水器、热媒管道及阀门等应进行保温，保温之前应进行防腐处理，保温层外表面加保护层（壳），臂槽转弯处保温应做伸缩缝，缝内填柔性材料
配件安装	1. 阀门安装 1）热水管道的阀门种类、规格、型号必须符合规范及设计要求； 2）阀门进行强度和严密性试验，按批次抽查 10%，且不少于 1 个，合格才可安装。对于安装在主干管上起切断功能的阀门，应逐个做强度及严密性试验 3）阀门的强度试验，试验压力应为公称压力的 1.5 倍，阀体和填料处无渗漏为合格。严密性试验，试验压力为公称压力的 1.1 倍，阀芯密封面不漏为合格 4）阀门试压的试验持续时间不少于表 4-14 中的规定 2. 安全阀安装。闭式热水供给系统中，热媒为蒸汽或大于90℃的热水时，加热器除安装安全阀（宜用微启式弹簧安全阀）外，还应设膨胀罐或膨胀管。开式热水供给系统的加热器可不装安全阀。安全阀的开启压力一般为加热器处工作压力的 1.1 倍，但不得大于加热器的设计压力（一般有 0.59MPa、0.98MPa、1.57MPa 三种规格） 安全阀的直径应比计算值大一级，安全阀阀座内径一般可取比加热器热水出水管管径小一号。安全阀直立安装在加热器顶部，其排出口应用管将热水引至安全地点。在安全阀与设备间不得装吸水管、引气管或阀门 1）弹簧式安全阀要有提升手把和防止随便拧动调整螺钉的装置 2）检查其垂直度，当发现倾斜时，应进行校正 3）调校条件不同的安全阀，在热水管道投入试运行时，应及时进行调校 4）安全阀的最终调整宜在系统上进行，开启压力和回座压力应符合设计文件的规定 5）安全阀调整后，在工作压力下不得有泄漏 6）安全阀最终调整合格后，应做标记，重做铅封，并填写“安全阀调整试验记录” 7）膨胀管是一种吸收热水供给系统内热水升温膨胀量，防止设备和管网超压的简易装置，适用于设置膨胀水箱的系统。其引入管应从上接入，入口与水箱最高水位间应有 50～100mm 的间隙。多台加热器宜分别设置各自的膨胀管，膨胀管上严禁设阀门，寒冷地区应采取保温措施。膨胀管管径选用：锅炉或加热器的传热面积为小于 $10m^2$、$10\sim15m^2$、$15\sim20m^2$、大于 $20m^2$ 时，膨胀管最小管径分别为 25mm、32mm、40mm、50mm 闭式热水供给系统中宜设膨胀水罐以吸收加热、贮热设备及管道内水升温时的膨胀量。膨胀罐可设在加热器和止回阀间的冷水进水管或热水回水管的分支管上 3. 温度自动调节装置。主要有自动式、电动式和电磁式温度调节阀。安装前应将感温包放在热水中试验，且符合产品性能要求。调节阀安装时应加旁通管，旁通管及调节阀前后应加装阀门，调节阀前装截污器，以保证其正常运行。容积式加热器的感温包宜靠近加热盘管上部安装 4. 管道伸缩补偿装置。金属管道随热水温度升高会伸长，而出现弯曲、位移、接头开裂等现象，因此，在较长的直线热水管路上，每隔一定距离需设置伸缩器。常用伸缩器主要有 L 或 Z 形自然补偿器、N 形伸缩器、套管伸缩器、波纹管伸缩器等 5. 疏水器。用蒸汽作热媒间接加热的加热器凝结水用水管上应装设疏水器，凝结水出水温度不大于80℃的可不装设。蒸汽管向下凹处的下部、蒸汽主管底部也应设疏水器，以及时排除管

（续）

类　别	内　容
配件安装	中的凝结水。疏水器前应设过滤器，但一般不设旁通阀。当疏水器后有背压、凝结水管抬高或不同压力的凝结水接在一根母管上时，疏水器后应设止回阀 6. 排气装置。闭式上行下给热水供给系统中可装自动排气阀，在下行上给式系统中可利用立管上最高处的水龙头排气 7. 仪表。温度计的刻度范围应为工作温度范围的两倍。压力表的精度不应低于2.5级，表盘直径不小于100mm，刻度极限值宜为工作压力的两倍。冷水供水管上装冷水表，热水供水管或供水点上装热水表
管道试压	热水管道试压一般为分段试压和系统试压 1. 管网注水点应设在管段的最低处，由低向高将各个用水管末端封堵，关闭入口总阀门和所有泄水阀门及低处泄水阀门，打开各分路及主管阀门，水压试验时不连接配水器具。注水时打开系统排气阀，排净空气后将其关闭 2. 充满水后进行加压，升压采用电动打压泵，升压时间不应小于10min，且不应大于15min。当设计未注明时，热水供应系统水压试验的压力应为系统顶点工作压力加0.1MPa，且系统水压试验压力不小于0.3MPa 3. 当压力升到设计规定试验值时停止加压，进行检查，持续观测10min，观察其压力下降不大于0.02MPa，然后将压力降至工作压力，压力应不降，且不渗不漏为合格。检查全部系统，若有漏水则在该处做好标记，进行修理，修好后再充满水进行试压，试压合格后由有关人员验收签认，办理相关手续 4. 水压试验合格后把水泄净，管道做好防腐保温处理，再进行下道工序
管道冲洗	热水管道在系统运行前必须进行冲洗。热水管道试压完成后即可进行冲洗，冲洗应用自来水连续进行，要求以系统最大设计流量或不小于1.5m/s的流速进行冲洗，直到出水口的水色和透明度与进水目测一致为合格
管道防腐和保温	参照室外供热管道防腐及保温
综合调试	1. 检查热水系统阀门是否全部打开 2. 开启热水系统的加压设备向各个配水点送水，将管端与配水件接通，并以管网的设计工作压力供水，将配水件分批开启，各配水点的出水应通畅；高点放气阀反复开闭几次，将系统中的空气排净。检查热水系统全部管道及阀件有无渗漏、热水管道的保温质量等，若有问题应先查明原因，解决后再按照上述程序运行 3. 开启系统各个配水点，检查通水情况，记录热水系统的供回水温度及压差，待系统正常运行后，做好系统试运行记录，办理交工验收手续

表4-8　镀锌钢管水平安装的管道支架的最大间距

公称直径/mm		15	20	25	32	40	50	70	80	100	125	150
支架的最大间距/m	保温管	2	2.5	2.5	2.5	3	3	4	4	4.5	6	7
	不保温管	2.5	3	3.5	4	4.5	5	6	6	6.5	7	8

表4-9　铜管立管和水平安装的管道支架最大间距

公称直径/mm		15	20	25	32	40	50	65	80	100	125	150	200
支架最大间距/m	立管	1.8	2.4	2.4	3.0	3.0	3.0	3.5	3.5	3.5	3.5	4.0	4.0
	水平管	1.2	1.8	1.8	2.4	2.4	2.4	3.0	3.0	3.0	3.0	3.5	3.5

表 4-10　复合管立管或水平安装的管道支架最大间距

管径/mm			12	14	16	18	20	25	32	40	50	63	75	90	100
最大间距/m	立管		0.5	0.6	0.7	0.8	0.9	1.0	1.1	1.3	1.6	1.8	2.0	2.2	2.4
	水平管	冷水管	0.4	0.4	0.5	0.5	0.6	0.7	0.8	0.9	1.0	1.1	1.2	1.35	1.55
		热水管	0.2	0.2	0.25	0.3	0.3	0.35	0.4	0.5	0.6	0.7	0.8	—	—

表 4-11　铜管装配间隙

铜管外径 d_w/mm		8~10	12~16	19	22	28	35
间隙/m	最大	0.20	0.26	0.39	0.42	0.44	0.55
	最小	0.03	0.05				0.10
铜管外径 d_w/mm		44	55	70	85~105	133~159	219
间隙/m	最大	0.55	0.70	0.80	1.5	2.0	
	最小	0.10					

表 4-12　铜管装配钎料的主要特点

牌号	熔化温度区/℃	特性
QWY-10（无银）	710~780	铺展性、填缝性特别好
QJY-2B（低银）	643~788	钎焊工艺性优良

表 4-13　钎焊料形式

公称直径 *DN*	钎焊料形式
6~50	钎焊环
65~200	钎焊条

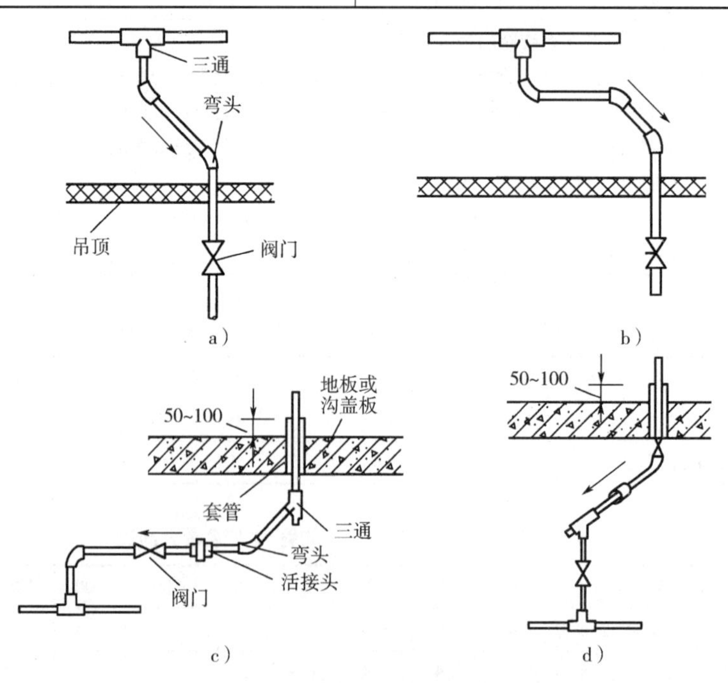

图 4-27　热水立管与水平干管的连接方法

a）方式 1　b）方式 2　c）方式 3　d）方式 4

表 4-14　阀门试验持续时间

公称直径 DN	最短试验持续时间/s		
	严密性试验		强度试验
	金属密封	非金属密封	
≤50	15	15	15
65～200	30	15	60
250～450	60	30	180

第五节　室外热力管道的安装工艺及要求

热电站集中供热和区域供热具有高效能、低热耗、减少环境污染等优点，由热电站或中心锅炉房到用户的热媒，往往要经过几 km 或几十 km 的长距离运送，而且其管道的管径一般较大，热媒的压力较大，温度也较高，因此对于室外热力管道的施工安装、质量要求等较为严格。室外热力管道常采用地下敷设和架空敷设。地下敷设的管道一般有可通行地沟敷设、半通行地沟敷设、不可通行地沟敷设和无地沟敷设等。

对于地下敷设的热力管道，除有管道的安装工作外，还有开挖沟槽的土方工程，而土方工程的工程量占整个管道施工工程量的比重较大，因此应组织好土方工程工作。

室外供热管道管径大，分支较少，管线较长，因此在施工时，应当注意管道各种支架的安装位置是否正确。

1. 室外热力管道安装工艺流程

定位放线⟶支、吊架形式选择⟶支、吊架安装⟶热力管道安装⟶附件安装⟶防腐保温。

2. 室外热力管道安装工艺

室外热力管道安装工艺见表 4-15。

表 4-15　室外热力管道安装工艺

类　别	内　容
定位放线	按照图样要求，放出管道中心线，在管道水流方向改变的节点、阀门安装处、管道分支点等位置进行放线，并在变坡点放出标高线
支、吊架形式选择	热力管道支、吊架的作用是支、吊热力管道，并限制管道的侧向变形和位移。它要承受由热力管道传来的管内压力、外部荷载（包括重力、摩擦力、风力等）及温度变化时引起管道变形的弹性力，并将这些力传到支、吊结构上去 管道支、吊架的形式很多，按照对管道的制约情况，可分为固定支架和活动支架 1）活动支架。热力管道活动支架的作用是直接承受热力管道及其保温结构的重量，并使管道在温度的作用下能沿管轴向自由伸缩。活动支架的结构形式有滑动支架、滚动支架、悬吊支架及导向支架等 ①滑动支架。滑动支架分为低位滑动支架和高位滑动支架。低位的滑动支架如图 4-28 所示。它是用一定规格的槽钢段焊在管道下面作为支座，并利用此支座在混凝土底座上往复滑动。图 4-29 所示为另一种低位滑动支架，它是用一段弧形板代替上面的槽钢段焊在管道下面作为支座，

（续）

类　　别	内　　容
支、吊架形式选择	故又称为弧形板滑动支架。高位滑动支架的托架高度高于保温层厚度，克服了低位滑动支架在支座周围不能保温的缺陷，因而管道热损失较小。如图4-30所示的高位曲面槽滑动支架和如图4-31所示的T形托架滑动支架，均为高位滑动支架 ②滚动支架。滚动支架利用滚子的转动来减小管子移动时的摩擦力，其结构形式有滚轴支架（图4-32）和滚柱支架（图4-33），结构较为复杂。一般滚动支架只用于介质温度较高、管径较大的架空敷设的管道上。地下敷设，特别是不通行地沟敷设时，不宜采用滚动支架，这是因为滚动支架由于锈蚀不能转动时，会影响管道自由伸缩 ③悬吊支架。悬吊支架（吊架）结构简单，如图4-34所示为几种常见的悬吊支架。在热力管道有垂直位移的地方，常装设弹簧悬吊支架，如图4-35所示 设置悬吊支架时，应将它支撑在可靠的结构上，应尽量生根在土建结构的梁、柱、钢架或砖墙上。悬吊支架的生根结构一般采用插墙支承或与土建结构预埋件焊接的方式。当无预埋件时，可采用梁箍或槽钢夹柱的方式 由于管道各段的温度形变量不同，悬吊支架的偏移角度不同，致使各悬吊支架受力不均，引起供热管发生扭曲。为减少供热管道产生扭曲，应尽量选用较长的吊杆 在安装悬吊支架的供热管道上，应选用能承受扭曲的补偿器，如方形补偿器等，而不得采用套筒型补偿器 ④导向支架。导向支架由导向板和滑动支架组成，如图4-36所示。通常装在补偿器的两侧，其作用是使管道在支架上滑动时不致偏离管子中心线，即在水平供热管道上只允许管道沿轴向水平位移，导向板防止管道横向位移 2）固定支架。热力管道固定支架的作用如下： ①在有分支管路与之相连接的供热管网的干管上，或与供热管网干管相连接的分支管路上，在节点处设置固定支架，以防止由于供热管道的轴向位移使其连接点受到破坏 ②在安装阀门处的供热管道上设置固定支架，以防止供热管道的水平推力作用在阀门上，破坏或影响阀门的开启、关断及其严密性 ③在各补偿器的中间设置固定支架，均匀分配供热管道的热伸长量，保证热补偿器安全可靠地工作。由于固定支架不但承受活动支架摩擦反力、补偿器反力等很大的轴向作用力，而且要承受管道内部压力的反力，所以固定支架的结构一般应经设计计算确定 在供热工程中，最常用的是金属结构的固定支架，采用焊接或螺栓连接的方法将供热管道固定在固定支架上。金属结构的固定支架形式很多，常用的有夹环式固定支架（图4-37）、焊接角钢固定支架（图4-38）、焊槽钢的固定支架（图4-39）和挡板式固定支架（图4-40） 夹环式固定支架和焊接角钢固定支架常用在管径较小，轴向推力也较小的供热管道上，与弧形板滑动支架配合使用 滑动支架的底面钢板与支撑钢板焊接，就成为固定支架。它所承受的轴向推力一般不超过50kN，轴向推力超过50kN的固定支架应采取挡板式固定支架
支、吊架安装	管道支吊架形式的确定要由对管道所处位置点上的约束性质来决定。若管道约束点不允许有位移，则应设置固定支架；若管道约束点处无垂直位移或垂直位移很小，则可设置活动支架 活动支架的间距是由供热管道的允许跨距决定的。供热管道允许跨距的大小，决定于管材的强度、管子的刚度、外荷载的大小、管道敷设的坡度及供热管道允许的最大挠度。供热管道允许跨距的确定，通常按强度及刚度条件来计算，选取其中较小值作为供热管道活动支架的间距。供热管道活动支架间距见表4-16 地沟敷设的供热管道活动支架间距，表4-16中所列数值较架空敷设的值小，这是因为在地沟中，当个别活动支架下沉时，供热管道间距增大，弯曲应力增大，而又不能被及时发现、及时检修。因此，从安全角度考虑，地沟内活动支架的间距适当减小

（续）

类　别	内　容
支、吊架安装	固定支架最大间距与所采用的热补偿器的形式及供热管道的敷设方式有关，通常参照表4-17选定 支、吊架安装一般要求如下： 1）支架横梁应牢固地固定在墙、柱子或其他结构物上，横梁长度方向应水平，顶面应与管子中心线平行 2）无热位移的管道吊架的吊杆应垂直于管子，吊杆的长度要能调节。两根热位移方向相反或位移值不等的管道除设计有规定外，不得使用同一杆件 3）固定支架承受着管道内压力的反力及补偿器的反力，因此固定支架必须严格安装在设计规定的位置，并应使管子牢固地固定。在无补偿装置、有位移的直管段上，不得安装一个以上的固定支架 4）活动支架不应妨碍管道由于热膨胀所引起的移动。保温层不得妨碍热位移。管道在支架横梁或支座的金属垫块上滑动时，支架不应偏斜或使滑托卡住 5）补偿器的两侧应安装1~2个导向支架，使管道在支架上伸缩时不至偏移中心线。在保温管道中不宜采用过多的导向支架，以免妨碍管道的自由伸缩 6）支架的受力部件，如横梁、吊杆及螺栓等的规格应符合设计或有关标准图的规定 7）支架应使管道中心离墙的距离符合设计要求，一般保温管道的保温层表面离墙或柱子表面的净距离不应小于60mm 8）弹簧支、吊架的弹簧安装高度，应按设计要求调整，并做记录。弹簧的临时固定件，应待系统安装、试压、保温完毕后方可拆除 9）铸铁、铅、铝用大口径管道上的阀门，应设置专用支架，不得以管道承重 另外，管道支架的形式多种多样，安装要求也不尽一致。支、吊架安装时，除满足上面的基本要求外，还需满足设计要求及现行采暖通风国家标准图集中对支、吊架安装的具体要求
热力管道安装	1. 有地沟敷设管道的安装 1）可通行和半通行地沟内管道安装。这两种地沟内的管道可以装设在地沟内一侧或两侧，管道支架一般都采用钢支架。安装支架，一般在土建浇筑地沟基础和砌筑沟墙前，根据支架的间距及管道的坡度确定支架的具体位置、标高，向土建施工人员提出预留安装支架孔洞的具体要求。若每个支架上安放的管子超过一根，则应按支架间最小间距来预埋或预留孔洞 管道安装前，需检查支架的牢固性和高程，然后根据管道保温层表面与沟墙间的净距要求，在支架上标出管道的中心线，就可将管道就位。若同一地沟内设置成多层管道，则最好将下层的管子安装、试压、保温完成后，再逐层向上面进行安装 地沟内部管道的安装，通常也是先在地面上开好坡口、分段组装后再就位于管沟内各支架上 2）不通行地沟内管道安装。在不通行地沟内，管道只设成一层，且管道均安装在混凝土支墩上。支墩间距即为管道支架间距，其高度应根据支架高度和保温厚度，参照表4-18确定。支墩可在浇筑地沟基础时一并筑出，且其表面需预埋支撑钢板。供、回水管的支墩应错开布置 因不通行地沟内的操作空间较狭小，故管道安装一般在地沟基础层打好后立即进行，待水压试验合格、防腐保温做完后，再砌筑墙和封顶 2. 直埋敷设管道安装 1）沟槽开挖及沟基处理。沟槽的开挖形式及尺寸是根据开挖处地形、土质、地下水位、管数及埋深确定的。沟槽的形式有直槽、梯形槽、混合槽和联合槽，如图4-41所示 直埋热力管道多采用梯形沟槽。梯形槽的沟深不超过5m，其边坡的大小与土质有关。施工时，梯形槽边坡可参考表4-19中所列数据选取。沟槽开挖时应不破坏槽底处的原土层 因为管道直接坐落在土壤上，沟底管基的处理极为重要。原土层沟底，若土质坚实，可直接下管；若土质较松软，应进行夯实。砾石沟底，应挖出200mm，用好土回填并夯实。因雨或地下水位与沟底较近，使沟底原土层受到扰动时，一般应铺100~200mm厚碎石或卵石垫层，石上再铺100~150mm厚的砂子作为砂枕层。进行沟基处理时，应注意设计中对坡度、坡向的要求

（续）

类　别	内　容
热力管道安装	2）热力管道下管施工。直埋热力管道保温层的做法有工厂预制法、现场浇灌法和沟槽填充法 ①工厂预制法。下管前，根据吊装设备的能力，预先把2～4根管子在地面上组焊在一起，敞口处开好坡口，并在保温管外面包一层塑料保护膜；同时在沟内管道的接口处挖出操作坑，坑深为管底以下200mm，坑处沟壁距保温管外壁不小于200mm。吊管时，不得以绳索直接接保温管外壳，应用宽度约150mm的编织带兜托管子 ②现场浇灌法。采用聚氨基甲酸酯硬质泡沫塑料或聚异氰脲酸酯硬质泡沫塑料等，分段进行现场浇灌保温，然后按要求将保温层与沟底间孔隙填充砂层后，除去临时支撑，并将此处用同样的保温材料保温 ③沟槽填充法。将符合要求的保温材料调成泥状，直接填充至管道与沟周围的空隙间，且管顶的厚度应符合设计要求，最后是回填土处理。无地沟敷设管道如图4-42所示 3）管道连接、焊口检查及接口保温 管道就位后即可进行焊接，然后按设计要求进行焊口检验，合格后可做接口保温工作。注意在做接口保温前，应先将接口需保温的地方用钢刷和砂布打磨干净，然后采用与保温管道相同的保温材料将接口处保温，且与保温管道的保温材料间不留缝隙 如果设计要求必须做水压试验，可在做焊口检验之后，接口保温之前进行试压，合格后再做接口保温 4）沟槽的回填。回填时，最好先铺70mm厚的粗砂枕层，然后用细土填至管顶以上100mm处，再用厚土回填。管道直埋断面形式如图4-43所示。要求回填土中不得含有30mm以上的砖或石块，且不能用淤泥土和湿黏土回填。当填至管顶以上0.5m时，应夯实后再填，每回填0.2～0.3m，夯击三遍，直到地面。回填后沟槽上的土面应略呈拱形，拱高一般取150mm
附件安装	室外供热管网担负着向许多热用户供热的任务，为了均衡、安全、可靠地供热，室外供热管网中需要设置一些必要的附属器具。各种附属器具的结构、性能不同，作用也不同，施工时一定要注意它们的安装方法和安装要求，以保证它们工作可靠、维修方便 1. 除污器。安装时设置专门支架，但不能妨碍排污，同时注意水流方向，不得装反 2. 减压阀 1）减压阀只允许安装在水平干管上，阀体应垂直，并使介质流动方向与阀体上箭头所示方向一致，其两端应设置截止阀 2）减压装置配管时，减压阀前管段直径应与减压阀公称直径相同，但减压阀后的管道直径应比减压阀的公称直径大1～2个规格 3）减压装置前后应安装压力表，减压后的管道上还应安装安全阀。安全阀的排气管应接至室外不影响人员安全处 4）减压阀一般沿墙安装在适当高度上，以便操作维修 3. 疏水器 1）疏水器应安装在便于检修的地方，应尽量靠近用热设备凝结水排出口下，并应安装在排水管的最低点 2）疏水器安装应按设计设置旁通管、冲洗管、检查管、止回阀和除污器。用汽设备应分别安装疏水器，几台设备不能合用一个疏水器 3）疏水器的进出口要保持水平，不可倾斜，阀体箭头应与排水力方向一致，疏水器的排水管径不能小于进水口管径 4）疏水器旁通管安装使用方法同减压阀旁通管 4. 补偿器 1）方形伸缩器安装 ①伸缩器应在两固定支架间的管道安装完毕，并固定牢固后进行安装

（续）

类　别	内　容
附件安装	②吊装时，应使其受力均匀，起吊应平稳，防止变形。吊装就位后，必须将两臂预拉或预撑其补偿量的一半，偏差不应大于±10mm，以充分利用其补偿能力 ③预拉伸焊接位置应选择在距伸缩器弯曲起点2～2.5m处。方形补偿器的冷拉方法有千斤顶法、拉管器拉伸法和撑拉器拉伸法 A. 千斤顶法。用千斤顶拉伸方形补偿器如图4-44所示 B. 拉管器拉伸法。用拉管器拉伸方形补偿器如图4-45所示。采用带螺栓的拉管器进行拉伸，是将一块厚度等于预拉伸量的木块或木垫圈放在冷拉接口间隙中，再在接口两侧的管壁上分别焊上挡环，然后把冷拉器的卡爪卡在挡环上，在拉爪孔内穿入加长双头螺栓，用螺母上紧，并将垫木块夹紧。待管道上其他部件全部安装好后，把冷拉口的木垫拿掉，均匀地拧紧螺母，使接口间隙达到焊接时的对口要求 C. 撑拉器拉伸法。如图4-46所示的撑拉补偿器用的螺杆，使用时只要旋动螺母，使其沿螺杆前进或后退就能使补偿器两臂受到拉紧或外伸 ④伸缩器与管道连接好后，为避免焊缝拉开、裂缝，一定要注意待焊缝完全冷却后，方可将预拉器具拆除 2）波纹管补偿器的安装。波纹管补偿器如图4-47所示，波纹管断面形状如图4-48所示。波纹管是用薄壁不锈钢钢板通过液压或辊压而制成波纹形状，然后与端管、内套管及法兰组对焊接而成补偿器。波纹管断面形状有U形、S形和Ω形。波形补偿器用于管径不大的低压供热管道上。不锈钢板厚度为0.2～10mm，适用于工作温度在450℃以下，公称压力*PN*为0.25～25MPa，公称直径为*DN*25～*DN*1200的管路上。波纹管补偿器具有结构紧凑、承压能力高、工作性能好、配管简单、耐腐蚀、维修方便等优点 波形补偿器（或波纹管）都是用法兰连接，为避免补偿时产生的振动使螺栓松动，螺栓两端可加弹簧垫圈。波形补偿器一般为水平安装，其轴线应与管道轴线重合。可以单个安装，也可以两个以上串联组合安装。单独安装（不紧连阀门）时，应在补偿器两端设导向支架波纹管补偿器导向支架的设置如图4-49所示，它使补偿器在运行时仅沿轴向运动，而不会径向移动 为保证补偿器工作可靠，在补偿器的管芯附近的活动支架处安装导向支架，以免补偿器工作时管道发生径向位移，使管芯卡住而损坏补偿器 3）套管式补偿器安装。套管式补偿器又称套筒式补偿器、填料式补偿器，如图4-50所示。它由套管、插管和密封填料组成。它是靠插管和套管的相对运动来补偿管道的热变形量的。套管式补偿器按壳体的材料不同，分为铸铁制和钢制，按套管的结构可分为单向和双向 套管式补偿器的特点是结构简单、紧凑，补偿能力大，占地面积小，施工安装方便。但这种补偿器的轴向推力大，易渗漏，需要经常维修和更换填料，管道稍有角向位移和径向位移，就会造成套管卡住现象，故单向套管式补偿器应安装在固定支架附近，双向套筒式补偿器应安装在两固定支架中部，并应在补偿器前后设置导向支架 套管式补偿器因其轴向推力较大，如果在一根较长的管路上安装两个或两个以上补偿器时，相邻两个补偿器的安装方向应彼此相反，中间设置固定支架，一个固定支架两侧的补偿器至固定支架的间距应大致相等，如图4-51所示 4）球形补偿器的安装。球形补偿器是由球体、壳体、密封圈和压紧法兰构成的。它能在空间任意方向转动，其结构如图4-52所示。管道敷设受环境条件限制，不能以同一标高和方向直线敷设时（图4-53），各段管子（A、B、C、D）的膨胀应力就不在同一中心线上。采用球形补偿器能够吸收由复杂力系产生的多方位应力，即球体以球心为旋转中心，能转动任意角度，靠转动变形吸收应力。球形补偿器工作原理示意图如图4-54所示 安装时，球形补偿器两端通过法兰盘与供热管道相连接。球面与壳管的间隙用密封圈填入，靠压紧法兰压紧，压紧法兰的螺母应适度拧紧，拧得过紧，会使密封圈弹性受损，缩短使用期

（续）

类　别	内　容
附件安装	球形补偿器安装注意事项如下： ①球形补偿器至少由两个成对使用，才能收到较好效果 ②安装时，两端管道中心线与球形补偿器中心线应重合，以利于球旋转 ③两边连接管管端宜用滑动支架，两球之间的管宜用带万向节的滚动支架 ④压紧法兰处必须露出一部分球体，当球体朝上安装时，球体部位应采取遮盖措施，防止落入和积存污物，影响球转动 球形补偿器结构较复杂，造价较高，而且需要维修更换密封填料，承压和耐温方面均不及方形补偿器

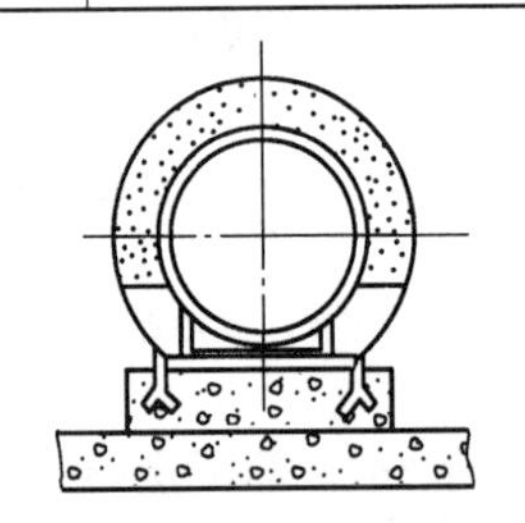
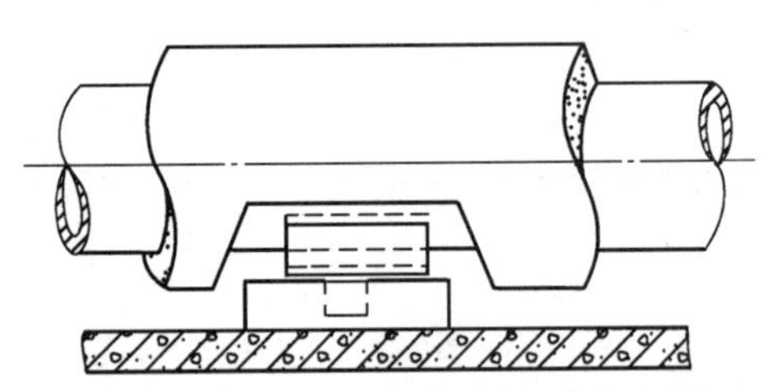

图 4-28　低位滑动支架

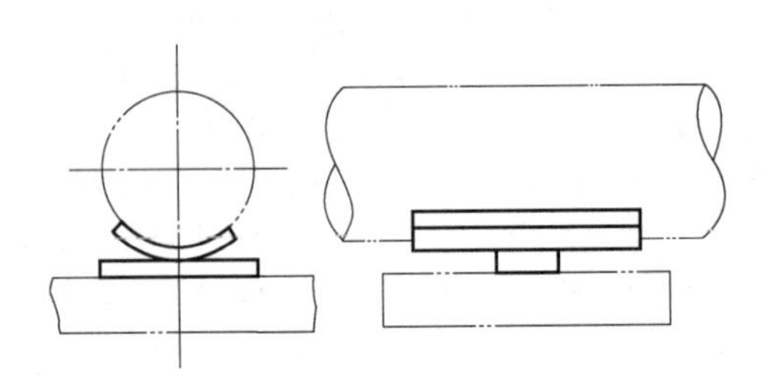

图 4-29　弧形板滑动支架

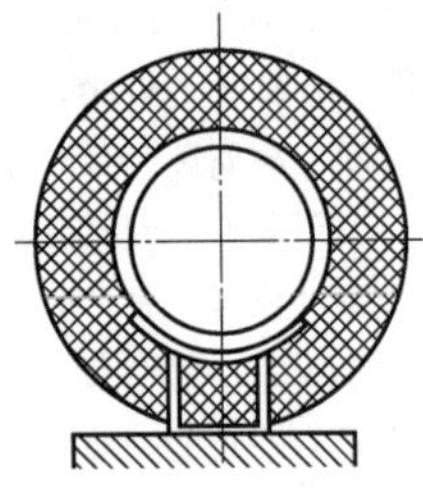
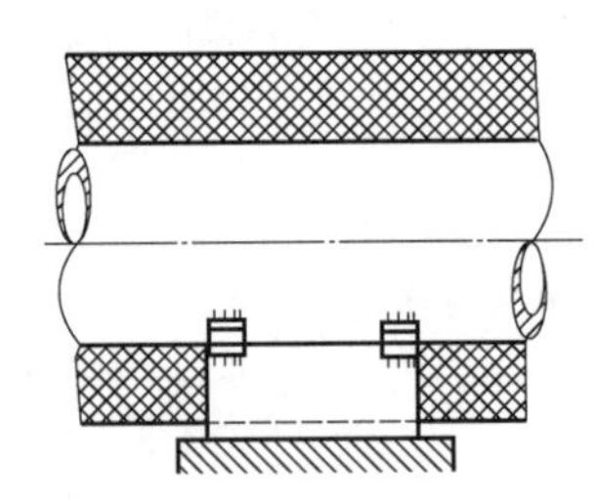

图 4-30　曲面槽滑动支架

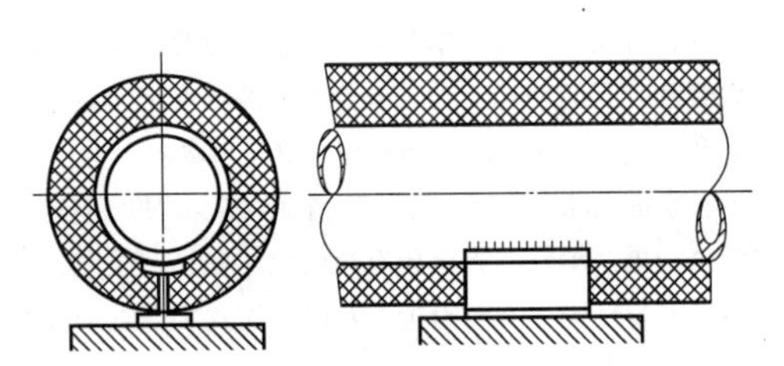

图 4-31　T 形托架滑动支架

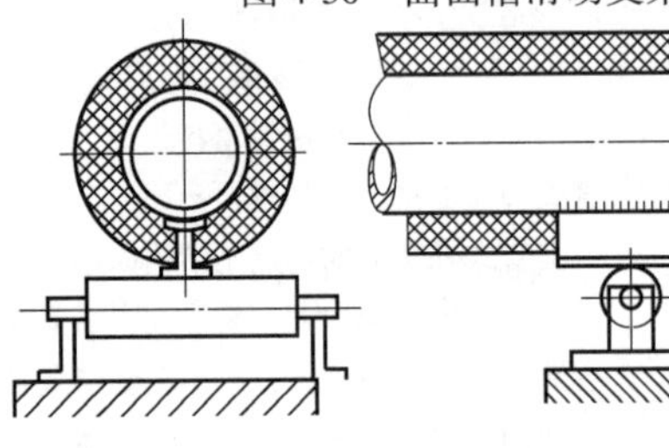

图 4-32　滚轴支架

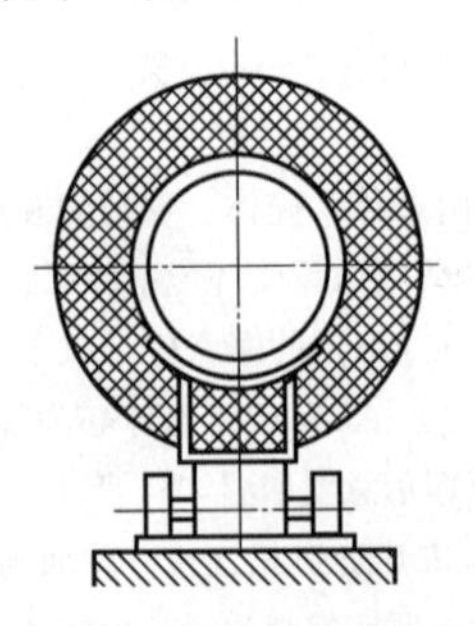
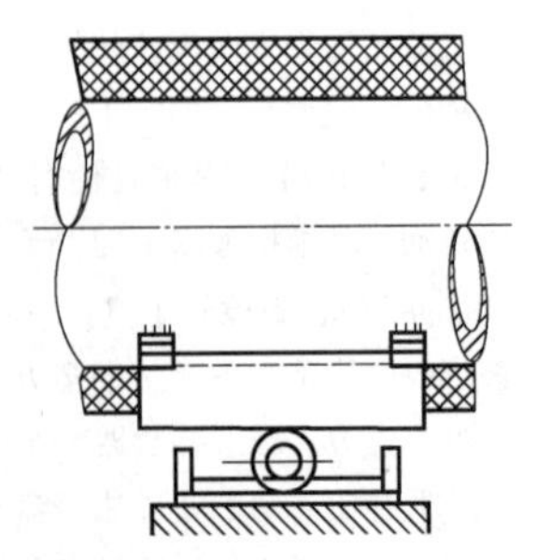

图 4-33　滚柱支架

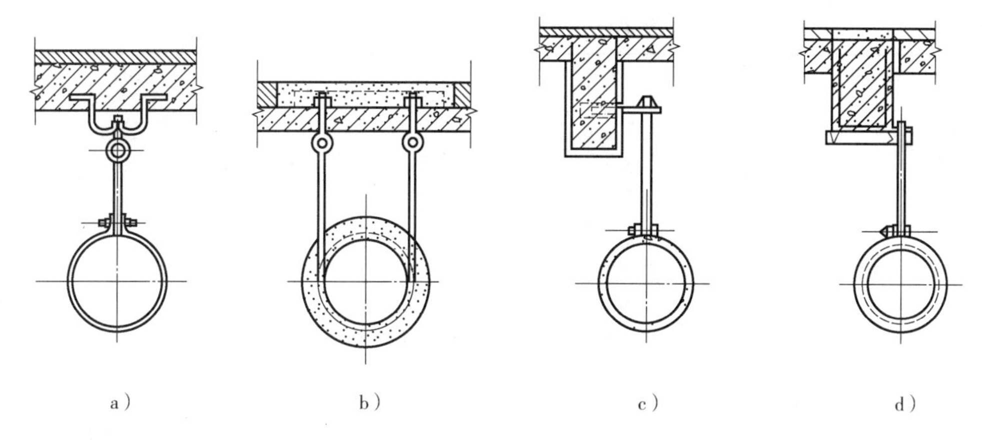

图 4-34　几种常见的悬吊支架

a）可在纵向及横向移动　b）只能在纵向移动　c）焊接在钢筋混凝土构件里埋置的预埋件上　d）箍在钢筋混凝土梁上

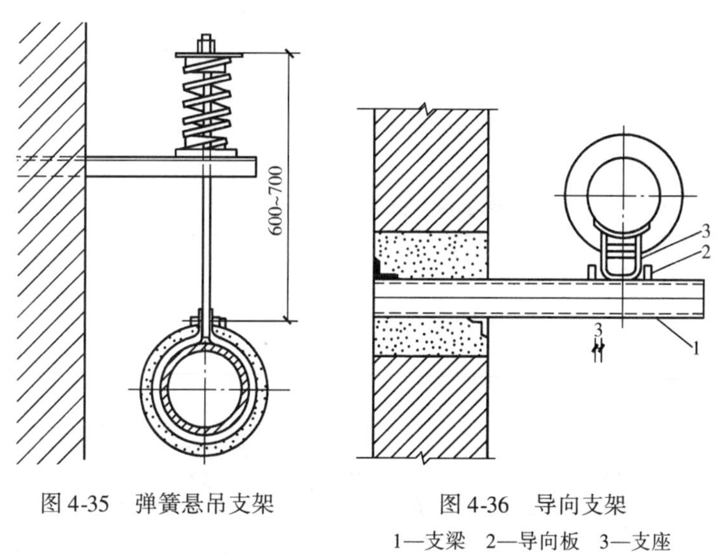

图 4-35　弹簧悬吊支架

图 4-36　导向支架

1—支梁　2—导向板　3—支座

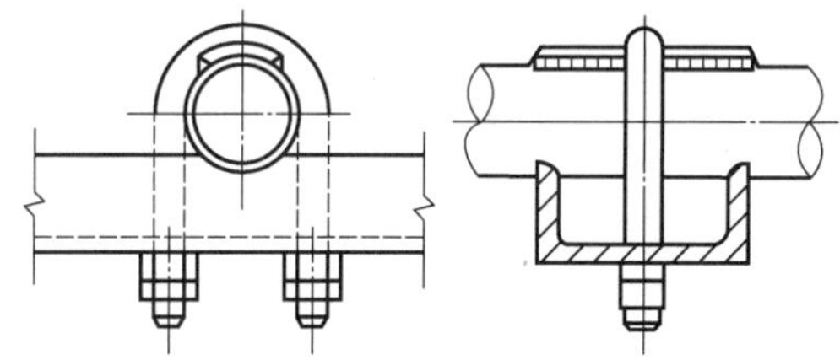

图 4-37　夹环式固定支架

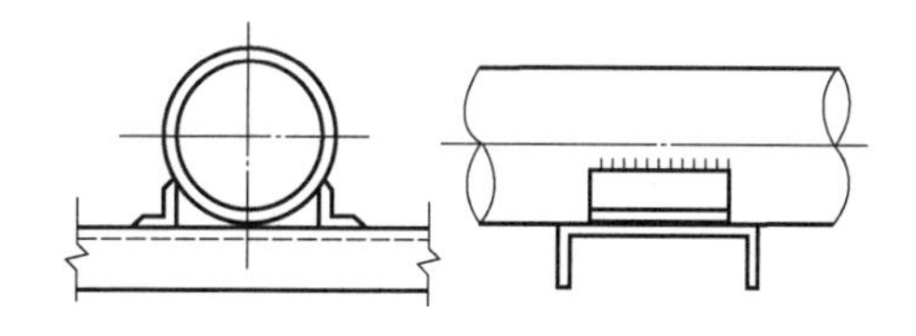

图 4-38　焊接角钢固定支架

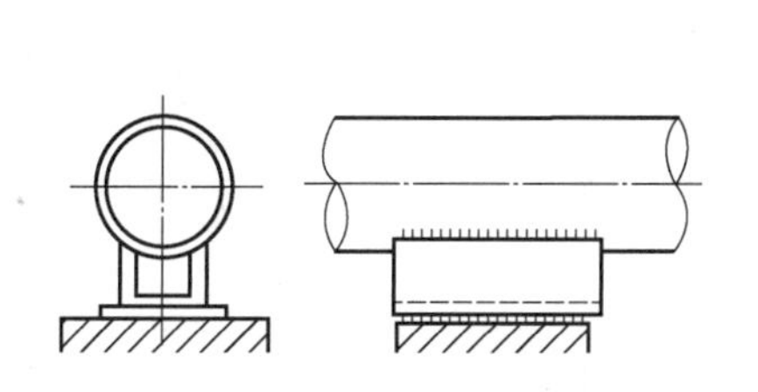

图 4-39　焊槽钢的固定支架

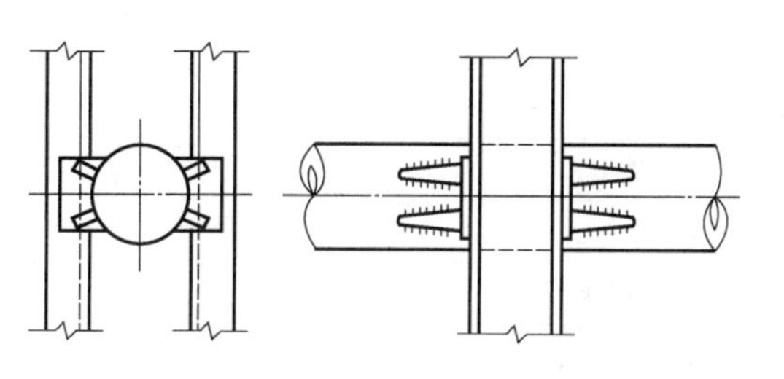

图 4-40　挡板式固定支架

表 4-16　供热管道活动支架间距　　（单位：m）

公称直径 *DN*			40	50	65	80	100	125	150	200	250	300	350	400	450
活动支架间距	保温	架空敷设	3.5	4.0	5.0	5.0	6.5	7.5	7.5	10.0	12.0	12.0	12.0	13.0	14.0
		地沟敷设	2.5	3.0	3.5	4.0	4.5	5.5	5.5	7.0	8.0	8.5	8.5	9.0	9.0
	不保温	架空敷设	6.0	6.5	8.5	8.5	11.5	12.0	12.0	14.0	16.0	16.0	16.0	17.0	17.0
		地沟敷设	5.5	6.0	6.5	7.0	7.5	8.0	8.0	10.0	11.0	11.0	11.0	11.5	12.0

表 4-17　固定支架最大间距　　（单位：m）

补偿器类型	敷设方式	公称直径 *DN*													
		25	32	40	50	65	80	100	125	150	200	250	300	350	400
方形补偿器	地沟与架空敷设	30	35	45	50	55	60	65	70	80	90	100	115	130	145
	直埋敷设			45	50	55	60	65	70	70	90	90	110	110	110
套管型补偿器	地沟与架空敷设								50	55	60	70	80	90	100
	直埋敷设								30	35	50	60	65	65	70

表 4-18　地沟敷设有关尺寸　　（单位：m）

地沟类型	地沟净高	人行通道宽	管道保温表面与沟壁净距	管道保温表面与沟顶净距	管道保温表面与沟底净距	管道保温表面间净距
通行地沟	≥1.8	≥0.7	0.1～0.15	0.2～0.3	0.1～0.2	≥0.15
半通行地沟	≥1.2	≥0.6	0.1～0.15	0.2～0.3	0.1～0.2	≥0.15
不通行地沟	—	—	0.15	0.05～0.1	0.1～0.3	0.2～0.3

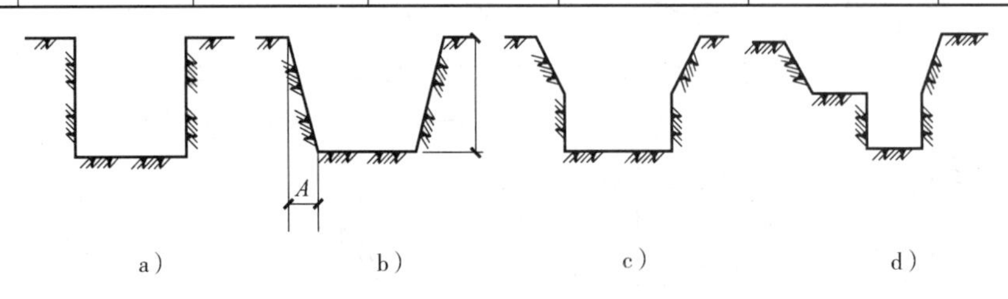

a)　　b)　　c)　　d)

图 4-41　沟槽断面形式

a）直槽　b）梯形槽　c）混合槽　d）联合槽

表 4-19　梯形槽边坡

土的类别	边坡（*H*∶*A*）	
	槽深＜3m	槽深 3～5m
砂土	1∶0.75	1∶1.00
亚砂土	1∶0.67	1∶0.67
亚黏土	1∶0.33	1∶0.50
黏土	1∶0.25	1∶0.33
干黄土	1∶0.20	1∶0.25

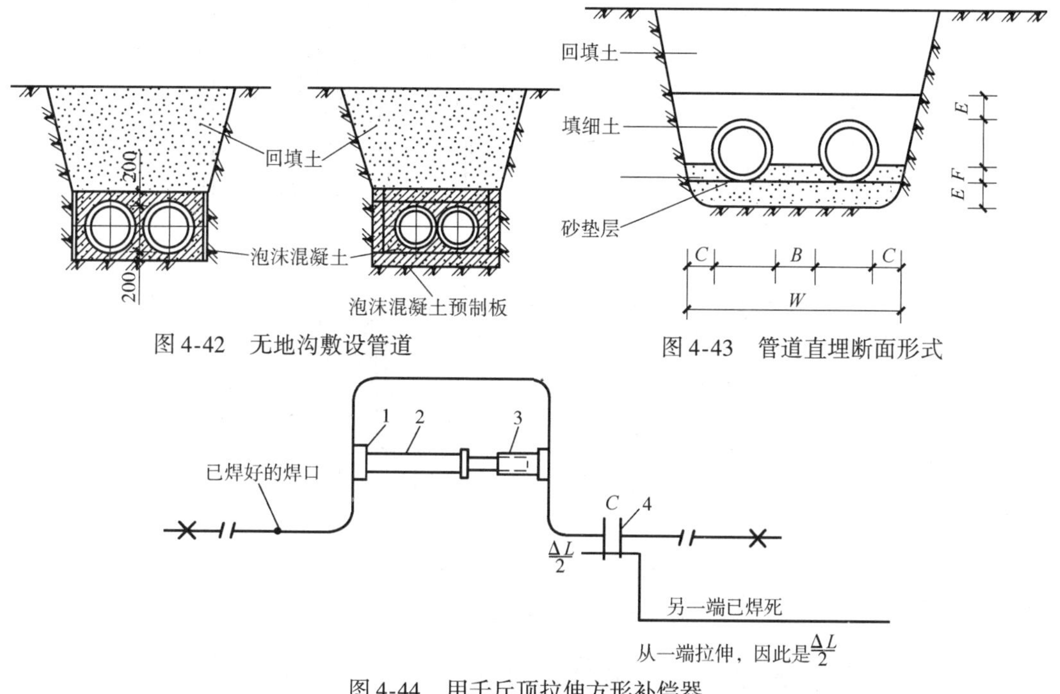

图 4-42 无地沟敷设管道

图 4-43 管道直埋断面形式

图 4-44 用千斤顶拉伸方形补偿器

1—木板 2—槽钢 3—千斤顶 4—顶留出的拉伸间隙

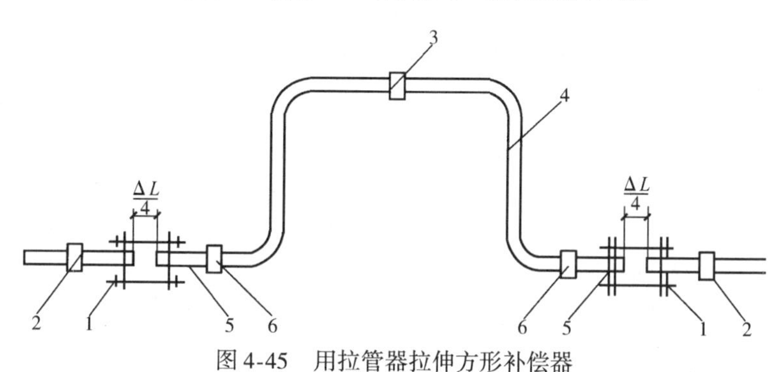

图 4-45 用拉管器拉伸方形补偿器

1—拉管器 2、6—活动管托 3—活动管托或弹簧吊架 4—补偿器 5—附加直管

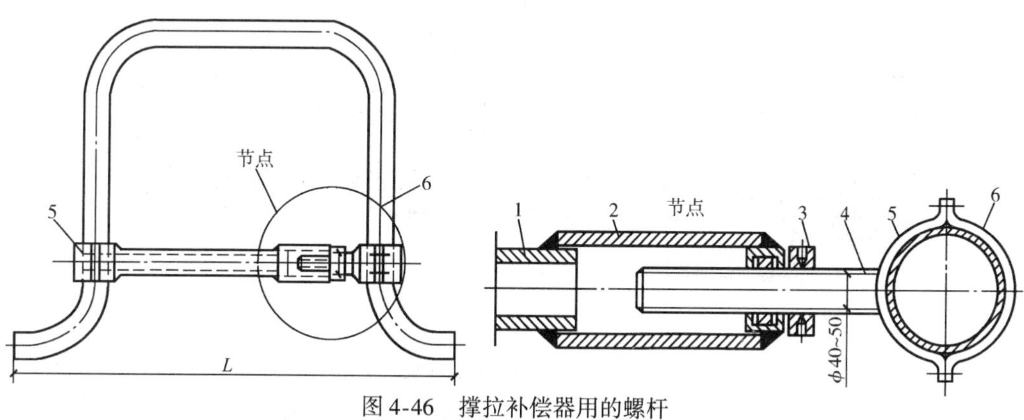

图 4-46 撑拉补偿器用的螺杆

1—撑杆 2—短管 3—螺母 4—螺杆 5—夹圈 6—补偿器的管段

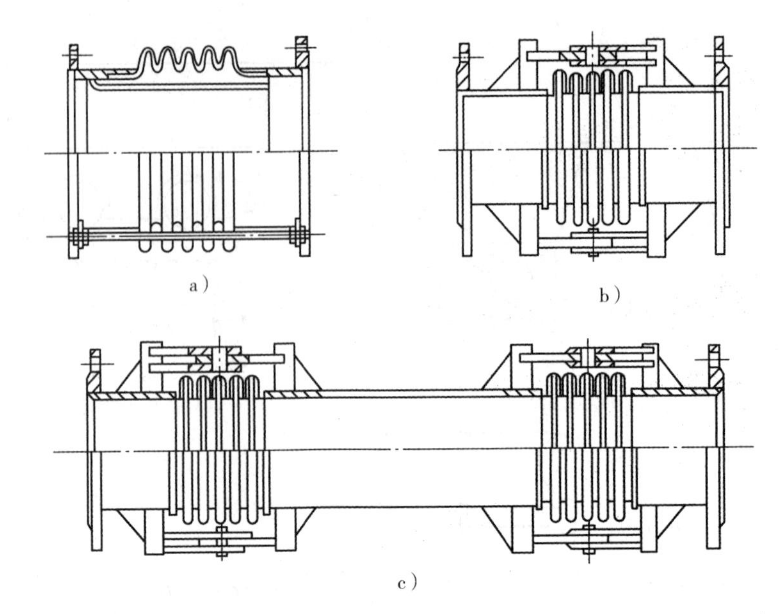

图 4-47　波纹管补偿器

a）轴向型　b）横向型　c）角向型

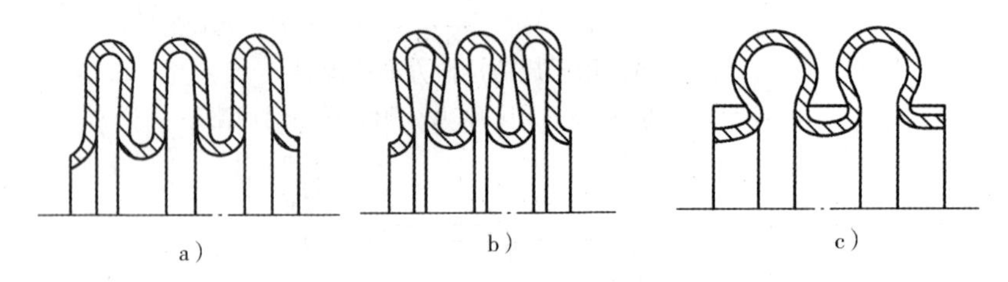

图 4-48　波纹管断面形状

a）U 形　b）S 形　c）Ω 形

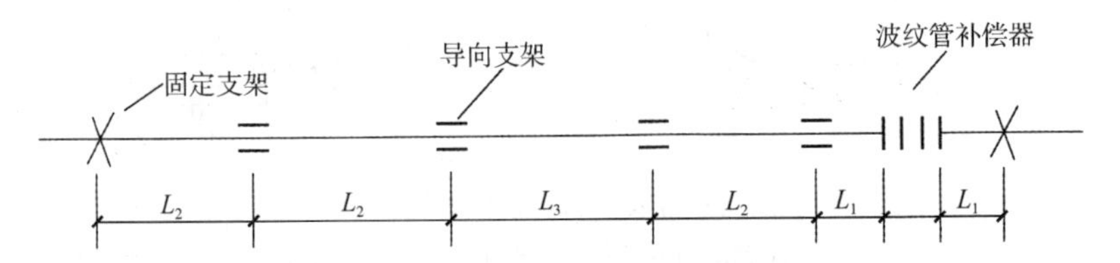

图 4-49　波纹管补偿器导向支架的设置

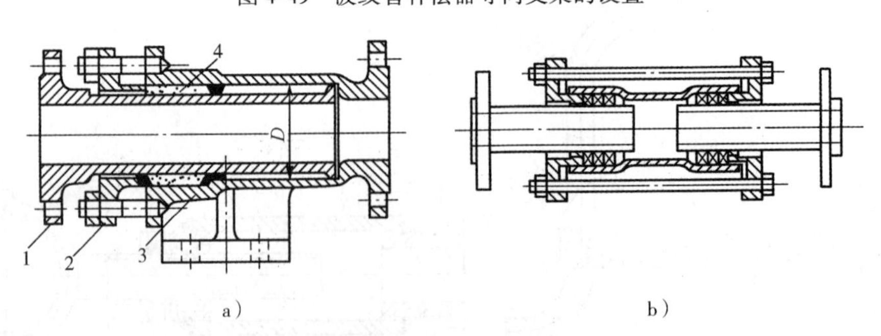

图 4-50　套管式补偿器

a）单向活动的套管式补偿器　b）高硅铁制双向活动的套管式补偿器

1—插管　2—填料压盖　3—套管　4—填料

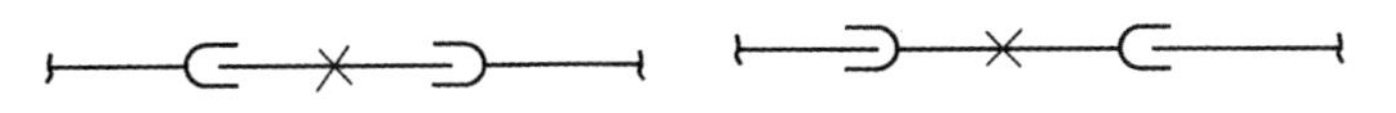

图 4-51　两个套管式补偿器及中间的固定支架示意图

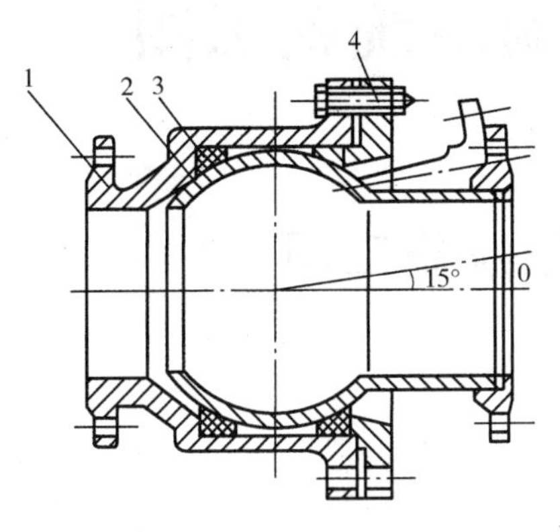

图 4-52　球形补偿器结构示意图

1—壳体　2—球体　3—密封圈　4—压紧法兰

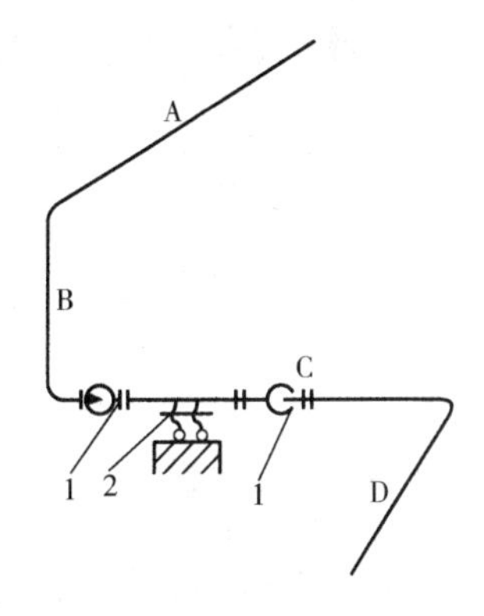

图 4-53　管道架空敷设时球形补偿器安装

1—球形补偿器　2—带万向节滚动支架

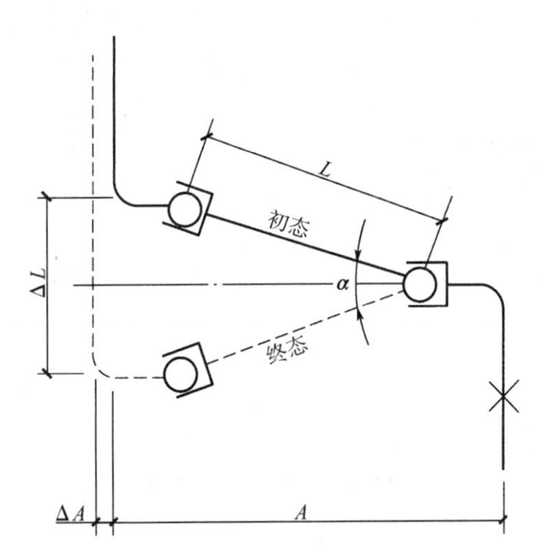

图 4-54　球形补偿器工作原理示意图

第五章　通风空调系统施工图

第一节　通风系统施工图

一、通风系统的组成

通风系统可分为送风系统与排风系统。

（一）送风系统

送风系统由吸入外部空气的设备（进风口的百叶窗、进风室等）、空气处理设备（将空气过滤、加热或冷却、加湿等）、通风机、风管、风量调节装置和空气分布器等组成，如图 5-1 所示。

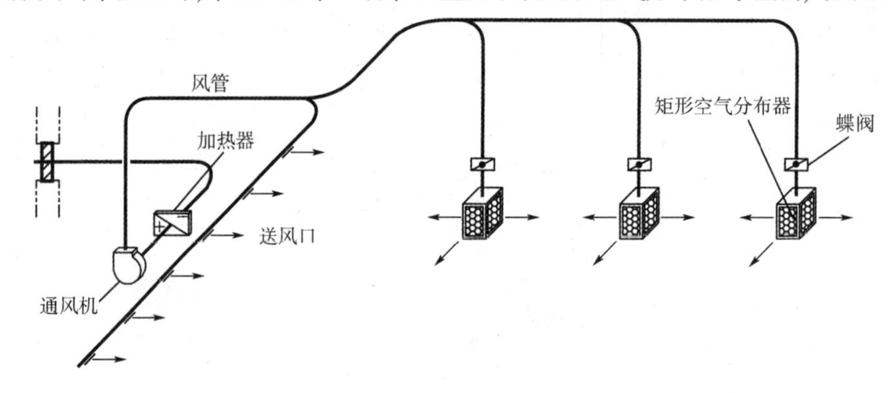

图 5-1　送风系统示意图

（二）排风系统

排风系统由吸气罩、风管、风量调节装置、除尘器、通风机和排风帽等组成，如图 5-2 所示。

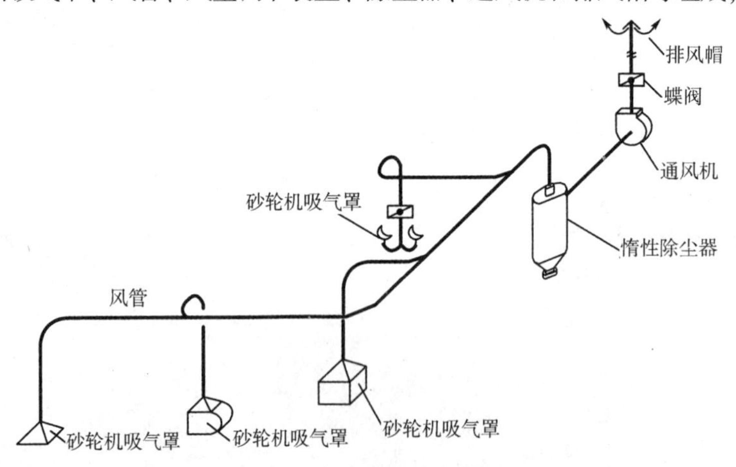

图 5-2　排风系统示意图

二、通风系统施工图的特点

1）通风平面图、剖面图中风管一般采用双线绘制。通风空调系统图中风管一般采用单线绘制，在平面图、剖面图和系统图中均需注明风管的断面尺寸。通风空调设备、部件一般均采用图例符号表示。

2）管道和设备布置平面图、剖面图及详图以正投影法绘制。

3）管道系统图若采用轴测投影法绘制，宜采用与相应平面图相同的比例，按正等轴测或正面斜轴测的投影规则绘制。在不致引起误解时，管道系统图可不按轴测投影法绘制。通风与空调系统图一般用单线绘制。

4）通风空调工程按空气流动方向可分为送风系统、排风系统和全空气空调系统。

送风系统流程：进风口→进风管道→空气处理室→通风机→主干风管→分支风管→送风口。

排风系统流程：排气（尘）罩类→吸气管道→排风机→排风立管→风帽。

全空气空调系统流程：新风口→新风管道→空气处理设备→送风机→送风干管→送风支管→送风口→空调房间→回风口→回风机→回风管道（同时接排风管道、排风口）→一次、二次回风管道→空气处理设备等。掌握这一循环过程，在识读通风空调工程图时就能很快熟悉图样。

三、通风工程图的分类

按通风动力分类：自然通风（图 5-3a）、机械通风（图 5-3b）。

按通风范围分类：局部通风（图 5-3c）、混合通风、全面通风（图 5-3d）。

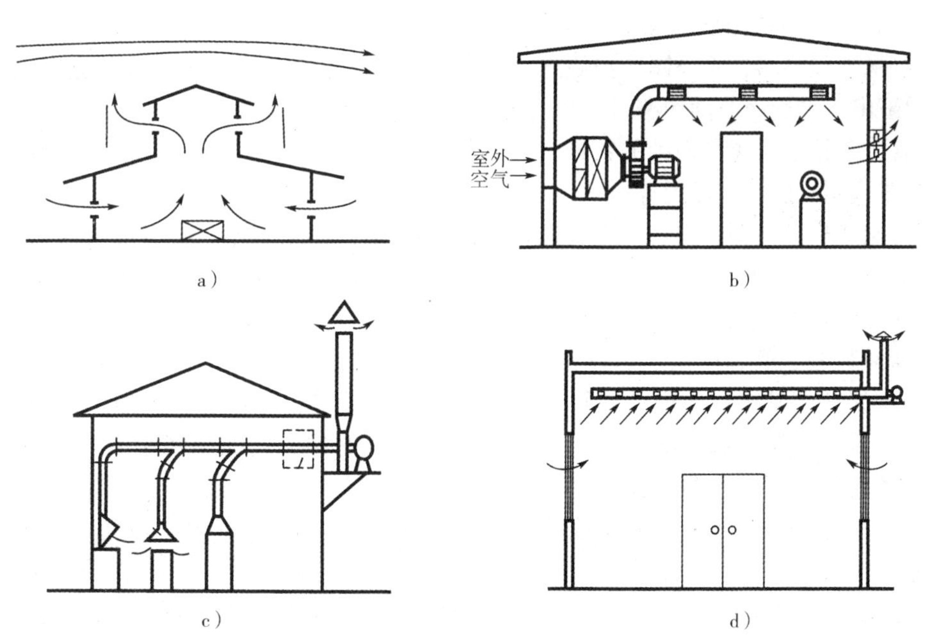

图 5-3 通风类型

a）自然通风 b）机械通风 c）局部通风 d）全面通风

按通风特征分类：进气式通风，如烘干机或烧烤系统；排气式通风，如排风扇或抽湿机等。

四、通风系统的组成方式

（一）送风系统

1）送风管道。设置调节阀、防火阀、检查口、送风口、消声器等。

2）回风管道。设置防火阀、回风口等。

3）管道及配件。弯头、三通、四通、异径管、法兰盘、导流片、静压箱、管道支架等。

4）通风设备。空气处理器、过滤器、送风机、加热器等。

（二）排风系统

1）排风管道。设置蝶阀、排风口、排气罩、风帽等。

2）排风设备。安装排风机、净化设备等。

3）管道及配件与送风系统相同。

五、通风系统图的图示内容

（一）管道和设备布置平面图的内容

管道和设备布置平面图主要表明通风与空调系统管道及设备、部件等的平面布置及连接形式，管道上送风口或排风口的分布及空气流动方向，通风空调设备、管道与建筑结构的定位尺寸，风管的断面或直径尺寸，管道和设备部件的编号，送风系统、排风系统、空调系统的编号等。

（二）管道和设备布置平面图的表达方法

1）管道和设备布置平面图应按假想除去上层楼板后俯视投影绘制，否则应在相应垂直剖面图中画出水平剖面的剖切符号。

2）管道和设备布置平面图的数量。管道和设备布置平面图有各层各系统平面图、空调机房平面图、制冷机房平面图等。

3）绘制建筑平面图的内容。在管道和设备布置平面图中，应用细实线绘出建筑轮廓线和与通风空调有关的梁、柱、平台、门、窗等建筑构配件，并注明相应定位轴线编号、房间名称、平面标高等。

4）通风设备、管道的绘制方法。通风工程中风道、阀门及附件均按表 5-1 的图例绘制，用中实线绘制其平面图形的外轮廓。以双线绘出风道、异径管、三通、四通、弯管、检查孔、测量孔、调节阀、防火阀、送风口、排风口的位置；注明风道及风口尺寸、空气处理设备轮廓尺寸；注明各设备、部件的名称、型号、规格；还应标出通风空调设备、管道定位（中心、外轮廓、地脚螺栓孔中心）线与建筑定位线（墙边、柱边、柱中）间的定位尺寸。

风道的断面尺寸应以“mm”为单位，圆形风管的截面尺寸应以直径符号“ϕ”后跟以数值表示。矩形风管（风道）的截面定型尺寸应以“$A \times B$”表示。“A”为该视图投影面的边长尺寸，“B”为另一边尺寸。

风道的标高尺寸应以“m”为单位，平面图中无坡度要求的风道标高可以标注在风道截面尺寸后的括号内，如“ϕ32（2.50）”“200×200（3.10）”。必要时，应在标高数字前加“底”或“顶”的字样，矩形风管所注标高未予说明时，表示管底标高；圆形风管所注标高未予说明时，表示管中心标高。如果在剖面图中已标注了标高尺寸，则一般在平面图中也可省略标注。

图5-4为通风系统平面图的一部分，图中注明了通风管道上散流器的断面尺寸（300×300，共3个）和定位尺寸（1380）。另外，在平面图中还标注了剖切符号、其他建筑尺寸。

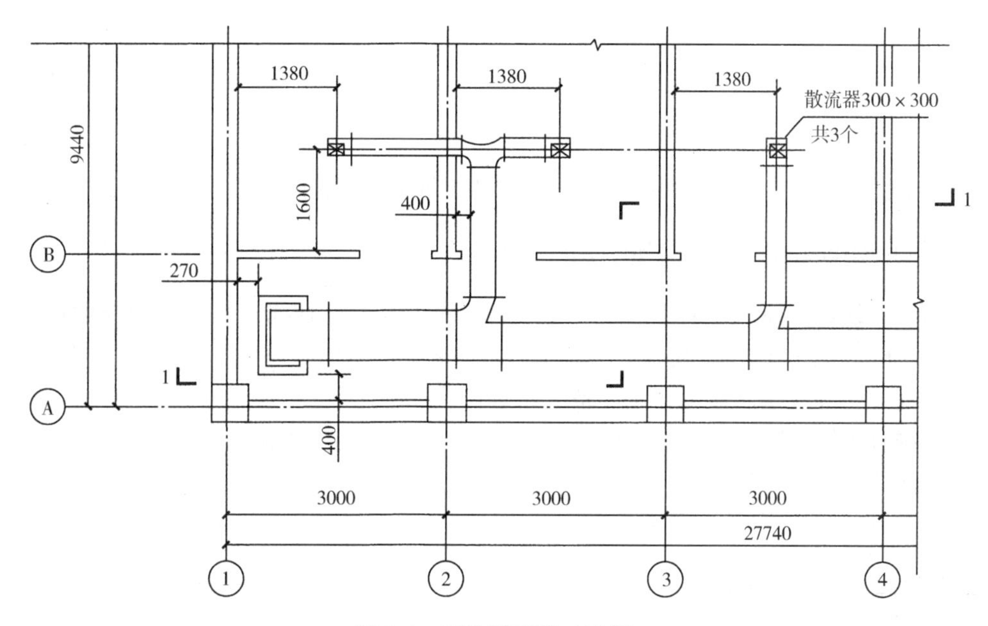

图5-4　通风平面图（局部）

风口、散流器的规格、数量及风量的表示方法如图5-5所示。

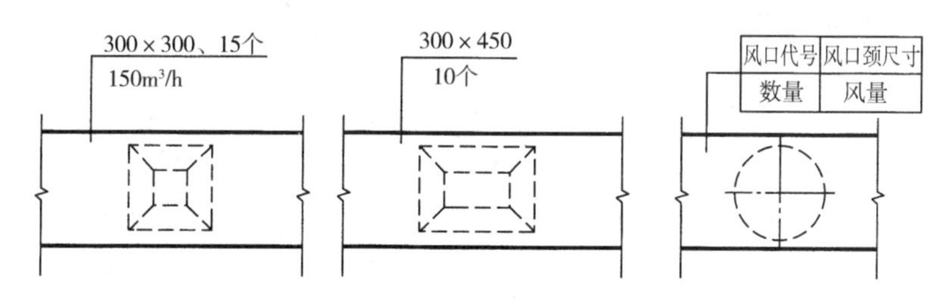

图5-5　风口、散流器的表示方法

5）管道和设备布置平面图中需要另绘详图时，应在平面图上标注详图索引符号、详图符号。

6）管道的类别代号和管道系统编号。一个工程中有两个或两个以上不同的系统时，应进行系统编号。通风空调系统编号、入口编号由系统代号和顺序号组成。系统代号由大写拉丁字母表示，见表5-1，顺序号由阿拉伯数字表示。当一个系统出现分支时，可采用如图5-5所示的标注方法。

表 5-1 系统代号

序号	字母代号	系统名称	序号	字母代号	系统名称
1	N	供暖系统	9	X	新风系统
2	L	制冷系统	10	H	回风系统
3	R	热力系统	11	P	排风系统
4	K	空调系统	12	JS	加压送风系统
5	T	通风系统	13	PY	排烟系统
6	J	净化系统	14	P（Y）	排风兼排烟系统
7	C	除尘系统	15	RS	人防送风系统
8	S	送风系统	16	RP	人防排风系统

7）为方便读图，在底层平面图上，还应绘制相应的图例符号、注写施工说明等。

六、管道和设备布置平面图的绘图步骤

1）用细实线绘制建筑平面图的主要轮廓。首先绘制定位轴线，然后绘制与通风空调系统有关的墙身、柱子、门窗、楼梯等的轮廓线。

2）按其外轮廓线绘制通风空调设备的布置位置。

3）绘制管道系统时，先绘制主管，后绘制支管，最后绘制风口。

4）标注尺寸与编号需标注建筑定位轴线间距、外墙长宽总尺寸、墙厚、地面标高、主要通风空调设备的轮廓尺寸、风道及风口尺寸、通风空调设备和管道的定位尺寸等。

七、通风系统剖面图

通风系统剖面图主要表明通风管道、通风设备及部件在竖直方向的连接情况，管道设备与土建结构的相互位置及高度方向的尺寸关系。

（一）剖面图的表达方法

1）通风系统剖面图应在其平面图上选择能反映系统全貌的部位垂直剖切，其画法与通风平面图基本一样。剖面图应先绘制建筑剖面轮廓线，标注定位轴线编号以及与通风空调系统有关的梁、柱、平台、门、窗等建筑构配件，如图 5-6 所示为某通风剖面图（局部）。

2）剖面图中应对应平面图绘制风道、设备、零部件和有关工艺设备。

3）剖面图中应标注出风道、设备、零部件的位置尺寸和有关工艺设备的位置尺寸；注明风道直径（或截面尺寸）和风管标高；注明送风口和排风口的形式、尺寸、标高和空气流动方向；注明设备中心标高；注明风管穿出屋面的高度和风帽标高（风管若超出屋面超过 1.5m 时，还应标明立风管的拉索固定高度尺寸）。风管截面尺寸、标高尺寸的标注同平面图。

4）索引符号、管道的类别代号和管道系统编号的标注方法同平面图。

图 5-6 中标明了通风系统高度方向的尺寸。新风入口的高度为 4.000m，新风管与空调机组相接的长度为 0.900m；空调机组的高度为 1.700m；送风管底面标高 2.600m。此外与图 5-4 通风平面图对应绘制了空调机组、风道、风口、防火阀、对开多叶调节阀、过滤器等通风空调设备的投影。图中还标注了建筑结构的有关标高尺寸。

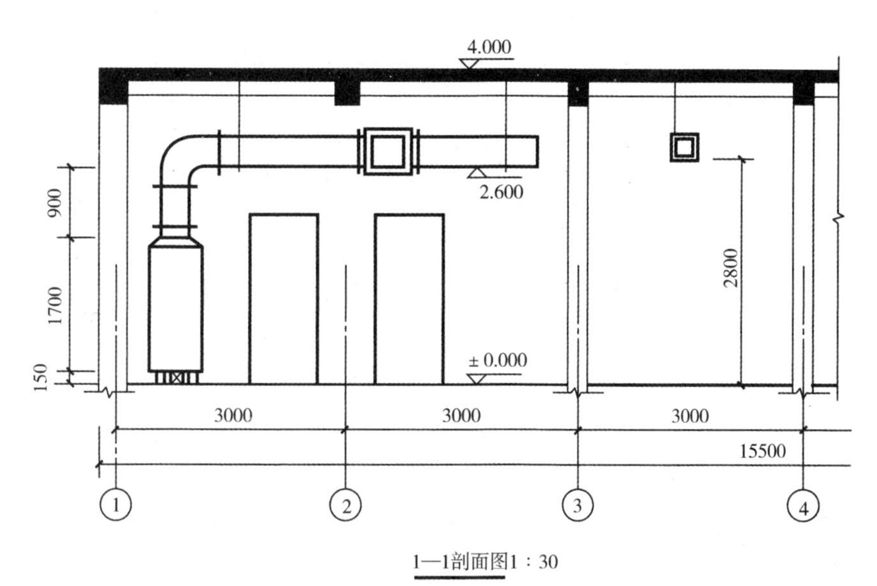

1—1剖面图1∶30

图 5-6 通风剖面图（局部）

（二）剖面图的绘图步骤

1）绘制房屋建筑剖面图的主要轮廓线。其步骤是先绘出地面线（建筑物相对标高 ±0.000 线），再绘制定位轴线，然后绘制墙身、楼面、屋面、梁、柱，最后绘制楼梯、门窗等。除地面线用粗实线外，其他部分均用细实线绘制。

2）绘制通风空调系统的各种设备、部件和管线（双线），采用的线型与平面图相同。

3）标注必要的尺寸、标高。

八、通风系统图

通风管道系统图是把通风空调系统的全部管道、设备和部件用平行斜投影的方法绘制的立体图（即轴测图），表明通风管道、设备和部件在空间的连接及纵横交错、高低变化等情况。

（一）管道系统图的表达方法

1）管道系统图宜采用与相应平面图相同的比例，按正等轴测或正面斜二轴测的投影规则绘制。在不致引起误解时，管道系统图可不按轴测投影法绘制。通风与空调系统图一般用单线绘制。

2）断开画法。系统图中的管线重叠、密集处，可采用断开画法。断开处宜以相同的小写拉丁字母表示，也可用细虚线连接，如图 5-7 所示。

3）管道系统图应画出设备、管道及三通、弯头、变径管等配件，与管线连接处的法兰盘等完整的内容，并应按比例绘制。

4）系统图必须标注详尽齐全。主要设备、部件应注明编号，以便与平面图、剖面图及设备表对照；还应注明管径、截面尺寸、标高、坡度（标注方法与平面图相同），管道标高一般应标注中心标高。如果所注标高不是中心标高，则必须在标高字符下用文字加以说明。

（二）通风管道系统图的绘图步骤

1）确定轴测轴方向。

2）绘制风道干管和主要通风空调设备的轴测图。

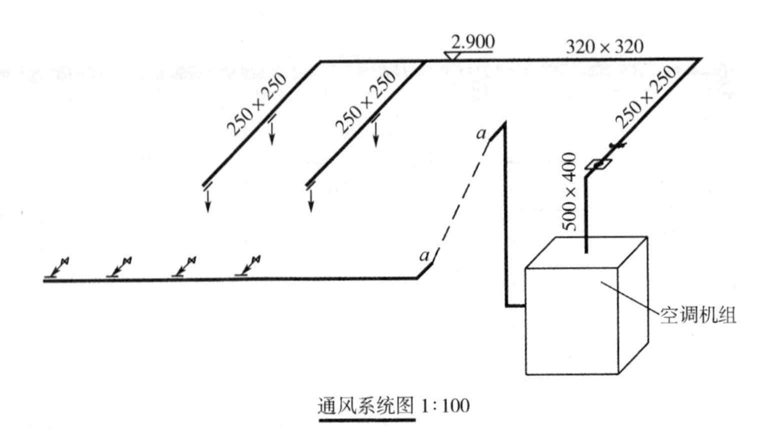

图 5-7　通风系统图（断开画法）

3）绘制支管、部件和配件等。

4）进行编号和尺寸标注。

九、详图

通风工程详图包括构、配件的安装详图和加工详图，主要反映设备部位或局部风管的详细结构及尺寸，如空调器、过滤器、除尘器、通风机等设备的安装详图；各种阀门、检查孔、测定孔、消声器等设备部件的加工制作详图；风管与设备保温详图等。详图大多有标准图可供选用。绘制详图的比例常用 1:5、1:10、1:20 等。

图 5-8 为悬吊管道安装详图，从图中可以看出，在楼板上设有两个预埋件，风道 1 和风道 2 安装在角钢支架上，角钢的规格为∟50×50×5。角钢支架是通过直径为 $\phi 8$ 的吊筋与预埋件连接。

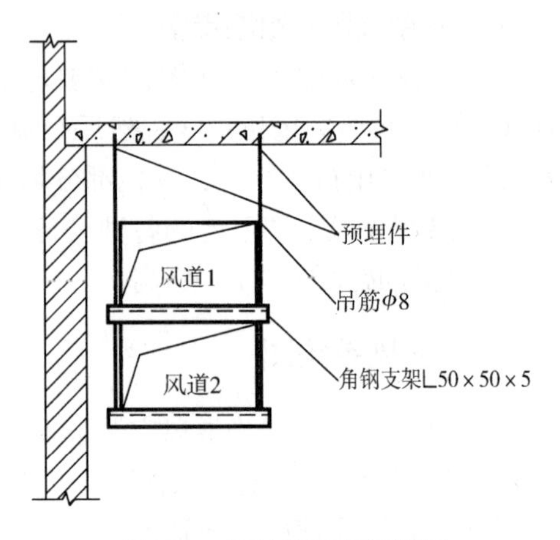

图 5-8　悬吊管道支架详图

第二节　空调系统施工图

一、空调系统的组成

空调系统分全空气空调系统、空气-水空调系统、制冷剂空调系统等。对于全空气空调系统由处理空气、输送空气、在室内分配空气以及运行调节等四个基本部分组成。图 5-9 为全面机械通风空调系统示意图。该送风系统由新风口将室外新鲜空气送入空气处理室，空气在空气处理室内经过滤、加热、加湿等处理，由风机送入风管，然后经送风口输送到各空调房间；同时，将室内的浊气由风机经回风口吸入空气处理室，经处理后一并送入送风管，输送到空调房间。

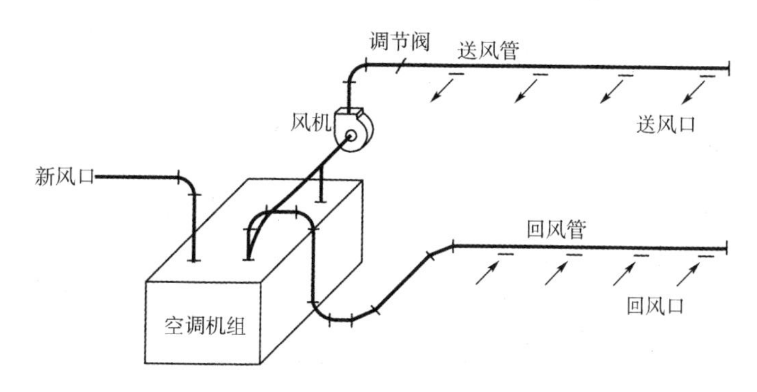

图 5-9　全面机械通风空调系统示意图

二、空调系统组成方式的分类

空调系统的分类大致可按以下几个方面进行划分。

1）按适用对象分：可分为工业空调、民用空调。

2）按使用范围分：可分为全室性空调及局部性（局部区域）空调。

3）按系统形式分：可分为一般性空调、恒温恒湿空调、洁净空调、除湿空调和低温空调。

4）按系统设置情况分：可分为集中式系统空调、半集中式系统空调、分散式系统空调。

5）按送风量分：可分为定风量系统空调、变风量系统空调。

6）按制冷系统介质分：全空气空调、空气和水空调、全水空调、制冷剂空调。

7）按处理空气的来源分：可分为直流式空调、封闭式空调、混合式空调。

三、空调施工图包含的内容

空调工程的施工图是选用设备、材料以及安装、检验的重要依据。其主要内容包括：图样目录、选用图集目录、设计施工说明、图例、设备系统及材料表、总图、工艺安装图、平面图、系统图、剖面图、详图等。

（一）设计施工说明

设计施工说明主要表明建筑概况、设计标准、系统及设备安装要求、空调水系统、防排烟系统。

1）建筑概况。完整的建筑面积、空调使用面积和功能、空调安装要求以及具体高度等。

2）设计标准。遵循国家颁布的相关标准，并主要标定室外气象对应参数、不同季节（特别是夏季）的温湿度及风速、室内各季节（主要是冬、夏季）的设计温湿度、新风量和噪声标准及要求等。

3）设备系统。对整幢建筑的空调系统以及需要使用空调系统的每个房间应选用的空调设备做简要的说明，并提出详细的安装要求。

4）空调水系统：注明系统类型，所选用的管材和保温材料，提出对系统安装的防腐、试压及排污要求。

5）防排烟系统：防排烟类型，送风、排风、排烟的设计标准及要求。

6）空调冷冻机房：选用设备（冷冻机、水泵等）的型号、性能、规格、数量及安装要求。

（二）平面图

空调平面图（局部）如图 5-10 所示。平面图表示各楼层每一个房间空调系统的设备、阀门、风管、风口、水管等平面方向的布置情况，以及它们之间的相对位置及尺寸，主要包括：风、水系统平面图，空调机房平面图，制冷机房平面图等。

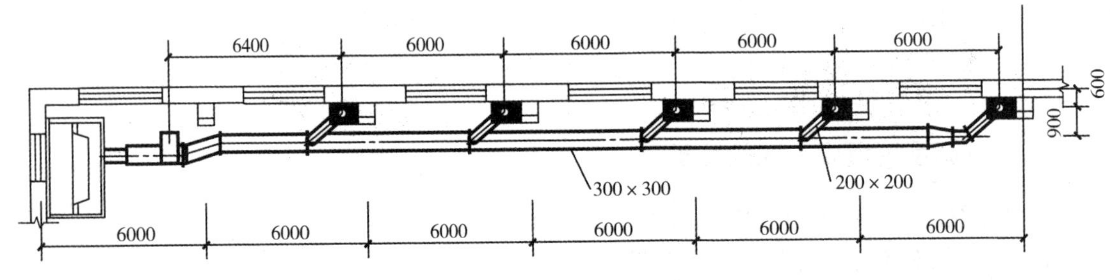

图 5-10　空调平面图（局部）

（三）剖面图

剖面图主要表达设备和管道的高度变化情况，设备、管道等距地面的高度以标高注写，同时还需标注设备、管道的垂直方向尺寸。

空调系统的剖面图主要有：空调通风系统剖面图、空调机房剖面图、制冷机房剖面图。无论是哪一位置的剖面图都应与平面图中的剖切符号所示的位置相对应。

（四）系统图

系统图为单线图，图中的设备可示意绘制，有时也可略夸大绘制。风管的尺寸不必考虑，均以单线绘制。空调系统图（局部）如图 5-11 所示，并结合图 5-10 对应阅读并分析。

系统图表示风管的空间位置情况，并能够比较形象地绘制干管、支管的连接位置和方式，也表示风管的风口、阀门、风机等位置以及与风管的连接方式。一般标注设备和风管的标高。

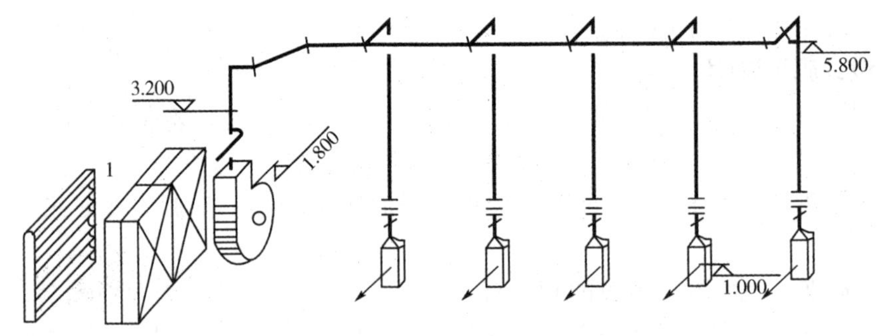

图 5-11　空调系统图（局部）

（五）工艺图

一般以流程图的形式表达，主要反映空调制冷站的制冷原理，冷冻水、冷却水的制冷工艺流程，为施工安装人员更快、更准确地了解和明确制冷系统和水系统的设计要求和安装顺序。工艺图通常也称为原理图，绘制时不考虑比例关系。

（六）详图

在平面图、剖面图、系统图均未能清晰表达的某些局部范围，并且又无标准图集可对应，因此需要绘制比例较平面图、剖面图略大的局部详图。

如图 5-12 所示为风管与阀门的连接详图（局部）。由于在实际设计中有多条风管之间重叠或交叉连接，在平面图无法表达清楚，故以详图来表达它们的空间位置，再加注标高就更加易读，并且清晰地表达其相对位置关系了。

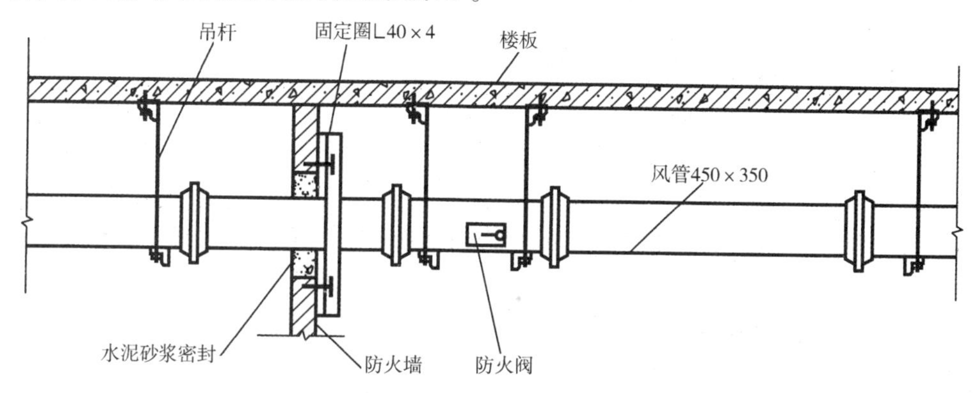

图 5-12　风管与阀门的连接详图（局部）

第三节　通风空调系统的安装工艺及要求

一、风管及部、配件的制作安装

通风和空调系统的施工安装过程，基本可分为制作和安装两大步骤。

制作是指构成整个系统的风管及部、配件的制作过程，也就是从原材料到成品、半成品的成形过程。

安装是指把组成系统的所有构件（包括风管，部、配件，设备和器具等），按设计在建筑物中组合连接成系统的过程。

制作和安装可以在施工现场联合进行，全部由现场的工人小组来承担。这种形式适用于机械化程度不高的地区及规模较小的工程，多半是手工操作和使用一些小型轻便的施工机械。在工程规模大，安装要求高的情况下，采用制作和安装分工进行的方式。加工件在专门的加工厂或预制厂集中制作后运到施工地点，然后由现场的安装队完成安装任务。这种组织形式要求安装企业有严密的技术管理组织和机械化程度比较高的后方基地，如加工厂、预制厂等。有时为了减少加工件、成品和半成品的运输量，避免运到施工现场后在装卸和大批堆放过程中造成的变形、损坏，也可根据条件和需要在施工区域内设临时加工场。

（一）风管制作安装

通风空调系统的风管，按风管的材质可分为金属风管和非金属风管。金属风管包括钢板风管（普通薄钢板风管、镀锌薄钢板风管）、不锈钢板风管、铝板风管、塑料复合钢板风管等。非金属风管包括硬聚氯乙烯板风管、玻璃钢风管、炉渣石膏板风管等。此外，还有由土建部门施工的砖、混凝土风道等。

1. 风管制作工艺流程

风管和配件一般是由平整的板材和型材加工而成的。从平板到成品的加工，由于材质的不同、形状的异样而有各种要求。风管加工制作工艺流程如图5-13所示。

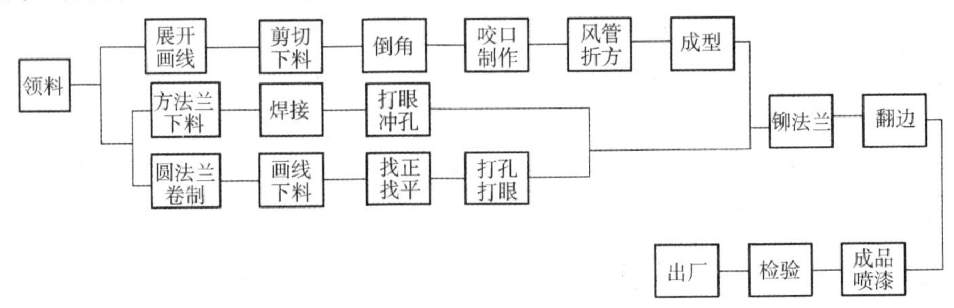

图5-13 风管加工制作工艺流程

2. 风管安装工艺流程

准备工作⟶确定标高⟶支托吊架的安装⟶风管连接⟶风管加固⟶风管强度、严密性及允许漏风量⟶风管保温。

(二) 风管安装工艺要求

风管安装主要工艺要求见表5-2。

表5-2 风管安装主要工艺要求

类　别	内　容
准备工作	应核实风管及送、回风口等部件预埋件、预留孔的工作。安装前，由技术人员向班组人员进行技术交底，内容包括有关技术、标准和措施及相关的注意事项
确定标高	认真检查风管在高程上有无交错重叠现象，土建在施工中有无变更，风管安装有无困难等，同时对现场的高程进行实测，并绘制安装简图
支、托吊架的安装	风管一般是沿墙、楼板或靠柱子敷设的，支架的形式应根据风管安装的部位、风管截面大小及工程具体情况选择，并应符合设计图或国家标准图的要求。常用风管支架的形式有托架、吊架及立管夹。通风管道沿墙壁或柱子敷设时，经常采用托架来支撑风管。在砖墙上敷设时，应先按风管安装部位的轴线和标高，检查预留孔洞是否合适。若不合适，可补修或补打孔洞。孔洞合适后，按照风管系统所在的空间位置确定风管支、托吊架形式。常用风管支架形式如图5-14和图5-15所示 1. 支、托吊架制作完毕后，应进行除锈，刷一遍防锈漆。风管的吊点应根据吊架的形式设置，设置方法有预埋件法、膨胀螺栓法、射钉枪法等 (1) 预埋件法　分前期预埋与后期预埋 1) 前期预埋。一般将预埋件按图样坐标位置和支、托吊架间距，在土建绑扎钢筋时牢固固定在墙、梁柱的结构钢筋上（图5-16），然后浇筑混凝土 2) 后期预埋。在砖墙上埋设支架，在楼板下埋设吊件，确定吊架位置，然后用冲击钻在楼板上钻一个孔洞，再在地面上凿一个300mm长、20mm深的槽（图5-17），将吊件嵌入槽中，用水泥砂浆将槽填平 (2) 膨胀螺栓法　在楼板上用冲击钻打一个同膨胀螺栓的胀管外径一致的洞，将膨胀螺栓塞进孔中，并把胀管打入，使螺栓紧固，如图5-18所示。其特点是施工灵活、准确、快速，但选择膨胀螺栓时要考虑风管的规格、重量 (3) 射钉枪法　用于周边小于800mm的风管支管的安装，其特点同膨胀螺栓，使用时应特别注意安全，不同材质的墙体要选用不同的弹药量，射钉枪法如图5-19所示

（续）

类　别	内　容
支、托吊架的安装	2. 安装吊架。当风管敷设在楼板或桁架下面离墙较远时，一般采用吊架来安装。矩形风管的吊架由吊杆和横担组成。圆形风管的吊架由吊杆和抱箍组成。矩形风管的横担一般用角钢制成，风管较重时，也可用槽钢。横担上穿吊杆的螺栓孔距应比风管稍宽 40～50mm。圆形风管的抱箍可按风管直径用扁钢制成。为便于安装，抱箍常做成两半。吊杆在不损坏原结构受力分布的情况下，可采用电焊或螺栓固定在楼板、钢筋混凝土梁或钢架上，安装要求如下： 1）按风管的中心线找出吊杆敷设位置，单吊杆在风管的中心线上，双吊杆可以按横担的螺栓孔间距或风管的中心线对称安装 2）吊杆根据其吊件形式可以焊在吊件上，也可以挂在吊件上。焊接后应涂防锈漆 3）立管管卡安装时，应从立管最高点管卡开始，并用线锤吊线，确定下面的管卡位置并安装固定。垂直风管可用立管夹进行固定。安装主管卡子时，应先在卡子半圆弧的中点画好线，然后按风管位置和埋进的深度，把最上面的一个卡子固定好，再用线锤在中点处吊钱，下面夹子可按线进行固定，保证安装的风管比较垂直 4）当风管较长，需要安装很多支架时，可先把两端的支架安装好，然后以两端的支架为基准，用拉线法确定中间各支架的高程进行安装 5）支、吊架安装应注意的问题如下： ①采用吊架的风管，当管路较长时，应在适当的位置增设防止管道摆动的支架 ②支、吊架的高程必须正确，若圆形风管管径由大变小，应保证风管中心线的水平 ③支架型钢上表面高程应做相应提高。对于有坡度要求的风管，支架的高程也应按风管的坡度要求安装 ④不保温风管支、吊架间距无设计要求时，应符合表 5-3 的要求。保温支、吊架间距无设计要求的，按表 5-3 中的间距要求值乘以 0. 85 ⑤支、吊架的预埋件或膨胀螺栓埋入部分不得刷油漆，并应除去油污 ⑥支、吊架不得安装在风口、阀门、检查孔处，以免妨碍操作。吊架不得直接吊在法兰上 ⑦圆形风管与支架接触的地方垫木块，否则会使风管变形。保温风管的垫块厚度应与保温层的厚度相同 ⑧矩形保温风管的支、吊装置宜放在保温层外部，但不得损坏保温层 ⑨矩形保温风管不能直接与支、吊托架接触，应垫上坚固的隔热材料，其厚度与保温层相同，防止产生“冷桥” ⑩标高：矩形风管从管底算起；圆形风管从风管中心计算。当圆形风管的管径由大变小时，为保证风管中心线水平，托架的高程应按变径的尺寸相应提高 ⑪坡度：输送的空气湿度较大时，风管应保持设计要求的 1%～15% 的坡度，支架高程也应按风管的坡度安装 ⑫对于相同管径的支架，应等距离排列，但不能将其设在风口、风阀、检视门及测定孔等部位，且应适当错开一定距离 ⑬保温风管不能直接与支架接触，应垫上坚固的隔热材料，其厚度与保温层相同 ⑭用于不锈钢、铝板风管的托、吊架的抱箍，应按设计要求做好防腐绝缘处理
风管连接	1. 风管系统分类。风管系统按其系统的工作压力（总风管静压）范围划分为三个类别：低压系统、中压系统及高压系统。风管系统分类及使用范围见表 5-4 2. 风管法兰连接 1）法兰连接时，按设计要求确定垫料后，把两个法兰先对正，穿上几个螺栓并套上螺母，暂时不要紧固。待所有螺栓都穿上后，再把螺栓拧紧 2）为避免螺栓滑扣，紧固螺栓时应按十字交叉、对称均匀地拧紧。连接好的风管，应以两端法兰为准，拉线检查风管连接是否平直

（续）

类　别	内　容
风管连接	3）不锈钢风管法兰连接的螺栓，宜用同材质的不锈钢制成，若用普通碳素钢标准件，应按设计要求喷刷涂料 4）铝板风管法兰连接应采用镀锌螺栓，并在法兰两侧垫镀锌垫圈 5）硬聚氯乙烯风管和法兰连接，应采用镀锌螺栓或增强尼龙螺栓，螺栓与法兰接触处应加镀锌垫圈 6）矩形风管组合法兰连接由法兰组件和连接扁角钢组成。法兰组件采用 $\delta=0.75\sim1.2\mathrm{mm}$ 的镀锌钢板（图 5-20），长度 L 可根据风管边长而定（表 5-5） 连接扁角钢采用厚度 $\delta=2.8\sim4.0\mathrm{mm}$ 的钢板冲压而成，如图 5-21 所示 组装时，将四个扁角钢分别插入法兰组件的两端，组成一个方形法兰，再将风管从组件的开口边处插入，并用铆钉铆住，即组成管段，如图 5-22 所示 安装时，风管管段之间的法兰对接，四角用四个 M12 螺栓紧固，法兰间贴一层闭孔海绵橡胶作垫料，厚度为 3～5mm，宽度为 20mm，如图 5-23 所示 3. 圆形风管无法兰连接。其连接形式有抱箍式无法兰连接、插接式无法兰连接等。具体连接形式、接口要求及使用范围见表 5-6 1）抱箍式无法兰连接（图 5-24）。安装时，按气流方向把小口插入大口，外面用钢板抱箍，将两个管端的鼓箍拖紧连接，用螺栓穿在耳环中固定拧紧。钢板抱箍应先根据连接管的直径加工成一个整体圆环，轧制好鼓筋后再割成两半，最后焊上耳环 2）插接式无法兰连接。主要加工中间连接短管，短管两端分别插入两侧管端，再用自攻螺钉或拉拔铆钉将其紧密固定（图 5-25）。还有一种是把内接管加工上凹槽，内嵌胶垫圈，风管插入时与内壁挤紧（图 5-26）。为保证管件连接严密，可在接口处用密封胶带封上，或涂以密封胶进行封闭 4. 矩形风管无法兰连接。其连接形式有插条连接、立咬口连接及薄钢板法兰弹簧夹连接等。风管插条连接形状如图 5-27 所示，适用于矩形风管之间的连接。具体连接形式、转角要求及使用范围见表 5-7 插条连接法需注意下列几个问题： 1）插条宽窄要一致，应采用机具加工 2）插条连接适用于风管内风速为 10m/s，风压为 500Pa 以内的低速系统 3）接缝处极不严密的地方，应使用密封胶带粘贴 4）插条连接法使用在不常拆卸的风管系统中较好 5. 圆风管软管连接。主要用于风管与部件（如散流器、静压箱、侧送风口等）的连接。这种软管用螺旋状玻璃丝束作骨架，外侧合以铝箔。有的软管用铝箔、石棉布和防火塑料缝制而成，如图 5-28 所示。管件柔软、弯曲自如，直径 125～800mm，大多用于风管与部件（如散流器、静压箱侧送风口等）相接。安装时，软管两端套在连接的管外，然后用特制的尼龙软卡把软管箍紧在管端。这种连接方法适用于暗设部位，系统运行时阻力较大，如图 5-29 和图 5-30 所示
风管加固	圆形风管本身刚度较好，一般不需要加固。当管径大于 700mm，且管段较长时，每隔 1.2m，可用扁钢加固。矩形风管当边长大于或等于 630mm，管段长大于 1.2m 时，均应采取加固措施。对边长小于或等于 800mm 的风管，宜采用相应的方法加固。当中、高压风管的管段长大于 1.2m 时，应采用加固框的形式加固，而对高压风管的单咬口缝应有加固、补强措施。风管的加固形式如图 5-31 和图 5-32 所示
风管强度、严密性及允许漏风量	风管的强度及严密性应符合设计规定。若设计无规定时，应符合表 5-8 的规定 不同系统风管单位面积允许漏风量应符合表 5-9 的规定

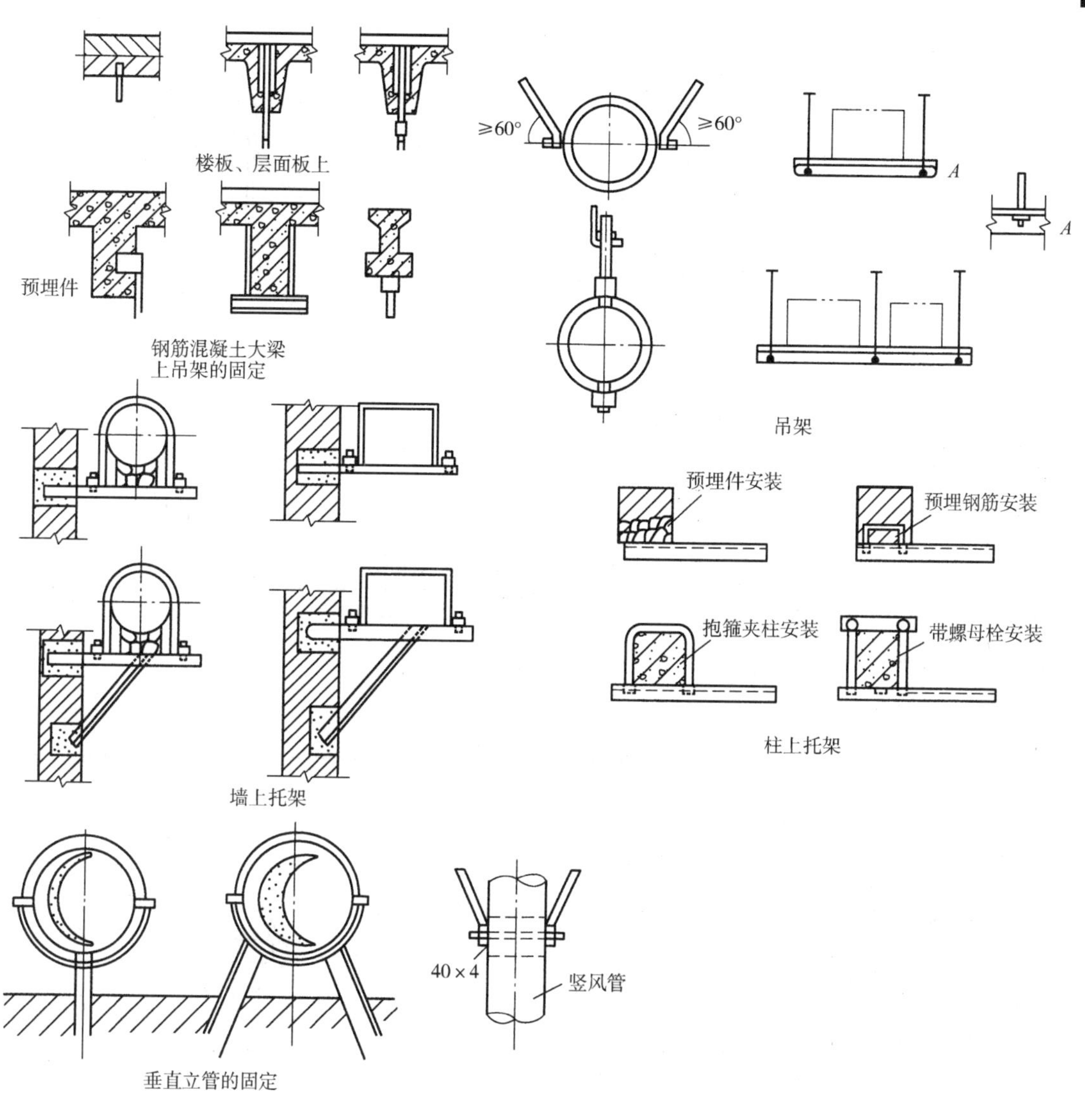

图5-14　风管支架

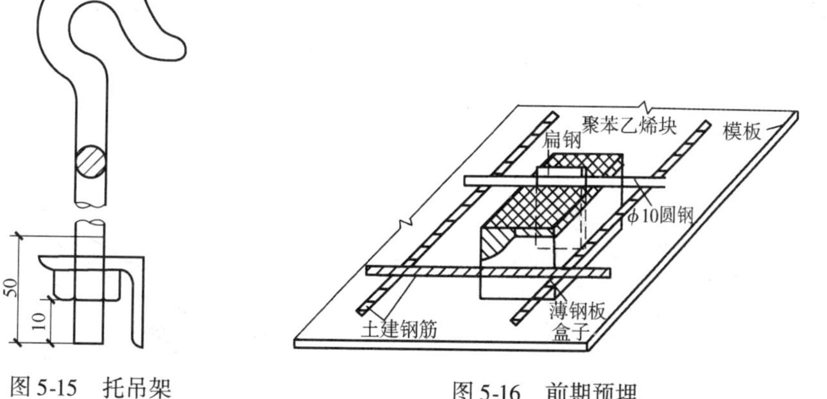

图5-15　托吊架

图5-16　前期预埋

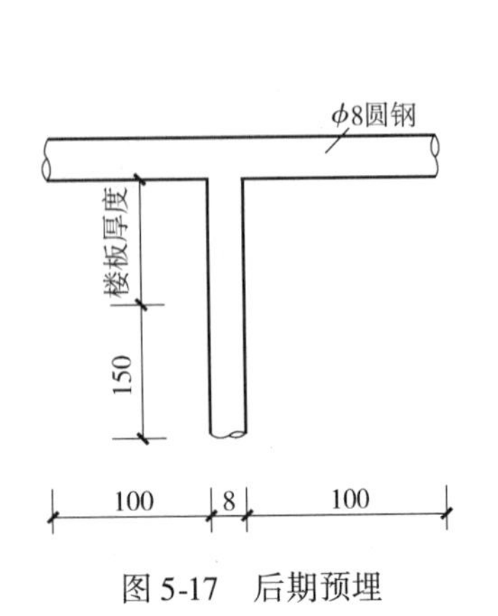

图 5-17　后期预埋

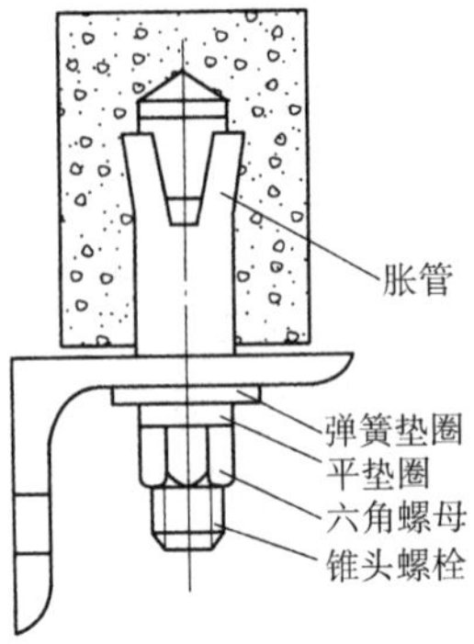

图 5-18　膨胀螺栓法

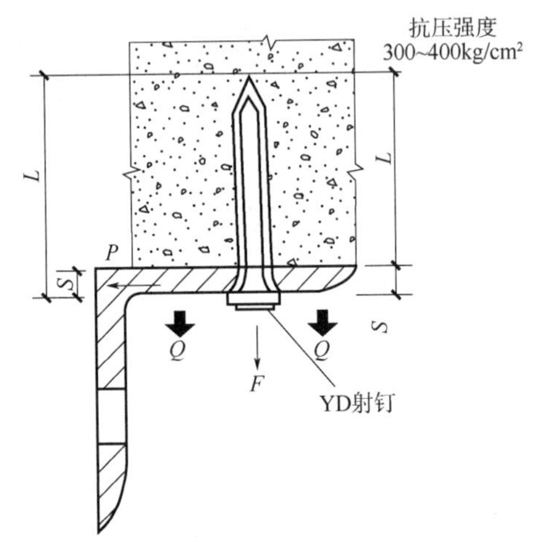

图 5-19　射钉枪法

表 5-3　不保温风管支、吊架间距

风管直径或矩形风管长边尺寸/mm	水平风管间距/m	垂直风管间距/m	最少吊架数（副）
≤400	≤4	≤4	2
≤1000	≤3	≤3.5	2
>1000	≤2	≤2	2

表 5-4　风管系统分类及使用范围

系统工作压力 p/MPa	系统类别	使用范围
$p<500$	低压系统	一般空调及排气等系统
$500<p\leqslant1500$	中压系统	100 级及以下空气净化、排烟、除尘等系统
$p>1500$	高压系统	1000 级及以上空气净化、气力输送、生物工程等系统

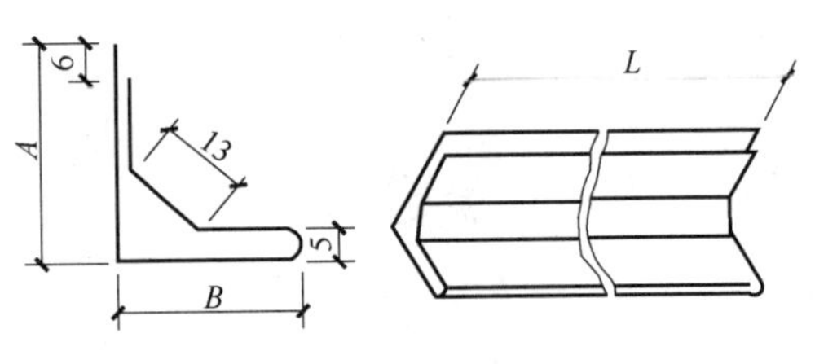

图 5-20　法兰组件

表 5-5　法兰组件长度选用　（单位：mm）

风管边长	200	250	320	400	500	630	800	1000	1250	1600
组件长度 L	174	224	294	374	474	604	774	974	1224	1574

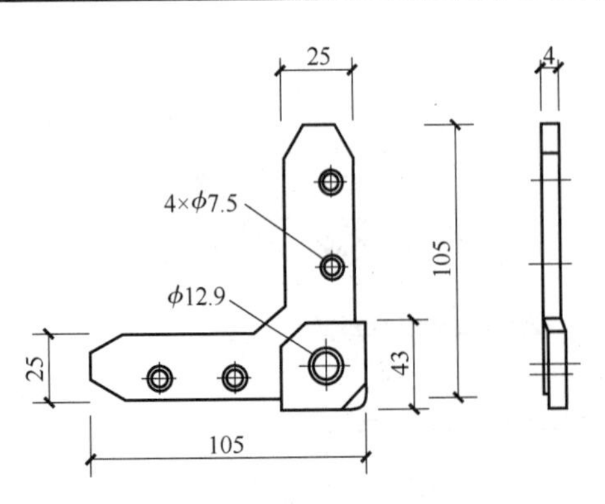

图 5-21　连接扁角钢

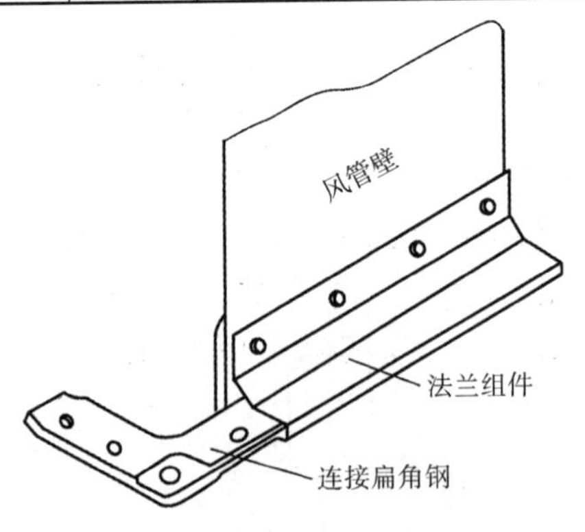

图 5-22　扁角钢连接

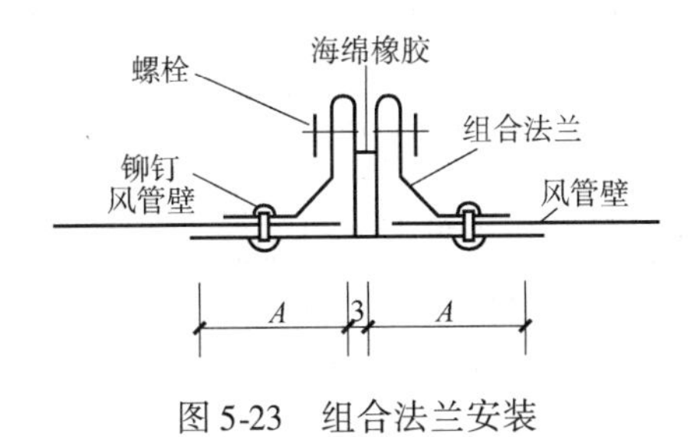

图 5-23　组合法兰安装

表 5-6　圆形风管无法兰连接形式、接口要求及使用范围

无法兰连接形式		附件板厚/mm	接口要求	使用范围
插接式无法兰连接		—	插入深度＞30mm，有密封要求	低压风管，直径＜700mm
带加强筋承插		—	插入深度＞20mm，有密封要求	中、低压风管
角钢加固承插		—	插入深度＞20mm，有密封要求	中、低压风管
芯管连接		≥管板厚	插入深度＞20mm，有密封要求	中、低压风管
立筋抱箍连接		≥管板厚	四角加 90°贴角，并固定	中、低压风管
抱箍式无法兰连接		≥管板厚	接头尽量靠近，不重叠	中、低压风管，宽度≥100mm

表 5-7　矩形风管无法兰连接形式、转角要求及使用范围

无法兰连接形式		附件板厚/mm	转角要求	使用范围
S 形插条		≥0.7	立面插条两端压到两平面各 20mm 左右	低压风管单独使用连接处必须有固定措施
C 形插条		≥0.7	立面插条两端压到两平面各 20mm 左右	中、低压风管
立插条		≥0.7	四角加 90°平板条固定	中、低压风管
立咬口		≥0.7	四角加 90°贴角，并固定	中、低压风管

（续）

无法兰连接形式		附件板厚/mm	转角要求	使用范围
包边立咬口	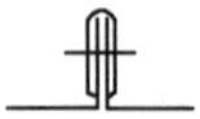	≥0.7	四角加90°贴角，并固定	中、低压风管
薄钢板法兰插条		≥1.0	四角加90°贴角	中、低压风管
薄钢板法兰弹簧夹		≥1.0	四角加90°贴角	中、低压风管
直角形平插条		≥0.7	四角两端固定	低压风管
立联合角形插条		≥0.8	四角加90°贴角，并固定	低压风管

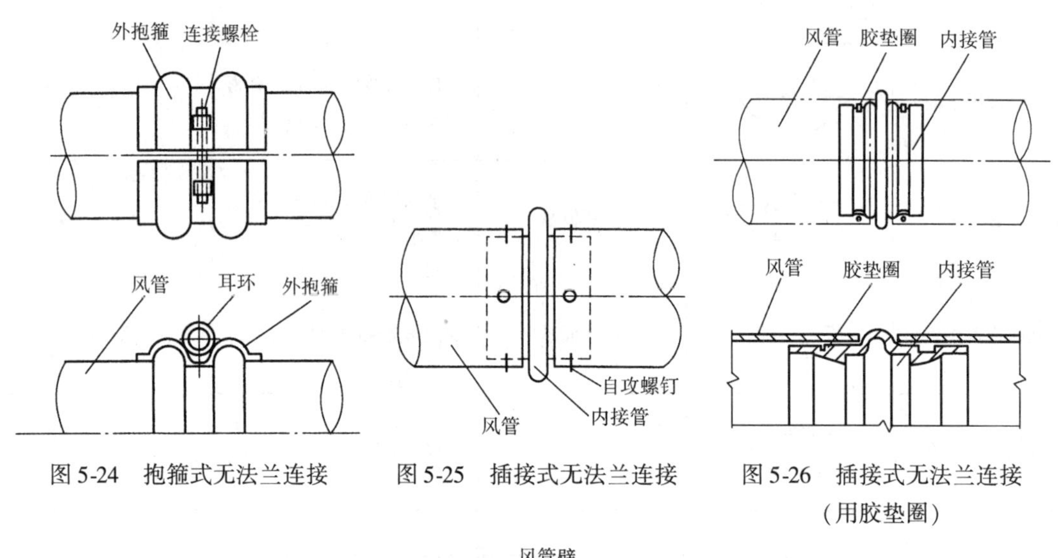

图5-24　抱箍式无法兰连接

图5-25　插接式无法兰连接

图5-26　插接式无法兰连接（用胶垫圈）

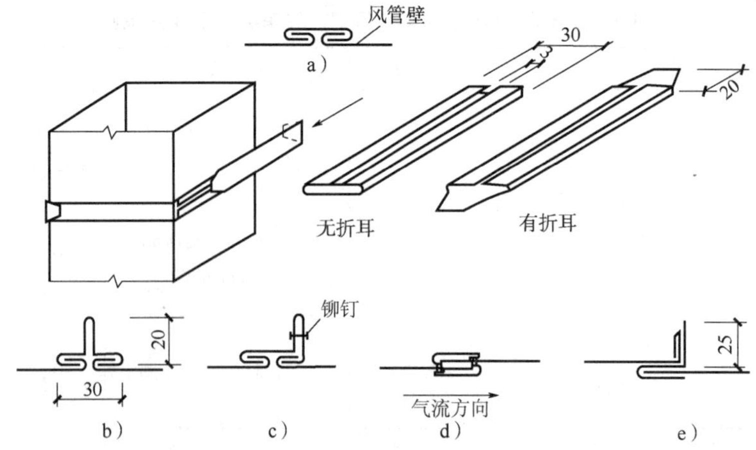

图5-27　风管插条连接

a）平插条　b）立式插条　c）角式插条　d）平S形插条　e）立S形插条

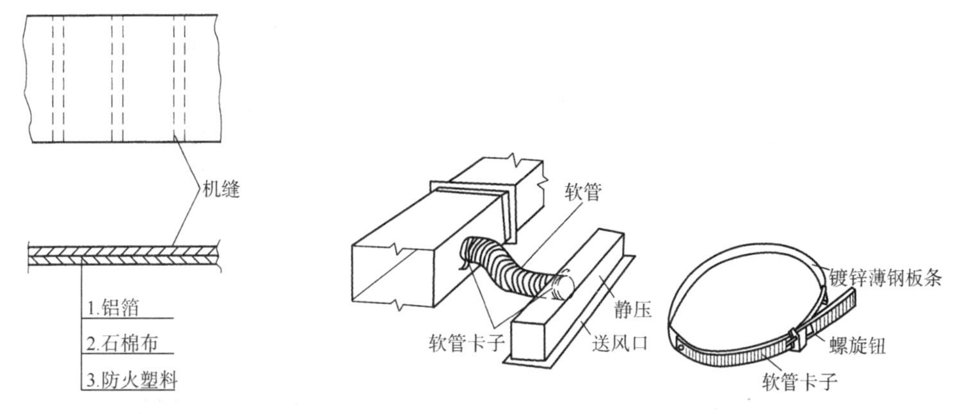

图 5-28　软接管材料组成　　　　图 5-29　软管连接

图 5-30　铝箔软管

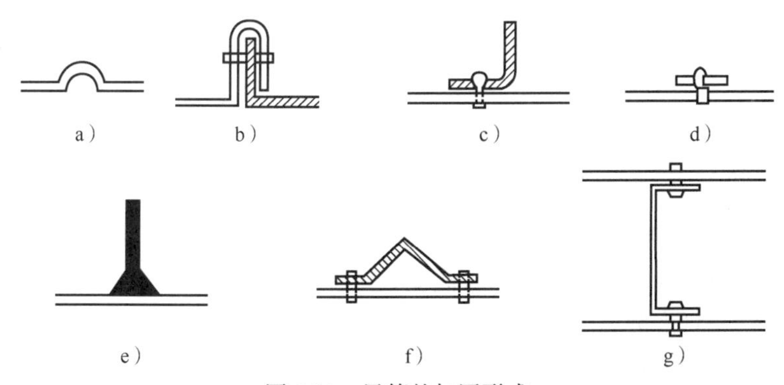

图 5-31　风管的加固形式

a）棱筋　b）立筋　c）角钢加固　d）扁钢平加固　e）扁钢立加固　f）加固筋　g）管内支撑

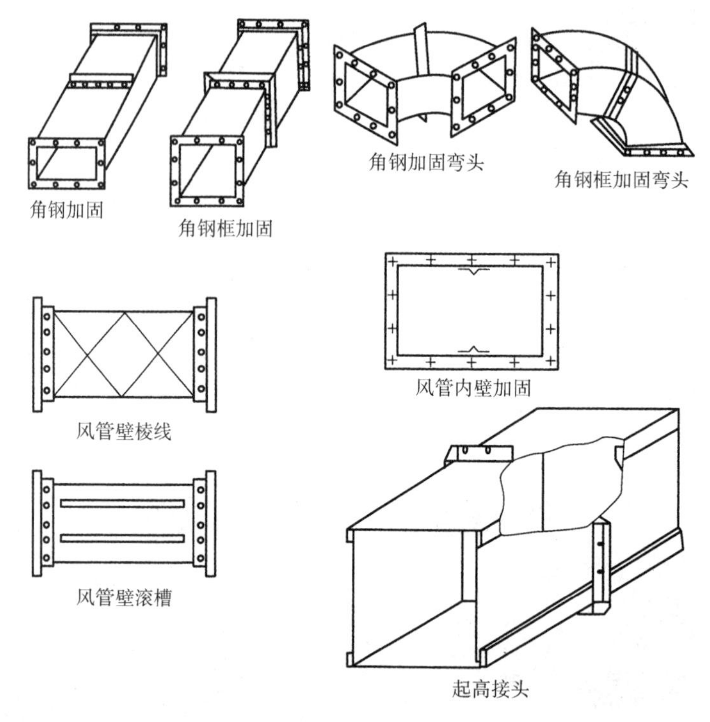

图 5-32　风管的加固

表 5-8　风管的强度及严密性要求

系统类别	强度要求	密封要求
低压系统	一般	咬口缝及连接处无洞及缝隙
中压系统	局部增强	连接面及四角咬缝处增加密封措施
高压系统	特殊加固不得用按扣式咬缝	所有咬缝连接面及固定件四周采取密封措施

表 5-9　不同系统风管单位面积允许漏风量　［单位：m^3/（h·m^2）］

系统类别	工作压力/Pa												
	100	200	300	400	500	600	800	1000	1200	1500	1800	2000	2500
低压系统	2.11	3.31	4.30	5.19	6.00	—	—	—	—	—	—	—	—
中压系统	—	—	—	—	2.00	2.25	2.71	3.14	3.53	4.08	—	—	—
高压系统	—	—	—	—	—	—	—	—	—	1.36	1.53	1.64	1.90

二、风管部配件安装

（一）风管部配件安装工艺流程

风阀安装⟶防火阀安装⟶斜插板阀安装⟶风口安装⟶风帽安装⟶吸尘罩与排气罩安装⟶柔性短管安装。

（二）风管部配件安装工艺

风管部配件安装工艺见表 5-10。

表 5-10 风管部配件安装工艺

类别	内容
风阀安装	通风与空调工程常用的阀门有插板阀（包括平插阀、斜插阀和密闭阀等）、蝶阀、多叶调节阀（平行式、对开式）、离心式通风机圆形瓣式启动阀、空气处理室中旁通阀、防火阀和止回阀等 阀门产品或加工制作均应符合国家标准。阀门安装时应注意，制动装置动作应灵活，安装前若因运输、保管产生损伤要修复 1. 蝶阀。蝶阀是空调通风系统中常见的阀门，分为圆形、方形和矩形，按其调节方式有手柄式和拉链式。蝶阀由短管、阀门和调节装置组成。蝶阀（手柄式）如图 5-33 所示 2. 对开式多叶调节阀。对开式多叶调节阀分为手动式和电动式，如图 5-34 所示。这种调节阀装有 2～8 个叶片，每个叶片长轴端部装有摇柄，连接各摇柄的连动杆与调节手柄相连。操作手柄，各叶片就能同步开合。调整完毕，拧紧蝶形螺母，就可以固定位置 这种调节阀结构简单，轻便灵活，造型美观。但矩形阀体刚性较差，在搬运、安装时容易变形，造成调节失灵，甚至阀片脱落。如果将调节手柄取消，把连动杆用连杆与电动执行机构相连，就是电动式多叶调节阀，从而可以进行遥控和自动调节 3. 三通调节阀。三通调节阀有手柄式和拉杆式。矩形三通调节阀如图 5-35 所示。其适用于矩形直通三通和斜通管，不适用于直角三通 在矩形斜三通的分叉点装有可以转动的阀板，转轴的端部连接调节手柄，手柄转动，阀板也随之转动，从而调节支管空气的流量。调整完毕后拧紧蝶形螺母固定
防火阀安装	风管常用的防火阀分为重力式、弹簧式和百叶式，如图 5-36 所示。防火阀安装注意事项如下： 1. 安装防火阀时，阀门四周要留有一定的建筑空间以便检修和更换零、部件 2. 防火阀温度熔断器一定要安装在迎风面一侧 3. 安装阀门（风口）之前应先检查阀门外形及操作机构是否完好，检查动作的灵活性，然后再进行安装 4. 防火阀与防火墙（或楼板）之间的风管壁厚应采用 $\delta>2\text{mm}$ 的钢板制作，在风管外面用耐火的保温材料隔热，如图 5-37 所示 5. 防火阀宜有单独的支、吊架，以避免风管在高温下变形，影响阀门功能 6. 阀门在建筑吊顶上或在风道中安装时，应在吊顶板上或风管壁上设检修孔，一般孔尺寸为 150～450mm 7. 阀门在安装以后的使用过程中，应定期进行关闭动作试验，一般每半年或一年进行一次检验，并应有检验记录 8. 防火阀中的易熔件必须是经过有关部门批准的正规产品，不允许随便代用 9. 防火阀门有水平安装和垂直安装及左式和右式之分，在安装时务必注意，不能装反 10. 安装阀门时，应注意阀门调节装置，要装置在便于操作的部位；安装在高处的阀门也要使其操作装置处于离地面或平台 1～1.5m 处 11. 阀门在安装完毕后，应在阀体外部明显地标出开和关的方向及开启程度。对保温的风管系统，应在保温层外做标志，以便调试和管理
斜插板阀安装	斜插板阀一般用于除尘系统，安装时应考虑不致集尘，因此对水平管上安装的斜插板阀应顺气流安装。在垂直管（气流向上）安装时，斜插板阀应逆气流安装，阀板应向上拉启，而且阀板应顺气流方向插入，如图 5-38 所示。防火阀安装后应做动作试验，手动、电动操作应灵敏可靠，阀板关闭应可靠

（续）

类　别	内　容
风口安装	风口与风管的连接应严密、牢固；边框与建筑面贴实，外表面应平整、不变形；同一厅室、房间内的相同风口的安装高度应一致，排列整齐。带阀门的风口在安装前后都应扳动一下调节手柄或杆，保证调节灵活。变风量末端装置的安装，应设独立的支、吊架，与风管相接前应做动作试验 净化系统风口安装应清扫干净，其边框与建筑顶板间或墙面间的接缝应加密封垫料或填密封胶，不得漏风
风帽安装	风帽可在室外沿墙绕过檐口伸出屋面，或在室内直接穿过屋面板伸出屋顶。对于穿过屋面板的风管，面板孔洞处应做防雨罩，防雨罩与接口应紧密，防止漏水，如图 5-39 所示 不连接风管的筒形风帽，可用法兰固定在屋面板预留洞口的底座上。当排送温度较高的空气时，为避免产生的凝结水漏入室内，应在底座下设有滴水盘，并有排水装置，其排水管应接到指定位置或有排水装置的地方
吸尘罩与排气罩安装	吸尘罩、排气罩主要作用是排除工艺过程或设备中的含尘气体、余热、余温、毒气、油烟等。各类吸尘罩、排气罩的安装位置应正确，牢固可靠，支架不得设置在影响操作的部位。用于排出蒸汽或其他气体的伞形排气罩，应在罩口内采取排除凝结液体的措施
柔性短管安装	柔性短管安装用于风机与空调器、风机与送回风管间的连接，以减少系统的机械振动（图 5-40）。柔性短管的安装应松紧适当，不能扭曲。安装在风机吸入口的柔性短管可安装得紧绷一些，以免风机起动后，由于管内负压造成截面缩小的现象。柔性短管外不宜做保温层，并不能以柔性短管当成找平、找正的连接管或异径管

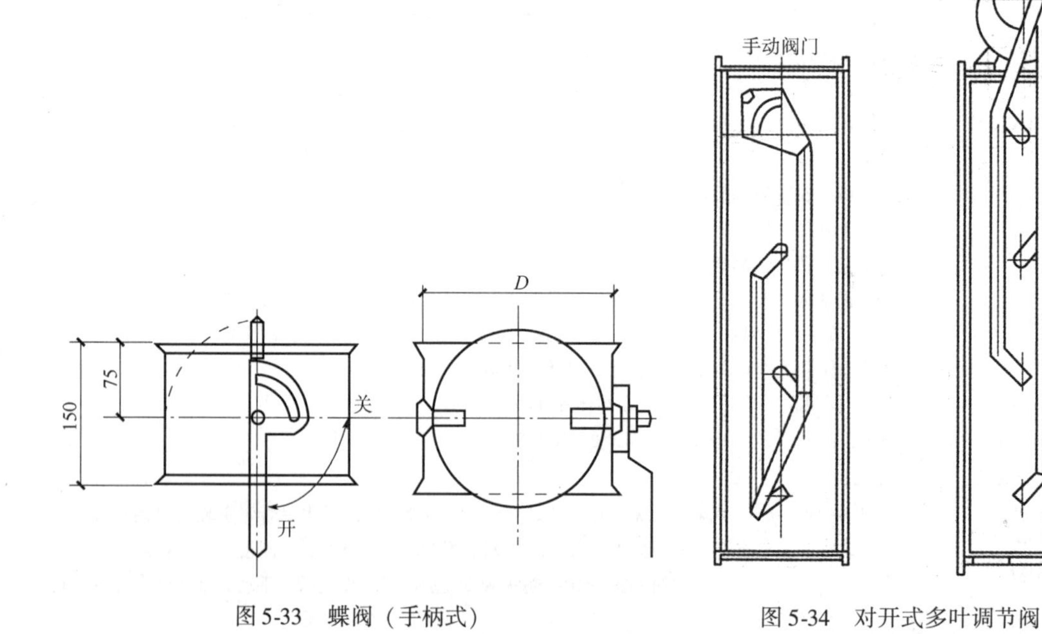

图 5-33　蝶阀（手柄式）

图 5-34　对开式多叶调节阀

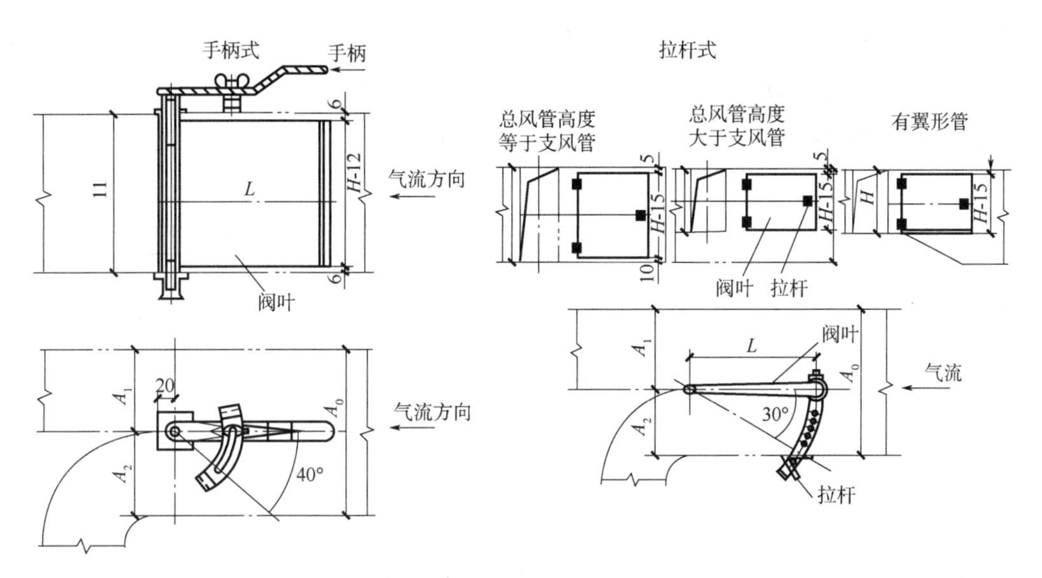

图 5-35　矩形三通调节阀

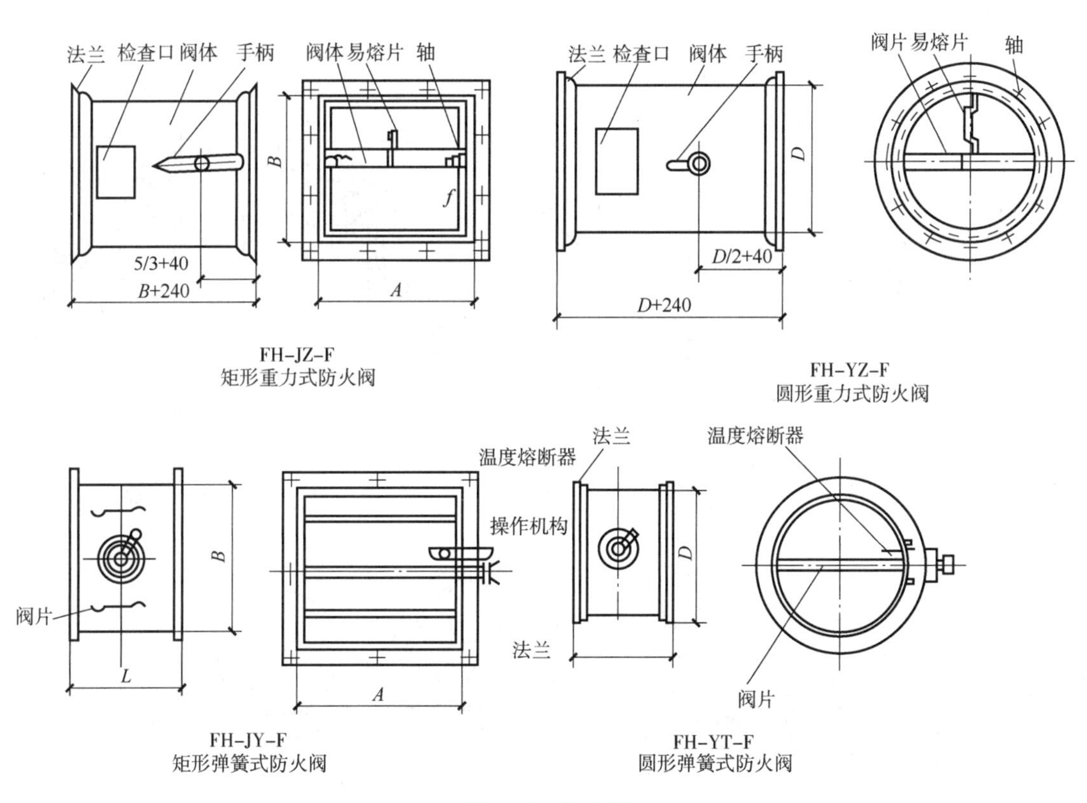

图 5-36　防火阀

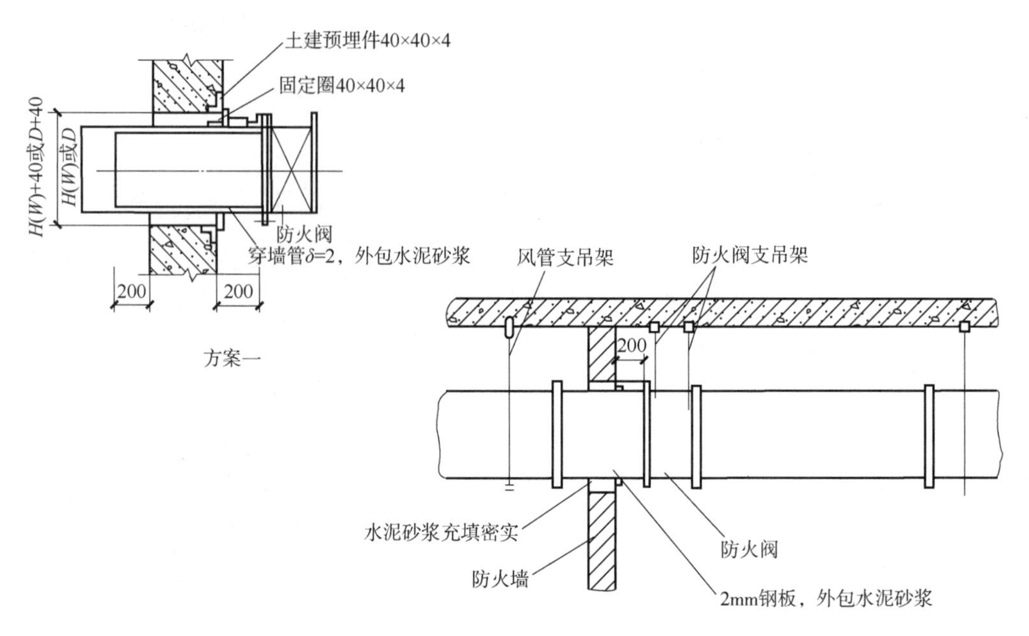

图 5-37　防火阀安装示意图

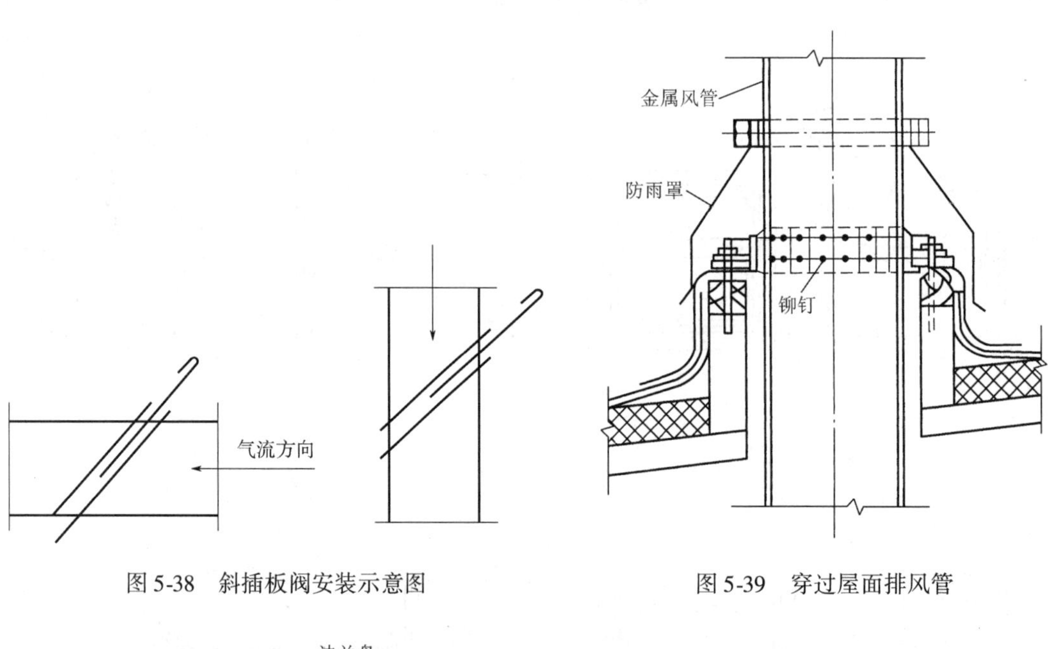

图 5-38　斜插板阀安装示意图

图 5-39　穿过屋面排风管

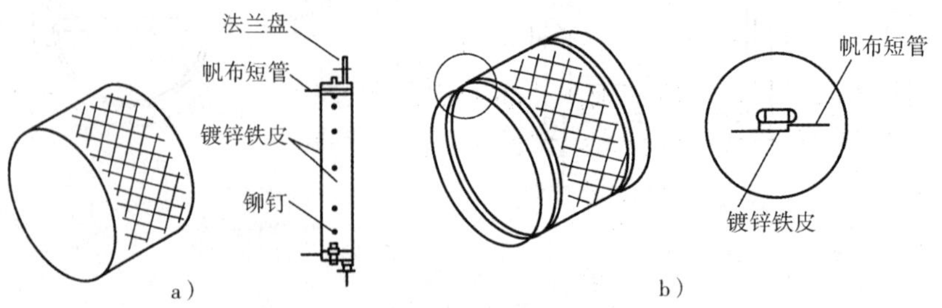

图 5-40　帆布连接软管

三、通风空调系统设备安装

（一）通风空调系统设备安装流程

过滤器安装⟶换热器安装⟶分水器、集水器安装⟶喷淋室安装⟶消声器安装⟶通风机安装⟶除尘器安装⟶风机盘管和诱导器安装⟶空调机组安装。

（二）通风空调系统设备安装工艺要求

通风空调系统设备安装工艺要求见表5-11。

表5-11　通风空调系统设备安装工艺要求

类　别	内　容
空气过滤器安装	1. 网状过滤器安装 1）按设计图要求，制作角钢外框、底架和油槽，安装固定 2）在安装框和角钢外框之间垫3mm厚的石棉橡胶板或毛毡衬垫 3）将角钢外框和油槽固定在通风室预留洞内预埋的木砖上，角钢外框与木砖连接处应严密 4）安装过滤器前，应将过滤器上的铁锈及杂物清除干净。可先用70%的热碱水清洗，经清水冲洗晾干，再浸以12号或20号机油 5）角钢外框安装牢固后，将过滤器装在安装框内，并用压紧螺栓将压板压紧。在风管内安装网格干式过滤器，为便取出清扫，可做成抽屉式的抽屉式过滤器如图5-41所示 2. 铺垫式过滤器的安装。因滤料需要经常清洗，为了拆装方便，采用铺垫式横向踏步式过滤器，如图5-42所示。先用角钢做成框架，框架内呈踏步式。斜板用镀锌铁丝制成斜形网格，在其上铺垫20～30mm厚的粗中孔泡沫塑料垫，与气流成30°，要清洗或更换时就可从架子上取下。这种过滤器使用和维修方便，一般在棉纺厂的空气处理室中作为初效过滤。凡用泡沫塑料作滤料的，在装入过滤器前，都应用5%浓度的碱溶液进行透孔处理
金属网格浸油过滤器安装	金属网格浸油过滤器用于一般通风空调系统。安装前应用热碱水将过滤器表面粘附物清洗干净，晾干后再浸以12号或20号机油。安装时，应将空调器内外清扫干净，并注意过滤器的方向，将大孔径金属网格朝迎风面，以提高过滤效率。金属网格过滤器出厂时一般都涂以机油防锈，但在运输和存放后，就会粘附上灰尘，故在安装时应先用70%～80%的热碱水清洗油污，晾干后再浸以12号或20号机油。相互邻接波状网的波纹应互相垂直，网孔尺寸应沿气流方向逐次减少，如图5-43所示
自动浸油过滤器	自动浸油过滤器用于一般通风空调系统。安装时，应清除过滤器表面的粘附物，并注意装配的转动方向，使传动机构灵活。自动浸油过滤器由过滤层、油槽及传动机构组成。过滤层有多种形式，如用金属丝织成的网板、用一系列互相搭接成链条式的网片板等。自动浸油过滤器安装时应注意以下几点： 1. 安装前，应与土建方配合好，按设计要求预留孔洞，并预埋角钢框 2. 将过滤器油槽擦净，并检查轴的旋转情况 3. 将金属网放在煤油中刷洗，擦干后卷起，再挂在轴上，同时纳入导槽，绕过上轴、下轴的内外侧后，用对接的销钉将滤网的两端接成连续网带。检查滤网边是否在导槽里，合适后，再用拉紧螺栓将滤网拉紧 4. 开动电动机，先检查滤网的转动方向，进气面的滤网应自上向下移动，再在油槽内装满机油，转动1h，使滤网沾油；然后停车0.5h，使余油流回油槽，并将油加到规定的油位 5. 将过滤器用螺栓固定在预埋的角钢框连接处加衬垫，使连接严密，无漏风之处 6. 两台或三台并排安装时，应用扁钢和螺栓连接。过滤器之间应加衬垫。其传动轴的中心组成一条直线

（续）

类　别	内　容
卷绕式过滤器安装	卷绕式过滤器一般为定型产品，整体安装，大型的可以在现场组装。安装时，应注意上下卷筒平行，框架平整，滤料松紧适当，辊轴及传动机构灵活，如图5-44所示
中效过滤器安装	中效过滤按滤料可分为玻璃纤维、棉短绒纤维滤纸及无纺布型等。中效过滤器安装时，应考虑便于拆卸和更换滤料，并使过滤器与框架和框架与空调器之间保持严密 袋式过滤器是一种常用的中效过滤器，如图5-45所示。它采用不同孔隙率的无纺布作滤料，把滤料加工成扁平袋形状，袋口固定在角钢框架上，然后用螺栓固定在空气处理室的型钢框上，中间加法兰垫片。其由多个扁布袋平行排列，袋身用钢丝架撑起或是袋底用挂钩吊住。安装时要注意袋口方向应符合设计要求
高效过滤器的安装	高效过滤器是空气洁净系统的关键设备，其滤料采用超细玻璃纤维纸和超细石棉纤维纸。高效过滤器在出厂前都经过严格的检验。过滤器的滤纸非常精细，易损坏，因此系统未装之前不得开箱。高效过滤器必须在洁净室完成；空调系统施工安装完毕，并在空调系统进行全面清扫和系统连续试车12h以后，再现场拆开包装进行安装 高效过滤器在安装前应认真进行外观检查和仪器检漏。外观检查主要检查滤纸和框架有无损坏，损坏的应及时修补。仪器检漏主要是密封效果检查。密封效果与密封垫材料的种类、表面状况、断面大小、拼接方式、安装的好坏、框架端面加工精度和表面粗糙度等都有密切关系。采用机械密封时须采用密封垫料，其厚度为6～8mm，定位贴在过滤器边框上，安装后垫料的压缩率均匀，压缩率为25%～50%，以确保安装后过滤器四周及接口严密不漏。高效过滤器密封垫漏风是造成过滤总效率下降的主要原因之一 密封垫的接头用榫接式较好，既严密又省料。安装过滤器时，应注意保证密封垫受压后，最小处仍有足够的厚度。为保证高效过滤器的过滤效率和洁净系统的洁净效果，高效过滤器的安装必须遵守《洁净室施工及验收规范》（GB 50591—2010）或设计图的要求
换热器安装	图5-46为四种壳管式汽-水换热器的形状，图5-47为三种管式水-水换热器的形状，图5-48为波纹板式换热器的视图，图5-49为螺旋板式换热器的形状 1. 换热器安装工艺。空调机组中常用的空气热交换器主要是表冷器和蒸汽或热水加热器。安装前，空气热交换器的散热面应保持清洁、完整。热交换器若缺少合格证明，应进行水压试验。试验压力等于系统最高压力的1.5倍，且不少于0.4MPa，水压试验的观测时间为2～3min，压力不得下降 热交换器的底座为混凝土或砖砌时，由土建单位施工，安装前应检查其尺寸及预埋件位置是否正确。底座如果是角钢架，则在现场焊制。热交换器按排列要求在底座上用螺栓连接固定，与周围结构的缝隙及热交换器之间的缝隙，都应用耐热材料堵严。空气热交换器支架如图5-50所示 连接管路时，要熟悉设备安装图，要弄清进出水管的位置。在热水或蒸汽管路上及回水管路上均应安装截止阀，蒸汽系统的凝结水出口处还应装疏水器，当数台合用时，最好每台都能单独控制其进汽及回水装置。表冷器的底部应安装滴水盘和泄水管；当冷却器叠放时，在两个冷却器之间应装设中间水盘和泄水管，泄水管应设水封，以防吸入空气。滴水盘安装如图5-51所示。在连接管路上都应有便于检查拆卸的接口。当作为表面冷却器使用时，其下部应设排水装置。热水加热器的供回水管路上应安装调节阀和温度计，加热器上还应装设放气阀 2. 换热器的安装质量。换热器安装质量的标准和要求如下： 1）换热器就位前的混凝土支座强度、坐标、标高尺寸和预埋地脚螺栓的规格尺寸必须符合设计要求和施工规范的规定 2）换热器支架与支座连接应牢固，支架与支座和换热器接触应紧密 3）换热器安装允许的偏差为：坐标15mm，标高±5mm，垂直度1mm/m

（续）

类　别	内　容	
分水器、集水器安装	安装工艺	分水器和集水器属于压力容器，其加工制作和运行应符合压力容器安全监察规程。一般安装单位不可自行制作，加工单位在供货时应提供生产压力容器的资质证明、产品的质量证明书和测试报告 分水器和集水器均为卧式，形状大致相同，但由于工作压力不同，对形状也有不同的要求。当公称压力为0.07MPa以下时，可采用无折边球形封头；当公称压力为0.25 ~4.0MPa时，应采用椭圆形封头 分水器、集水器的接管位置应尽量安排在上下方向，其连接管的规格、间距和排列关系，应依据设计要求和现场实际情况在加工订货时做出具体的技术交底。注意考虑各支管的保温和支管上附件的安装位置，一般按管间保温后净距≥100mm确定 分水器、集水器一般安装在钢支架上。支架形式由安装位置决定。支架的形式有落地式和挂墙悬臂式。分水器、集水器的安装图如图5-52所示
	安装标准	1. 分水器、集水器安装前的水压试验结果必须符合设计要求和施工规范的规定 2. 分水器、集水器的支架结构符合设计要求。安装平正、牢固，支架与分水器、集水器接触紧密 3. 分水器、集水器及其支架的油漆种类、涂刷遍数应符合设计要求，附着良好，无脱皮、起泡和漏涂，漆膜厚度均匀，色泽一致，无流淌和污染现象 4. 分水器、集水器安装位置的允许偏差值为：坐标15mm，标高±5mm 5. 分水器、集水器保温厚度的允许偏差为：$+0.1\delta$、-0.05δ（δ为保温层厚度） 6. 分水器、集水器保温表面平整度允许偏差为：卷材5mm，涂抹10mm
喷淋室安装	喷淋排管安装工艺	在加工管路时，要对喷淋室的内部尺寸进行实测。按图样要求，结合现场实际进行加工制作和装配。主管与立管采用螺纹连接，支管的一端与立管采用焊接连接，另一端安装喷嘴（螺纹连接）。支管间距要均匀。每根立管上至少有两个立管卡固定。喷水系统安装完毕，在装设喷嘴前先把水池清扫干净，再启动水泵冲洗管路，清除管内杂质，然后拧上喷嘴。要注意喷口方向与设计要求的顺喷或逆喷方向相一致。喷嘴在同一面上呈梅花形排列。喷淋排管安装如图5-53所示
	挡水板安装工艺	挡水板常用0.75 ~1.0m厚的镀锌钢板制作，也可用3 ~5mm厚的玻璃板或硬质塑料板制作，安装时要注意以下几点： 1. 应与土建施工配合，在空调室侧壁上预埋钢板 2. 将挡水板的槽钢支座、连接支撑角钢的短角钢和侧壁上的角钢框焊接在空调室侧壁的预埋钢板上 3. 将两端的两块挡水板用螺栓固定在侧壁的角钢框上，再将一边的支撑角钢用螺栓连接在短角钢上 4. 先将挡水板放在槽钢支座上，再将另一边的支撑角钢用螺栓连接在侧壁的短角钢上，然后用连接压板将挡水板边压住，用螺栓固定在支撑角钢上 5. 挡水板应保持垂直。挡水板之间的距离应符合设计要求，两侧边框应用浸铅油的麻丝填塞，防止漏水
消声器安装	在通风空调系统中，消声器一般安装在风机出口水平总风管上，用以降低风机产生的空气动力噪声，也可将消声器安装在各个送风口前的弯头内，用来阻止或降低噪声由风管内向空调房间传播。消声器的结构及种类有多种，但其安装操作的要点有如下几点： 1. 消声器在运输和吊装过程中，应尽量避免振动，防止消声器变形，影响消声性能。尤其对填充消声多孔材料的阻抗式消声器，应防止由于振动而损坏填充材料，降低消声器效果	

（续）

类别		内容
消声器安装		2. 消声器在安装时应单独设支架，不使风管承受其重量 3. 消声器支架的横担板穿吊杆的螺孔距离应比消声器宽 40～50mm，为便于调节标高，可在吊杆端部套 50～80mm 的螺钉，以便找平、找正，并加双螺母固定 4. 消声器的安装方向必须正确，与风管或管线的法兰连接应牢固、严密 5. 当通风空调系统有恒温、恒湿要求时，消声器设备外壳应与风管同样做保温处理 6. 消声器安装就绪后，可用拉线或吊线的方法进行检查，对不符合要求的应进行修整，直到满足设计和使用要求 消声器尽量安装于靠近使用房间的部位，若必须安装在机房内，应对消声器外壳及消声器之后位于机房内的部分风管采取隔声处理。当系统为恒温系统时，则消声器外壳应与风管同样做保温处理
通风机安装	轴流风机安装工艺	轴流风机大多安装在风管中间，装于墙洞内或单独支架上。在空气处理室内也有选用大型（12 号以上）轴流风机作回风机用的 1. 风管中安装轴流风机。其安装方法与在单独支架上安装相同。轴流风机在支架上安装如图 5-54 所示。支架应按设计图要求位置和标高安装，支架螺孔尺寸应与风机底座螺孔尺寸相符。支架安装牢固后，再把风机吊放在支架上，支架与底座间垫上厚度为 4～5mm 的橡胶板，穿上螺栓，找正、找平后，上紧螺母。连接风管时，风管中心应与风机中心对正。为检查和接线方便，应设检查孔 2. 墙洞内安装轴流风机。安装前，应在土建施工时留好预留孔，并预埋挡板框和支架。安装时，把风机放在支架上，上紧底脚螺栓的螺母，连接好挡板，在外墙侧应装上 45°防雨、防雪弯头。轴流风机在墙洞内安装如图 5-55 所示
	离心通风机安装工艺	1. 离心式通风机的安装 1）通风机混凝土基础浇注或型钢支架的安装，应在底座上穿入地脚螺栓，并将风机连同底座一起吊装在基础上 2）通风机的开箱检查 3）机组的吊装、校正、找平。调整底座的位置，使底座和基础的纵、横中心线吻合；用水平尺检查通风机的底座放置是否水平，不水平时，可用平垫片和斜垫片进行水平度的调整 4）地脚螺栓的二次浇灌或型钢支架的初紧固。对地脚螺栓可进行二次浇灌；约养护两周后，当二次浇灌的混凝土强度达到设计强度的 75% 时，再次复测通风机的水平度并进行调整，并用手扳动通风机轮轴，检查有无刮蹭现象 5）复测机组安装的中心偏差、水平度和联轴器的轴向偏差、径向偏差等是否满足要求 6）机组进行试运行 2. 安装时的注意事项 1）在安装通风机之前应再次核对通风机的型号、叶轮的旋转方向、传动方式、进出口位置等 2）检查通风机的外壳和叶轮是否有锈蚀、凹陷和其他缺陷。有缺陷的通风机不能进行安装，外观有轻度损伤和锈蚀的通风机，应进行修复后方能安装
除尘器安装		除尘器按作用原理可分为机械式除尘器、过滤式除尘器、洗涤式除尘器及电除尘器等类型，其安装的一般要求是：安装的除尘器应保证位置正确、牢固、平稳，进出口方向、垂直度与水平度等必须符合设计要求；除尘器的排灰阀、卸料阀、排泥阀的安装必须严密，并便于日后操作和维修。此外，根据不同类型除尘器的结构特点，在安装时还应注意如下操作要点： 1. 机械式除尘器 1）组装时，除尘器各部分的相对位置和尺寸应准确，各法兰的连接处应垫石棉垫片，并拧紧螺栓

（续）

类　别	内　容
除尘器安装	2）除尘器与风管的连接必须严密不漏风 3）除尘器安装后，在联动试车时应考核其气密性，若有局部渗漏应进行修补 2. 过滤式除尘器 1）各部件的连接必须严密 2）布袋应松紧适度，接头处应牢固 3）安装的振打或脉冲式吹刷系统，应动作正常、可靠 3. 洗涤式除尘器 1）对于水浴式、水膜式除尘器，其本体的安装应确保液位系统的准确 2）对于喷淋式的洗涤器、喷淋装置的安装，应使喷淋均匀、无死角，保证除尘效率 4. 电除尘器 1）清灰装置动作灵活、可靠，不能与周围其他部件相碰 2）不属于电除尘器部分的外壳、安全网等，均有可靠的接地 3）电除尘器的外壳应做保温层
风机盘管和诱导器安装	所采用的风机盘管、诱导器设备应具有出厂合格证和质量鉴定文件，风机盘管、诱导器设备的结构形式、安装形式、出口方向、进水位置应符合设计安装要求。设备安装所使用的主要材料和辅助材料规格、型号应符合设计规定，并具有出厂合格证 安装注意事项如下： 1. 土建施工时应搞好配合，按设计位置预留孔洞。待建筑结构工程施工完毕，屋顶做完防水层，室内墙面、地面抹完，再检查安装的位置尺寸是否符合设计要求 2. 空调系统干管安装完后，检查接往风机盘管的支管预留管口位置是否符合要求 3. 风机盘管在安装前应检查每台电机壳体及表面交换器有无损伤、锈蚀等缺陷 4. 风机盘管和诱导器应逐台进行水压试验，试验强度应为工作压力的 1.5 倍，定压后观察 2～3min，以不渗、不漏为合格 5. 卧式吊装风机盘管和诱导器，吊装应平整、牢固、位置正确。吊杆不应自由摆动，吊杆与托盘相连，并用双螺母紧固平整 6. 冷热媒水管与风机盘管、诱导器连接宜采用钢管或紫铜管，接管应平直。紧固时，应用扳手卡住六方接头，以防损坏铜管。凝结水管宜软性连接，材质宜用透明胶管，严禁渗漏，坡度应正确，凝结水应畅通地流到指定位置，水盘应无积水现象 7. 风机盘管、诱导器的冷热媒管道，应在管道系统冲洗排污后再连接，以防堵塞热交换器 8. 暗装的卧式风机盘管、吊顶应留有活动检查门，便于机组能整体拆卸和维修 9. 风机盘管、诱导器安装必须平稳、牢固，风口要连接严密、不漏风 10. 风机盘管、诱导器与进出水管的连接严禁渗漏，凝结水管的坡度必须符合排水要求，与风口及回风口的连接必须严密 11. 风机盘管和诱导器运至现场后要采取措施，妥善保管，码放整齐，应有防雨、防雪措施。冬期施工时，风机盘管水压试验后必须随即将水排放干净，以防冻坏设备 12. 风机盘管、诱导器安装施工要随运随装，与其他工种交叉作业时要注意成品保护，防止碰坏 13. 立式暗装风机盘管，安装完后要配合好土建方安装保护罩。屋面喷浆前要采取防护措施保护已安装好的设备，保持清洁
空调机组安装	安装前首先要检查机组外部是否完整无损。然后打开活动面板，用手转动风机，细听内部有无摩擦声。若有异声，可调节转子部分，使其和外壳不碰撞为止 1. 立式、卧式、柜式空调机组的安装工艺 1）一般不需要专用地基，安放在平整的地面上即可运转。若以 20mm 厚的橡胶垫作为四角垫，则更好

（续）

类　　别	内　　容
空调机组安装	2）冷热媒流动方向，卧式机组采用下进上出，立式机组采用上进下出。冷凝水用排水管应接U形存水弯后通下水道排泄 3）机组安装的场所应有良好的通风条件，无易爆、易燃物品，相对湿度不应大于85% 4）与空调机连接的进出水管必须装有阀门，用以调节流量和检修时切断冷（热）水源。进出水管必须做好保温 2. 窗式空调器的安装工艺 1）窗式空调器一般安装在窗户上，也可以采用穿墙安装。其安装必须牢固 2）安装位置不要受阳光直射，要通风良好，远离热源，且排水（凝结水）顺利。安装高度以1.5m左右为宜，若空调器的后部（室外侧）有墙或其他障碍物，其间距必须大于1m 3）空调器室外侧可设遮阳防雨棚罩，但绝不允许用铁皮等物将室外侧遮盖，否则会因空调器散热受阻而使室内无冷气 4）空调器的送风、回风百叶口不能受阻，气流要保持通畅 5）空调器必须将室外侧装在室外，而不允许在内窗上安装，室外侧也不允在楼道或走廊内安装 6）空调器凝结水盘要有坡度，室外排水管路要畅通，以利排水 7）空调器搬运和安装时，不要倾斜超过30°，以防冷冻油进入制冷系统内

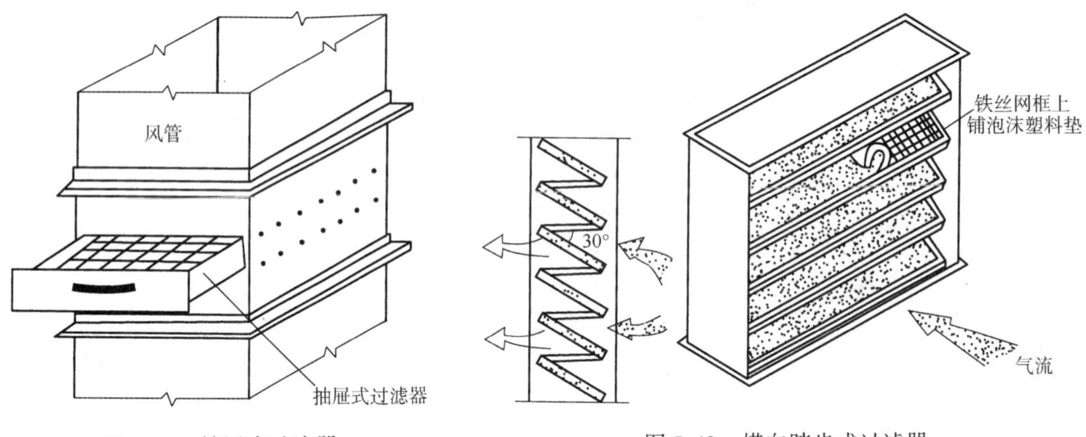

图5-41　抽屉式过滤器　　图5-42　横向踏步式过滤器

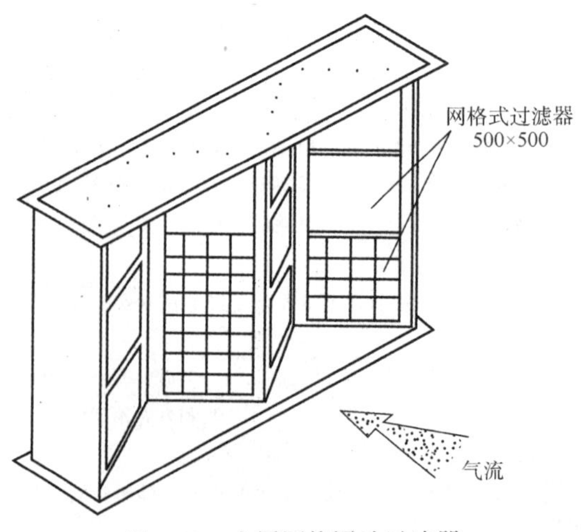

图5-43　金属网格浸油过滤器

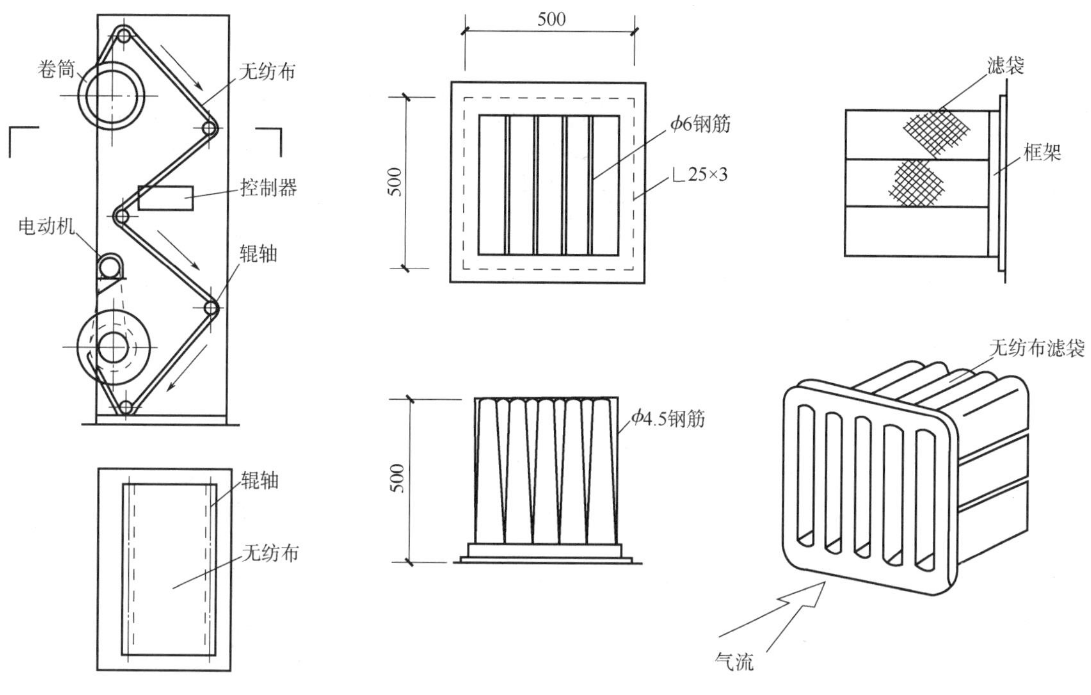

图 5-44 自动卷绕式过滤器

图 5-45 袋式中效过滤器

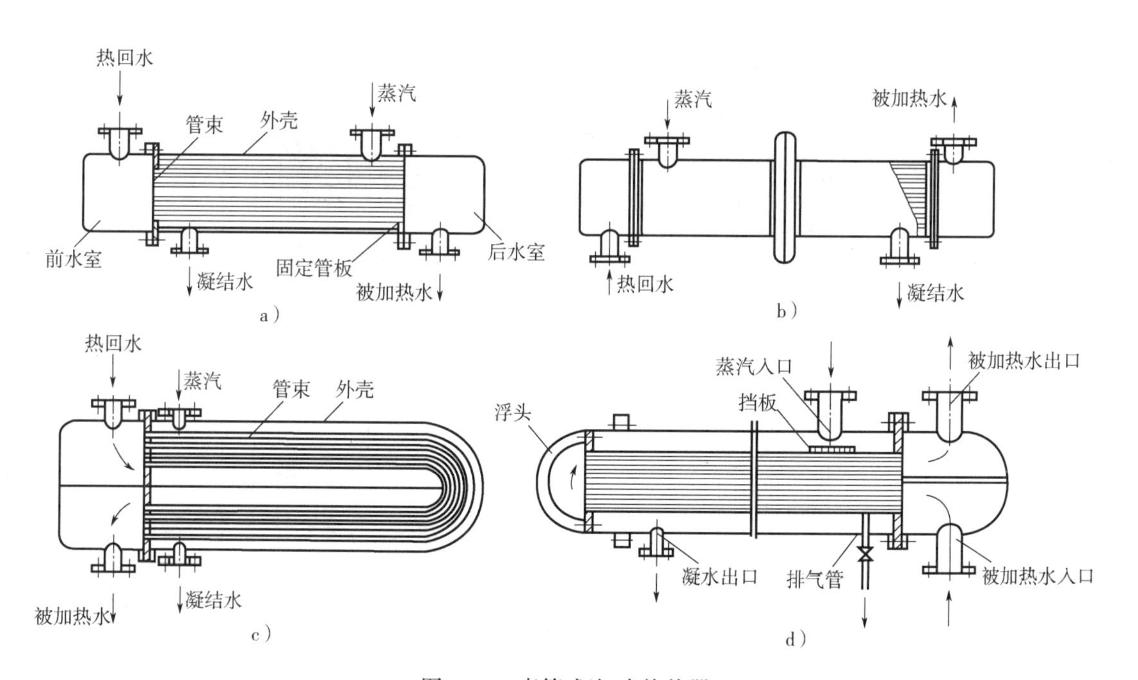

图 5-46 壳管式汽-水换热器

a）固定管板壳管式汽-水换热器 b）带膨胀节的管壳式汽-水换热器

c）U 形壳管式汽-水换热器 d）浮头式壳管式汽-水换热器

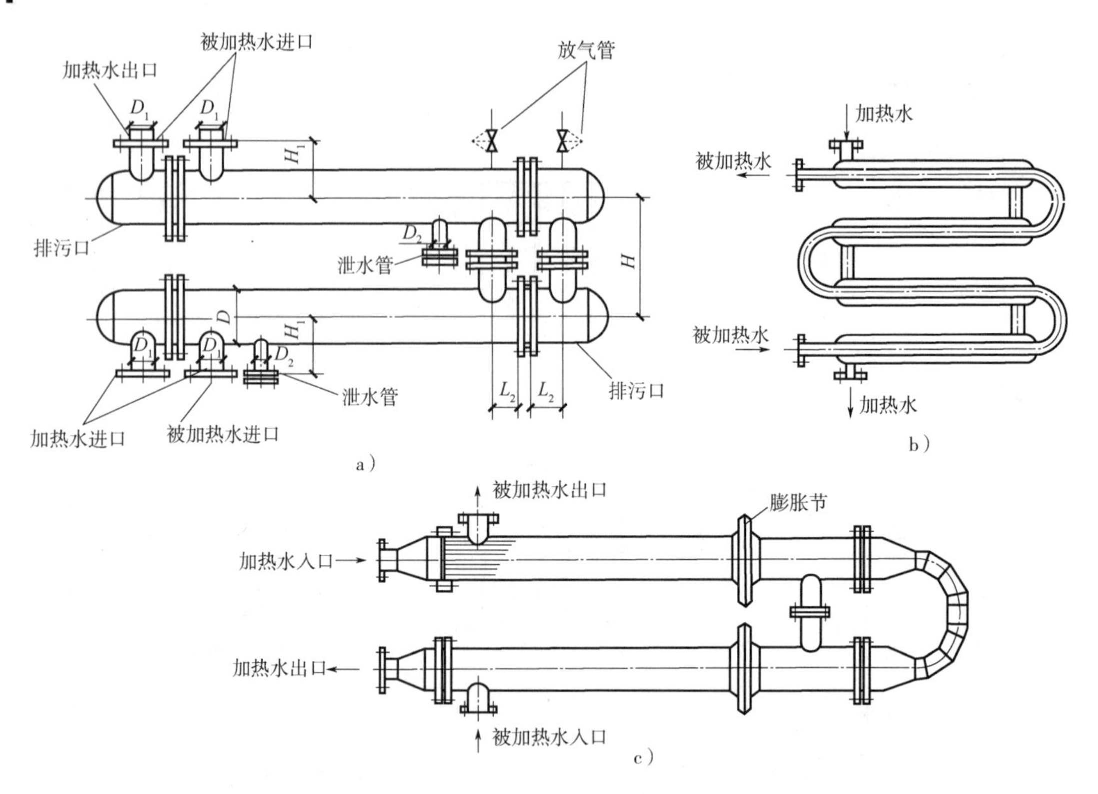

图 5-47　管式水-水换热器

a）组装式　b）套管式　c）分段式

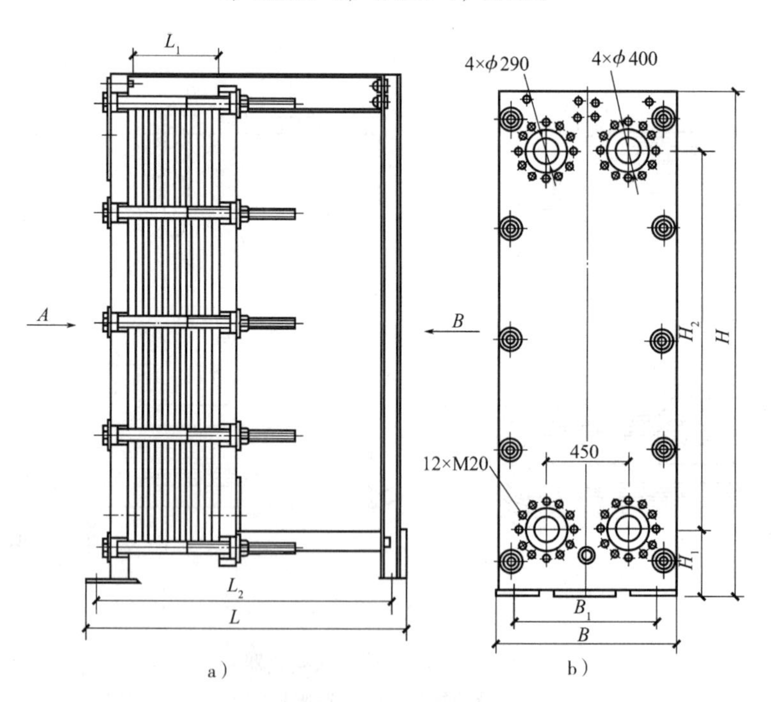

图 5-48　波纹板式换热器

a）立面图　b）A 视图

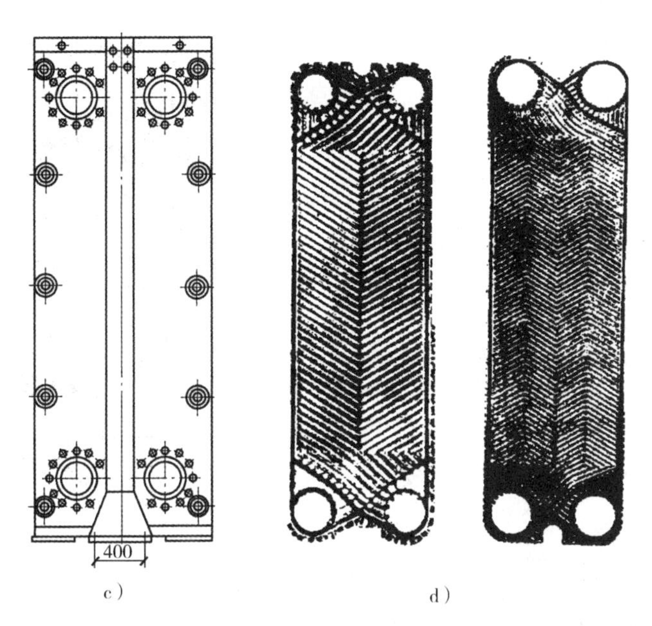

图 5-48　波纹板式换热器（续）

c）B 视图　d）波纹板片正面图

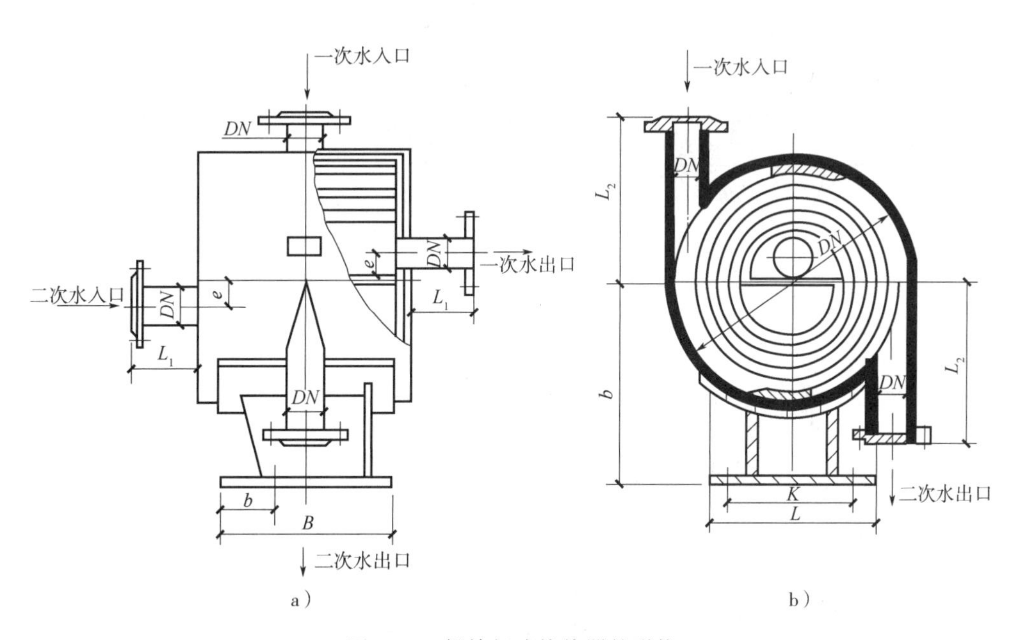

图 5-49　螺旋板式换热器的形状

a）汽-水交换的螺旋板式换热器　b）水-水交换的螺旋板式换热器

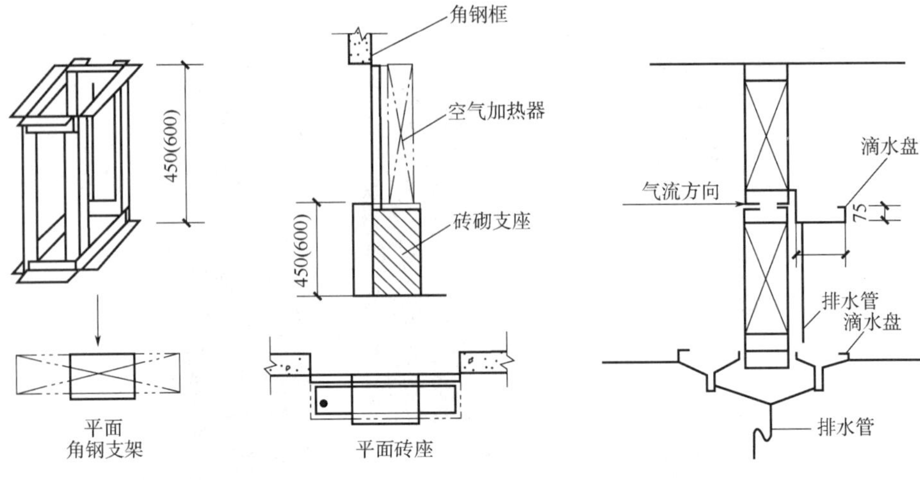

图 5-50　空气热交换器支架　　　　图 5-51　滴水盘安装

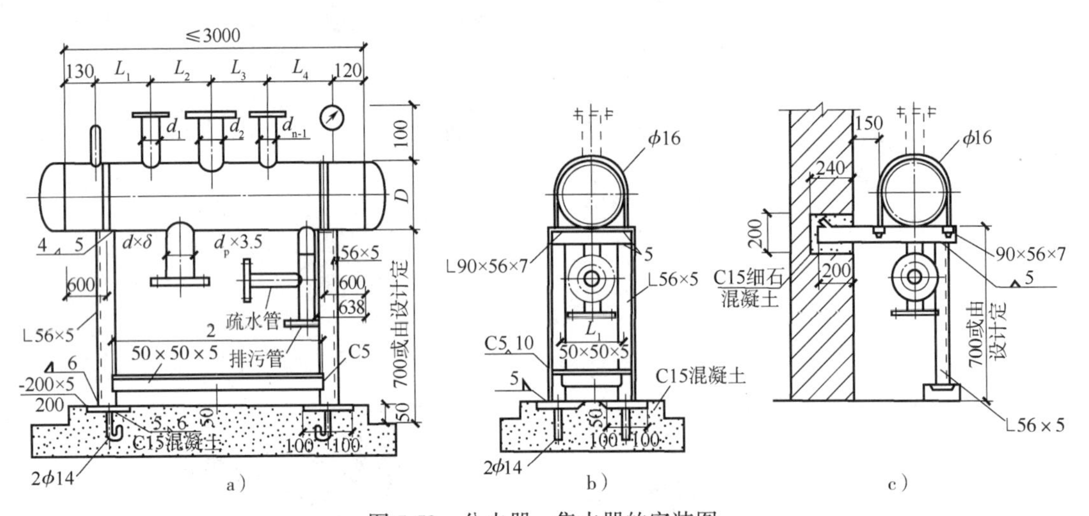

图 5-52　分水器、集水器的安装图

a）安装图　b）落地式支架　c）挂墙悬壁式支架

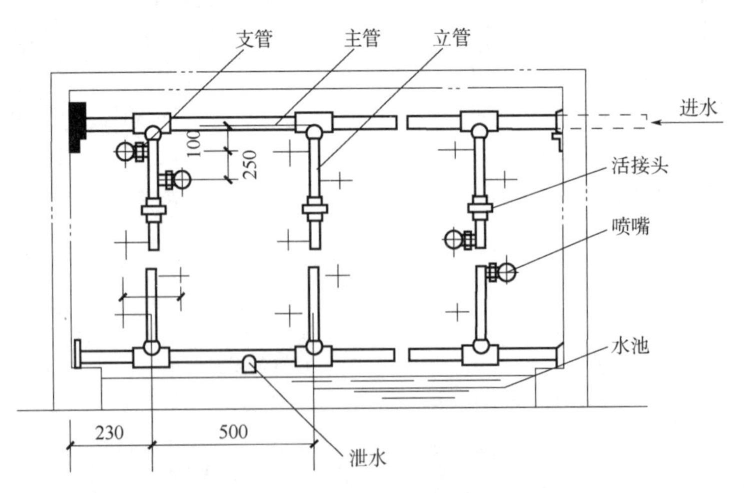

图 5-53　喷淋排管安装

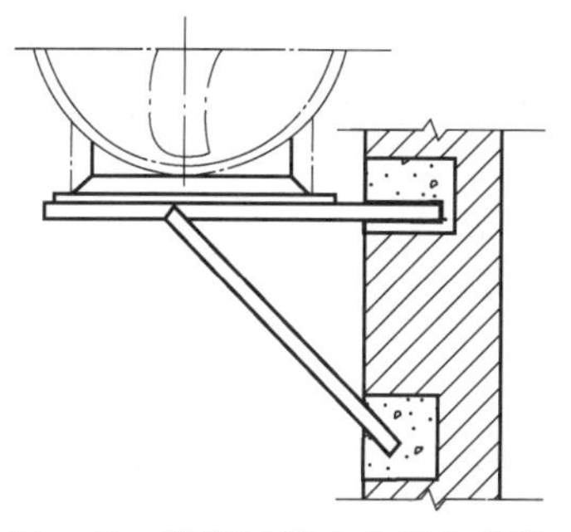

图 5-54　轴流风机在支架上安装

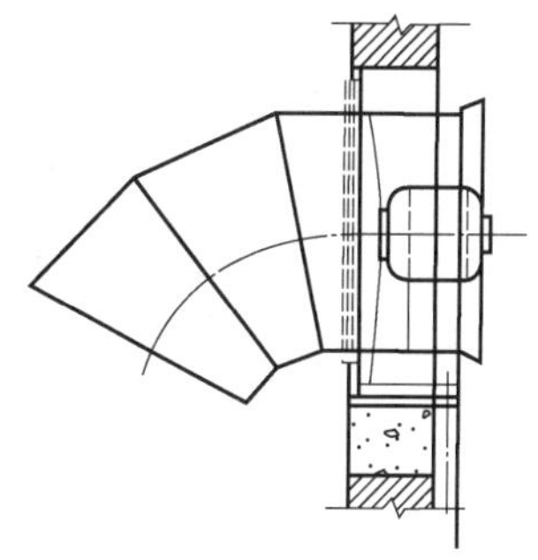

图 5-55　轴流风机在墙洞内安装

第四节　通风空调系统施工图识读范例

读图时应先阅读图样目录，设计施工说明、材料设备表，了解工程性质、图样种类与数量、设备部件的名称、规格、材料等；然后对照平面图、剖面图、系统图、详图查找各设备、管道的对应关系、空间走向、尺寸标注，按介质（空气或水）的流动方向逐步阅读。

一、阅读设计施工说明及设备材料表

通风空调系统施工图的设计施工说明是整个通风空调施工中的指导性文件，通常阐述以下内容：通风空调室外气象参数、室内设计参数；空调系统的划分、冷热指标与运行工况；管道的材料及安装方式、管道及通风空调设备的保温、风量调节阀和防火阀的选用与安装；空调机组的安装要求；系统调试的要求；其他未说明的各项施工要求及应遵守相关规范的有关规定等。通风空调系统施工图设计施工总说明举例如下：

1. 主要设计参数

1）空调室外计算温度：冬季 -25℃，夏季应逐时（0～23 时）计算。

2）空调室内计算温度：冬季 18～22℃，夏季 24～28℃。

3）室内相对湿度：冬季 $\varphi=50\% \pm 10\%$，夏季 $\varphi=60\% \pm 10\%$。

4）室内风速：冬季室内风速≤0.2m/s，夏季室内风速≤0.3m/s。

5）本项目空调总面积为 233.3m^2，冬季设计热负荷为 100W/m^2，夏季设计冷负荷为 150W/m^2。

2. 通风管道施工说明

1）空气调节形式为集中式、全空气、一次回风系统。

2）通风管道标高均以 m 计，其他尺寸以 mm 计，管道标高均为通风管道管底标高。

3）管道安装及验收应严格执行《工业金属管道工程施工规范》（GB 50235—2010）。

4）风管材料采用优质镀锌钢板制作，厚度及加工方法按《通风与空调工程施工质量验收规范》（GB 50243—2016）的规定确定。

5）风管与设备、风口间的相接处，应用 $L=100\sim200$mm 的无纺布软管连接，软管的接口应牢固、严密，且光面朝内，管道法兰连接处，采用闭孔海绵橡胶板，厚度 5mm。

6）水平或垂直的风管，须设置吊架，其构造形式由安装单位在保证牢固、可靠的原则下根据现场实际情况选定。

7）风管吊架应设置于保温层的外部，并在其间镶以垫木。应避免在法兰、测孔、风阀等处设置支吊托架。风管法兰、吊架应刷防锈漆两遍。

8）安装风阀等配件时，注意将操作手柄配置在便于操作的位置。

9）防火阀的安装方向应正确，同时应事先检验其外观质量，确认动作灵活可靠之后方可安装。防火阀须单独配置支吊托架。

3. 机组安装说明

1）安装前应检查其功能是否与设计相符，内部的部件应保证完好，对有损伤的部位应予以修复，各阀门启动灵活。

2）机组安装完毕后，清除内外杂物，检查其密闭性、各阀门调节机构的灵活性以及各固定部件的紧固程度。

4. 施工需遵守以下规范

1）现行《通风与空调工程施工质量验收规范》。

2）现行《工业金属管道工程施工规范》。

3）现行《现场设备、工业管道焊接工程施工规范》。

5. 其他

1）设计尺寸若与现场不符，请根据实际情况协商解决。

2）施工中请注意与其他专业间的密切配合。

3）设备及主要材料表见表 5-12。

表 5-12　设备及主要材料表

序号	名　　称	型号及技术性能	单位	数量	备注
1	空调机组	LFD15HP 制冷量 42-DW	台	1	K-1
2	矩形防火阀	FFH-1　800×400	个	1	
3	矩形防火阀	FFH-1　500×400	个	1	
4	对开多叶风量调节阀	FT-19#　500×400	个	1	
5	对开多叶风量调节阀	FT-6#　200×200	个	3	
6	对开多叶风量调节阀	FT-11#　200×320	个	1	
7	防水百叶风口	FK-54　500×400	个	5	
8	矩形散流器	360×480	个	5	
9	单层百叶风口	500×400	个	4	
10	单层百叶风口	200×200	个	3	
11	单层百叶风口	320×200	个	1	
12	单层百叶风口	400×200	个	2	
13	风口调节阀	FK-11　360×480	个	4	
14	消声弯头	ZWB 50/100　1040×404	个	1	

二、识读通风空调平面图

图 5-56～图 5-58 为某宾馆通风空调系统（部分）施工图，包括：二层空调平面图、二层空调剖面图（局部）、通风空调系统图。另外，附有表 5-12 设备及主要材料表、表 5-13 平面图对照预留孔洞尺寸表等。阅读通风空调平面图时，需要将平面图、剖面图对应分析，综合阅读。读图的顺序可按气流方向进行。

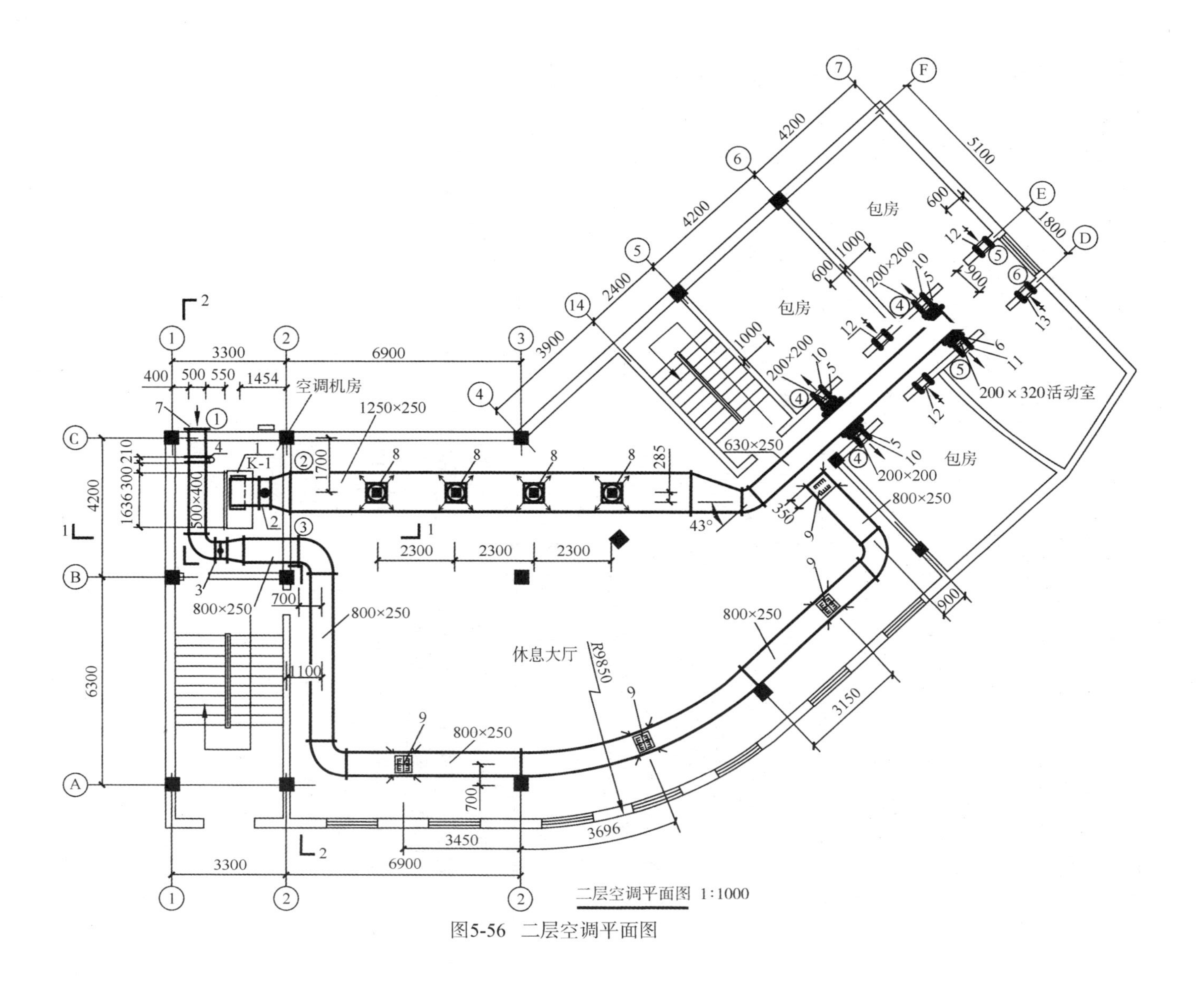

图5-56　二层空调平面图

（一）建筑物的土建情况

从图5-56通风空调平面图中可以看出，空调机房设在建筑物的西北角，此层建筑平面内的一个休息大厅、一个活动室和三个包房均设有空调设备。

（二）机房的管道和设备

该空调系统采用集中式空调，空调机组集中安置在空调机房内。新风由空调机房的防水百叶风口7、对开多叶风量调节阀4，自北向南敷设一段距离后折向下再向东，将新风送入空调机组1。新风管的截面尺寸为500mm×400mm，定位尺寸距①轴400mm，与空调机组相接的风管截面尺寸为1636mm×500mm，如图5-58所示。空气在空调机内经过过滤、加湿、加热、冷却等处理后，由机组上方出口与送风管道相连，然后送至各空调房间。

（三）管道的敷设及送风口的配置

在送风管道始端装有矩形防火阀2，自西向东敷设的送风管道，截面尺寸为1250mm×250mm，距C轴线为1700mm，送风管道在休息大厅内的管段装有四个矩形散流器，散流器间距2300mm；送风管进入包房走廊前管径变小，截面尺寸630mm×250mm，管中心距E的定位尺寸900mm。在该管段上接有三个截面尺寸为200mm×200mm和一个200mm×320mm支风管，支风管的定位尺寸已在平面图上标出，在三个截面尺寸200mm×200mm的支风管上各装有对开多叶风量调节阀5和单层百叶风口10，分别向三个包房送入空调机组处理后的空气，通向活动室的支风管截面尺寸为200mm×320mm，并装有对开多叶风量调节阀6和单层百叶风口11。

（四）管道的敷设及回风口的配置

在休息大厅的南侧，设有回风管道，截面尺寸为800mm×250mm，该管道从⑤轴左（西侧）D轴处由后（北）向前（南）敷设，距⑤轴尺寸为900mm，然后，沿A轴由右（东）向左（西）敷设，距A轴尺寸为700mm。回风管下设四个截面尺寸为500mm×400mm，如图5-58中2—2剖面所示的竖管，竖管上装有单层百叶风口9，其作用是将休息大厅和包房与活动室排出的浊气吸入回风管，回风管的截面尺寸在进入空调机房后变径为500mm×400mm，并设矩形防火阀3。

包房与活动室墙上设置的单层百叶风口11、12的作用是将室内的部分空气排至走廊内。

（五）风空调设备的安装情况

由平面图对照设备材料表可知主要设备材料的型号规格及有关性能；由平面图对照预留孔洞尺寸表（表5-13）可知风管穿过建筑物的预留孔洞尺寸及数量；由平面、剖面图对照图样说明可知该工程的安装要求。

表5-13　平面图对照预留孔洞尺寸表

编号	孔洞尺寸/mm×mm	洞底距地高度/mm	数量	备注
1	500×400	7850	1	
2	1350×350	8500	1	
3	900×350	8500	1	
4	200×200	8000	3	
5	320×200	8000	4	
6	400×200	8000	1	

三、识读通风空调剖面图

由于空调机组、新风管、回水管的连接方式，送、回风管的高度在平面图中均未表示清楚，可对照二层空调剖面图和系统图进一步阅读。阅读剖面图与系统图时，应与平面图对照进行。从平面图中可以了解设备、管道的平面布置位置及定位尺寸；从剖面图中可以了解设备、管道在高度方向的布置情况、标高尺寸以及管道在高度方向的走向。

从图 5-57 的 1—1 剖面图可以看出，空调机房设在二楼，二楼地面标高 4.5m。空调机组安装在机房地面的中间位置，送风管在空调机组上方接出，接口截面尺寸为 1040mm × 404mm，接口处标高为 6.385m。该管竖直向上，在风管向东折弯处接消声弯头 15、矩形防火阀 2 及变径接头，送风管变径后的截面尺寸为 1250mm × 250mm，在休息大厅内，送风管暗装在吊顶内，送风口直接装在吊顶表面上，送风口调节阀 14 设在吊顶表面上，用以调节风量的大小。风管底面标高 7.85m。消声弯头是用来消除和减弱由于风机振动、风与风管摩擦所引起的噪声的。图 5-58 的 2—2 剖面图中，在空调机房的左侧为被剖切平面剖到的回风管，截面尺寸为 500mm × 400mm，标高 7.85m。回风由此向下，进入 1636mm × 500mm 风管且与新风混合，被空调机吸入。回风管与空调机组接口的截面尺寸为 450mm × 1636mm 接口底面标高为 5.19m。图 5-57 的 2—2 剖面图主要反映空调机组与新风管、回风管在竖直方向的连接关系，进风口接口处的尺寸 1636mm × 500mm，接口处标高 5.19m，以及回风管管径在高度方向上的变化情况等。

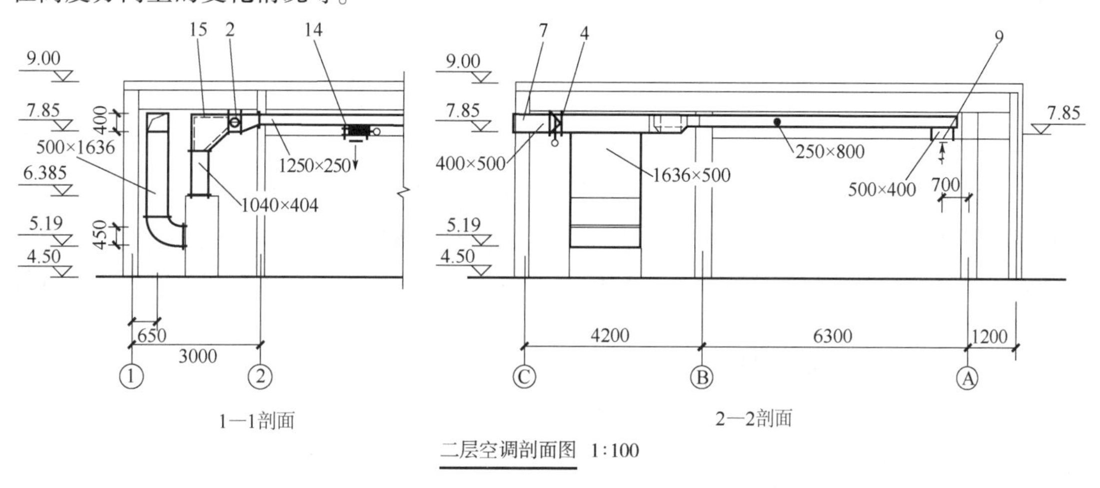

图 5-57 二层空调剖面图（局部）

四、识读通风空调系统图

通风空调系统图主要表明空调管道在空间的曲折、交叉和走向以及部件的相对位置。

通风空调平面图、剖面图中的风管是用双线表示的，而系统图中的风管则是按单线绘制的。阅读时应查明系统的编号、各设备型号、规格及相对位置。

图 5-58 为某宾馆通风空调系统图。阅读时，应从送风系统开始。从图中可以看到，送风管从空调机组的上方垂直向上接出，管径为 1040mm × 404mm，然后通过消声弯头 15 接水平干管，在干管的始端接有矩形防火阀 2 和变径管，水平干管上装有四个散流器，每个散流器上方均设有电动对开多叶风量调节阀一个。水平干管由西向东敷设一段距离后，接变径

管，在此处干管折向右后方（东北方向），在该斜管上设有四个分支管，各分支管上分别装存电动对开多叶风量调节阀和单层百叶送风口。

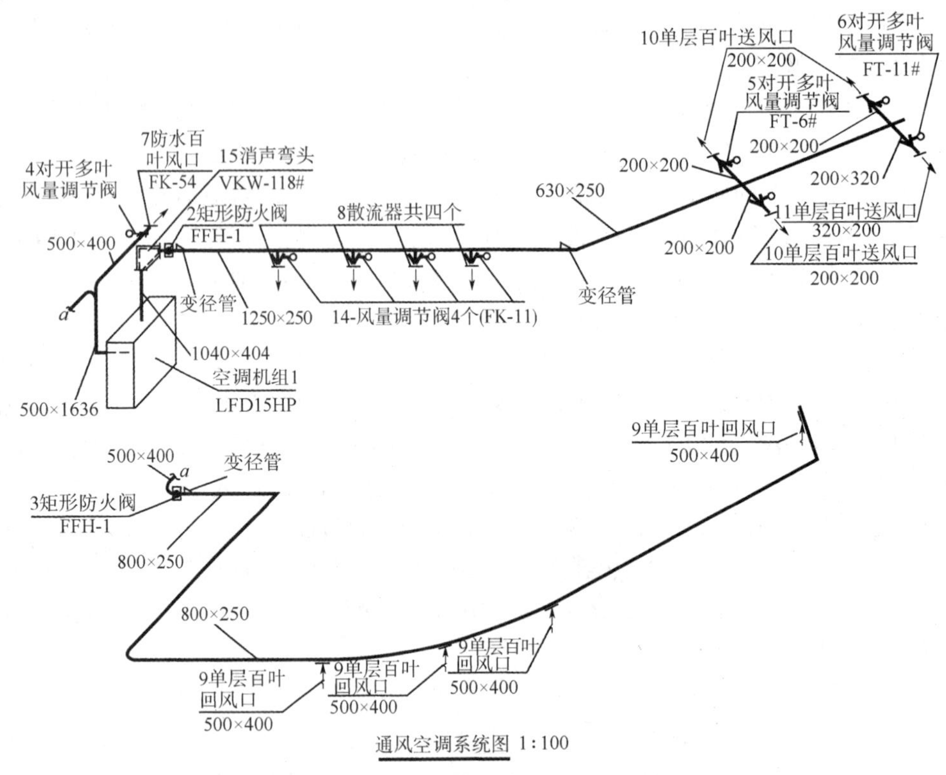

图 5-58　通风空调系统图

回风管道是从空调机组的左（西）边中间部位接出的，由于版面有限，回风系统采用了断开移出画法，并用连接符号 a 示意连接关系。在回风管道上靠近空调机组的位置装有矩形防火阀 3 和变径管，回风管道在系统图中为一组折线，表明回风管道在建筑物内沿墙敷设布置的情况，在回风干管上共设有四个单层百叶回风口。

在空调系统图中还应注明：空调机组型号、其他主要设备、部件的编号（编号与通风空调系统图、剖面图一致）、名称及型号规格，还应注明风管截面尺寸、标高、风口、调节阀、防火阀以及各异形部件的相对位置等。

五、某项目通风空调系统施工图范例

（一）通风空调设计说明

1. 工程概况

本工程为教导大队地源热泵中央空调工程，包括 3 号学员楼、体能馆、干部公寓楼（预留一个接口，考虑负荷），建筑面积约 15085m^2，空调面积约 10910m^2，空调面积占总建筑面积的 72%。

2. 设计依据

1）《采暖通风与空气调节设计规范》（GB 50019—2015）。

2）《严寒和寒冷地区居住建筑节能设计标准》（JGJ 26—2018）。

3)《旅馆建筑设计规范》(JGJ 62—2018)。

4)《机井技术规范》(SL 256—2000)。

5)《管井技术规范》(GB 50296—2014)。

6) 建设单位提供的设计要求。

7) 各专业图样及对本专业要求。

3. 设计内容

1) 1 号学员楼热水主管。

2) 2 号学员楼热水主管。

3) 3 号学员楼空调及热水主管。

4) 第二食堂热水主管。

5) 体能馆空调及热水主管。

6) 空调机房、土建室外冷冻水及热水管线。

7) 室外水源井部分不在本次设计范围内，甲方另行委托。

8) 本空调设计不包括排烟、通风、排气、消防等部分内容。

4. 设计参数

(1) 室外设计参数（广州）

夏季空调干球温度：33.5℃。　　夏季通风干球温度：31℃。

夏季湿球温度：27.7℃。　　夏季室外风速：1.8m/s。

夏季大气压力：100.45kPa。

冬季空调干球温度：5℃。　　冬季通风干球温度：13℃。

冬季相对湿度：68%。　　冬季室外风速：2.4m/s。

冬季大气压力：101.95kPa。

(2) 室内设计参数

室内设计参数见表 5-14。

表 5-14　室内设计参数

房间类别	夏季温度/℃	夏季相对湿度	冬季温度/℃	冬季相对湿度	新风量/[m^3/(h·p)]	风速/(m/s)	噪声/dB(A)
客房	24~26	60%	18~22	45%	50	≤0.3	45
大堂	25~27	60%	16~20	55%	60	≤0.3	50
餐厅	25~27	65%	18~22	55%	60	≤0.3	50
体能馆	25~27	60%	16~20	55%	60	≤0.3	55
会议室	24~26	65%	18~22	50%	30	≤0.3	50
办公室	24~26	60%	18~22	55%	30	≤0.3	45

5. 空调水系统

1) 空调主机总热负荷 2090kW；总冷负荷 1624kW。

2) 根据功能及昼夜运行的特性，本工程拟分为两个系统。一个系统为 3 号学员楼的中央空调系统。另一个系统为体能馆及干部公寓楼（预留接口）的空调系统，两台空调主机房可根据天气的变化、开房率的变化来控制开停及部分负荷运行。

3）根据各建筑物功能与昼夜使用时间的特点，采用大小主机搭配的方案。拟选一台300LJSRT 水源热泵螺杆式冷水机组与一台 160USRT 水源热泵螺杆式冷水机组（带全热回收）。小机组适应夜间降低峰负荷运行和供应生活热水的特性。

4）冷冻水泵、回扬泵各选三台，其中各有一台备用，备用泵按大主机流量。

5）室外水源井部分不在本次设计范围内，甲方另行委托。

6）空调膨胀补给水箱设于 3 号学员楼屋面层、冷冻水系统最高处。补给水管从给水排水专业给水管接入。

7）空调冷冻水干管采用两管制异程闭式系统。系统最高处设自动排气阀，最低处设排水阀。支管采用同程式。

6. 空调风系统

体能馆采用低风速单风道喷送风口集中送风系统。其余采用风机盘管系统。

7. 平时通风系统（不在本次设计范围）

公共卫生间换气次数约 10 次/h，客房卫生间换气次数 6 次/h，顶棚排气扇排出的空气由侧墙排出。

8. 自控与监测

1）空调主机设电动蝶阀，以便管理与控制。风柜与新风处理机均设比例电动二通阀，风机盘管设双位电动二通阀，比例电动二通阀通过温控器调节与控制，双位电动二通阀通过三速开关与温控器调节与控制。

2）空调系统设备启停与控制：先启动各层电动阀与空调末端设备，开启应开设备的电动阀，再启动地源水泵、冷冻水泵和地热盘管，最后启动冷水机组。系统停止时，上述顺序相反。

3）水系统为变流量系统，在冷冻水供回水总管间设压差控制器，根据控制供回水压差自动调节旁通比例式电动二通阀，以保持冷水机组水量不变及负荷侧供回水压恒定。

4）空调风柜、新风柜、风机等大型设备，除设就地控制开关外，还在空调控制室设遥控开关并显示其运行状态。

5）空调风柜、新风柜的温度靠比例电动二通阀及温度控制器控制。

9. 消声及减振措施

1）空气处理机送风管上设管道式消声器或消声弯头。

2）屋顶消防排烟风机采用低转数轴流风机，进风口设消声器。

3）空气处理机、新风机及风机进出风管上设柔性软接头。

4）箱式离心风机吊装时采用弹簧减振支座，空气处理机、新风机、风机坐地安装时采用橡胶减振垫。

5）空调冷水机组、冷冻、冷却水泵进出水管上设不锈钢或橡胶软接头，基础采用弹簧或橡胶减振垫。

（二）通风空调施工说明

1. 风管的制作，安装

1）设计图中所注的风管高度（以风管所在层地面为准），对于方形或矩形风管，以风管底为准；对于圆形风管，以中线为准。

2）一般通风与空调风管根据《通风与空调工程施工质量验收规范》（GB 50243—2016）

的规定制作，地下室排烟排气风管采用无机玻璃钢制作，送风、排风管壁板材厚度根据表5-15确定。

表5-15 送风、排风管壁板材厚度 （单位：mm）

圆风管直径或矩形风管最大边长	钢板			无机玻璃钢		聚氯乙烯	不锈钢
	一般风管	消防风管	除尘风管	圆风管	矩形风管		
100～320	0.50	0.80	1.50	3.00	3.00	3.00	0.50
400～450	0.60	0.80	1.50	3.00	3.50	4.00	0.50
480～630	0.80	0.80	2.00	3.50	4.00	5.00	0.75
670～1000	0.80	0.80	2.00	4.00	5.00	6.00	1.00
1120～1250	1.00	1.20	3.00	5.00	6.00	—	1.50
1320～3000	1.20	1.20		6.00	6.50		

无机玻璃钢通风管道的制作及检收，按JC/T 646—2006标准执行。

3）风管与风管的连接。矩形风管最大边长或圆形风管直径在500mm以下，可采用插条连接；500mm以上采用法兰连接，风管法兰按《通风与空调工程施工质量验收规范》（GB 50243—2016）的规定确定，螺栓及铆钉的间距不应大于150mm。

风管上的可拆卸接口，不得设置在墙体或楼板内。

4）空调及送排风矩形风管边长大于或等于800mm，其管段长度在1.2m以上，均应采取加固措施，采用法兰或中间加固支撑如图5-59所示。

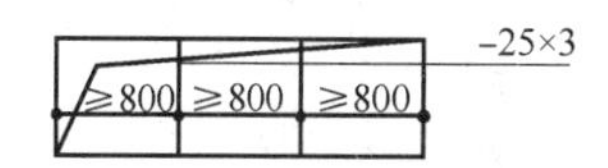

图5-59 法兰或中间加固支撑

5）水平或垂直的风管，须设置必要的支、吊架或托架，其构造形式由安装单位在保证牢固的前提下，根据现场情况选定，详见GB/T 17116.1～GB/T 17116.3，一般风管直径或大边小于800mm，支架间距不超过2.5m；风管直径或大边大于或等于800mm，支架间距不超过2.0m，防火阀必须单独配置支吊架。

保温风管的支、吊架或托架与风管间应镶以垫木，同时应避免在法兰、测量孔、调节阀等零件处设置支架或吊架。

6）暗装于顶棚内的风管调节阀、防火阀，或水管阀门，必须注意将操作手柄配置在便于操作的部位，同时在相应位置预留尺寸为500mm×500mm的检修洞。

7）安装防火阀和排烟阀时，应先对其外观质量和动作的灵活性与可靠性进行检验，确认合格后再进行安装，安装位置必须与设计相符，气流方向务必与阀体标志的箭头一致，严禁反向。安装于壁洞或楼板的防火阀应在墙上或楼板上安装，当无法安装时，穿过墙洞或楼板的风管与防火阀连接段必须用2mm的钢板制作，加工后需要刷防锈底漆、色漆各两道。

8）风管与通风机进出口相联处应设置长度为100～150mm的软接头；软接管的接口应牢固、严密，严禁在软接处变径。

2. 水管的安装

1）设计图中所注管道标高，均以管轴线为准。

2）阀门与风机盘管之间的冷冻水管应采用铜管，其余室内的冷冻和冷却水管采用无缝钢管；冷凝水管采用 PVC 管；室外的冷冻水管采用玻璃钢聚氨酯保温管（内衬无缝钢管）；室外的热水管采用玻璃钢聚氨酯保温管（内衬不锈钢管），室内热水管采用钢塑管。

3）保温水管道支吊架的最大跨距，不应超过表 5-16 给出的数值。

表 5-16　保温水管道支吊架的最大跨距

公称直径 DN	最大跨距/m	公称直径 DN	最大跨距/m	公称直径 DN	最大跨距/m
10～25	2.0	150	8.0	400	8.0
32～50	3.0	200	8.0	450	8.0
65～80	4.5	250	8.0	500	8.0
100	6.0	300	8.0	600	8.0
125	8.0	350	8.0	700	8.0

4）管道连接。与冷冻主机、水泵、冷风柜及风机盘管连接的水管，均应采用螺纹（加活接头）连接或法兰连接，以便维修拆卸，其余无缝钢管采用焊接。

5）水管安装前必须消除管内污垢、杂物以免日后堵塞设备，焊接钢管或无缝钢管安装前，在表面除锈后，刷防锈底漆两道。

6）所有水平或垂直的水管，必须根据现场情况，设置固定或活动的支、吊或托架，其构造形式和设置位置，由安装单位在保证牢固、可靠的前提下选定，详见《装配式管道支吊架（含抗震支吊架）》(18R417—2)，水管的支、吊或托架应设置于保温层的外部，并在支、吊、托架与管道同镶以垫木，同时，应避免在法兰、测量孔、调节阀等零件处设置支、吊、托架。

7）冷凝水管尽可能取较大的坡度，坡向排水口，最小坡度不得小于 0.003。

3. 主要设备的安装

空调制冷机组的清洗、安装、试漏、加油、抽真空、充加制冷剂、调试等事宜，应严格按照制造厂提供的《使用说明书》进行，同时，还应遵守《制冷设备、空气分离设备安装工程施工及验收规范》(GB 50274—2010）及其他有关规范、标准中的各项规定。

镀锌钢管的具体规格见表 5-17。

表 5-17　镀锌钢管的具体规格

公称直径		外径×壁厚/mm×mm
mm	in	
DN15	1/2	21.3×2.75
DN20	3/4	26.8×2.75
DN25	1	33.5×3.25
DN32	1¼	42.3×3.25
DN40	1½	48×3.5
DN50	2	60×3.5
DN65	2½	77.5×3.5
DN80	3	88.5×4.0

（续）

公称直径		外径×壁厚 /mm×mm
mm	in	
*DN*100	4	111×4.0
*DN*125	5	140×4.5
*DN*150	6	165×4.5

无缝钢管的具体规格见表5-18。

表5-18 无缝钢管的具体规格

公称直径 mm	外径×壁厚 /mm×mm
*DN*25	32×3.0
*DN*32	38×3.0
*DN*40	48×3.5
*DN*50	57×3.5
*DN*65	73×3.5
*DN*80	89×4.5
*DN*100	108×4.5
*DN*125	133×5.0
*DN*150	159×6.0
*DN*200	219×7.0
*DN*250	273×8.0
*DN*300	325×9.0
*DN*350	377×9.0
*DN*400	426×9.0
*DN*450	480×9.0
*DN*500	530×10.0
*DN*550	560×10.0
*DN*600	630×10.0
*DN*700	720×10

4. 管道和设备的冲洗、排污以及系统的试压

1）整个系统安装完毕，在加水之前，将所有设备的进出水阀门关闭，打开所有旁通阀门，系统加满水后开动冷冻、冷却水泵进行管道清洗，运行一段时间后，清除滤污器内的杂物，反复进行数次，直至滤污器内无杂物为合格，然后打开系统最低点排污阀，排清管网内存水，管网反复排污数次，关闭管网的旁通阀，打开所有设备的进出阀门进行系统充水。

2）管道系统的试压。

本系统冷热水管工作压力为0.65MPa，试验压力为1.0MPa。

本系统冷却水管工作压力为0.95MPa，试验压力为1.43MPa。

水压试验的要求：先加压至试验压力，观测10min，管道压力降不大于0.02MPa，管道附件和接口等未出现渗漏，然后将压力降至工作压力，进行外观检查，以24h不漏，压力不降为合格。

5. 风管、水管的保温

1）风管的保温。风管必须在查漏后方可进行风管保温工作，风管保温的做法及材料：风管及阀门均采用橡塑发泡保温，保温厚度19mm（容重不大于60kN/m³）。室外空调风管采用厚度40mm的发泡聚氨酯保温，再包玻璃布，外涂乳化沥青，最外层包0.7mm锌铁板或铝合金板。

2）水管的保温。水管必须在水压试验后方可保温，室内水管保温的做法及材料如下：冷热水供回水管、冷凝水管、泵及阀门均采用橡塑发泡保温，容重不大于60kN/m³。冷凝水管保温采用厚度19mm，其余按下列要求：公称直径在*DN*80以下的采用厚度32mm保温，*DN*100及以上的采用厚度44mm保温。

3）室外冷热水管采用玻璃钢聚氨酯保温管，本类管材为整体式预制保温管道，安装要求由厂家提供，同时管道及管件需要符合《高密度聚乙烯外护管聚氨酯发泡预制直埋保温复合塑料管》（CJ/T 480—2015）的要求。

6. 系统的调试和试运行

空调系统的冷却水，冷冻水系统安装竣工并试压、冲洗合格及风系统试漏、保温后，应进行必要的清扫。

（1）单机试运转　通风机、风机盘管、冷风柜、水泵、空调制冷机等设备，应逐台启动运转，考核其基础转向、传动、润滑、平衡、温升等的牢固性，正确性、灵活性、可靠性、合理性等。

（2）水系统的调试

1）水系统投入运行前，请有关部门对循环水进行水质处理，使管道内表面钝化，以达到缓蚀阻垢之目的。

2）冷热水系统试运行，应尽量使通过各台空调主机，冷热泵的水量接近相同，注意观察压力表、温度计、调节阀门，使通过各台制冷机、冷冻泵的水量、温差保持在合理范围，冷冻水进出水的设计温度为5℃（12℃/7℃）。

3）冷风柜、风机盘管的水系统试运行，按不同的设计工况进行试运行，测定与调整室内的温度和湿度，使之符合设计规定参数，注意观察压力表、温度计、调节阀门，使通过冷风柜、风机盘管的水量、温差保持在合理范围，冷冻水进出水设计温差为5℃。

（3）风系统的调试　风系统安装完毕后试运行冷风柜、风机时，应对风口逐个进行调整，使送风均匀，并在调节手柄上以油漆刷上标记。

（4）其他要求　以上调试过程应做好记录，使空调区内温度均匀。风量调整好以后，应将所有风阀固定。

7. 其他

1）有关空调，以及通风工程的风管、水管，其制作、安装、调试、验收均参照《通风与空调工程施工质量验收规范》（GB 50243—2016）和《建筑给水排水及采暖工程施工质量验收规范》（GB 50242—2002）、《工业金属管道工程施工规范》（GB 50235—2010）执行。

2）穿墙、穿楼板安装的风管、水管、防火阀的缝隙，安装完毕后均应用混凝土或水泥砂浆堵塞严密。

3）风管、水管、设备的支架、吊架、法兰、加固条等铁件加工后，非镀锌件的需在除锈后刷防锈底漆、色漆各两道；非保温管道在表面除锈后，刷底漆两遍，干燥后再刷色漆两遍。

4）通风空调送风、排风系统及水系统的设备安装，附件制作、安装，风管、水管穿越天面防水、防雨、防漏处理，以国标图集为依据。

5）以上说明如与国标规范不同之处以国标为准。

（三）图例

本设计图参用图例见表5-19；主要设备材料见表5-20；空调系统流程图及平面布置图见图5-60～图5-62。

表5-19　图例

符号	名称	符号	名称
	水源热泵		安全阀
平面　系统	卧式端吸泵		橡胶软接头
平面　系统	立式离心泵		
	Y型过滤器		
	温度计		
	压力表		
	蝶阀		
	电动阀		
	水表		
	止回阀		

7℃（45℃）——夏季工况温度（冬季工况温度）

空调主机夏季供冷、冬季供暖的切换通过 *A*、*B* 阀实现。

夏季供冷：*A* 阀开、*B* 阀闭。

夏季供冷同时制备热水：*A* 阀开、*B* 阀闭。

冬季供暖：*A* 阀闭、*B* 阀开。

制备热水：*A* 阀闭、*B* 阀开。

热水系统运行说明：

1）热水循环加热系统，当水箱温度低于设定值时，热水加热循环泵及主机开启，对水箱进行补热；当水箱液位低于设定值时，自来水补水，同时主机开启补热。

2）本系统楼栋分散，系统回水压力降相差较大，为保证各回路循环畅通、减少投资，1号、3号学员楼及其他楼的回水按照三个支路单独回水。在回水末端设置调节阀组，保证循环流量、循环温度和系统压力。

3）水箱内冷热水分层，热水温差梯级变化，支路回水管深入至水箱底部，靠近循环加热泵吸水。

保证水箱内低温热水的加热，循环加热回水靠近热水供水侧，保证热水供应温度。

表 5-20 主要设备材料表

序号	名称	型号	单位	数量	备注
1	水源热泵冷水机组	WPS295.2A	台	1	制热工况：q（热）=1363kW；N（热）=226kW Q（热水）=65L/s；Q（水源）=27.2L/s 制冷工况：q（冷）=1058kW；N（冷）=182kW Q（冷水）=65L/s；Q（水源）=27.2L/s 水源水进出水温度：（制热）25℃/15℃，（制冷）25℃/36℃
2	水源热泵冷水机组（带全热回热）	WPS160.1A	台	1	制热工况：q（热）=730kW；N（热）=122kw Q（热水）=35L/s；Q（水源）=14.6L/s 制冷工况：q（冷）=566kW；N（冷）=97.8kW Q（冷水）=35L/s；Q（水源）=14.6L/s 全热回收：q（冷）=455kW；N（冷）=142kW Q（热水）=34L/s；t 为 40～50℃ 水源水进出水温度：（制热）25℃/15℃，（制冷）25℃/36℃
3	冷冻（热水）水泵	NBG150—125—315	台	2	Q=65L/s；H=36.0m；N=37kW；n=1450r/min
4	冷冻（热水）水泵	NBG125—80—315	台	2	Q=35L/s；H=36.0m；N=22kW；n=1450r/min
5	回扬泵	NBC125—80—315	台	1	Q=35L/s；H=30.0m；N=18.5kW；n=1450r/min
6	回扬泵	NBG100—65—315	台	1	Q=20L/s；H=30.0m；N=11kW；n=1450r/min
7	膨胀水箱		个	1	$L=1m^3$
8	压差水路旁通阀	DN150	套	1	
9	集水器	ϕ500	个	1	专业厂家定做
10	分水器	ϕ500	个	1	专业厂家定做
11	水流开关		个	5	主机配带
12	热水箱		个	1	$L=40m^3$
13	变频供水设备	HydroMPC—F	套	1	$Q=45m^3/h$；H=60m；N=18kW
14	热水循环水泵	IP125—130/4	台	2	Q=30L/s；H=10.0m；N=7.5kW；n=1450r/min
15	胶球清洗装置	HCTCS150SHA	套	1	包含循环单元、控制箱、分离器、胶球等
16	胶球清洗装置	HCTCS200SHA	套	1	包含循环单元、分离器、胶球、控制箱等
17	电子水处理仪	Q=100L/s	套	1	
18	电子水处理仪	Q=8L/s	套	1	
19	平衡水箱		个	1	$L=3m^3$

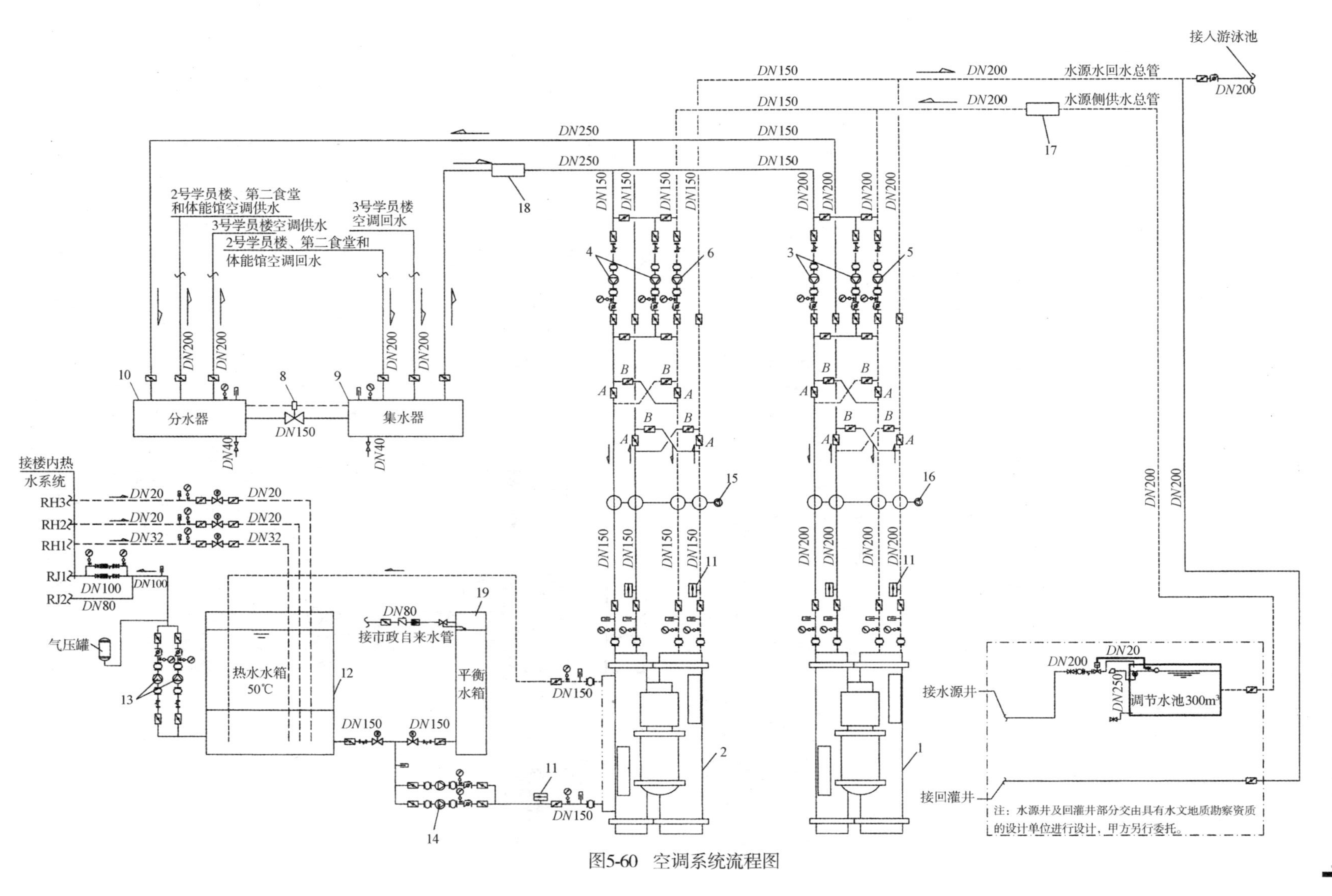

图5-60　空调系统流程图

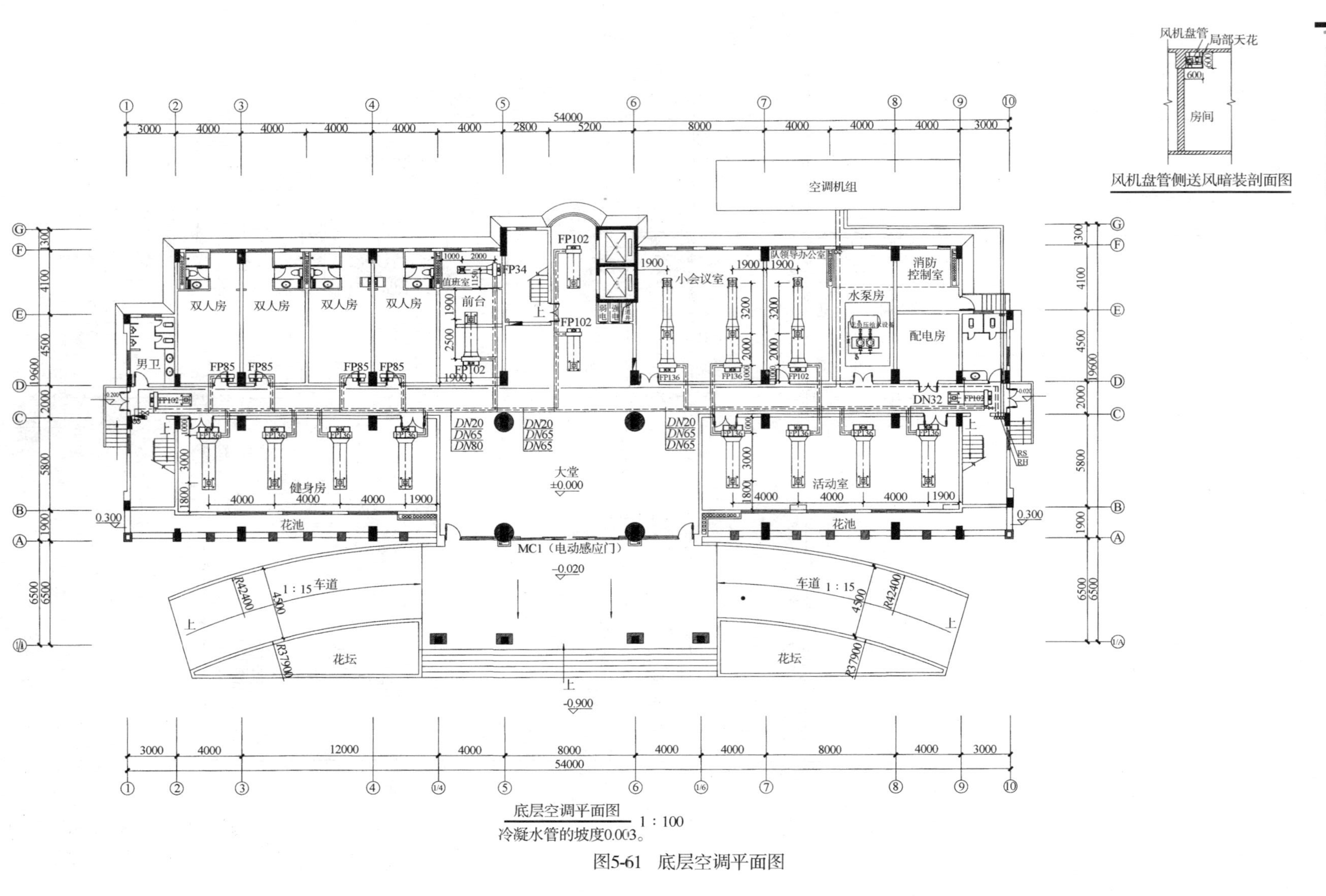

图5-61 底层空调平面图

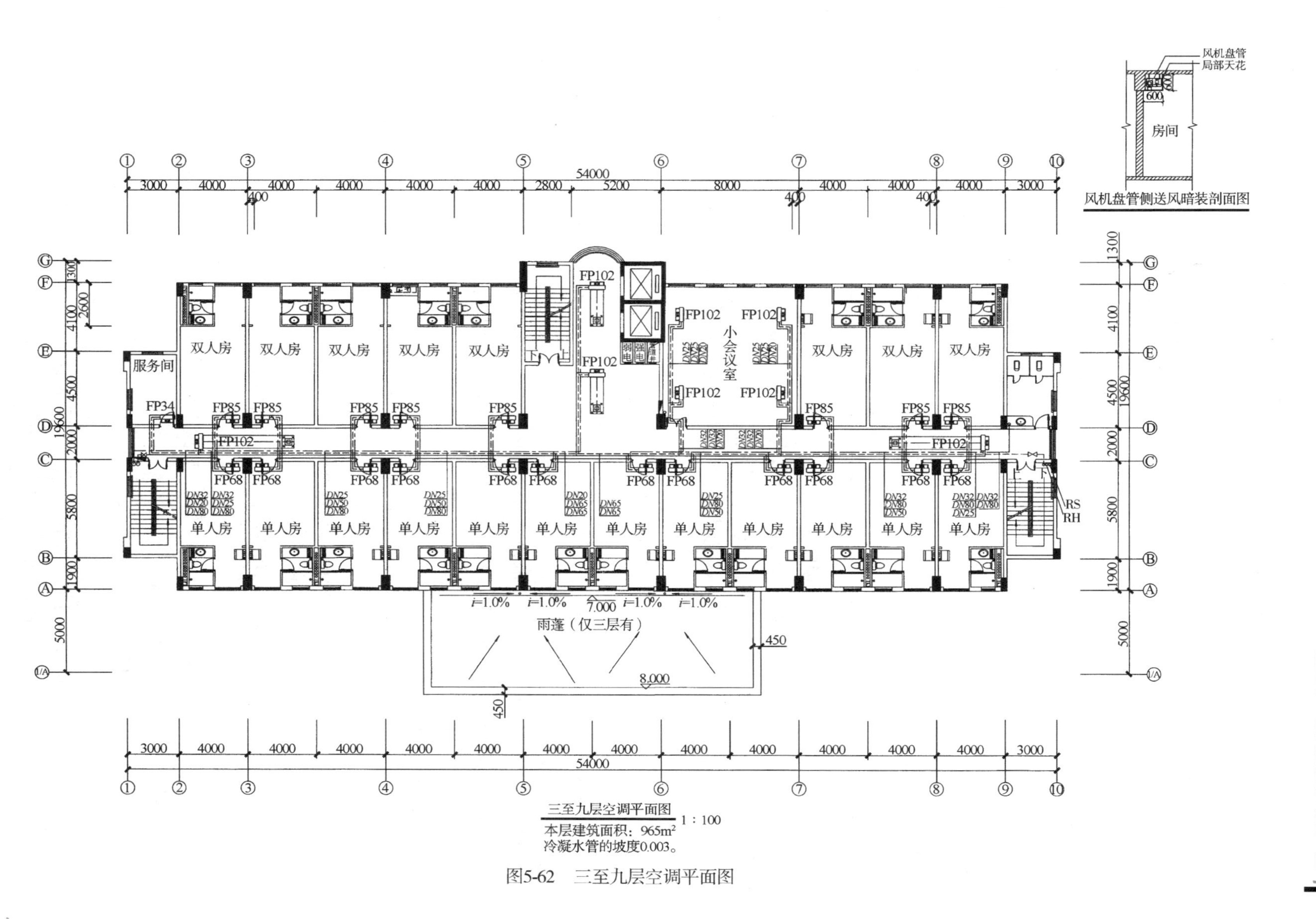

图5-62　三至九层空调平面图

六、大学实验室项目通风空调施工图

（一）概况

清华大学某高精度恒温恒湿净化实验室是为国家重点项目试验服务的高精度实验室，该实验室位于地上一层，面积约110m²，原建筑层高5.6m。该实验室内设有两个精密温控操作间，其中高精密操作间净面积约为1.5m²，精密操作间净面积为13.6m²（4000mm×3400mm），其余区域为净化实验室。操作间设计层高为2.3m，净化实验室设计高度2.8m。该实验室包括三个温度控制区，洁净度为1000级。该项目暖通系统室内工艺参数要求见表5-21。

表5-21　室内工艺参数要求

区域	温度	相对湿度	洁净度
精密操作间	22±0.1℃	35%～60%±5%	1000级
高精密操作间	22±0.05℃	35%～60%±5%	1000级
净化实验室	22±1℃	35%～60%±10%	1000级

该项目暖通系统室内工艺参数说明如下。

（1）控制区域　对于精密操作间和高精密操作间，针对发热设备位置、人员活动位置和实验台位置，详细定义了要求达到控制精度的空间区域。

（2）基准温湿度　实验室内的基准温度一年四季均为固定值22℃，试验要求基准相对湿度在35%～60%可调。

（3）温湿度精度　确定了温湿度精度的两方面的要求，即单一控制点的时间变化率和均匀度。

（4）新风要求　新风对室内环境扰动极大，因此新风量严格按照人员数量设计，每人的新风量为30m³/h。

（5）噪声和振动要求　实验室的噪声要求为小于45dB（A）。振动方面要求较高，除了对空调设备采取隔振措施外，对实验台周边采用了隔振沟进行处理。

（6）净化要求　1000级。

（二）通风空调措施

本系统设计时，采取了不同措施减少或消除上述负荷对热湿环境的影响，主要措施包括以下几点。

1）采用内保温等措施优化围护结构的隔热性能。

2）提高围护结构和门的密闭性。

3）合理设置房间建筑布局，高精密度恒温恒湿间外设置套间，并将套间的温度控制在合理范围内。

4）根据试验人数和卫生要求确定新风量，减少不必要的新风量要求。

5）采用发热量小的节能灯具。

6）减少实验设备的散热量，对于必须的发热设备采取局部水套循环水冷却措施。

1. 空调水系统

本系统采用风冷冷水机组制备冷水作为冷源。与舒适性空调不同，恒温恒湿环境的冷热源容量在很大程度上取决于采用什么样的空气处理过程和换气的次数，而不取决于空调负荷的大小。该工程的额定制冷量为49kW，冷冻水供回水温度为7℃和12℃。机组及相应的冷冻水泵置于室外。另外，要求机组在全年具有制冷能力，包括过渡季和冬季。图5-63空调水系统原理图。空调系统补水及加湿用水采用经过静电水处理器处理后的自来水。

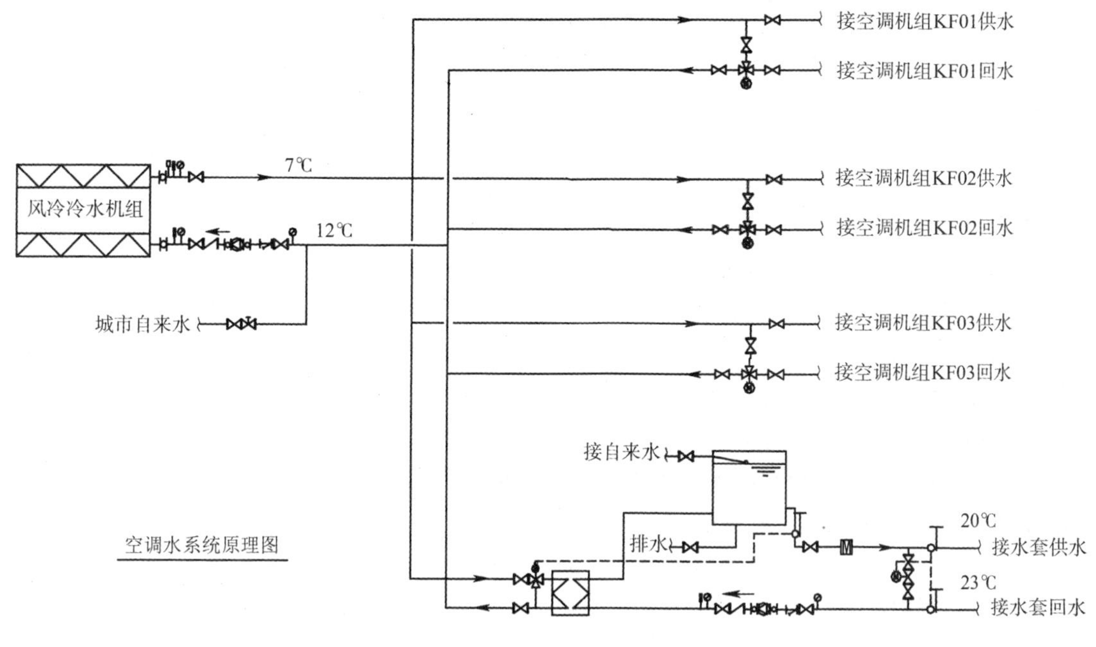

图5-63　空调水系统原理图

2. 风系统设计

热源根据精度要求选择风管电加热形式，根据不同房间采用一级或二级电加热。

1）系统划分。实验室、两个操作间分别设置独立的空调系统，各系统设计风量见表5-22。

表5-22　各系统设计风量　　（单位：m^3/h）

房间号	级别	送风量	回风量	补风量
高精密操作间	1000级	3140	2826	314
精密操作间	1000级	1564	1408	160
净化实验室	1000级	5880	5292	588

2）送回风方式。为确保室内温度场的均匀性，精密操作间采用顶部孔板均匀送风，地板回风的送回风方式。净化实验室采用高效保温送风口顶送，单侧下部回风。送回风分支管上均设置电动风量调节阀，便于风量调节。

3）空气净化。

操作间：净化采用中效、高效两级过滤。高效过滤器安装于孔板静压箱内的送风管上。

净化实验室：新风采用粗效、中效两级过滤后与回风混合，再进行中效、高效两级过滤。高效过滤器采用高效送风口。

实验室入口设更衣室兼作缓冲间，并设置喷淋室。

4）各空调系统通过调节回风、排风及补风比例实现各系统正压控制。更衣室正压为5Pa，净化实验室正压为15Pa，精密操作间和高精密操作间正压为25Pa。

5）经噪声源和消声量计算，机组送、回风总管上均设有两级消声器。

3. 自控与配电系统

（1）净化实验室

1）对室内温度（2 点）、湿度、送回风温度、冷水阀门开度以及压差等参数进行检测或控制。

2）夏季工况：自动调节冷水阀的开度、电加热器的加热量和加湿器的加湿量，使室内温度、湿度保持恒定（22 ±1℃，60% ±10% RH）。

3）冬季工况：自动调节电加热器的加热量和加湿器的加湿量，使室内温度、湿度保持恒定（22 ±1℃，35% ±10% RH）。

4）中、高效过滤器阻塞及风机故障报警。

5）电加热器无风时断电保护。

6）冷水温度控制。

7）机组可远方自动或就地手动启停，可按预设时间程序启停。

（2）精密操作间

1）对室内温度（5 点）、湿度，送风温度、湿度，回风温度、湿度，表冷后温度，冷水阀门开度以及压差等参数进行检测或控制。

2）夏季工况：自动调节冷水阀的开度、电加热器的加热量（粗调和精调）和加湿器的加湿量，使室内温湿度保持恒定（22 ±0.1℃，60% ±5% RH）。

3）冬季工况：自动调节电加热器的加热量（粗调和精调）和加湿器的加湿量，使室内温湿度保持恒定（22 ±0.1℃，35% ±5% RH）。

4）中、高效过滤器阻塞及风机故障报警。

5）电加热器无风时断电保护。

6）室内正压及冷水温度控制。

7）机组可远方自动或就地手动启停，可按预设时间程序启停。

（3）高精密操作间

1）对室内温度（室内 5 点）、湿度，送风温度、湿度，回风温度、湿度，表冷后温度套间回风温度、冷水阀门开度以及压差等参数进行检测或控制。

2）夏季工况：自动调节冷水阀的开度、电加热器的加热量（粗调、精调和微调）和加湿器的加湿量，使室内温度、湿度保持恒定（22 ±0.05℃，60% ±5% RH）。

3）冬季工况：自动调节电加热器的加热量（粗调和精调）和加湿器的加湿量，使室内温湿度保持恒定（22 ±0.05℃，35% ±5% RH）。

4）中、高效过滤器阻塞及风机故障报警。

5）电加热器无风时断电保护。

6）室内正压及冷水温度控制。

本项目采暖系统送风系统平面布置图如图 5-64 所示，回风系统平面布置图如图 5-65 所示。

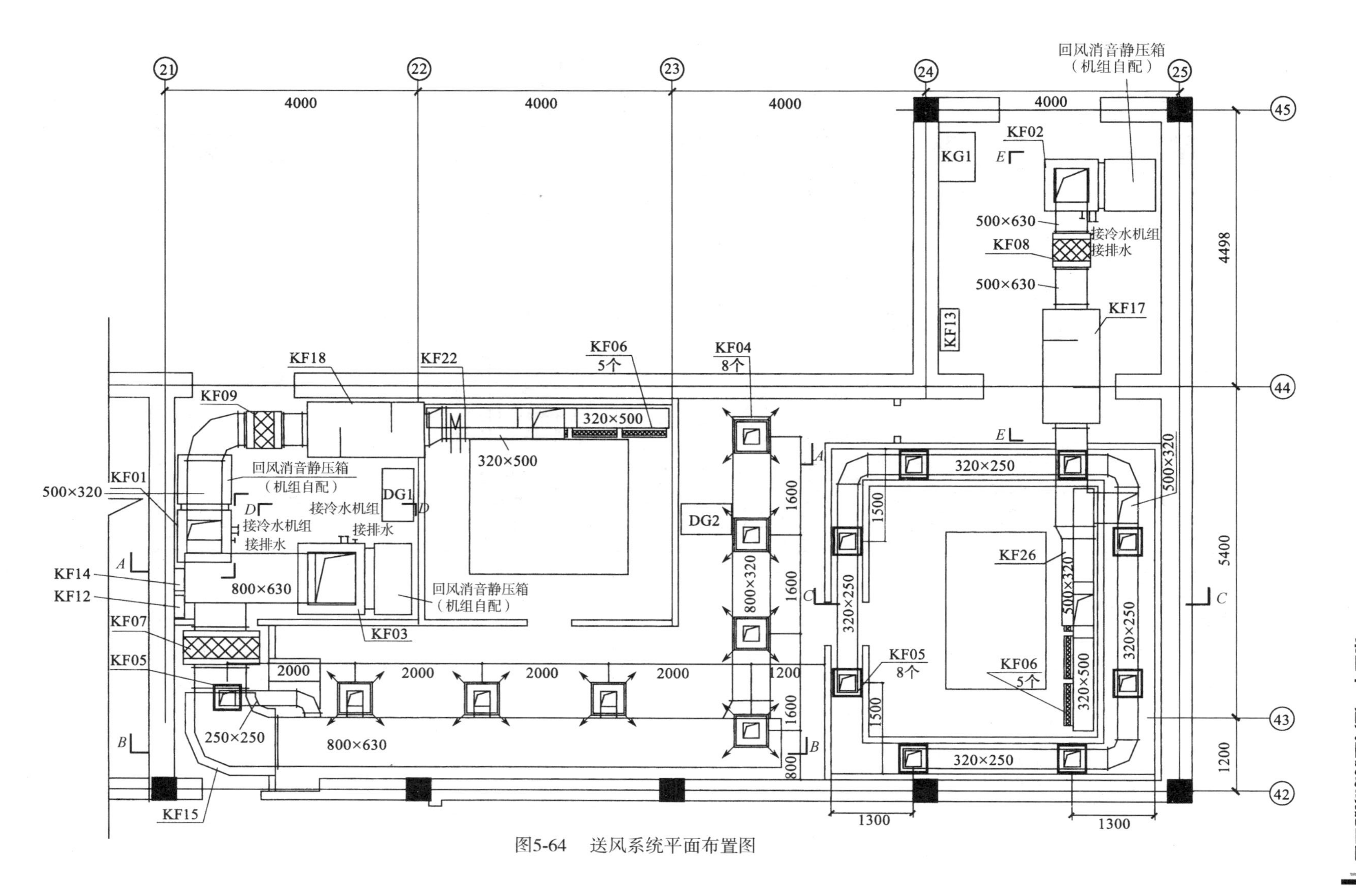

图5-64　送风系统平面布置图

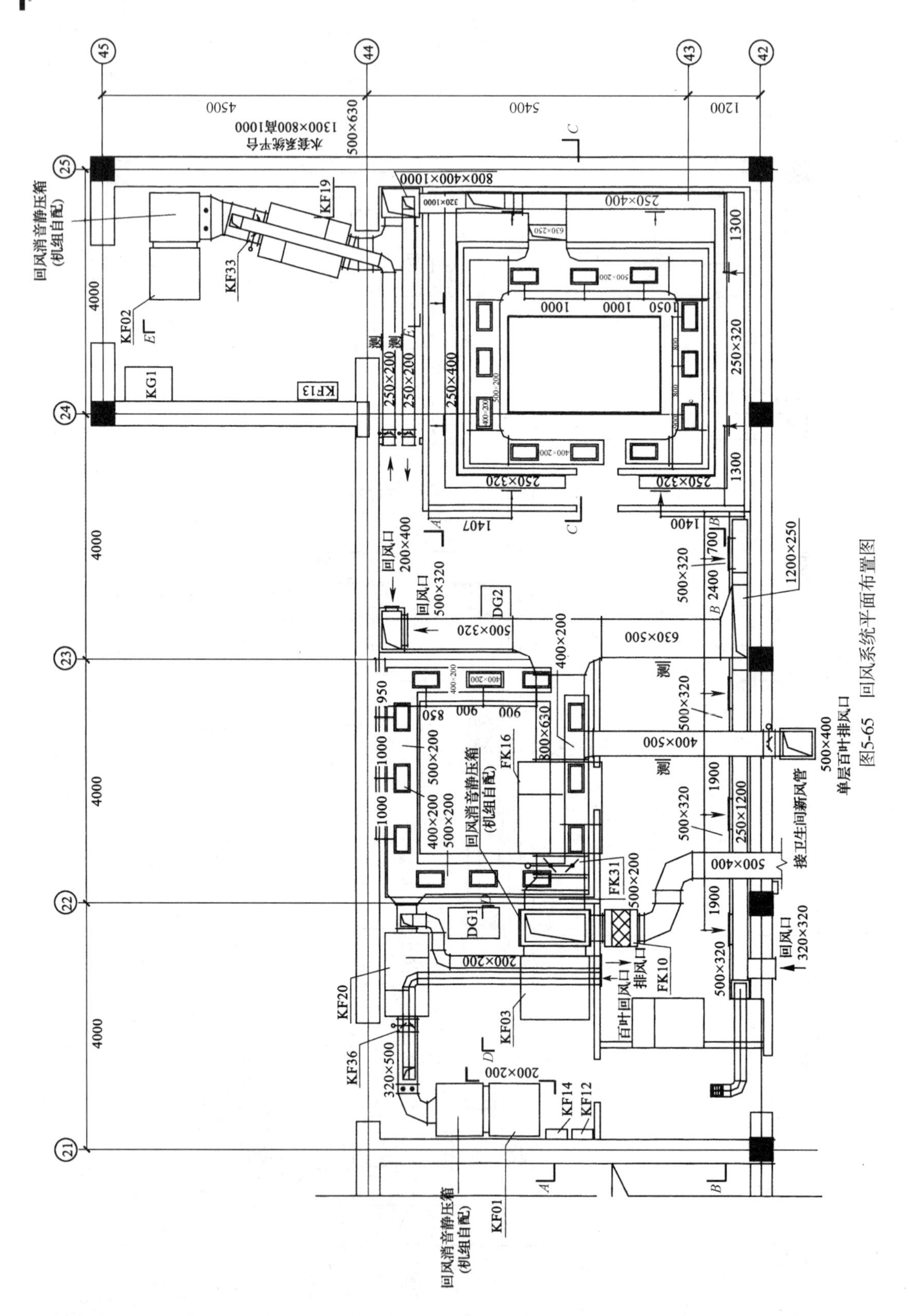

图5-65 回风系统平面布置图

第六章　燃气系统施工图

第一节　燃气系统施工图的组成及绘制

一、燃气系统施工图的组成

一套完整的燃气系统施工图由图样目录、设计说明、设备及材料表和设计图样组成。

（一）图样目录

根据整套图样内容进行排序编写。

（二）设计说明

设计说明主要说明工程概况，所用设备的型号、性能、质量、数量，管材的型号、规格和材质，管道附件的类型，设计标准、相关主要数据及说明，安装要求及验收标准等。

（三）设备及材料表

工程设备及材料表应列出设备及主要材料的名称、型号、规格、数量等。设备及材料表也是工程预算的重要内容和依据。

（四）设计图样

根据建筑平面图绘制燃气平面图。若燃气在建筑中仅用于厨房，则平面图内容比较简而少；若燃气还用于供热，则平面图内容贯穿于整体建筑，需要按照燃气平面图绘制燃气管道系统图。在平面图和系统图以及设计说明未表达清楚的部位还需要绘制节点详图。

二、燃气系统施工图的绘制要点

1）燃气系统施工图以设备和管道为主，需要表达的范围也很小，因此仅用单线来绘制管道，用不同的图线来表示不同的管道介质、材质和功能。

2）管道附件和设备以国家标准所规定的图例或标注来表示。

3）图样中的管道及附件仅可以表示连接方式和位置，不能准确标注其尺寸和大小。

4）图样中不能反映安装尺寸及要求。

三、燃气平面图

燃气平面图分为室外燃气平面图和室内燃气平面图。下面以室内燃气平面图为例介绍燃气平面图的内容、绘制方法与步骤。

燃气平面图应在建筑平面图的基础上绘制。明敷的燃气管道采用粗实线绘制，埋置在墙体内或地下的管道采用粗虚线绘制，为了突出管道的走向和位置，建筑轮廓采用细实线绘制，并应保留与燃气管道有关的标高及定位轴线，如图 6-1 所示为室内燃气平面图（底层局部）。

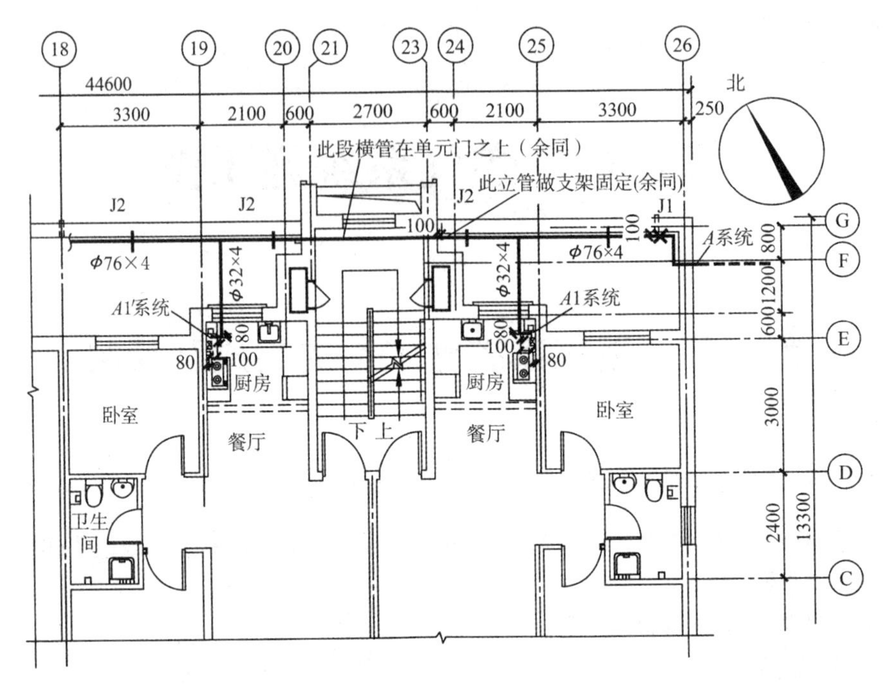

图 6-1　室内燃气平面图（底层局部）

1）在平面图中应绘制低压、中压管道调压系统的设备，如调压箱、调压站、阀门、凝水缸、放水管等。应标注管道及附件的规格、编号及尺寸等，还需标注管道间的定位尺寸、管道的坡度、标高以及管径。

2）当燃气管道附近有其他类别的管道时，应绘制临近的管道，并指明它们的相对位置，也要标注各自的定位尺寸。

从图 6-1 可以了解到，燃气系统引入管由建筑的 E、F 轴线之间引入，干管尺寸为 $\phi76\times4$，支管的尺寸为 $\phi32\times4$，均为钢管。进户后的定位尺寸为 100、80。进户引入管系统为 A 系统，支管进户系统为 $A1$ 和 $A1'$，这两个系统对称。

图 6-2 为室外燃气平面图（局部）。从图示表达看到主干管尺寸为 $de110$、$de90$、$de63$，各支管尺寸为 $DN40$。图中除新建管线布置外，还有表明区域位置的坐标网、建筑构造、道路、原有管线、住户户数以及各控制点标高等。其他不再详述。

四、燃气系统图

燃气系统图与其他管道系统图相似，也是正面斜轴测图。采用粗实线绘制干管，采用中实线绘制支管。应注明管道的管径、规格、标高及坡度；应绘制阀门、燃气表、三通、弯管等，还应标注立管系统的编号。

图 6-3 为图 6-1 对应的 A（引入管）、$A1$、$A1'$燃气系统图。引入管标高为 -2.000，引入干管尺寸为 $\phi76\times4$，支管的尺寸为 $\phi32\times4$（同平面图），系统立管（干管）尺寸均为 $DN25$。系统图中还要标注各楼层的标高、进户支管的标高。为了方便施工及下料，还要标注各管段的长度（单位为 m）。引入系统图例见表 6-1。

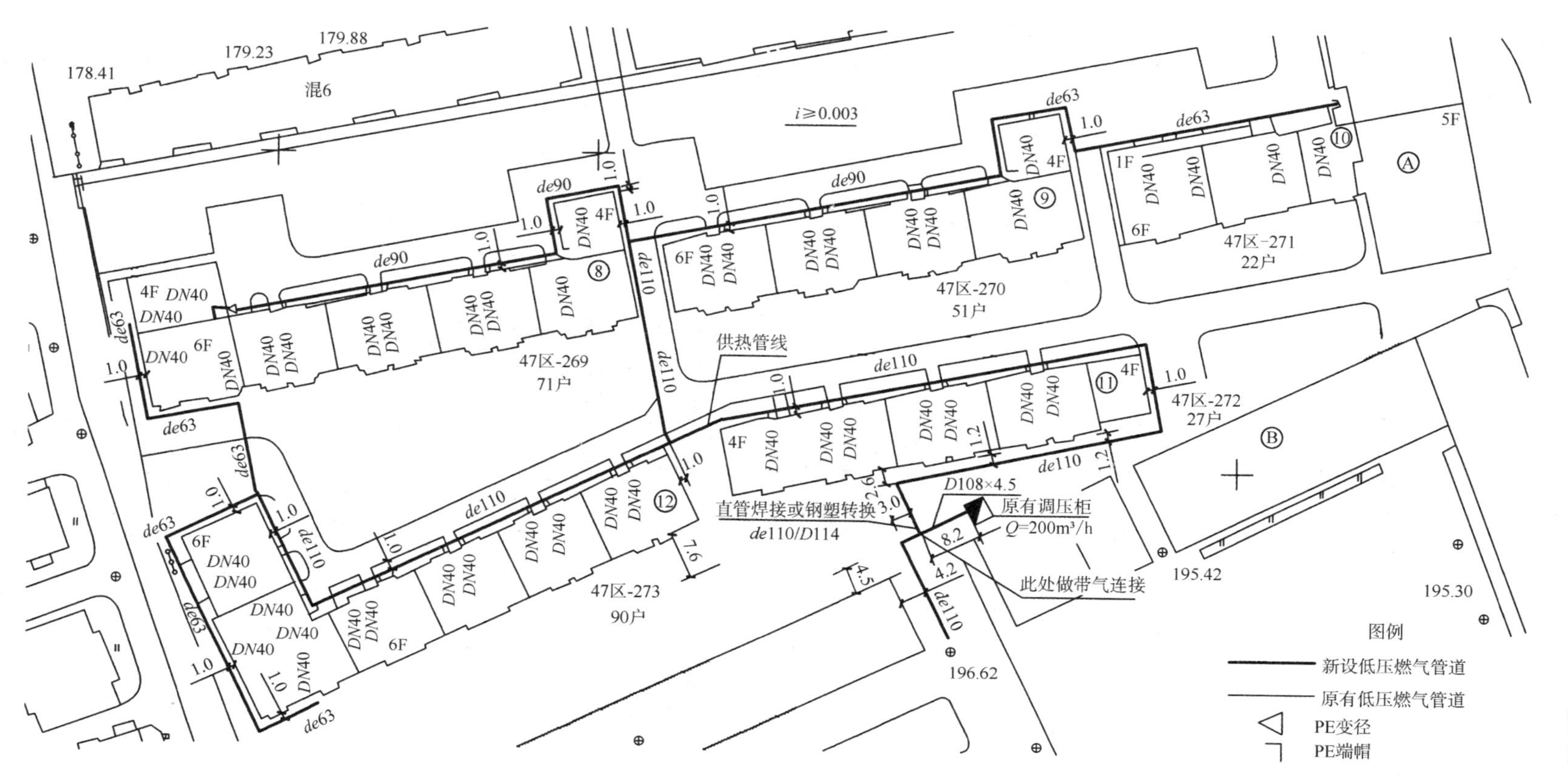

图6-2　室外燃气平面图（局部）

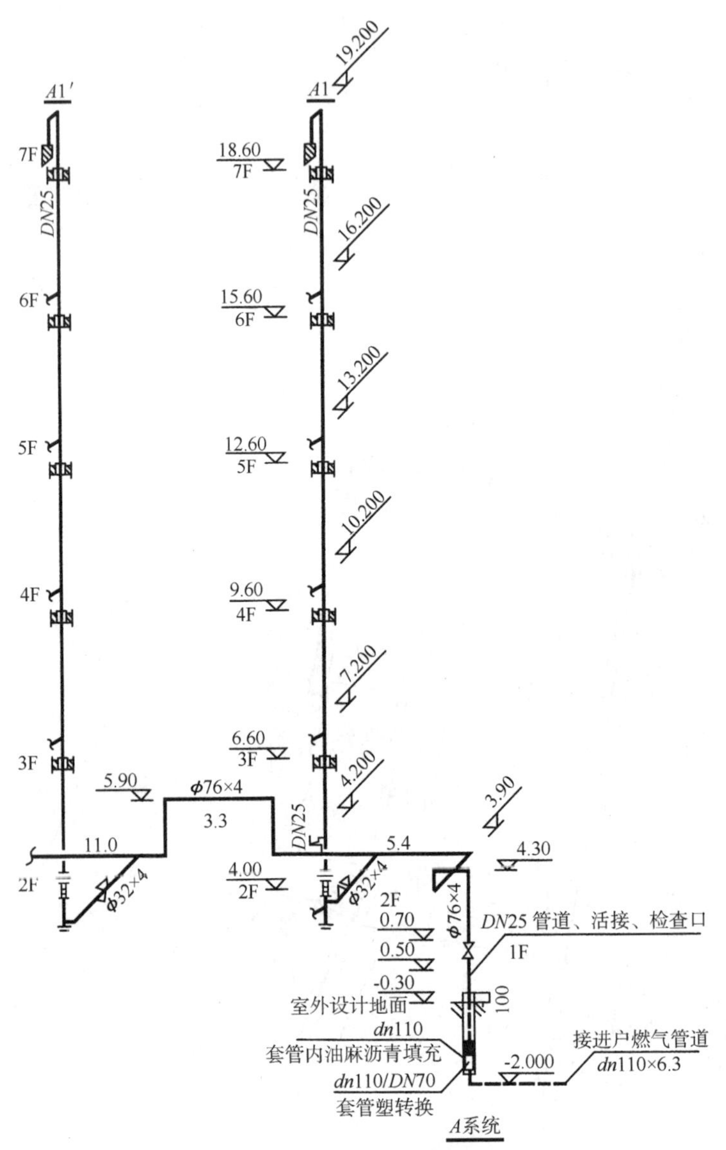

图 6-3　室内燃气系统组成

注：二层楼板标高 3. 60。

表 6-1　引入系统图例

图　例	名　称	图　例	名　称
	埋地敷设的进户引入管		法兰球阀
	钢塑转换		法兰、法兰盖
	活接		螺纹连接带锁球阀
	穿墙套管		螺纹连接球阀
			燃气表

（续）

图　　例	名　　称	图　　例	名　　称
	单嘴		穿楼板套管
	引入管套管		螺塞

五、燃气系统节点详图

以平面图、系统图甚至辅以剖面图也无法表达清楚的某些节点或连接处，需要绘制详图。详图可以选择标准图集作为施工和验收的依据，也可以根据工程的具体情况绘制所需要的详图。

（一）管道的防水套管详图

在燃气管道安装过程中一定会遇到楼板、墙体、地面等建筑构造，管道需在建筑构造的预留洞口或通道穿过。为了防护安全和保证燃气管道的使用寿命，必须在穿越处加设防护装置，管道防护的几种做法如图 6-4 所示。

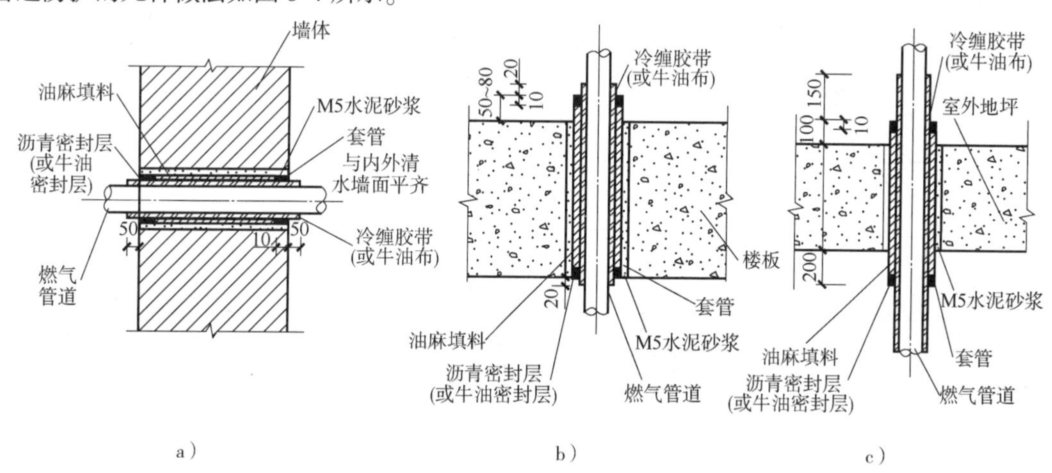

图 6-4　管道防护的几种做法

a）管道穿越墙体　b）管道穿越楼板　c）管道穿出地面

管道穿越某些建筑构造时的具体做法如下。施工中选择套管应考虑其材质、规格及套管的壁厚，更重要的是，一般套管的轴向尺寸应大于墙体的厚度（或其他构造的厚度），如图 6-4a 所示，套管超出墙表面为 50。

加设套管的用途如下：

1）减少对燃气管道的直接压力。

2）便于拆卸及维修。

3）起到一定的防水作用，如穿越楼板时，以免有水渗漏。

4）燃气管与套管之间留有一定的间隙，并且在此处填充“软”材料，如油麻填料等。

5）防止其他相邻管道由于泄漏造成的交叉污染。

防水套管简称为套管，分为柔性和刚性两种，柔性套管防水性较好，刚性套管一般带翼板，防震性较好。

（二）燃气压力表安装详图

如图6-5所示为燃气压力表安装详图。图示给出了两种取压方式：图6-5a为顶部取压，图6-5b为侧面取压；图6-5c为连接压力表的专用螺母。请结合“明细表”和“说明”仔细阅读分析。

燃气管道的强度试验压力应该为设计压力的1.5倍。钢管的试压不低于0.3MPa；铸铁管的试压不低于0.05MPa。

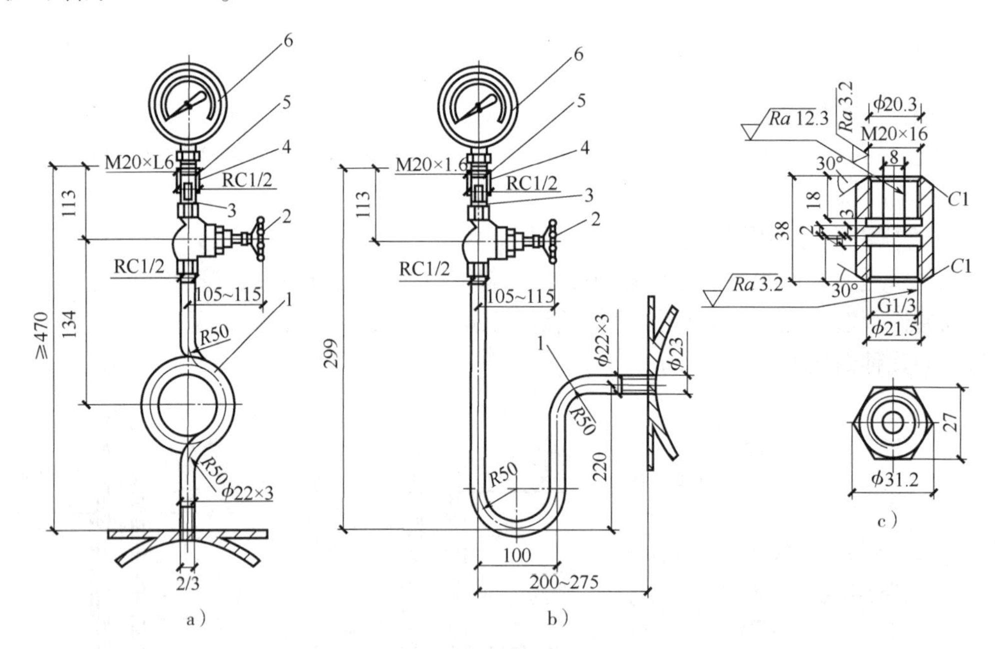

明细表

序号	名称及规格	数量	材料	重量/kg
1	凝液管 $\phi22\times3$ L=700mm	1	20	0.987
2	内螺纹截止阀J11T-10 DN15	1	成品	0.70
3	接管 $\phi22\times8$ L=80mm	1	20	0.085
4	压力表用连接螺母	1	Q235-B	0.10
5	垫片 $\phi18/8$ δ=2mm	1	聚四氟乙烯	
6	压力表	1		

说明：

1. 本图适用于钢管、钢制容器上的取压孔、安装弹簧管压力表、电接点压力表等。
2. 凝液管（缓冲管）的长度是考虑到保温结构厚度不会大于120mm而设计的。如果确切知道该取压点处保温层的厚度较小，可根据条件经设计者同意，做相应的改动。

图6-5　压力表安装详图

燃气系统的节点详图很多，除了压力表安装详图（图6-5）外，还有管道支架详图（图6-6）。这种立柱式管道支架也称为“冷桥”，主要用于地面水平管道的支撑，起到固定、加固、辅助保温的作用。

室外燃气管道分为埋地敷设（居民住宅）和架空敷设（工厂厂区），架空敷设管道主要是方便维修与改建。

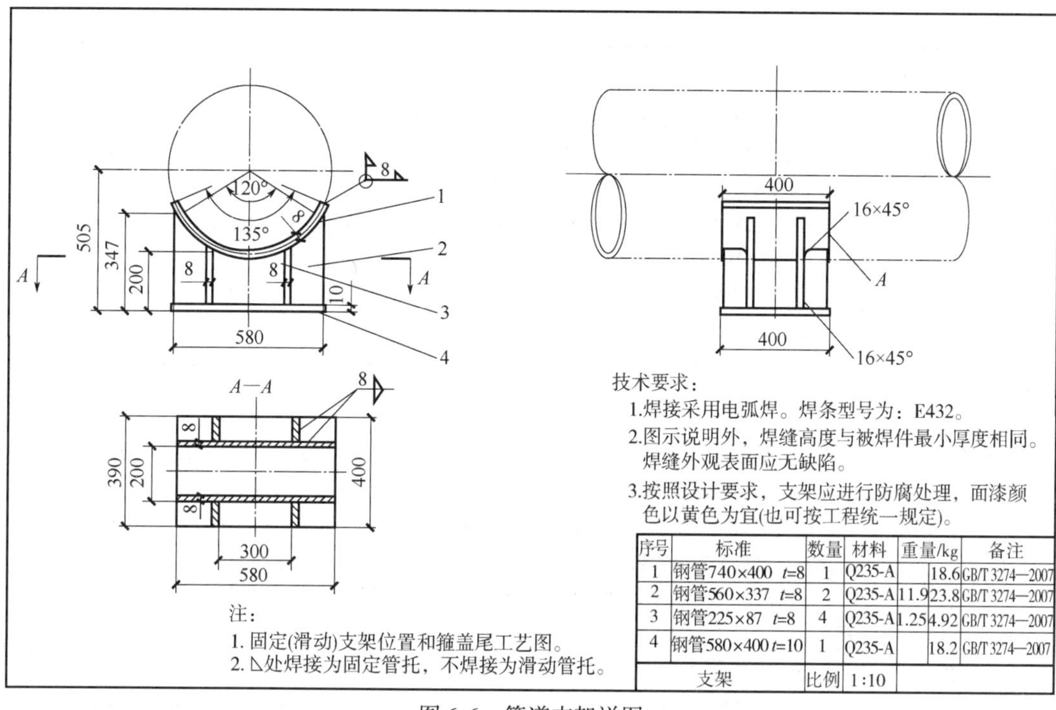

图 6-6　管道支架详图

第二节　燃气系统的安装工艺及要求

一、室内燃气管道及器具的安装

（一）室内燃气管道及器具安装工艺流程

预制加工⟶引入管安装⟶水平管安装⟶立支管安装⟶管道固定⟶管道试压、吹洗⟶燃气表安装⟶防腐、刷油。

（二）室内燃气管道及器具主要安装工艺

室内燃气管道及器具主要安装工艺见表 6-2。

表 6-2　室内燃气管道及器具主要安装工艺

类　别	内　容
引入管安装	1. 引入管一般从室外直接进入厨房，不得穿过卧室、浴室、地下室、易燃易爆的仓库、配电室、烟道和进风道等地方。若直接引入有困难，可以楼梯间引入，然后进入厨房 2. 输送人工煤气的引入管的最小公称直径应不小于 25mm。输送天然气和液化石油气的引入管的最小公称直径应不小于 15mm。它们的埋设深度应在土壤冰冻线以下，并应有不少于 0. 01 坡向庭院的坡度 3. 地下弯管处应使用煨弯管，弯曲半径不小于弯管管径的 4 倍，地下部分应做好防腐工作 4. 穿建筑物基础或墙体时，应设置套管，套管与燃气管之间的间隙不小于 6mm。对尚未完成沉降的建筑物，上部间隙应大于建筑物预计的最大沉降量，套管与燃气管之间用沥青油麻填塞，并用热沥青封口

（续）

类　别	内　容
引入管安装	5. 引入管阀门应当选择快速切断式阀，当地上低压燃气引入管的直径不超过75mm时，可在室外设置带螺塞的三通，不另设阀门 6. 引入管必须采用整根钢管，弯管只准用煨弯，不得用焊接 7. 引入管埋地和镶入墙内及保温台内的部分必须进行防腐，防腐等级与庭院管道相同，室内引入管形式如图6-7所示 8. 高层建筑和沉降量大的建筑的引入管应考虑建筑物沉降，除加套管外，还可采用柔性管材、挠性管或补偿器。带补偿措施的引入管形式如图6-8所示 9. 引入管套管形式如图6-9所示。燃气管道应处在套管的下1/3处。套管两边用沥青、油麻等柔性材料密封
水平管安装	湿燃气管道水平管道要求有0.003的坡度，燃气管道与墙的距离应符合表6-3的规定
立支管安装	1. 立管穿过楼板处应有套管，套管的规格应比立管大两号，详见表6-4。套管内不应有管接头。套管上部应高出地面50～100mm，管口做密封，套管下部与房顶平齐。套管外部用水泥砂浆固定在楼板上穿越楼板的燃气管和套管如图6-10所示 2. 立管上下端应设有螺塞，每层楼内应有至少一个固定卡子，每隔一层立管上应装一个活接头 3. 室内燃气管道和电气设备、相邻管道之间净距应不小于表6-5的要求
管道固定	室内燃气管道的固定用管道固定件将燃气管道固定在墙体或梁柱等构筑物上，通常在不带燃气表的严密性试验合格后进行 1. 托钩。管道托钩结构如图6-11所示，托钩加工尺寸见表6-6，它适用于小管径水平管道的支撑定位 2. 钩钉。钩钉结构如图6-12所示，钩钉加工尺寸见表6-7，它适用于小管径竖直燃气管道的固定 3. 卡子 其结构如图6-13所示，有两块扁铁（其中一块带夹角）及紧固螺钉构成，卡子加工尺寸见表6-8，它适用于离墙稍远的小管径竖直管道的固定 4. 固定卡子。固定卡子又称角铁钉，结构如图6-14所示。固定卡子加工尺寸及材料见表6-9。固定卡子的支撑能力较大，可用于固定管径较大的水平及竖直管道，当管道离墙面较远或多根管道同架固定时，也可选择这种固定件 5. 吊架。管道吊架形式及安装示意图如图6-15所示，吊架用于在房梁、楼板及无法安装固定卡子的水平管道的固定
燃气表安装	1. 燃气表安装要求如下： 1）燃气表应有出厂合格证、生产许可证，且距出厂日期不应超过4个月，若超过4个月，则应经法定检测单位检测 2）燃气表的安装高度。高位表距离地面高度不小于1.8m，中位表高度不小于1.4m，低位表高度不小于0.05m。图6-16所示为户内燃气表安装示意图 3）燃气表与周围设施最小净距见表6-10 2. 居民用户燃气表安装还应注意以下问题： 1）燃气表安装后要求横平竖直，不得倾斜，表的垂直偏差应小于10mm，表下应设置支托 2）燃气表的进出口管应采用钢管或铅管螺纹连接，且连接要严密，铅管弯曲后应成圆弧形，保持铅管的口径，不应产生凹瘪现象 3）表前水平支管应坡向立管，表后水平管应坡向灶具（下垂管） 4）低位表的接灶水平支管上的活接头不得设置于灶板内

（续）

类 别	内 容
燃气表安装	5）当采用单管燃气表时，应注意连接方向，严禁装错，单管表接头的侧端连进气管，顶端接出气管。下端接表处须装大小橡胶密封圈，装置的橡胶圈不得扭曲变形，并且要放稳 3. 对于高层建筑物的室内燃气管道系统，还应考虑以下几个问题： 1）补偿高层建筑的沉降。高层建筑物自重大，沉降量显著，易在引入管处造成破坏。可在引入管处安装伸缩补偿接头以消除建筑物沉降的影响；伸缩补偿接头有波纹管接头、套管接头和铅管接头等形式。引入管的铅管补偿接头如图6-17所示。当建筑物沉降时，铅管吸收变形，以避免破坏。铅管前装阀门，设有闸井，以便检修 2）克服高程差引起的附加压头影响。燃气密度大，随着建筑物高度的增加，附加压头也增加，而民用和公共建筑燃具的工作压力是有一定的允许压力波动范围的。当高程差过大时，为了使建筑物上下各层的燃具都能在允许的压力波动范围内正常工作，可采取以下措施： ①增加管道阻力，降低压头增值，如在燃气总立管上每隔若干层增设一分段阀门作调节用 ②分开设置高层供气系统和低层供气系统，以分别满足不同高度的燃具的工作压力需要 ③设用户调压器，各用户由各自的调压器将燃气降压，达到燃具所需的稳定的压力 4. 补偿温差产生的变形高层建筑燃气立管的管道长、自重大，在立管底部需设置支墩。为了补偿由于温差引起的膨胀、收缩变形，需将管道两端固定，并在中间安装吸收变形的波纹管或做成乙字形补偿器

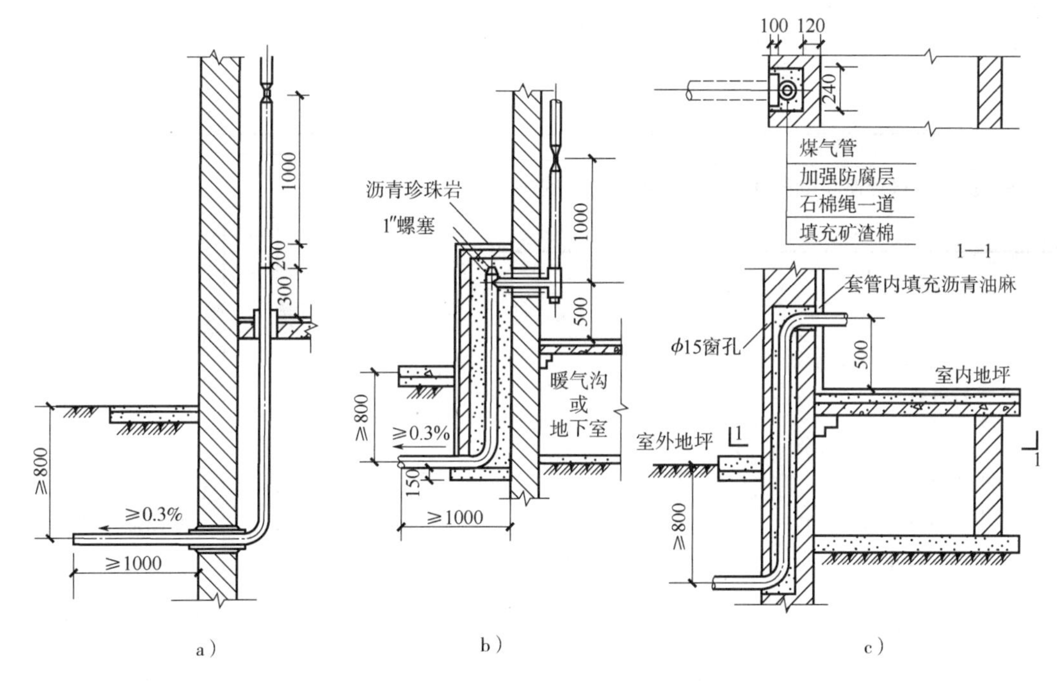

图6-7 室内引入管形式

a）地下引入 b）地上墙外引入 c）地上嵌墙引入

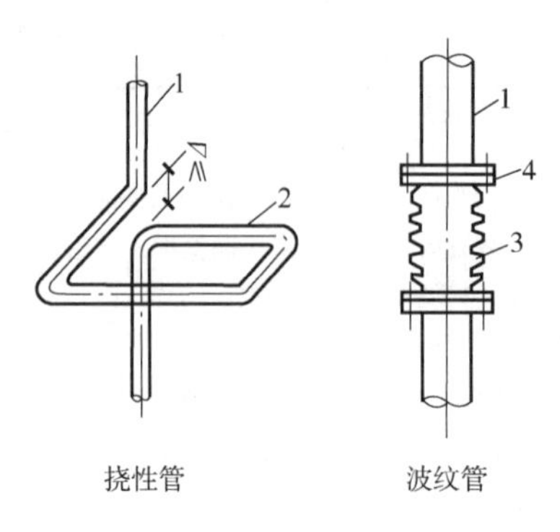

图 6-8　带补偿措施的引入管形式
1—立管　2—挠性管
3—波纹管　4—法兰

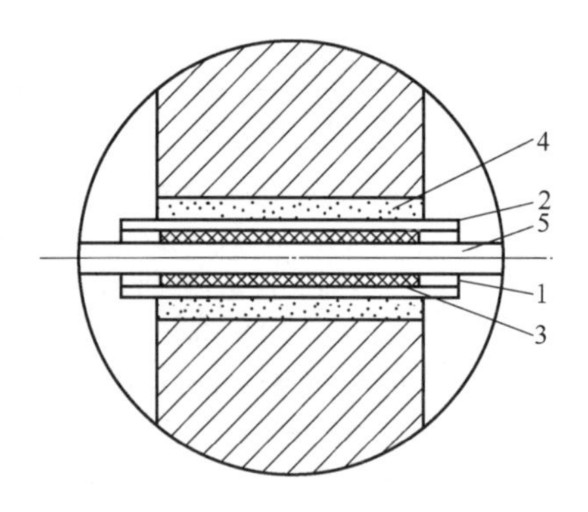

图 6-9　引入管套管形式
1—沥青密封层　2—套管　3—油麻填料
4—水泥砂浆　5—燃气管道

表 6-3　燃气管道与墙距离

管径/mm	与墙净距/cm	备　　注
15 ~ 25	3.5	允许偏差 ±0.5cm
32 ~ 50	6	允许偏差 ±0.5cm
75 ~ 100	8	允许偏差 ±0.5cm

表 6-4　套管规格　　（单位：mm）

立管直径	15	20	25	32	40	50	65	80	100	150
套管直径	32	40	32	50	65	80	100	125	150	200

表 6-5　室内燃气管道和电气设备、相邻管道之间的净距
（单位：mm）

管道和设备		与燃气管道的净距	
		平行敷设	交叉敷设
电气设备	明装的绝缘电线或电缆	250	100①
	暗装的或放在管子中的绝缘电线	50（从槽或管子的边缘算起）	10
	电压小于 1000V 的裸露电线的导电部分	1000	1000
	配电盘或配电箱	300	不允许
相邻管道		应保证燃气管道和相邻管道的安装、安全维护和修理	20

①当明装电线与燃气管道交叉净距小于 100mm 时，电线应加绝缘套管；绝缘套管的两端应各伸出燃气管道 100mm。

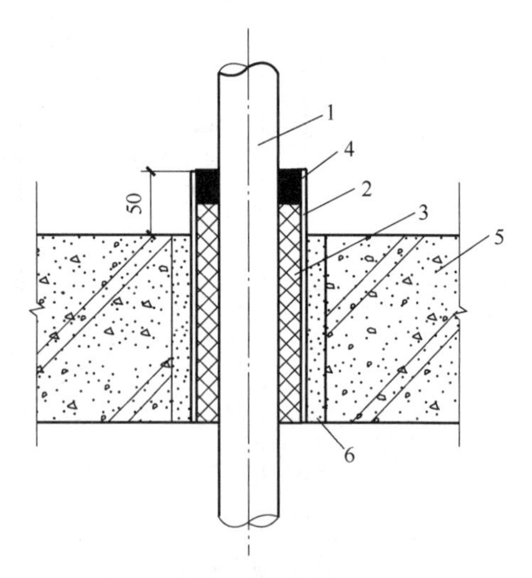

图 6-10　穿越楼板的燃气管和套管
1—立管　2—钢套管　3—浸油麻丝
4—沥青　5—钢筋混凝土楼板
6—水泥砂浆

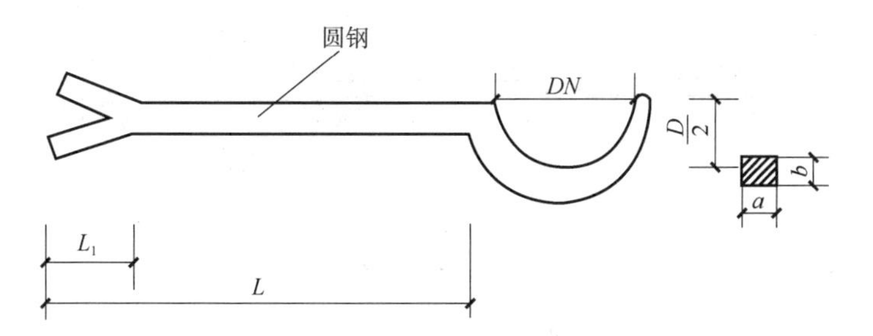

图 6-11 管道托钩结构

表 6-6 托钩加工尺寸 （单位：mm）

尺寸 \ 公称直径	DN15	DN20	DN25	DN32	DN40	DN50
L	120	120	150	150	150	170
L_1	20	20	20	25	25	25
圆钢 ϕ	10	10	10	12	12	12
$a \times b$	5×7	5×7	5×7	8×10	8×10	8×10

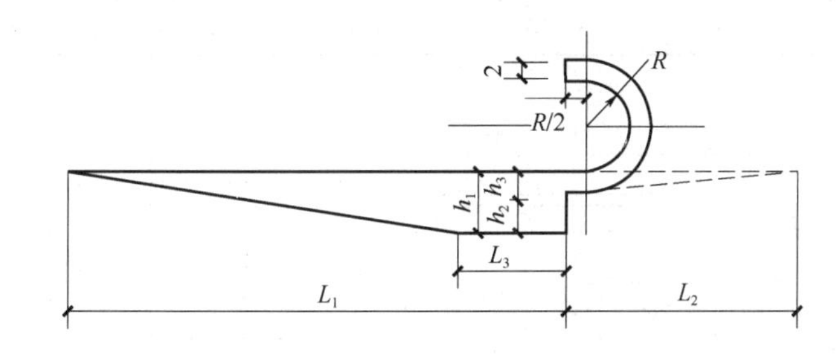

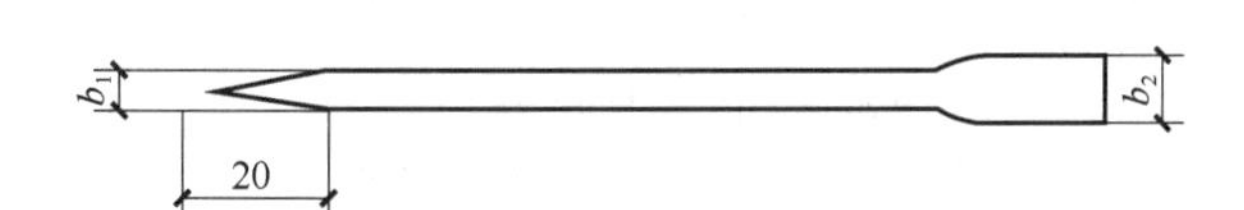

图 6-12 钩钉结构

表 6-7 钩钉加工尺寸

公称直径	各部尺寸/mm									重量/kg
	h_1	h_2	h_3	b_1	b_2	L_1	L_2	L_3	R	
DN15	12	8	4	4	8	100	50	20	11	0.030
DN20	12	8	4	4	8	100	65	20	14	0.037
DN25	12	8	4	5	10	120	75	25	17	0.052
DN32	16	10	6	5	10	120	100	25	22	0.075
DN40	16	10	6	5	10	140	105	30	24	0.085
DN50	16	10	6	5	10	140	135	35	30	0.095

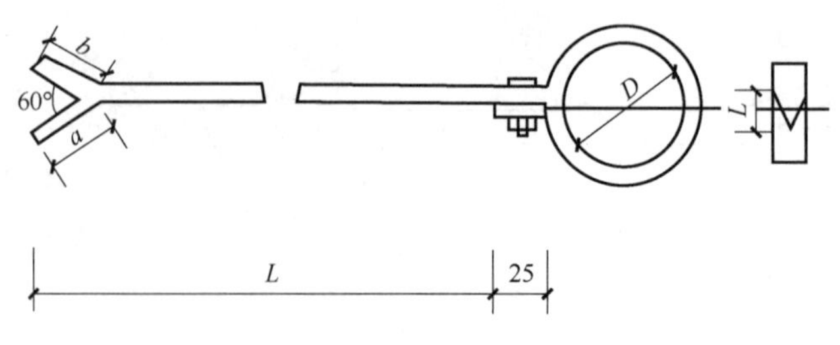

图 6-13　卡子外形图

表 6-8　卡子加工尺寸　　（单位：mm）

尺寸 \ 公称直径	*DN*15	*DN*20	*DN*25	*DN*32	*DN*40	*DN*50
L	95	95	125	125	145	145
a	20	20	20	20	20	25
b	10	10	10	15	15	15
D	19.25	24.75	31.50	40.25	46.00	58.0
螺栓	6×15	6×15	6×15	6×15	6×15	8×20
扁铁	3×20	3×20	3×20	4×25	4×25	4×30

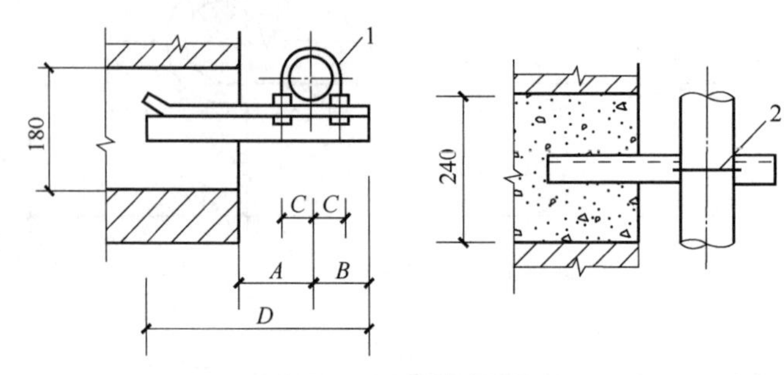

图 6-14　固定卡子结构

1—水平管固定卡　2—立管固定卡

表 6-9　固定卡子加工尺寸及材料

管径 φ /mm	支架各部尺寸/mm				支架材料/mm			跨距/m
	A	*B*	*C*	*D*	支架	管卡	螺母	
57	80	86	36	260	∟30×30×4	φ10×231	M10	5
76	90	105	45	300	∟140X40×4	φ10×288	M10	7
89	100	120	52	330	∟45×45×4	φ12×327	M12	8
108	110	130	64	360	∟50×50×5	φ12×384	M12	9
133	130	140	79	400	∟63×63×6	φ16×459	M16	10
159	140	150	89	440	∟75×75×6	φ16×537	M16	11
219	170	180	119	500	∟10	φ18×717	M18	13
273	200	210	148	600	∟12	φ18×879	M18	15

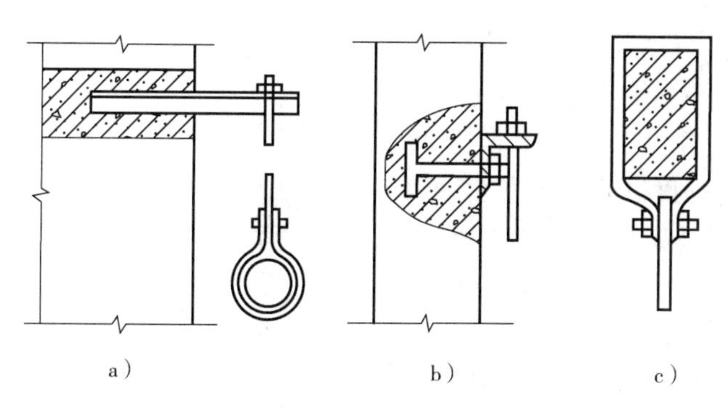

图 6-15　管道吊架形式及安装示意图

a）活动吊架　b）混凝土柱上预埋吊架　c）梁上吊架

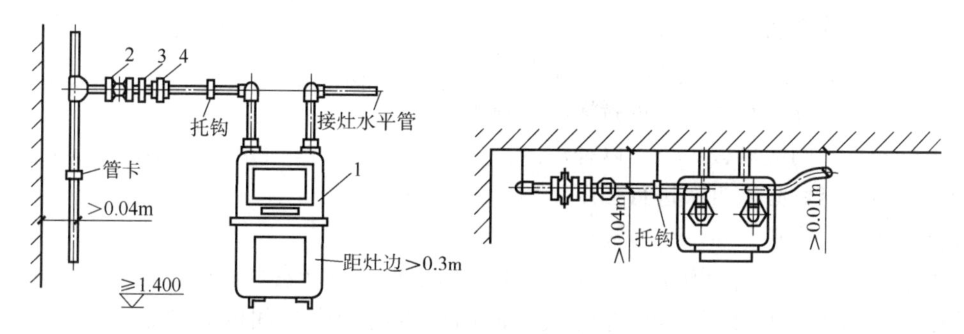

图 6-16　户内燃气表安装示意图

1—燃气表　2—紧接式旋塞　3—外丝接头　4—活接头

表 6-10　燃气表与周围设施最小净距

设施	低压电器	家庭灶	食堂灶	开水灶	金属烟囱	砖烟囱
水平距离/m	1.0	0.3	0.7	1.5	0.6	0.3

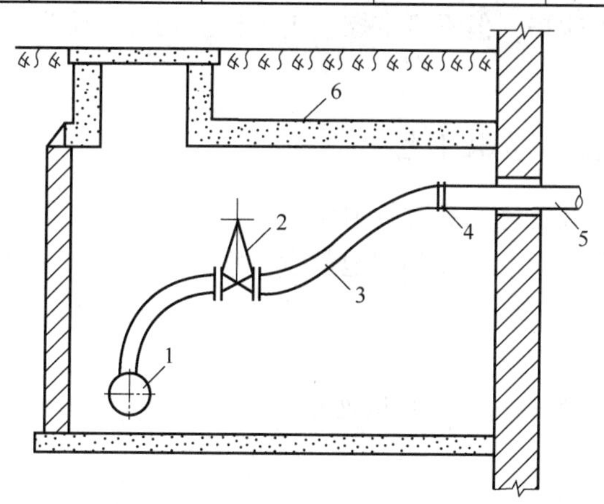

图 6-17　引入管的铅管补偿接头

1—楼前供气管　2—阀门　3—铅管　4—法兰　5—穿墙管　6—闸井

（三）燃气管道系统试压和吹洗

室内燃气管道安装完毕后，应当按照规范要求对系统进行试压和吹洗工作，保证系统安全可靠地工作。

（四）管道试压

试验介质应为空气或氮气，在常温下进行。室内燃气系统试验装置可采用如图6-18所示的形式。试验一般包括强度试验和严密性试验。进行强度试验时，使用弹簧压力表或U形水银柱压力计；进行气密性试验时，使用U形水柱压力计或U形水银柱压力计。

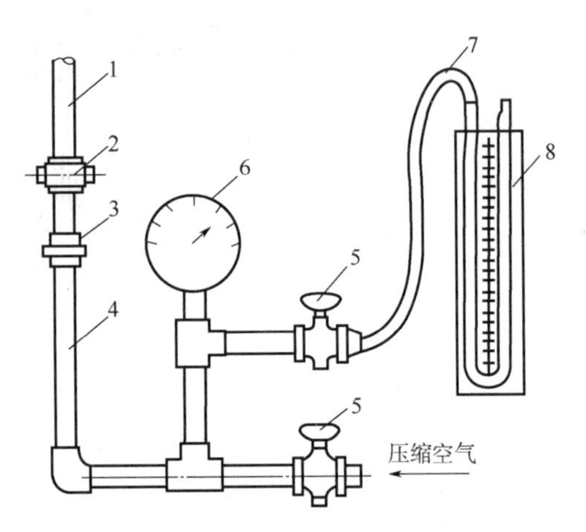

图6-18　室内燃气系统试验装置

1—连接立管　2—旋塞阀　3—活接头　4—立管　5—旋塞阀　6—压力表　7—软管　8—U形压力计

强度试验不包括表、灶、热水器等设备，只对管道、管件和阀门进行强度试验，即到表前阀为止。强度试验的压力为0.1MPa（表压）。

用涂肥皂液的方法对管道及其附件全部接头进行检查，若发现漏气应及时处理。对于螺纹连接处漏气，必须拆开，在螺纹处重新涂裹填料上紧。若焊口漏气，则应剔去焊渣予以补焊。

处理完漏气点后必须再次进行强度试验，直到彻底消除漏气点为止。

有些地区对户内燃气管道不进行强度试验，但必须进行严密性试验。住宅燃气管道在末端安装燃气表前用7kPa的气压对总进气管阀门到表前阀门之间的管道进行严密性试验，10min内压力不降为合格。接通燃气表后，用3kPa气压对总进气管阀门到用具前的管道进行严密性试验，5min压力不降为合格。

对食堂的低压燃气管道，强度试验压力为0.1MPa，用肥皂水检漏。若无漏气，同时试验压力无明显下降，则为合格。严密性试验压力为10kPa，观察1h，压力降不超过600Pa为合格。

（五）管道吹洗

管道试验完毕，可做吹扫，但不可带燃气表进行。吹扫介质为压缩空气或氮气，吹扫时应有充足流量。

二、室外燃气管网施工安装工艺

室外燃气管道分为区域管道和庭院管道两部分，区域管道一般采用环状，庭院管道一般采用枝状。敷设方式可分为架空敷设和埋地敷设。室外管道的安装又分为管道安装、管道对口连接、附件安装等。

1. 工艺流程

放线挖槽⟶管道安装⟶管道对口连接⟶附件连接⟶试压检漏⟶防腐⟶回填土。

2. 安装工艺（表6-11）

表6-11　安装工艺

类　别	内　容
管道安装	室外燃气管网敷设安装一般应符合如下要求： 1. 埋地燃气管道不得在堆积易燃、易爆材料和具有腐蚀性液体的场地下面穿越，并不得与其他管道或电缆同沟敷设，当需要同沟敷设时，必须采取防护措施

（续）

类　别	内　容
管道安装	2. 埋地燃气管道穿越下水管、热力管沟、联合地沟、隧道及其他各种用途沟槽时，应将燃气管道敷设于套管内。套管伸出构筑物外壁不应小于0.1m 3. 埋地燃气管道不得从建筑物和大型构筑物的下面穿越。埋地燃气管道与建筑物、构筑物基础或相邻管道之间的水平净距不应小于表6-12中的规定 4. 埋地燃气管道埋设最小覆土厚度（路面至管顶）应遵守表6-13中的规定 5. 输送湿燃气的燃气管道，应埋设在土壤冰冻线以下 6. 燃气管道应有不小于0.3%的坡度，坡向凝水器，排除凝结水。凝水器一般设在庭院燃气管道入口处 7. 地下燃气管道的地基为原土层。对于可引起管道不均匀沉降的地段，其地基应进行处理 8. 埋地燃气管道要做加强防腐层或特加强防腐层，以抗土壤或电化学的侵蚀 9. 室外架空的燃气管道，可沿建筑物外墙或支柱敷设。当采用支柱架空敷设时，应遵守下列规定： 1）管底至人行道路路面的垂直净距不应小于2.2m，管底至道路路面的垂直净距不应小于5.0m，管底至铁路轨顶的垂直净距不应小于6.0m，但厂区内部的燃气管道，在保证安全的情况下，管底至道路路面的垂直净距可取4.5m；管底至铁路电气机车铁路除外，轨顶的垂直净距可取5.5m 2）燃气管道与其他管道共架敷设时，其位于酸、碱等腐蚀性介质管道的上方；与其相邻管道间的水平间距必须满足安装和检修的要求 3）输送湿燃气的管道应采取排水措施，在寒冷地区还应采取保温措施
管道对口连接	1. 钢制燃气管道的连接。室外钢制燃气管道的连接方式主要是焊接，只是与其他阀门、设备连接处才用法兰连接，螺纹连接一般用于低压小管径的管道上 1）钢管壁厚在4mm以下时，可采用气焊焊接；管壁厚大于4mm或管径大于或等于80mm时，用电弧焊焊接。管壁厚大于5mm时，焊接接口应按规定开出V形坡口并应焊接三道；小于等于5mm时，焊二道，可不开坡口 2）管径小于等于700mm时，采用在外壁焊三道的工艺；管径大于700mm时，采用先在外壁点焊固定后从内壁焊接第一道，再在外壁焊第二道、第三道的工艺 3）法兰密封面应与管道中心垂直。其垂直度允差为：直径≤*DN*300时为1mm，直径>*DN*300时为2mm 4）法兰螺孔应对正，螺孔与螺栓直径应配套。法兰连接螺栓长短应一致，螺母应在同一侧，螺栓拧紧后宜伸出螺母1～3扣 5）法兰间必须加密封垫。输送焦炉煤气时用石棉橡胶垫，输送天然气时宜用耐油橡胶垫 6）法兰接口不宜埋入土中，而宜安设在检查井或地沟内，必须将其埋入土中时，应采取防腐措施 7）螺纹连接应采用锥管螺纹，丝扣应整齐、光洁，中心线角度偏差不得大于10° 8）螺纹连接后应在适当位置设置活接头 9）丝扣连接处应缠绕聚四氟乙烯密封胶带 2. 铸铁燃气管道的接口 （1）承插式接口　铸铁燃气管道承插式接口形式及施工次序应符合表6-14的规定。其接口的具体操作方法与给水排水铸铁管相同 （2）柔性机械接口　柔性机械接口是指接口间隙采用特制的密封橡胶圈作填料，用螺栓和压紧法兰将密封圈紧压在承插口的缝隙中，从而保证管道的气密性。这种接口挠度大，直管与套管间的折角允许值为6°，因而能在一定范围内对温差、地基下沉和地震等产生的应力进行补偿。柔性接口如图6-19所示

（续）

类　别	内　容
管道对口连接	（3）套管式接口　套管式接口是用套管把两根直径相同的铸铁管连接起来，在套管和管子之间用橡胶圈密封接口。这种接口使用的铸铁管是直管，不需要铸造承口，简化了铸铁管的铸造工艺。套管式接口有锥套式管接口、滑套式管接口和柔性套式管接口三种结构形式 1）锥套式管接口。套管的内侧密封面加工成内锥状，用压紧法兰和双头螺栓把密封圈和隔离圈紧压在套管与管子间隙中。锥套式管接口如图 6-20 所示。此种接口中的隔离圈可使燃气中的某些腐蚀介质不接触密封圈，延长接口的密封耐久性 2）滑套式管接口。套管的内侧密封面为凹槽形，密封橡胶套在管端，当用外力将铸铁直管推入连接套管时，密封圈滑入凹槽内。滑套式管接口如图 6-21 所示。这种接口施工简单，并省去了易锈蚀的螺栓，但密封橡胶圈应具有良好的弹性，并能抵抗燃气介质的腐蚀 （4）柔性套式管接口　柔性套管接口是用一个特制的橡胶套和两个夹环把两根铸铁直管连接起来的接口，如图 6-22 所示。这种接口允许管子有较大幅度的摆动、错动、轴向移动及弯曲，适用于地基松软、多地震的地区 3. 铸铁燃气管道连接的质量要求 1）铸铁管道敷设前应全部经过气密性或水密性试验合格，方可进行连接施工 2）铸铁管安装前，应清除连接部位（承口、插口、套管、压盘等）的毛刺、铸瘤、粘砂等，并烤去该部位的沥青层 3）承口连接的第一道油麻丝绳（或胶圈）要均匀打平到位，青铅接头要一次浇足，水泥接头要按规定养护 4）机械接口或套管式接口连接时，两管中心线应在同一直线上，连接螺栓的受力要均匀，对钢制螺栓要采取防腐蚀措施 5）橡胶密封圈用合成橡胶制作，对外观质量要逐个检验。要求工作面无气泡、无杂质、无凹凸缺陷。非工作面气泡、杂质不能超过四处，且每处直径不大于 2mm。物理性能应符合有关规定的要求 4. 塑料燃气管的接口连接 （1）承插式接口　这种接口形式主要适用于硬聚氯乙烯管。塑料管插接头如图 6-23 所示。插口端可用打磨方法加工成 30°坡口，也可采用加热方法把端部加热至软化，然后用加热的刀子切削出坡口。承口制作可采用胀口方法，胀口时可利用金属模芯，模芯尺寸按照不同管径和插入深度而定。硬聚氯乙烯管承插长度见表 6-15。制作时将管子一端均匀加热至塑料软化后立即插入模芯，再用水冷却即成承口 承插口之间应保持 0.15～0.30mm 的负公差，使插入后达到紧密状态。插入前，承插接触面宜用丙酮或二氯乙烷擦洗干净，然后涂一层薄而均匀的胶粘剂，胶粘剂可用过氯乙烯清漆。插入后施以角焊。焊接采用热空气焊接法，焊接时，热空气温度在 200～240℃为宜。温度过高，焊件与焊条易焦化，温度过低则不能很好地熔接，使焊缝强度降低。焊条直径一般采用 2～3mm，适用于管壁厚度 3～15mm 的管子。焊条材质应与管壁相同，但掺少量增塑剂的焊条容易操作 （2）热熔式接口　电热熔式接口主要用于聚乙烯塑料管（PE 管）。它是用特制电热熔管来完成 PE 管的连接的。电热熔接头如图 6-24 所示。控制箱是用于电热熔式接口的专用设备，主要是能对电热熔管件控制电压和电流。该接口操作时，先对连接管头进行以下准备：切平管端面，外倒角，打毛刺，用刀刮整个待熔表面，量出熔接区，并在管外壁做出标记；然后将管子分别插入电热熔管接头，深度到标记处；再连接管件端子与控制箱电极，按管子规格、壁厚选择电源挡次，接通电源，经过规定的时间后停止加热（控制箱有自控和手控两种）；最后冷却 15min 以上（或按厂家规定），此项连接即告完成
附件连接	室外燃气管道附件安装主要是指阀门、补偿器和排水器的安装 1. 阀门的安装　安装燃气管道上的阀门前，必须对阀门进行检查、清洗、试压、更换填料和垫片，必要时还需进行研磨。电动阀、气动阀、液压阀和安全阀等还需进行动作性能检验，合格

（续）

类　别	内　容
附件连接	后才能安装使用 燃气管道阀门一般设置在阀门井内，以便定期检修和启用操作 钢制燃气管道上的阀门后一般连接波形补偿器，阀门与补偿器可以预先组对，组对时，应使阀门和补偿器的中心轴线与管道一致，并用螺栓将组对法兰紧固到一定程度后进行管道与法兰的焊接。最后加入法兰垫片，把组对法兰完全紧固 铸铁燃气管道上的阀门安装如图6-25所示，安装前应先配备与阀门具有相同公称直径的承盘或插盘短管，以及法兰垫片和螺栓，并在地面上组对紧固后，再吊装至地下与铸铁管道连接，其接口最好采用柔性接口 2. 补偿器安装　室外燃气管线上所用的补偿器主要有波形补偿器和波纹管，现多用碳钢波纹补偿器，一般多为2～3波，最多不超过4波。在室外架空管道上有时也用方形补偿器。补偿器的结构及其安装内容已在有关“热力管道补偿器安装”的内容中讲述过，此处不再赘述。燃气管道上波形补偿器的安装应满足下列要求： 1）安装波形补偿器时，应按设计规定的补偿量进行预拉伸（压缩） 2）为防止波凸部位存水锈蚀，安装时应从注入孔灌满100号甲道路石油沥青，安装时注油孔应在下部 3）水平安装时，套管有焊缝的一侧应安装在燃气流入端，垂直安装时应置于上部；要求补偿器与管道保持同心，不得偏斜 4）安装前不应将补偿器的拉紧螺栓拧得太紧，安装完时应将螺母松4～5扣，安装补偿器时，应按设计规定的补偿量进行预拉或预压试验。安装波纹管应根据补偿零点温度定位。碳钢波纹补偿器的结构如图6-26所示 3. 排水器的安装　排水器由凝水罐和排水装置组成。排水器上的排水阀或丝堵设在井室中。排水器是用于排除燃气管道中冷凝水或轻质油的附件。钢制凝水罐可采用直缝钢管或无缝钢管焊接制作，也可采用钢板卷焊，制作完毕应该用压缩空气进行强度试验和严密性试验，并按燃气管道的防腐标准进行防腐 （1）凝水罐　凝水罐从材质上分为铸铁及钢制凝水罐（图6-27）；从形式上分为立式及卧式凝水罐；从压力方面分为低压、中压及高压凝水罐。高压及中压燃气管道中冷凝水量比低压管道中大，所以高压及中压凝水罐的容积较大，在冬季有冰冻期的地区，高、中压凝水罐的顶部有两个排水管接头，低压凝水罐顶部只有一个排水管接头 （2）排水装置　排水装置分单管式和双管式，单管排水装置用于冬季没有冰冻期的地区或低压燃气管道上；双管排水装置用于冬季具有冰冻期的高、中压燃气管道或尺寸较大的卧式凝水罐上。铸铁排水器单管排水装置如图6-28，双管排水器如图6-29所示。低压燃气管内的燃气压力小于排水管的水柱高度，必须采用水泵抽出凝水罐内的积水；高、中压燃气管道内的燃气压力一般均大于排水管的水柱高度，打开排水管顶端的阀门，凝水罐内积水即可自动排放，平时积水总是滞留在排水管顶端，为防止冬天冰冻堵塞排水管，应打开循环管的旋塞，把排水管滞留的水压入凝水罐 （3）排水器安装　凝水器安装在管道坡度段的最低处，垂直摆放，罐底地基应夯实；直径较大的凝水器，罐底应预先浇筑混凝土基础，用于承受罐体及所存冷凝水的荷载 排水装置安装时，由于排水管和循环管管径较小、管壁薄、易弯折，一般均用套管加以保护，并用管卡固定联结，以增加刚性。套管作防腐绝缘层保护。排水管底端吸水口应锯成30°～45°的斜面，并与凝水罐底保持40～50mm的净距，既可扩大吸水口，又可减轻罐底滞留物对吸水口的堵塞，但净距过大会使抽水效率降低 排水装置的接头均采用螺纹连接，排水装置与凝水罐的连接可根据不同管材分别采用焊接、螺纹连接或法兰连接。排水装置顶端的阀门和螺塞经常启闭和拆装，必须外露，外露部分用井室加以保护，如图6-28和图6-29所示

（续）

<table>
<tr><th>类　别</th><th>内　容</th></tr>
<tr><td>附件连接</td><td>4. 储气装置安装。城市燃气系统通常设有储气装置，一般采用罐式或柜式储气装置。现介绍湿式螺旋储气柜
湿式螺旋储气柜又称为螺旋导轨式储气柜，是较为常见的一种储气装置。储气罐规格以公称容积表示，容积范围为5000～10000m^3，不同规格的气柜有着不同的塔节数，其高度与直径也有所不同。气柜由基础、水槽、塔节、塔顶、水封装置、螺旋导轨、塔梯等组成。气柜的水槽和塔节均由钢板焊接而成，由于各塔节的间隙较小，加工时必须保证精度。塔节安装在水槽顶部的环形平台上，塔节之间用水封装置密封，储存燃气或输出燃气时，随着柜内燃气压力的升高和降低，塔节沿螺旋导轨可上升或下降。湿式螺旋储气柜如图6-30所示。储气装置安装完毕后，应进行压力试验
湿式螺旋储气柜应进行总体试验，即水槽注水试验、塔节气密性试验及快速升降试验
为检查水槽壁板有无渗漏水、水槽基础有无沉陷的情况，应进行水槽注水试验。清除水槽内所有杂物，注水试验时间不少于24h，并在水槽四周壁板设6～8个观测点，检查基础沉降情况，不均匀沉降的基础倾斜度小于0.0025。进行塔节气密性试验时，应向柜内充注压缩空气，在充气过程中应注意各塔节上升状况，若有卡阻情况，应立即停止充气，先消除故障后再行充气。在塔节上升过程中，应用肥皂水或其他检漏液体检查壁板焊缝、顶板焊缝有无渗漏现象，无渗漏者为合格
气密性试验后，进行塔节快速升降试验，快速升降1～2次，升降速度一般为0.9～1.5m/min
储气罐装置压力试验合格后，即可办理竣工验收手续</td></tr>
<tr><td>试压检漏</td><td>1. 强度试验。燃气管道的强度试验压力为设计压力的1.5倍，钢管不得低于0.3MPa，铸铁管不得低于0.05MPa。先将待检验的管段用钢堵板焊住，在进气的一端堵板上焊上<i>DN</i>20带螺纹的短管，短管长度为100～200mm，接上压力表管
当待检验的管段为铸铁管时，管端两端用管盖封堵。管盖支撑应与管道保持平行方向，设两个以上支撑点。管盖与铸铁管的承插口之间的环形间隙应捻口，填充材料与管道接口材料相同。进气端的管盖留一孔连接进气管，做法与钢管试压相同
管子连接处的工作坑全部挖开，尺寸要满足接口全方位检验。对管道上的阀门、波纹伸缩器、排水器等进行仔细检查，着重检查阀门的盘根、法兰垫与螺栓、螺纹连接处有无漏气的可能。如果高压管道与中压管道或中压管道与低压管道已经连通，应用堵板将其隔断，以免工作压力较低的系统承受过高的压力
连接空气压缩机，待检验管道的管径<<i>DN</i>150时，可选用0.6m^3空气压缩机；管径在<i>DN</i>150～<i>DN</i>600的管道，可选用6m^3空气压缩机；管径><i>DN</i>700时应采用9m^3以上空气压缩机。当检验长距离管道时，为缩短试验时间，空气压缩机还可适当增大
试验压力应均匀缓慢上升，每60min升压不得超过1MPa。当试验压力大于3MPa时，分三次升压。稳压30min后，对管道进行观察。若未发现问题，便可继续升压至试验压力。当试验压力为2～3MPa时，可分两次升压。稳压30min进行观察。若未发现问题，便可继续升压至试验压力
当达到试验压力后，稳压1h，然后进行检查。当发现有漏气点时，要及时画出漏气点的准确位置，待全部接口检查完毕后，将管内的压缩空气放掉后方可进行补修。补修后，再用同样方法进行试验，直至无漏气点为止。同时，要注意观察压力表，若无压力降，就可以继续进行严密性试验。试验用的压力表应在校验有效期内，其量程不得大于试验压力的两倍，弹簧压力表精度不得低于0.4级。压力表不应少于两块，分别安装于管道两端
在任何情况下，强度试验压力不得小于1.25倍工作压力，且不低于2MPa
在试验压力下，稳压6h，并沿线检查，管道无断裂、无变形、无渗漏，其压降小于2%试验压力，即认为强度试验合格
2. 严密性试验。严密性试验应在强度试验合格后进行，埋地燃气管道的严密性试验宜在回填</td></tr>
</table>

（续）

类别	内容
试压检漏	至管顶以上0.5m后或全部回填后进行。严密性试验压力值应遵守以下规定： 1）设计压力 $p \leqslant 5$kPa时，试验压力应为20kPa 2）设计压力 $p > 5$kPa时，试验压力应为设计压力的1.15倍，但不小于100kPa 严密性试验一般紧接着强度试验进行，即当强度试验合格后，放掉试验管段中的部分空气，使管内空气压力降至严密性试验的试验压力，即进行严密性试验 试验前，应事先准备经校验合格的温度计、气压计与U形压力计。U形压力计与温度计均安装于管段两端，温度计应安装在无阳光照射并经过回填土的管端上，尽量做到能测出管道内空气的实际温度。在达到试验压力后，保持一定时间，使温度、压力达到稳定。燃气管道的稳压时间宜为24h 经稳压达到要求时间后，打开旋塞，待U形压力计水银柱稳定后就可以记录U形压力计高位、低位读数。与此同时，记录时间、管内气体温度和大气压力。观察记录时间为24h，每1h记录一次。记录的数据经公式计算后，压力降小于允许压力降时即为合格，如果大于允许压力降就要重新进行检查，直至合格为止
管道防腐	（略）
回填土	（略）

表6-12 埋地燃气管道与建筑物、构筑物基础或相邻管道之间的水平净距

项目		地下燃气管道				
		低压	中压		高压	
			B ≤0.2	A ≤0.4	B 0.8	A 1.6
建筑物的	基础	0.7	1.0	1.5	—	—
	外墙面（出地面处）	—	—	—	4.5	6.5
给水管		0.5	0.5	0.5	1.0	1.5
污水、雨水排水管		1.0	1.2	1.2	1.5	2.0
电力电缆（含电车电缆）	直埋	0.5	0.5	0.5	1.0	1.5
	在导管内	1.0	1.0	1.0	1.0	1.5
通信电缆	直埋	0.5	0.5	0.5	1.0	1.5
	在导管内	1.0	1.0	1.0	1.0	1.5
其他燃气管道	≤DN300	0.4	0.4	0.4	0.4	0.4
	>DN300	0.5	0.5	0.5	0.5	0.5
热力管	直埋	1.0	1.0	1.0	1.5	2.0
	在管沟内（至外壁）	1.0	1.5	1.5	2.0	4.0
电杆（塔）基础	≤35kV	1.0	1.0	1.0	1.0	1.0
	>35kV	2.0	2.0	2.0	5.0	5.0
通信照明电杆（至电杆中心）		1.0	1.0	1.0	1.0	1.0
铁路路堤坡脚		5.0	5.0	5.0	5.0	5.0
有轨电车钢轨		2.0	2.0	2.0	2.0	2.0
街树（至树中心）		0.75	0.75	0.75	1.2	1.2

表 6-13 埋地燃气管道埋设最小覆土厚度

埋地状况	最小覆土厚度
埋设在车行道下时	不得小于 0.8m
埋设在非车行道下时	不得小于 0.6m
埋设在庭院内时	不得小于 0.3m
埋设在水田下时	不得小于 0.8m

注：当采取行之有效的防护措施后，上表规定的数值均可适当降低。

表 6-14 承插接口形式及施工次序

接口形式	性质	扣口次序				使用压力/MPa
		第一道	第二道	第三道	第四道	
水泥接口	刚性	油麻丝绳	42.5 级水泥	油麻丝	42.5 级水泥	≤0.05
水泥接口	刚性	专用橡胶圈	42.5 级水泥	油麻丝	42.5 级水泥	≤0.15
铅口	柔性	油麻丝绳	青铅	—	—	≤0.05
铅口	柔性	专用橡胶圈	青铅	—	—	≤0.15

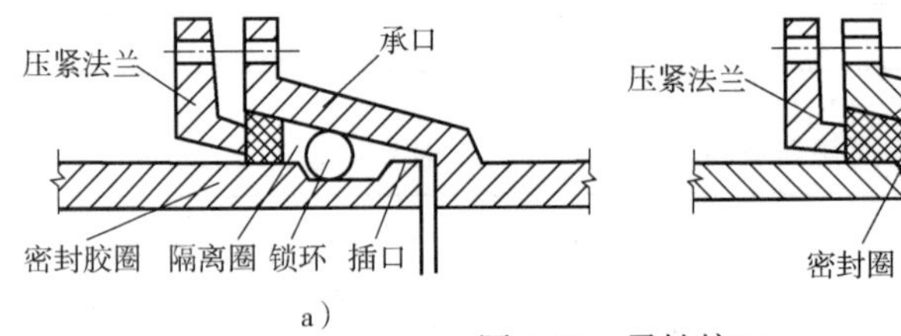

图 6-19 柔性接口

a）SMJ 型接口 b）N 型接口

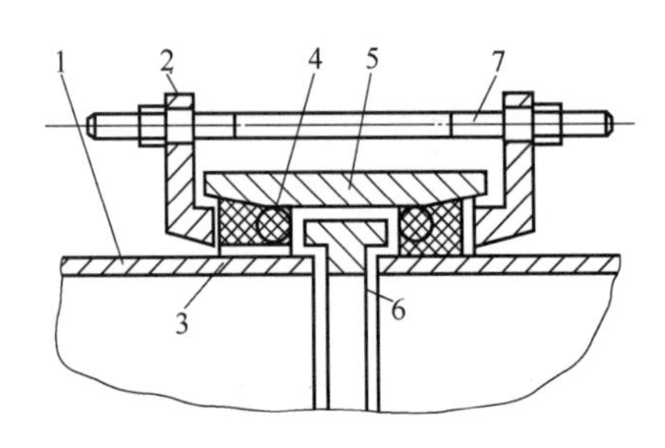

图 6-20 锥套式管接口

1—铸铁直管 2—压紧法兰 3—密封圈（合成橡胶） 4—隔离圈（合成橡胶） 5—套管 6—隔环 7—双头螺栓

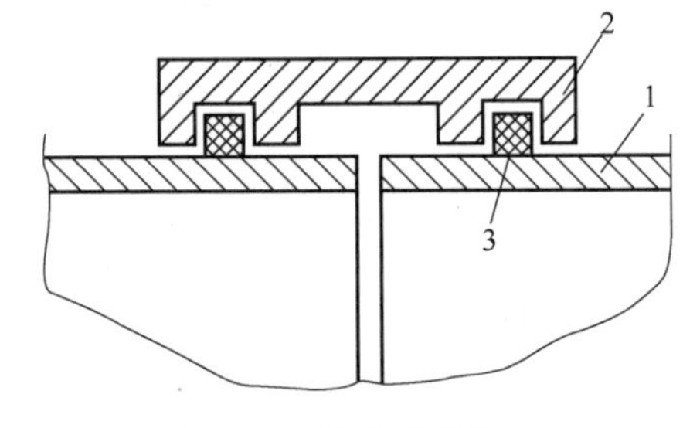

图 6-21 滑套式管接口

1—铸铁直管 2—连接套管 3—密封橡胶圈

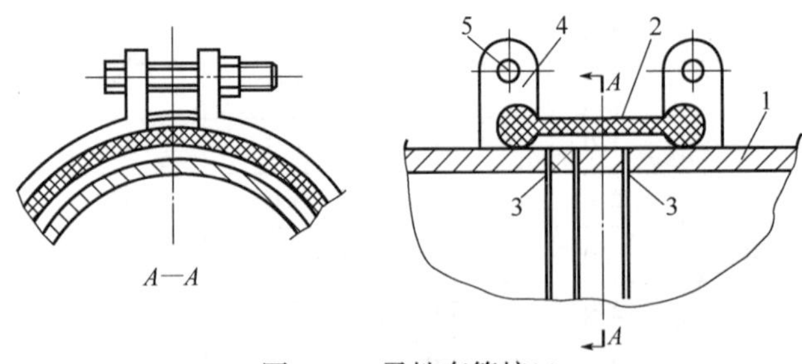

图 6-22 柔性套管接口

1—铸铁直管 2—柔性套管 3—支撑环 4—夹环 5—螺栓

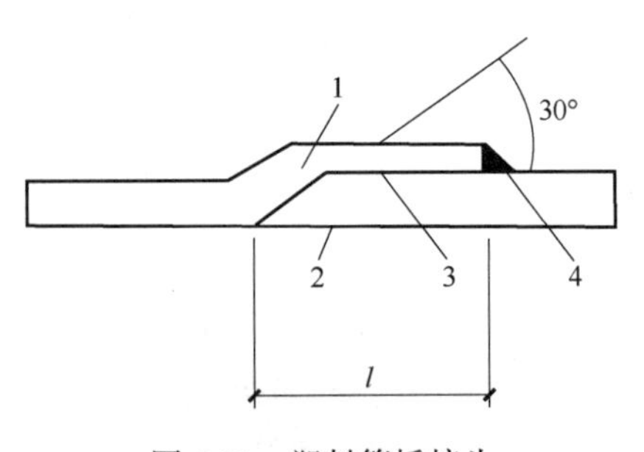

图 6-23 塑料管插接头

1—承口 2—插口 3—粘合 4—焊接

表 6-15　硬聚氯乙烯管承插长度

公称直径 DN	25	32	40	50	65	80	100	125	150	200
承轴长度 l/mm	40	45	50	60	70	80	100	125	150	200

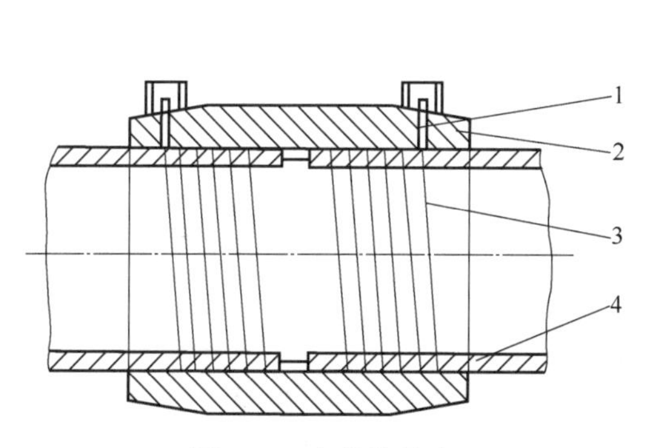

图 6-24　电热熔接头

1—电源插头　2—套管　3—电阻丝　4—被接管

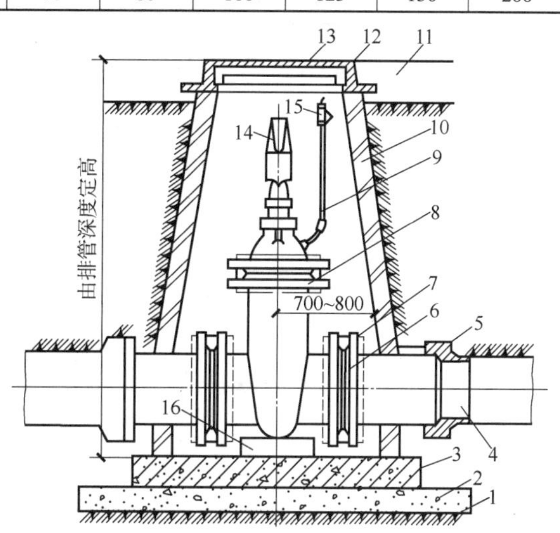

图 6-25　铸铁燃气管道上的阀门安装

1—素土层　2—碎石基础　3—钢筋混凝土土层　4—铸铁管　5—接口　6—法兰垫片　7—盘插管　8—阀体　9—加油管　10—闸井墙　11—路基　12—铸铁井框　13—铸铁井盖　14—阀杆　15—加油管阀门　16—预制钢筋水泥垫块

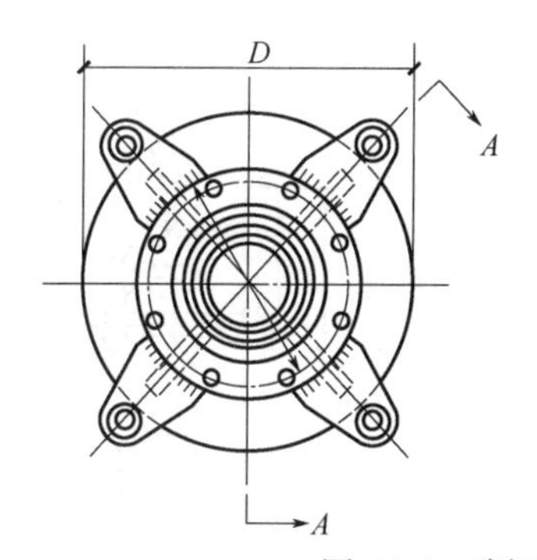

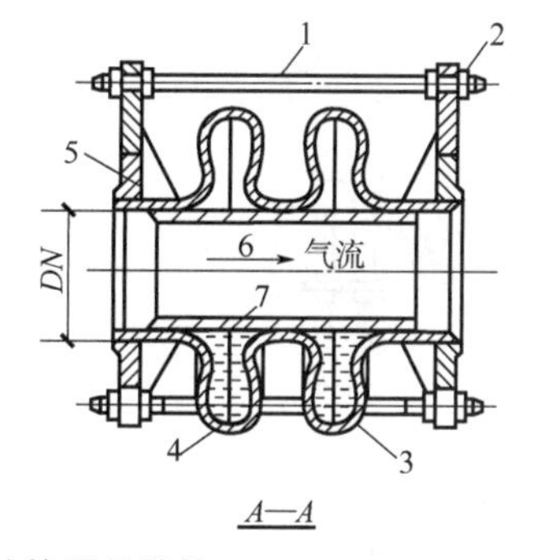

图 6-26　碳钢波纹补偿器的结构

1—螺杆　2—螺母　3—波节　4—石油沥青　5—法兰　6—套管　7—注入孔

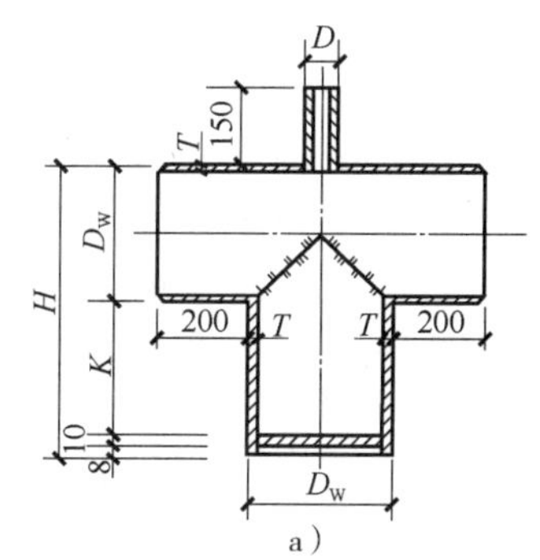

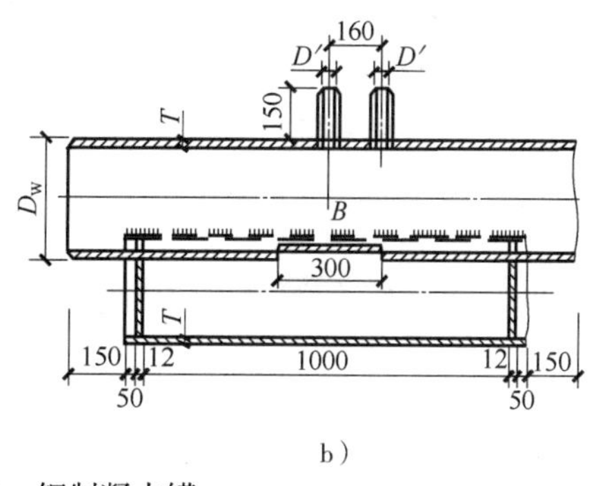

图 6-27　钢制凝水罐

a）低压立式　b）高压卧式

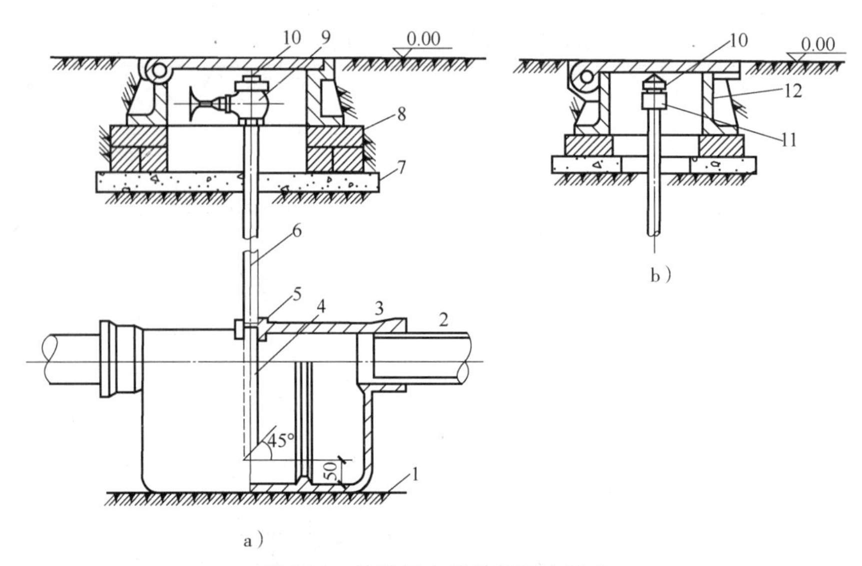

图 6-28　铸铁排水器单管排水装置

1—素土夯实　2—铸铁管　3—凝水罐　4、6—排水管　5—内外螺纹接头　7—混凝土垫层　8—红砖垫层　9—排水阀　10—螺塞　11—管箍　12—铸铁防护罩

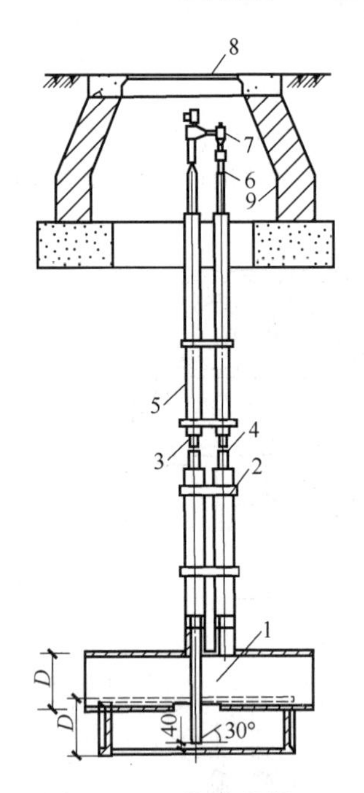

图 6-29　双管排水器

（用于冬季具有冰冻期的高、中压排水器）

1—卧式凝水罐　2—管卡　3—排水管　4—循环管　5—套管　6—旋塞　7—螺塞　8—铸铁井盖　9—井墙

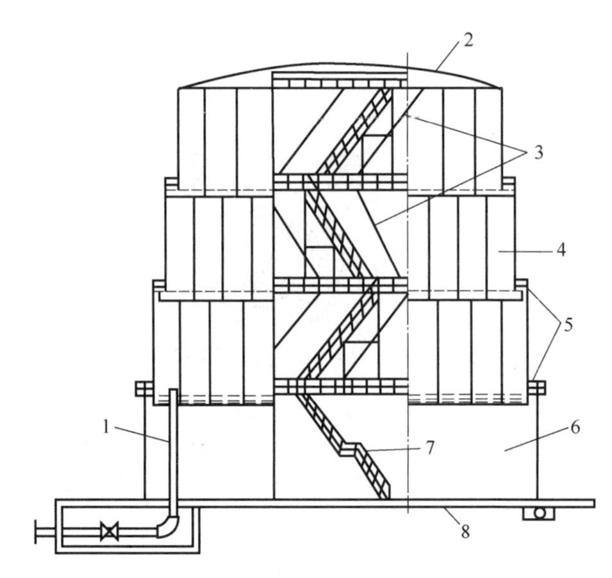

图 6-30　湿式螺旋储气柜

1—进气及排气管　2—塔顶　3—螺旋导轨　4—塔节　5—水封　6—水槽　7—塔梯　8—基础

第七章　暖通空调系统标准部件安装图

第一节　管道部件的安装

一、阀门种类、性能及主要用途

阀门按照结构和功能分为闸阀、截止阀、球阀、蝶阀、安全阀、止回阀、减压阀、恒温控制阀、平衡阀、调节阀等。各类阀门的性能和主要用途见表7-1。

表7-1　各类阀门的性能和主要用途

种类	性能	主要用途
闸阀	启闭件（闸板）由阀杆带动，沿阀座密封面做升降运动。流阻小，允许介质双向流动	主要用于截断或接通管路中的介质流。一般用在低温、低压大管径上
截止阀	启闭件（阀瓣）由阀杆带动，沿阀座（密封面）轴线做升降运动。密封性能比闸阀好。流阻较大，高度大	主要用于截断或接通管路中的介质流。一般对介质流向有要求
球阀	启闭件（球体）绕垂直于通路的轴线旋转。启闭迅速	主要用于截断或接通管路中的介质流。常用于*DN*50以下管径
蝶阀	启闭件（蝶板）绕固定轴旋转。启闭迅速，流阻较闸阀和球阀大，结构尺寸小	主要用于截断或接通管路中的介质流。常用于管径大于或等于*DN*50的低压管道
安全阀	利用介质本身的力来排除额定数量的流体，以防止系统内的压力超过预定的安全值	用于超压安全保护，排放多余介质，防止压力超过安全值
止回阀	启闭件（阀瓣）靠介质作用力自动阻止介质逆向流动	用于防止管路中的介质倒流
减压阀	通过启闭件的节流作用，将介质压力降低，并利用介质本身能量，使阀后的压力自动满足预定要求	用于系统一次侧介质压力p_1大于二次侧压力p_2的场合
恒温控制阀	人为设定室温，通过温包感应环境温度产生自力式动作，无需外力即可调节热水流量以实现室温恒定	与采暖散热器或其他采暖散热设备配合使用的一种专用阀门，用于房间温度控制
调节阀	阀体结构与截止阀相似，流量呈线性或等百分比特性	用于调节管路中介质的流量或压力
平衡阀	起到水力平衡作用的调节阀。分静态和动态平衡阀两类，动态平衡阀又分为自力式流量控制阀和自力式压差控制阀	对供暖和空调水力系统管网的阻力流量和压差等参数加以调节和控制，以满足管网系统按预定要求，正常和高效地运行
多用途阀	功能可替代两个或更多类型的阀门	用于操作空间非常有限的管道上

本书所列阀门属于中常温、中低压阀类。

二、常用阀门的选用原则

1）根据工作介质（水、蒸汽）选用。

2）根据工作介质的参数选用：设计温度、设计压力、流量。

3）阀门应满足的设计要求：流阻、流量特性、密封等级等。

4）调节类阀门必须确定如下参数：流量要求，正常流动和关闭时的压力降，阀门的进、出口压力状况，流量特性，流通能力，可调比，阀权度和工作压力等。

5）选择阀门与管道的连接方式一般有法兰、螺纹、对夹、卡箍等。

6）考虑选择阀门的几何参数：结构长度、开启和关闭后阀门高度方向的尺寸、整个阀门外形尺寸和安全操作距离等。

7）参考现有阀门产品样本选择适用的阀门。

三、常用材质阀门的工作压力

阀门的工作压力与阀门的材质和介质的温度有关。详见表 7-2 ~ 表 7-4。

表 7-2　碳钢制阀门的工作压力　（单位：mm）

公称压力 *PN*	最大工作压力
	$p_t = 200$
1.0	1.0
1.6	1.6
2.5	2.5

表 7-3　灰铸铁及可锻铸铁制阀门的工作压力　（单位：mm）

公称压力 *PN*	最大工作压力	
	$p_t = 120$	$p_t = 200$
1.0	1.0	0.9
1.6	1.6	1.5
2.5	2.5	2.3

表 7-4　青铜、黄铜、纯铜制阀门的工作压力　（单位：mm）

公称压力 *PN*	最大工作压力	
	$p_t = 120$	$p_t = 200$
1.0	1.0	0.8
1.6	1.6	1.3
2.5	2.5	2.0

注：p_t 为介质最高温度为 t 时的工作压力。

四、常用阀门型号编制方法

阀门型号的含义如图 7-1 所示，阀门节构形式代号见表 7-5。

1 汉语拼音字母 表示阀门类型
A 弹簧载荷安全阀
D 蝶阀
GA 杠杆式安全阀
H 止回阀和底阀
Q 球阀
Y 减压阀
Z 闸阀
注：用于低温（低于－46℃）、保温和带波纹管的阀门，在类型代号前分别加“D”“B”“W”。

2 一位数字 表示驱动方式
0 电磁动
1 电磁-液动
2 电-液动
3 蜗轮
4 正齿轮
5 伞齿轮
6 气动
7 液动
8 气-液动
9 电动

3 一位数字 表示连接形式
1 内螺纹
2 外螺纹
4 法兰
6 焊接
7 对夹
8 卡箍
9 卡套

4 一位数字 表示结构形式 见表 7-5。

5—6

5 汉语拼音字母 表示阀座密封面或衬里材料
H 合金钢
T 铜合金
B 巴氏合金
Y 硬质合金
D 渗氮钢
X 橡胶
J 衬橡胶
C 衬搪瓷
Q 衬铅
F 氟塑料
N 尼龙
W 无密封圈

6 数字 表示公称压力（10MPa）

7 字母 表示阀体材料
Z 铸铁
K 可锻铸铁
Q 球墨铸铁
T 铜合金
C 碳钢
I 铬钼钢
P 铬镍钛钢
R 铬镍钼钛钢
V 铬钼钒钢
L 铝合金
G 高硅铁

图 7-1 阀门型号的含义

表 7-5 阀门节构形式代号

<table>
<tr><th>代号
阀门类型</th><th>0</th><th>1</th><th>2</th><th>3</th><th>4</th><th>5</th><th>6</th><th>7</th><th>8</th><th>9</th></tr>
<tr><td rowspan="4">闸阀</td><td colspan="5">明杆</td><td colspan="2">暗杆</td><td rowspan="4">—</td><td>暗杆</td><td rowspan="4">—</td></tr>
<tr><td colspan="3">楔式</td><td colspan="2">平行式</td><td colspan="2">楔式</td><td>平行式</td></tr>
<tr><td>弹性</td><td colspan="2">刚性</td><td colspan="2">刚性</td><td colspan="2">刚性</td><td>刚性</td></tr>
<tr><td>闸板</td><td>单闸板</td><td>双闸板</td><td>单闸板</td><td>双闸板</td><td>单闸板</td><td>双闸板</td><td>双闸板</td></tr>
<tr><td rowspan="2">截止阀</td><td rowspan="2">—</td><td rowspan="2">直通式</td><td colspan="2" rowspan="2">—</td><td rowspan="2">角 式</td><td>直通式</td><td colspan="2">平 衡</td><td colspan="2" rowspan="2">—</td></tr>
<tr><td>Y 型</td><td></td><td rowspan="3">固定
直通式</td></tr>
<tr><td rowspan="2">球阀</td><td rowspan="2">—</td><td rowspan="2">浮 动
直通式</td><td colspan="2" rowspan="2">—</td><td colspan="2">浮动三通式</td><td rowspan="2">—</td><td colspan="2" rowspan="2">—</td></tr>
<tr><td>L 型</td><td>T 型</td></tr>
<tr><td>蝶阀</td><td>杠杆式</td><td>垂直板式</td><td>—</td><td>斜板式</td><td colspan="6">—</td></tr>
<tr><td rowspan="2">止回阀</td><td rowspan="2">—</td><td colspan="3">升降</td><td colspan="4">旋启</td><td colspan="2" rowspan="2">—</td></tr>
<tr><td>直通式</td><td>立式</td><td>角式</td><td>单瓣式</td><td>多瓣式</td><td>双瓣式</td><td>蝶式</td></tr>
<tr><td rowspan="4">安全阀</td><td colspan="9">弹 簧</td><td rowspan="4">脉冲式</td></tr>
<tr><td colspan="3">封 闭</td><td>不封闭</td><td>封 闭</td><td colspan="4">不封闭</td></tr>
<tr><td>带散热片</td><td rowspan="2">微启式</td><td rowspan="2">全启式</td><td colspan="3">带扳手</td><td>带控制
机 构</td><td colspan="2">带扳手</td></tr>
<tr><td>全启式</td><td>双弹簧
微启式</td><td>全启式</td><td>微启式</td><td>全启式</td><td colspan="2">微启式、全启式</td></tr>
<tr><td>减压阀</td><td>—</td><td>薄膜式</td><td>弹 簧
薄膜式</td><td>活塞式</td><td>波纹管式</td><td>杠杆式</td><td colspan="4">—</td></tr>
</table>

五、阀门的安装要求及检查

（一）阀门安装要求

1）阀门安装前应检查产品合格证，并核对型号规格及公称压力，且必须进行外观检查，阀门的铭牌应符合现行国家标准《工业阀门 标志》（GB/T 12220—2015）的规定。

2）阀门的型号规格、公称压力、安装位置、高度、进出口方向必须符合设计要求，连接应牢固紧密。

3）安装在保温管道上的各类手动阀门，手柄均不得向下。

4）应清除阀门的封闭物和其他杂物。

5）阀门的开关手轮应放在便于操作的位置。水平安装的闸阀、截止阀、阀杆应处于上半周范围内。蝶阀、节流阀的阀杆应垂直安装。阀门应在关闭状态下进行安装。

6）阀门的操作机构和传动装置应进行清洗、检查和调正，使其灵活、可靠、无卡涩现象，开关程度指示标志应准确。

7）成排阀门的排列应整齐美观，在同一平面上中心允许偏差为3mm。

8）阀门运输时，应平稳起吊和安放，不得扔、摔，已安装就位的阀门应采取保护措施，防止承重和重物撞击。

9）不得用阀门手轮作为吊装的承重点。

10）止回阀应注意垂直与水平安装的不同要求。

11）电动自控阀在安装前应进行单体调试，包括开启、关闭阀等动作试验。

12）直埋管道的阀门应设井室。

13）各种阀门的安装方向应与介质流向相一致。

14）对于工作压力大于1.0MPa及在主干管上起切断作用的阀门，应进行强度和严密性试验，合格后方准使用。

强度试验时，试验压力为公称压力的1.5倍，持续时间不少于5min（见表7-6），阀门的壳体、填料应无渗漏。

严密试验时，试验压力为公称压力的1.1倍，试验压力在持续时间内不变，持续时间符合表7-6的规定，以阀瓣密封面无渗漏为合格。水压试验以每批（同牌号、同规格、同型号）数量中抽查20%，且不得少于1个。安装在主干管上起切断作用的闭路阀门应全数检查。

表7-6 阀门压力持续时间

公称直径	最短试验持续时间/s		
	严密性试验		严密性试验
	金属密封	非金属密封	
< *DN*50	15	15	15
*DN*65 ~ *DN*200	30	15	60
*DN*250 ~ *DN*450	60	30	180
> *DN*500	120	60	300

（二）阀门安装检查

1）阀门安装的位置、方向应正确，连接牢固、紧密，操作机构灵活、准确。有传动装置的阀门，指示器指示的位置应正确，传动可靠，无卡涩现象。有特殊要求的阀门应符合设计或生产厂家的有关规定。按系统不同类型的阀门各抽查 10%，且均不应少于 3 个。有特殊要求的阀门应逐个检查。方法为观察和做启闭检查或查阅调试记录。

2）在做保温层时，阀门的两侧应留出空隙，保温层断面应封闭严密。支、托架处的保温层不应影响活动面的自由伸缩。冷介质管道托架应采用绝热硬木块（隔汽）支撑或采用保温材料填实。按系统抽查 20%，且不应少于 5 处，方法为观察检查。

六、常用阀门型号选用及安装

1）常用阀门型号选用表见表 7-7。

表 7-7 常用阀门型号选用表

名称	型号	适用介质	最高温度/℃	公称直径 *DN*																		
				15	20	25	32	40	50	65	80	100	125	150	200	250	300	350	400	450	500	600
截止阀	J11T-16	蒸汽、水	225	√	√	√	√	√														
	J11W-16T	水	225	○	○	○	○	○	○	○												
	J41T-16	蒸汽、水	225	○	○	○	○	○	√	√	√	√	√	√	√							
	J41W-16	水	225	○	○	○	○	○	○	○	○	○	○	○	○							
	J41H-16	水	225			○	○	○	○	○	○	○	○	○	○							
闸阀	Z15W-10	蒸汽、水	120	○	○	○	○	○	○	○	○											
	Z15T-10	水	120	○	○	○	○	○														
	Z44W-10	水	225				√	√	√	√	√	√	√	√	√	√	√	√	√	√	√	√
	Z44T-10	水	225				○	○	○	○	○	○	○	○	○	○	○	○	○	○	○	○
	Z41H-16C	水	200			○	○	○	○	○	○	○	○	○	○							
蝶阀	D71X-10/16	蒸汽、水	150						○	○	○	○	○	○	○	○	○	○	○	○	○	○
	D371X-10/16	水	150						○	○	○	○	○	○	○	○	○	○	○	○	○	○
	D971X-10/16	蒸汽、水	150											√	√	√	√	√	√	√	√	√
安全阀	A27W-10T	蒸汽	200	○	○	○	○	○	○													
	A47H-16	蒸汽	200						○	○	○	○	○	○	○							
减压阀	Y43H-16	蒸汽	300	○	○	○	○	○	○													
	Y44T-10	蒸汽	150							○	○	○	○	○	○							

注：表中打√者表示优先选用；打○者表示可用。

2）Z41T-10 型明杆楔式闸阀如图 7-2 所示，尺寸标准见表 7-8。

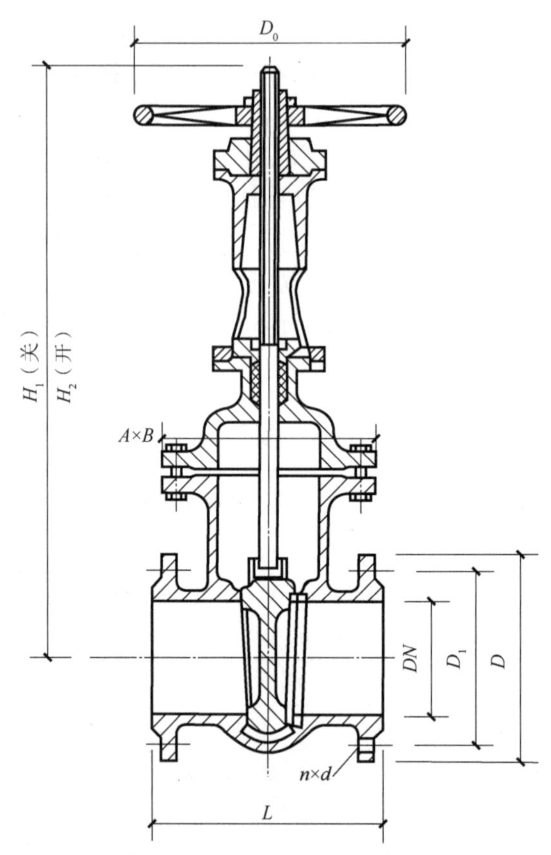

图 7-2　Z41T-10 型明杆楔式闸阀

表 7-8　Z41T-10 型明杆楔式闸阀尺寸标准

公称直径 DN	外形尺寸/mm							n×d	重量/kg
	L	D	D_1	A×B	H_1	H_2	D_0		
50	180	160	125	170×150	289	346	180	4×18	17.3
65	195	180	145	187×162	333	402	180	4×18	22
80	210	195	160	207×172	377	465	200	4×18	28.9
100	230	215	180	231×186	435	547	200	8×18	37.4
125	255	245	210	263×208	530	667	240	8×18	53.6
150	280	280	240	310×240	604	762	240	8×23	68.8
200	330	335	295	368×278	772	990	320	8×23	133.3
250	380	390	350	423×308	900	1180	320	12×23	181.8
300	420	440	400	482×342	1045	1357	400	12×23	259.9
350	450	500	460	549×399	1224	—	450	16×23	365
400	480	565	515	616×441	1875	—	640	16×25	519
450	510	610	565	685×500	2110	—	640	20×25	622
500	540	670	620	780×360	2481	—	720	20×25	681
600	600	780	725	900×405	2870	—	720	20×30	1035
700	660	895	840	1060×525	3180	—	900	24×30	1652

3）Z45 $\frac{T}{W}$-10 型暗杆楔式闸阀如图 7-3 所示，其尺寸标准见表 7-9。

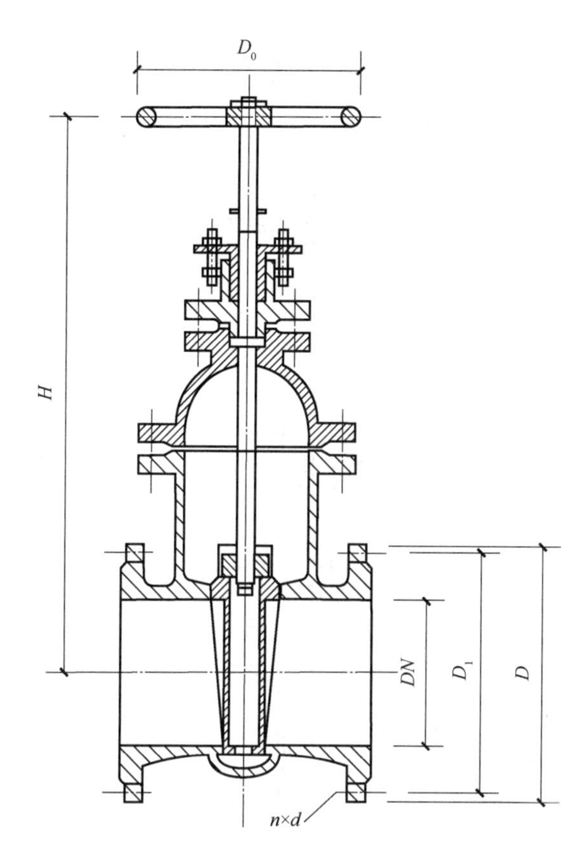

图 7-3　Z45 $\frac{T}{W}$-10 型暗杆楔式闸阀

表 7-9　Z45 $\frac{T}{W}$-10 型暗杆楔式闸阀尺寸标准

公称直径 DN	外形尺寸/mm					n × d	重量/kg
	L	D	H	D_1	D_0		
50	180	160	346	125	180	4 × 18	19
65	195	180	381	145	180	4 × 18	23
80	210	195	421	160	200	4 × 18	31
100	230	215	460	180	200	8 × 18	37
125	255	245	539	210	240	8 × 18	56
150	280	280	575	240	240	8 × 23	70
200	330	335	706	295	320	8 × 23	117
250	380	390	800	350	320	12 × 23	165
300	420	440	885	400	400	12 × 23	225
350	450	500	970	460	400	16 × 23	313
400	480	565	1090	515	500	16 × 25	448
450	510	610	1176	565	500	20 × 25	522
500	540	670	1432	620	720	20 × 26	678
600	600	780	1612	725	720	20 × 30	951
700	660	895	1734	840	900	24 × 30	1540

4）Z44 $\frac{T}{W}$-10 型平行式双闸板闸阀如图 7-4 所示，其尺寸标准见表 7-10。

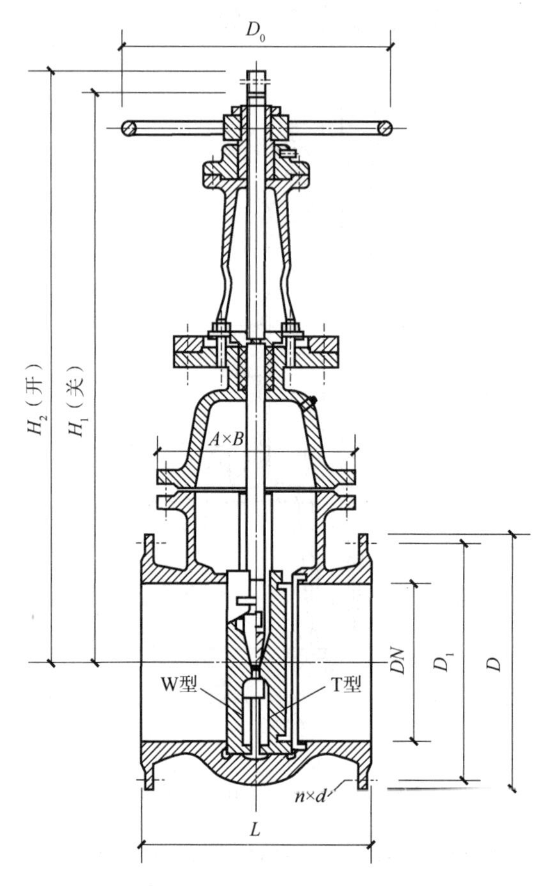

图 7-4　Z44 $\frac{T}{W}$-10 型平行式双闸板闸阀

表 7-10　Z44 $\frac{T}{W}$-10 型平行式双闸板闸阀尺寸标准

公称直径 DN	外形尺寸/mm							n×d	重量/kg
	L	D	D_1	A×B	H_1	H_2	D_0		
50	180	160	125	170×150	268	338	180	4×18	16
65	195	180	145	187×162	303	378	180	4×18	20
80	210	195	160	207×172	345	435	200	4×18	28
100	230	215	180	231×186	395	520	200	8×18	32
125	255	245	210	263×208	471	617	240	8×18	55
150	280	280	240	310×240	546	719	240	8×23	67
200	330	335	295	368×278	728	960	360	8×23	130
250	380	390	350	423×308	860	1147	360	12×23	170
300	420	440	400	482×342	1026	1366	450	12×23	247
350	450	500	460	549×399	1141	1531	450	16×23	332
400	480	565	515	616×441	1285	1703	560	16×25	422

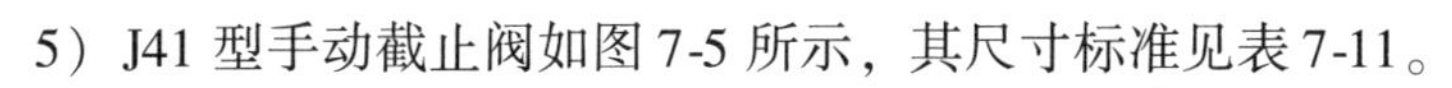

5）J41 型手动截止阀如图 7-5 所示，其尺寸标准见表 7-11。

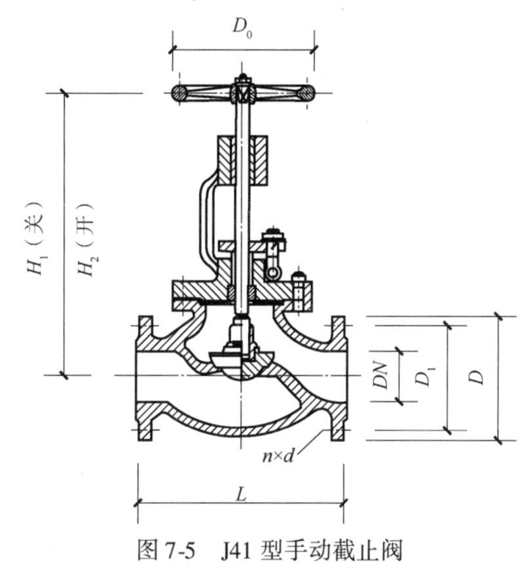

图 7-5　J41 型手动截止阀

表 7-11　J41 型手动截止阀

公称直径 DN	$p=1.6$MPa							
	L/mm	D /mm	D_1 /mm	H_1 /mm	H_2 /mm	D_0 /mm	$n\times d$	重量 /kg
15	130	95	65	218	228	120	4×14	4.88
20	150	105	75	258	272	140	4×14	6.97
25	160	115	85	275	292	160	4×14	8.07
32	180	135	100	330	354	200	4×18	15.9
40	200	145	110	330	354	200	4×18	15.9
50	230	160	125	355	380	240	4×18	23.1
65	290	180	145	400	428	140	4×18	33.9
80	310	195	160	350	390	280	8×18	44.1
100	350	215	180	415	415	280	8×18	56
125	400	245	210	460	460	320	8×18	62.7
150	480	280	240	510	510	360	8×23	98

公称直径 DN	$p=2.5$MPa							
	L /mm	D /mm	D_1 /mm	H_1 /mm	H_2 /mm	D_0 /mm	$n\times d$	重量 /kg
15	130	95	65	220	230	120	4×14	4.90
20	150	105	75	268	275	140	4×14	7.00
25	160	115	85	280	295	160	4×14	8.60
32	180	135	100	315	335	180	4×18	1.20
40	200	145	110	335	380	240	4×18	1.85
50	230	160	125	374	398	240	4×18	23.5

（续）

公称直径 DN	$p=2.5\mathrm{MPa}$							
	L /mm	D /mm	D_1 /mm	H_1 /mm	H_2 /mm	D_0 /mm	$n \times d$	重量 /kg
65	290	180	145	408	433	280	8×18	32.5
80	310	195	160	436	458	320	8×18	43.7
100	350	230	190	480	520	360	8×23	60.2
150	480	300	250	612	674	400	8×25	98

6）J941 型电动截止阀如图 7-6 所示，其尺寸标准见表 7-12。

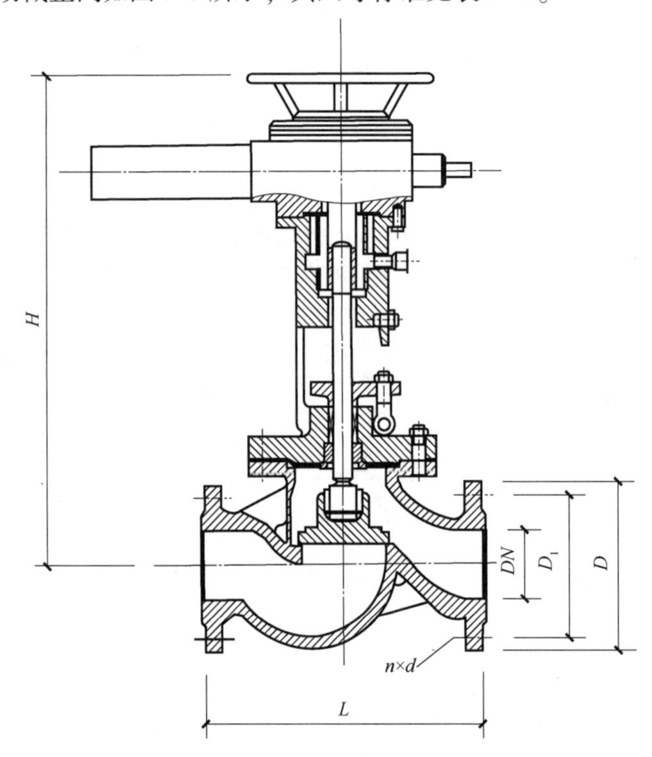

图 7-6　J941 型电动截止阀

表 7-12　J941 型电动截止阀尺寸标准

公称直径 DN	$p=1.6\mathrm{MPa}$					
	L /mm	D /mm	D_1 /mm	H /mm	$n \times d$	重量 /kg
50	230	160	125	350	4×18	23.1
65	290	180	145	400	4×18	27.9
80	310	195	160	355	4×18	30.1
100	350	215	180	415	4×18	41.7
125	400	245	210	460	4×18	62.7
150	480	280	240	510	4×23	89.8
200	600	335	290	710	12×23	210

（续）

公称直径 DN	p＝2.5MPa					
	L /mm	D /mm	D_1 /mm	H /mm	n×d	重量 /kg
50	230	160	125	645	4×18	50
65	290	180	145	690	8×18	68
80	310	195	160	715	8×18	122
100	350	230	190	770	8×23	142
125	400	270	220	780	8×25	194
150	480	300	250	875	8×25	248
200	600	360	310	967	12×25	350

7）D71X 型手柄传动夹式蝶阀如图 7-7 所示，其尺寸标准见表 7-13。

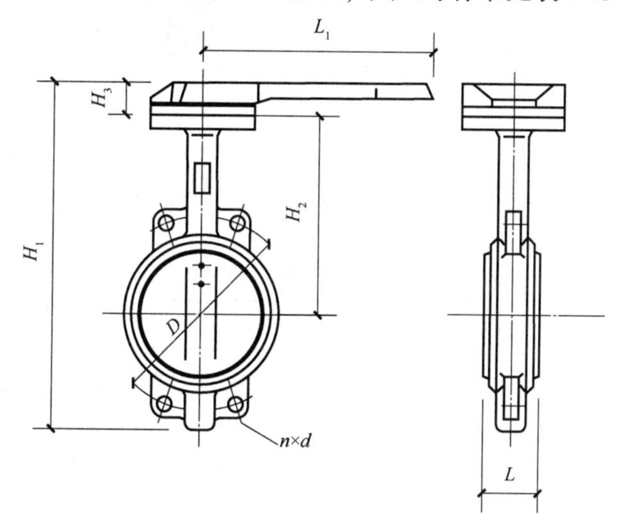

图 7-7　D71X 型手柄传动夹式蝶阀

表 7-13　D71X 型手柄传动夹式蝶阀尺寸标准

公称直径 DN	外型尺寸/mm					D/mm			n×d			重量 /kg
	H_1	H_2	H_3	L	L_1	0.6MPa	1.0MPa	1.6MPa	0.6MPa	1.0MPa	1.6MPa	
40	205	94	42	33	202	100	110	110	4×14	4×18	4×19	3.4
50	234	112	42	43	202	110	125	125	4×14	4×18	4×19	3.7
65	262	122	42	46	202	130	145	145	4×14	4×18	4×19	4.3
80	267	130	42	46	202	150	160	160	4×18	8×18	8×19	5
100	301	142	45	52	253	170	180	180	4×18	8×18	8×19	7.5
125	347	174	45	56	253	200	210	210	4×18	8×18	8×19	8.8
150	364	180	45	56	303	225	240	240	4×18	8×22	8×23	10.4
200	450	225	50	60	500	280	295	295	4×18	8×22	12×23	18.9
250	531	266	50	68	550	335	350	355	4×18	12×22	12×28	25.2

注：井下安装时，H_2 在一定范围内可任意加长，提高操作高度，方便操作。

8）D371X（H、F）型蜗轮传动对夹式蝶阀（$DN150 \sim DN700$）如图 7-8 所示，其尺寸标准见表 7-14。

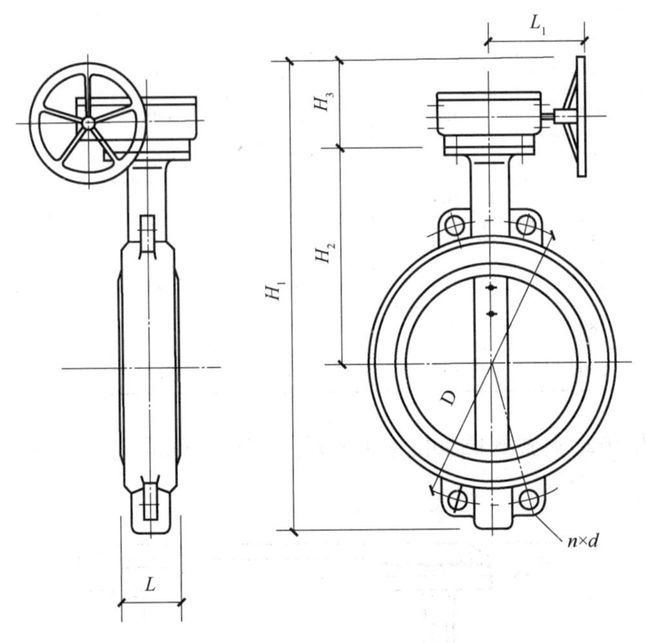

图 7-8　D371X（H、F）型蜗轮传动对夹式蝶阀（$DN150 \sim DN700$）

表 7-14　D371X（H、F）型蜗轮传动对夹式蝶阀尺寸标准

公称直径 DN	外型尺寸/mm					D/mm			n×d			重量/kg
	H_1	H_2	H_3	L	L_1	0.6MPa	1.0MPa	1.6MPa	0.6MPa	1.0MPa	1.6MPa	
150	436	180	117	56	115	225	240	240	4×18	4×22	4×23	15.5
200	612	225	212	60	160	280	295	295	4×18	4×22	4×23	32.2
250	693	266	212	68	160	335	350	355	4×18	4×22	4×28	37.6
300	747	290	212	78	160	395	400	410	4×22	4×22	4×28	56.5
350	802	320	212	78	160	445	460	470	4×22	4×22	4×28	63.5
400	975	405	265	102	220	495	515	525	16×26	8×18	16×31	128
450	1015	425	265	114	220	550	565	585	20×26	8×22	20×31	159
500	1110	485	265	127	220	600	620	650	20×26	8×22	20×34	187
600	1345	520	380	154	320	705	725	770	20×30	12×22	20×37	350
700	1465	580	380	165	320	810	840	840	24×30	12×22	24×37	409

9）减压阀安装示意图如图 7-9 所示，其尺寸标准见表 7-15，减压装置快速选用表见表 7-16。

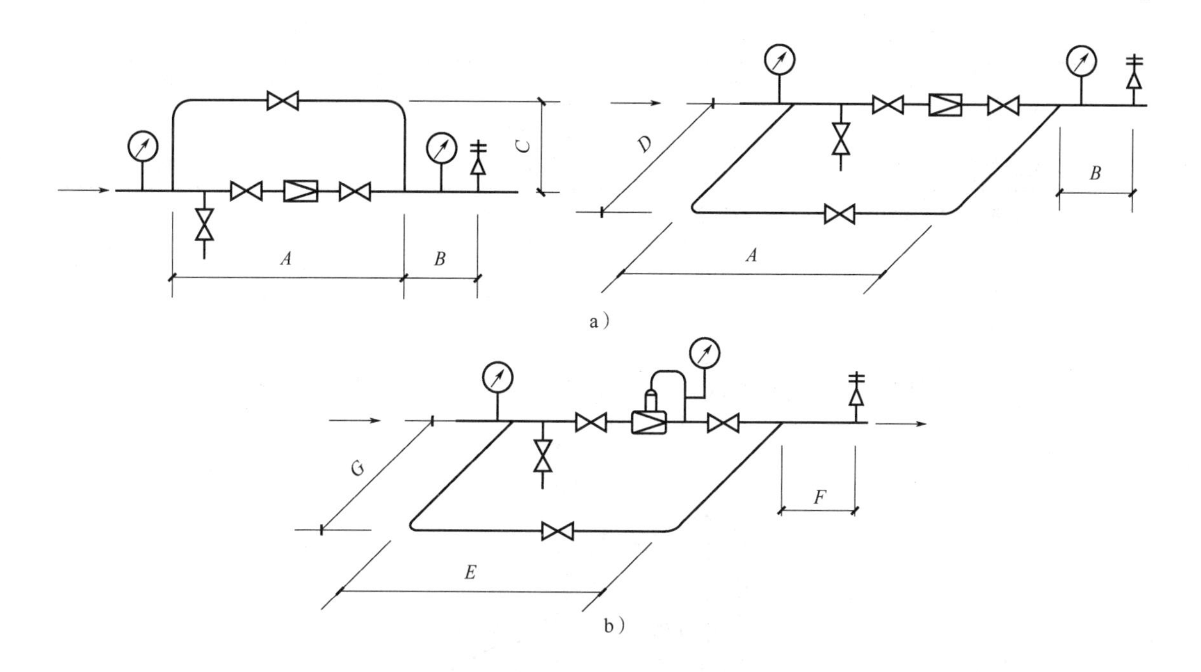

图 7-9　减压阀安装示意图

a）活塞式减压阀安装　b）薄膜式（波纹管式）减压阀安装

表 7-15　减压阀安装尺寸标准　（单位：mm）

尺寸 阀前压力	*A*	*B*	*C*	*D*	*E*	*F*	*G*
*DN*25	1100	400	350	200	1350	250	200
*DN*32	1100	400	350	200	1350	250	200
*DN*40	1300	500	400	250	1500	300	250
*DN*50	1400	500	450	250	1600	300	250
*DN*65	1400	500	500	300	1650	350	300
*DN*80	1500	550	650	350	1750	350	350
*DN*100	1600	550	750	400	1850	400	400
*DN*125	1800	600	800	450	–	–	–
*DN*150	2000	650	850	500	–	–	–

表 7-16　减压装置快速选用表

热量/kW	减压阀	安全阀	旁通管	放气管	泄水管
	DN				
67 ~ 773	25	25	25	25	15
120 ~ 140	32	25 ~ 32	32	25 ~ 32	15
271 ~ 314	40	40 ~ 50	40	40 ~ 50	15
354 ~ 409	50	50	50	50	15
409 ~ 502	65	65	65	65	15
650 ~ 866	80	80	80	80	15

（续）

热量/kW	减压阀	安全阀	旁通管	放气管	泄水管
	DN				
1170 ~ 1360	100	100	100	100	20

注：1. 表中减压阀按 Y43H-16 型活塞式减压阀，安全阀按弹簧式选择。

2. 表中减压装置按照蒸汽压力由 0.6MPa 减至 0.3 ~ 0.4MPa 选择，减压后压力为 0.3MPa 用上限值，0.4MPa 用下限值。

3. 压力表的压力计量量程应比工作压力大 1 倍。

10）HH44X-$\frac{10}{16}$型微阻缓闭止回阀如图 7-10 所示，其尺寸标准见表 7-17。

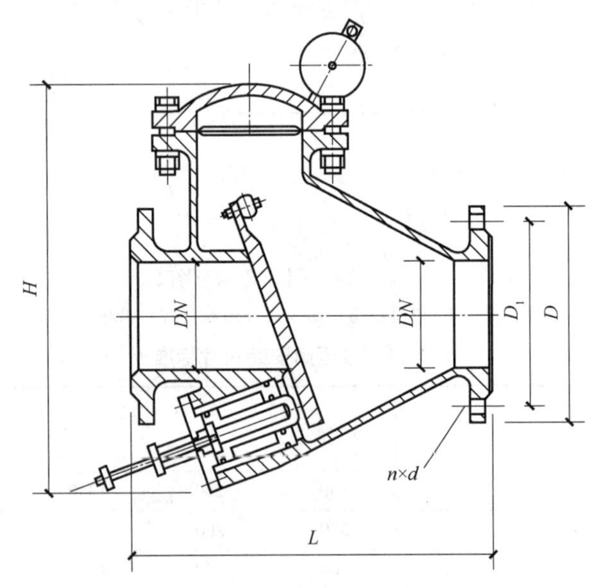

图 7-10　HH44X-$\frac{10}{16}$型微阻缓闭止回阀

表 7-17　HH44X-$\frac{10}{16}$型微阻缓闭止回阀

公称直径 DN	外形尺寸/mm				n × d	重量/kg
	L	D	D_1	H		
50	230	160	125	190	4 × 18	20
65	290	180	145	220	4 × 18	28
80	310	195	160	270	4 × 18	40
100	350	215	180	380	8 × 18	75
125	400	245	210	450	8 × 18	100
150	480	285	240	540	8 × 23	135
200	500	335	295	600	8 × 23	160
250	550	390	350	650	12 × 23	230
300	620	445	400	720	12 × 23	315
350	720	500	460	780	16 × 23	480
400	820	565	515	860	16 × 25	600

（续）

公称直径 DN	外形尺寸/mm				$n\times d$	重量/kg
	L	D	D_1	H		
450	880	615	565	980	20×25	680
500	980	670	620	1100	20×25	750
600	1180	780	725	1300	20×30	950

第二节　集气罐安装

一、95℃/70℃热水系统环境下的集气罐安装

95℃/70℃热水系统环境下的集气罐安装示意图如图 7-11 所示。

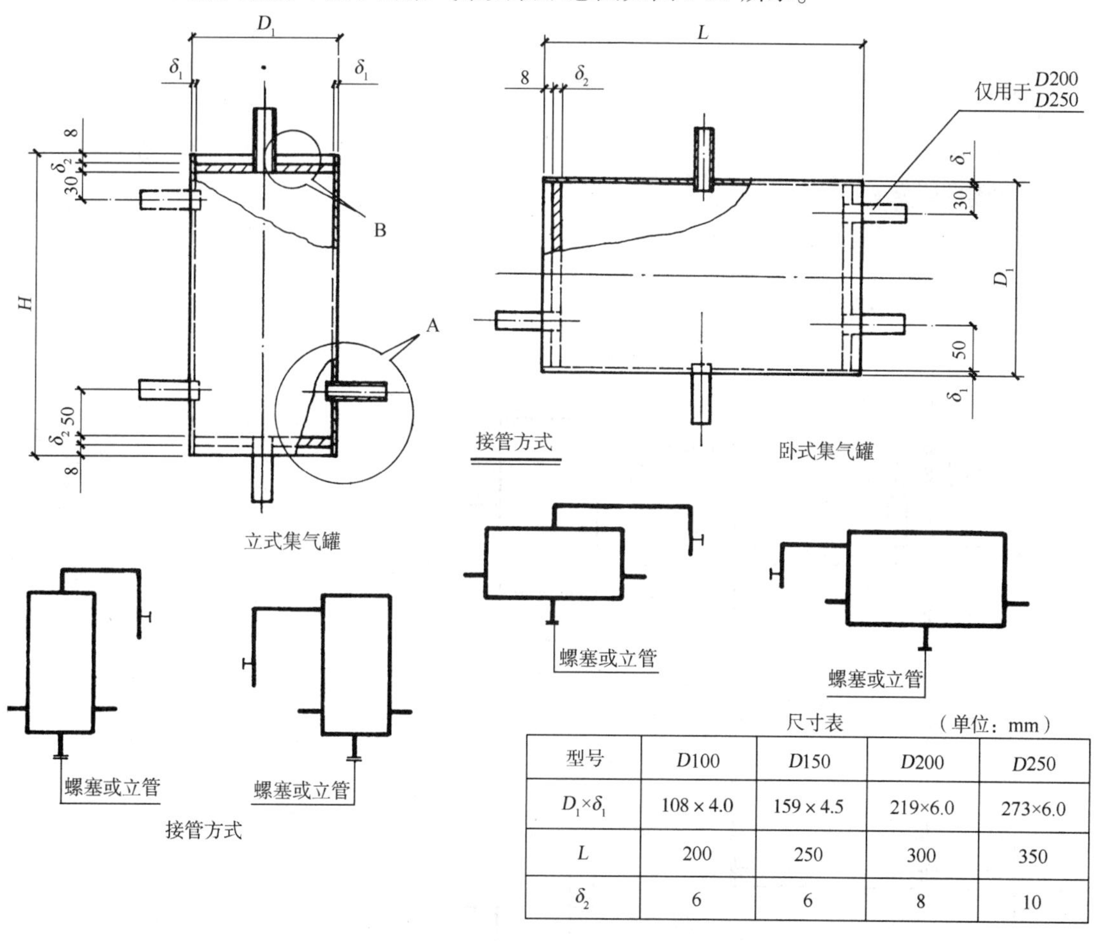

型号	D100	D150	D200	D250
$D_1\times\delta_1$	108×4.0	159×4.5	219×6.0	273×6.0
L	200	250	300	350
δ_2	6	6	8	10

图 7-11　95℃/70℃热水系统环境下集气罐的安装示意图

二、高温水系统中的集气罐安装

高温水系统中的集气罐安装示意图如图 7-12 所示。

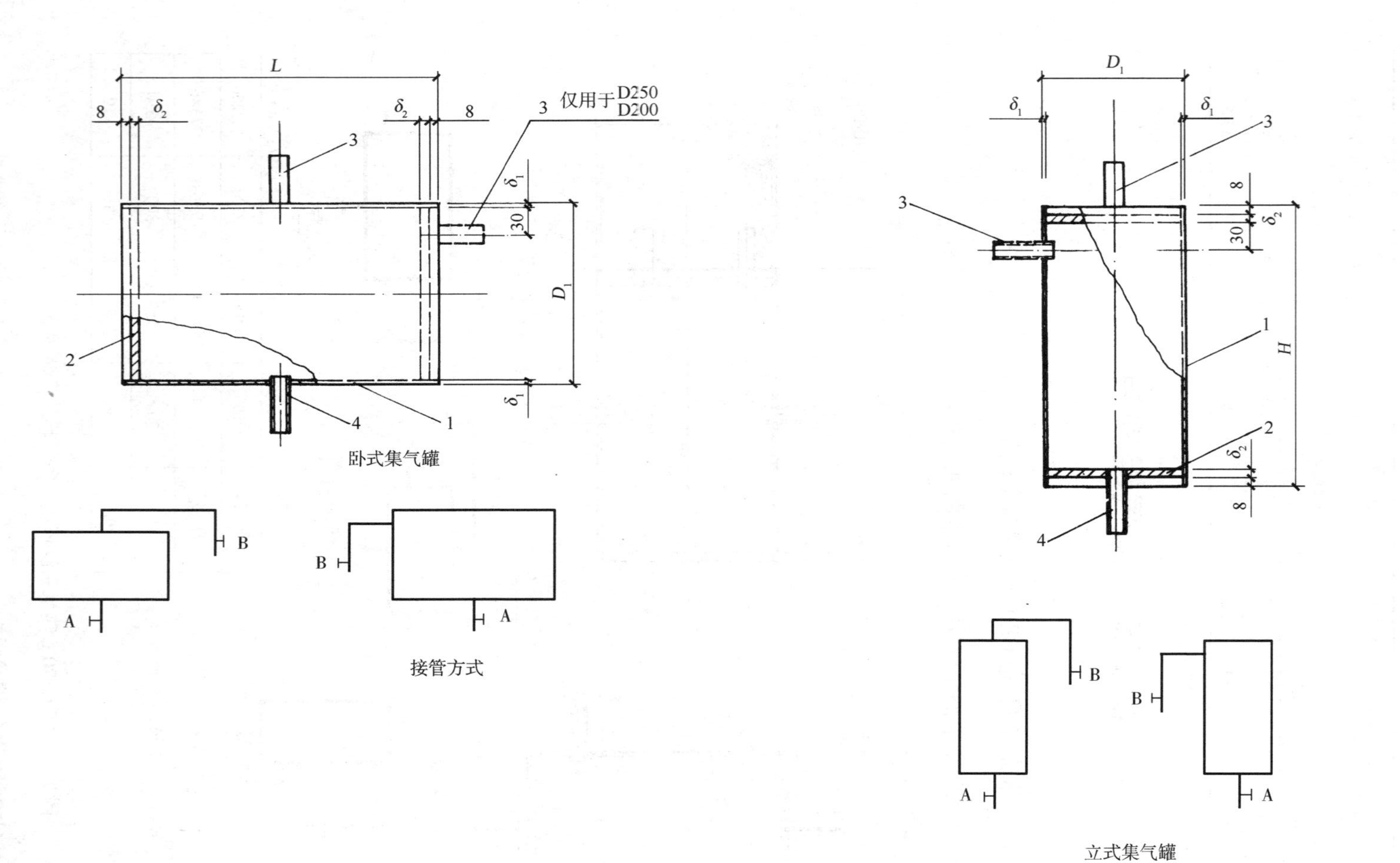

图7-12 高温水系统中的集气罐安装

注：1. 采暖系统开始运行时放气：阀门A、B开启。

2. 采暖系统工作时：阀门A开启、B关闭。

3. 采暖系统工作时放气：阀门A、B需交替地关闭、开启次数，直至放气管流出水为止。

三、集气罐支架安装

集气罐支架安装示意图如图7-13所示。

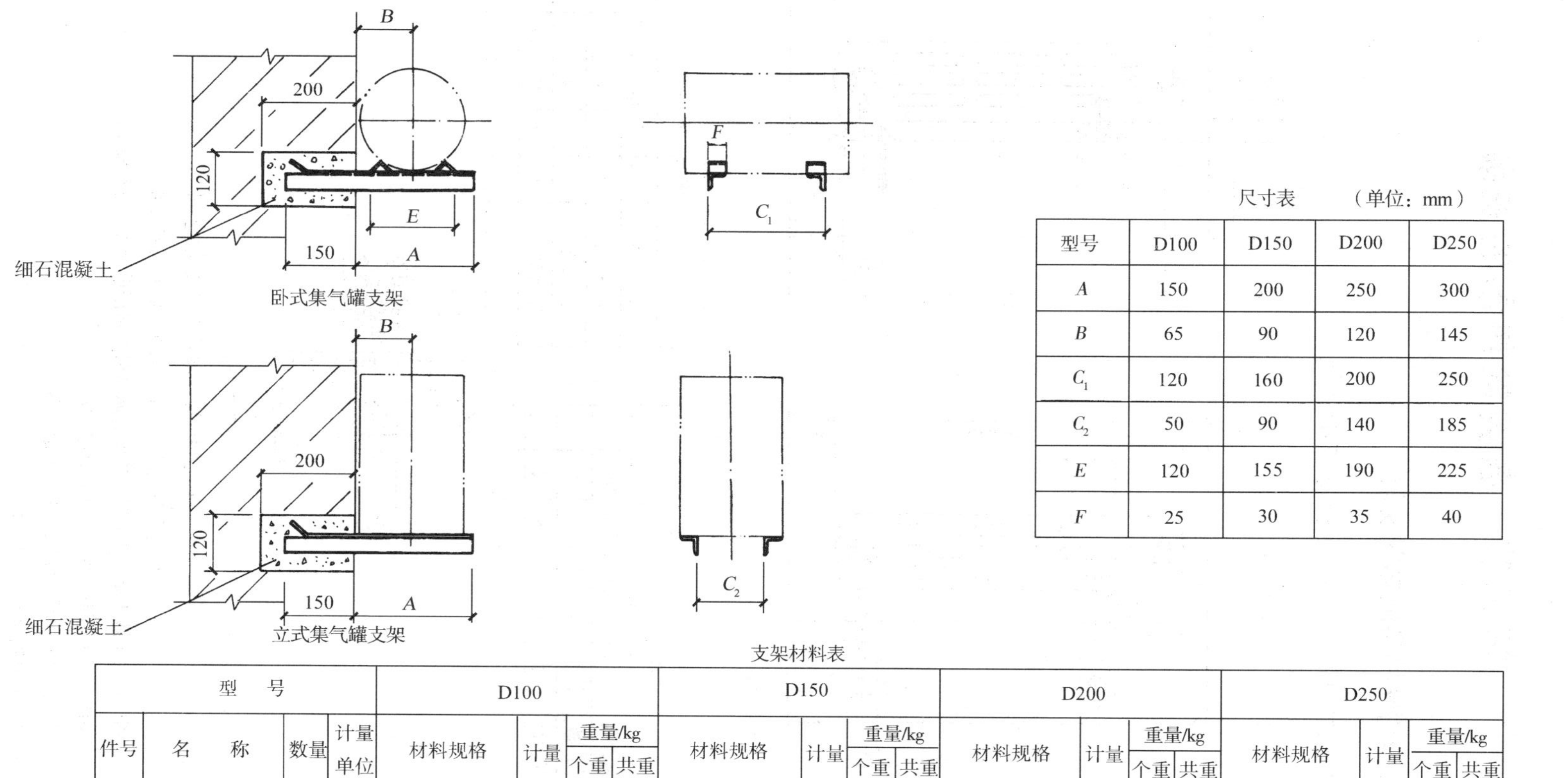

尺寸表　　（单位：mm）

型号	D100	D150	D200	D250
A	150	200	250	300
B	65	90	120	145
C_1	120	160	200	250
C_2	50	90	140	185
E	120	155	190	225
F	25	30	35	40

支架材料表

型号				D100				D150				D200				D250			
件号	名称	数量	计量单位	材料规格	计量	重量/kg		材料规格	计量	重量/kg		材料规格	计量	重量/kg		材料规格	计量	重量/kg	
						个重	共重			个重	共重			个重	共重			个重	共重
1	悬臂梁	2	m	L 25×25×4	0.30	0.44	0.88	L 30×30×4	0.35	0.63	1.26	L 35×35×4	0.40	0.84	1.68	L 40×40×5	0.45	1.34	2.68
2	挡板	4	m	L 25×25×4	0.025	0.037	0.15	L 30×30×4	0.03	0.054	0.22	L 35×35×4	0.035	0.074	0.30	L 40×40×5	0.04	0.119	0.48

图7-13　集气罐支架安装示意图

第三节 各类散热器的安装

一、TZ4 型铸铁柱型散热器安装

TZ4 型铸铁柱散热器安装示意图如图 7-14 所示。

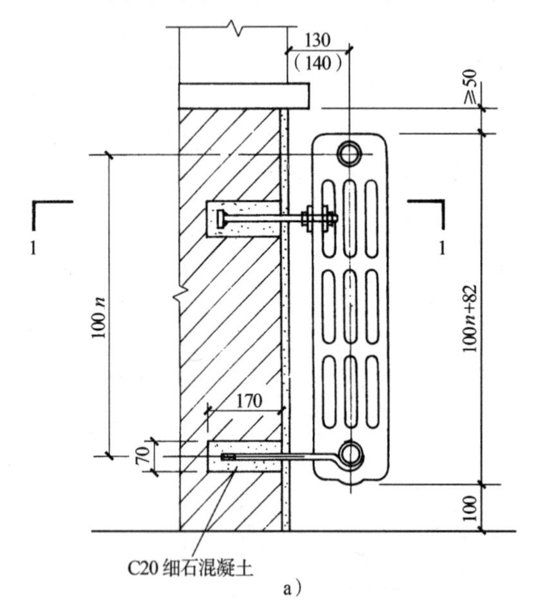

a)

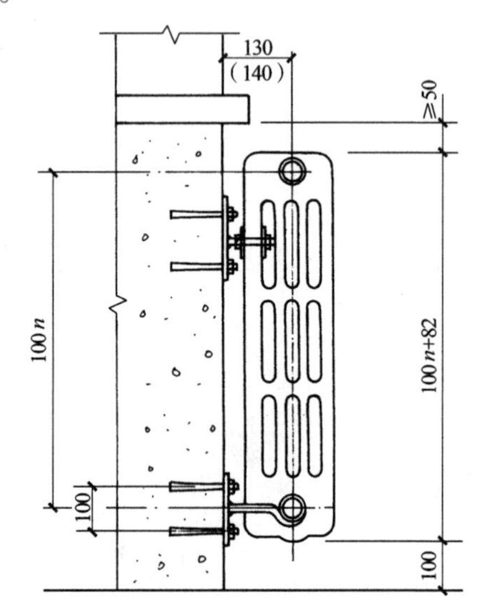

b)

数 量 表（Ⅰ）						
每组片数	3~8	9~12	13~16	17~20	21~24	
卡 子 数	1	1	2	2	2	
下托钩数	2	3	4	5	6	

数 量 表（Ⅱ）						
每组片数	3~8	9~12	13~16	17~20	21~24	
卡 子 数	1	1	2	2	2	
下托钩数	2	3	4	5	6	
胀锚螺栓	6	8	12	14	16	

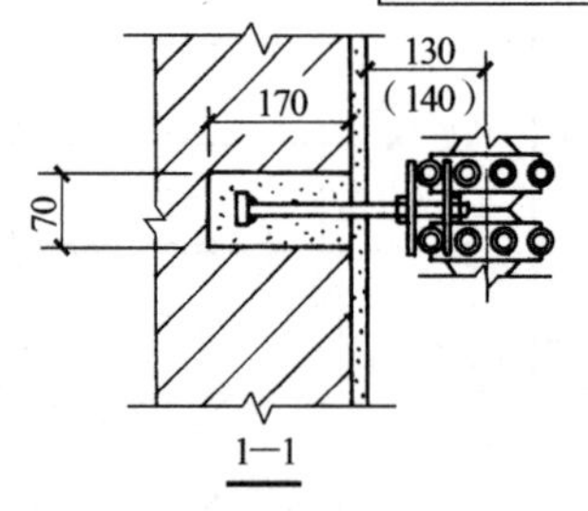

图 7-14 TZ4 型铸铁柱散热器安装示意图

a）砖墙上安装（Ⅰ） b）混凝土墙上安装（Ⅱ）

注：1. 图中仅表示散热器为明装时的安装，暗装时可根据设计要求进行施工。

2. 本图适用于 TZ4 型铸铁柱型散热器安装。

3. 括号内尺寸用于 TZ4-9-5（8）型散热器。

4. 图中 n 分别为 3、5、6、9。

5. 水平干管在散热器下敷设时，散热器距地面高度由设计定。

6. 散热器带足片时，下托钩取消。

二、排管散热器安装

排管散热器安装示意图如图 7-15 所示。

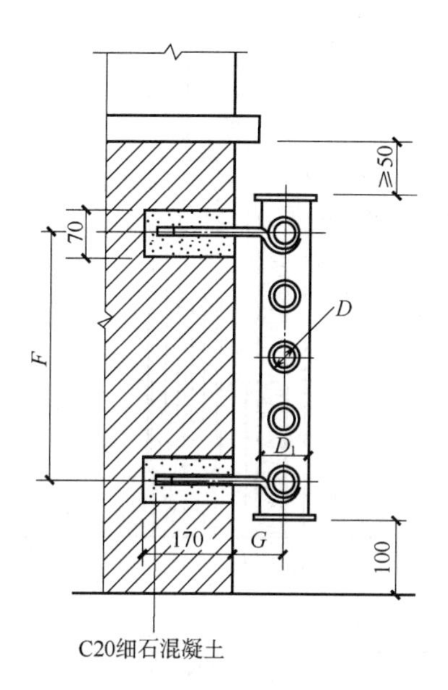

a）

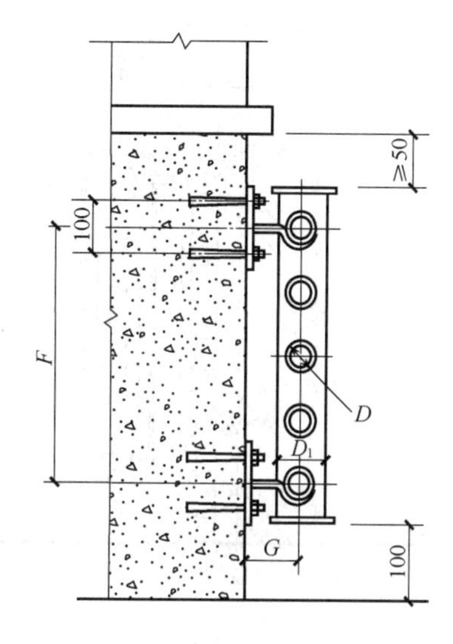

b）

数量表						
排管长度/m	1.5	2.0	2.5	3.0	3.5	4.0
上托钩数	2	2	3	3		4
下托钩数	2	2	3	3	4	4
胀锚螺栓	8	8	12	12	16	16

安装尺寸表								
排管排数	四排	五排	四排	五排	四排	五排	四排	五排
D	D45×3		D57×3.5		D76×3.5		D89×3.5	
D_1	D89×3.5		D108×4		D133×4		D159×4.5	
F	270	360	330	440	420	560	480	640
G	95		105		115		130	
H	75		80		90		95	

图 7-15 排管散热器安装示意图

a）砖墙上安装 b）混凝土墙上安装

三、GZ 型钢制柱型散热器安装

GZ 型钢制柱型散热器安装示意图如图 7-16 所示。

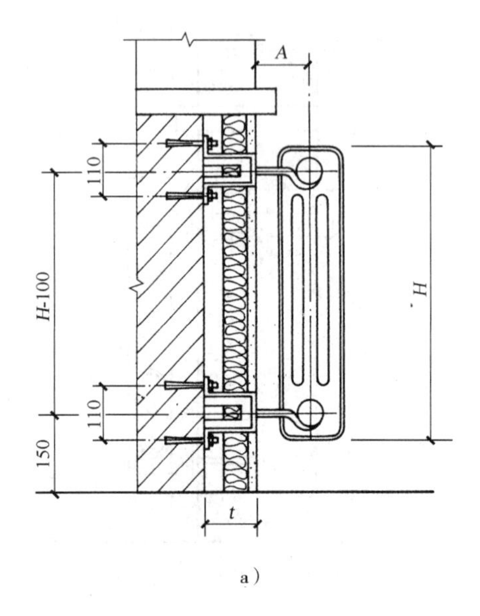

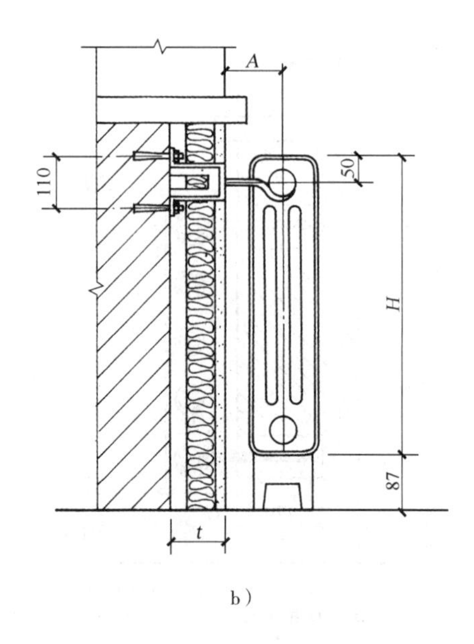

数量表（Ⅲ）			
每组片数	1~10	11~15	16~20
上托钩数	1	2	2
下托钩数	2	2	2
胀锚螺栓	6	8	8

数量表（Ⅳ）			
每组片数	1~10	11~15	16~20
托钩数	1	2	2
支座数	2	2	2
胀锚螺栓	2	4	4

散热器安装尺寸表												
散热器型号	GZ3-1.2/3	GZ3-1.2/5	GZ3-1.2/6	GZ3-1.2/9	GZ3-1.4/3	GZ3-1.4/5	GZ3-1.4/6	GZ4-1.6/3	GZ4-1.6/5	GZ4-1.6/6	GZ4-1.6/9	GZ4-2/9
H	400	600	700	1000	400	600	700	400	600	700	1000	1000
A	110				120			130				150

图 7-16　GZ 型钢制柱型散热器安装示意图

a）保温复合墙上安装　b）保温复合墙上安装

四、散热器托架安装

（一）散热器托架安装

散热器安装方式示意图如图 7-17 所示。

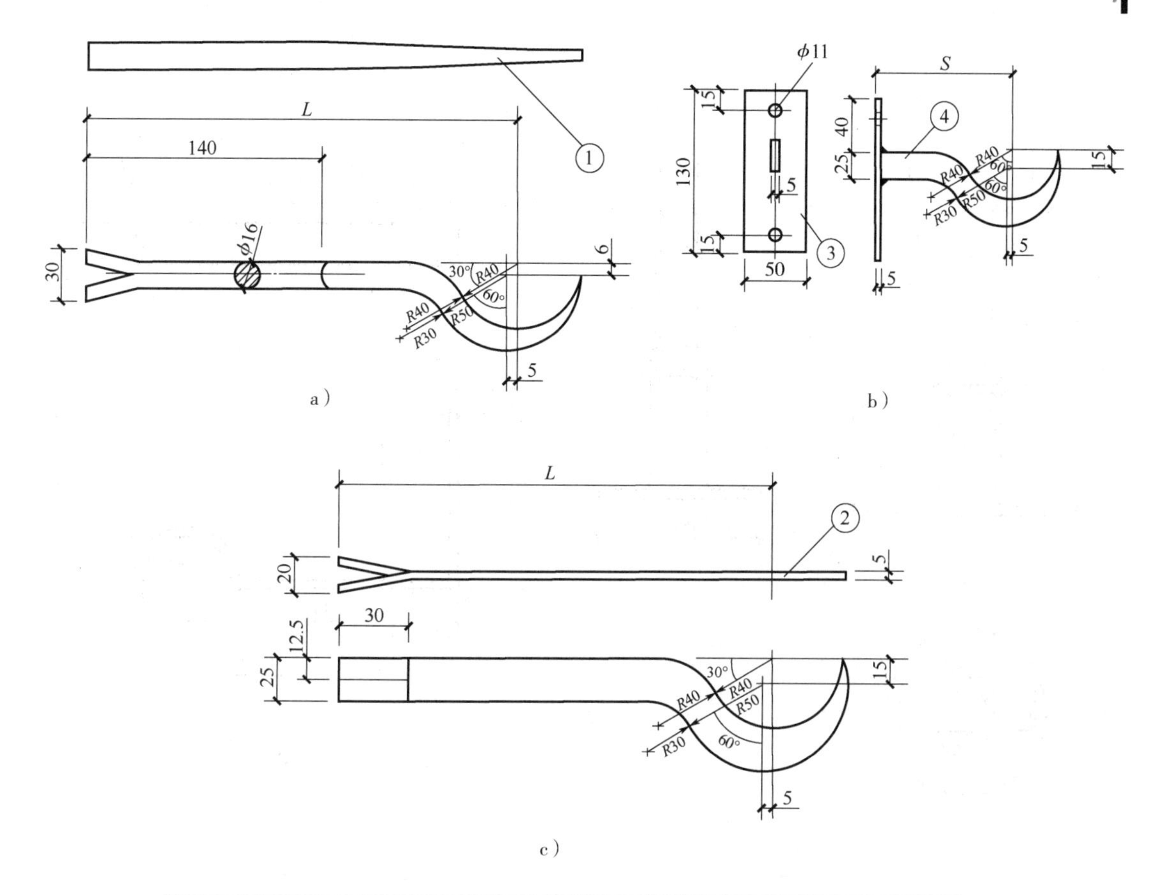

铸 铁 散 热 器						钢 制 柱 型 散 热 器			
型 号	TZ4-9	TZ4-3、5、6	TZ2	TC	TY	GZ3-1.2	GZ3-1.4	GZ4-1.6	GZ4-2
L	280	270	255	255	255	250	260	270	290
S	140	130	115	115	115	110	120	130	150

注：排管散热器的*L*、*S*值及托钩曲率半径依排管管径*D*值而定。

托 钩 材 料 明 细 表							
件号	名 称	材料	规 格	尺 寸	数量	重量/kg	
						单	总
①	A型圆钢托钩	Q235	ϕ16		1		
②	A型扁钢托钩	Q235	−25 × 5		1		
③	底　　板	Q235	−50 × 5	*L*=130	1		
④	扁钢托钩	Q235	−25 × 5		1		

图 7-17　散热器安装方式

a）A 型圆钢托钩　b）B 型扁钢托钩　c）A 型扁钢托钩

（二）散热器支座、卡板安装

散热器支座、卡板安装示意图如图 7-18 所示。

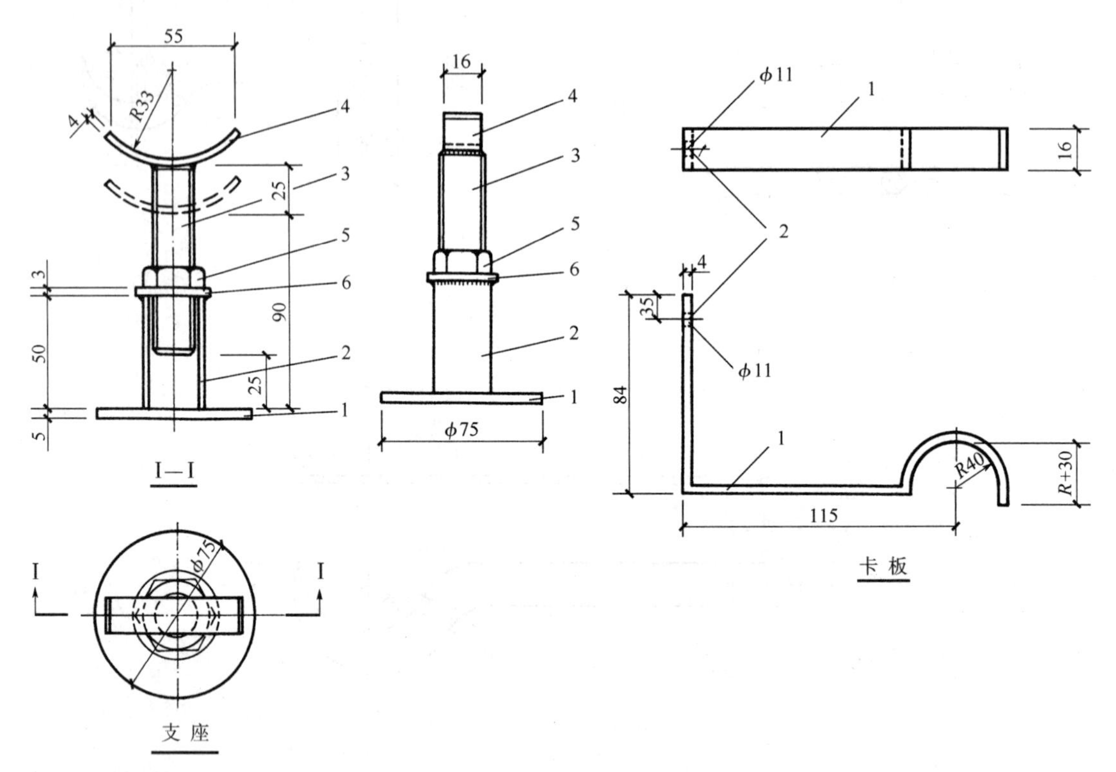

支座材料明细表								
件号	名称	材料	规格	尺寸	数量	重量/kg		备注
						单	总	
1	底　板	Q235	δ=5	ϕ75	1	0.173	0.173	
2	焊接钢管	10	*DN*20	*L*=50	1	0.815	0.815	
3	丝　杆	Q235	M20×90		1			
4	承　板	Q235	-16×4	*L*=70	1	0.035	0.035	
5	螺　母	Q235	M20		1	0.062	0.062	
6	垫　圈	Q235	20 (GB96-76)		1	0.039	0.039	

卡板材料明细表							
件号	名称	材料	规格	尺寸	数量	重量/kg	
						单	总
1	卡　件	Q235	-16×4		1		
2	胀锚螺栓	Q235	YGI-M10		1		

图 7-18　散热器支座、卡板安装

注：当支座用于钢制排管散热器时，承板曲率半径依排管 *D* 值而定。

（三）散热器支座安装

散热器支座安装详图如图 7-19 所示。

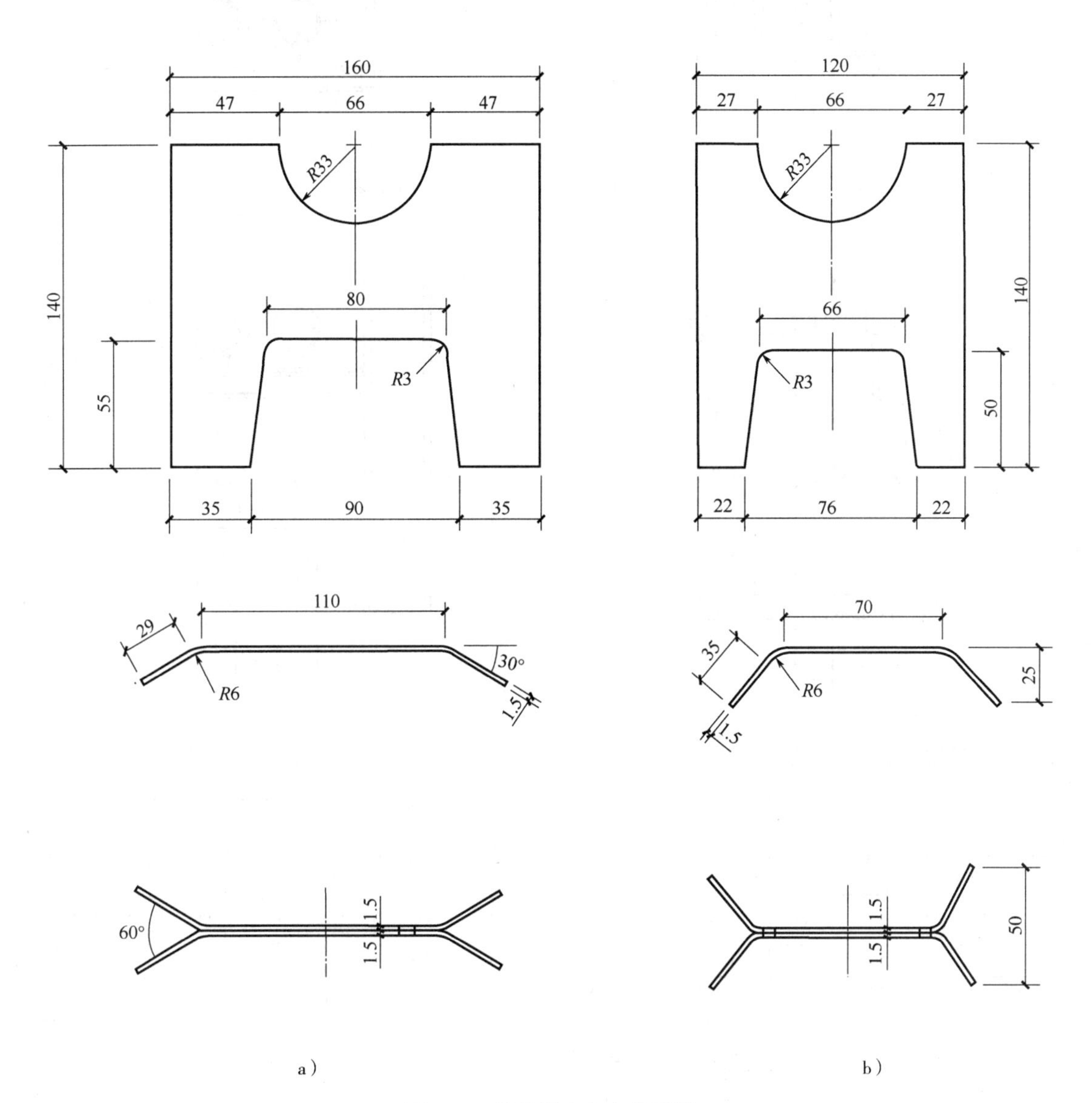

图 7-19　散热器支座安装详图

a）A 型支座　b）B 型支座

注：1. 支座采用 $\delta = 15$mm 钢板接触焊制而成，支座刷漆颜色应与散热器相同。

2. A 型支座用于钢制 4 柱，B 型支座用于钢板 3 柱。

（四）滑动支架安装

滑动支架安装示意图如图 7-20 所示。

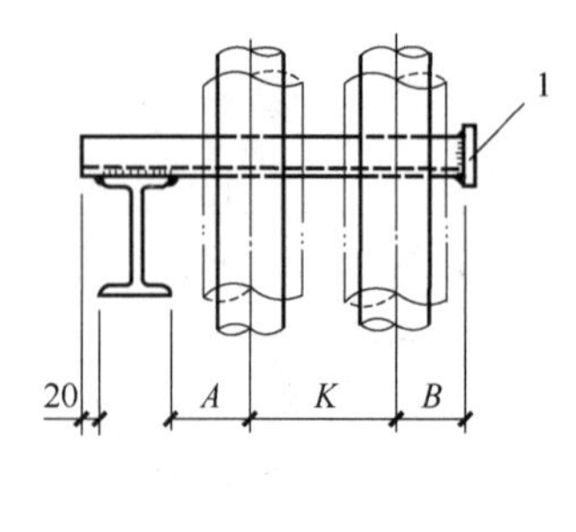

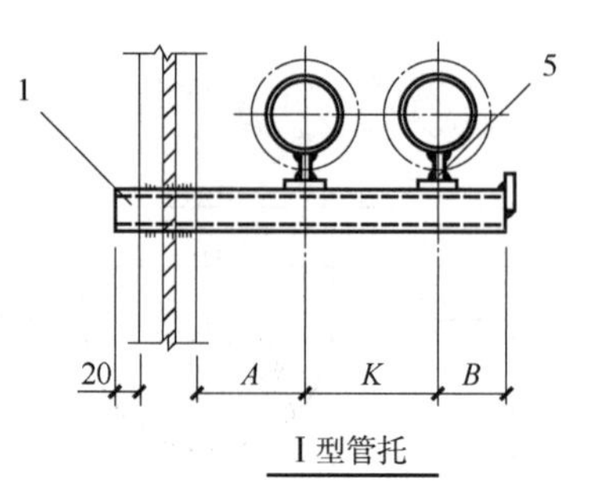

Ⅰ型管托

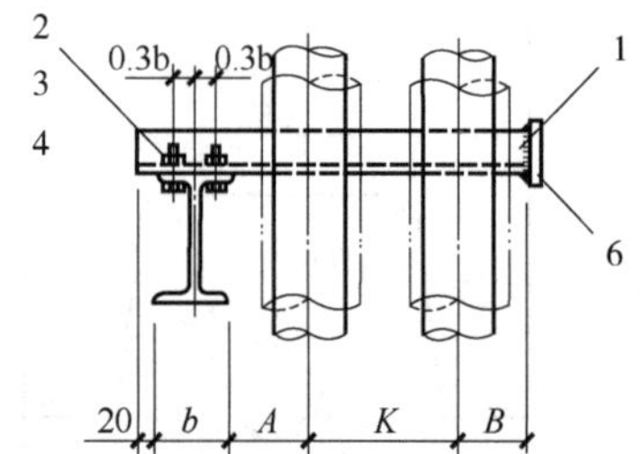

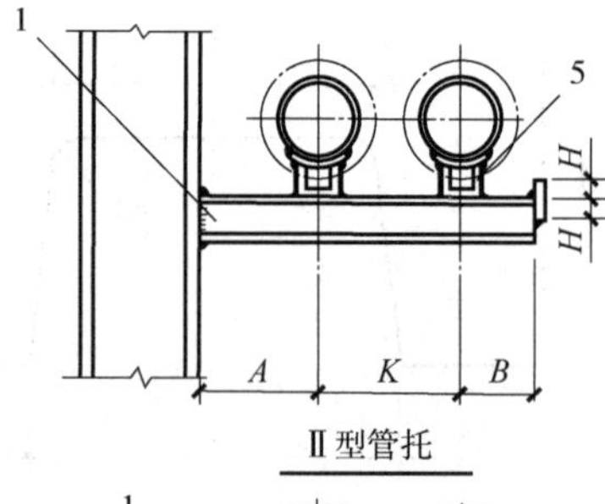

Ⅱ型管托

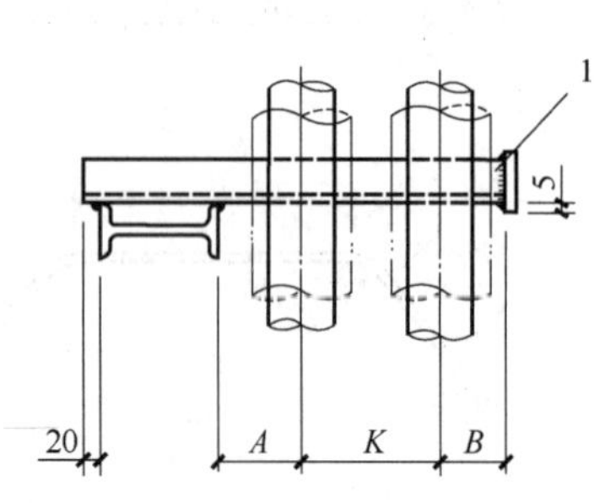

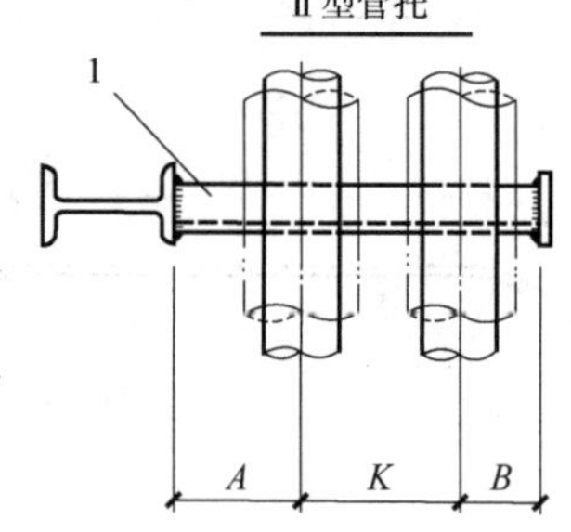

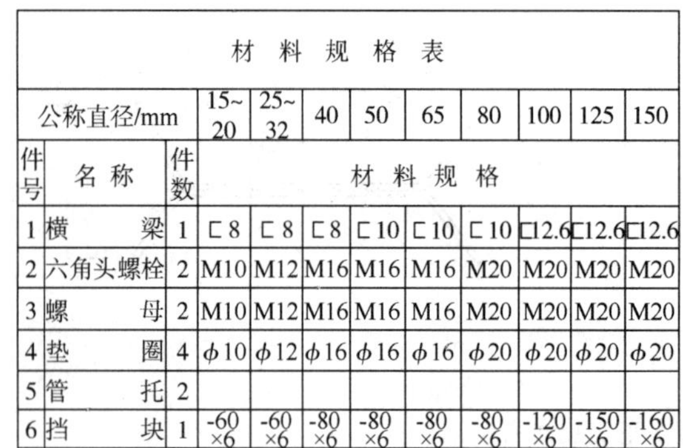

材料规格表

件号	名称	件数	15~20	25~32	40	50	65	80	100	125	150
	公称直径/mm		15~20	25~32	40	50	65	80	100	125	150
			材料规格								
1	横梁	1	⊏8	⊏8	⊏8	⊏10	⊏10	⊏10	⊏12.6	⊏12.6	⊏12.6
2	六角头螺栓	2	M10	M12	M16	M16	M16	M20	M20	M20	M20
3	螺母	2	M10	M12	M16	M16	M16	M20	M20	M20	M20
4	垫圈	4	ϕ10	ϕ12	ϕ16	ϕ16	ϕ16	ϕ20	ϕ20	ϕ20	ϕ20
5	管托	2									
6	挡块	1	-60×6	-60×6	-80×6	-80×6	-80×6	-80×6	-120×6	-150×6	-160×6

尺寸表

公称直径/mm		15	20	25	32	40	50	65	80	100	125	150
尺寸	A	120	120	140	140	140	150	160	160	180	200	210
	B	40	40	50	50	60	60	70	80	80	100	110
	H	30	30	30	30	40	40	40	40	60	75	75
	K	150	160	170	190	200	210	230	240	270	300	330

图 7-20 滑动支架安装

（五）散热器立管、支管安装

散热器立管、支管安装示意图如图 7-21 和图 7-22 所示。

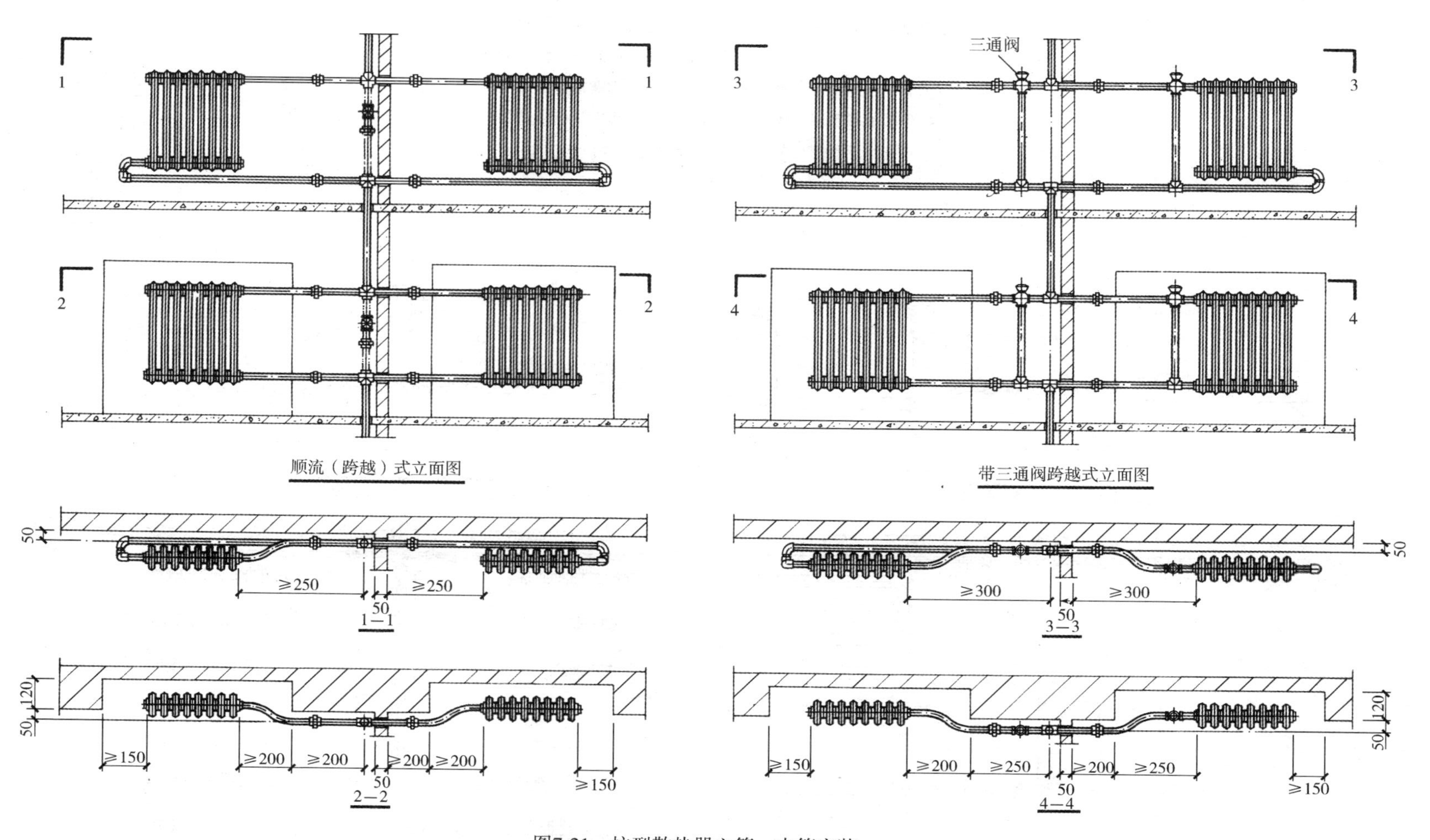

图7-21　柱型散热器立管、支管安装

注：用假想线表示的跨越管及阀门，由工程设计决定取值。

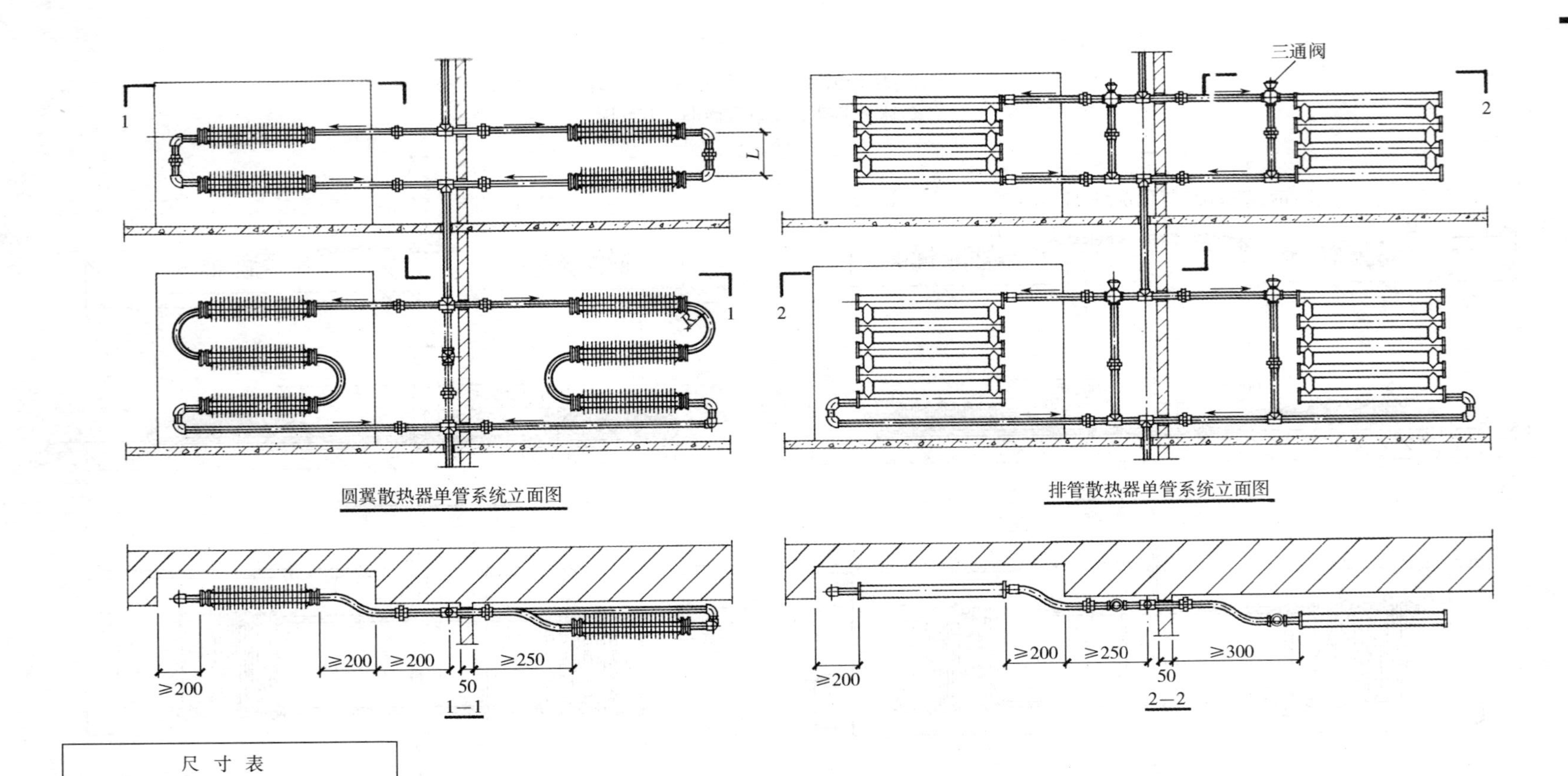

尺寸表		
支管管径 DN	R	L
15	95	190
20	98	196
25	101	202
32	105	210

图7-22　圆翼型散热器立管、支管安装

注：1. 用假想线表示的跨越管及其阀门，由工程设计决定取舍。

2. 圆翼型散热器组装采用煨弯管连接或弯头连接，由施工单位决定。

3. 散热器三通阀由工程设计决定型号。

4. 散热器暗装时，右图系统的三通阀和跨越管亦可装在壁龛内。

第四节　空调相关设备及管件安装标准图

一、风机盘安装

（一）风机盘管、立管安装

风机盘管、立管安装示意图如图 7-23 所示。

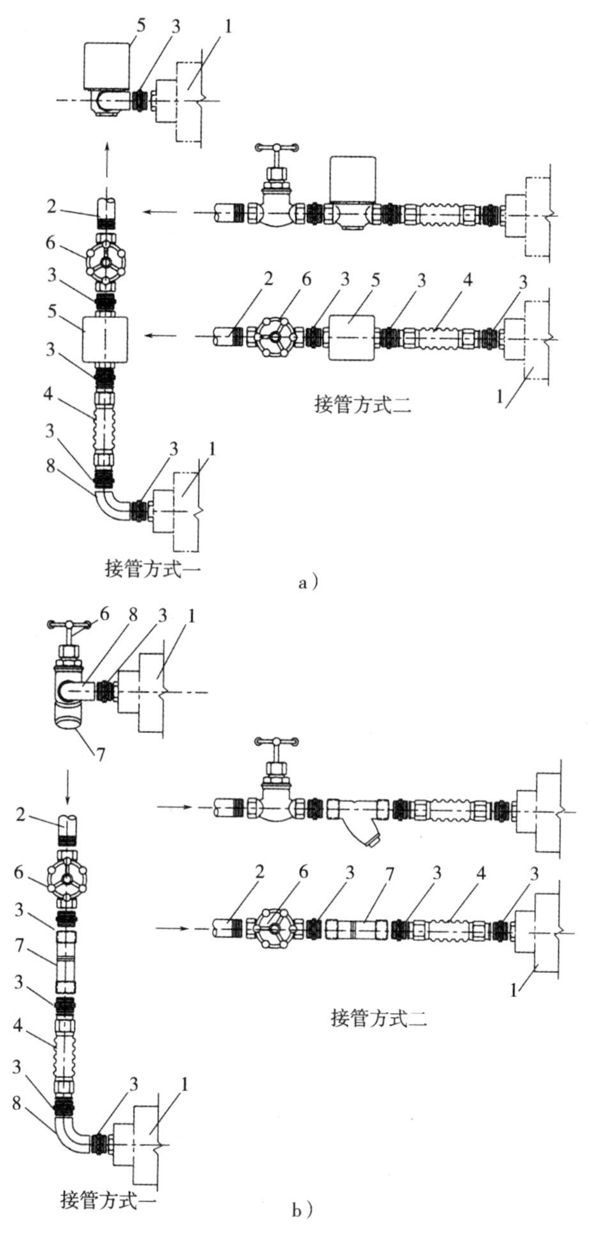

图 7-23　风机盘水管安装示意图

a）回水管连接　b）供水管连接

注：1—风机盘管　2—水管　3—内接头　4—软管（约 200mm）　5—电动两通阀　6—截止阀（铜）　7—过滤器　8—弯管

（二）卧式风机盘管安装

1. 明装

卧式风机盘管安装（明装）如图7-24所示。

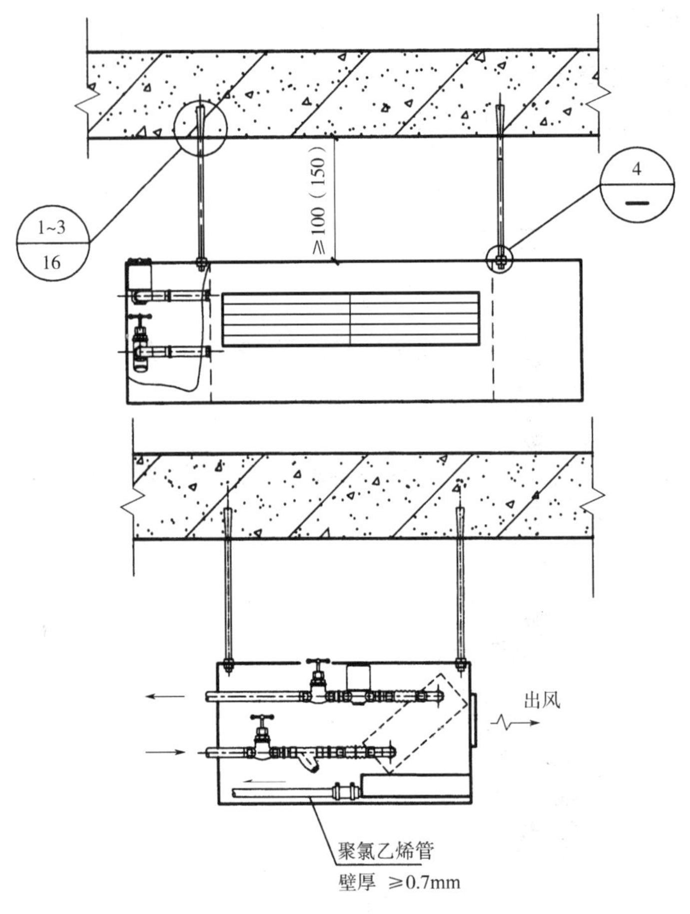

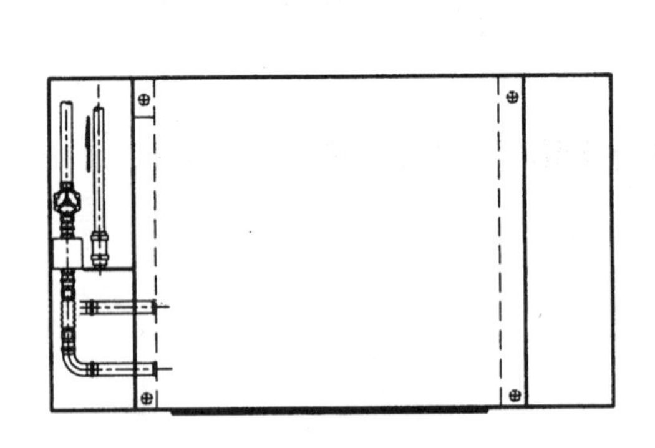

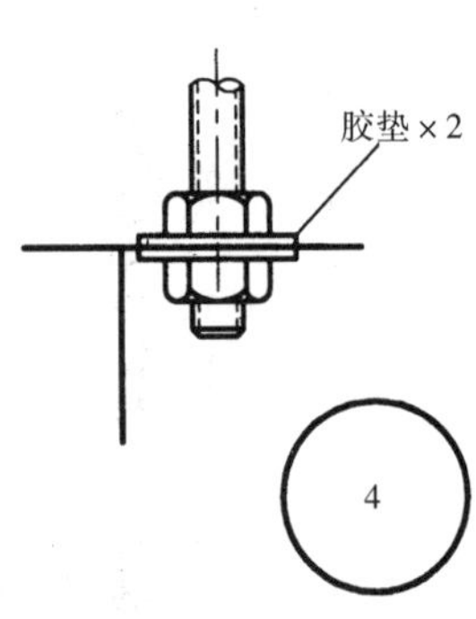

图7-24　卧式风机盘管安装（明装）

注：1. 括号内数字为减振吊架安装方式。

2. 凝结水管坡度不小于0.01，沿箭头方向降低。

2. 暗装

卧式风机盘安装（暗装）如图7-25所示。

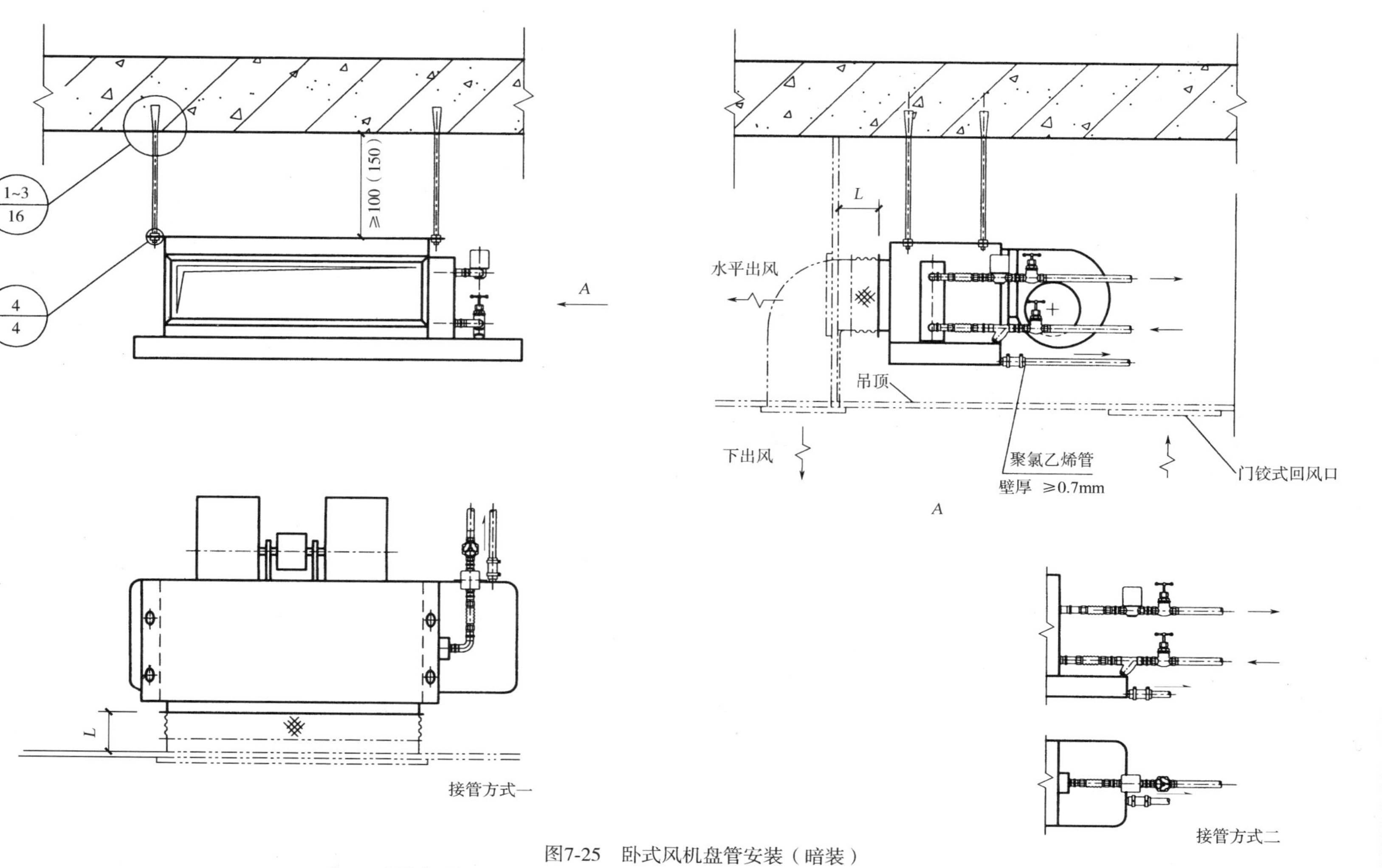

图7-25 卧式风机盘管安装（暗装）

注：1. 本图适于吊顶回风。

2. 括号内数字为减振吊架安装方式。

3. 对于水平出风，L一般不小于150，但风管（口）长边超过1000时，L宜不小于200。

4. 凝结水管坡度不小于0.01，沿箭头方向降低。

（三）立式风机盘管安装

1. 明装

立式风机盘管安装(明装)如图7-26所示。

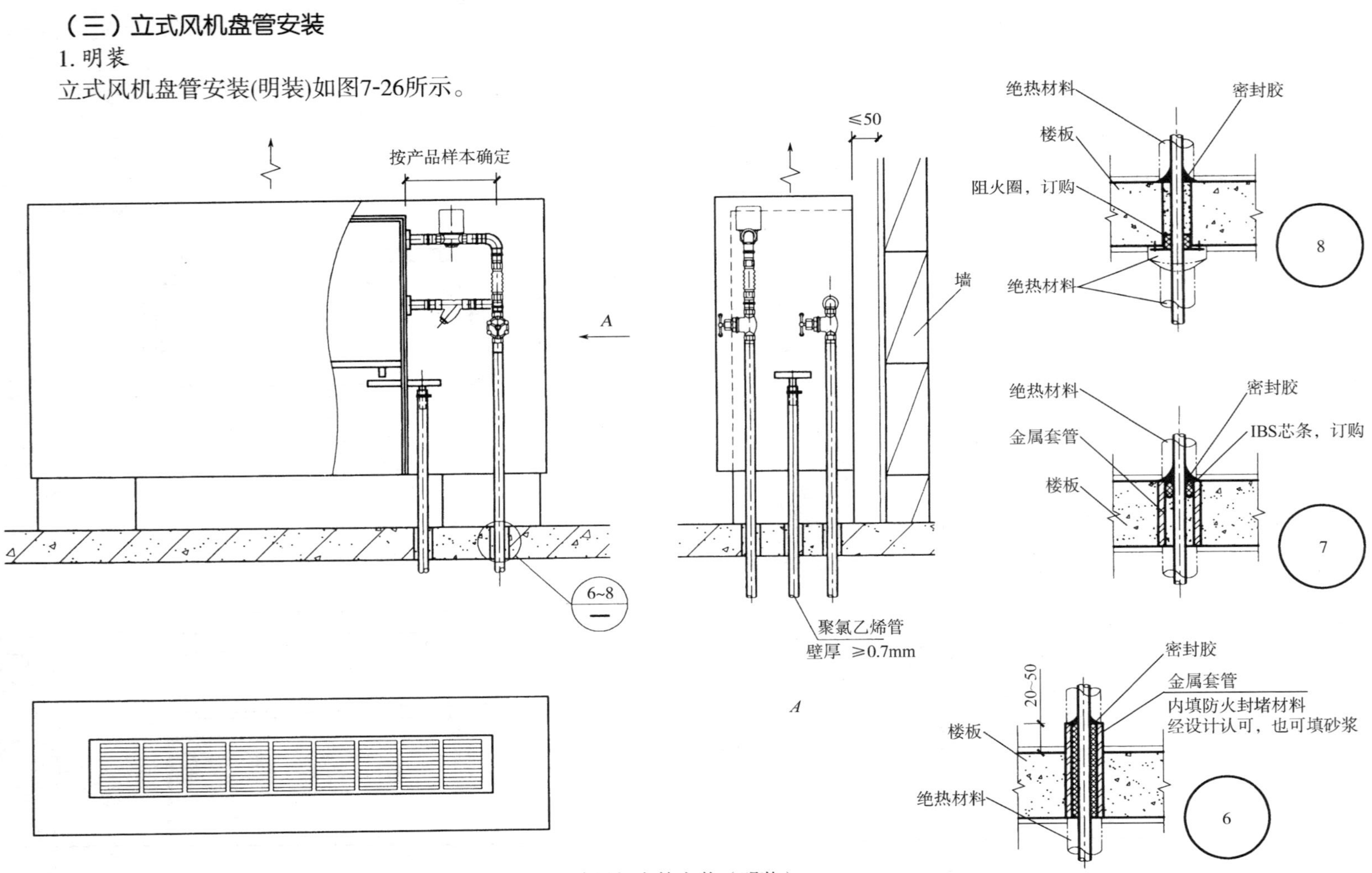

图7-26　立式风机盘管安装（明装）

注：防火材料须为消防部门认可的合格产品。

2. 暗装

立式风机盘管安装（暗装）如图7-27所示。

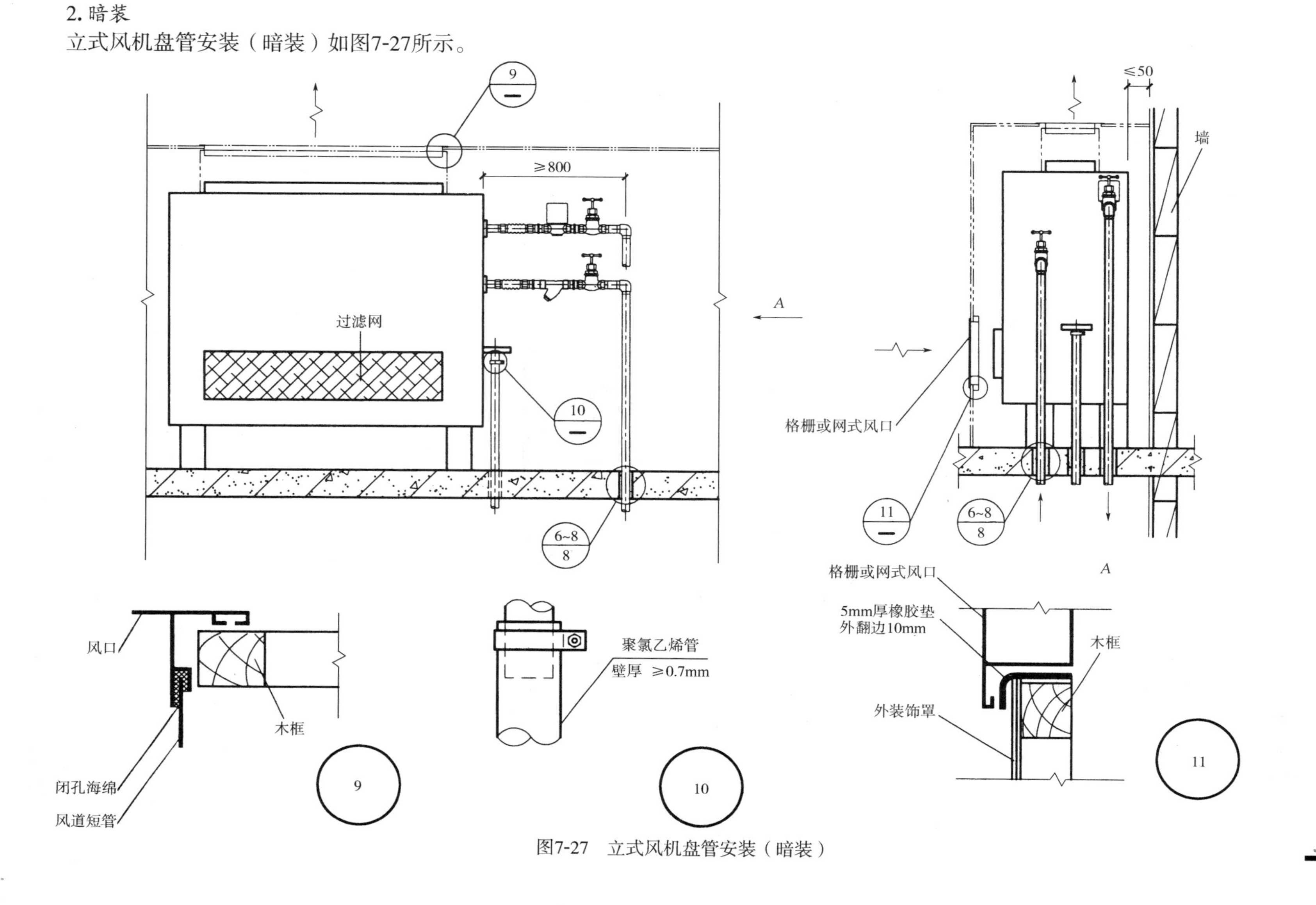

图7-27　立式风机盘管安装（暗装）

(四) 卡式风机盘管安装

卡式风机盘管安装如图 7-28 所示。

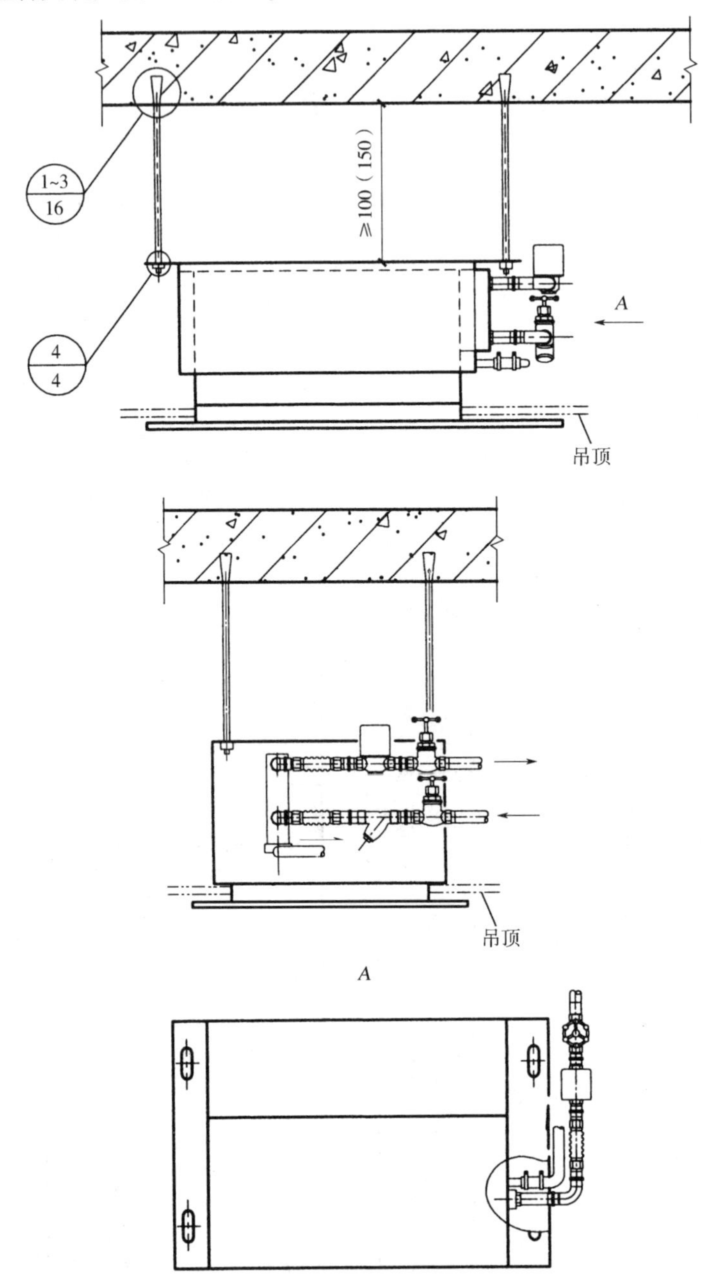

图 7-28　卡式风机盘管安装

注：1. 括号内数字为减振吊架安装方式。

2. 凝结水和坡度不小于 0.01，沿箭头方向降低。

(五) 踢脚板式风机盘管安装

1. 明装

踢脚板式风机盘管安装（明装）如图 7-29 所示。

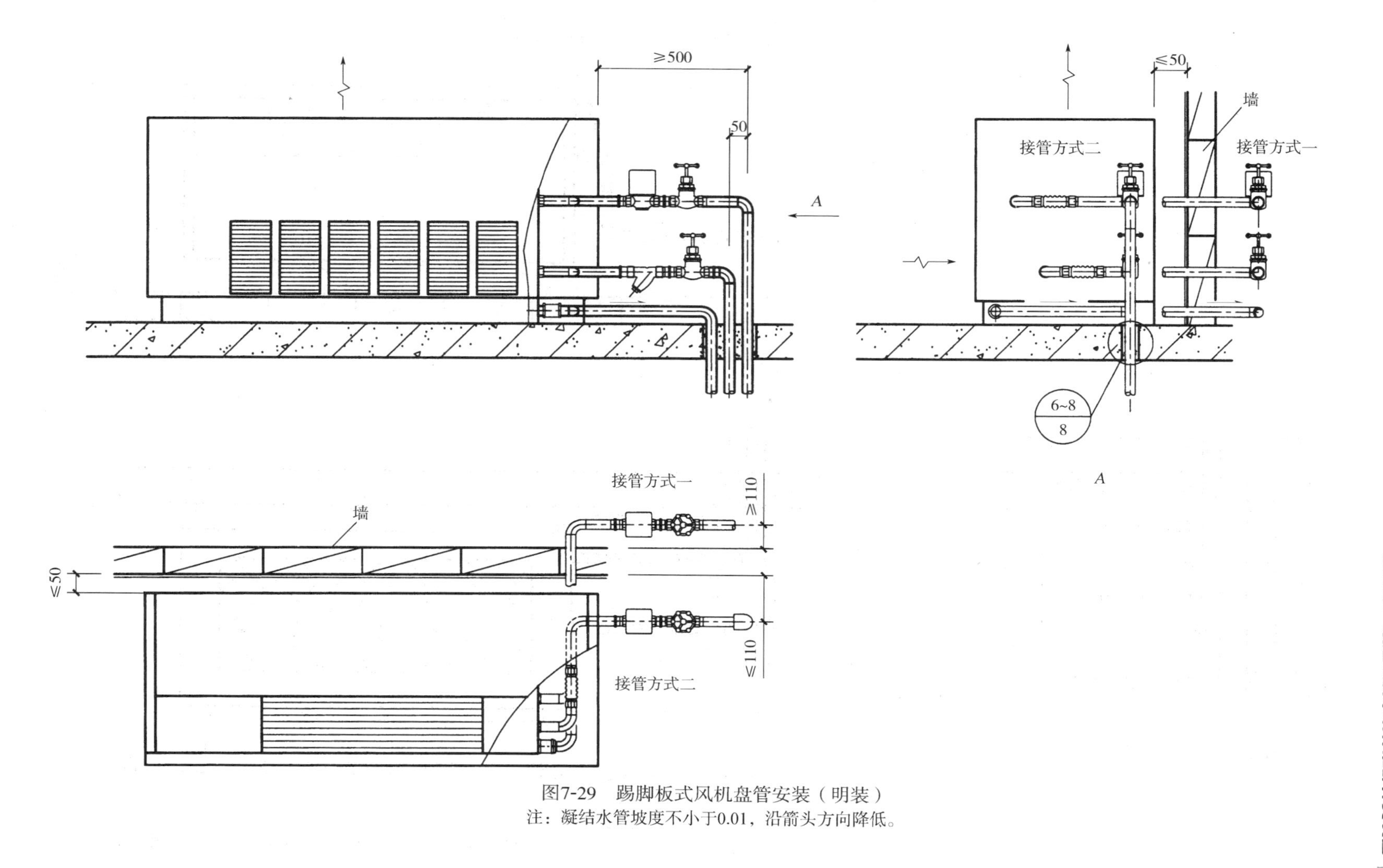

图7-29　踢脚板式风机盘管安装（明装）

注：凝结水管坡度不小于0.01，沿箭头方向降低。

2. 暗装

踢脚板式风机盘管安装（暗装）如图7-30所示。

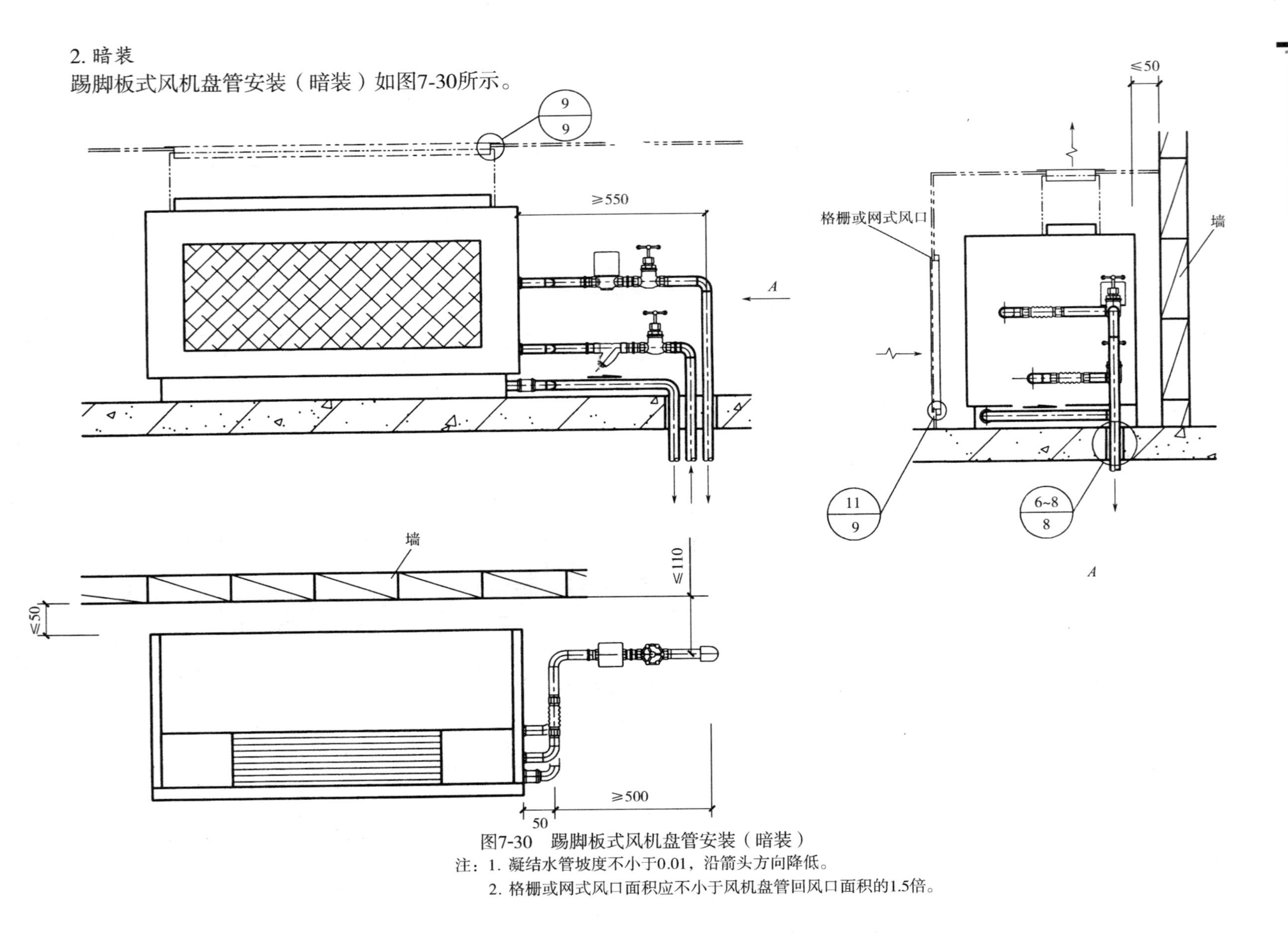

图7-30　踢脚板式风机盘管安装（暗装）

注：1. 凝结水管坡度不小于0.01，沿箭头方向降低。

2. 格栅或网式风口面积应不小于风机盘管回风口面积的1.5倍。

（六）立柱式风机盘管安装

1. 明装

立柱式风机盘管安装（明装）如图7-31所示。

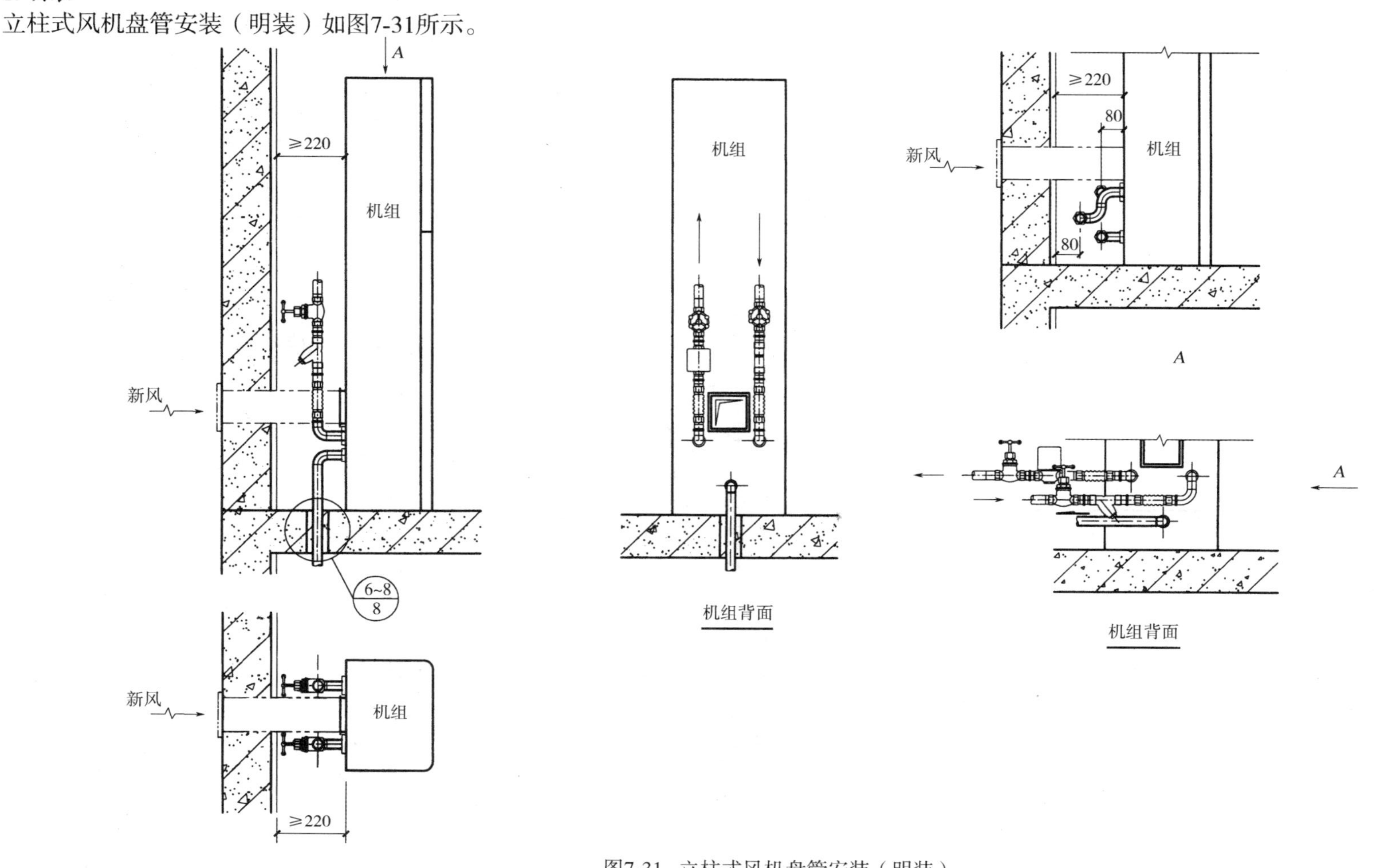

图7-31 立柱式风机盘管安装（明装）

注：凝结水管水平安装时坡度不应小于0.01，沿箭头方向降低。

2. 暗装

立柱式风机盘管安装（暗装）如图7-32所示。

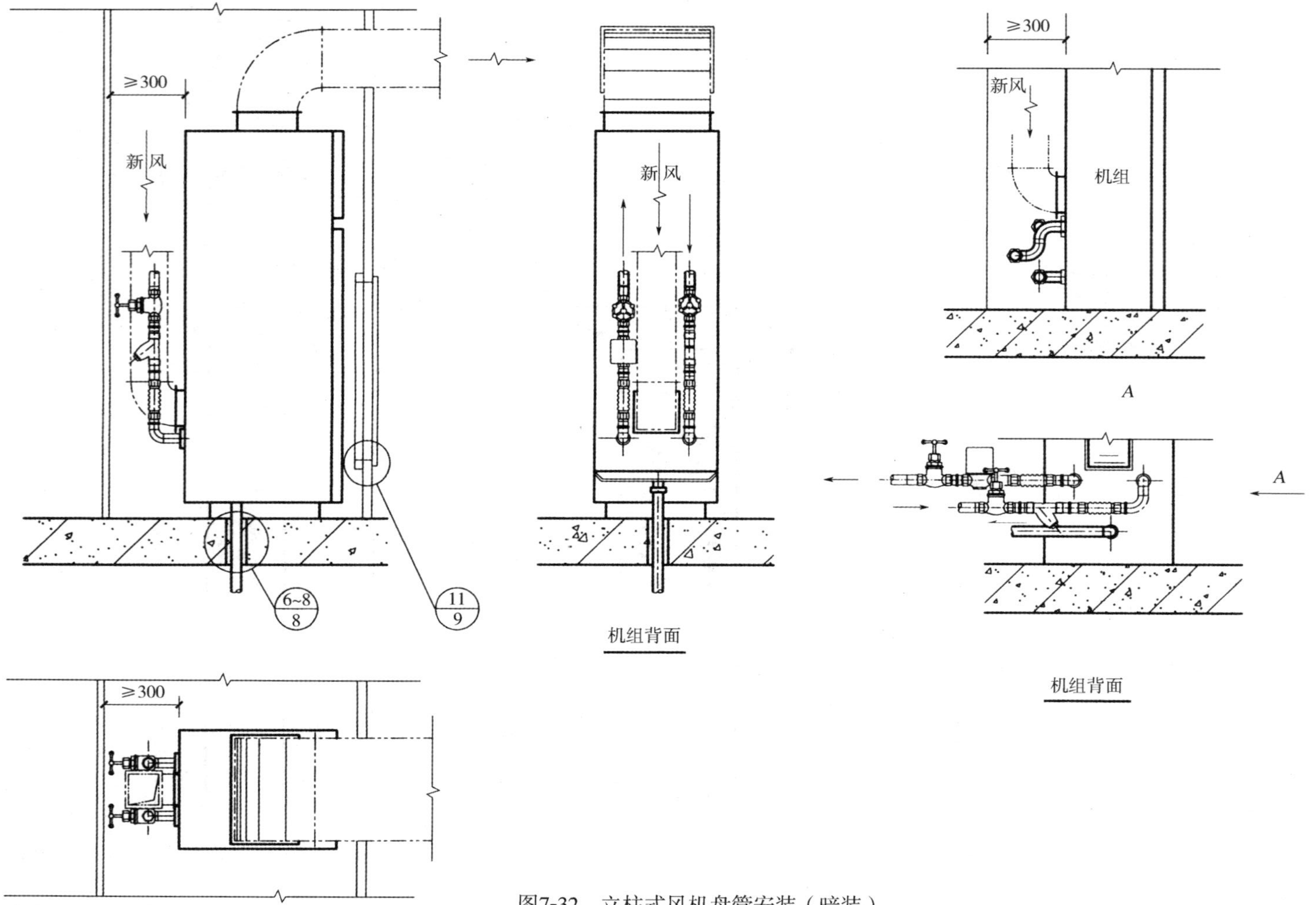

图7-32　立柱式风机盘管安装（暗装）

注：凝结水管水平安装时坡度不应小于0.01，沿箭头方向降低。

（七）壁挂式风机盘安装

壁挂式风机盘安装如图7-33所示。

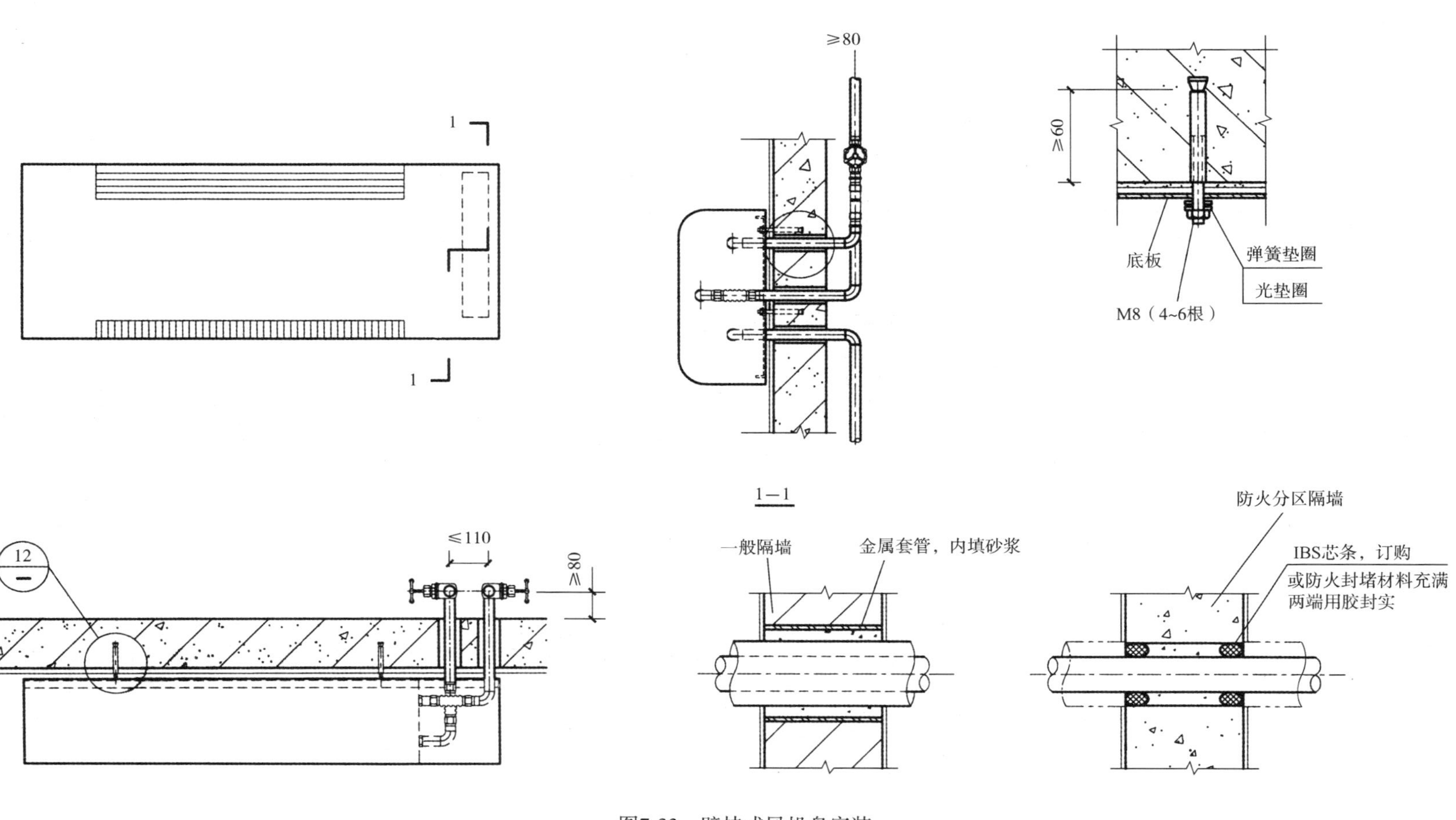

图7-33　壁挂式风机盘安装

注：防火材料须为消防部门认可的合格产品。

二、暖通风机安装

（一）砖墙上安装

1. 暖风机与墙垂直安装

暖风机与墙垂直安装如图 7-34 所示。

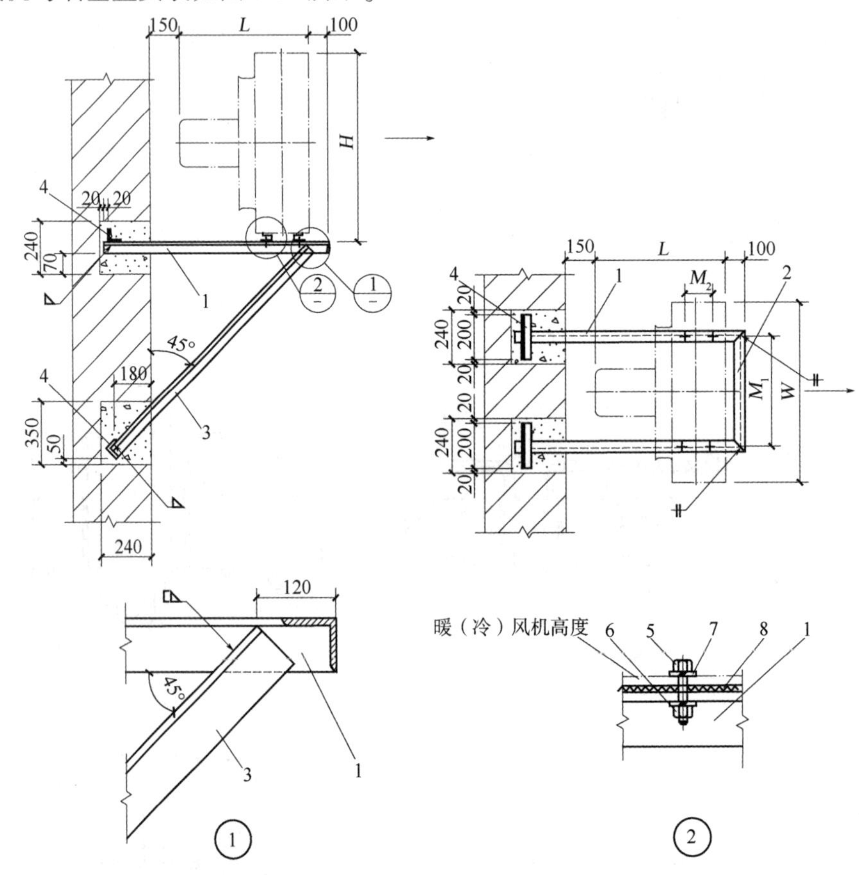

材料规格表

暖（冷）风机重量W/kg				W≤80	80＜W≤160	160＜W≤240	240＜W≤320
件号	名称	材料	件数	规格	规格	规格	规格
1	主梁	Q235B	2	∟50×5	∟50×5	∟63×5	∟63×6
2	横梁	Q235B	1	∟50×5	∟50×5	∟63×5	∟63×6
3	斜撑	Q235B	2	∟50×5	∟50×5	∟63×5	∟63×6
4	加固件	Q235B	4	∟50×5	∟50×5	∟50×5	∟50×5
5	螺栓	Q235B	4	M10×30	M12×30	M12×30	M12×30
6	螺母	Q235B	4	M10	M12	M12	M12
7	弹簧垫圈	65Mn	8	ϕ10	ϕ12	ϕ12	ϕ12
8	橡胶垫片	橡胶	4	δ=6	δ=6	δ=6	δ=6

图 7-34 暖风机与墙垂直安装

注：1. 本图适用于厚度大于等于 300 的实心砖墙。

2. L、W 和 H 分别为暖（冷）风机的长、宽、高。M_1、M_2 为暖（冷）风机固定螺栓相对距离。其具体尺寸数据详见相对应的暖（冷）风机尺寸表。

2. 暖风机与墙平行安装

暖风机与墙平行安装如图 7-35 所示。

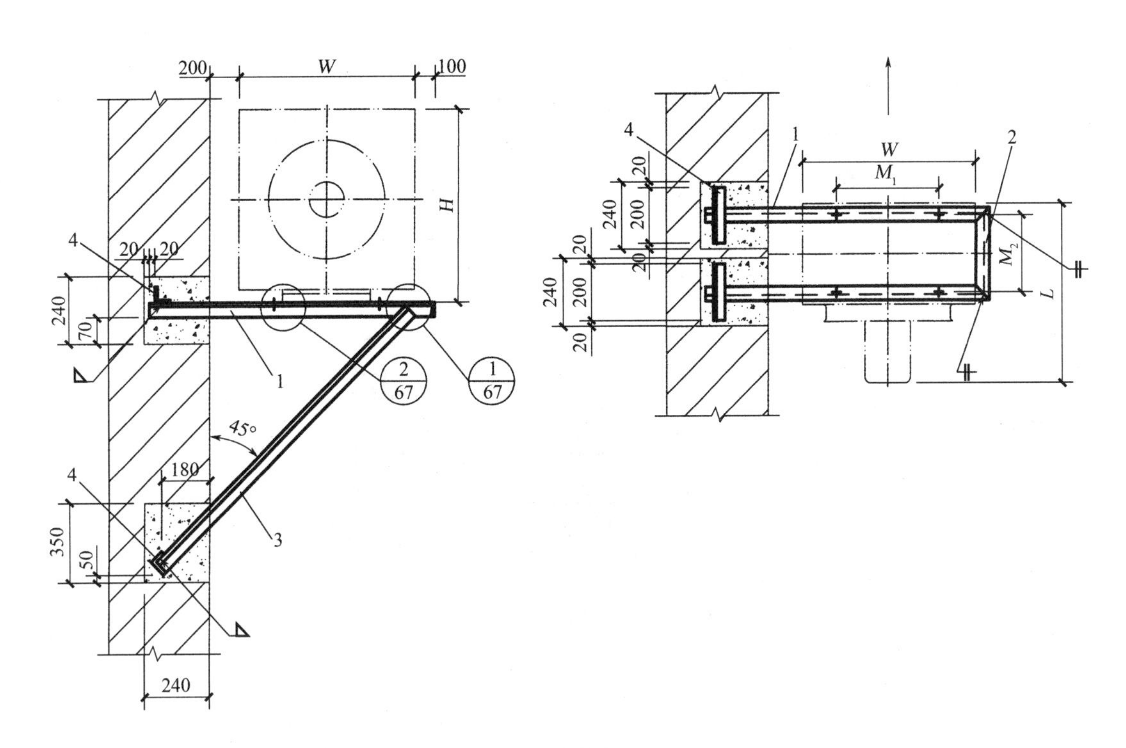

材料规格表

暖（冷）风机重量W/kg				W≤80	80＜W≤160	160＜W≤240	240＜W≤320
件号	名 称	材 料	件 数	规 格	规 格	规 格	规 格
1	主梁	Q235B	2	∟50×5	∟50×5	∟63×5	∟63×6
2	横梁	Q235B	1	∟50×5	∟50×5	∟63×5	∟63×6
3	斜撑	Q235B	2	∟50×5	∟50×5	∟63×5	∟63×6
4	加固件	Q235B	4	∟50×5	∟50×5	∟50×5	∟50×5
5	螺栓	Q235B	4	M10×30	M12×30	M12×30	M12×30
6	螺母	Q235B	4	M10	M12	M12	M12
7	弹簧垫圈	65Mn	8	ϕ10	ϕ12	ϕ12	ϕ12
8	橡胶垫片	橡胶	4	δ=6	δ=6	δ=6	δ=6

图 7-35 暖风机与墙平行安装

注：1. 本图适用于厚度大于等于 300 的实心砖墙。

2. L、W 和 H 分别为暖（冷）风机的长、宽、高。M_1、M_2 为暖（冷）风机固定螺栓相对距离。其具体尺寸数据详见相对应的暖（冷）风机尺寸表。

3. 若暖（冷）风机固定螺栓相对距离 M_2 较小，则加固件 4 可合并成 1 件。

3. 暖风机与墙成任一角度安装

暖风机与墙成任一角度安装如图 7-36 所示。

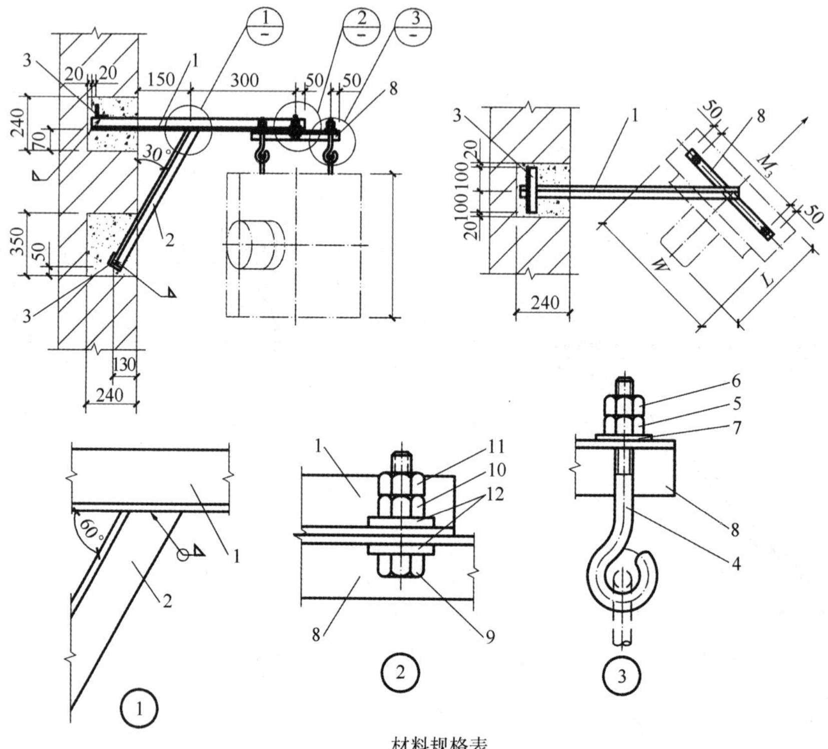

材料规格表

暖（冷）风机重量W/kg				W≤80
件 号	名 称	材 料	件 数	规 格
1	主梁	Q235B	1	∟50×5
2	斜撑	Q235B	1	∟50×5
3	加固体	Q235B	2	∟50×5
4	吊钩	Q235B	2	ϕ10
5	螺母	Q235B	2	M10
6	紧固螺母	Q235B	2	M10
7	弹簧垫圈	65Mn	2	ϕ10
8	横梁	Q235B	1	∟50×5
9	螺栓	Q235B	1	M12×40
10	加厚螺母	Q235B	1	M12
11	紧固螺母	Q235B	1	M12
12	弹簧垫圈	65Mn	2	ϕ12

图 7-36 暖风机与墙成任一角度安装

注：1. 本图适用于厚度大于等于 300 的实心砖墙。

2. L、W 和 H 分别为暖（冷）风机的长、宽、高。M_3 为暖（冷）风机吊杆相对距离。其具体尺寸数据详见相对应的暖（冷）风机尺寸表。

3. 斜撑、吊钩与墙的距离可根据安装情况做适当调整，尽量使设备靠墙安装。

4. 吊钩位于梁中心线部位，螺栓位于主梁、横梁中心线部位。

5. 暖（冷）风机安装角度由工程设计确定。

（二）混凝土墙上安装

1. 暖风机与混凝土墙垂直安装

暖风机与混凝土墙垂直安装如图 7-37 所示。

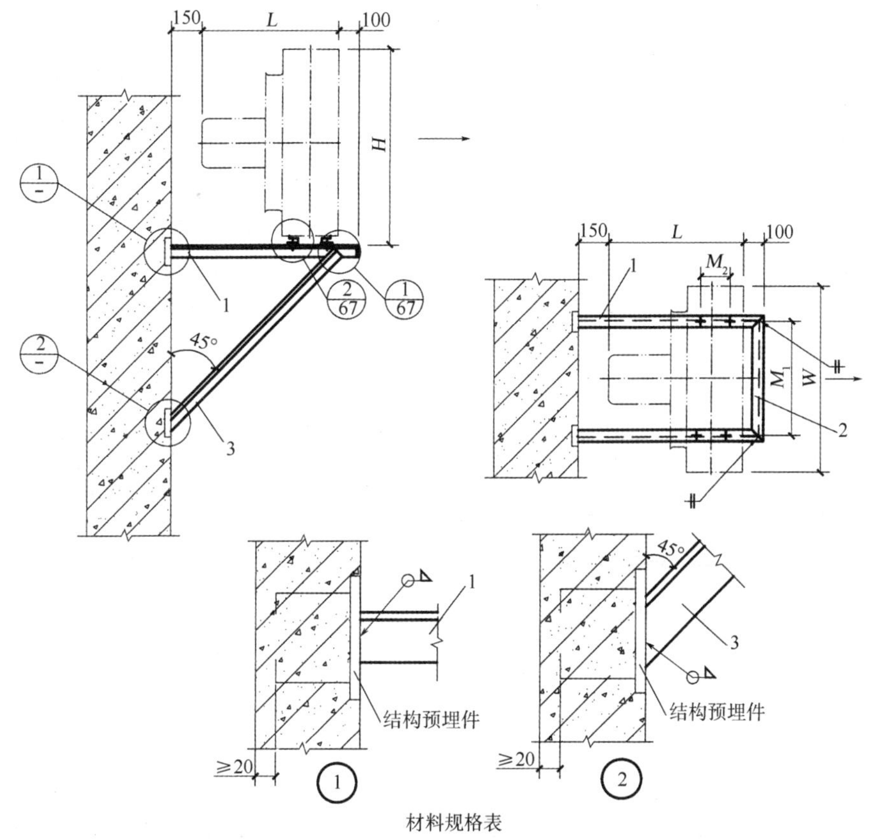

材料规格表

暖（冷）风机重量W/kg				W≤80	80＜W≤160	160＜W≤240	240＜W≤320
件号	名　称	材　料	件数	规　格	规　格	规　格	规　格
1	主梁	Q235B	2	∟50×5	∟50×5	∟63×5	∟63×6
2	横梁	Q235B	1	∟50×5	∟50×5	∟63×5	∟63×6
3	斜撑	Q235B	2	∟50×5	∟50×5	∟63×5	∟63×6
4	—	—	—	—	—	—	—
5	螺栓	Q235B	4	M10×30	M12×30	M12×30	M12×30
6	螺母	Q235B	4	M10	M12	M12	M12
7	弹簧垫圈	65Mn	4	ϕ10	ϕ12	ϕ12	ϕ12
8	橡胶垫片	橡胶	2	δ=6	δ=6	δ=6	δ=6

图 7-37　暖风机在混凝土墙上垂直安装

注：1. 本图适用于厚度大于等于 150 钢筋混凝土墙。

2. L、W 和 H 分别为暖（冷）风机的长、宽、高。M_1、M_2 为暖（冷）风机固定螺栓相对距离。其具体尺寸数据详见相对应的暖（冷）风机尺寸表。

3. 预埋件应由结构专业根据受力情况参照国家标准图集《钢筋混凝土结构预埋件》（16G362）和国家标准《混凝土结构设计规范（2015 年版）》（GB 50010—2010）由工程设计确定。考虑地震作用的预埋件，应满足国家标准《混凝土结构设计规范（2015 年版）》（GB 50010—2010）第 11. 1. 9 条的规定。

2. 暖风机与混凝土墙平行安装

暖风机与混凝土墙平行安装如图 7-38 所示。

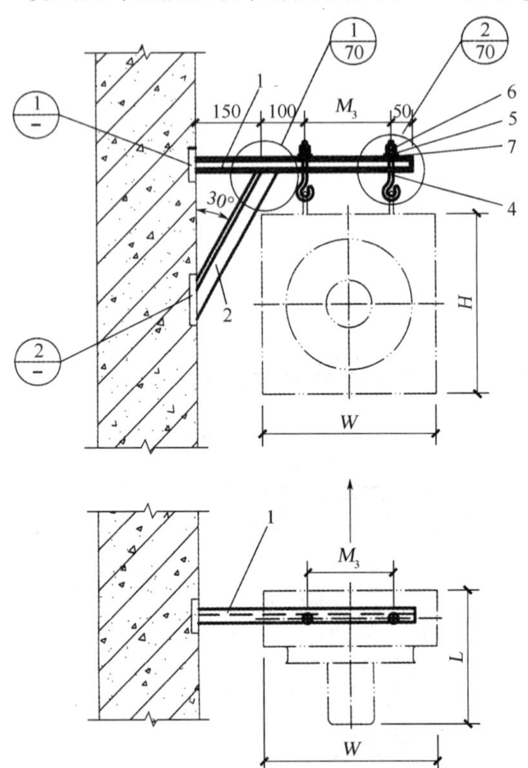

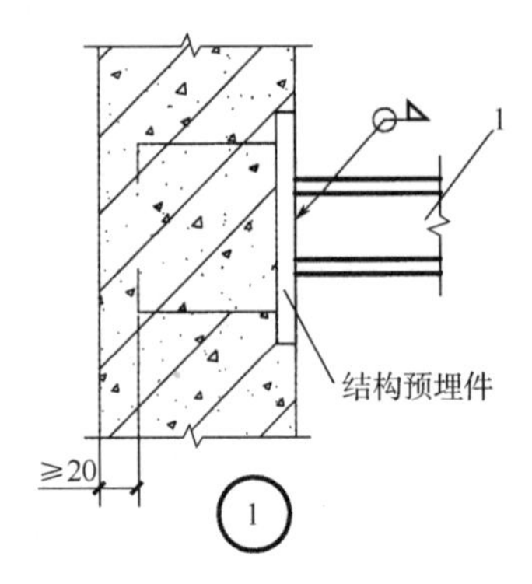

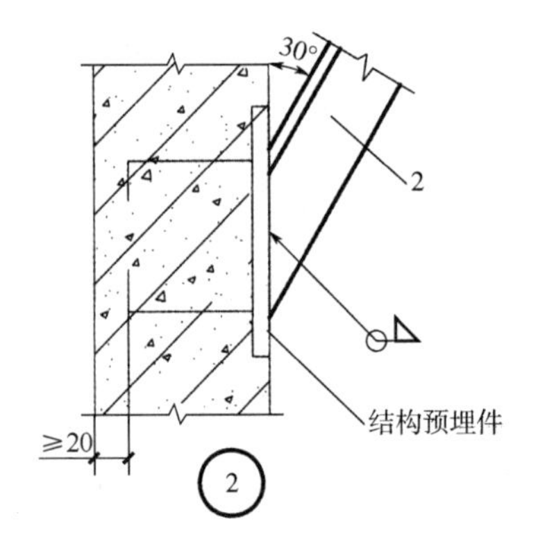

材料规格表

暖（冷）风机重量W/kg				W≤80	80＜W≤160
件号	名 称	材 料	件数	规 格	规 格
1	主梁	Q235B	1	⊏5	⊏6.3
2	斜撑	Q235B	1	∟50×5	∟50×5
3	—	—	—	—	—
4	吊钩	Q235B	2	ϕ10	ϕ12
5	螺母	Q235B	2	M10	M12
6	紧固螺母	Q235B	2	M10	M12
7	弹簧垫圈_	65Mn	2	ϕ10	ϕ12

图 7-38 暖风机在混凝土墙上平行安装

注：1. 本图适用于厚度大于等于 150 钢筋混凝土墙。

2. L、W 和 H 分别为暖（冷）风机的长、宽、高。M_3 为暖（冷）风机固定螺栓相对距离。其具体尺寸数据详见相对应的暖（冷）风机尺寸表。

3. 斜撑、吊钩与墙的距离可根据安装情况做适当调整，尽量使设备靠墙安装。

4. 吊钩位于主梁中心线部位。

3. 暖风机与混凝土墙成任一角度安装

暖风机与混凝土墙成任一角度安装如图7-39所示。

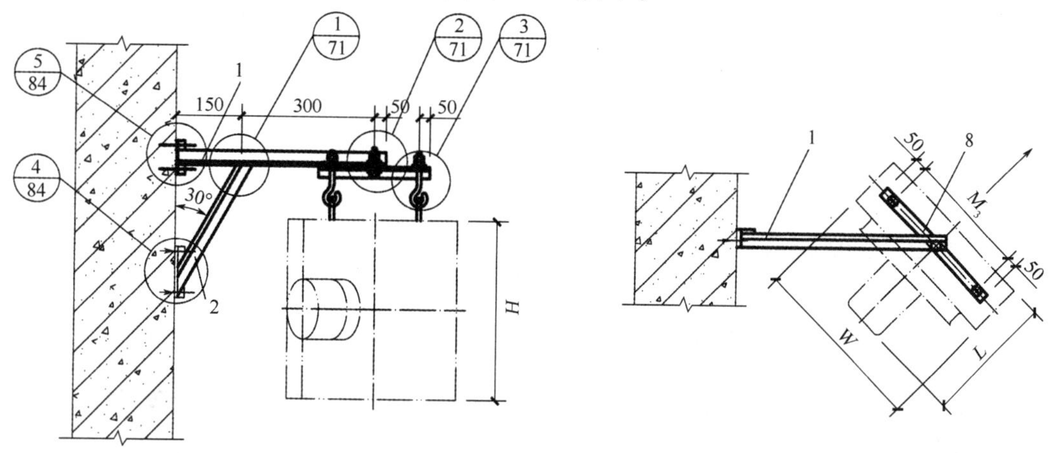

材料规格表

暖（冷）风机重量W/kg				W≤80
件号	名称	材料	件数	规格
1	主梁	Q235B	1	∟50×5
2	斜撑	Q235B	1	∟50×5
3	—	—	—	—
4	吊钩	Q235B	2	ϕ10
5	螺母	Q235B	2	M10
6	紧固螺母	Q235B	2	M10
7	弹簧垫圈	65Mn	2	ϕ10
8	横梁	Q235B	1	∟50×5
9	螺栓	Q235B	1	M12×40
10	加厚螺母	Q235B	1	M12
11	紧固螺母	Q235B	1	M12
12	弹簧垫圈	65Mn	1	ϕ12
13	托块（Ⅰ）	Q235B	1	∟80×7
14	托块（Ⅱ）	Q235B	1	∟80×7
15	化学植筋	Q235B	4	M12×120
16	螺母	Q235B	4	ϕ12
17	弹簧垫圈	65Mn	4	ϕ12

图7-39　暖风机与混凝土墙成任一角度安装

注：1. 本图适用于厚度大于等于150钢筋混凝土墙、柱。

2. L、W和H分别为暖（冷）风机的长、宽、高。M_3为暖（冷）风机吊杆相对距离。其具体尺寸数据详见相对应的暖（冷）风机尺寸表。

3. 斜撑、吊钩与墙、柱的距离可根据安装情况做适当调整，尽量使设备靠墙、柱安装。

4. 吊钩位于横梁中心线部位，螺栓位于主梁、横梁中心线部位。

（三）暖风机在钢柱上安装

暖风机在钢柱上安装如图 7-40 所示。

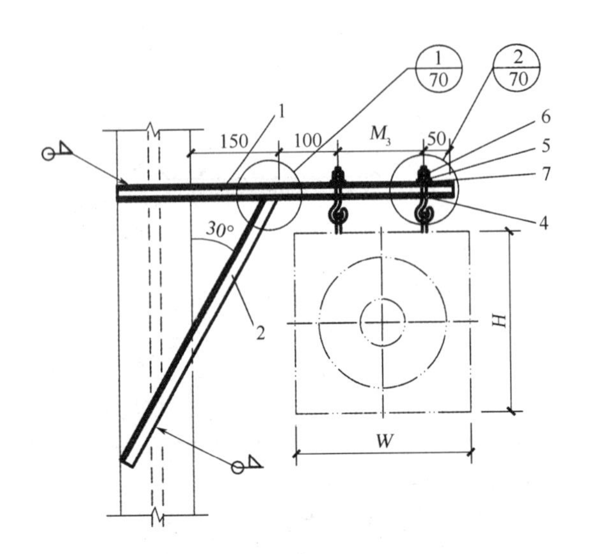

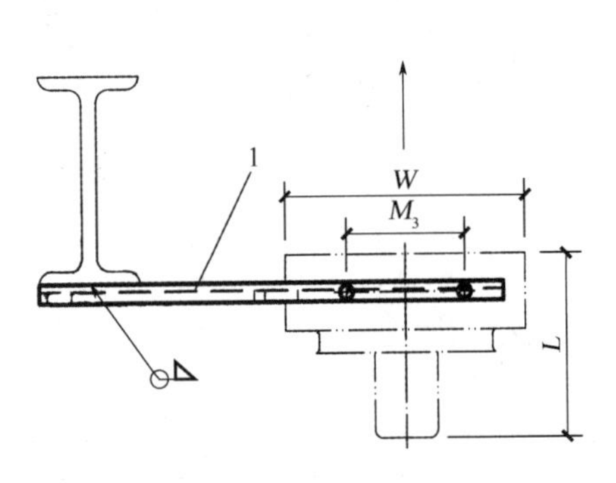

材料规格表

暖（冷）风机重量W/kg				W≤80	80<W≤160
件号	名称	材料	件数	规格	规格
1	主梁	Q235B	1	⊏5	⊏6.3
2	斜撑	Q235B	1	∟50×5	∟50×5
3	—	—	—	—	—
4	吊钩	Q235B	2	ϕ10	ϕ12
5	螺母	Q235B	2	M10	M12
6	紧固螺母	Q235B	2	M10	M12
7	弹簧垫圈	65Mn	2	ϕ10	ϕ12

图 7-40　暖风机在钢柱上安装

注：1. L、W 和 H 分别为暖（冷）风机的长、宽、高。M_3 为暖（冷）风机吊杆相对距离。其具体尺寸数据详见相对应的暖（冷）风机尺寸表。

2. 斜撑、吊钩与柱的距离可根据安装情况做适当调整，尽量使设备靠柱安装。

（四）暖风机在梁下、楼板下、屋面板下安装

暖风机在梁下、楼板下、屋面板下安装如图 7-41 所示。

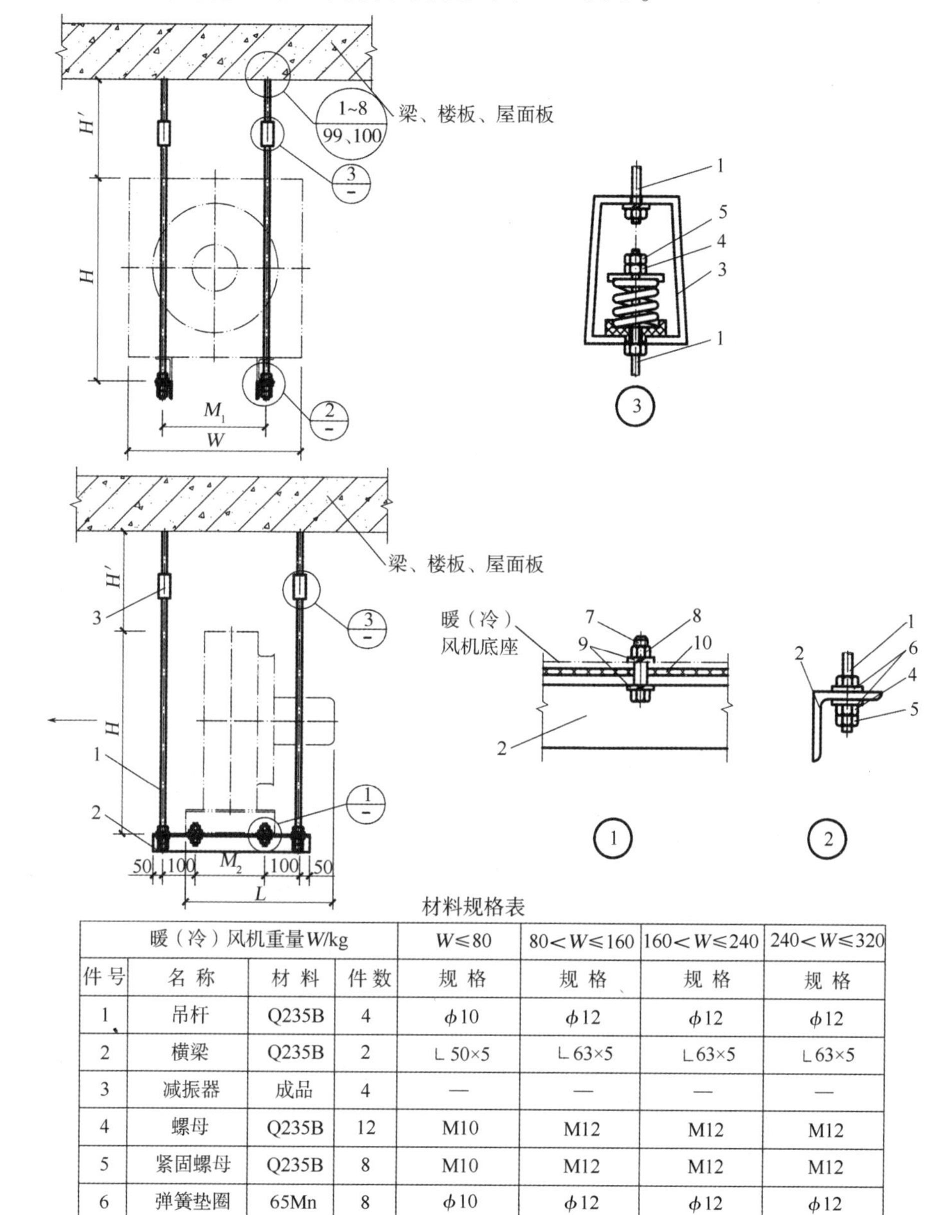

材料规格表

暖（冷）风机重量W/kg				W≤80	80<W≤160	160<W≤240	240<W≤320
件号	名称	材料	件数	规格	规格	规格	规格
1	吊杆	Q235B	4	ϕ10	ϕ12	ϕ12	ϕ12
2	横梁	Q235B	2	∟50×5	∟63×5	∟63×5	∟63×5
3	减振器	成品	4	—	—	—	—
4	螺母	Q235B	12	M10	M12	M12	M12
5	紧固螺母	Q235B	8	M10	M12	M12	M12
6	弹簧垫圈	65Mn	8	ϕ10	ϕ12	ϕ12	ϕ12
7	螺栓	Q235B	4	M10×30	M12×30	M12×30	M12×30
8	螺母	Q235B	4	M10	M12	M12	M12
9	弹簧垫圈	65Mn	8	ϕ10	ϕ12	ϕ12	ϕ12
10	橡胶垫片	橡胶	4	δ=6	δ=6	δ=6	δ=6

图 7-41　暖风机在梁下、楼板下、屋面板下安装

注：1. L、W 和 H 分别为暖（冷）风机的长、宽、高。M_1、M_2 为（冷）风机固定螺栓相对距离。其具体尺寸数据详见相对应的暖（冷）风机尺寸表。

2. 吊杆大于 1m 时，应采取防止晃动的措施。

3. H'为机组顶部与梁底、屋面板底、楼板底的距离，由工程设计确定，且 H'不小于 250mm。

（五）暖风机落地式安装

暖风机落地式安装如图7-42所示。

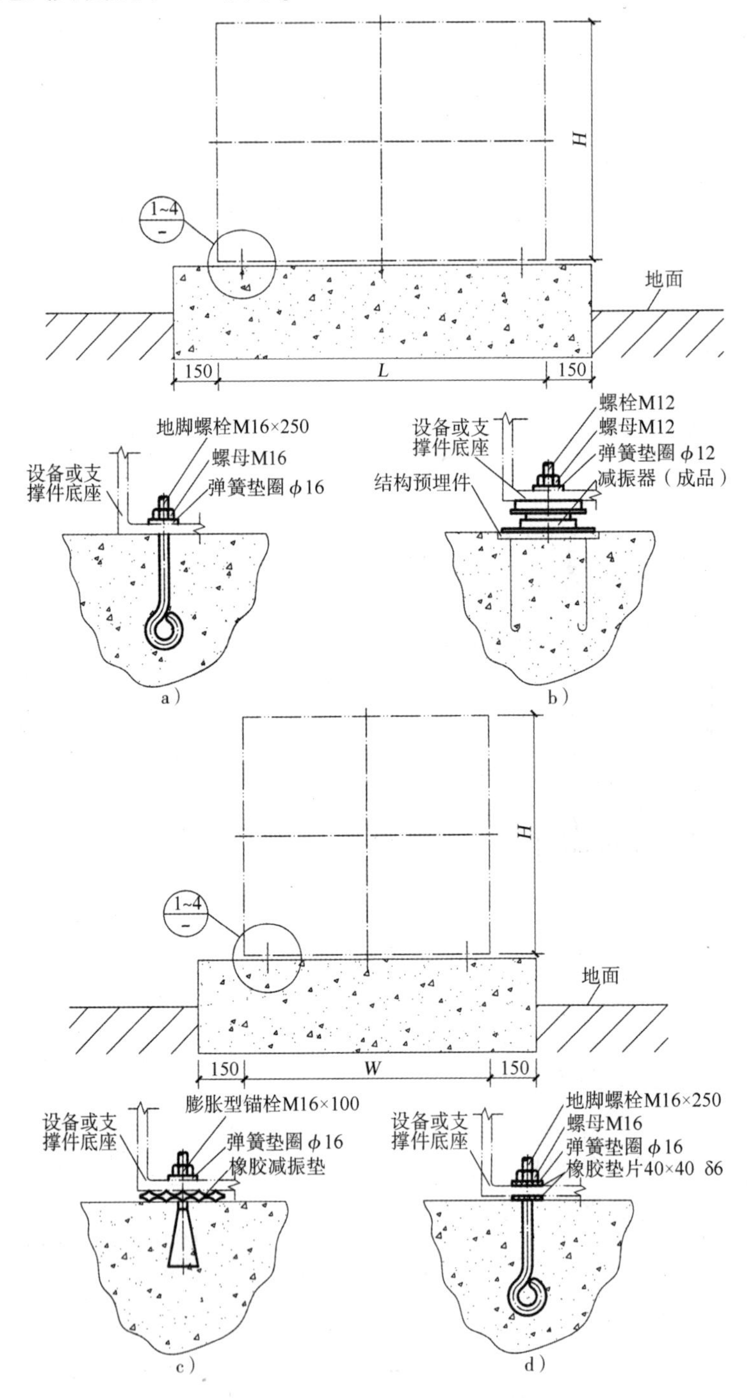

图7-42　暖风机落地式安装

a）刚性安装　b）弹簧减振器安装　c）橡胶减振垫安装　d）橡胶垫片安装

注：1. 本页适用于土壤地面安装。

2. L、W和H分别为暖（冷）风机机组的长、宽和高。

3. 安装形式、数量、距离及其础高度等按设备要求由工程设计确定。

三、空调机房安装布设示例图

（一）机房内设一台10000m³/h风量的立式空气处理机

1）机房内布设一台10000m³/h风量的立式空气处理机，空调机房内空气处理机安装如图7-43所示。

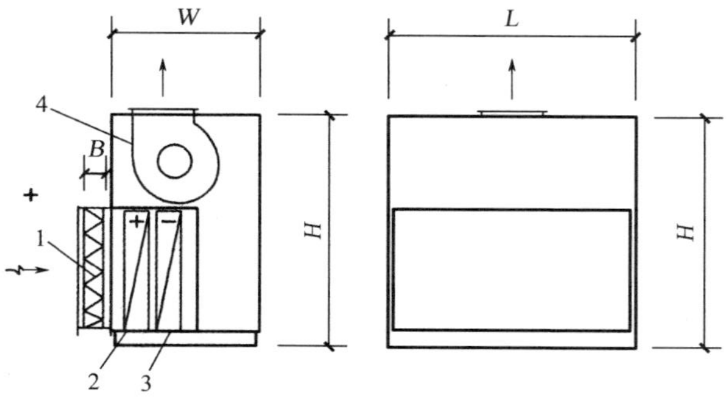

空调系统编号：______		机组数量： 左式___台；右式___台	外形尺寸要求：L≤1650，W≤950，H≤1850	
功能段编号	1	2	3	4
功能段名称	粗效过滤器	加热器	冷却器	风机
性能要求	大气尘计数效率： η≥___%（≥5μm） 初阻力：______Pa	进风参数： t_g=___℃ 出风参数： t_g=___℃	进风参数： t_g=___℃ t_s=___℃ 出风参数： t_g=___℃ t_s=___℃	风量：___m³/h 机组机外余压： ___Pa 配用电机功率： ___kW 风机出口方向：___
备注	过滤器可清洗； 带指针式压差计； 过滤器形式：平板式 B≤60； 能从侧面抽出	进出口水温：___ 盘管材质：___ 水阻力：___kPa 工作压力：___MPa	进出口水温：___ 盘管材质：___ 滴水盘材质：___ 水阻力：___kPa 工作压力：___MPa	上部出风 是否变频：___

注：1. 实际安装时表中所空数据由设计人员根据工程实际情况填入。
2. 本图中空气处理机适用于仅有温度控制要求的场所。

图7-43　空调机房内空气处理机安装

2）设备及水管安装（图 7-44）。

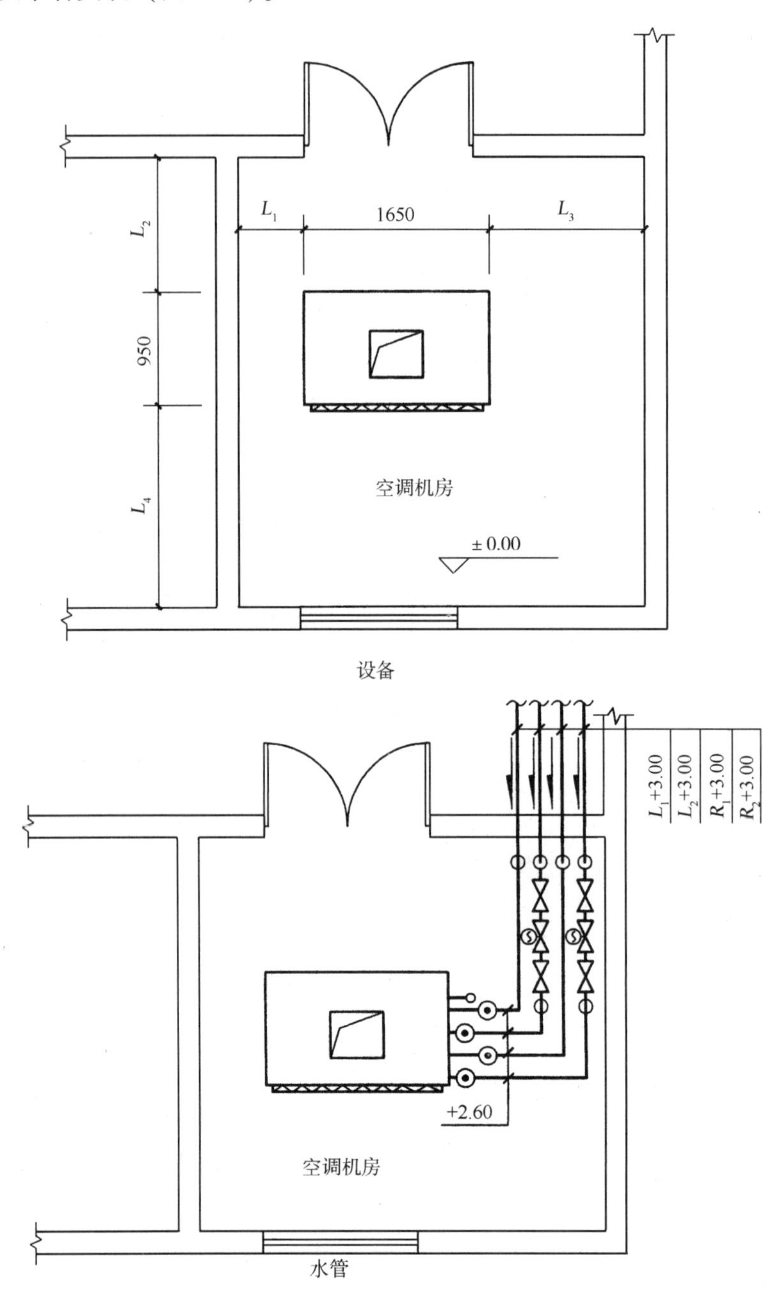

空气处理机定位尺寸表

尺寸代号	L_1	L_2	L_3	L_4
长度/mm	≥600	≥1200	≥1400	≥1800

图 7-44　设备水管布设安装图

注：1. 水管管径及管道间距由设计人员根据具体工程情况确定。

2. 旁通管管径比主管管径小一号。

3）风管安装平面图（图 7-45）。

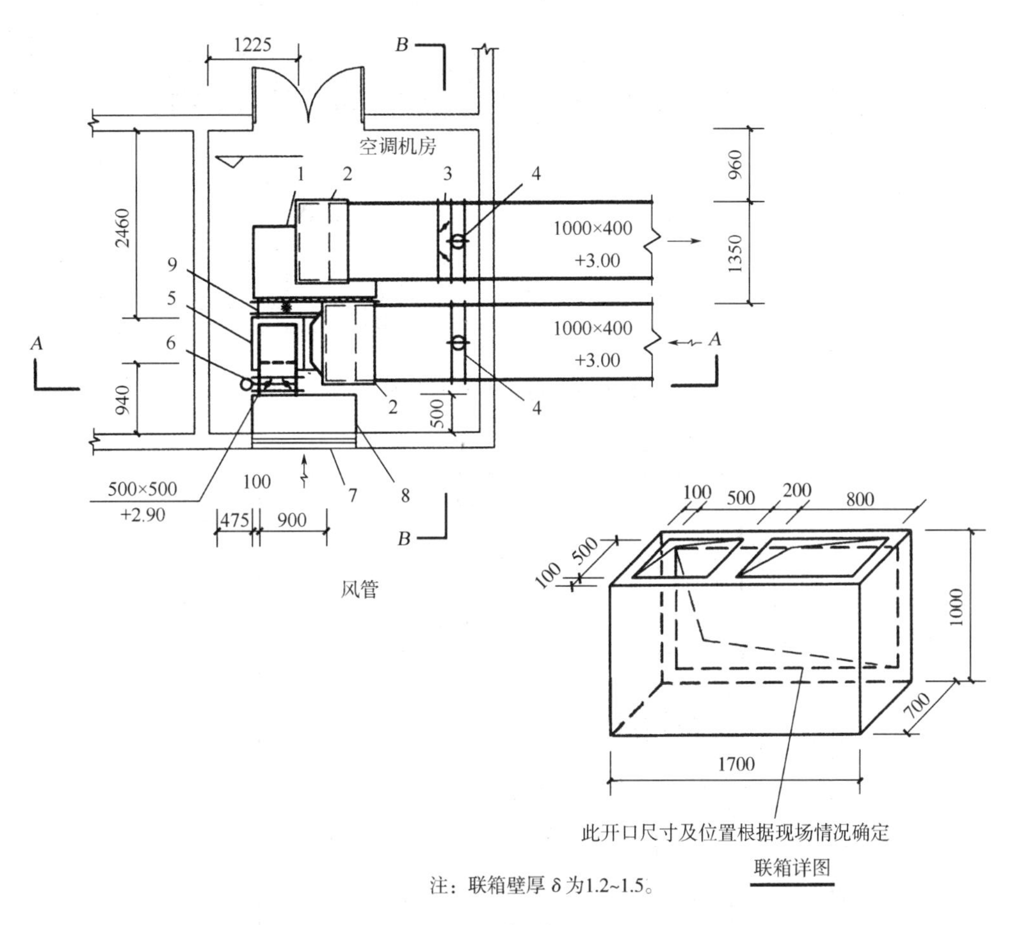

注：联箱壁厚 δ 为1.2~1.5。

说明表

序号	名 称	型 号 及 规 格	单位	数量	备 注
1	立式空气处理机	风量：10000m³/h	台	1	左式
2	短臂消声弯头	400×1000（*B*×*H*）	个	2	单个消声量≥12dB(A)
3	手动对开多叶调节阀	1000×400	个	1	
4	防火阀	1000×400	个	2	70℃熔断，24V电信号
5	联箱	1700×700×1000（*H*）	个	1	钢板厚度 δ 为1.2~1.5
6	新风电动密闭阀	500×500	个	1	24V电信号
7	新风百叶窗	1400×1000（*H*）	个	1	有效面积≥50% 根据建筑外观确定安装高度及尺寸
8	新风百叶联箱	1400×500×1000（*H*）	个	1	钢板厚度 δ 为1.2~1.5
9	保温软接头	长度 *L*为150~200	个	2	尺寸同空调机开口尺寸

图 7-45 风管安装图

4）风管安装剖面图（图 7-46）。

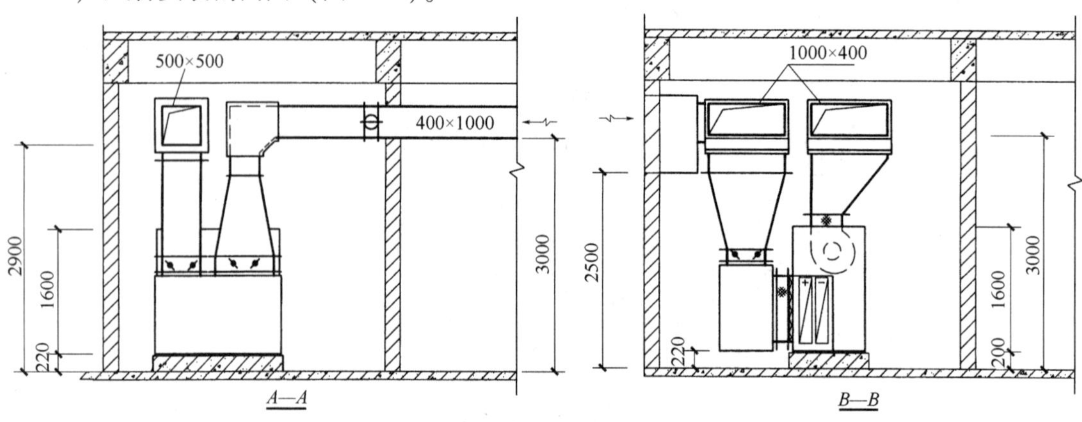

图 7-46　风管安装剖面图

5）空调机工作原理图（图 7-47）。

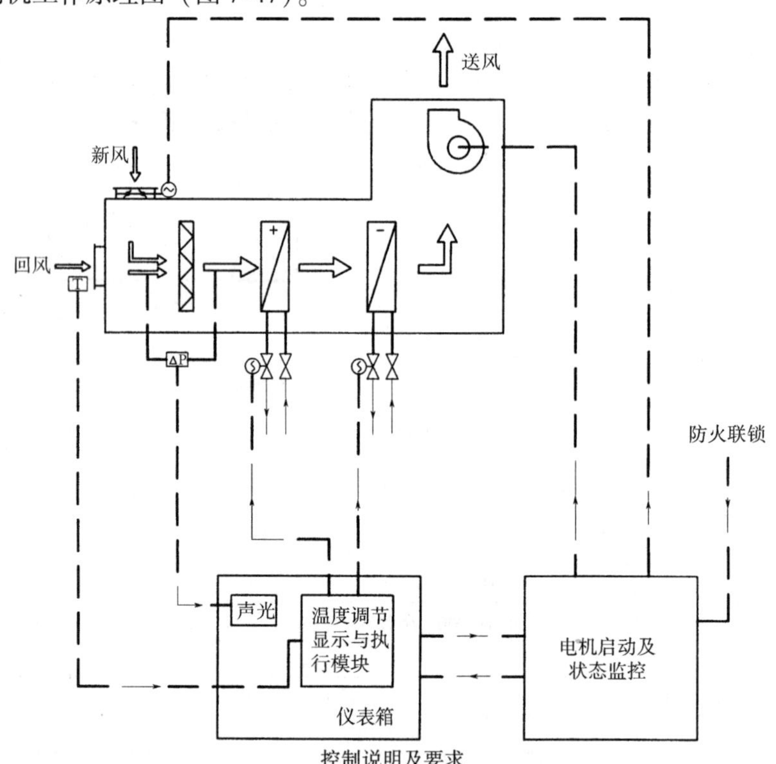

控制说明及要求

系统说明	本原理图包含房间温度控制，空气处理机内空气的冷却、加热控制
控制原理	通过房间内的温度要求，比例调节冷、热水管上的电动二通阀
控制对象	风机启停、新风电动密闭阀、电动二通阀
控制方法	温度控制：由温度敏感元件 T 比例调节冷却器及加热器管道上的电动二通阀，调节水量，达到室内温度参数
监测	送风管内的温度，房间内的温度
联锁	防火阀与风机联锁，系统中任一防火阀关闭，风机即停止运行。新风电动阀，冷、热水管上的电动二通阀电源与风机联锁。风机停止运行，以上的阀门均关闭
报警	粗效过滤器两侧压差超过设定值时，自动报警

图 7-47　空调机工作原理图

（二）机房内设两台 10000m³/h 风量的立式空气处理机（并排布置）

1）空气处理机安装（图 7-48）。

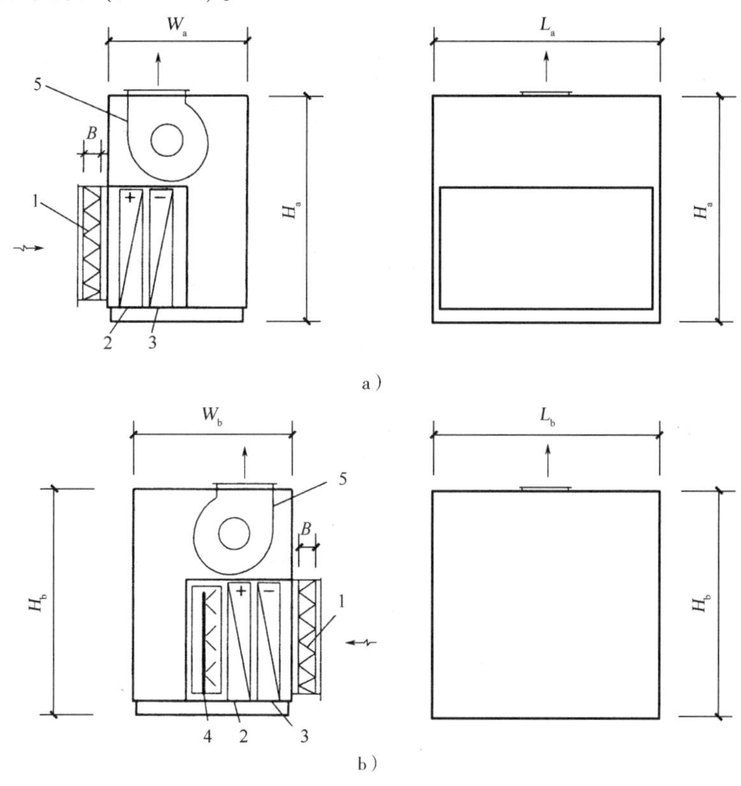

空调系统编号：	机组数量： 左式　　台；右式　　台	外形尺寸要求：L_a≤1650，W_a≤950，H_a≤1850 L_b≤1650，W_b≤950，H_b≤1850			
功能段编号	1	2	3	4	5
功能段名称	粗效过滤器	加热器	冷却器	加湿器	风机
性能要求	大气尘计数效率： $\eta \geq$ ___%(≥5μm) 初阻力：_______Pa	进风参数： t_g= ____℃ 出风参数： t_g= ____℃	进风参数： t_g= ____℃ t_s= ____℃ 出风参数： t_g= ____℃ t_s= ____℃	电极式加湿 有效加湿量： G=___kg/h 电量：___ kW	风量：___m³/h 机组机外余压：____Pa 配用电机功率：___kW 风机出口方向：_____
备注	过滤器可清洗； 带指针式压差计； 过滤器形式：<u>平板式</u> B≤60； 能从侧面抽出	进出口水温：____ 盘管材质：______ 水阻力：_____ kPa 工作压力：___MPa	进出口水温：_____ 盘管材质：______ 滴水盘材质：_____ 水阻力：_____kPa 工作压力：___MPa	加湿水源：_______ 配套电磁阀组 带无风、无水断电保护及可靠接地	上部出风 是否变频：_____

图 7-48　空气处理机安装

a）空气处理机组段形式 A（不带加湿器）　b）空气处理机组段形式 B（带加湿器）

注：1. 表中所空数据由设计人员根据工程实际情况填入。

2. 组段形式 A 的立式空气处理机适用于仅有温度控制要求的场合。组段形式 B 的立式空气处理机适用于有较高温、湿度精度要求的场所。

3. 形式 B 不适用于寒冷地区。在寒冷地区时，应考虑冷却器的防冻措施。

2）设备及水管安装图（图7-49）。

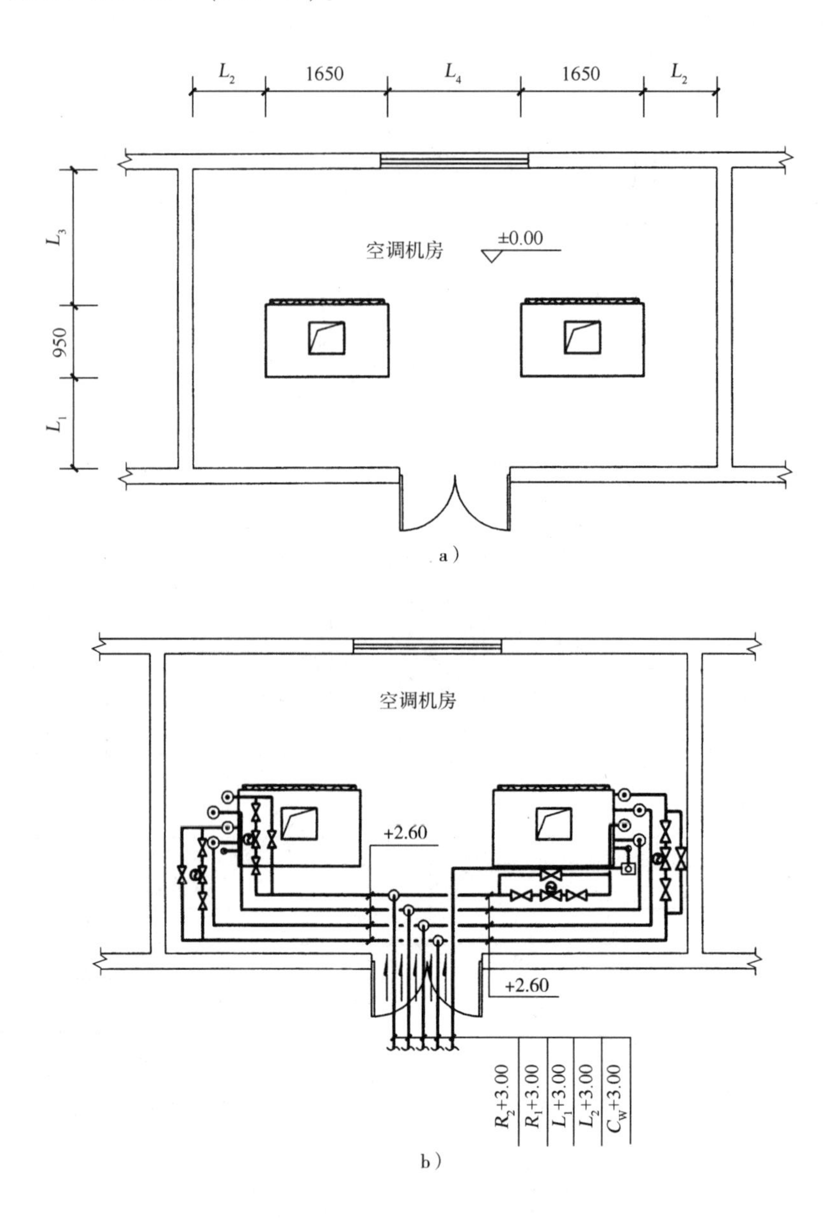

空气处理机定位尺寸表

尺寸代号	L_1	L_2	L_3	L_4
长度/mm	≥1200	≥1000	≥1800	≥1800

图7-49　设备及水管安装图

a）设备　b）水管

注：1. 水管管径及管道间距由设计人员根据具体工程情况确定。

2. 旁通管管径比主管管径小一号。

3）风管安装平面图（图 7-50）。

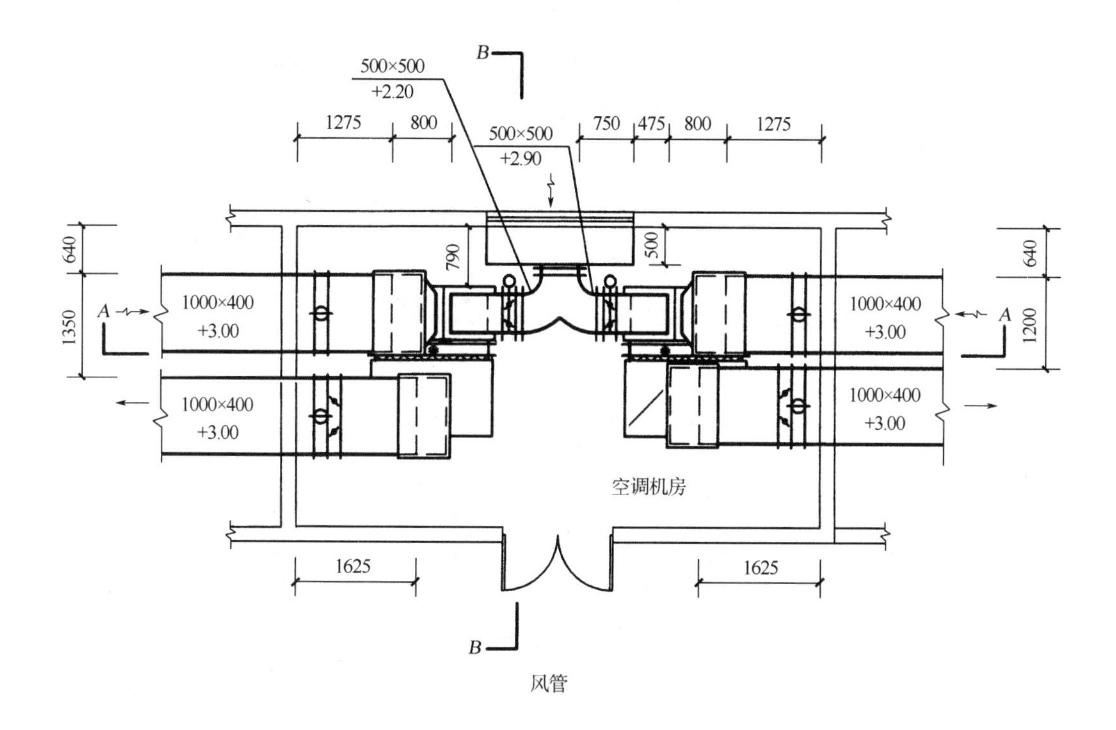

风管

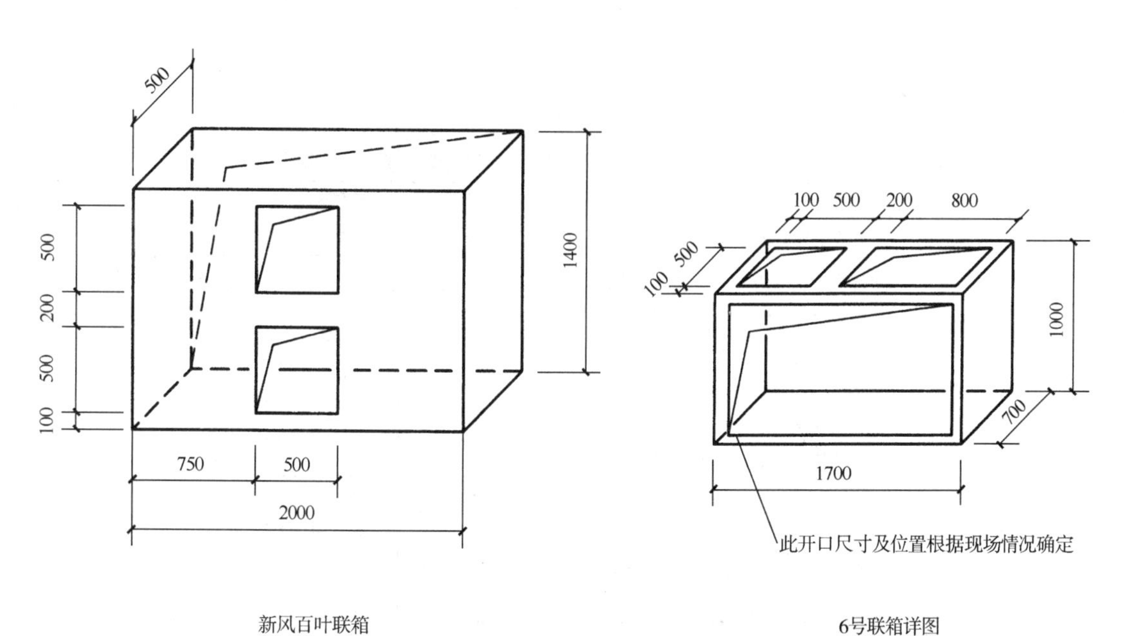

新风百叶联箱

6号联箱详图

图 7-50　风管安装平面图

注：联箱壁厚 δ 为 1.2～1.5。

4）风管安装剖面图（图 7-51）。

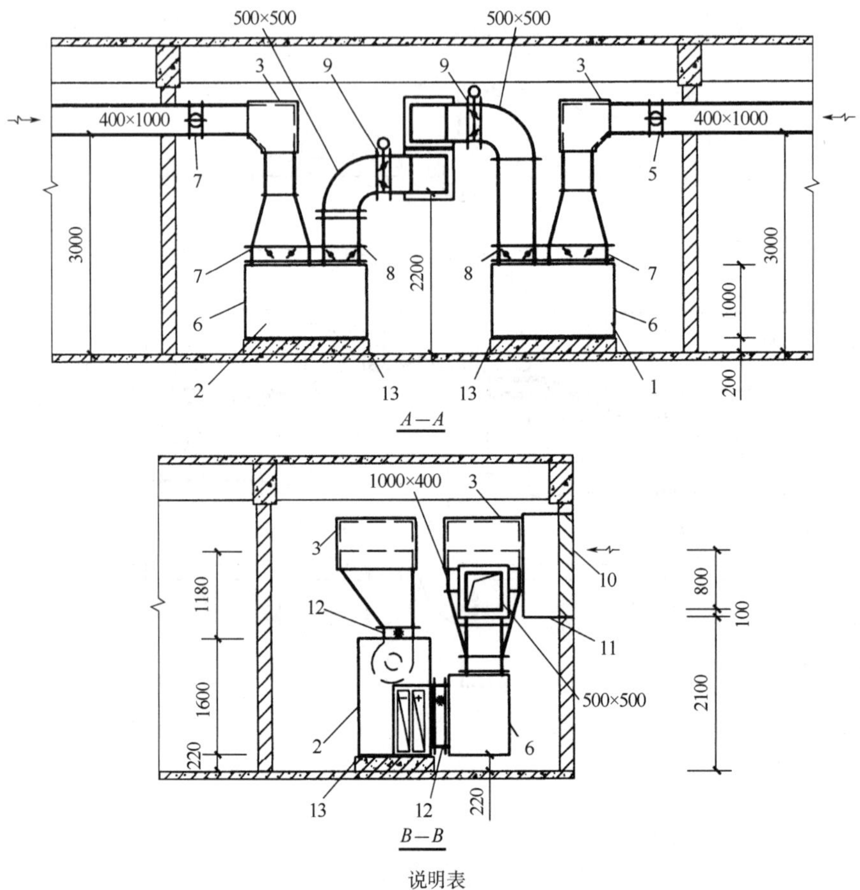

说明表

序号	名 称	型 号 及 规 格	单位	数量	备 注
1	立式空气处理机B	风量：10000m³/h	台	1	右式
2	立式空气处理机A	风量：10000m³/h	台	1	左式
3	短臂消声弯头	400×1000（*B*×*H*）	个	4	单个消声量≥12dB(A)
4	手动对开多叶调节阀	1000×400	个	2	
5	防火阀	1000×400	个	4	70℃熔断，24V电信号
6	联箱	1700×700×1000（*H*）	个	2	钢板厚度 δ 为1.2~1.5
7	手动对开多叶调节阀	800×500	个	2	
8	手动对开多叶调节阀	500×500	个	2	
9	新风电动密闭阀	500×500	个	2	24V电信号
10	新风百叶窗	2000×1400（*H*）	个	1	有效面积≥50% 根据建筑外观决定安装高度及尺寸
11	新风百叶联箱	2000×500×1400（*H*）	个	1	钢板厚度 δ 为1.2~1.5
12	保温软接头	长度 *L*为150~200	个	4	尺寸同空调机开口尺寸
13	混凝土基础		个	2	做法见立式空气处理机基础示意图

图 7-51 风管安装剖面图

5）空调工作原理图（图7-52）。

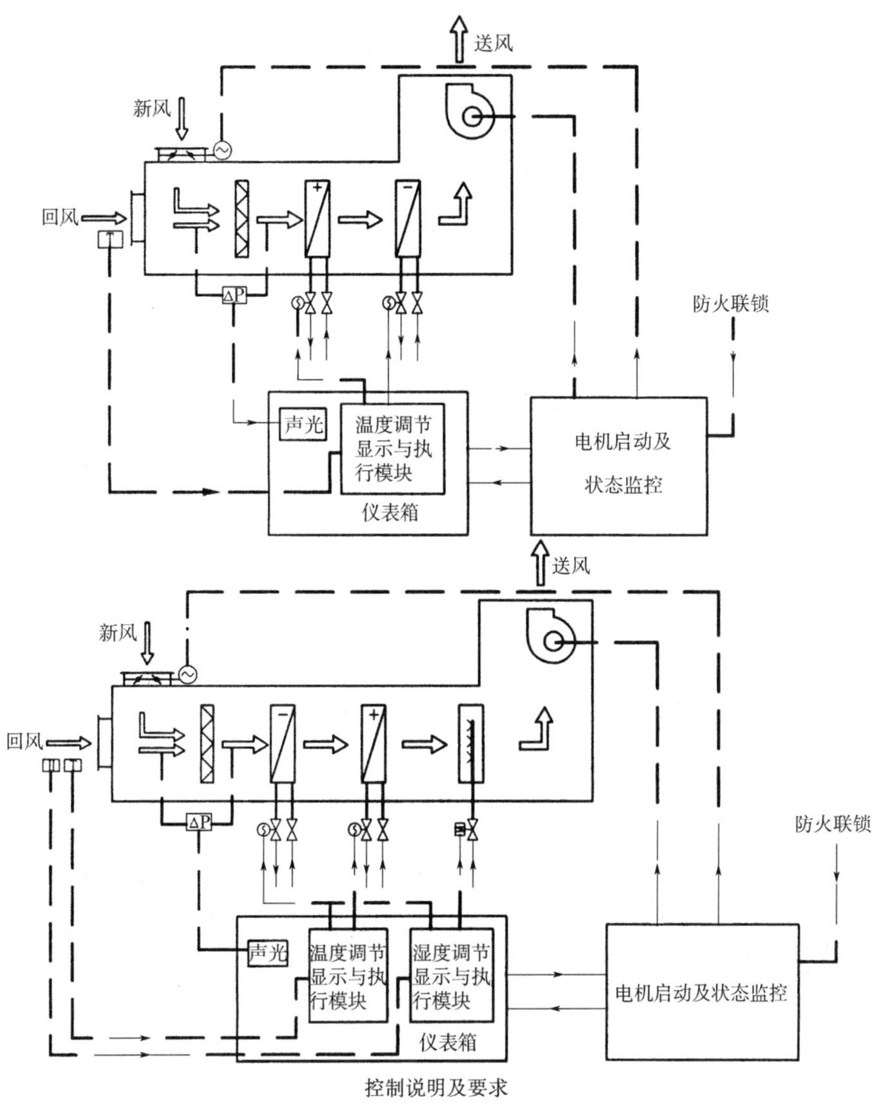

控制说明及要求

系统说明	本原理图包含房间温湿度控制，空气处理机内空气的冷却、加热、加湿控制
控制原理	通过房间内的温湿度要求，比例调节冷、热水管上电动二通阀，双位调节加湿器上的电磁阀
控制方法	温度控制：由温度敏感元件[T]比例调节冷却器及加热器管道上的电动二通阀调节水量，达到室内温度参数 湿度控制：由湿度敏感元件[H]比例调节冷却器管道上的电动二通阀调节水量，或控制加湿器的电磁阀的开关，达到室内相对湿度参数
监测	送风管内湿、湿度参数，房间内的温、湿度参数
联锁	防火阀与风机联锁，系统中任一防火阀关闭，风机即停止运行。新风电动阀，冷、热水管上的电动二通阀及加湿器的电源与风机联锁。风机停止运行，以上的阀门及加湿器电源均关闭
报警	粗效过滤器两侧压差超过设定值时，自动报警

图7-52 空调工作原理图

（三）机房内设两台40000m³/h风量的卧式空气处理机（单风机，并排布置）

1）空气处理机A组段安装示意图（图7-53）。

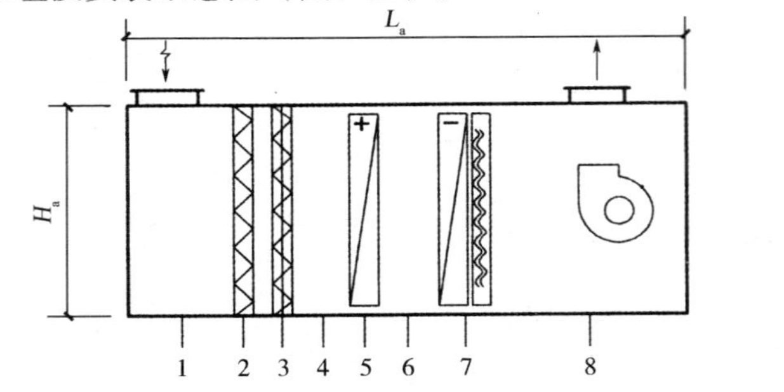

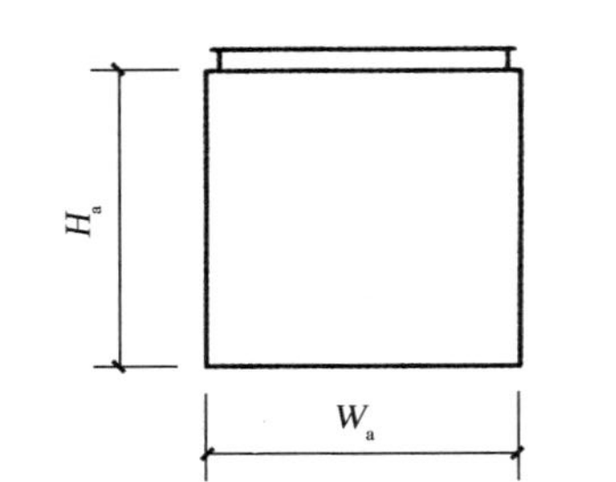

空气处理机A组段形式

空调系统编号：______				机组数量： 左式___台； 右式___台			外形尺寸要求：$L_a \leq 6200$ $H_a \leq 2310$ $W_a \leq 2710$		
组段编号	1	2	3	4	5	6	7		8
组段名称	新风回风混合段	粗效过滤器	中效过滤器	中间段	加热器	中间段	冷却器	挡水板	风机
性能要求	新风风量： ______ m³/h 回风风量： ______ m³/h	大气尘计数效率 $\eta \geq$___%（≥5μm） 初阻力：___Pa	大气尘计数效率 $\eta \geq$___%（≥1μm） 初阻力：___ Pa		进风参数： t_g= ___℃ 出风参数： t_g= ___℃		进风参数： t_g= ___℃ t_z= ___℃ 出风参数： t_g= ___℃ t_z= ___℃	过水量 $\leq 4\times10^{-4}$kg/kg	风量：___ m³/h 机组机外余压： ___ Pa 配用电机功率： ___ kW 风机出口方向：
备注	操作面带检修门顶部设低压照明灯 上部进风	过滤器可清洗更换带指针式压差计； 过滤器形式：___	过滤器可清洗更换带指针式压差计； 过滤器形式：___	操作面带检修门 顶部设低压照明灯	进出口水温：___ 盘管材质：___ 水阻力：___ kPa 工作压力：___MPa	操作面带检修门 顶部设低压照明灯	进出口水温：___ 盘管材质：___ 滴水盘材质：___ 水阻力：___kPa 工作压力：___MPa	材质：___ 空气处理机生产厂应根据过水量要求确定是否配带挡水板	操作面带检修门 顶部设低压照明灯 上部出风 是否变频：___

图7-53　空气处理机A组段安装示意图

注：1. 表中所空数据由设计人员根据工程实际情况填入。
2. 本空气处理机组段形式适用于室内空气品质要求较高，以及对温度精度有一定要求的场所。

2）空气处理机B组段安装示意图（图7-54）。

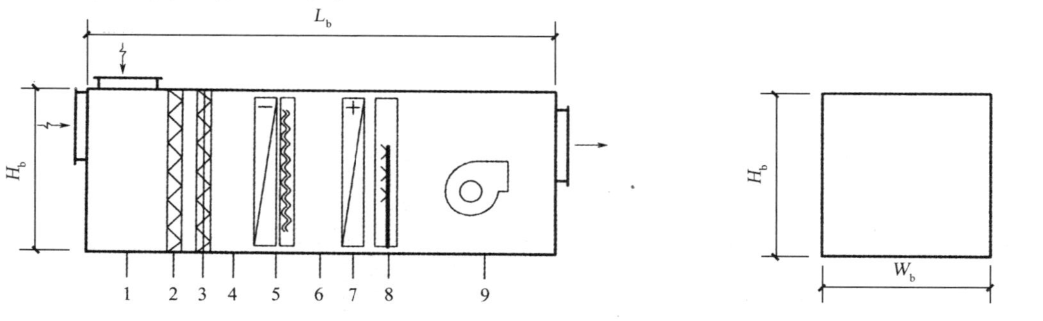

空气处理机B组段形式

空调系统编号：______				机组数量：　左式___台；　右式___台			外形尺寸要求$L_b \leq 6800$　$H_b \leq 2310$　$W_b \leq 2710$		
组段编号	1	2	3	4	5		6	7	8	9
组段名称	新风回风混合段	粗效过滤器	中效过滤器	中间段	冷却器	挡水板	中间段	加热器	加湿器	风机
性能要求	新风风量： ______ m³/h 回风风量： ______ m³/h	大气尘计数效率 $\eta \geq$ ___%（≥5μm） 初阻力：___Pa	大气尘计数效率 $\eta \geq$ ___%（≥5μm） 初阻力：___Pa		进风参数： t_g= ___℃ t_z= ___℃ 出风参数： t_g= ___℃ t_z= ___℃	过水量 $\leq 4 \times 10^{-4}$kg/kg		进风参数： t_g= ___℃ 出风参数： t_g= ___℃	电热加湿 有效加湿量： W= ___kg/h 电量：___kW	风量：___ m³/h 机组机外余压： ___ Pa 配用电机功率： ___ kW 风机出口方向：
备注	操作面带检修门 顶部设低压照明灯 新风顶部进风，带阀 开口尺寸：______ 回风端部进风	过滤器可清洗更换 带指针式压差计； 过滤器形式：	过滤器可清洗更换 带指针式压差计； 过滤器形式：	操作面带检修门 顶部设低压照明灯	进出口水温：___ 盘管材质：___ 滴水盘材质：___ 水阻力：___kPa 工作压力：___MPa	材质：___ 空气处理机生产厂应根据过水量要求确定是否配带挡水板	操作面带检修门 顶部设低压照明灯	进出口水温：___ 盘管材质：___ 水阻力：___kPa 工作压力：___MPa	加湿水源：___ 带无风、无水断电保护及可靠接地	操作面带检修门 顶部设低压照明灯 端部出风 是否变频：___

图7-54　空气处理机B组段安装示意图

注：1. 表中所空数据由设计人员根据工程实际情况填入。

2. 本空气处理机组段形式适用于室内空气品质要求较高，以及有较高温、湿度精度要求的场所。

3）设备及水管安装图（图 7-55）。

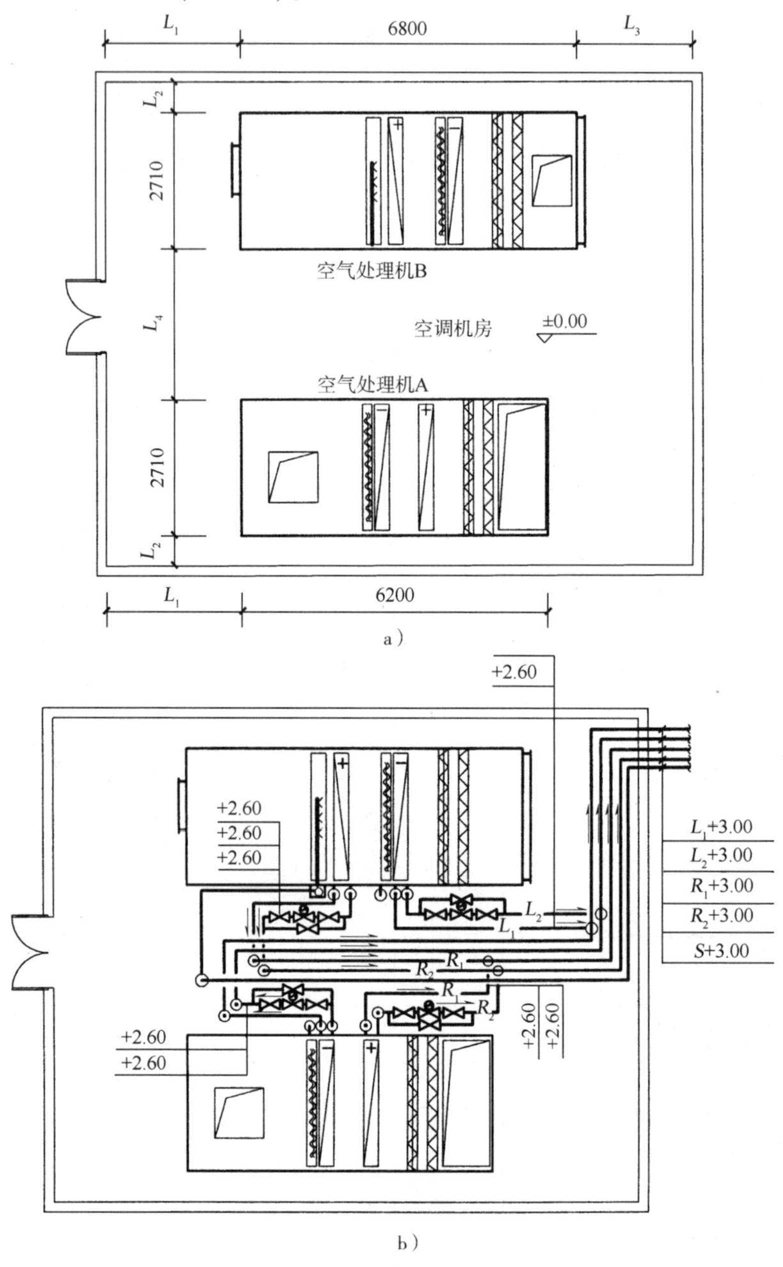

空气处理机安装尺寸表

尺寸代号	L_1	L_2	L_3	L_4
长度/mm	≥2750	≥600	≥2350	≥2710

图 7-55　设备及水管安装图

a）设备　b）水管

注：1. 水管管径及管道间距由设计人员根据具体工程情况确定。

2. 旁通管管径比主管管径小一号。

3. 民用项目空气处理机 L_4 宜取 1300～1500，两台空气处理机的冷却器或加热器接管位置相对时 L_4 宜取 1800～2000。

4）风管安装平面图（图7-56）。

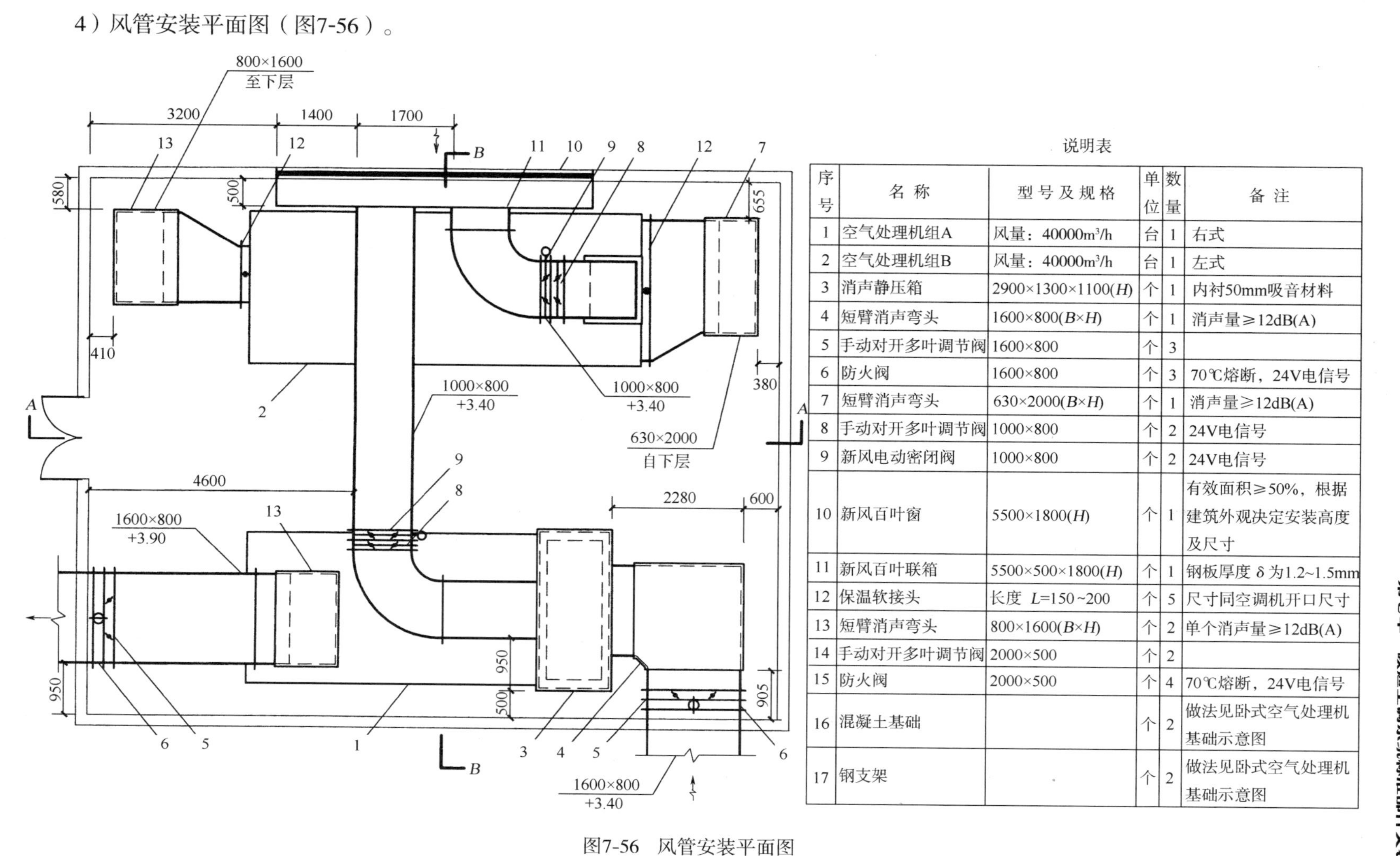

说明表

序号	名 称	型号及规格	单位	数量	备 注
1	空气处理机组A	风量：40000m³/h	台	1	右式
2	空气处理机组B	风量：40000m³/h	台	1	左式
3	消声静压箱	2900×1300×1100(*H*)	个	1	内衬50mm吸音材料
4	短臂消声弯头	1600×800(*B*×*H*)	个	1	消声量≥12dB(A)
5	手动对开多叶调节阀	1600×800	个	3	
6	防火阀	1600×800	个	3	70℃熔断，24V电信号
7	短臂消声弯头	630×2000(*B*×*H*)	个	1	消声量≥12dB(A)
8	手动对开多叶调节阀	1000×800	个	2	24V电信号
9	新风电动密闭阀	1000×800	个	2	24V电信号
10	新风百叶窗	5500×1800(*H*)	个	1	有效面积≥50%，根据建筑外观决定安装高度及尺寸
11	新风百叶联箱	5500×500×1800(*H*)	个	1	钢板厚度 δ 为1.2~1.5mm
12	保温软接头	长度 *L*=150~200	个	5	尺寸同空调机开口尺寸
13	短臂消声弯头	800×1600(*B*×*H*)	个	2	单个消声量≥12dB(A)
14	手动对开多叶调节阀	2000×500	个	2	
15	防火阀	2000×500	个	4	70℃熔断，24V电信号
16	混凝土基础		个	2	做法见卧式空气处理机基础示意图
17	钢支架		个	2	做法见卧式空气处理机基础示意图

图7-56　风管安装平面图

注：两台空气处理机的送风管以及空气处理机B的回风管在机房外再加一个消声弯头或管式消声器。

5）风管穿楼板安装示意图（图7-57）。

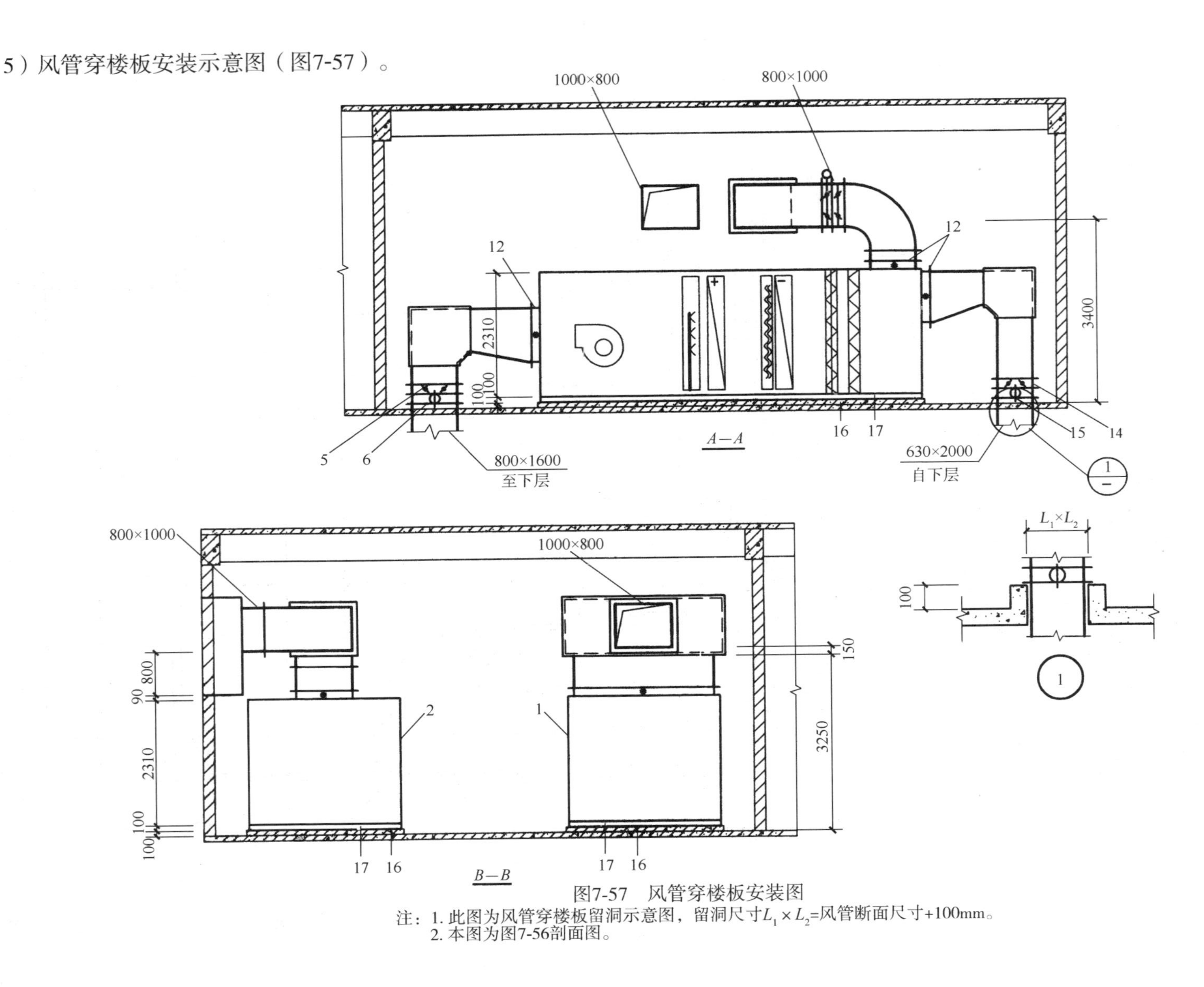

图7-57　风管穿楼板安装图

注：1. 此图为风管穿楼板留洞示意图，留洞尺寸$L_1 \times L_2$=风管断面尺寸+100mm。
2. 本图为图7-56剖面图。

6）空调机工作原理图（图 7-58）。

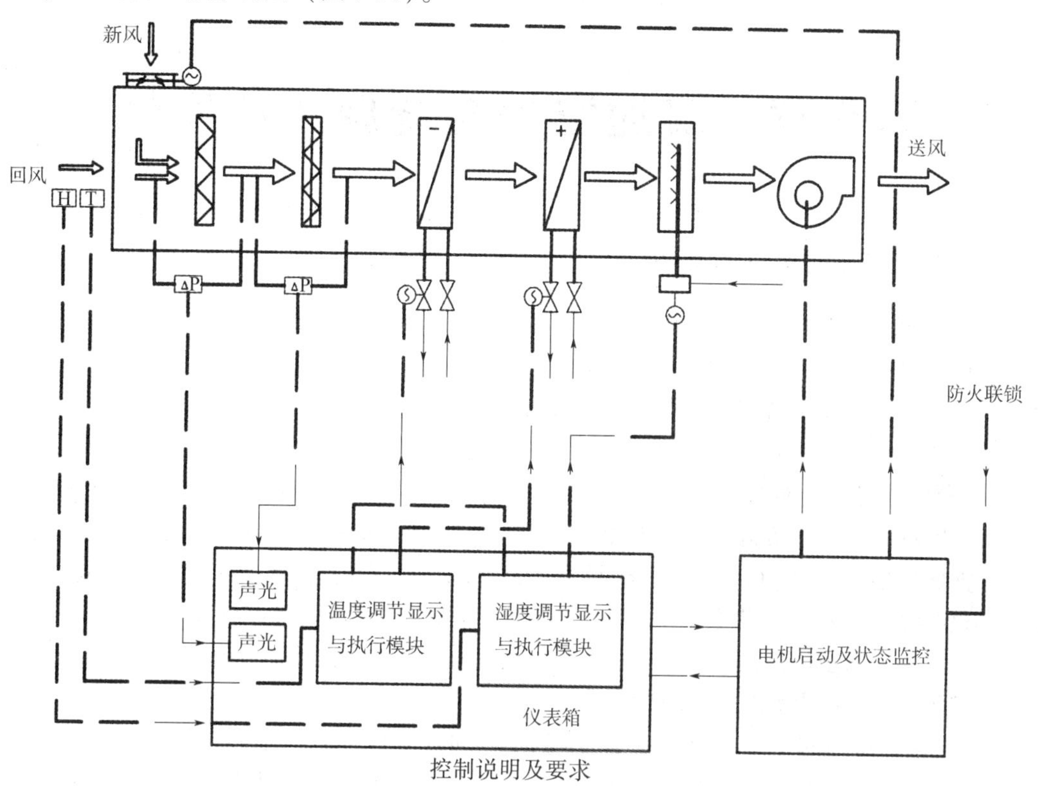

控制说明及要求

系统说明	本原理图包含房间温度和湿度控制，空气处理机内空气的冷却、加热、加湿控制
控制原理	通过房间内的温湿度要求，比例控制冷、热水管上的电动二通阀，以及加湿器上电热元件
控制对象	风机启停、新风电动密闭阀、电动二通阀、电动调节阀
控制方法	温度控制：由温度敏感元件 T 比例调节冷却器及加热器管道上的电动二通阀，调节水量，达到室内温度 湿度控制：由湿度敏感元件 H 比例调节冷却器管道上的电动二通阀，调节水量，或控制加湿器的电热元件，达到室内相对湿度
监测	冷却盘管后以及风机后的送风温度和湿度；房间内的温度和湿度
联锁	防火阀与风机联锁，系统中任一防火阀关闭，风机即停止运行。新风电动阀，冷、热水管上的电动二通阀及加湿器的电源与风机联锁。风机停止运行，以上的阀门关闭，加湿器的进水阀及电源均关闭
报警	粗、中效过滤器两侧压差超过设定值时，自动报警

图 7-58　空调机工作原理图

注：1. 本图为空气处理机 B 的控制要求，空气处理机 A 无加湿器，与此图相比应减少加湿部分的控制要求。

2. 对于温度和湿度控制精度要求高的系统，温度和湿度敏感元件应设在室内。

第八章　暖通空调系统施工图实例

一、某科研类暖通空调系统

（一）概况

某科研楼，建筑面积24511m²，建筑高度45m。地上12层为办公楼，面积约21000m²；地下一层为汽车库及设备用房，面积约为4000m²；人防物资库面积为1000m²。该工程启动后，软件园又增加了七号科研楼（约10000m²）。该项目的暖通空调设计有以下特点：

1）利用了可再生能源，采用水源热泵系统作为科研楼的冷热源。软件园地处北京市海淀区富水区域，地下水资源丰富、储量大、能量恒定、开发利用成本低，能源具有可再生等特点。抽取的地下水通过换热后再排回地下，获取地下水的冷量（热量），而不消耗水资源。在整个流程过程中，地下水不与空气接触，不造成地下水资源的污染。

2）针对较低的建筑层高（3.6m），采用风机盘管加新风的半集中式空调系统，少占用空间，满足了2.6m的室内吊顶高度。

3）主楼一层门厅设计辅助低温地板采暖，保证冬季门厅处的室内温度。

4）新风机组冬季加湿采用高压喷雾加湿器与湿膜挡水板，为提高加湿效率，在新风机组回水管内设计了管中管式预热器，预热加湿给水。加湿水流量少，很容易使得加湿水温度提升，对机组加湿效率有所提高。

5）采用了DDC数字控制系统，提高数字智能化程度，优化节能。

（二）设计参数及空调冷热负荷

1）主要房间的室内空调采暖设计参数及通风换气参数见表8-1。

表8-1　室内空调采暖设计参数及通风换气参数

房间名称	夏季温度	相对湿度	冬季温度	相对湿度	新风量	噪声NC
办公	24～26℃	≤55%	20～21℃	>35%	30m³/（h·p）	40

2）全楼中央空调设计总冷量为2200kW，总热量为1900kW。空调冷指标为90W/m²，空调热指标为82W/m²。

（三）主要设备选择

1）站房设置了1台LWP4200与2台LWP2800的水-水热泵机组，配六口深井（两口取水井，四口回灌井，为便于洗井，深井均配有井泵），布置在间距为横向30m、纵向40m的绿地范围内，满足了300m²/h地下水抽取与回灌的要求。埋地敷设的井水供回水管道采用预制聚氨酯发泡，玻璃钢保护管壳的无缝钢管。

2）水源热泵机组的供热与供冷是通过转换阀完成的，冬季供热时V1、V3阀开，V2、V4阀关，V5、V7阀开，V6、V8阀关；夏季供冷时V2、V4阀开，V1、V3阀关，V6、V8阀开，V5、V7阀关。水源热泵系统图如图8-1所示。

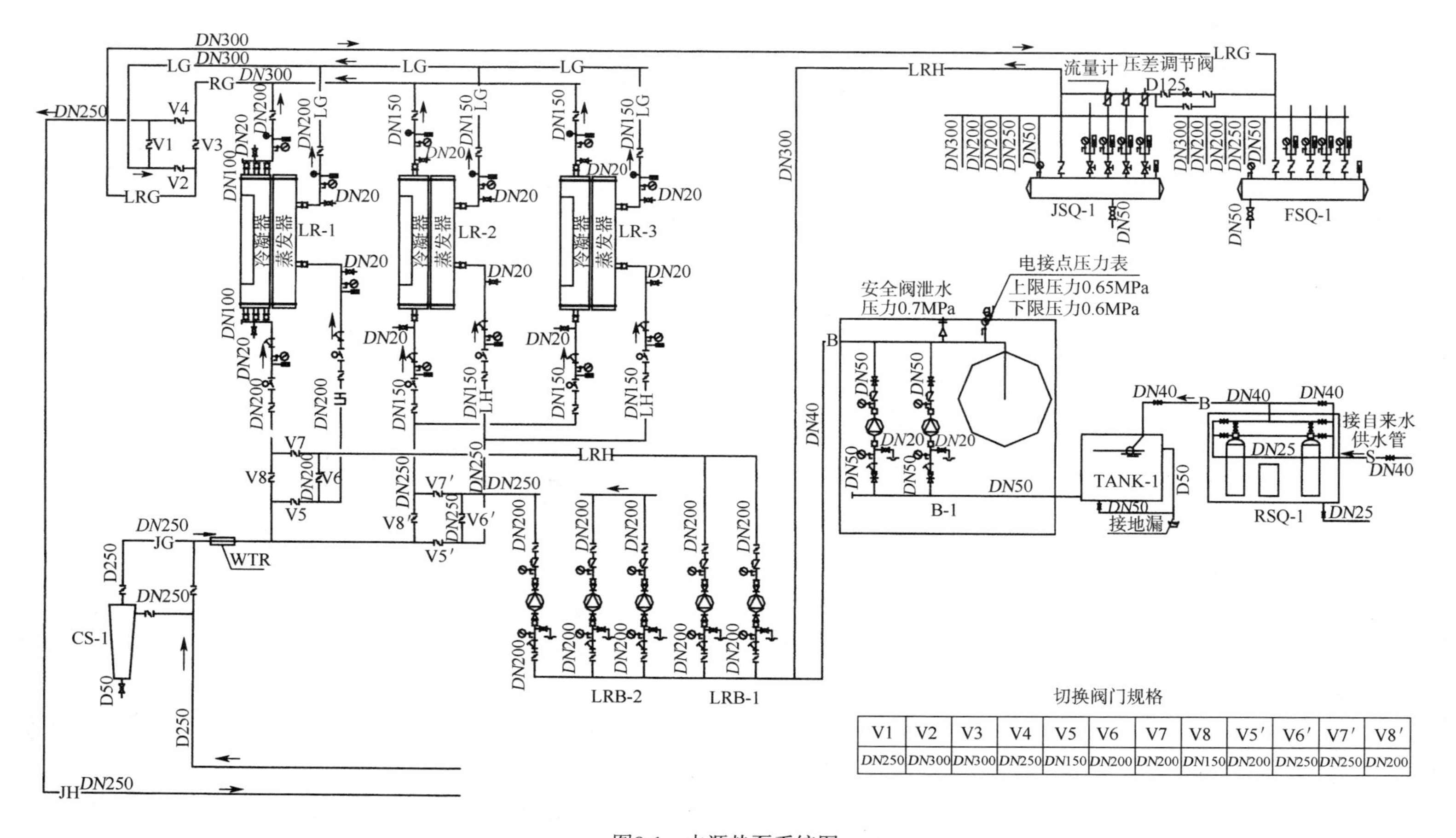

切换阀门规格

V1	V2	V3	V4	V5	V6	V7	V8	V5′	V6′	V7′	V8′
DN250	DN300	DN300	DN250	DN150	DN200	DN200	DN150	DN200	DN250	DN250	DN200

图8-1 水源热泵系统图

3）地下水源不但在水质上比地表水好，水温随气候变化比地表水小，冬夏季出水温度在15℃左右，是该空调系统可利用的理想水源。热泵机组的能效比（ERR）为4.5，性能系数（COP）为3.5。夏季向水源排热，机组水源侧的供回水温度为15℃/24℃；冬季向水源排冷，机组水源侧的供回水温度为15℃/8℃。

4）冷热源主要设备参数见表8-2。

表8-2　冷热源主要设备参数

设备号	设备名称	规格型号	性能参数	功率	数量	附注
LR-1	水-水热泵机组	LWP4200	制冷量1311kW 制热量1600kW	224kW 378kW	1	夏季冷水7℃/12℃，冷却水15℃/24℃。冬季热水50℃/44℃，冷却水15℃/8℃
LR-2	水-水热泵机组	LWP2800	制冷量884kW 制热量1083kW	153kW 246kW	2	
LRB-1	冷热水泵	DFSG150-315	$225m^2/h$，28m	30kW	2	与LR-1配套
LRB-2	冷热水泵	DFSG150-315	$160m^2/h$，32m	30kW	3	与LR-2配套
JB-1	井水泵		$160m^2/h$，60m	37kW	6	2用4备
TANK-1	软水箱	$V=5m^3$	2500×1500×1500		2	
WTR-1	电子处理器	SRC-10A	$G=300m^2/h$	500W	1	
RSQ-1	软水处理器		$4.5m^2/h$	500W	1	
CS-1	旋流除砂器	$DN250$	$G=300m^2/h$		1	
FSQ-1	分水器		$DN600$ $l=3250mm$		1	
JSQ-1	集水器		$DN600$ $l=3250mm$		1	

5）水源侧的水温与水量非常关键，进出机组温差应大于10℃，也可按机组标准工况核对，井水侧的水流量按下式计算：

夏季水源水量
$$G_1=\frac{0.86\times(Q_L+N)}{T_g-T_h}$$

式中　Q_L——机组制冷量（kW）；

N——夏季机组总电耗（kW）；

T_g——夏季机组进水温度（℃）；

T_h——夏季机组出水温度（℃）。

冬季水源水量
$$G_2=\frac{0.86\times(Q_R-N)}{T_g-T_h}$$

式中　Q_R——机组制热量（kW）；

N——冬季机组总电耗（kW）；

T_g——冬季机组进水温度（℃）；

T_h——冬季机组出水温度（℃）。

井水侧的水流量，按冬夏季要求计算总量，结果取G_1与G_2的大值，或略大于此流量，井水泵的扬程由实际情况确定。

6）空调水系统设计：为一次泵变水量双管制系统，夏季空调冷水供回水温度为7℃/12℃，冬季空调热水供回水温度为50℃/44℃，空调水系统的定压方式采用变频补水泵定压。

二、某大学实验楼暖通空调系统

（一）概况

某实验楼总建筑面积 17493m²，建筑高度为 39.2m，分为南北两个区，其中北区八层，南区六区，风机房层高 4.5m，实验室及其他房间层高 4.8m。

此实验楼每个实验单元由两间实验室和一间办公室组成，其中一间实验室有四台排风柜，另一间实验室无排风柜，实验单元内有补、排风管道间，每个实验单元建筑面积约 400m²，共有 20 个实验单元。

通风系统根据实验室有无排风柜，沿竖向划分排风（补风）系统，每个有排风柜的排风系统带 20 台排风柜，最大排风量为 24500m³/h，全楼共设四个系统；每个无排风柜的排风系统，竖向五个房间为一个排风系统，最大排风量为 11250m³/h，全楼共设四个系统；补风系统与排风系统对应设置，其风量分别为 23208m³/h，9750m³/h；药品间、卫生间等仅设排风系统，补风从走廊自然进风，为维持走廊有合理的负压值，走廊设有独立的补风系统。

（二）风速及风量的确定

1. 排风柜面风速的确定

在实验操作过程中会产生有毒有害气体，为了确保实验人员安全，产生有毒有害气体的实验一般都在排风柜内进行，为防止有毒有害气体逸出排风柜，必须对排风柜面风速进行控制，确保合理的面风速，既能保证操作人员的人身安全，又不至于使排风量过大，造成浪费。根据国外先进经验和有关规范，该设计排风柜面风速确定如下：操作人员在柜前时，面风速控制在 0.5m/s；操作人员不在柜前时，面风速控制在 0.3m/s；当实验室内无人时，将排风柜设定在最小排风量（250m³/h）模式，即值班排风模式，维持排风柜和管道中的负压，保证有毒有害气体不会外逸。

2. 排风柜排风量计算

$$L = F \times v \times 3600$$

式中　L——排风柜排风（m³/h）；

v——排风柜面风速（m/s）；

F——排风柜门开启面积（m²）。

该工程所用排风柜规格为 1.6m×2.0m×0.8m，柜门开启最大高度为 0.7m，因此排风柜最大排风量为 1.6×0.7×0.5×3600＝2016m³/h。

3. 有排风柜的排风系统最大排风量的确定

每个排风系统带 20 台排风柜，根据实际运行操作经验，柜门平均开度一般为 65% 左右，系统最大排风量为 26208m³/h，系统最小排风量为 5000m³/h。

4. 无排风柜的排风系统最大排风量的确定

无排风柜实验室相对有排风柜实验室，实验过程中产生的有毒有害气体要少，根据国外经验并结合我国的有关设计标准，排风量按 25m³/（m²·h）计算，每间实验室面积 90m²，每间实验室的排风量为 2250m³/h，系统最大排风量为五间实验室同时排风，风量为 11250m³/h。

5. 补风系统最大补风量的确定

由于实验室排风量较大，会造成室内较大的负压，为平衡室内外压差，需要对实验室进行补风，以维持房间设定的负压（-10Pa）。

补风量计算：根据房间排风量及设定的负压值（相对走廊）计算确定，补风量按下式计算：

$$L_b = L_p - L_f$$

式中 L_b——补风量（m^3/h）；

L_p——排风量（m^3/h）；

L_f——维持负压所需风量，也叫余风量（m^3/h）。

保持房间 -10Pa 的压力，所需余风量为房间体积的一次换气量，即有排风柜实验室$L_f = 600m^3/h$，无排风柜的实验室 $L_f = 300m^3/h$。由此计算得：有排风柜实验室补风系统最大风量为 $23208m^3/h$；无排风柜实验室补风系统最大风量为 $9750m^3/h$。

（三）主要设备选择

1. 排风机组

根据系统最大排风量及阻力损失，排风机组选择见表 8-3。

表 8-3 排风机组选择

	风量/(m^3/h)	机外余压/Pa	风机功率/kW	热回收量/kW
有排风柜系统排风机组	27500	800	15.0	280
无排风柜系统排风机组	14000	600	4.5	115

2. 补风设备

由于补风量较大，为维持室内正常的温、湿度，冬季补风（室外新风）加热加湿处理，新风经机组盘管加热后等焓加湿至室内空气状态点送入室内，夏季补风（室外新风）需冷却除湿处理，室外新风经盘管处理至室内空气状态点送入室内，新风不负担室内冷负荷，室内荷、热负荷由风机盘管负担，补风机组选择见表 8-4。

表 8-4 补风机组选择

	风量/(m^3/h)	机外余压/Pa	风机功率/kW	预热量/kW	制冷（热）制量/kW
有排风柜系统补风机组	25000	650	11.0	280	320（500）
无排风柜系统补风机组	10000	550	5.5	115	130（200）

（四）设计参数及空调冷热负荷

室内设计参数（见表 8-5）。

表 8-5 室内设计参数

房间类型	夏季		冬季		新风量/[m^3/（h·p）]	噪声/dB(A)
	温度/℃	相对湿度	温度/℃	相对湿度		
陈列室	24~28	40%~65%	18~20	40%~60%	20	40
演讲厅	24~28	40%~65%	18~20	40%~60%	20	40
办公室	24~26	40%~65%	18~20	40%~60%	20	40

（续）

房间类型	夏季		冬季		新风量/[m^3/(h·p)]	噪声/dB(A)
	温度/℃	相对湿度	温度/℃	相对湿度		
实验室	24~26	40%~65%	18~20	40%~60%	按计算确定	50
理论计算室	24~27	55%~65%	20~22	50%~60%	全新风	40
大厅	28		18~20		30	45

1. 空调系统形式与冷热指标

1）理论计算室采用全空气空调系统（设有新风、回风、排风），空调机选用立式机组，机组配湿膜加湿器。

2）办公室、会议室等采用风机盘管加新风系统。

3）大厅、陈列室、演讲厅采用吊顶式空吊器加新风系统。

4）实验室采用全面通风加风机盘管系统。

5）一层大厅设有低温热水地板辐射采暖。

6）冷热指标：该项目建筑面积为17493m^2，夏季设计冷负荷为2600kW，冬季设计热负荷为2746kW，单位平面冷指标为149W/m^2，单位平面热指标为157W/m^2。

2. 冷热源

1）冷源为2台螺杆机组，供回水温度为7℃/12℃。

2）热源为集中热网提供的90℃/70℃热水，经板式换热器换成60℃/50℃二次水供空调系统。

3. 自动控制

1）吊顶空调器设温控器，风机盘管设温控器及三速开关，用户可自行调节。

2）新风机组新风入口管段设电动阀，与风机联锁开关，以防冻裂盘管。

3）冷水机组自动控制由设备厂家提供。

4）换热系统：根据换热器二次水出水温度调节一次水电动阀开度；由室外温度传感器信号调节换热器二次水供水温度的设定值。

4. 防排烟

1）防烟楼梯间、前室、合用前室及大厅采用自然排烟。

2）内走廊设机械排烟，排烟口平时关闭，火灾时可自动或手动开启并联动排烟风机进行排烟。

3）理论计算室设机械排烟（兼排风）系统，平时排风机工作进行排风，火灾时排烟风机运行排烟。

4）演讲厅与陈列室设一套排烟（兼排风）系统，平时排风机工作进行排风，火灾时排烟风机工作，关闭陈列室的排风口，对演讲厅进行排烟。

5. 管材

空调冷凝水管采用UPVC塑料管，地板辐射采暖管采用胶联度大于65%的交联聚乙烯（PE-X）管径为$\phi20\times2.0$，管系列为S4，其余水管均采用碳素钢管，公称直径小于*DN*50的采用普通焊接钢管，公称直径大于等于*DN*50的采用无缝钢管。

此实验楼系统原理图及布置图如图8-2~图8-4所示。

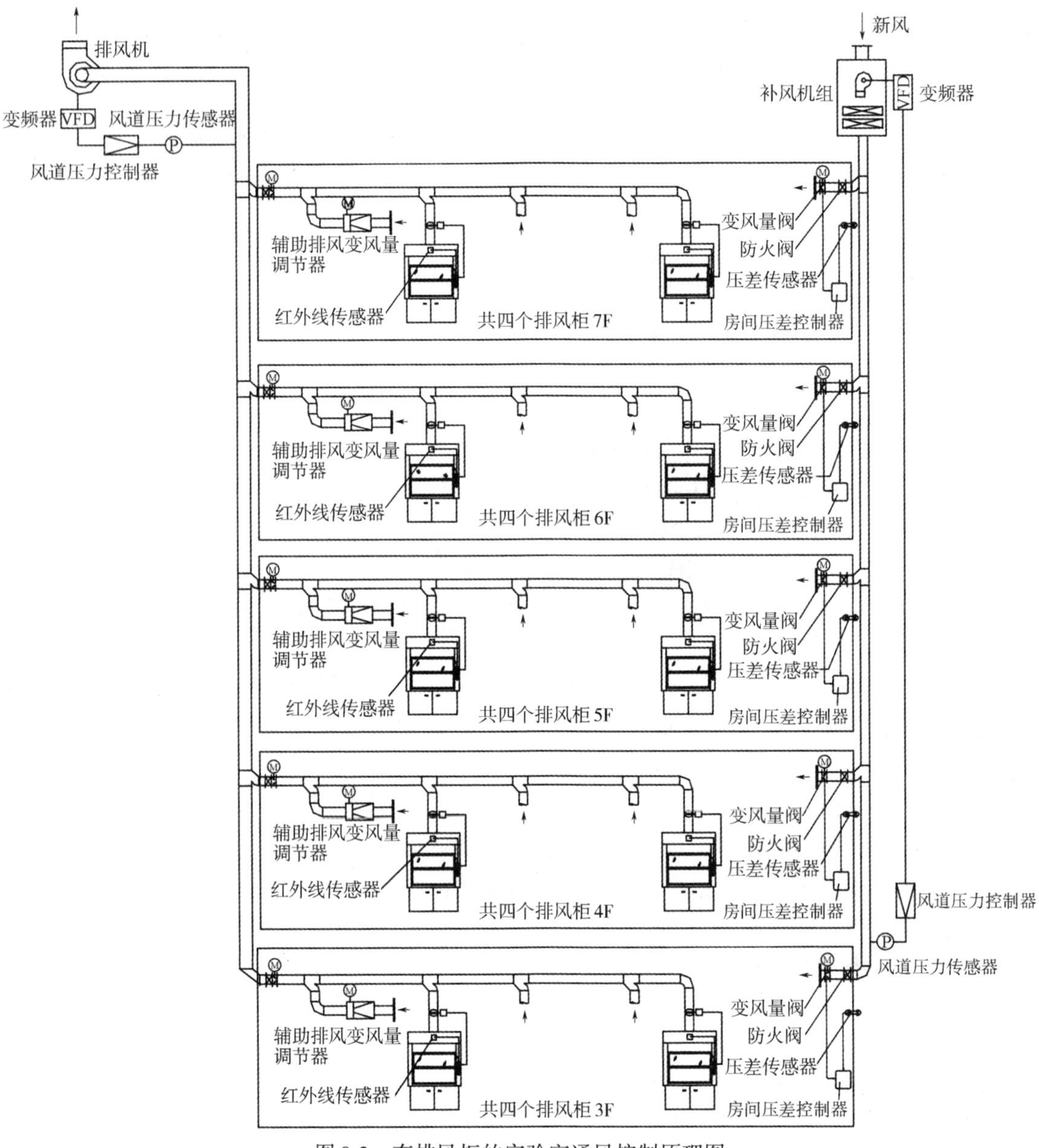

图 8-2　有排风柜的实验室通风控制原理图

控制说明：

1. 通风柜面风速控制系统工作原理

1）面风速控制系统持续地监测实际面风速状态，当任何因素影响面风速变动时，系统将自动调整管道上的风阀以恒定设定的面风速值。

2）系统通过红外线监测器实现当通风柜前有操作人员工作时面风速控制在某一设定值（如 0.5m/s），当通风柜前无人操作时，系统自动转换到另一设定值（如 0.3m/s）以节省运行费用。

3）通风柜门位过高时有声音报警。

4）由于故障面风速过高或过低时有声光报警。

5）当出现异常情况时，开启事故排风模式，控制系统将风阀开到最大开度，不受面风速值的控制。

6）通常面风速控制系统本身对面风速及风量的设定及控制值只有两种状态，即有人、无人或白天、夜间。

2. 管道静压控制系统原理

1）持续监测管道内的静压变化，通过调整风机转速来恒定管道内静压。

2）控制系统在 0.1s 内探测到压差变化并输出控制信号。

3）夜间工况时，控制系统有第二状态设置。

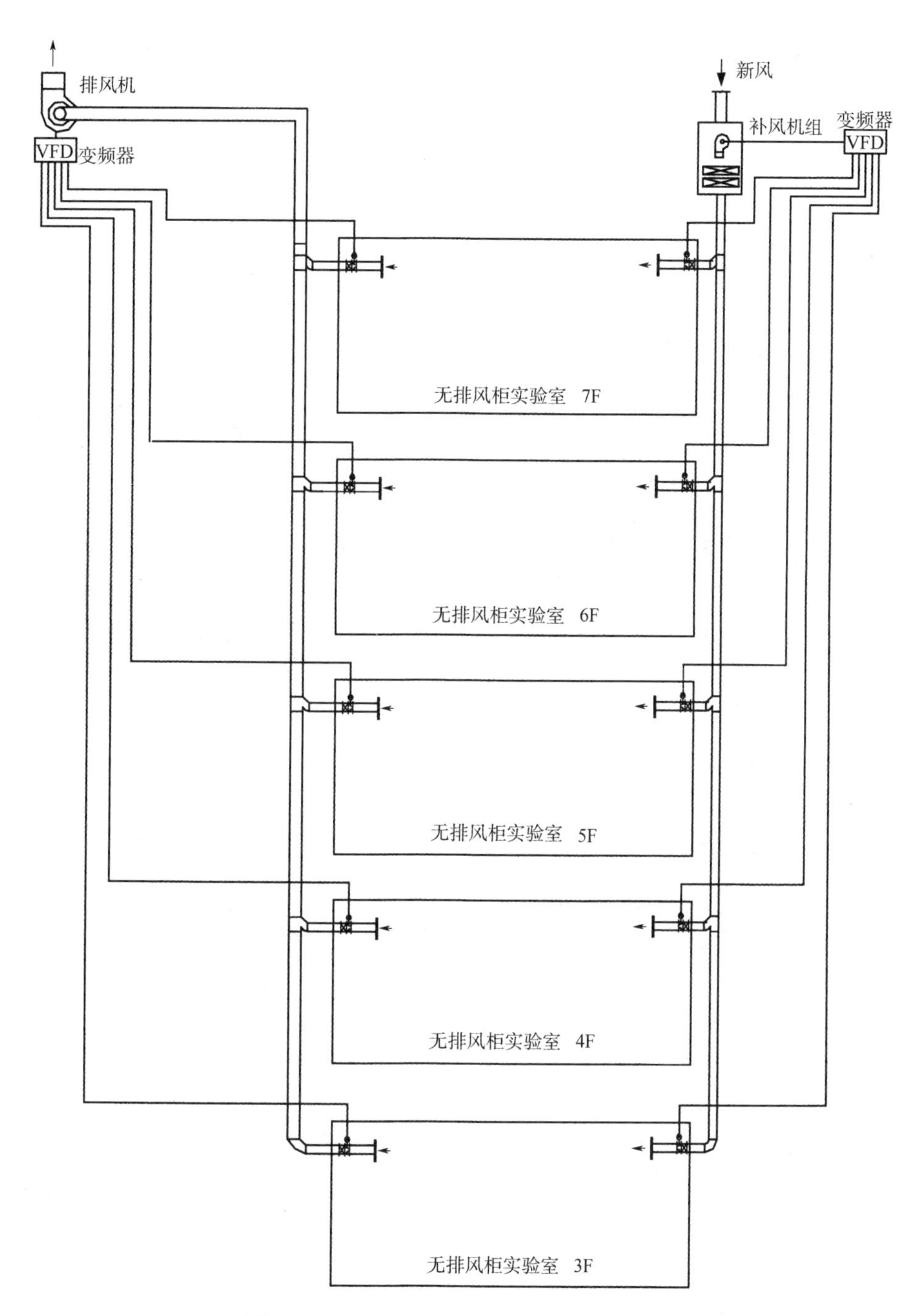

图 8-3　无排风柜的实验室通风控制原理图

控制说明：

1. 根据实验室排风（补风）支管电动风阀开启数量，自动调节风机风量。
2. 排风支管上的电动风阀与补风支管上的电动风阀可联锁开启或关闭，也可单独或关闭。

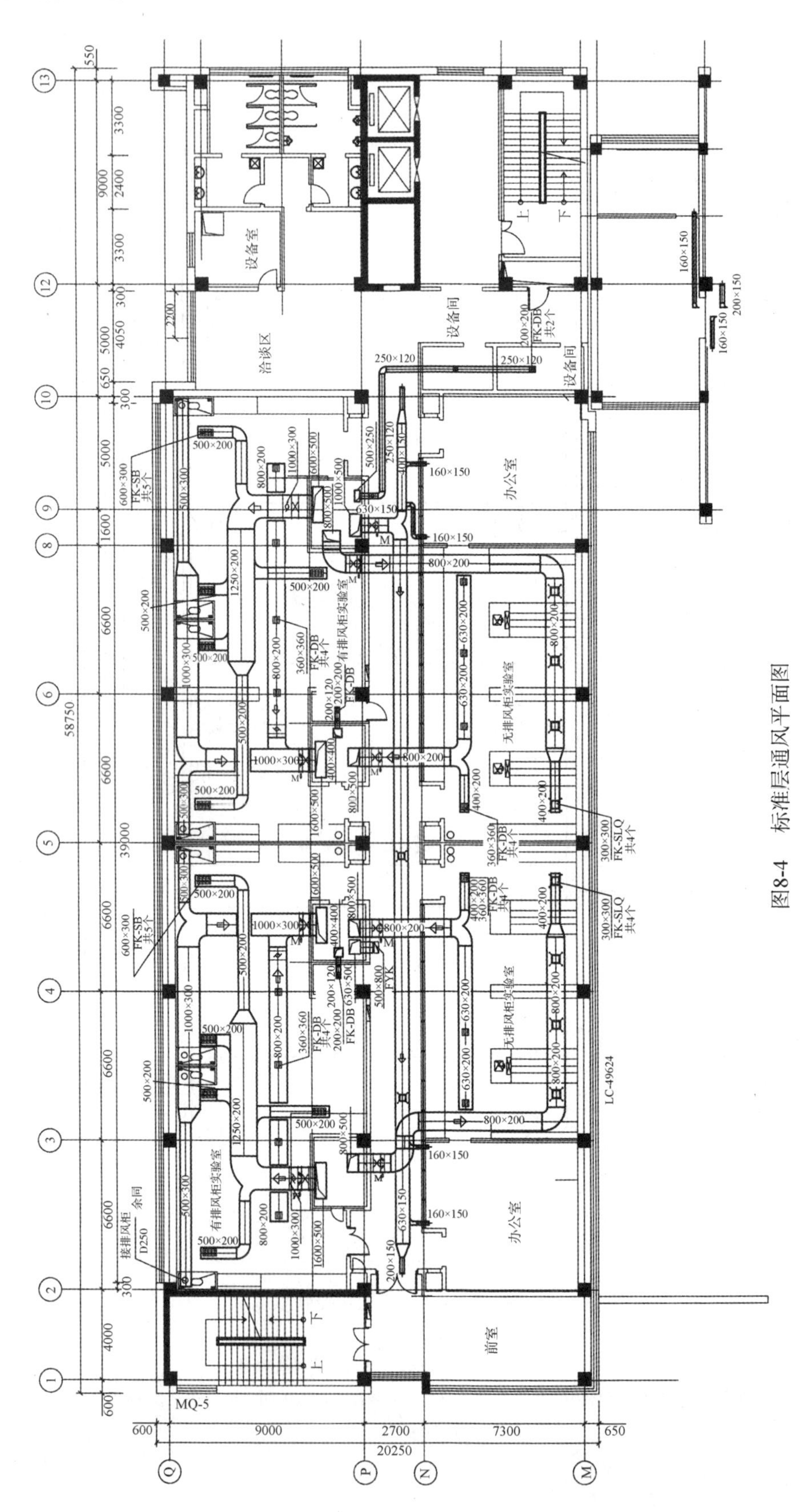

图8-4 标准层通风平面图

三、某地铁站空调系统

（一）概况

某地铁站屋主要包括主站屋、行包房、售票楼，总建筑面积为56700m^2，其中主站屋建筑面积为43600m^2。主站屋共五层：－6.0m的标高的机电设备层、0.0m标高的贵宾候车层、5.0m标高后勤办公屋、7.5m标高的侯车大厅层、9.9m标高的高架进站层。7.5m标高层、9.9m标高层由内部坡道相连，形成一个共享大厅。

广场为地下建筑工程，共两层，主要为车库及商业用房，总建筑面积41000m^2。

（二）设计参数及空调冷热负荷

该工程主要功能有候车、商业、办公、售票，结合考虑管理公司、商业顾问公司等的要求，确定各主要功能区域的室内设计参数，具体见表8-6。

表8-6　室内设计参数

房间名称	夏季		冬季温度/℃	新风/[m^3/（h·p）]	噪声/dB(A)
	温度/℃	相对湿度			
普通候车厅	27	<65%	18	15	<55
贵宾候车厅	25	<65%	22	25	<50
商业	26	<65%	18	20	<50
大厅	27	<65%	16	15	<55
办公	25	<60%	20	30	<45

广场分设冷热源，系统各自独立，并根据各自的特点设置不同的冷热源。

站屋工程中行包房、售票楼位于主站屋之外，相距距离较大，各自设置风冷热泵作为空调冷热源；主站屋设置电力驱动压缩式冷水机组作为空调冷源，利用站场锅炉房提供的蒸汽作为空调热源。

广场主要功能为商业，且为地下建筑，围护结构负荷较小，电力低谷时段基本无空调负荷需求，空调冷源采用冰蓄冷系统，热源采用电热锅炉蓄热，充分利用低谷电力蓄能，减少了空调系统的电力需求及运行费用。

主站屋空调总热负荷为5344kW，总冷负荷为10419kW，冷源采用四台750RT离心式冷水机组。北广场空调总热负荷为2500kW，总冷负荷为7045kW。采用了冰蓄冷和电蓄热系统，采用两台空调工况为530RT的双工况螺杆式冷水机组、两台675kW的电热水锅炉、九台652RTH蓄冰槽、两台123m^3的蓄热水槽。

空调水系统采用机房四管制形式，末端设备二管制形式，各功能区域根据冷热负荷情况进行切换。水系统的平衡采取动态平衡措施，风机盘管回水管侧设置动态平衡电动二通阀，空气处理机组回水管侧设置动态平衡电动调节阀。

主站屋空调热水系统采用一次泵形式，热水泵变频运行。空调冷水系统采用二次泵形式，二次泵系统根据服务区域的特点分组设置，其中一次泵定频运行，二次泵变频运行。空调水泵变频运行均采用末端压差控制的方式。空调冷水供回水温度为6℃/12℃，空调热水供回水温度均为60℃/50%。

广场空调冷热水泵及乙二醇泵均变频运行。蓄冰系统可实现制冰、融冰供冷、主机独立供冷、主机与融冰联合供冷等运行模式；蓄热系统有蓄热、蓄热槽独立供热、电热锅炉独立供热、电热锅炉与蓄热槽联合供热等运行模式。空调冷水供回水温度为5℃/14℃，空调热水供回水温度均为60℃/50℃，蓄热槽蓄热温度为90℃。

北广场机房详图如图8-5所示，广场冷源系统原理图如图8-6所示。

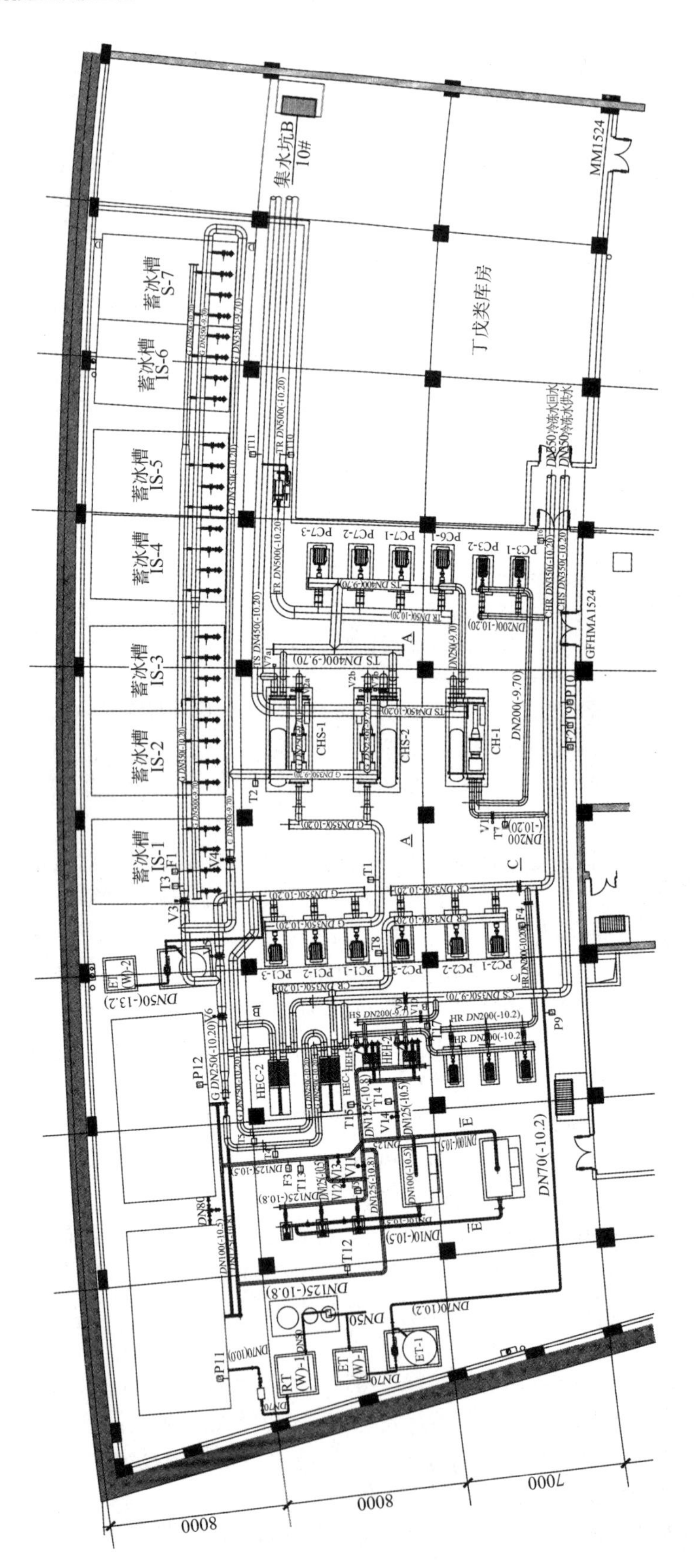

集水坑B
10#
MM1524
丁戊类库房
蓄冰槽 S-7
蓄冰槽 IS-6
蓄冰槽 IS-5
蓄冰槽 IS-4
蓄冰槽 IS-3
蓄冰槽 IS-2
蓄冰槽 IS-1
CHS-1
CHS-2
CH-1
HEC-2
GFHMA1524
8000
8000
7000

图8-5 北广场机房详图

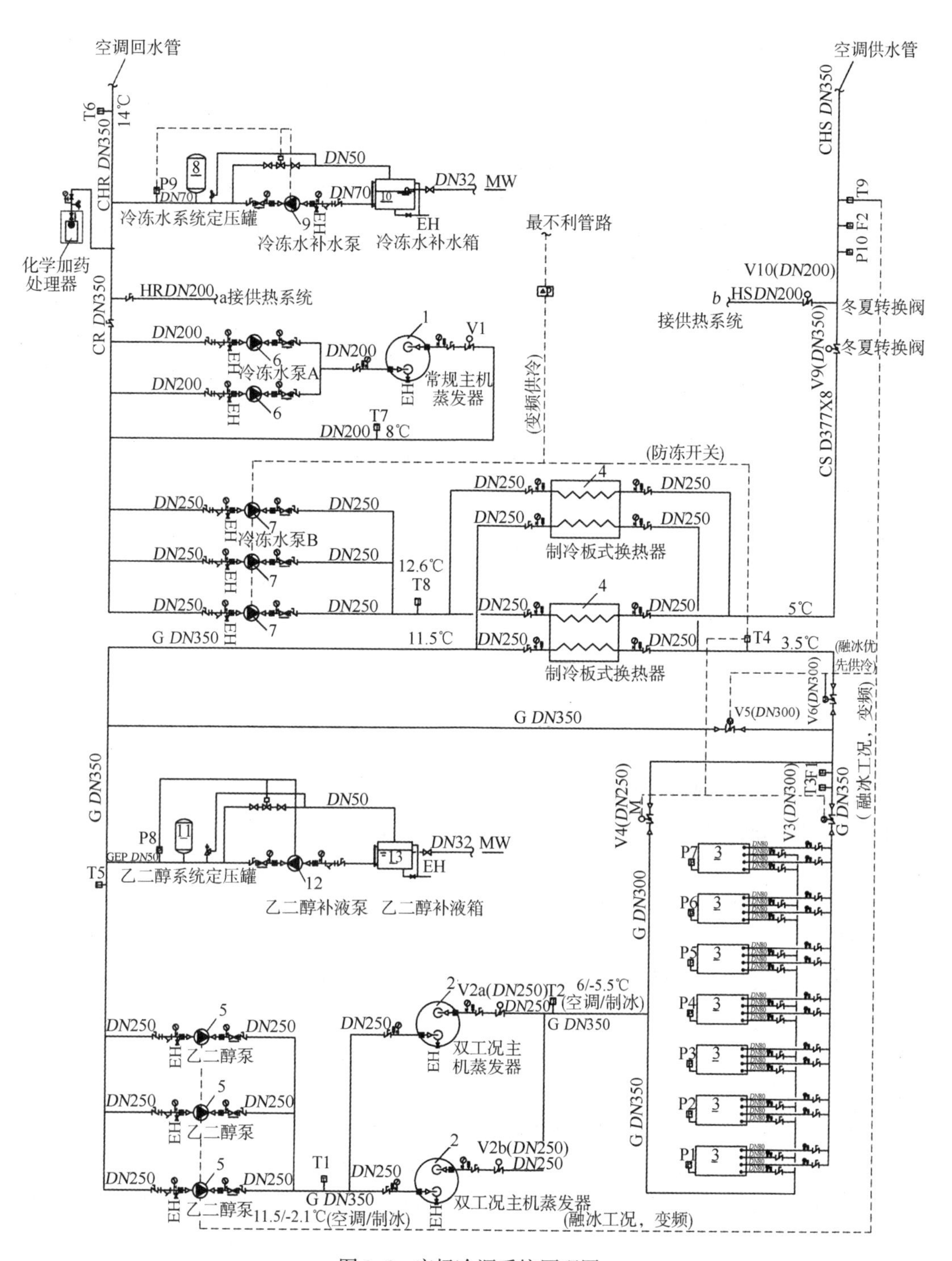

图 8-6　广场冷源系统原理图

四、某酒店暖通空调系统

（一）概况

某酒店总用地面积为62717m²。该建筑地下两层（半地下层、地下一层），塔楼高六层，在首层与二层间设夹一、夹二两个设备转换层，塔楼主体二～六层主要以客房为主，包括标准客房、行政套房、总统套房、常住客房等；裙房（含夹一、夹二层）主要为酒店公共设施，设有餐饮、宴会、酒吧、会议、健身、婚礼中心等功能房间；利用地势高差设有半地下室停车库、酒店设备用房及部分酒店公共设施；地下一层为人防地下室，平时为酒窖。该酒店总建筑面积108867m²，其中客房面积约40451m²，客房数量约500间，酒店公共空间面积约37549m²，集中空调供冷面积为62279m²，供热面积为56732m²。

（二）设计参数及空调冷热负荷

室内设计参数（见表8-7）。

表8-7　室内设计参数表

房间名称	夏季		冬季		新风/[m³/(h·p)]	噪声/dB(A)
	温度/℃	相对湿度	温度/℃	相对湿度		
酒店中庭	25（22）	40%～65%	21	30%～60%	30	50
酒吧	25（22）	40%～65%	19	30%～60%	25	50
宴会厅/餐厅	25（21）	40%～65%	21	30%～60%	30	50
会议室	25（21）	40%～65%	21	30%～60%	30	45
精品商场	25（21）	40%～65%	21	30%～60%	25	50
客房	25（21）	40%～65%	21	30%～60%	50	35
游泳池	28	40%～70%	28	40%～70%	—	55

空调冷热负荷：采用鸿业软件计算。夏季空调逐时冷负荷，空调逐时冷负荷综合最大值为11403kW，空调面积冷负荷指标为183W/m²。冬季空调热负荷为2524kW，空调面积热负荷指标为44W/m²。

该系统集中空调冷源设计选型时考虑酒店的运行规律，按同时使用系数为0.8配置制冷主机，设计选用水冷离心式冷水机组四台，总装机容量为9142kW，其中单台制冷量为2637kW的机组三台，单台制冷量为1231kW的机组一台，机组冷水进、出水温度为12℃/7℃，机组冷却水进、出水温度为32℃/37℃，冷媒为R134a。大、小主机的冷量调节范围均为30%～100%无级调节，当冷量需求低于单台大主机冷量的50%时，由小主机接力，总装机容量下的大小主机搭配可实现5%～100%的调节能力。

该工程所有客人活动区的空调系统在冬季都将供热。酒店洗衣房有蒸汽使用要求，故设计选用高效蒸汽锅炉，能有效满足洗衣房、厨房、生活热水、空调采暖的要求。

由于锅炉房、洗衣房、配电室等房间夏季散热量大，冷却通风所需风量大，且无法回收利用这部分热量，因此在施工配合过程中，为这些房间增设了带热回收装置的热泵机组。热泵机组进、出风温度为30℃/20℃～24℃，进、出水温度为20℃/55℃，制热效率可达4.0。经热回收后的冷风可作为房间冷却通风，产生的热水供应员工更衣室、员工厨房及洗衣房生活热水需求。

(三) 宴会厅空调风系统

宴会厅空调风系统平面图如图 8-7 所示。

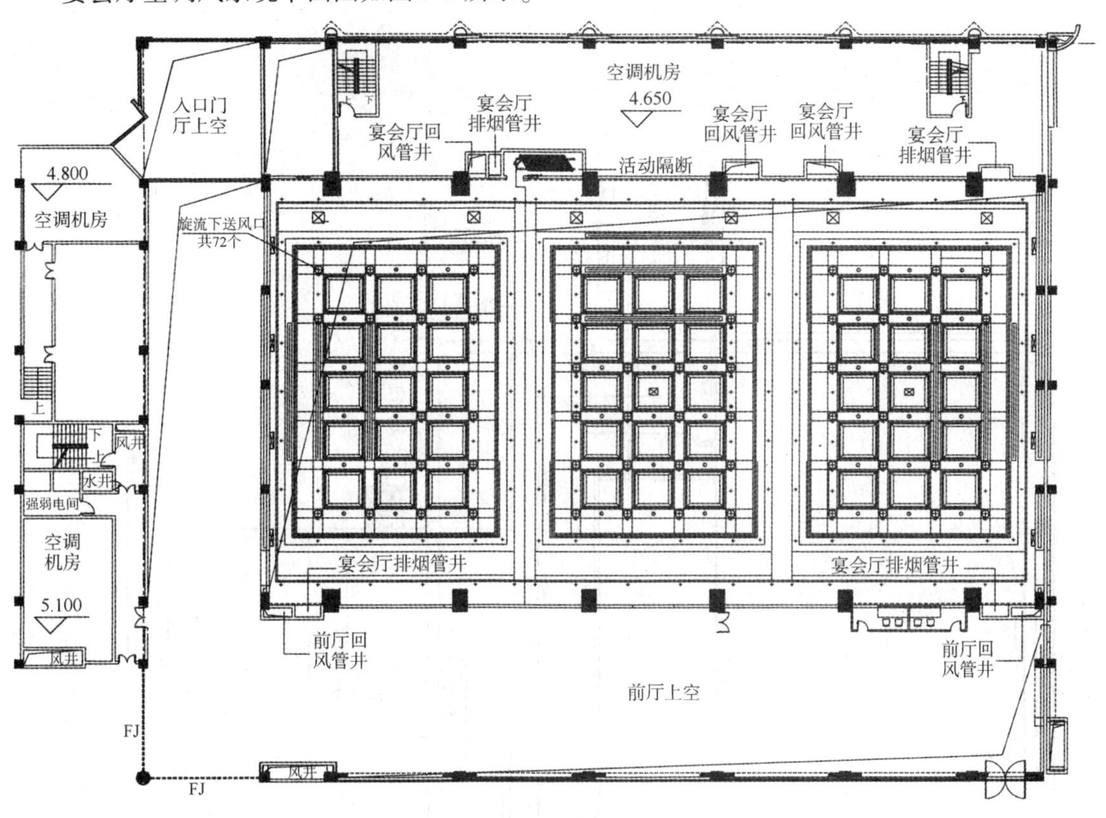

图 8-7 宴会厅空调风系统平面图

该酒店宴会厅位于首层，总面积1593m²，图 8-8 为宴会厅空调风系统平面图：北侧为送餐通道，西侧和南侧为前厅，东侧为宴会厅厨房，顶部为船形吧，属于内区。宴会厅层高10m，吊顶平均高度约 6.5m，采用旋流风口下送、单侧下回风的气流组织形式。宴会厅室内人员数量按装修座位布置计算，最多人数达 936 人，考虑室内有服务人员（按每桌 1 人计算），室内总人数可达 1014 人。利用专业计算软件进行逐时计算，得到宴会厅室内得热量、得湿量，见表 8-8。由于宴会厅处于内区，室内得热量、得湿量全年不变，宴会厅全年均需空调。

表 8-8 宴会厅室内空调负荷及送风量计算

区域	室内设计点		新风量	灯光散热	设备散热	食物全热/散湿量
	温度	相对湿度				
宴会厅	21℃	50%	30m³/(h·p)	80W/m²	30W/m²	17.4(W/人) /11.5(g/人)
计算结果	室内冷负荷		室内湿负荷	热湿比线	总送风量	送风点温度
	367.11kW		152.724kg/h	8653	83833m³/h	11.9℃

该酒店游泳池热泵系统原理图如图 8-8 所示，主机房水系统原理图如图 8-9 所示。

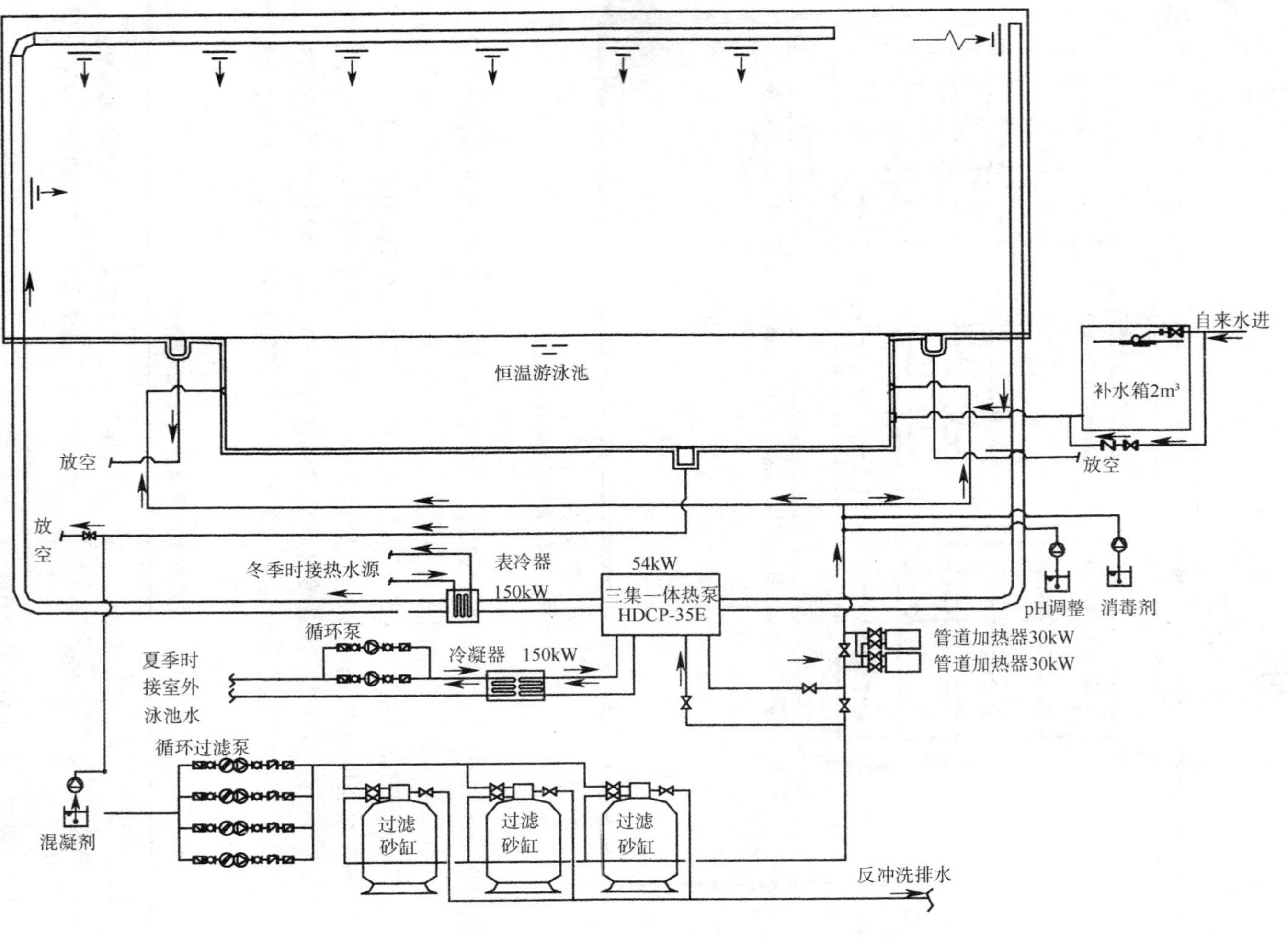

图8-8 游泳池热泵系统原理图

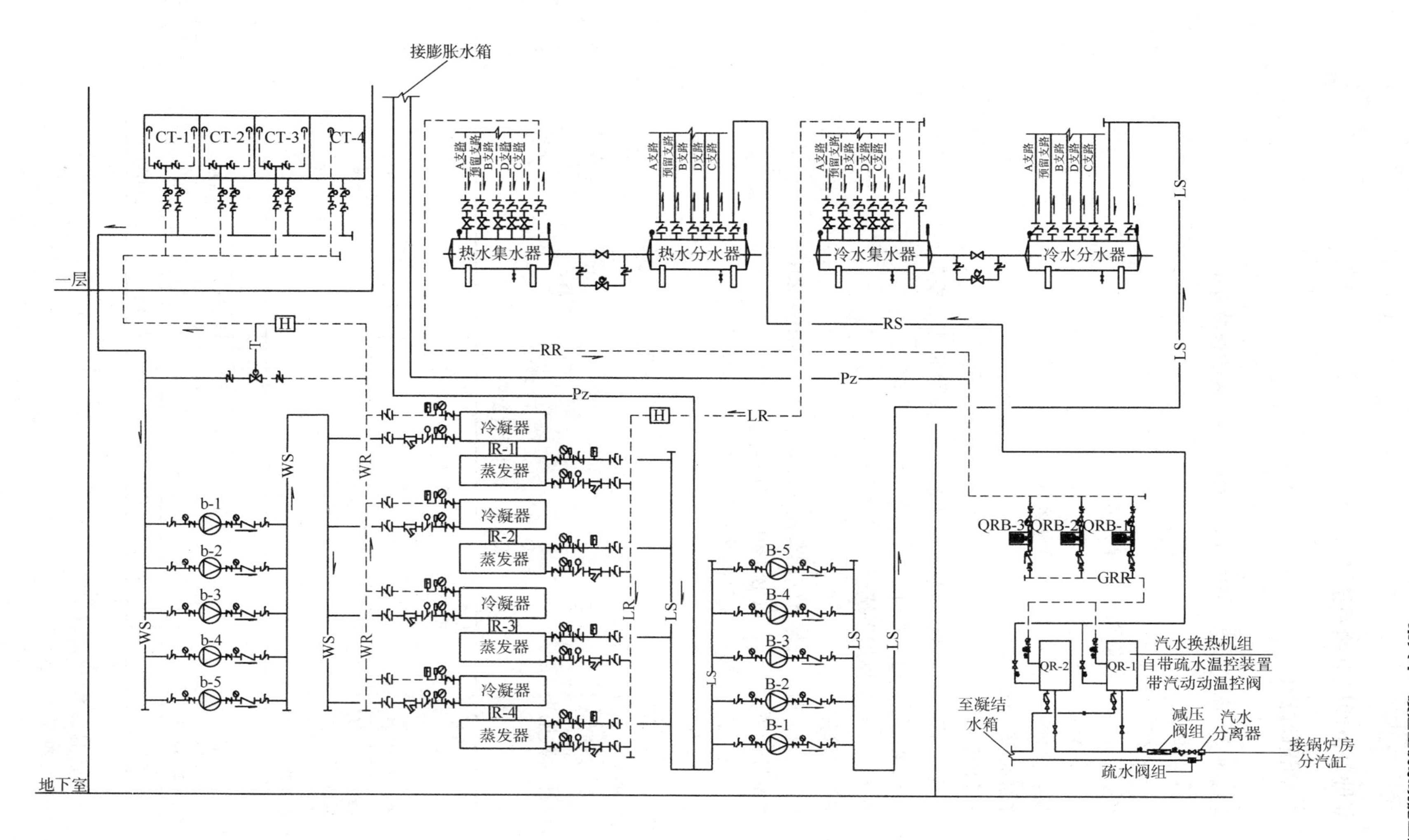

图8-9　主机房水系统原理图

五、某健身馆通风空调系统

（一）空调设计说明

1. 概况

（1）建筑性质　本工程是一座地上三层地下一层的综合健身馆。

（2）建筑功能

1）负一层：游泳池设备房等。

2）首层：入口大厅、舞蹈室、健身房等。

3）二层：综合功能室、桌球室、乒乓球室等。

4）三层：壁球室、羽毛球场、篮球场等。

（3）建筑面积　4500m^2。

（4）设计内容

1）一层至三层：数码涡旋多联式空调系统及定频智能多联空调系统。

2）负一层至三层：通风系统。

3）一层至三层：防排烟系统。

2. 主要设计依据

1）《工业建筑供暖通风与空气调节设计规范》（GB 50019—2015）。

2）《建筑设计防火规范》（GB 50016—2014）。

3）《通风与空调工程施工质量验收规范》（GB 50243—2016）。

4）兴建单位设计任务书。

5）各专业设计图。

3. 设计参数

（1）室外设计参数

室外设计参数见表8-9。

表8-9　室外设计参数

季节 / 空调参数	夏季	冬季
空调室外计算干球温度/℃	33.5	5.0
空调室外计算日平均干球温度/℃	30.1	2.9
通风室外计算温度/℃	31.0	13.0
空调室外计算湿球温度/℃	27.7	
主导风向	SE	N
相对湿度	70%	70%
平均风速/(m/s)	1.8	2.4
大气压力/kPa	1004.5	1019.5

（2）室内计算参数

室内计算参数见表8-10。

表 8-10　室内设计参数

功能	温度/℃	相对湿度	新风量/
	夏季	夏季	[m^3/（h·p）]
乒乓球室等	26	50%～55%	25～30
办公室等	25	50%～65%	30

（3）负荷汇总

负荷汇总见表 8-11。

表 8-11　负荷汇总表

负荷 房间	空调面积/m^2	冷负荷/kW	单位冷负荷/（W/m^2）	热负荷/kW	单位热负荷/（W/m^2）
瑜伽室	140	27	192	8	57
舞蹈室	130	32	246	6	46
办公室	96	14.4	150	4.2	44
健身房	250	60	240	12	48
更衣室	180	32	177	10	56
桌球室	130	27	207	6	46
综合功能室	480	75	156	20	41
VIP 球室	130	32	246	8	62
乒乓球室	340	62	182	12	35
壁球室	140	36	257	9	64
其他	564	35	62		
汇总	2580	432.4	168	95.2	37

4. 空调系统

（1）设备特点　此工程的空调系统采用多联式中央空调。一台室外机可拖多台室内机，采用制冷剂直接蒸发制冷，无需二次冷媒；能够根据室内机的启停数量变化和房间温度的变化调节系统冷媒流量，实现节能运行。室外机采用风冷冷凝方式，无需其他附属设备，是一种既节能又环保的空调。要求机组 COP 值不得小于 2.8。

（2）设备选型　本工程所有设备汇总如下。

1）此工程选用室外机。

GMVL-R900W6/A　　34HP　　1 台

GMVL-R860W/A　　30HP　　1 台

GMVL-R670W2/D　　24HP　　2 台

GMVL-R335W2/D　　14HP　　1 台

GMVL-R300W2/D　　12HP　　1 台

GMVL-R300W2/D　　10HP　　1 台

室外机放置位置：所有室外机均放置在屋面。

2）此工程选用的室内机。

GMVL-R36T/H　　11 台

GMVL-R56T/H　　4台
GMVL-R71T/H　　9台
GMVL-R80T/H　　7台
GMVL-R90T/H　　17台
GMVL-R112T/H　　8台
GMVL-R90P//H　　4台

5. 空调方式

室内机均选用四面出风天花机或风管式侧送风机。

6. 控制系统

(1) 控制设备特点　控制系统采用S-网络技术，且控制线无极性；拥有远程控制器、系统控制器、星期控制器等多种可选控制器，搭配使用可实现单机控制、机群控制、主子控制及系统集中控制等多种控制。

(2) 控制设备选型　每台室内机均配备一个有线控制器，以方便独立的控制启停和温度设置预留可选系统控制器。

7. 通风系统

各机械排风系统的换气次数见表8-12。

表8-12　各机械排风系统的换气次数

功能	换气次数（次/h）
备用房	3
浴室	10～15
卫生间	10～15

篮球场（羽毛球场）利用屋顶轴流风机通风，排风量按$9m^3$/（$h \cdot m^2$）计算。

8. 排烟系统

大厅以及超过$300m^2$的房间防排烟采用自然排烟的方式。其可开启外窗面积必须满足《建筑设计防火规范》(GB 50016—2014) 中相应规定。

所需可开启外窗面积见表8-13。

表8-13　可开启外窗面积　　（单位：m^2）

大厅上空	综合功能室	篮球场	乒乓球室
5	12	26	8

9. 其他

该多联式空调设备由专业公司安装。

(二) 空调施工说明

1) 此工程的安装施工及调试应符合下列规范和标准。

①《通风与空调工程施工质量验收规范》(GB 50243—2016)。

②《制冷设备、空气分离设备安装工程施工及验收规范》(GB 50274—2010)。

③《工业金属管道工程施工规范》(GB 50235—2010)。

④《建筑给水排水及采暖工程施工质量验收规范》（GB 50242—2002）。

⑤《建筑工程施工质量验收统一标准》（GB 50300—2013）。

⑥设备厂商提供的有关设备安装技术要求。

2）此工程中所采用的设备产品除应满足图样设计参数的要求外，还必须具有产品牌号、注册商标、产地、厂名、产品合格证书、安装运行说明书或手册（进口产品应是中文版）。多联式空调系统还需有技术性能测试报告。

3）防火阀、防火调节阀、保温材料等有关消防产品必须选用经当地消防部门批准使用的产品。

4）风管采用镀锌钢板制作厚度见表8-14。

表8-14　风管采用镀锌钢板制作厚度　（单位：mm）

矩形风管大边长或圆形风管直径	镀锌钢板厚度		
	圆形风管	矩形风管	排烟风管
≤320	0.5	0.5	0.8
340～450	0.6	0.6	0.8
480～650	0.8	0.6	0.8
700～1000	0.8	0.8	0.8
1050～1250	1.0	1.0	1.0
1300～2000	1.2	1.0	1.2
≥2100	1.2	1.2	1.2

当风管穿越防火分区或接入竖井时，防火阀与防火墙或竖井之间的风管应采用厚度不小于1.6mm的钢板制作。

5）风管制作采用咬口，当大边长在800mm以下时，可采用咬口加插条连接。矩形风管大边长或圆形风管直径在800mm或以上时，采用角钢法兰连接，风管各接口处（尤其在边角处）均需用密封胶封严，以防漏风导致产生冷凝水。

6）矩形风管大边长大于800mm时，必须扎“×”形凸形加强筋。

7）一般风管法兰垫片用3.5mm厚的橡胶板。

8）风管上各种阀门的转轴必须在任何时候都能转动灵活，装在风管上的自重式防火阀，必须在设易熔片一侧的风管上开设检修口，检修口尺寸为400mm×400mm，检修口周边应采取密封设施以防漏风。

9）冷凝水管采用UPVC塑料管粘接连接。

10）水管、风管吊架、支架用膨胀螺栓与楼板或墙体固定，风管支吊架间距不大于3m，水管管径在*DN*25或以下时吊架间距为2m，*DN*32为2.5m，*DN*40～*DN*50为3m，*DN*70或以上为4m，管道不得以过墙套管作支撑点。

11）空气处理室内机等设备安装必须保持水平，不得将凝结水水盘的排水口处抬高。连接空气处理机（新风处理机）排水口的冷凝水管应设水封，风机盘管的冷凝水管网在排放（或接入排水管）之前也应设水封，其水封高度均不少于100mm。

12）冷凝水管安装时必须保持向排水方向0.01～0.02的坡度，冷凝水管网安装完毕后，必须做排水试验。

13）黑铁管、无缝钢管和螺旋电焊管外表面、法兰表面、镀锌钢管的焊接口处，各种钢板制作的阀门的构件（镀锌钢板除外），风管、水管及各种设备的支架、吊架等均须清除表面的铁锈，刷两道红丹防锈漆，不保温的构件再刷两道灰色调和漆。

14）冷媒系统试压要求：冷媒管道系统试压按设备生产厂商提供要求进行。

15）所有空调风管、冷媒管、冷凝水管、膨胀水箱及安装在有空调楼层中的排风管，进入室内的新风管及所有这些管道上的部件（如阀门等）均需进行严格的保温，风管保温材料采用橡塑复合隔热材料（复合不燃铝箔），用103胶水粘贴在风管上；水管保温材料采用难燃B1级橡塑复合隔热材料（复合不燃铝箔）套筒，用102胶水粘贴在水管上，其接缝处用保温封条粘贴严密以防结露。所有在施工过程中破损的部位应及时予以贴补。各种设备原有的保温层不得损坏，否则应及时修补。

所有管道保温前应先作防锈处理，水管必须在系统试压完成并确认合格后方可保温。各种管道设备的保温层厚度见表8-15。

表8-15　冷媒管与冷凝水管厚度及保温材料

名称	厚度/mm	保温材料
冷媒管	36	难燃B1级橡塑复合保温材料
冷凝水管	13	难燃B1级橡塑复合保温材料

注：冷媒管道系统保温按设备生产厂商提供要求进行。

16）保温管道在支架处及穿越楼板、墙体处均应套上木环，木环厚度与保温层厚度相同，木环宽度为50mm，使用前须经热沥青进行浸煮处理。

17）水管上各种阀门及法兰处的保温层及保护层应能单独拆卸，以便进行维修。

18）空气处理机、离心风机的进出风口，凡是与风管连接处必须安装帆布底的人造革软接头（排烟风机须用非燃材料软接头），长度为150～200mm。风机盘管与供、回水管均采用金属或非金属软管弹性连接。

19）凡是外露的传动机构（如三角皮带、联轴器等处）均应安装安全防护罩，防护罩可按照采暖通风国家标准图集选用。

20）空气处理机等设备基础，需在设备订货后核实其基础尺寸，方可施工。

21）空气处理机等设备的机座底下均需垫防振橡胶。

22）空调通风系统在安装完工之后，必须对风道内进行安全检查及清扫，不允许管道内及风机和设备内留有杂物垃圾等，以防系统运行时发生意外或故障。

23）屋顶轴流风机安装于顶层桁架内，接风管至天面。

24）各种空气处理机、风机等设备在接通电源时要检查其转动方向是否符合设计要求及设备所标方向。

25）系统完工后必须进行检测及调试。

①测定各空气处理机、风机的风量，调整各风口的风量使其送风均匀。

②调整各温度控制器的设定值。

本设计方案主要设备材料的型号及数量见表8-16。

本设计方案的轴流风机布置大样图如图8-10所示，二层空调平面图如图8-11所示，底层空调平面图如图8-12所示。

表 8-16 主要设备材料的型号及数量

编号	设备名称		型号规格			单位	数量
1	EAF-1-1	离心排风机	$L=5500m^3/h$	$H=200Pa$	$N=1.5kW$	台	1
2	EAF-1-2	离心排风机	$L=2400m^3/h$	$H=150Pa$	$N=0.55kW$	台	1
3	EAF-1-3	离心排风机	$L=1200m^3/h$	$H=200Pa$	$N=0.55kW$	台	1
4	EAF-1-4	离心排风机	$L=1000m^3/h$	$H=120Pa$	$N=0.55kW$	台	1
5	EAF-2-1	离心排风机	$L=500m^3/h$	$H=100Pa$	$N=0.37kW$	台	1
6	EAF-2-2	离心排风机	$L=1000m^3/h$	$H=200Pa$	$N=0.55kW$	台	1
7	EAF-2-3	离心排风机	$L=1200m^3/h$	$H=150Pa$	$N=0.55kW$	台	1
8	EAF-3-1	离心排风机	$L=400m^3/h$	$H=100Pa$	$N=0.37kW$	台	1
9	EAF-1	天花式排气扇	$L=500m^3/h$	$H=80Pa$	$N=0.1kW$	台	24
10	EAF-2	天花式排气扇	$L=700m^3/h$	$H=100Pa$	$N=0.2kW$	台	10
11	EAD-3	窗式排气扇	$L=800m^3/h$	$H=100Pa$	$N=0.2kW$	台	2
12	EAF-4	轴流式排风机	$L=1650m^3/h$	$H=62Pa$	$N=0.08kW$	台	6
13	GMVL-960(34)W/S-830	数码涡旋室外机	$Q=96kW$	$N=32.0kW$		台	1
14	GMVL-850(30)W/S-830	数码涡旋室外机	$Q=85kW$	$N=28.4kW$		台	1
15	GMVL680(24)W/S-830	数码涡旋室外机	$Q=68kW$	$N=22.7kW$		台	2
16	GMVL400(14)W/S-830	数码涡旋室外机	$Q=40kW$	$N=13.4kW$		台	1
17	QMVL-335(12)W/S-830	数码涡旋室外机	$Q=33.5kW$	$N=11.2kW$		台	1
18	GMVL-280(10)W/S-830	数码涡旋室外机	$Q=28kW$	$N=9.3kW$		台	1
19	GMVL-D112Q4	天花式多联室内机	$Q=11.2kW$	$L=1800m^3/h$	$N=0.13kW$	台	8
20	GMVL-D90Q4	天花式多联室内机	$Q=9.0kW$	$L=1800m^3/h$	$N=0.13kW$	台	17
21	GMVL-D80Q4	天花式多联室内机	$Q=8.0kW$	$L=1140m^3/h$	$N=0.10kW$	台	7
22	GMVL-D71Q4	天花式多联室内机	$Q=7.1kW$	$L=1140m^3/h$	$N=0.10kW$	台	9
23	GMVL-D56Q4	天花式多联室内机	$Q=5.6kW$	$L=1020m^3/h$	$N=0.08kW$	台	4
24	GMVL-D36Q4	天花式多联室内机	$Q=3.6kW$	$L=870m^3/h$	$N=0.08kW$	台	11
25	GMVL-D90T2	风管式多联室内机	$Q=9.0kW$	$L=2000m^3/h$	$N=0.17kW$	台	4

注:此材料表为本工程所有主要设备汇总表。

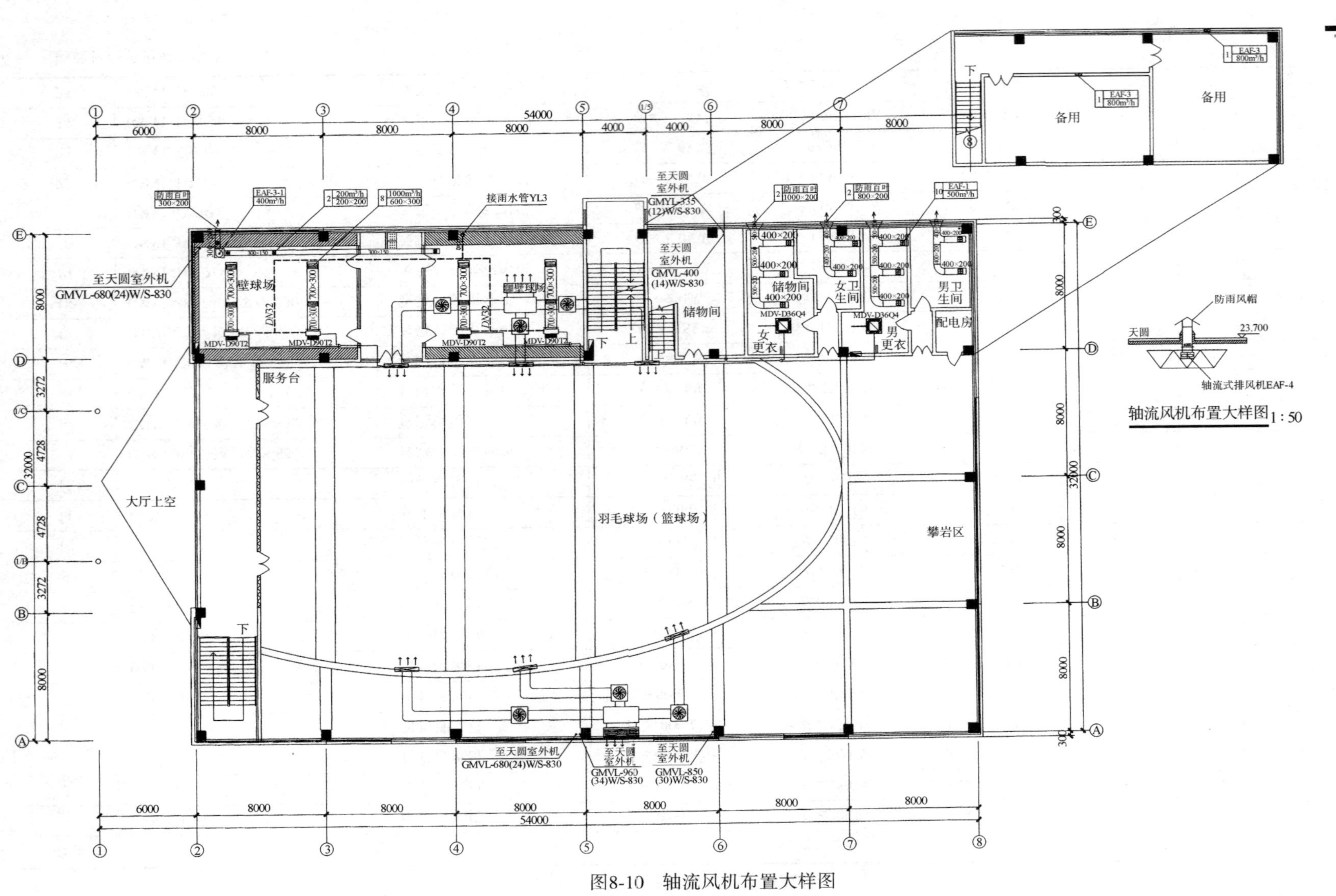

图8-10 轴流风机布置大样图

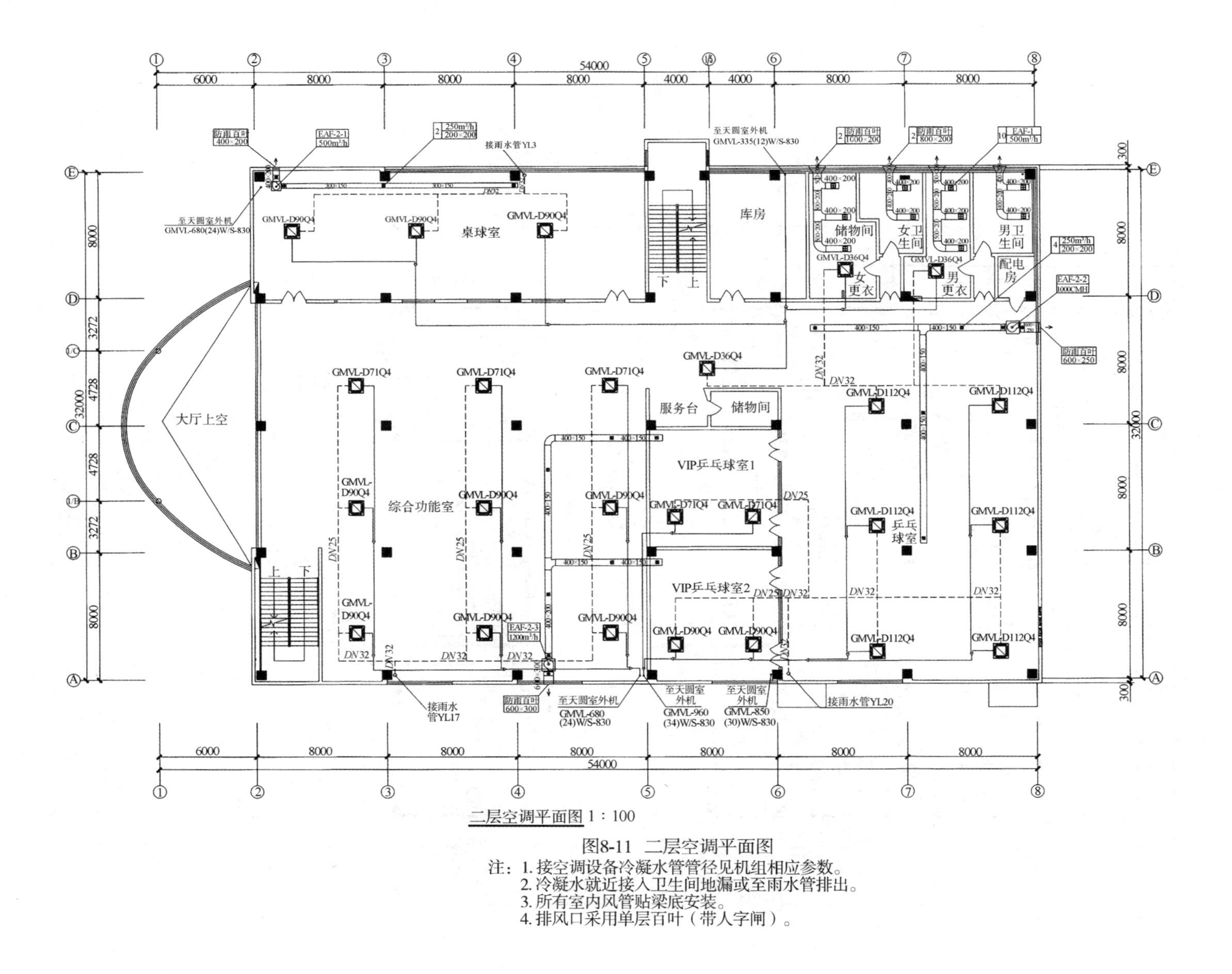

二层空调平面图　1：100

图8-11　二层空调平面图

注：1. 接空调设备冷凝水管管径见机组相应参数。
2. 冷凝水就近接入卫生间地漏或至雨水管排出。
3. 所有室内风管贴梁底安装。
4. 排风口采用单层百叶（带人字闸）。

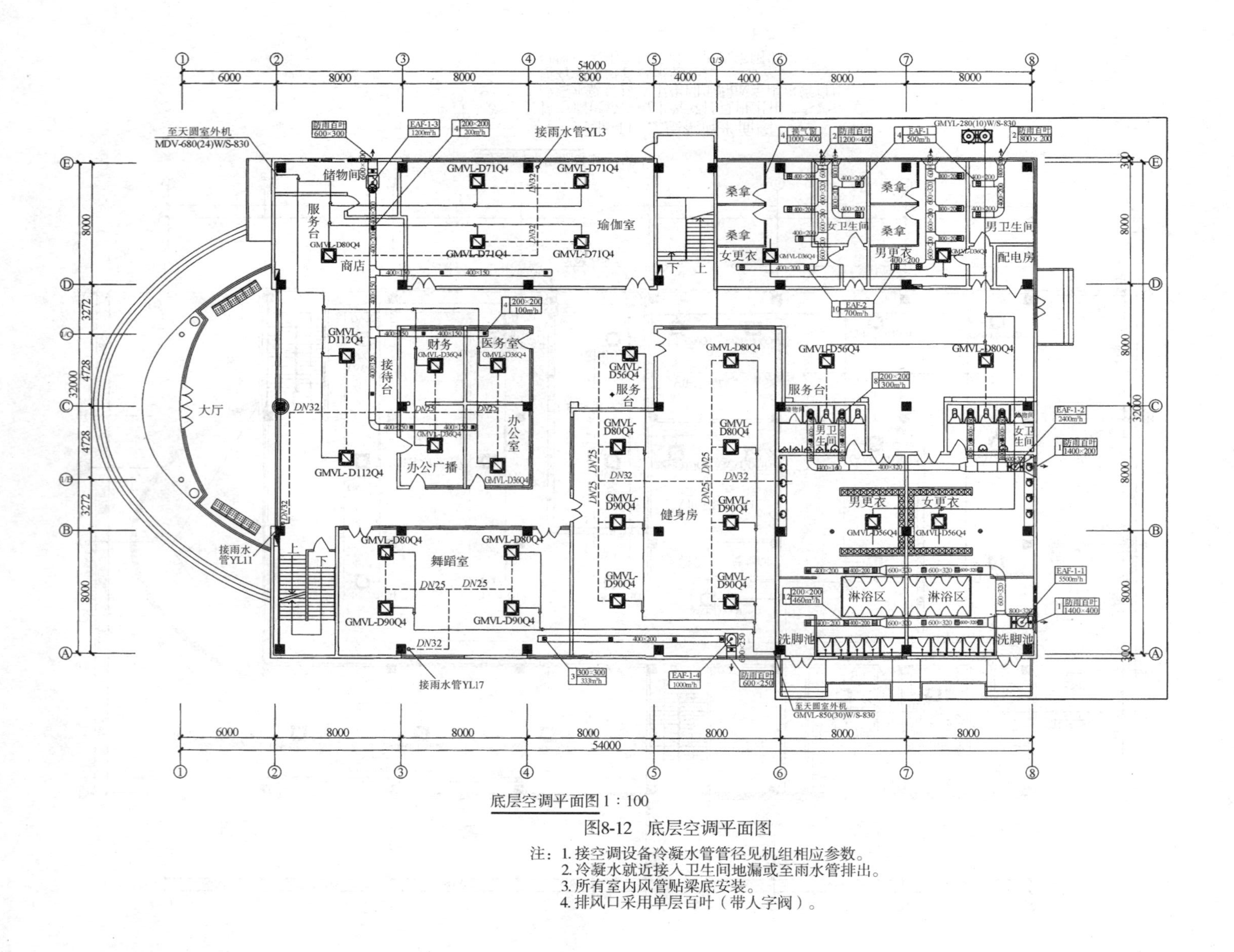

图8-12　底层空调平面图

注：1. 接空调设备冷凝水管管径见机组相应参数。
2. 冷凝水就近接入卫生间地漏或至雨水管排出。
3. 所有室内风管贴梁底安装。
4. 排风口采用单层百叶（带人字阀）。

参考文献

［1］中华人民共和国住房和城乡建设部．供热工程制图标准：CJJ/T 78—2010［S］．北京：中国计划出版社，2011.

［2］中国有色金属工业协会．工业建筑采暖通风与空气调节设计规范：GB 50019—2015［S］．北京：中国计划出版社，2015.

［3］中华人民共和国住房和城乡建设部．建筑制图标准：GB/T 50104—2010［S］．北京：中国计划出版社，2011.

［4］中华人民共和国住房和城乡建设部．暖通空调制图标准：GB/T 50114—2010［S］．北京：中国计划出版社，2011.

［5］中华人民共和国住房和城乡建设部．房屋建筑制图统一标准：GB/T 50001—2010［S］．北京：中国计划出版社，2018.

［6］耿健，张军晓，胡先霞．谈高大空间建筑暖通空调设计［J］．河北煤炭，2003（3）：47-48.

［7］李志生．中央空调设计与审图［M］．2 版．北京：机械工业出版社，2018.

［8］陈聪．医院暖通空调系统的设计［J］．制冷空调与电力机械，2007，（4）：43-47.

［9］李志生，李建东．广州电力调度大楼供暖与空调设计［J］．暖通空调，2003（3）：72-80.

［10］张军，杜峰．大型超市类建筑的能耗分析及节能研究［J］．低温建筑技术，2010，32（8）：112-113.

［11］王立信．管道工程施工文件手册［M］．北京：中国建筑工业出版社，2015.

［12］胡世华，郑爱平．地下商场与地上商场建筑空调节能分析研究［J］．建筑节能，2012，40（3）：5-10.

［13］祝连波．通用安装工程量计算规范实施指南［M］．北京：中国建筑工业出版社，2014.

［14］姜湘山．采暖·通风·空调设计 800 问［M］．北京：机械工业出版社，2011.

［15］周佳新．建筑采暖通风工程识图［M］．北京：化学工业出版社，2013.